금연보건학개론

The introductory health science for smoking cessation

흡/연/과/금/연/의/모/든/것

금연보건학개론

The introductory health science for smoking cessation

박영철 지음

제1장 담배의 역사와 구성

제2장 흡연율과 사회–경제적 특성

제3장 흡연독성학(Smoking toxicology)

제4장 흡연역학(Smoking epidemiology)

제5장 니코틴의 약리작용 – 중독 및 금단증상의 기전

제6장 세계와 우리나라의 금연정책

제7장 흡연과 금연의 기전과 특성

제8장 금연방법–심리사회적 중재와 약물요법

제9장 금연 후 재흡연에 대한 이해와 알코올–흡연 특성

제10장 성인, 청소년 및 사업장 등 금연을 위한 접근방법

이담
Books

독성학 측면에서 흡연이 발암의 모든 원인 중에서 왜 가장 강력한 발암원(carcinogen)으로 작용하는가에 대하여 무척 궁금하였다. 이를 논문으로 정리, 발표하면서 단순히 발암물질이 많다는 것만이 원인이 아니라 흡연은 생체의 11기관에서 정상세포가 암세포로의 전환에 요구되는 완벽한 조건을 갖춘 발암원이라는 것을 확인하였다. 이러한 강력한 발암원인 흡연에 노출됨에도 불구하고 저항하며 견뎌 내고 있는 인체가 경이롭기까지 하였다. 독성학을 전공한 전문가로 이에 대해 외면할 수 없었고 또한 좀 더 널리 알리는 방법을 고민하게 된 계기로 이 책을 서술하게 되었다. 결과적으로 세상에서 처음으로 '금연보건학'이라는 새로운 학문의 장을 대학에서 마련한 토대가 된 것 같다.

그러나 더욱 중요한 것은 이제 막 사회생활의 출발점에 놓여 있는 우리 미래의 주역인 대학생들이 흡연에 너무 방치되어 있다는 것이다. 숨구멍으로 넘어가는 담배연기 속의 그들 모습을 볼 때 숨이 막히는 듯하였다. 더욱이 갈수록 금연이 요구되는 사회에서 이제 금연은 경쟁력이 되어 가고 있다. 이러한 시점에서 대학에서의 금연보건학을 통한 교육은 금연유도뿐 아니라 사회에 진출, 금연에 대한 지식이 활용되어 금연율을 높이는 지성인이 되는 희망 역시 간절히 마음속에 자리 잡고 있다.

사람의 행위, 그 모든 것의 끝은 생명과 건강이기에 건강을 다루는 보건학은 그 범위가 인문사회과학, 자연과학 그리고 의학을 넘나들 정도로 넓다. 마찬가지로 금연보건학 역시 범위가 너무 넓어 본 저서에 담기에 한계를 수없이 느꼈고 또한 한없이 부족하다. 그럼에도 불구하고 이렇게 끝까지 쓰게 된 것은 흡연문화에서 금연문화로의 전환에 조금이라도 기여하고 싶은 오기가 작용하였기 때문이다.

이 땅에서의 흡연문화가 4백~5백 년에 걸쳐 뿌리내리면서 한동안은 국부창출의 재원 공급처가 되기도 하였으며 여전히 일부 역할을 하고 있다. 그러나 이제 흡연은 설 자리를 점점 잃어 가고 있으며 피우는 사람 역시 움츠리는 상황에 놓여 있다. 또한 갈수록 금연의 목소리가 커질 수밖에 없으며 금연분위기로의 전환은 대단히 급격하게 일어날 것으로 예상된다. 이러한 상황에서 금연정책이 어떻게 진행되느냐에 따라 사회적 논란 역시 존재할 것으로 예상된다. 어떤 금연정책이 이 땅에 바람직한지는 수많은 변수가 있기 때문에 결론을 얻기가 쉽지 않고, 또한 다양한 분야에서 많은 고민이 진행 중이다. 이러한 금연정책과 관련하여 책을 쓰면서 느낀 점은 '흡연은 중독이며 질환이지만 금연은 복지의 문제이다(The smoking is a kind of addiction and disease, but the smoking cessation is a problem of welfare).'라는 것이다. 흡연은 개인 문제이지만 마약과 같은 측면에서 금연을 다루기에는 흡연문화가 너무 뿌리 깊다. 또한 한편에서는 팔고 한편에서는 억압하는 상황에서 나오는 스스로의 모순이다. 금연정책은 보건복지 측면에서의 접근함이 바람직하다는 의미이다.

　금연보건학 개론을 집필하면서 출처가 불명한 몇몇 인터넷 자료를 사용하기도 하였으며 출처를 밝히지 못한 자료도 있다. 그만큼 흡연은 일상에 가까이 있기에 일상에서 얻을 수밖에 없는 자료 역시 있기 때문이다. 거듭 이것저것 많이 부족함에 대한 이해와 더불어 많은 조언을 부탁드린다. 또한 집필에 인용된 많은 연구학자들의 그동안 연구업적에 진심으로 머리 숙여 감사드리며 대구가톨릭대학교 GLP 센터 연구원선생님들과 출간에 도움을 주신 한국학술정보(주)의 많은 분들께 감사드린다.

흡연으로 희생된 모든 사람들께 애도의 마음을 전하며

박영철

차례

제1장 담배의 역사와 구성 … 13

1. 담배의 역사 … 15
2. 담배의 구성 … 18

제2장 흡연율과 사회 – 경제적 특성 … 29

1. 흡연의 특성에 있어서 세계적 경향 … 31
2. 우리나라의 흡연 특성 … 56
3. 담배의 경제학 … 68
4. 담배소송 … 75

제3장 흡연독성학(Smoking toxicology) … 81

1. 독성학 및 흡연독성학의 개요 … 83
2. 흡연에 의한 활성중간대사체를 생성하는 독성물질 … 103
   1) Polycyclic aromatic hydrocarbon … 104
   2) Heterocyclic hydrocarbon … 107
   3) N–nitrosamines … 109
   4) Aromatic amines … 113
   5) Aldehydes … 116
   6) Phenolic compound … 118
   7) Volatile hydrocarbons … 120
   8) Dioxin … 122
   9) 그 외 담배연기 속의 활성중간대사체 생성 물질 … 124
   10) Inorganic compounds … 128

제4장 흡연역학(Smoking epidemiology) … 131

1. 흡연과 암의 역학적 특성 … 135

　　1) 흡연에 의한 폐암의 역학적 특징 … 138

　　2) 흡연에 의한 구강인후암의 역학적 특징 … 142

　　3) 흡연에 의한 요도암의 역학적 특징 … 143

　　4) 흡연에 의한 위암의 역학적 특성 … 144

　　5) 흡연에 의한 간암의 역학적 특성 … 144

　　6) 흡연에 의한 기타 암과 역학적 특성 … 145

　2. 흡연에 의한 발암기전과 특성에 대한 독성학적 이해 … 147

　3. 흡연에 의한 암 이외의 주요 질환에 대한 역학적 특성 … 202

　　1) 흡연에 의한 호흡기 질환의 역학적 특성 … 202

　　2) 흡연에 의한 심혈관계 질환의 역학적 특성 … 205

　　3) 흡연의 임신 및 출산(pregnancy and birth)에 대한 영향 … 214

　　4) 흡연에 의한 기타 질환 및 기능저하의 역학적 특성 … 223

　4. 흡연에 의한 암 이외 질환 발생의 기전에 대한 추정 … 232

　　1) 흡연의 다양한 병리생리학 변화 및 대사적 장애에 대한 영향 … 233

　　2) 흡연의 면역계에 대한 영향 … 235

　　3) 흡연의 노화에 대한 영향 … 243

　　4) 흡연에 의한 사람의 조직에서 protein adduct 생성 … 248

　　5) 흡연에 의한 내분비계통에 대한 영향 … 252

　5. 간접흡연의 유해성 … 260

제5장 니코틴의 약리작용 - 중독 및 금단증상의 기전 … 273

　1. 니코틴의 생체전환과 약리작용 … 275

　　1) 니코틴의 약물동태학 … 276

　　2) 니코틴의 약물약력학 … 291

　2. 니코틴 중독기전(mechanisms for nicotine addiction) … 311

　　1) 니코틴 중독과 내성 기전 … 312

　　2) 금단증상(nicotine withdrawal)에 있어서 nAChR의 역할 … 317

제6장 세계와 우리나라의 금연정책 ··· 325

1. 세계의 금연정책 ··· 327
2. 우리나라의 금연정책 ··· 342

제7장 흡연과 금연의 기전과 특성 ··· 371

1. 흡연 유무 및 빈도에 따른 분류 ··· 373
2. 니코틴 중독 평가와 금연과 관련된 테스트 ··· 375
   1) 흡연 여부 검사 ··· 376
   2) 흡연 이유 – 확인테스트: Why test ··· 377
   3) 니코틴 중독 평가 ··· 379
   4) 금연에 의한 금단증상(withdrawal symptom) 척도기법 ··· 389
   5) 금연동기 및 자기효능감(self – efficacy) 척도 ··· 393
   6) 금연시도 후 발생하는 스트레스 자가측정 방법 ··· 397
3. 흡연과 중독의 발달단계 ··· 400
4. 금연의 과정과 특성 ··· 409

제8장 금연방법 – 심리사회적 중재와 약물요법 ··· 419

1. 급작금연법(quitting cold turkey) ··· 420
2. 심리사회적 중재 또는 요법(psychosocial intervention) ··· 423
   1) 상담의 구조적 측면 ··· 425
   2) 상담의 행동내용과 대응방법 ··· 429
   3) 심리사회적 중재 – 행동요법과 인지행동요법 ··· 444
   4) 상담의 기본 구성을 위한 범이론적 모형의 응용 ··· 448
3. 약물처방 방법(pharmacological method) ··· 458
   1) 니코틴대체요법 ··· 460
   2) 비 – 니코틴대체요법 ··· 464
4. 대체의학요법(alternative medical approach) ··· 478

　　5. 담배대체물(substitutes for cigarettes) ··· 479
　　6. 여러 금연방법의 금연성공률과 금연클리닉 ··· 480
　　7. 금연을 위한 흡연가에게 일반적인 접근 방법 ··· 496

제9장 금연 후 재흡연에 대한 이해와 알코올 – 흡연 특성 ··· 499

　　1. 재흡연에 대한 이해와 대책 ··· 501
　　2. 흡연과 음주의 문제점과 해결책 ··· 542
　　　　1) 음주와 흡연의 역학과 독성학 ··· 542
　　　　2) 알코올과 흡연의 상호 강화작용과 내성 ··· 545
　　　　3) 술과 흡연의 상승효과 ··· 546
　　　　4) 알코올중독 흡연자에 대한 치료 ··· 548

제10장 성인, 청소년 및 사업장 등 금연을 위한 접근방법 ··· 551

　　1. 성인흡연가에 대한 금연 개입방법 ··· 554
　　2. 청소년 금연을 위한 개입 프로그램의 특성 ··· 560
　　3. 사업장에서의 금연프로그램 ··· 564
　　　　1) 사업장에서의 금연정책과 세계적 흐름 ··· 565
　　　　2) 사업장 금연프로그램의 추세 ··· 566
　　　　3) 사업장에서의 금연프로그램의 필요성 ··· 567
　　　　4) 사업장 금연프로그램의 실행 방법 ··· 570
　　　　5) 사업장 금연프로그램 실행을 위한 근로자 희망사항 평가서 ··· 571
　　　　6) 금연프로그램에 대한 평가 ··· 573
　　　　7) 완료 후 사업장 금연프로그램 수행평가서 ··· 575
　　　　8) 사업장 금연프로그램의 (예): 한국산업안전보건공단 ··· 576

참고문헌 ··· 582
색인 ··· 589

제1장
담배의 역사와 구성

1. 담배의 역사
2. 담배의 구성

1. 담배의 역사

◎ 주요 내용

- 담배의 세계적 전파는 미 대륙에서 유럽 그리고 아시아 순으로 이어졌다는 것이 대체적인 시각이며 우리나라는 일본을 통해 17세기 정도에 들어온 것으로 추정된다.

● 담배의 세계적 전파는 미 대륙에서 유럽 그리고 아시아 순으로 이어졌다는 것이 대체적인 시각이며 우리나라는 일본을 통해 17세기 정도에 들어온 것으로 추정된다.

담배 또는 흡연은 언제부터 시작된 것일까? 약 B.C. 3000년경에 이집트사람들이 신에 대한 경배의 표시 또는 재래의식으로 달콤한 식물이나 유황(frankincense)을 태웠다는 기록이 있다. 그러나 연소를 통해 나오는 연기를 의식적 또는 무의식적으로 흡입할 수 있었더라도 오늘날 담배와 같이 기호품으로 이용되지는 않았던 것 같다. 오늘날 담배 또는 흡연이 문제가 되는 것은 결국 중독과 건강위해성이다. 따라서 담배와 흡연 역사는 중독성을 가져올 수 있도록 흡연 자체가 일상화되는 시기가 출발점이라고 할 수 있다.

담배 속(genes nicotina) 식물의 총칭인 Nicotiana에 속하는 *Nicotiana Tabacum*과 *Nicotiana Rustica*가 양육된 미 아메리카 대륙이 담배식물의 탄생지로 일반적으로 고려되고 있다. 이들이 언제, 어떻게 담배로 시작되었는지는 확인하기 어렵지만 인디언 부족이 재료의 연소를 통해 나온 향에 취하게 되어 처음으로 코를 통해 흡입하게 된 계기가 되었을 것으로 추정되고 있다. 지역적으로 가까운 멕시코를 거쳐 남미로 담배가 전파되었을 것으로 추정되고 있다. 또한 동시에 콜럼버스에 의한 1492년 아메리카 대륙 발견으로 <표 1-1>에서처럼 유럽을 비롯하여 전 세계에 여러 경로를 밟아 퍼져 나갔을 것으로 추정되고 있다. 아시아에는 1571년 에스파냐 (Espana, 스페인의 스페인 어명) 사람이 쿠바로부터 필리핀에 도입한 것이 처음이다. 중국에는 1600년 정도에 필리핀 또는 일본 그리고 타이완을 통해 처음 도입된 것으로 알려졌다. 이와 같이 담배의 전 세계적 전파는 미국 대륙에서 유럽 그리고 아시아로 이루어졌다는 것이 대체적인 시각이다. 우리나라는 조선 선조 때부터 인조 때까지 명관이며 석학이었던 이수광 의 『지봉유설』(1614년)에 담배에 대한 이야기가 처음으로 언급되었다. 지 봉유설에서 "담배 초명은 또한 남령초라고도 하는데 근세 왜국에서 비로 소 나오다."라고 밝히고 있다. 또한 조선 인조 때 장유의 저서인 『계곡만 필』도 일본에서 들어왔다고 전한다. 이와 같이 한국에 담배가 들어온 시 기와 경로에 대해서는 정확한 기록이 없지만 이들 문헌에 단편적으로 나 타난 기록을 종합하면 1608~1616년에 일본에서 들어왔다고 추정된다. 또한 특별한 기호품이 없었던 당시에 상하계급을 막론하고 급속히 퍼져 나가게 되었다. 특히 우리나라의 담배 피우는 습성은 대부분의 외국에서 처럼 흡연을 자연스러운 개인 기호행동으로 인식하여 누구나 함께 피울 수 있는 것과는 다르게 나이가 월등히 많은 윗사람과의 흡연은 자제하는 것이 특징이다. 이는 광해군이 담배를 아주 싫어하여 어전회의 때나 궁궐 에서 흡연을 금지한 데서 연유한다. 이것이 일반인들에게 널리 퍼져 오늘 날까지 어른이나 상전 앞에서 담배를 피우지 않는 관습이 형성되었을 것 으로 추정되고 있다. 우리나라에서 처음 생산된 담배는 민족해방을 기념 해 45년 9월 우리 기술로 제조된 '승리(Victory)'였다. <그림 1-1>은 영 국 런던에서 태어난 Frederick William Fairholt의 'Tobacco, its history and associations'(1859)에 실린 그의 그림이다.

<표 1-1> 담배의 전파 양상

아메리카대륙	
미 대륙(B.C. 6000)	최초로 담배 재배(약 B.C. 1세기). 아메리카 토착민 흡연 시작과 타바코 관장제 사용
쿠바(1492년)	콜럼버스가 타바코 담배를 발견하고 유럽으로 가져옴
산토도밍고(1531년)	유럽정착민들이 타바코 경작을 시작함
아메리카(1612년)	담배가 처음으로 상업적으로 경작됨
캐나다(1800년)	담배가 상업적으로 처음 경작됨
미국(1881년)	담배기계 발명
미국(1913년)	현대 담배의 탄생: RJ 레이놀즈, 카멜 상표 소개
미국(1994년)	담배회사들의 CEO들이 의회에서 니코틴이 중독성이 없다는 의견에 증언
오세아니아	
뉴질랜드(1969년)	선장 James Cook이 파이프 담배를 피면서 도착하자마자 악마라고 여겨져 물에 처박힘
호주(1788년)	처음 함대와 함께 타바코 도착
아프리카	
아프리카(1569년)	포르투갈과 스페인이 타바코를 중앙과 서아프리카로 확산되는 동부아프리카로 선적
서아프리카(1650s)	유럽정착민들이 타바코를 경작하고 화폐의 형태로 사용
아프리카(1700s)	미국: 아프리카 노예들이 면화 농장이 아닌 담배 농장에서 일하게 됨
유럽과 중동	
중동(1500s 초기)	터키인들이 이집트에 담배 최초로 소개
유럽(1558년)	타바코 식물이 유럽에 들어옴. 경작 시도는 실패
프랑스(1566년)	Jacques Nicot는 Catherine de Medici 여왕에게 편두통을 치료하기 위해 코담배를 보냄
잉글랜드(1614년)	7,000개의 타바코 상점이 Virginia 담배의 첫 판매와 함께 개시
러시아(1710년)	피터 대제는 신하들에게 매력적이고 고귀한 유럽인으로 보이기 위해 흡연과 커피 음용을 권장
영국(1833년)	인(phosphate) 마찰로 불을 낼 수 있는 성냥을 상업적으로 판매, 흡연을 더 편리하게 만듦
프랑스(1840년)	쇼팽의 연인인, the Baroness Dudevant가 여성으로서는 최초로 공공장소에서 흡연
아시아	
중국(1530~1600년)	일본이나 필리핀을 통해서 담배 소개
인도(1600년)	담배 소개됨
일본(1603년)	담배 사용이 정착
중국(1858년)	톈진 조약으로 중국에 담배가 면세로 수입되는 것이 허용
중국(1900년)	거의 대부분 외국의 담배 회사들이 진출
중국(1950년대)	주의 독점이 담배사업을 조절, 외국담배회사 배척

〈그림 1-1〉 A Smoking Club: Frederick William Fairholt의 'Tobacco, its history and associations'(1859)
에 실려 있는 작품. 파이프담배를 피우고 있는 모습

2. 담배의 구성

> ◎ 주요 내용
>
> - 담배의 종류는 크게 궐련(rolls of tobacco)과 파이프(pipe) 담배로 구분되며
>   무연담배의 씹는담배와 코담배 등이 있다.
> - 담배를 만드는 잎의 종류는 건조 및 변이체에 따라 다양하며 단독 또는 배합
>   을 통해 여러 종류의 담배로 제품화된다.

- 담배의 종류는 크게 궐련(rolls of tobacco)과 파이프(pipe) 담배로
  구분되며 무연담배의 씹는담배와 코담배 등이 있다.

WHO 정의에 의하면 흡연(smoking)이란 매일 혹은 가끔 담배를 피우는 것을 의미한다. 여기서 담배란 궐련(얇은 종이로 가늘고 길게 말아 놓은 담배를 뜻함)과 더불어 흡연 가능한 담배 생산품을 의미한다. 흡연 대상이 되는 담배의 종류는 연소를 위한 담뱃잎(담배의 잎)을 포장 또는 담는 용기에 따라 크게 궐련(rolls of tobacco)과 파이프(pipe) 담배로 구분되며 그 외 무연담배의 씹는담배와 코담배가 있다. 궐련은 얇은 종이로 가늘고 길게 말아 놓은 담배를 뜻한다. 궐련은 지궐련과 엽궐련으로 구분할 수 있다. 지궐련은 담뱃잎을 썬 후에 종이로 말아서 만든 담배이며, 엽궐련은 담뱃잎을 썰지 않고 통째로 말아서 만든 담배이다. <표 1-2>와 <그림 1-2>에서처럼 담배는 제조담배(cigarettes), 비디(bidies), 시가(cigars)와 크레텍(kreteks) 등이 있다. 파이프담배는 파이프로 피우기 위한 살담배(각연초 또는 엽연초<tobacco>: 수확한 담뱃잎을 말린 후 저장 및 숙성시킨 뒤 잘게 썰어서 가공, 처리한 것으로 담배의 가장 중요한 원료)를 뜻하며 궐련이 나오기 전까지 파이프로 흡연하는 방법이 가장 보편적이었다. 그 외 무연담배로 씹는담배(chewing tobacco), 코담배(snuff)와 Snus(스웨덴식 코담배) 등이 있다. 씹는담배는 원래 아메리카 인디언인 원주민들 중 한 종족에서 시작되었으며 20세기 초에 미국에서 대유행하였다. 일반적으로 18세기에는 코담배가 유행하였으며 19세기에는 시가의 시기였다. 그리고 20세기에는 궐련이 대세를 이루는 시기였다.

궐련은 19세기 영국에서 처음으로 손으로 만들어졌는데 1880년대 브라질에서 처음으로 궐련 제작이 기계화를 통해 이루어졌다. 이어서 전 세계적으로 보급되어 싼 가격과 간편성 때문에 흡연인구 증가를 유도하는 데 결정적인 역할을 하게 된다. 또한 각종 질환의 발생을 통해 흡연에 의한 건강에 대한 피해가 사회문제가 되기 시작한 계기가 되었다. 궐련에 필터를 붙이는 것은 1950년대 초에 미국에서 시작되었으며 필터를

| Cigarette | Cigar | Pipe tobacco |
| Chewing tobacco | Snuf tobacco | Snus |

〈그림 1-2〉 담배의 종류에 따른 상품: 제조담배(cigarettes), 시가(cigars), 파이프담배(pipe tobacco), 씹는담배(chewing tobacco), 코담배(snuff)와 Snus(스웨덴식 코담배)

통해 담배 속에 유해한 물질을 많이 여과시키는 목적이었으나 근본적인 문제로 별다른 효과는 없다. 1950년대에 생산된 담배의 50%가 필터담배였고 1970년대에는 70%, 현재에는 100% 필터가 부착되어 생산되고 있다.

〈표 1-2〉 담배의 종류 및 특성

담배의 종류	특 징
제조담배 (Cigarettes)	세계적으로 가장 보편화된 담배로 16세기부터 발전되기 시작하였으며 인류가 만든 생산품 중에서 가장 치명적이고 중독성이 강한 제품이다("Tobacco: deadly in any form or disguise" World no tobacco day 2006, WHO). 수백여 가지의 화학물질이 첨가되어있으며 필터가 장착, 종이로 쌓여져 있는 형태로 되어있다.
비디 (Bidies)	동남아시아나 중동 지역에서 주로 사용하는 담배로 마른 담뱃잎을 손으로 말아 끈으로 묶어 만든 담배이다. 함유하고 있는 담배의 양이 적지만 흡연 시 좀 더 강하게 빨아들여야 하기 때문에 일산화탄소나 타르를 일반 제조담배보다 더 많이 흡입할 수 있다.
시가 (Cigars)	담뱃잎 안에 마른 담배를 넣어서 말아놓은 것으로 여러 가지 크기와 형태로 만들어 진 것이다.
크레텍 (Kreteks)	정향(향신료, 약재로도 쓰이는 귀한 식물재료)담배이며 인도네시아에서 주로 사용하는 담배로 1880년경부터 기침약으로 사용하였다. 정향담배를 피울 때 나는 소리가 키레텍-키레텍하는 것 같아 그 소릴 따서 이름을 지었다.
파이프 (Pipe)담배	가시나무나 석판, 진흙 등 여러 가지 재료로 만든 그릇에 잘게 썬 담뱃잎을 담아서 관이나 물을 통해 흡연을 하는 방법이다.

담배의 종류	특 징
씹는담배 (Chewing tobacco)	씹어서 자극성 향가를 맛보는 무연담배. 담뱃잎을 끈이나 판모양으로 눌러 굳히고 감미, 색채 따위를 적당히 가하여 과자모양으로 만든다. 첨가제는 감초, 럼주, 계피, 육두구, 설탕 꿀, 향신료와 감미료 등이 있다.
코담배 (Snuff)	무연담배이며 거무스름한 화염 숙성 담배를 가루로 만든 것으로 코로 흡입하는 담배이다.
스웨덴식 코담배 (Snus)	무연담배, 작은 팩에 담배를 담아서 잇몸과 뺨 및 입술 사이에 물고 있는 담배이다.

또한 흡연의 유해성에 기인한 안전담배와 질환예방을 위한 약초담배 등의 기능성담배가 제품화되었다. 타르와 일산화탄소 니코틴을 줄여서 만든 담배로 Philip Morris 회사의 Next와 Accord, Reynolds 회사의 Eclipse, Japan Tobacco 회사의 AIRS가 있다. 특히 Eclipse는 간접흡연을 85~90% 정도 감소시킨다는 무연담배로 담배 맛만 날 뿐 재와 연기가 없다. 특히 목탄 꼬투리가 붙어 있어 불을 붙이면 첨가된 글리세린이 가열될 뿐 담배 자체는 타지 않는다. 그러나 글리세린이 탈 때 발암물질이 생성되는 우려도 있다. Accord는 길쭉한 라이터 모양의 기구에 대고 공기를 빨아들이면 마이크로칩이 그 호흡을 감지하여 담배에 열을 보내는 원리로 제품화되었다. 또한 재와 연기가 발생하지 않고 액정에 앞으로 몇 번 더 필 수 있는지 표시까지 해 준다. 성분 분석실험을 통해 일반 담배보다 83%의 독성물질이 감소되는 것으로 선전되고 있지만 더 많은 검증이 필요하다. 또한 약초담배는 기관지염 예방을 위한 기능성을 가진 중국의 중남해 제품이 있다.

- **담배를 만드는 잎의 종류는 건조 및 변이체에 따라 다양한 종류가 있으며 단독 또는 배합을 통해 여러 종류의 담배로 제품화된다.**

담배 속은 전 세계에 60여 종이 있지만 대부분 아메리카 열대 지방이 원산지이며 태평양 제도와 오스트레일리아에서 자생한다. 흡연용 담배 제조를 위해서 재배하는 종류는 2개 종인 *Nicotiana Tabacum*(주로 담배로 불리는 종)과 *Nicotiana Rustica*(루스티카 담배로 불리는 종) 등이 있다. 이 2종은 모두 남아메리카 안데스 산맥의 고산지대가 원산지이다. 루스티카 담배는 북아메리카 동부의 인디언들이 재배했고 지금은 터키, 러시아, 인도와 유럽의 몇몇 나라에서 재배되고 있다. 담배는 세계 각지의 온대 및 열대 지방에서 널리 생산되고 있는데 세계의 잎담배 총생산량은 증감을 반복하고 있다. 담뱃잎은 전 세계적으로 1971년 4.2백만 톤, 1992년 7.5백만 톤 그리고 1997년 5.9백만 톤이 생산되었다. 이와 같이 담뱃잎의 생산은 증가와 감소를 반복하면서 평균 6.7백만 톤이 매년 생산되었다. UN 식품농산물기구(Food and Agriculture organization of the UN)에 따르면 2010년에는 7.1백만 톤이 생산될 것으로 추정되고 있다. 현재 담뱃잎은 <그림 1-3>에서처럼 중국에서 전체의 39.6%, 인도에서 8.3%, 브라질에서 7.0% 그리고 미국에서 4.6%를 생산되고 있으며 터기, 짐바브웨, 인도네

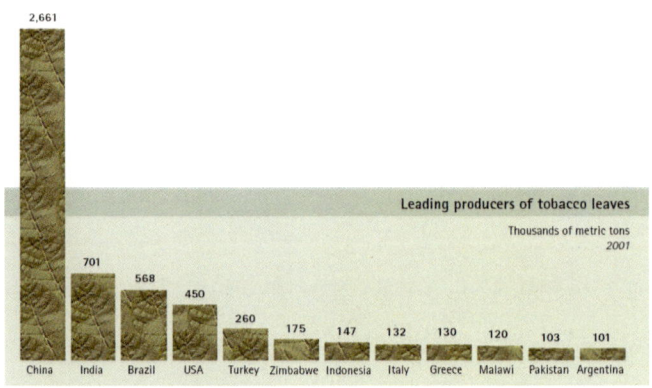

〈그림 1-3〉 주요 담배 재배국: 중국이 전체의 39.6%, 인도가 8.3%, 브라질이 7.0% 그리고 미국이 4.6%를 생산하고 있으며 전 세계 125개국 이상에서 생산하고 있다(참고: WHO Tobacco Free Initiative).

시아, 터키 그리고 한국 등 전 세계 125개국 이상에서 생산되고 있다.

담배를 만드는 잎의 종류에 따라 <표 1-3>에서처럼 황색종 담배(Brightleaf tobacco), 벌리종 담배(Burley tobacco), 오리엔트종 담배(Oriental tobacco), 엽권종 담배(Criollo tobacco) 그리고 관상엽 담배(Reconstituted leaves tobacco) 등이 있다. 그 외 페리큐 담배(Perique tobacco)를 비롯하여 Corojo, Perique, Shade tobacco, Thuoc lao, Type 22 Wild Tobacco, Y1 등의 담뱃잎이 있다. 담배제조를 위해 이들 잎들은 통 속에서 약 2년 정도 숙성된다. 황색종은 18~21개월, 벌리종은 21~24개월이며 대체적으로 나라마다 비슷한 기간으로 숙성된다. 이어 향료가 첨가되어 사일로에서 1, 2차 배합된 후 120~160℃ 정도의 열이 가열된다. 이후 절단, 건조, 냉각, 팽화 그리고 조화(향과 맛이 적절히 혼합된 균형) 과정을 거쳐 제품이 완성된다. 특히 담뱃잎은 유독성을 줄이거나 담배 생산의 원가절감을 위하여 팽화처리가 되기도 한다. 팽화처리(puffing)란 0.1초의 짧은 시간에 담뱃잎에 과열증기를 가하여 튀기는 것을 의미한다. 이러한 결과로 담뱃잎이 액체를 흡수하여 용적이 증대되는 형상이 나타나는데 이러한 증대를 팽화율이라고 한다. 팽화처리 후 담뱃잎의 팽화율은 55~79% 정도다. 팽화된 잎줄기로 만든 담배는 55%의 니코틴, 66%의 타르가 감소된다. 또한 이러한 담배는 균일하게 연소되어 담뱃불이 갑자기 꺼지는 현상을 방지하며 불티(일명 장작개비)를 예방한다. 예를 들어 같은 크기의 담배 '솔'은 0.73g이지만 팽화잎을 사용한 '디스'는 0.65g보다 적은 양의 담뱃잎이 사용되어 원료가 절감된다.

〈표 1-3〉 잎의 종류에 따른 담배의 종류

종 류	내 용
황색종 담배 (Brightleaf tobacco)	-1839년 미국 노스캐롤라이나 지역에서 최초 발견되었으며 열기건조방식으로 만든 잎담배, 니코틴 함량은 중간수준으로 부드러운 맛을 가진다. -버지니아 엽초라고도 한다.
벌리종 담배 (Burley tobacco)	-1864년 미국 오하이오 주에서 발견되었으며 잎이 초록이 아닌 변종 담뱃잎 개체로 white burley라고도 함 -흡수성이 강하여 씹는담배의 원료로 주로 쓰이거나 피는 담배에 혼합되어 이용된다.
오리엔트종 담배 (Oriental tobacco)	-햇볕에 자연건조로 생산된 담뱃잎으로 고급담배에 이용된다. -터키가 원산지이며 향이 강하다. -니코틴 함량은 적지만 연기가 많이 난다.
엽권종 담배 (Criollo tobacco)	-시가용 담뱃잎이다. -수분 함량이 약 50% 정도 되도록 담뱃잎을 물에 적신 후 약 10일간 발효하여 만든 담뱃잎이다. -발효 후 휘발성물질제거 과정과 뒤집기 과정을 통해 유해물질이 제거되는데 이러한 연유로 시가가 유해성이 낮다고 한다. -산소 흡수력과 보화력이 증진되면서 알칼리성을 갖게 된다.
판상엽 담배 (reconstituted leaves tobacco)	-재생담배라고도 하는데 사용이 불가한 잎담배의 부산물을 녹여서 추출한 용액을 펄프에 흡착시켜 만든 담배이다. -잎줄기 67%, 기타 부산물 23%, 그리고 보습제 10% 등으로 구성되어 만들어진다. -니코틴 함량이 낮고 우리나라 일부 담배에도 이용되는데 판상엽을 이용하여 니코틴과 타르 함량을 0%로도 할 수 있다.
	-향이 가장 강한 담뱃잎으로 파이프 담배용이다. -버지니아형 궐련에 약간 혼합되어 이용된다.

A) Leaf

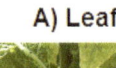

B) Air-cured

〈그림 1-4〉 Brightleaf tobacco의 잎(A)과 자연풍-건조(B): 담배제조를
위해 담뱃잎은 약 2년 정도 숙성된다. Air-cured: 자연풍 건조.

담배는 이러한 다양한 향과 니코틴 함량을 지닌 담뱃잎의 단독 또는 배합을 통해 <표 1-4>와 같이 미국형(American Blended Type), 영국형 (Virginia Type), 유럽형(European Type), 터키형(Turkish Type) 그리고 흑담배(Black Tobacco) 등 여러 형으로 구분된다. 우리나라의 경우에는 황색종, 버어리종, 오리엔트종 등의 담뱃잎이 배합(이와 같이 여러 종의 담배를 혼합하는 것을 blending이라고 함)되고 향이 어느 정도 첨가된 혼합형 담배인 미국형이 많다. 미국형 제품으로는 camel, marlboro, mild seven, raison 등이 있다.

〈표 1-4〉 담뱃잎 종류 및 배합에 따른 담배 종류

종 류	내 용
미국형 (American Blended Type)	−황색종, 버어리종, 오리엔트종을 배합한 후 중가향을 첨가한 혼합형 담배 −1913년 RJR사의 camel이 효시 −다양한 잎담배에서 발현되는 조화미와 경쾌한 감미가 특징 −니코틴 자극성이 가장 강함 −미국을 비롯한 거의 대다수 나라가 여기에 속하며 우리나라도 포함
영국형 (Virginia Blended Type)	−황색종을 주원료로 하고, 무가향 내지 경가향만 한 담배 −황색종 특유의 감미롭고 부드러운 맛이 나는 것이 특징 −Dunhill, Rothmans, Benson &Hedges 등의 회사제품
유럽형 (European Blended Type)	−오리엔트형이 주류를 이루었던 독일에서 2차 대전 이후 개발 −American type과 유사하지만 오리엔트엽을 20% 이상 사용 −경가향하여 오리엔트종 특유의 향이 많이 발현됨 −오스트리아의 Milde sorte, 불가리아의 BT, 독일의 HB 등의 회사제품
터키형 (Turkish Blended Type)	−다양한 산지의 오리엔트엽을 배합한 무가향 담배 −터키, 그리스, 이집트 등지에서 성행했으나 점차 감소 추세
흑담배 (Black Tobacco)	−프랑스에서 생산되는 흑색의 발효엽을 주원료로 사용하여 강한 맛이 특징 −프랑스, 스페인, 아프리카 등지에서 성행했으나 감소 추세 −강한 담배

이와 같이 담배는 담뱃잎의 종류에 따라 분류되는데 향의 첨가 유무도 분류 및 맛을 내는 데 중요한 역할을 한다. 특히 향은 담배의 맛을

좌우하며 회사마다 기밀로 분류하고 있다. 그러나 향료는 맛뿐 아니라 담배의 기능성도 고려하여 첨가된다. 일반적으로 설탕은 연기의 쓴맛을 완화시키기 위하여 첨가되며 글리세린(glycerin)은 담배의 수분을 유지시켜 주는 보습작용을 위하여 첨가된다. 또한 흡연 시 후두의 자극과 그 강도를 낮추기 위해 시트르산(citric acid)이나 알락산(alaxan, ibuprofen의 상품명) 같은 유기물을 첨가하기도 한다. 그 외 연소 시 자극성 물질을 해소하기 위하여 감초, 코코아, 자두와 건포도 등의 추출물이 첨가되기도 한다.

또한 담뱃잎 그리고 향료 이외의 담배를 구성하는 재료는 <그림 1-5>에서처럼 필터(filer plug), 궐련지(cigarette paper)와 더불어 팁페이퍼(tipping paper)가 있다. 필터는 끽연 시 각초가 입에 들어오는 것을 방지할 뿐 아니라 담배연기 성분 중 타르, 니코틴, 가스성분 등을 여과함으로써 담배 맛을 순화하는 역할을 한다. 필터는 재질에 따라 아세테이트 필터(acetate filter plug), 종이 필터(paper filter), 탄소 필터(charcoal filter) 등이 있다. 특히 아세테이트 필터는 아세테이트 섬유인 토우(tow)를 균일하게 펴서 가소제를 뿌려 만들어진다. 아세테이트 필터는 전 세계에서 사용하는 대부분 담배의 필터이며 우리나라도 이를 이용하여 담배가 만들어진다. 또한 기계적 필터(mechanical filter)는 담배연기의 속도를 떨어뜨리거나 여과 면적을 더 넓혀서 유해 성분을 낮추려는 목적으로 개발되어 미국의 True나 Doral 등의 제품에 응용되고 있다.

궐련지는 담배를 싸고 있는 종이를 의미한다. 궐련지는 담배와 함께 연소되므로 품질에 영향을 미치는 정도 역시 크다. 보통 마가 주성분이며 영국, 스페인 등지에서 처음 만들어졌다. 미국, 프랑스에서 생산된 궐련지가 질이 좋은 것으로 평가되고 있으며 우리나라는 전량 수입한다. 궐련지를 붙이는 접착제의 주성분은 전분이며 연소성을 향상시키기 위해 조연제라는 인산암모늄을 사용하는데 타르와 일산화탄소의 발생을 감소시키는 역할까지도 한다. 팁페이퍼는 담배와 필터를 이어 주는 종이를 말하며 외관을 향상시키는 역할도 하므로 도안 및 색상이 중요하다. 근래에는 천공 팁페이퍼의 사용이 증가하고 있는데 이는 팁페이퍼용으로 제조된 원지를 천공(미세한 구멍)한 다음에 알맞은 규격으로 절단하여 담배와 필터를 이어 준다. 천공 정도에 따라 담배의 전반적인 품질에 영향을 미치게 되는데 대체적으로 타르의 성분을 희석시켜 주는 역할도 하며 구멍이 많으면 흡입저항이 떨어져 빨리 탄다.

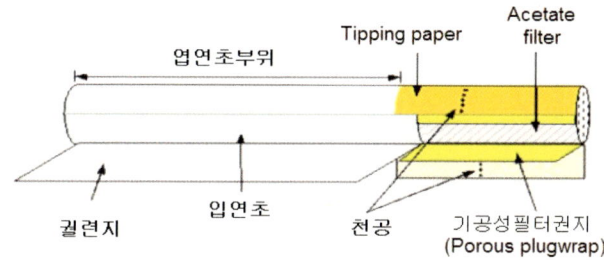

〈그림 1-5〉 담배의 구성: 담배는 엽연초 부위와 필터 부위로 구분된다. 엽연초 부위는 정상적인 연소 부위로 다양한 종류의 담뱃잎으로 혼합된 엽연초(tobacco)와 궐련지가 있다. 엽연초 부위와 필터 부위를 잇는 종이를 팁페이퍼(tipping paper)라고 하며 필터는 천공되어 있고 필터권지로 쌓여 있다.

이와 같이 담배는 담뱃잎과 향료뿐 아니라 이를 구성하는 필터, 궐련지와 더불어 팁페이퍼 등이 있다. 이들은 담배 맛에 있어서 결정적인 역할을 하기 때문에 이를 고려하여 선택된다. 따라서 이들은 담배 맛을 구성하는 중요한 요소이다. 담배의 맛을 기계로 측정하여 숫자나 등급으로 나타내 주는 기술은 아직 개발되지 않았다. 따라서 담배 맛은 전적으로 숙련된 인간의 관능으로 평가되는 관능검사에 의해 확인된다. 담배의 맛으로는 일반적으로 담배연기가 목구멍을 통과할 때 톡 쏘는 경쾌감으로 나타내지만 관능검사는 〈표 1-5〉와 같이 후각, 미각과의 조화 등 다양한 항목을 통해 이루어진다.

<표 1-5> 담배의 관능검사 항목

종 류	내 용
향미	담배에 불을 붙이기 전에 맡을 수 있는 외향. 불을 붙일 때 발생하는 연기-후각
끽미	연기를 혀와 구강의 수액(침)을 통해 느끼는 감각-미각
완화성	흡연 시 입안을 쏘는 자극의 강도이며 담배연기의 자극이 약할 때 완화성이 큰 것으로 정의
조화미	향과 맛이 적절히 혼합된 균형을 의미
뒷맛	흡연 후 여운과 입안에 남아 있는 맛으로 오미-달고, 쓰고, 맵고, 짜고, 신맛 등으로 표현
중후함	끽연 욕구의 만족감과 연기의 농도

제2장
흡연율과 사회 – 경제적 특성

1. 흡연의 특성에 있어서 세계적 경향
2. 우리나라의 흡연 특성
3. 담배의 경제학
4. 담배소송

1. 흡연의 특성에 있어서 세계적 경향

◎ 주요 내용

- 전 세계적으로 흡연인구는 2010년 현재 약 12억 명으로 추정되고 있다.
- 각국 흡연율의 특성은 흡연유행(smoking epidemic)의 4단계를 통해 설명이 가능하다. 특히 이러한 유행의 4단계는 국가의 담배산업 활성화 및 금연에 대한 국가적 인식과 정책에 의해 크게 좌우된다.
- 선진국의 흡연율은 감소하고 개발도상국의 흡연율은 증가한다. 이러한 현상은 선진국의 금연에 대한 범국가적 정책, 경제무역 측면 그리고 중국과 인도의 흡연율 등 3가지에 의한 세계적 흡연의 특성이 좌우된다.
- 흡연율은 개인의 경제적 상황뿐 아니라 교육수준에 의해 영향을 받는데 고수입 및 고학력일수록 흡연율이 낮다.
- 장기 흡연가 중 90% 정도는 18세 이전에 흡연을 시작하며 흡연시작 연령이 낮아지고 있는 추세이다.
- 여성흡연의 특성은 흡연율 감소폭이 낮고 남성흡연의 특성은 양상 젊은 여성의 높은 흡연율 등으로 나타난다.

● 전 세계적으로 흡연인구는 2010년 현재 약 12억 명으로 추정되고 있다.

　전 세계적인 흡연인구에 대한 추정은 조사마다 차이가 있다. WHO에 의해 추정된 2000년 흡연인구는 11억 명 이상이었다. 이를 기준으로 흡연율의 상승이 지속될 경우에 2010년에는 약 14억 5천 명, 2025년에는 15억에서 19억 명으로 추정되고 있다. 만약 수입이 약 2% 정도 상승하면 매년 1% 정도 흡연율이 감소되는데 이를 바탕으로 2010년 또는 2025년에는 각각 약 13억 명 정도 흡연자의 수가 추정되고 있다. 일반적으로 영어 사용국에서 시작된 금연정책을 시작하기 전인 1990년대 중반까지 흡연율은 거의 변화가 없었다. 이후로 서구국가를 중심으로 흡연율이 낮아지기 시작했지만 2010년 현재 여전히 전 세계적으로 흡연인구가 11~12억 명 정도로 추정되고 있다. 그러나 2002년 WHO 보고에 의하면 매년 전 세계적으로 젊은 성인 3천만 명이 새롭게 흡연을 시작하는 것으로 조사되었다.

<표 2-1>은 2008년 WHO에 의해 발간된 '세계흡연실태 보고서(WHO Report on the Global Tobacco Epidemic, 2008)'에서 자료 획득이 가능한 각 국의 남녀 흡연율을 나타낸 것이다. 일반적으로 현재 흡연율(smoking prevalence)이란 최근 30일 동안 하루 이상 흡연한 사람의 비율을 의미하지만 조사마다 흡연에 대한 기준에 차이가 있다. 총 조사대상 194개국 중 135개국의 자료를 연령보정(age-standardized) 후 흡연율에 대한 비교가 이루어졌다. 흡연율은 조사 당시에 모든 형태의 흡연을 포함한 자료이다. 자료가 확보된 135개국의 남자 평균흡연율은 35.6%, 여자 평균흡연율은 14.1% 그리고 남녀 평균흡연율은 24.9%이었다. 표의 자료를 통해 남자흡연율 50% 이상인 국가가 18개국, 30~50%인 국가가 83개국, 10~30%가 51개국이며 반면에 여자흡연율 50% 이상 국가가 1개국, 30~50%인 국가가 13개국 그리고 10~30%인 국가가 118개국이었다. <표 2-2>는 전 세계에서 흡연율이 가장 높거나 가장 낮은 5개국의 남녀 흡연율을 조사한 것이다. 전 세계에서 남자흡연율이 가장 높은 나라는 러시아로 2008년 정부 발표에 의하면 남성흡연율은 60% 이상, 여성흡연율 역시 40% 정도에 육박하여 남녀 평균 50%를 넘는 것으로 조사되었다. 여성흡연율이 가장 높은 나라는 나우루(Nauru: 하와이에서 남서쪽으로 약 3,900km 떨어져 있는 남서태평양 상의 공화국)로 전체 인구 12,000명 중 50% 이상이 흡연하는 것으로 조사되었다.

<표 2-1> 각 나라의 남녀 성인흡연율(95% 신뢰구간)

Country	Male [%]	Error [±%]	Female [%]	Error [±%]
Afghanistan	no data	no data	no data	no data
Albania	40.5	13.3	4	3.3
Algeria	29.9	2.5	0.3	0.2
Andorra	36.5	5.7	29.2	5.2
Angola	no data	no data	no data	no data
Antigua and Barbuda	no data	no data	no data	no data
Argentina	34.6	3.55	25.4	3.05
Armenia	55.1	7.95	3.7	2.35
Australia	27.7	3.4	21.8	3.25
Austria	46.4	2.15	40.1	1.95
Azerbaijan	no data	no data	0.9	0.55
Bahamas	no data	no data	no data	no data
Bahrain	26.1	3.75	2.9	1.7
Bangladesh	47	8.9	3.8	1.45
Barbados !	18.4	8.4	3	1.65
Belarus	63.7	10.35	21.1	6.2
Belgium	30.1	3.1	24.1	2.1
Belize	no data	no data	no data	no data
Benin	no data	no data	no data	no data
Bhutan	no data	no data	no data	no data
Bolivia	34.1	7.6	29.2	3.5
Bosnia and Herzegovina	49.3	6.55	35.1	6.15
Botswana	no data	no data	no data	no data
Brazil *	no data	no data	no data	no data
Brunei	no data	no data	no data	no data
Bulgaria	47.5	8.25	27.8	8.1
Burkina Faso	22	1.95	11.2	1.4
Burundi	no data	no data	no data	no data
Cambodia	40.5	5.05	6.5	0.65
Cameroon	12.6	4.15	2.2	1.8
Canada	no data	no data	no data	no data
Cape Verde	no data	no data	no data	no data
Central African Republic	no data	no data	no data	no data
Chad	16	5.05	2.6	2.1

Country	Male [%]	Error [±%]	Female [%]	Error [±%]
Chile	42.1	8.45	33.6	5.35
China	59.5	11.8	3.7	0.65
Colombia	no data	no data	no data	no data
Comoros	27.7	4	13.5	3.85
Congo	12.1	4.2	1	1
Cook Islands	36.1	9.15	20	6.15
Costa Rica	26.1	4.15	7.3	1.55
Croatia	38.9	1.8	29.1	1.15
Cuba	43.4	17.1	28.3	6.75
Cyprus	no data	no data	no data	no data
Czech Republic	36.6	6.6	25.4	7.45
Côte d'Ivoire	15.4	1.7	2.4	0.6
Democratic Republic of theCongo	13.5	4.75	2.6	2.2
Denmark	36.1	2	30.6	1.9
Djibouti	no data	no data	no data	no data
Dominica	no data	no data	no data	no data
Dominican Republic	17.5	7.25	13.3	3.65
Ecuador	23.9	3.15	5.8	1.15
Egypt	28.7	2.25	1.3	0.5
El Salvador	no data	no data	no data	no data
Equatorial Guinea	no data	no data	no data	no data
Eritrea	16.9	2.6	1.2	0.65
Estonia	49.9	2.7	27.5	2.15
Ethiopia	7.6	1.3	0.9	0.45
Fiji	23.6	4.9	5.1	1.25
Finland	31.8	2.35	24.4	2
France	36.6	0.8	26.7	0.7
Gabon	no data	no data	no data	no data
Gambia	29.3	2.25	2.9	0.6
Georgia	57.1	8.7	6.3	3.85
Germany	37.4	2.55	25.8	1.55
Ghana	10.2	1.5	0.8	0.4
Greece	63.6	7.55	39.8	5.15
Grenada	no data	no data	no data	no data
Guatemala	24.5	3.95	4.1	0.95
Guinea	no data	no data	no data	no data

Country	Male [%]	Error [±%]	Female [%]	Error [±%]
Guinea – Bissau	no data	no data	no data	no data
Guyana	no data	no data	no data	no data
Haiti	no data	no data	no data	no data
Honduras	no data	no data	3.4	1.5
Hungary	45.7	7.35	33.9	9.35
Iceland	26.1	2.45	26.6	2.4
India	33.1	6.4	3.8	1.2
Indonesia	65.9	8	4.5	0.5
Iran	29.6	5.45	5.5	1.75
Iraq	25.8	4.2	2.5	1.65
Ireland	26.5	5.15	26	3.35
Israel	31.1	4.85	17.9	10.65
Italy	32.8	2.4	19.2	1.45
Jamaica	20.8	9	9.2	2.9
Japan	44.3	8.9	14.3	2.25
Jordan	62.7	9.15	9.8	5.8
Kazakhstan	43.2	8.25	9.7	3.35
Kenya	27.1	3.15	2.2	0.8
Kiribati	no data	no data	no data	no data
Korea, North	58.6	2.5	no data	no data
Korea, South	**53.3**	**15.8**	**5.7**	**1.1**
Kuwait	no data	no data	no data	no data
Kyrgyzstan	46.9	8.45	2.2	0.85
Laos	65	8.05	15.6	1.2
Latvia	54.4	8.75	24.1	3.2
Lebanon	29.1	4.9	7	4.25
Lesotho	no data	no data	no data	no data
Liberia	no data	no data	no data	no data
Libya	no data	no data	no data	no data
Lithuania	45.1	7.2	20.8	2.85
Luxembourg	39.1	3.7	30.3	2.95
Macedonia	no data	no data	no data	no data
Madagascar	no data	no data	no data	no data
Malawi	23.7	2.75	6.2	1.7
Malaysia	54.4	7.2	2.8	0.85
Maldives	44.5	8.4	11.6	3.75

Country	Male [%]	Error [±%]	Female [%]	Error [±%]
Mali	19.5	1.9	2.8	0.85
Malta	32.8	4.45	24.5	3.45
Marshall Islands	no data	no data	no data	no data
Mauritania	22.3	2.4	3.7	0.8
Mauritius	35.7	3.8	1.1	0.5
Mexico	36.9	7.25	12.4	3.5
Federated States of Micronesia	no data	no data	no data	no data
Moldova	45.8	7.35	5.8	1.65
Monaco	no data	no data	no data	no data
Mongolia	45.8	13.7	6.5	1.75
Montenegro	no data	no data	no data	no data
Morocco	29.5	2.25	0.3	0.2
Mozambique	22	2.25	3.4	0.9
Myanmar	46.5	5.9	13.6	1.3
Namibia	38.6	3.9	10.9	1.5
Nauru	46.1	9.45	52.4	11.3
Nepal	34.8	6.55	26.4	8.4
Netherlands	38.3	0.95	30.3	0.85
New Zealand	29.7	4.1	27.5	4.35
Nicaragua	no data	no data	no data	no data
Niger	no data	no data	no data	no data
Nigeria	13	1.75	1.2	0.45
Niue	no data	no data	no data	no data
Norway	33.6	4.55	30.4	4.05
Oman	24.7	3.8	1.3	0.9
Pakistan	35.4	6.75	6.6	2.3
Palau	38.1	10.05	9.7	4.6
Panama	no data	no data	no data	no data
Papua New Guinea	no data	no data	no data	no data
Paraguay	33	3.85	14.8	2.15
Peru	no data	no data	no data	no data
Philippines	42	5.25	9.8	0.9
Poland	43.9	8.7	27.2	9.05
Portugal	40.6	5.5	31	4.15
Qatar	no data	no data	no data	no data
Romania	40.6	6.8	24.5	7.15

Country	Male [%]	Error [±%]	Female [%]	Error [±%]
Russia	70.1	11.05	26.5	7.4
Rwanda	no data	no data	no data	no data
Saint Kitts and Nevis	no data	no data	no data	no data
Saint Lucia	28.9	12.1	12.1	3.9
Saint Vincent and the Grenadines	no data	no data	no data	no data
Samoa	58.3	12.8	23.4	6.85
San Marino	no data	no data	no data	no data
São Tomé and Príncipe	23.2	12.8	10.6	11.9
Saudi Arabia !	25.6	3.75	3.6	2.15
Senegal	19.8	2.35	1.5	0.7
Serbia	42.3	4.9	42.3	4.9
Seychelles !	35.2	5	7	2.65
Sierra Leone	no data	no data	no data	no data
Singapore *	no data	no data	no data	no data
Slovakia	41.6	7	20.1	5.75
Slovenia	31.8	6.1	21.1	4.95
Solomon Islands	no data	no data	no data	no data
Somalia	no data	no data	no data	no data
South Africa	27.5	3.5	9.1	1.8
Spain	36.4	4.2	30.9	3.7
Sri Lanka	30.2	5.8	2.6	0.95
Sudan	no data	no data	no data	no data
Suriname	no data	no data	no data	no data
Swaziland	14.6	2.65	3.2	1.05
Sweden	19.6	1.05	24.5	1.1
Switzerland	30.7	2.55	22.2	1.8
Syria	44	26.35	no data	no data
Tanzania	24.8	2.6	4.3	1.15
Tajikistan	no data	no data	no data	no data
Thailand	39.8	4.75	3.4	0.15
Timor－Leste	no data	no data	no data	no data
Togo	no data	no data	no data	no data
Tonga	61.8	12.9	15.8	4.45
Trinidad and Tobago	36.4	14.6	7.6	2.4
Tunisia	51	2.8	1.9	0.65
Turkey	51.6	7.55	19.2	11.35

Country	Male [%]	Error [±%]	Female [%]	Error [±%]
Turkmenistan	no data	no data	no data	no data
Tuvalu	no data	no data	no data	no data
Uganda	20.9	2.55	3.2	0.85
Ukraine	63.8	10.2	22.7	6.2
United Arab Emirates	26.1	5.15	2.6	2.05
United Kingdom	36.7	1.15	34.7	1.05
United States	26.3	3.15	21.5	3.5
Uruguay	37.1	4.45	28	4
Uzbekistan	24.2	4.55	1.2	0.5
Vanuatu	49.1	10.2	8.1	2.55
Venezuela	32.5	5.85	27	5.9
Vietnam	45.7	6.05	2.5	0.75
West Bank and Gaza Strip	no data	no data	no data	no data
Yemen	no data	no data	no data	no data
Zambia	21.7	2.75	5	1.5
Zimbabwe	25.5	3.2	4.4	1.35
135개국 평균 흡연율	35.6%		14.1%	남녀평균: 24.9

(참고: WHO Report on the Global Tobacco Epidemic 2008, pp.278 - 287)

이와 같이 2008년 WHO에 의해 발간된 '세계흡연실태 보고서'를 통해 각국의 흡연율의 비교에 의한 특성을 확인할 수 있으나 근래에 있어서 그 나라의 정확한 흡연의 특성이 반영되지 않고 있다

○ 미국: 2005년에 전체 미국성인 중 4,510만 명인 약 20.9%가 흡연가로 추정되고 있다. 이들 중 약 80.8%가 매일 흡연하며 19.2%가 비주기적으로 흡연한다. 흡연율은 인구집단의 특성에 따라 큰 차이가 있다. 남성의 흡연율은 23.9%인 반면에 여성의 경우에는 18.1%이다. 인종별 흡연율은 아메리카 인디언과 알래스카 원주민이 32.0%, 비-히스페닉계 백인이 21.9%, 비-히스페닉계 흑인이 21.5%, 아시아인이 13.3% 그리고 히스페닉계 16.2%로 인종별 차이가 있음을 알 수 있다. 주별 흡연율에 차이가 있는데 Kentucky, West Virginia, Oklahoma 그리고 Mississippi 순으

로 높으며 Idaho, California 그리고 Utah 순으로 흡연율이 낮았다. 미국의 흡연율은 1965년에서 2006년까지 42%에서 20.8%로 감소되었다. 그러나 청소년의 흡연은 매년 1백만 명씩 새롭게 나타나며 여성흡연이 증가하고 있기 때문에 흡연율 감소에도 불구하고 미국의 담배산업은 감소되지 않고 있는 실정이다.

○ 영국: 2002년 건강실태조사를 통해 본 성인흡연율은 26%였다. 그러나 2007년에는 약 4%가 감소한 22%이었으며 흡연인구는 1,370만 명으로 추정되었다. 사회경제적으로 최상층의 흡연율은 14%이었으며 최빈곤층의 흡연율은 34%이었다.

○ 캐나다: 2002년 캐나다 통계청의 1985~2001년 흡연율 조사에 따르면 15~24세 연령층을 제외한 여성 및 남성의 모든 연령층에서 흡연율이 감소하였다. 1994~1995년에서 2001년 사이 흡연율은 28.5%에서 22.5%로 감소되었으나 청소년의 흡연율은 감소되지 않았다. 2008년도의 캐나다에서 흡연율은 약 18% 정도이었다.

○ 이스라엘: 과거 10년(1994~2004년) 동안 이스라엘 흡연율은 약 30% 정도로 일정하게 유지되었다. 그러나 여성흡연율은 1998년 25%에서 2003년 18% 정도로 감소하였다. 청소년흡연율은 1주일 1번 이상의 흡연기준을 통해 2001년에 약 14% 정도이었다. 2009년도 흡연율은 2001년 34%에서 크게 감소되어 약 20.9% 정도이었다.

○ 독일: 2005년 흡연율은 27%인데 이 중 약 23%(남자 28%, 여자 19%)를 제외한 약 4% 정도는 불규칙 흡연을 하는 사람들의 비율이다. 가장 흡연율이 높은 연령층은 20~24세이었으며 남자 38%, 여자 30% 정도이다. 청소년흡연율은 유럽에서 가장 높은데 15세 남자 청소년의 25%, 15세 여자 청소년의 27%가 흡연을 하고 있는 것으로 조사되었다. 의대 학생들 중 영국에서는 남자 10.9%, 여자 9.1% 흡연율과 비교하여

독일에서는 남자 25.1%, 여자 20.6% 정도로 2006년에 조사되었다.

○ 일본: 담배예찬론이 성행하던 1960년대 이전의 일본남성흡연율은 80%를 초과하였으나 담배의 폐해가 강조된 70년대부터 계속 감소되는 추세이다. 일본 후생성 발표에 따르면 <그림 2-1>에서처럼 2005년 남성흡연율이 45.8%에서 2010년 36.6%로 약 10% 정도 감소하였으며 전체 흡연율 역시 동 기간 5~6% 감소한 것으로 나타났다. 그러나 여성흡연율은 증감을 반복하며 서구 선진국보다 다소 낮지만 우리나라보다 약 2배 정도인 2010년 현재 12.1% 정도이다.

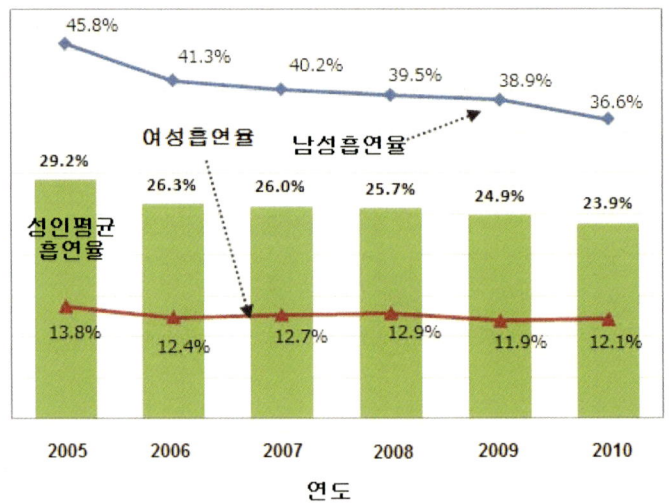

〈그림 2-1〉 일본의 성인흡연율 변화 추이: 일본의 흡연율은 남성은 감소추세이
지만 여성의 경우에는 우리나라의 2배 정도로 높은 수준을 유지하고 있다.

○ 중국: 세계 최대의 담배 생산국이며 '흡연천국'이다. 중국은 세계 담배제조량의 3분의 1을 생산하는 동시에 3억 2,000만 명 이상의 흡연인구가 있다. 2010년 중국에서는 매년 100만 명이 흡연 관련 질병으로 사망하고 있다. 중국의 흡연율이 이러한 수준으로 유지될 경우 2020년까

지 매년 220만 명으로 증가하여 향후 가장 큰 흡연 피해국이 될 것으로 추정되고 있다. 2009년 중국의 위생부 조사에 따르면 15세 이상 남성흡연율이 60% 정도로 높다. 특히 젊은 층 및 청소년흡연율이 높은데 남자 대학생 중 46%, 남자 고등학생 중 45%, 남자 중학생 중 34%가 담배를 피우는 것으로 조사되었다. 여성흡연자도 갈수록 늘고 있는데 도시 여성의 23.3%가 담배를 피운 적이 있다고 응답하였다. 중국은 2008 베이징 올림픽 이후 공공장소에서 흡연규제를 강화했으며 한 지방도시는 담배를 못 끊은 간부들에게 '출근 금지령'을 내리는 등 각종 대책을 강구하고 있지만 흡연 인구는 쉽게 줄어들지 않고 있다.

〈표 2-2〉 세계에서 가장 높은 흡연율과 가장 낮은 흡연율 5개국

	가장 높은 나라 5개국		가장 낮은 나라 5개국	
	남자	여자	남자	여자
1	Russia	Nauru	Nigeria	Azerbaijan
2	Indonesia	Serbia	Cameroon	Ethiopia
3	Laos	Austria	Congo	Ghana
4	Ukraine	Greece	Ghana	Algeria
5	Belarus	Bosnia and Herzegovina	Ethiopia	Morocco

- **각국 흡연율의 특성은 흡연유행(smoking epidemic)의 4단계를 통해 설명이 가능하다. 특히 이러한 유행의 4단계는 국가의 담배산업 활성화 및 금연에 대한 국가적 인식과 정책에 의해 크게 좌우된다.**

전 세계적 수준에서 대략적인 흡연율의 분포를 <그림 2-2>와 <표 2-3>에 나타냈다. <그림 2-2>는 2008년 WHO에 의해 발간된 '세계 흡연실태 보고서'를 기초로 하여 작성된 자료이며 <표 2-3>은 WHO 의 Tobacco or health 조사(1995)를 기초로 World bank가 2007년에 작성한

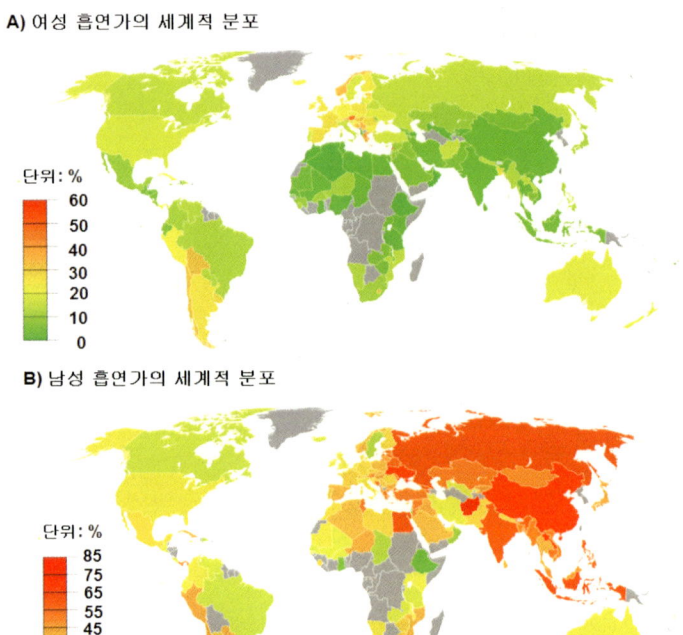

A) 여성 흡연가의 세계적 분포

단위: %

B) 남성 흡연가의 세계적 분포

단위: %

〈그림 2-2〉 남녀 성인흡연율의 세계적 분포: 각 색깔은 남성 또는 여성의 흡연율을
나타낸다. 회색은 자료가 없는 나라를 표시. 여성보다 남성 흡연율이 전 세계적으
로 높다는 것을 알 수 있으며 특히 동아시아와 러시아의 흡연율이 높다는 것을 확
인할 수 있다(참고: WHO Report on the Global Tobacco Epidemic 2008).

자료이다. 두 자료를 비교하여 어떤 결론을 얻기에는 어려움이 있지만
동아시아 및 러시아 지역에서의 남성흡연율이 상대적으로 높다는 것을
확인할 수 있다.

또한 World Health Organization. Tobacco or health 조사에 따라 흡연율
의 증가와 감소에 영향을 주는 다양한 요인을 통해 흡연의 유행(epidemic)
변화를 4단계로 설명한다. <그림 2-3>에서처럼 흡연의 유행은 4단계
로 구분된다. 제1단계에서의 특성은 남성흡연율이 급격하게 증가하는
상황이다. 제2단계에서는 여성흡연율이 증가하며 특히 남성흡연율의

50% 또는 그 이상으로 증가한다. 제3단계에서는 남성흡연율의 증가가 정체되거나 다소 감소되는 경향이 있다. 또한 여성흡연율의 증가가 정체되는 시기이다. 제4단계는 여성흡연율이 감소되며 남성흡연율 역시 감소한다. 특히 4단계에서 담배에 의한 사망이 최고점에 달한다. 이와 같이 단계가 높으면 높을수록 폐암을 비롯한 흡연과 관련한 질병이 높다.

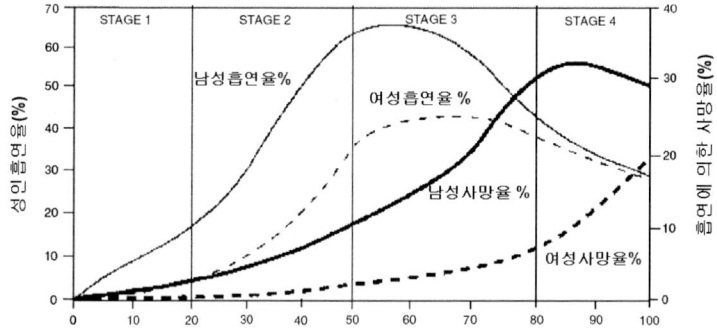

⟨그림 2-3⟩ 흡연 유행의 4단계: 제1단계에서의 특성은 남성흡연율이 급격하게 증가하는 상황이다. 제2단계에서는 여성흡연율이 증가하는데 남성흡연율의 50% 또는 그 이상 증가한다. 제3단계에서는 남성흡연율이 증가하는 것이 멈추게 되며 다소 감소하는 경향이 있다. 여성흡연율의 증감이 정체되는 시기이다. 제4단계는 여성흡연율의 증감이 정체되거나 감소하며 남성흡연율 역시 감소한다.

    <표 2-3>에서처럼 사하라 남 아프리카지역은 다른 지역과 비교하여 상대적으로 흡연율이 낮은 21% 수준이다. 그러나 담배를 생산하는 다국적 기업들이 이들 나라를 담배 생산기지로 설정하고 있다. 이는 결국 담배경제의 활성과 이들 지역 국민들의 흡연에 대한 접근성이 높아 흡연의 유행단계로의 진입을 유도할 수 있다. 이와 같이 담배와 관련된 산업의 활성화로 인하여 급격하게 흡연인구가 증가되는 단계가 유행의 1단계이다. 유행의 1단계를 통해 흡연인구의 증가로 흡연율이 다른 국

<표 2-3> 흡연의 지역적 특성

지역	흡연율(%)			총 흡연자 수	
	남성	여성	총 비율	흡연자 수(백만)	전체 흡연자 중 비율
동아시아 및 태평양 지역	59	4	32	401	35
동유럽 및 중앙아시아	59	26	41	148	13
남아메리카 및 카리브 해	40	21	30	95	8
중동아시아 및 북아프리카	44	5	25	40	3
남아시아	40	4	22	182	16
사하라 사막 이남 아프리카	33	10	21	67	6

- 연령 15세 이상에서의 흡연자 수와 성 차이
- World Health Organization, Tobacco or health 조사(1995)를 기초로 World bank가 2007년 작성

가 및 지역과 비교하여 훨씬 높은 최고율을 나타내는 단계가 유행의 2단계이다. <표 2-3>에서처럼 남성흡연율이 50%가 넘는 동아시아와 동유럽의 많은 국가, 44%의 북아프리카 그리고 라틴아메리카 등이 유행의 2단계에 속한다. 이들 국가의 대체적인 특징은 담배의 위해성에 대한 인식이 낮고 담배 및 흡연에 대한 범국가적 정책이 미흡한 것이다. 유행의 3단계는 흡연관련 질병에 대한 건강교육과 공중시설에서의 흡연제재 등 국가적 정책을 통해 금연의 사회적 분위기가 확산되면서 흡연율이 서서히 감소하는 추세의 단계이다. 유럽과 남유럽의 많은 나라들이 이 단계에 속하는데 담배로 인한 사망률은 증가하지만 과거흡연가의 수가 증가하는 특징이 있다. 마지막으로 유행의 4단계는 국가적 금연정책뿐 아니라 흡연-관련 질병 관리정책을 통해 남성과 여성흡연율이 더욱 더 많이 감소되면서 흡연에 의한 사망률이 정점에서 서서히 감소되는 단계이다. 북부 및 서부 유럽 국가, 북아메리카, 그리고 오스트레일리아 등이 이 단계에 해당된다. 흡연과 관련된 질병 관리에 있어서 광범위한 국가적 프로그램을 실행하는 것이 특징이며 대표적으로 핀란드가 있다. 이와 같이 각국 흡연율의 증가와 감소는 유행의 4단계를 통해 설명이

가능하다. 또한 국가의 담배 산업 활성화 및 금연에 대한 국가적 인식 및 정책에 의해 크게 좌우된다는 것은 흡연에 있어서 유행의 4단계를 통해 분석이 가능하다.

- **선진국의 흡연율은 감소하고 개발도상국의 흡연율은 증가한다. 이러한 현상은 선진국의 금연에 대한 범국가적 정책, 경제무역 측면 그리고 중국과 인도의 흡연율 등 3가지에 의한 세계적 흡연의 특성에 좌우된다.**

전 세계적 흡연율은 조사 기관마다 차이가 있으며 미래의 흡연인구 및 흡연율 역시 차이가 있다. 전 세계적 흡연인구가 2010년에 11억~12억 명 정도로 추정되고 있다. 또한 흡연인구가 지속적으로 증가하면 10명 중의 1명이 흡연에 의해 사망하던 것이 2030년에는 6명 중의 1명이 흡연으로 사망할 것으로 추정되고 있다. 그러나 흡연의 세계적 흐름 특성에 있어서 무시할 수 없는 점은 2020년에 전 세계적으로 흡연에 의해 죽는 사람 중 70%가 개발도상국에서 발생할 것으로 추정되고 있다. 이는 시간이 갈수록 흡연율은 개발도상국에서는 증가하고 선진국에서는 감소하는 현상에 기인한다.

<그림 2-4>는 1970년, 1980년대 그리고 1990년대 등 초반 3년간 성인 1인당 연간 소비되는 담배 개비 수에 대한 선진국과 개발도상국의 비교이다. 선진국에서의 담배 소비가 80년대까지 증가하지만 90년대 들어 감소한다. 반면에 개발도상국의 담배 소비는 70년대, 80년대 그리고 90년대 등을 통해 꾸준히 증가하고 있다. 이러한 이유는 선진국의 금연에 대한 범국가적 정책, 경제무역 측면 그리고 중국과 인도의 흡연율 등 3가지가 고려된다. 선진국들은 1980년대 들어 금연에 대한 국가적 정책

의 효과를 통해 1990년대에는 흡연율이 상당히 감소하였다. 앞서 미국의 예에서처럼 20세기 중반 50%가 넘는 흡연율이 1991년에 약 28% 정도로 급격하게 감소하였다. 또한 미국의 담배제품 개방에 대한 무역 압력이 개발도상국의 흡연율을 높이게 되는 계기가 되었다. 1980년 후반에 미국의 담배에 대한 무역개방 압력으로 담배 수입을 개방한 한국을 비롯한 태국, 타이완 그리고 일본 등 국가에서 1991년 흡연율이 무역개방 이전의 흡연율과 비교하여 약 10% 이상 증가되었다. 또한 선진국의 다국적 기업들이 담배 생산기지를 개발도상국에 꾸준히 설치하고 있는데 이는 개발도상국의 담배-관련 산업 활성화를 유도하여 개발대상국에서의 흡연율을 증가시키는 직접적인 요인이 되었다. 또한 개발도상국에서의 흡연율 증가의 또 다른 이유는 세계인구의 33%를 차지하는 중국과 인도의 흡연율에 기인한다. 이들 흡연율은 전 세계 흡연인구의 40%(12억의 세계 흡연인구로 추정할 때 중국은 3억 명, 그리고 인도는 1억 2천 명)를 차지하며 꾸준히 흡연율이 증가하고 있어 개발도상국의 흡연율 증가의 중요한 요인이 된다. 특히 80년대와 90년대에 선진국의 담배 생산량과 소비량이 각각 1.7%, 0.6% 감소한 반면 중국이 오히려 담배 생산량과 소비량이 각각 10.3%, 7.2%가 증가한 것은 중국의 거대한 흡연인구와 흡연율이 개발도상국의 흡연율에 크게 영향을 주는 요인으로 쉽게 추정이 가능하다. 2001년 WHO의 보고서에 따르면 전 세계 연간 담배 소비량은 5조 5,000억 개비인데 이 중 약 30%가 중국에서 소비된다. 중국 역시담배회사의 많은 다국적기업이 진출하여 있으며 이 역시 개발도상국의 흡연율을 상승시키는 원인이 된다. 이러한 추세로 가면 선진국의 지속적이고 강력한 금연정책과 더불어 2020년에는 전 세계 흡연인구의 90%가 개발도상국에 분포할 것으로 추정되고 있다.

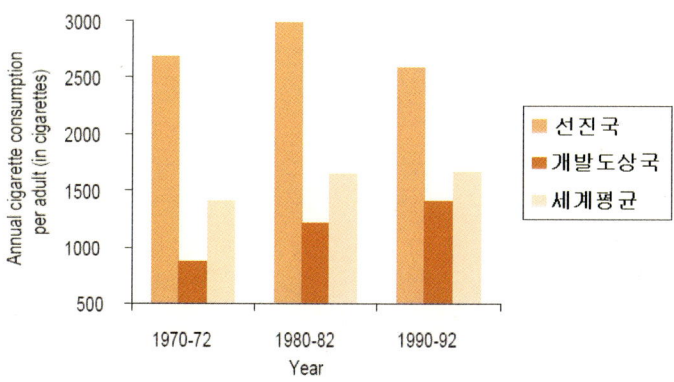

〈그림 2-4〉 선진국 및 개발도상국의 연대별 담배소비 비교: 선진국의 담배소
비는 갈수록 감소하지만 개발도상국의 담배소비는 갈수록 증가한다(The world bank
group, Economics of tobacco).

● 흡연율은 개인의 경제적 상황뿐 아니라 교육수준에 의해 영향을 받
　는데 고수입 및 고학력일수록 흡연율이 낮다.

　국가의 선진화 정도뿐 아니라 개인의 경제적 상황 역시 흡연율에 영
향을 준다. 미국의 2007년 조사에 따르면 연방정부기준의 빈곤층에 속
하는 인구는 1천4백여 명으로 이들의 흡연율은 29%인 반면에 빈곤층보
다 높은 수입을 가진 바로 상위층의 흡연율은 20% 정도이었다. 경제적
상황과 관련하여 남자흡연율 조사에서 빈곤층의 2/3 정도의 남자가 흡
연을 하는 반면에 빈곤층의 바로 위의 층은 23%에 불과하였다. 여자흡
연율은 빈곤층에서 26%, 바로 위의 층은 18% 정도로 빈곤층과 비교하
여 낮았다.

　교육수준 역시 개인의 흡연에 중요한 영향을 준다. <그림 2-5>는
교육수준별 인도의 흡연율을 나타낸 것이다. 교육을 전혀 받지 못한 층
의 흡연율은 64%, 6년 이하 교육받은 층 58%, 6~12년 교육받은 층은
42%, 그리고 12년 이상인 대학교육 이상의 층은 21%로 교육 정도에 따

라 3배 정도의 흡연율이 확인되었다. 이러한 교육수준이 높을수록 흡연율이 낮은 것은 모든 국가에서 공통적으로 나타나는 현상이다.

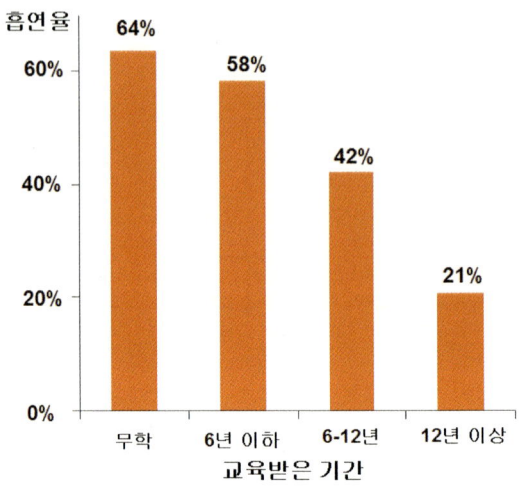

〈그림 2-5〉 교육받은 기간에 따른 흡연율: 교육받은 기간이 길면 길수록 흡연율은 유의하게 감소한다(The world bank group, Economics of tobacco).

● 장기 흡연가 중 90% 정도는 18세 이전에 흡연을 시작하며 흡연시 작 연령은 낮아지고 있는 추세이다.

전 세계의 청소년(13~15세) 중 매일 80,000명에서 100,000명 정도가 흡연을 시작하며 전체 흡연가 5명 중 1명이 이 연령층에 해당되는 것으로 추정되고 있다. 특히 전 세계적으로 13~15세 흡연율이 20~30%로 추정되고 있는데 <그림 2-6>에서처럼 러시아, 동남아시아와 남아메리카의 일부 국가에서는 30% 이상의 높은 흡연율을 보여 주고 있다. 전체 흡연가 중 80% 이상이 25세 이전에 흡연을 시작하지만 대체적으로 10% 정도를 제외한 장기간 흡연을 해 온 대부분의 사람은 18세 이전에 흡연

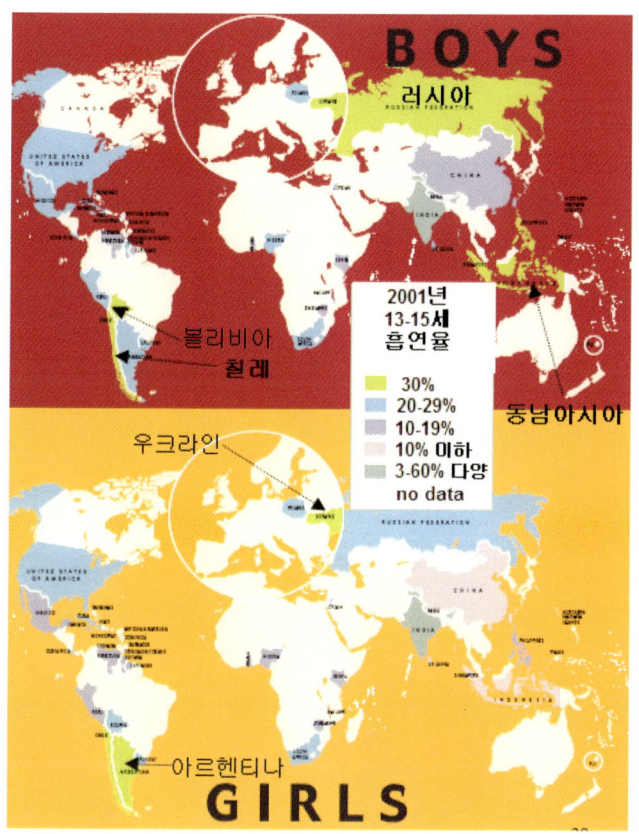

〈그림 2-6〉 전 세계의 13~15세 연령층의 흡연율 분포: 특히 전 세계적으로 13~15세 흡연율이 20~30%로 추정되고 있는데 러시아, 동남아시아와 남아메리카의 일부 국가에서는 30% 이상의 높은 흡연율을 보여 주고 있다(참고: WHO Tobacco Free Initiative).

을 시작하는 것으로 추정되고 있다. 그러나 가나, 그라나다, 인도, 자메이카, 페루와 폴란드 등 일부 국가에서는 청소년 흡연가 중 약 30% 이상이 10세 이전에 흡연을 시작하는 것으로 추정되고 있다.

미국의 약물오용과 건강에 대한 국립조사(National Survey on Drug Use and Health)에 따르면 미국에서 18세 이하 약 4,000여 명이 매일 첫 흡연을 하며 1년에 새로운 흡연자가 730,000명 정도 출현하는 것으로 조사되었다. 미국에서 2009년 조사에 의하면 지난 30일 동안 흡연한 청소년은 만 14세가 6%, 만 16세가 13% 정도로 확인되었다. 흡연의 시작연령이 중요한 이유는 ① 흡연에 의한 질병 및 사망에 대한 보다 높은 위험성, ② 중독 및 헤비스모거(heavy smoker, 1일 25개비 이상 흡연)가 될 확률이 높다는 점, ③ 금연의 어려움 등 세 측면에 기인한다. 장기 흡연가들의 50~66% 정도가 흡연에 의해 사망을 하는데 흡연 시작연령이 빠르면 빠를수록 흡연에 의한 사망률이 높다는 것이 확인되었다. 즉 15세 이전 흡연을 시작한 장기 흡연자들은 이후 시작한 사람들보다 사망 위험성이 2배 이상으로 추정된다. 또한 15세 이전의 흡연은 'pediatric disease(소아 질병)'을 유발한다. 또한 흡연의 시작연령이 빠르면 빠를수록 니코틴 중독에 훨씬 민감하다. 조사에 의하면 15세 이하의 청소년들은 불과 1~2개비 정도 흡연을 통해서도 담배 피우고 싶은 욕구를 유도하는 것으로 알려졌다. 이러한 점은 청소년들에게 있어서 약간의 흡연이라도 니코틴 중독을 유발할 수 있다는 점에서 청소년의 중독 한계량에 해당되는 흡연수준이 없다는 것을 의미한다. 금연에 대한 어려움 역시 흡연의 시작연령에 의해 영향을 받는다. 연구에 의하면 15세 이하 청소년들은 불과 담배 100개비 정도 후에 금단증상이 나타나는 것으로 추정되고 있다. 또한 13~15세 사이에 흡연을 시작하면 흡연으로 사망할 확률이 50% 정도인 것으로 추정되고 있다.

흡연의 시작연령이 빠르면 빠를수록 부정적인 결과를 유도하는 것에도 불구하고 흡연을 시작하는 연령이 낮아지고 있다는 것이 세계적 흐름이다. <그림 2-7>의 A는 90년 중반에 조사된 미국, 인도 그리고 중국의 흡연 시작연령에 대한 누적 분포인데 대략적으로 15~19세 사이의 흡연율은 20% 전후로 추정되고 있다. 미국의 경우, 1952~1961년 사이에 태어난 사람군과 1910~1914년 사이에 태어난 사람군의 15~19세 흡연

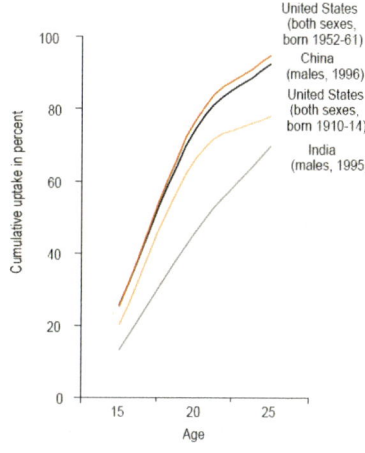

A) 연령에 따른 흡연율의 누적분포

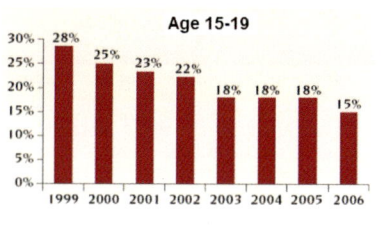

B) 흡연의 시작연령(15-19세)에서 의 흡연율 추이

〈그림 2-7〉 **연령별 흡연율의 누적분포와 흡연 시작연령에서의 흡연율 변화:** 흡연의 시작
연령은 대략적으로 15세 전후이며 25세 이전에 80% 이상이 흡연을 시작한다. 흡연의 시작연령
(15~19세)에서의 흡연율은 선진국에서는 감소하는 경향이 있지만 흡연 시작연령은 점차적으로
낮아지고 있다(참고: A: The world bank group, B: Brownrigg).

시작비율의 비교를 통해 전자가 후자보다 훨씬 높다는 것을 알 수 있다.
이는 현대에 오면서 흡연 시작연령이 훨씬 앞당겨진다는 것을 의미한
다. 또한 중국 역시 1996년에 조사된 자료에 의하면 15~19세 사이에서
흡연 시작비율이 높다는 것을 알 수 있다. 그러나 미국의 비교에서처럼
대체적으로 흡연 시작연령이 선진국일수록 빠르다는 것이 대체적 견해
이다. 또한 <그림 2-7>에서처럼 선진국은 강력한 청소년 흡연정책에
의해 청소년 15~19세 사이의 흡연율이 낮아지고 있다. 그러나 흡연을
시작하는 연령이 점점 낮아지는 것 역시 청소년 흡연의 중요한 특성이다.
　청소년들의 조기 흡연에 있어서 가장 영향을 주는 것은 광고이다. 그
러나 1978년 어린이 및 청소년을 대상으로 담배마케팅을 한 회사를 미
국 보건성이 고발한 이후부터 비흡연자에 대한 보호법과 더불어 담배광
고에 대한 규제가 시작되었다. 그러나 담배회사는 <그림 2-8>에서처

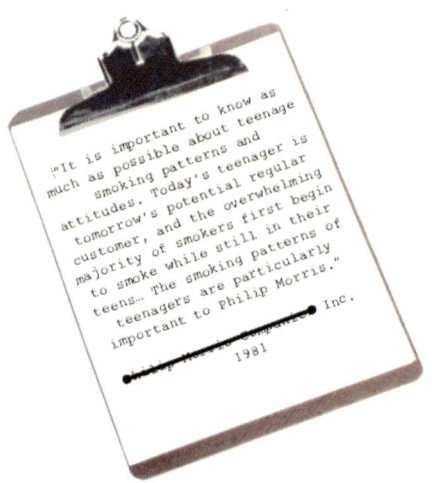

<그림 2-8> 담배회사의 내부문건: 청소년은 미래 담배소비를 위한 주요 소
비자이며 이들의 특성에 대한 이해는 광고에 있어서 중요한 자료임을
강조하는 내용이다(참고: WHO Tobacco Free Initiative).

럼 내부적으로 청소년이 회사 자체의 존립과 관련하여 미래의 잠재적
소비자로서 가장 중요하므로 또한 교묘한 마케팅 전략을 마련하고 있
다. 특히 담배회사는 청소년 금연교육 프로그램을 만들어 청소년들의 흡
연 특성을 조사하기도 하였다. 연구에 의하면 아울렛스토어 등 상점에
서 담배광고를 접하는 청소년들이 흡연을 시도할 가능성이 높아진다는
연구결과가 나왔다. 조사결과에 따르면 담배 진열이 노출된 상점에 자
주 출입하는 청소년들은 그렇지 않은 경우보다 흡연을 시작할 가능성이
2배 이상 높은 것으로 밝혀졌다. 이와 같이 민감성이 높은 청소년에게
흡연 관련 노출은 흡연에 큰 영향을 준다. 현재 대부분의 나라에서는 신
문 및 TV 등 매체에서 담배광고를 할 수 없도록 오래전부터 법제화되어
있다. 캐나다에서는 담배가 외부에 노출되지 않도록 법제화하였으며 미
국에서는 편의점, 주유소와 식료잡화점 등에서 담배회사의 마케팅 상술
을 규제하는 방안을 적극 검토할 것에 대해 정부에 압력을 가하고 있다.

또한 청소년들의 조기흡연을 막기 위하여 2009년 미국에서는 'Family Smoking Prevention and Tobacco Control Act(가족흡연예방과 담배규제법)' 이 제정되었다. 이 법의 주요 내용은 담배 및 흡연과 관련하여 어떠한 제품에도 향기 등을 내는 첨가물을 넣을 수 없다는 것이다. 이 법은 17세 및 이하 청소년 흡연자들이 25세 이상의 흡연자들보다 3배 이상 담배향에 더 민감하게 반응하여 흡연을 유도한다는 것에 기초하여 제정되었다. 그러나 멘톨(menthol)의 첨가는 예외이다.

● 여성흡연의 특성은 흡연율 감소폭이 낮고 남성흡연의 특성은 양상 젊은 여성의 높은 흡연율 등으로 나타난다.

2008년 WHO에 의해 발간된 '세계흡연실태 보고서(WHO Report on the Global Tobacco Epidemic, 2008)'에 따르면 앞서 언급한 것처럼 여자흡연율 50% 이상 국가가 1개국, 30~50%인 국가가 13개국 그리고 10~30%인 국가가 118개국이다. 남성흡연율과 비교하여 각국의 여성흡연율은 <그림 2-9>에서처럼 나라마다 차이가 크다.

여성의 흡연율에서 가장 중요한 특징은 지난 40~50년 동안 남성흡연율은 20~30% 정도 감소하였는데 여성흡연율은 감소폭이 작고 최근 들어서는 흡연율에 변화가 없다는 것이 첫 번째이다. 이러한 측면은 특히 사회경제적 지위가 낮은 여성에 있어서 확연히 나타난다. <그림 2-10>은 영국 통계청에서 조사된 영국의 남성 및 여성의 흡연율 변화에 대한 추이를 나타낸 것이다. 여성 흡연율의 변화가 없다는 특성과 더불어 두 번째 특성은 여성흡연율의 경향이 사회경제적 지위에 따라 남성과 그 간격이 갈수록 좁아지고 있다는 것이다. 이는 여성흡연의 패턴이 사회경제적 측면에서 남성과 유사한 측면으로 진행되고 있다는 것을 의미한다.

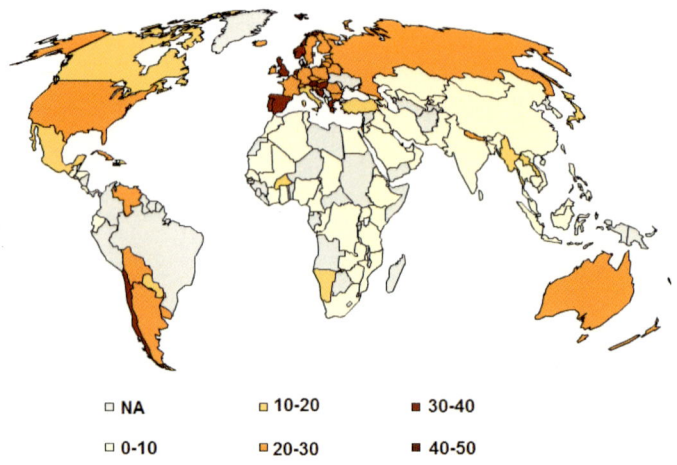

〈그림 2-9〉 세계 각국의 여성흡연율 분포: 여자흡연율 50% 이상 국가가 1개국, 30~50%인 국가가 13개국 그리고 10~30%인 국가가 118개국이다(참고: WHO Tobacco Free Initiative).

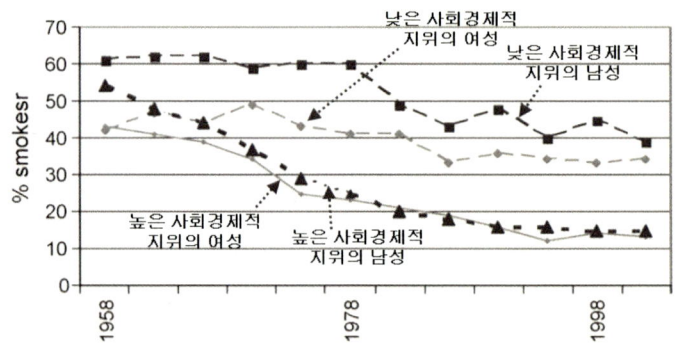

〈그림 2-10〉 사회경제적 지위에 따른 남성 및 여성의 흡연율의 40년 변천 과정: 여성흡연의 패턴이 사회경제적 측면에서 남성과 유사한 측면으로 진행되고 있다(참고: Hilary).

여성의 흡연율에서 세 번째 특성은 젊은 여성들이 흡연율이 높다는 것이다. <그림 2-11>은 1987년 스페인에서 조사된 16세 이상 여성을 대상으로 흡연율이 조사된 결과이다. 전 연령의 평균 여성흡연율은 21% 정도

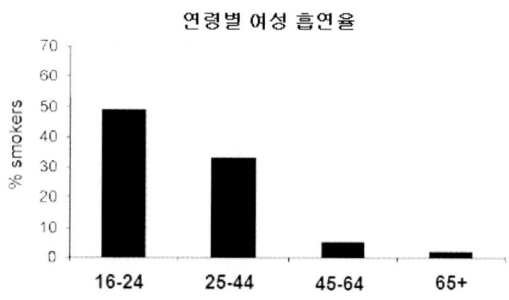

〈그림 2-11〉 스페인의 연령별 여성흡연율: 젊은 여성층
일수록 흡연율이 높다(참고: Hilary).

이지만 16~24세 사이 연령층의 흡연율은 약 50%, 25~44세 사이 흡연율
은 약 30% 정도이다. 이는 16세에서 44세 사이 여성들이 대부분 흡연을
한다는 것이며 또한 젊은 여성층일수록 흡연율이 높다는 것을 의미한다.

여성흡연율이 가장 급속도로 증가하고 있어 주목을 받는 나라가 러시
아이다. 1980년대 중반 남녀 흡연율이 각각 48%와 5%에 비해 2010년도
현재 남성 65%, 여성 30% 정도가 흡연을 하고 있다. 특히 러시아에서의
여성흡연율의 변화는 1991년 소비에트 연방 붕괴 이후 확연히 나타난
다. <그림 2-12>에서처럼 러시아 여성들의 흡연율이 1994년까지는

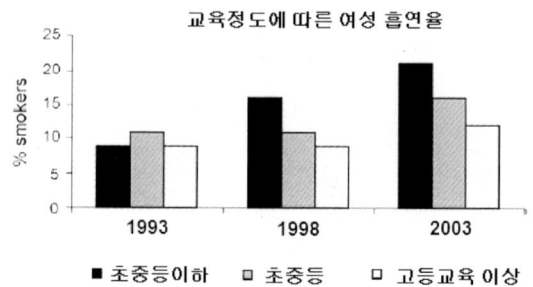

〈그림 2-12〉 러시아의 여성흡연의 특성: 특히 러시아에서의 여성흡연율
은 1991년 소비에트 연방 붕괴 이후 대대적인 담배광고에 의해 교
육 정도에 관련이 없이 1993년과 비교하여 2003년에는 2배 이상
증가하였다(참고: Hilary).

7%에 불과하였지만 2003년에는 15% 정도로 2배 이상 증가하였다. 이는 담배회사들의 여성 공격적인 마케팅에 기인한다. 실제로 소비에트 연방 시절에는 담배광고 자체가 없었으나 연방 붕괴 이후 1990년대 중반에는 대대적인 담배광고가 이루어졌다. 또한 <그림 2-12>에서처럼 교육수준이 낮을수록 흡연율이 높지만 담배광고가 대대적으로 이루어진 후 교육 정도에 상관없이 흡연율이 증가되었다는 것을 보여 준다.

2. 우리나라의 흡연 특성

◎ **주요 내용**

- 우리나라 성인흡연율의 특성은 남성의 경우는 기타 선진국보다 높으나 여성의 경우는 훨씬 낮다는 점이다.
- 우리나라의 연령별 흡연율 비교에 있어서 30대 남성에서 가장 높다.
- 우리나라 여성흡연율은 20대에서 가장 높으며 임산부흡연율은 약 3% 정도이다.
- 흡연시작의 평균 연령은 20.8세이지만 흡연의 시작연령이 갈수록 낮아지고 있다.
- 최근의 청소년 흡연 형태는 3가지 중요한 특징인 ① 매일 흡연을 하는 청소년 비율의 증가, ② 하루 10개비 이상 흡연량의 증가, ③ 흡연의 시작연령이 낮아지고 있는 점 등으로 요약된다.

한국갤럽조사연구소와 한국금연운동협의회의 2008년 흡연실태조사에 따르면 전체 흡연자 중 91.8%는 '하루 한 개비 이상 담배를 피우는 것'으로 나타났다. 또한 전체 흡연자의 82.7%가 하루 한 갑 이하로 흡연을 하며 한 갑 이상(21개비 이상) 담배를 피우는 흡연자는 17.3%로 조사되었다. 매일 담배를 피우는 습관성 흡연자는 흡연자 중 남자 94.1%, 여자

71.8%이었다. 우리나라 전체 흡연자의 하루 평균 흡연량은 18.2개비이다. 연령별 일일 평균 흡연량은 50대에서 20.3개비로 가장 많으며, 20대가 15.3개비로 가장 적었다. 평균 총 흡연기간은 19.4년으로 흡연기간이 '11~20년'이라는 응답이 26.3%로 가장 많았으며 그 다음으로 6~10년(21.4%), 21~30년(20.1%), 31년 이상(17.5%) 그리고 5년 이하(14.7%) 순으로 나타났다.

- **우리나라 성인흡연율의 특성은 남성의 경우는 기타 선진국보다 높으나 여성의 경우는 훨씬 낮다는 점이다.**

2008년 보건사회연구원의 조사에 따르면 효율적이고 효과적인 금연 정책 수립을 위한 정확한 흡연실태조사가 필요함에도 불구하고 현재 조사기관별로 결과가 제각각이어서 문제라고 지적하고 있다. '우리나라 성인흡연실태조사 체계의 비교' 보고서에서 만 19세 및 20세 이상 성인

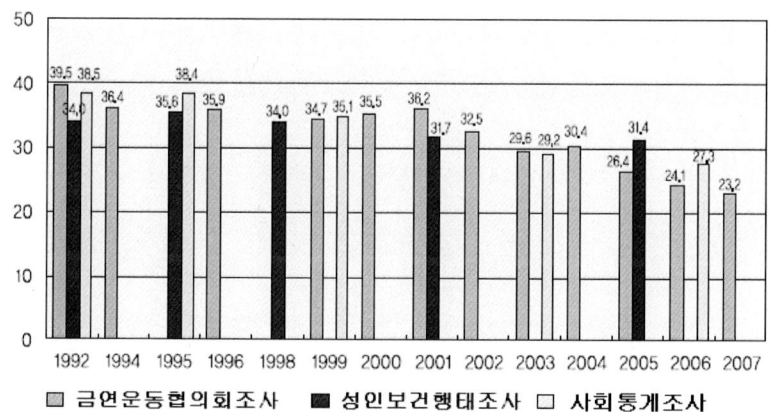

〈그림 2-13〉 조사기관에 따른 성인흡연율 변화의 추이: 지난 15년 동안의 성인흡연율은 크게는 16.3%에서 작게는 2.6% 정도의 흡연율 감소경향이 있다(참고 이영미: 우리나라 성인흡연실태조사 체계의 비교).

흡연율에 따르면 <그림 2-13>에서처럼 금연운동협의회조사, 국민건강영양조사와 사회통계조사 등에 의해 2006년 및 2007년도에 각각 27.3%에서 23.2% 정도이다. 2009년 12월 한국갤럽조사연구소와 한국금연운동협의회에 의해 만 19세 이상 성인흡연율에 대한 조사에 따르면 성인흡연율이 23.6%인 것과 비교하여 2007년에서 2010년 사이 성인 전체 흡연율은 다소 감소되는 경향은 있으나 큰 차이가 없을 것으로 추정된다. 그러나 지난 15년 동안의 성인흡연율에 대한 변화 추이를 보면 각 조사기관마다 차이가 있지만 크게는 16.3%에서 작게는 2.6% 정도의 흡연율 감소경향이 뚜렷하게 나타나는 것으로 확인할 수 있다.

<그림 2-14>는 2010년 보건복지부에 의해 발표된 자료로 남녀 성인흡연율의 특성을 잘 나타내 준다. 성인 남성흡연율은 2005년에서 2009년까지의 지난 5년간 9% 감소하였으며 여성흡연율은 오히려 약 0.6% 증가하였다. 보건복지부의 2010년 조사 보고서에 따르면 2009년

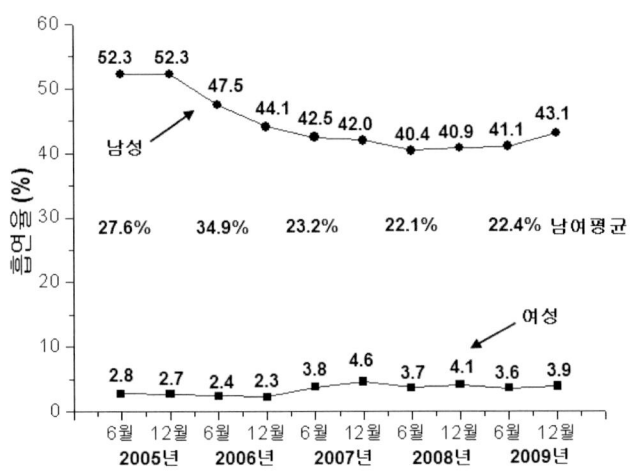

〈그림 2-14〉 우리나라의 남녀 성인흡연율 연도별 변화 추이: 성인 남성흡연율은 2005년에서 2009년까지의 지난 5년간 9% 감소하였으며 여성흡연율은 오히려 약 0.6% 증가하였다.

남성 성인흡연율은 43.2%, 여성은 3.9%이다.비록 지난 5년간 여성흡연율이 증감을 반복하지만 다소 증가되는 추세이다.

그러나 2011년 발표된 보건복지부의 2010년 12월 조사에서 성인 남성 흡연율이 39.6%이었다. 이는 조사이후 30% 대로 진입하는 첫 성인 남성 흡연율이다. 특히 40·50대 남성의 흡연율이 큰 폭으로 줄은 반면에 20, 30대 남성들은 오히려 흡연율이 증가해 대조를 이룬 것으로 조사되었다. 특히 40대와 50대서 큰 폭으로 남성흡연율이 감소한 것이 특징이다. 40대 남성 흡연율은 2010년 상반기 50.0%에서 43.3%, 50대 남성은 흡연율이 41.5%에서 31.3% 등으로 큰 폭으로 감소했다. 반면 젊은 층의 흡연율은 증가세를 보였다. 30대 남성 흡연율은 48.5%에서 52.2%로 3.7%포인트 증가했으며 20대 남성은 38.2%에서 40.9%로 흡연율이 늘었다. 성인 여성의 경우 흡연율은 2.2%로 2010년 상반기 2.8%보다 소폭 감소했다. 20대 여성의 흡연율은 5.8%로 다른 연령대에 비해 높은 것으로 드러나 남성, 여성 모두 젊은 층을 대상으로 적극적인 흡연예방 대책이 시급하다는 지적되고 있다.

그러나 2010년 보건복지부의 자료에 따르면 <표 2-4>에서처럼 다른 나라와 비교하여 우리나라 성인흡연율에서 중요한 특성 중 하나는 남성흡연율은 높고 여성흡연율은 낮다는 것을 알 수 있다. 우리나라 여성흡연율은 비교를 위하여 2007년 기준의 여성흡연율을 보정하여 5.3% 정도로 추정하였을 때 다른 나라의 여성흡연율 최저인 일본 12.7%, 최고인 프랑스 21.0% 그리고 OECD 평균인 18.7%와 비교하여 현저하게 낮다. 반면에 남성흡연율은 이들 국가들의 18%에서 최고 40.2%로 OECD 평균 28.4%와 비교하여 우리나라는 45% 정도의 높은 남성의 성인흡연율을 나타내고 있다. 따라서 남녀 성인흡연율의 특징에 있어서 선진국과 비교하여 남성흡연율은 월등히 높고 여성흡연율은 상당히 낮다는 점이다. 이는 국가의 금연정책이 어떻게 이루어져야 하는지를 시사한다.

〈표 2-4〉 선진국과 우리나라 성인흡연율 비교(단위: %)

국가	남성	여성	전체
한국	45.0	5.3	25.3
일본	40.2	12.7	26.0
미국	17.1	13.7	15.4
캐나다	20.3	16.0	18.4
호주	18.0	15.2	16.6
프랑스	30.0	21.0	25.0
OECD 평균	28.4	18.7	23.4

출처: OECD Health Data 2009(한국은 2007년 국민건강영양조사 제4기 자료임)

● **우리나라의 연령별 흡연율 비교에 있어서 30대 남성에서 가장 높다.**

우리나라 남성흡연율에서 가장 높은 연령군은 30대이다. <그림 2-15>의 한국갤럽조사연구소와 한국금연운동협의회의 2008년 흡연실태조사에 따르면 2006년 12월 시점에서 20대 44.3%, 30대 54.9%, 40대 43.7%, 50대 36.4% 그리고 60대 21.7%로 연령층 비교에서도 30대에서 흡연율이 높다는 것을 알 수 있다. 이처럼 30대에서 가장 높은 이유는 사회적 흡연의 분위기와 환경에 따라 흡연율이 연령별로 유의하게 감소하지만 30대에서는 큰 변화가 없다는 것이다. 또한 2005년 3월부터 2006년 12월까지 30대를 제외한 모든 연령군에서 10% 이상 유의하게 흡연율이 감소하는 경향이 있는데 30대는 1~2%의 감소에 불과하였다. 이러한 남성 30대의 높은 흡연율은 전체 성인흡연율에도 영향을 준다. 보건복지부의 2010년 하반기의 흡연실태조사 결과에서 20대 25.6%, 30대 28.4%, 40대 25.3%, 50대 19.3%, 60대 16.0%에서도 30대의 흡연율이 전체 성인흡연율과의 비교에서 가장 높다. 따라서 30대 남성흡연율이 연령별 비교에서 가장

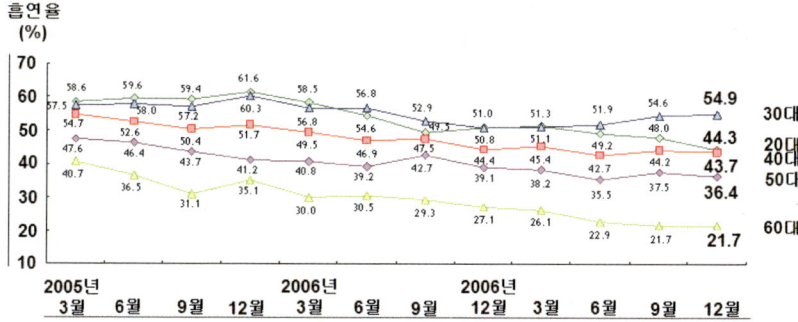

흡연율
(%)

	58.6	59.6		61.6							54.9	30대
57.5			59.4		58.5	56.8					54.6	
54.7	58.0	57.2	60.3	56.8		52.9		51.3	51.9	48.0	44.3	20대
47.6	52.6	50.4	51.7	49.5	54.6	49.3	51.0	51.1	49.2		43.7	40대
40.7	46.4	43.7	41.2	40.8	46.9	47.5	50.8	45.4	42.7	44.2	36.4	50대
	36.5	31.1	35.1	30.0	39.2	42.7	44.4	38.2	35.5	37.5	21.7	60대
					30.5	29.3	39.1	26.1	22.9	21.7		
							27.1					

| 2005년 | | | | 2006년 | | | | 2006년 | | | |
| 3월 | 6월 | 9월 | 12월 | 3월 | 6월 | 9월 | 12월 | 3월 | 6월 | 9월 | 12월 |

〈그림 2-15〉 우리나라 남성 연령별 흡연율의 변화 추세: 30대 남성흡연율이 가장 높은 것이 우리나라 흡연 양상의 중요한 특성 중의 하나이며 경제적 여유를 가지면서 사회 초년병으로서의 적응과 더불어 육체적으로 가장 활동적인 시기에서 오는 과중한 업무에 기인한 것으로 추정된다 (참고: 보건복지부의 2010년 하반기의 흡연실태조사).

높은 것이 우리나라 흡연 양상의 중요한 특성 중의 하나이다. 이러한 이유는 20대보다 비교적 경제적 여유를 가지면서 사회 초년병으로서의 적응과 더불어 육체적으로 가장 활동적인 시기에서 오는 과중한 업무에 기인한 것으로 추정된다. 이 역시 우리나라의 금연정책 방향을 제시하는 중요한 흡연특성이라고 할 수 있다.

● 우리나라 여성흡연율은 20대에서 가장 높으며 임산부흡연율은 약 3% 정도이다.

전 세계적으로 여성흡연율이 증가하는 것에 대해 우려를 하고 있는 실정이다. 먼저 한국 여성의 흡연율을 세계의 주요 나라의 흡연율과 비교하였을 때 상당히 낮다는 것은 앞에서 설명하였다. <표 2-5>는 2008년 한국보건사회연구원에서 정리된 1992년에서 2007년 사이 여성 연령별 흡연율의 변화를 나타낸 것이다. 2007년 성인 여성의 전체 흡연율은 5.3%로1992년 5.1%와 비교하여 큰 차이는 없다. 그러나 여성의 연령별로 보면 20세~29세 연령층에서 1992년 3.8%와 비교하여 2007년 7.6%로 2배 정도 상승한 것을 알 수 있다. 이는 여성 세계의 여성흡연율에서 세 번째 특성인 젊은 여성에게서 흡연율이 높다는 것과 유사한 경향이라는 것을 보여 준다. 특히 여성흡연에 있어서 여고생 흡연율이 1992년 2.4%에서 2007년 13.0%로 크게 증가하였다. 여중생 흡연율 역시 1992년 2.8%에서 2007년 5.9%로 크게 증가되었다. 따라서 20대 흡연율이 높은 것은 최근 들어 청소년흡연율 증가와 밀접한 관계가 있는 것으로 추정된다.

〈표 2-5〉 우리나라 여성의 연령별 흡연율 추이(단위: %)

	1992	1995	1998	2001	2002	2003	2004	2005	2007
성인여자 전체	5.1	5.2	5.2	4.0	6.0	3.5	4.8	5.8	5.3
70 이상	12.1	—	—	18.0	—	—	—	9.3	6.6
60~69		—	—	6.2	—	—	—	3.5	4.6
50~59	6.0	—	—	4.0	—	—	—	6.8	4.6
40~49	3.7	—	—	3.7	—	—	—	5.7	4.5
30~39	3.9	—	—	3.6	—	—	—	4.5	4.4
20~29	3.8	—	—	4.6 (19~29)	—	—	—	6.1 (19~29)	7.6
여고	2.4	4.7	8.1	7.5	7.3	6.8	7.5	13.5	13.0
여중	2.8	1.4	2.6	3.2	2.0	0.9	1.7	6.3	5.9

(참고: 서미경)

그러나 한국보건사회연구원에 의해 정리된 <표 2-6>에서처럼 2007년 20대 여성흡연율 7.6%보다 훨씬 높은 과거의 자료가 많이 존재한다. 이는 <표 2-6>에 기재된 흡연에 대한 정의에서처럼 각 조사마다의 차이점에 기인하거나 숨기고 싶은 여성 심리에 기인하는 것으로 추정된다. <표 2-6>을 재분석하면 '한 달 이내 흡연'인 경우 2000년 15.0%와 16.3%로 2000년대 여성흡연율은 약 16%로 추정되고 있다. 여대생의 흡연율 역시 흡연의 정의에 따라 2000년대에 7.4%, 8.5%, 38.3%, 34.3% 그리고 21.9% 등으로 확인되었다. 여대생의 흡연은 '매일 가끔'으로 정의되는 2004년 계명간호대학에 의해서 조사된 21.9%로 추정된다. 이는 20대 여성흡연율 16%보다 다소 높다. 그러나 남성들의 흡연 습성이 유사한 점과 달리 여성들의 흡연 습성은 다양하고 불규칙적인 측면이 많아 조사마다 흡연율의 차이가 클 수밖에 없다. 이와 같이 조사에 따라 차이가 있지만 여성흡연에 대해 우려가 높아 가고 있다. 금연상담전화를 운영하는 국립암센터의 국가암정보센터에 따르면 우리나라에선 흡연 사실을 숨기는 여성이 아직 많아 실제 여성흡연율은 훨씬 높을 것이라고 예측하고 있다.

여성흡연의 또 다른 특징 중의 하나가 특수 직업종에 상당히 흡연율이 높다는 것이다. 2005년 한국금연연구소가 유통업체와 유흥업소의 여성 1,035명을 대상으로 설문조사한 결과, 흡연율이 52.3%로 조사되었다. 직종별로는 유흥업소 종사 여성 88.6%, 백화점 판매원 39.4%, 의류쇼핑몰 종사 여성 56.7%, 일반상가 근무 여성 30.7% 등이었다.

임신 중인 여성의 흡연율에 대해서 2006년 처음으로 조사되었다. 서울대병원 산부인과팀 등에 의해 전국 30개 산부인과 병원에서 임신 여성을 무작위 표본 추출하여 설문조사(1,090명)와 소변검사(1,057명)를 통해 전체 임신 여성의 흡연율이 최초로 조사되었다. 소변검사에서 임신 여성의 흡연율은 3.03%(32명)로 나타났다. 그러나 소변검사에서 흡연 중으로 볼 수 있는 여성이 3.03%로 나타난 반면 설문에서는 0.55%만이 임신 중에도 흡연을 하고 있는 것으로 조사되어 설문과 의학적 조사에서 차이가 있는 것으로 확인되었다. 임산부가 흡연 사실을 숨기는 이러한 현상은 2009년 영국 조사에서도 확인이 되었다. 영국의 임산부 여성흡연율에서도 자신이 흡연자라고 직접 보고한 임신부는 전체의 24.1%이었지만 소변 니코틴농도 조사를 통해 흡연자로 판명된 임신부는 전체의 30.1%(1,046례)로 나타났다. 그러나 선진국의 여성흡연율과 비교하여 우리나라 여성흡연율이 월등히 낮은 것과 유사하게 임산부 여성흡연율도 선진국과 비교하여 월등히 낮은 것으로 조사, 추정된다.

<표 2-6> 20대 성인 여성흡연율 추이

기준연도	흡연율	정의	대상	논문출처
1990. 5~6	7.3%	−	산업체 근로자	최순옥 등, 한국역학회지 1991:13(2):146~158
−	19.8%	−	여대생(1~4학년)	송미령, 인하대 교육대학원 석사, 1995
1992	3.8%	조사일 현재 흡연자	20~29세	한국보건사회연구원, 국민건강영양조사, 1992
1995. 5~6.	현재흡연자 7.4%, (과거흡연자 20.6%)	현재 흡연	여대생	곽정옥, 보건교육·건강증진학회지 2002:19(3):13−34
2000. 11.	8.5%	−	여대생	박인혜 등, 간호과학논집 2001:6(1):175−188
2000. 8~10	15.0%	한 달 내 흡연	여대생, 직장인, 미혼여성	김계하. 이화여대 대학원 석사, 2001
2000.10 2001.	16.3%	최근 한 달 동안 흡연	직장 미혼여성 (평균연령 23.9세)	정승은. 최신의학 2002:45(7):25−34
2001. 3~4.	38.3%	실제 흡연하는 행동	여대생	홍경의, 보건교육·건강증진학회지 2002:19(3):13−34
2001	4.6%	평생 100개비 이상 흡연자	19~29세	한국보건사회연구원, 국민건강영양조사, 2001
2003. 4~5	34.3%	−	20대여성	김애숙. 경희대 행정대학원 석사, 2003
2004. 5.	21.9%(매일 흡연 14.0%, 가끔 흡연:7.9%, 과거흡연:18.1%)	매일, 가끔 흡연	여대생	박선애 등. 계명간호과학 2005:9(1)25−38
2005	6.1%	평생 100개비 이상 흡연자	19~29세	질병관리본부, 국민건강영양조사, 2005

(참고: 서미경)

- **흡연시작의 평균 연령은 20.8세이지만 흡연의 시작연령이 갈수록 낮아지고 있다.**

특히 한국갤럽조사연구소와 한국금연운동협의회의 2008년 흡연실태 조사에 따르면 평균 흡연 시작연령은 <그림 2-16>에서처럼 20.8세로 흡연자의 72.9%가 19세 이후 흡연을 시작한 것으로 조사되었다. 한편, 18세 이전부터 흡연을 했다는 응답도 27.1%로 흡연자의 4명 중 1명은 청소년기에 흡연을 시작한 것으로 조사되었다.

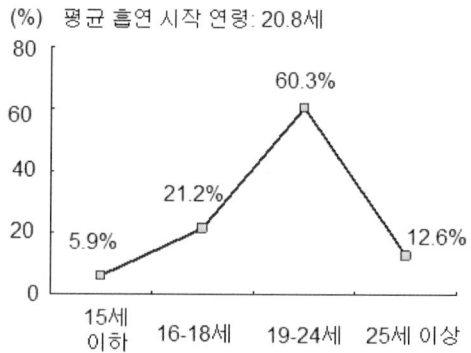

〈그림 2-16〉 **우리나라의 흡연 시작연령:** 평균 흡연 시작연령은 20.8세로 흡연자의 72.9%가 19세 이후 흡연을 시작한 것으로 조사되었다(참고: 한국갤럽조사연구소).

- **최근의 청소년 흡연 형태는 3가지 중요한 특징인 ① 매일 흡연을 하는 청소년 비율의 증가, ② 하루 10개비 이상 흡연량의 증가, ③ 흡연의 시작연령이 낮아지고 있는 점 등으로 요약된다.**

특히 청소년기에 시작하는 흡연은 성인에서 시작하는 것보다 중독과 건강영향에 치명적이기 때문에 청소년에 대한 흡연 예방은 대단히 중요하다. 2005~2008년 전국 800개교의 중고생 8만여 명을 대상으로 한 청소년건강행태온라인조사를 통해 얻어진 교육과학기술부의 2010년 공개한 자료는 우리나라 청소년의 흡연 특성을 잘 대변하여 준다. 특히 최근의 청소년 흡연 형태는 3가지 중요한 특징인 ① 매일 흡연을 하는 청소년 비율의 증가, ② 하루 10개비 이상 흡연량의 증가, ③ 흡연의 시작연령이 낮아지고 있는 점 등으로 요약된다. 현재 청소년흡연율(최근 30일 동안 하루 이상 흡연한 사람의 비율)은 2005년 11.8%, 2006년 12.8%, 2007년 13.3%, 2008년 12.8%로 나타나 0.5~1%포인트 차로 증감하였다. 그러나 최근 30일 동안 하루도 빠짐없이 담배를 피운 비율인 '매일흡연율'은 남녀 청소년 합하여 2005년 3.9%에서 2006년 5.3%, 2007년 5.9%, 2008년 6.5% 그리고 2009년 6.7%로 해마다 증가하였다. 남학생의 매일흡연율은 2005년 5.3%에서 2009년에는 9.6%로 큰 폭으로 증가한 것으로 나타났다. 매일 담배를 피우는 여학생 역시 2005년 2.4%에서 2008년 3.6%로 늘었다. 2005년과 2008년의 매일흡연율을 비교하면 중학교(1.4%→2.5%), 고등학교(8.3%→10.8%) 모두 증가하는 것으로 나타났다. 또한 하루 10개비 이상 담배를 피우는 학생도 2005년 2.1%에서 2008년 2.8%로 증가하였으며 특히 남자 고등학생의 경우에는 비율이 6~7%대까지 올라갔다. 이는 흡연량이 갈수록 증가한다는 것을 의미한다. 처음 흡연을 경험한 연령을 살펴보면 중학교 1학년 때라는 답이 2005년 10.3%에서 2008년 11.3%로 증가하였으며 중2는 11.2%에서 12.0%, 중3은 11.9%에서 12.7%로 증가해 흡연을 시작하는 나이가 점차 어려지고 있음을 보여 주고 있다. 특히 중학교에 입학하기도 전에 담배를 한 번이라도 피워 봤다는 응답이 2008년에 남학생 10.3%, 여학생 6.5% 정도이었다.

중학생의 흡연시작 및 흡연빈도에 미치는 영향에 대한 2007년 조사를 통해 <표 2-7>과 같은 결과를 얻었다. 자료는 2003년도 중학교 2학년 생들을 대상으로 1차년도 자료를 수집한 후, 2004년도에 그들을 다시 추적하여 중3 시기에 흡연을 새로이 시작한 것으로 파악된 138명에 대한 것이다. <표 2-7>에서처럼 흡연시작의 중요한 요인으로는 부모와의 관계, 흡연하는 친구의 수, 경험한 비행행위 숫자를 비롯하여 위험감수 성향(위험을 받아들이려는 성향)이었다. 즉 부모님과의 관계가 원만한 방향으로 한 단위 증가될수록 학생들이 흡연을 시작할 위험성은 23% 감소된다. 흡연하는 친구 수가 한 명씩 증가될수록 중학생이 흡연을 시작할 위험성이 46% 증가되었다. 또한 경험한 비행 숫자가 하나씩 증가될수록 대상자가 흡연을 시작할 위험성이 27% 증가되며 위험감수 성향이 한 단위씩 증가될수록 흡연을 시작할 위험성이 35% 증가되는 것으로 조사되었다.

〈표 2-7〉 중학교 3학년 시기 흡연시작에 영향을 미치는 요인

독립변수	Odds ratio	95% 신뢰구간	p-value
부모와의 관계	0.73	0.55, 0.97	0.0290
흡연하는 친구의 수	1.46	1.25, 1.72	<.0001
경험한 비행행위 숫자	1.27	1.23, 1.43	<.0001
위험감수 성향	1.35	1.15, 1.60	0.0003

(참고: 박선희)

3. 담배의 경제학

> ◎ **주요 내용**
>
> – 제조된 담배의 경우에는 전 세계 담배의 20%를 미국이 수출하고 있으며 일
>   본이 가장 큰 담배 수입국이다.

● **제조된 담배의 경우에는 전 세계 담배의 20%를 미국이 수출하고 있으며 일본이 가장 큰 담배 수입국이다.**

○ WHO Tobacco Free Initiative에 따르면 담배산업은 향후 몇 년 동안 확장될 것으로 추정되고 있다. <그림 2-17>은 1999년부터 2008년까지 각 지역별로 담배소비의 증감을 나타낸 것이다. 대륙별로는 서유럽과 북미대륙을 제외하고는 아프리카 및 중동지역에서는 16.1%, 구소련 및 동유럽에서는 8.7% 그리고 호주, 아시아 지역에서는 6.5% 정도 증가하였다. 특히 아프리카 지역에서의 증가는 다국적 담배기업의 진출에 기인하는 것으로 추정된다. 반면에 미국은 변화가 없었으며 서유럽은 약 8% 정도 담배소비가 감소되었다. 또한 국가별로는 이 기간 동안 코트디아브로, 브라질, 모로코, 베네수엘라, 파키스탄, 탄자니아와 방글라데시 등 나라에서 담배소비가 많이 증가되었다. 또한 많이 감소된 나라로는 뉴질랜드, 영국, 홍콩, 호주, 싱가포르 그리고 핀란드 등이었다. 아프리카에서는 유일하게 남아프리카공화국에서 17.3%의 담배소비가 감소되었다. 한국은 이 기간 동안 담배소비가 약 10% 미만으로 증가되었다.

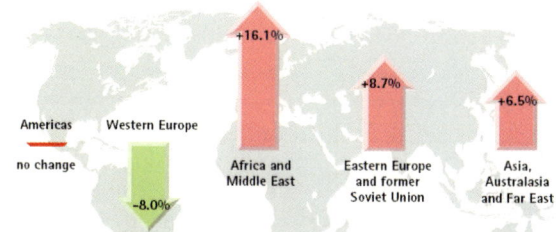

〈그림 2-17〉 1999년~2008년 사이 지역별 담배소비의 증감비율: 아프리카 및 중동 지역에서는 담배소비가 16.1% 정도 가장 많이 증가하였으며 이는 다국적 담배기업의 진출에 기인하는 것으로 추정된다(참고: WHO Tobacco Free Initiative).

○ 저소득층일수록 가계소비에서의 담배구입 비용의 비율은 높다. 인도네시아, 이집트 그리고 멕시코 등지의 저소득층에서 지출의 약 15%, 10%와 11%가 각각 담배구입에 소비된다. 특히 개발도상국일수록 담배구입을 위한 지출은 많아지고 부담이 높다. <그림 2-18>은 각 나라의 주요 도시에서 근로자들이 20개비의 담배를 사기 위하여 필요한 노동시간을 분 단위로 나타낸 것이다. 캐나다와 같이 선진국일수록 근로시간은 짧고 개발도상국일수록 근로시간이 길다는 것을 확인할 수 있다.

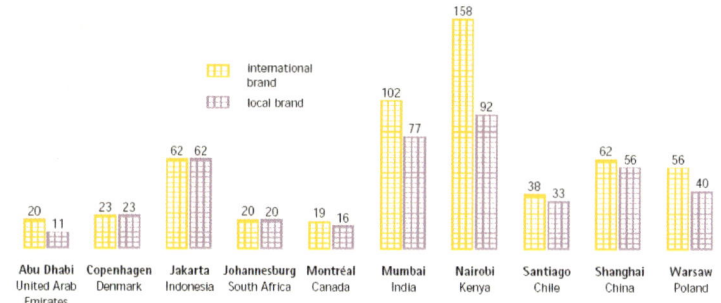

〈그림 2-18〉 담배 20개비를 구입하기 위한 각국의 근로자들의 근로시간(분): 선진국일수록 근로시간은 짧고 개발도상국일수록 근로시간이 길다는 것이 특징이다(참고: WHO Tobacco Free Initiative).

○ 담배산업에서 수출과 수입은 담뱃잎의 원료 그 자체와 제조된 담배로 구분하여 이해할 수 있다. 담뱃잎의 수출은 브라질과 미국이 가장 많으며 수입은 러시아와 미국이 가장 많다. 제조된 담배의 경우에는 전 세계 담배의 20%를 미국이 수출하고 있으며 일본이 가장 큰 담배 수입국이다. 미국은 한 해 8,460억 달러가 수출되었고 6,190억 달러가 수입되었다. 중국은 담뱃잎 수출뿐 아니라 2005년 제조된 담배 약 6억 달러를 수출하는 주요 수출국이 되었다. 우리나라는 2005년 약 1억 2천만 달러를 수출하였다.

○ 우리나라는 2008년 외국산 제조담배 수입은 11,478톤으로 지난 1998년보다 396배 증가하였다. 금액으로는 2008년 수입한 담배가 7,755만 달러, 10년 전의 22만 달러보다 348배 증가하였다. 2009년 우리나라의 담배 수출은 수입량의 약 2.7% 수준인 것으로 조사되었다.

○ 미국을 비롯한 일본의 다국적 담배제조 회사들은 개발도상국에서 담배제조와 담뱃잎 생산을 한다. 담배제조는 약 50개국, 담뱃잎 생산은 적어도 12개국 이상의 개발도상국에서 이루어진다. 이러한 측면은 담배제조와 담뱃잎 생산을 통해 개발도상국의 경제에 중요한 영향을 주게 된다. 만약 생산이 감축하게 되면 개발도상국에서는 이와 관련된 많은 가정이 경제적으로 영향을 받거나 국가적으로 경제 위축이 유발될 수 있다. 특히 일부 국가에서는 담배제조와 담뱃잎 생산을 주요정책으로 장려하여 담배시장의 포화를 유발하는 경우도 있다. 이러한 결과는 담배 가격이 낮아지며 작은 규모로 담뱃잎을 생산하는 소농인들에게 치명적으로 경제적 손상을 유발하기도 한다. 세계은행의 보고에 따르면 1985년부터 2000년 사이 담배가격은 약 37% 정도 낮아졌다.

○ 일반적으로 담배회사란 궐련, 시가, 코담배, 씹는담배 그리고 파이프담배의 제조에 관련된 회사를 의미한다. 담배산업체(tobacco industry)로 양적인 측면에서 가장 큰 담배제조회사는 국립중국담배회사(China

National Tobacco Co.)이다. 현재 전 세계적으로 매년 5.5조 개비의 담배가 소비되고 있는데 전 세계의 담배시장을 지배하는 'Big five firms(빅5회사)'는 Philip Morris International, British American Tobacco, Japan Tobacco, Altria, 그리고 Imperial Tobacco 등이 있다. 필립모리스 회사는 'Marlboro'이라는 브랜드로 한 해 매출이 470억 달러(1999년) 정도로 가장 큰 담배회사이다. 대부분의 담배회사는 1980년대 이후 담배의 국가적 독점에서 벗어났다. 이후 빠르게 아시아의 개발도상국 그리고 동유럽 등 국가에 진출하여 현지에서 원료 및 가공까지 하는 회사들이 생기면서 가장 대표적인 다국적기업이 되었다. 특히 1990년대 후반은 국가부도 위기에 있는 나라들인 한국을 비롯하여 태국, 터키 등에 대출의 조건으로 IMF(국제통화기금)는 자국 담배회사의 진출 압력을 가하였다. 결국 1990년대는 선진국의 담배회사를 개발도상국 등에 '죽음과 질병'의 수출을 유도한 시기가 되었다. 그러나 담배산업은 1990년대 중반 이후 미국에서 많은 회사들이 질병 유발과 관련하여 고소를 당하면서 1990년대 중반 이후로 다소 위축되었다.

○ <그림 2-19>는 담배 한 개비를 1달러로 가정했을 때 소비되는

〈그림 2-19〉 담배 생산을 위해 들어가는 비용: 담배 한 개비를 1달러로 가정했을 때 소비되는 각 분야별 비용을 나타낸 것이다.

각 분야별 비용을 나타낸 것이다. 담뱃잎의 비용 4센트, 담배 외의 기타 물질을 위한 비용 7센트, 제조비용 43센트, 운반 및 판매비용 21센트 그리고 국세 11센트와 지방세 15센트 등의 비용이 소모된다.

○ 우리나라는 2010년 현재 담뱃값은 2,500원이며 담배에 붙는 세금이나 부담금은 <표 2-8>에서처럼 6종류가 있다. 부가가치세(제품가격의 10%)를 제외한 나머지는 가격과 상관없이 갑당 일정 금액이 붙는 종량세다. 2,500원짜리 담배에는 담배소비세 641원, 지방교육세 320.5원, 국민건강증진부담금 354원, 연초안정화부담금 15원, 폐기물부담금 7원에 부가세 227원 등 총 1564.5원(담뱃값의 62.6%)이 붙는다. 담배에 붙는 세금과 부담금은 소관 부처가 각기 다르다. 규모가 가장 큰 담배소비세와 지방교육세는 지방세로 행정안전부의 소관이다. 2008년 기준으로 담배소비세는 2조 9,204억 원, 담배 관련 지방교육세는 1조 4,602억 원으로 전체 지방세 세수 중 10% 가량을 차지할 만큼 지방재정의 주요 수입원이다. 나머지 국민건강증진부담금은 보건복지부, 부가세와 연초안정화부담금은 기획재정부, 폐기물부담금은 환경부 소관이다. 이와 같이 2,500원에서 6종류의 세금 및 부담금인 1,564.5원을 제외한 나머지가 담배의 생산과 제조 등에 소모되는 비용이다.

〈표 2-8〉 우리나라 담배에 붙는 각종 세금과 부담금 현황

세금 항목	액수(원)	소관부처
담뱃값	2,500	
담배소비세	641	행정안전부
지방교육세	320.5	행정안전부
국민건강증진부담금	354	보건복지부
연초안정화부담금	15	기획재정부
폐기물부담금	7	환경부
부가가치세	227	기획재정부
소계	1,564.5	

○ 근래의 담배산업을 바라보는 시각은 산업으로서의 역할과 건강-유해의 원인물질 등 2가지 측면으로 요약된다. 담배는 경제의 한 축이며 또 다른 면은 생명을 위협하는 원인이다. 과거 한국에서도 담배산업은 국가독점으로 국가 경제에 큰 보탬이 되었듯이 지금도 수많은 나라에서 국가 세금의 원천인 산업이다. <그림 2-20>에서처럼 중국은 전체 세금의 9.05%, 그리스는 7.72% 등과 같이 많은 나라에서 담배로부터의 수익금이 국가 전체 세금의 상당한 부분을 차지한다. 또 한편으로는 전 세계적으로 수백만 명의 사망과 질환 발생을 유도한다. 경제적 측면에서도 담배산업은 세금의 원천도 되지만 또 한편으로는 엄청난 보험비용을 낭비하는 원인이 된다. 1999년 미국의 의료보험 비용 중 흡연에 기인하는 비용은 약 760억 달러 중 약 6% 정도로 추정되었다.

○ 담배회사들이 생산성과 질을 높이기 위해 담뱃잎 재배과정 중 단순히 온실에서 재배지로 옮기는 과정에만 약 16종 이상의 농약 사용을 권장한다. 또한 담배시장의 감소에 기인하여 짧은 시간 내에 대량생산을

〈그림 2-20〉 정부 전체 세금에서의 담배수익의 비율
(2000년): 많은 나라에서 담배로부터 수익금이 국가 전체 세금의 상당한 부분을 차지한다.

위해 다량의 농약 사용이 더욱 권장되고 있다. 이렇게 사용된 농약은 농부의 건강에 영향을 주게 된다. 담뱃잎 생산에 있어서 문제점은 아르헨티나, 브라질, 중국, 인도, 인도네시아 그리고 말라위 등 생산국에서 어린이들의 노동을 통해 담뱃잎이 생산된다는 것이다. 국제노동기구와 인권관련 단체에 따르면 저임금의 노동력 착취와 'green tobacco sickness(담뱃잎농부병: 담뱃잎을 재배하는 지역에서 담뱃잎 수확 중 니코틴이 피부를 통해 흡수되면서 생기는 급성 니코틴 중독증)' 등과 같은 질병에 노출되는 것으로 파악되고 있다. 이와 더불어 담배 생산에 이용된 농약은 담배농장에서 일하는 어린이들에게 더 큰 영향을 준다. 이는 장기적으로 암을 유발하거나 면역체계 그리고 신경계의 이상을 초래할 수 있다.

○ 담배재배 및 가공을 위해 전 세계적으로 약 2백만 명이 종사하며 이 중 3분의 1이 중국, 인도네시아 그리고 인도에서 고용된 노동자이다.

○ 담배는 생장에 있어서 다른 식물보다 인, 질소 그리고 칼슘 등의 영양물질을 땅으로부터 많이 흡수한다. 특히 이는 담배 생산에 비료가 필수적이라는 것을 의미하며 대량생산에 있어서 비료의존성을 높이게 된다. 또한 담배의 건조 및 가공을 위해 연료가 필요한데 대부분의 개발도상국에서는 나무를 이용하여 수행되며 이는 결과적으로 산림의 황폐화를 유도한다. 특히 전 세계 담뱃잎의 7%를 생산하는 브라질은 담배 건조와 제품을 위해 매년 6천만 그루의 나무가 소모된다.

○ 전 세계적으로 담배 무역의 3분의 1 정도가 밀수 및 밀매로 거래되는데 약 3,000억~4,000억 개비 정도이다.

○ 매년 5조 개비 이상의 담배가 제조된다. 중국이 가장 많이 제조하며 그 다음 미국이다. 중국은 매년 1.7조 개비 정도를 제조하며 근래에 더욱 증가되고 있는 추세이다. 담배는 전 세계적으로 수천억 달러 경제 규모로 추정되고 있다.

○ 미국의 담배시장규모는 2007년 기준으로 931억 달러와 연간성장률 3.8% 정도이다. 캐나다의 규모는 123억 달러와 연간성장률 1% 정도이다. 멕시코의 담배시장규모는 2007년 기준으로 38억 달러에 이르며 연간 5.2%씩 시장이 성장하고 있다.

○ 흡연자가 비흡연자보다 가난하다는 통계도 있다. 미국의 20대 남녀 8,900명을 대상으로 조사한 결과 1985년부터 1998년까지 비흡연자의 평균 재산이 하루 한 갑 이하의 흡연자보다 50%, 하루 한 갑 이상 흡연자보다는 배가 많은 것으로 나타났다.

4. 담배소송

◎ **주요 내용**

- 미국의 담배소송은 소송의 쟁점으로 기존으로 3단계로 구분되며 오늘날 담배의 유해성을 인정하는 분위기에서 판결이 이루어지는 경향이 있다.
- 담배소송에 있어서 '징벌적 손해배상'과 'Socott－Fall'이라는 새로운 유형의 소송이 제기되고 있다.
- 우리나라의 담배소송은 1999년부터 시작되어 담배와 관련하여 다양한 소송이 제기되고 있다.

• **미국의 담배소송은 소송의 쟁점으로 기존으로 3단계로 구분되며 오늘날 담배의 유해성을 인정하는 분위기에서 판결이 이루어지는 경향이 있다.**

미국에서 흡연과 건강과 관련하여 소송이 처음 제기되었던 1954년 이래, 담배제조업자에 대해 2007년까지 약 8,000건의 손해배상소송이 발생하였다. 이러한 손해배상소송은 실제 3가지 유형으로 구분할 수 있다. 가장 빈번한 소송형태는 ① 특정한 질병을 가진 흡연자의 개인소송, ② 집단소송, ③ 흡연에 의하여 야기된 질병을 치료하는 데서 발생된 치료비용의 반환율 목적으로 제3지불자로부터 제기된 치료비용 회수 소송이다(참고: 박규용). 그러나 이와 같은 소송의 대부분은 주된 심리의 단계에까지 도달하지 못하였다. 많은 소송이 원고에 의해 취하되거나 법적 또는 내용적 결함으로 인하여 법원에 의해 기각되었다. 주된 심리가 열린 소송들 중에서 24건의 소송만이 원고에게 성공적이었고 담배제조사에 반하는 판결로 나타났다. 이들 중에 20건이 개인소송의 문제이고, 3건이 집단소송, 나머지 한 건이 치료비용 회수소송에 관계되었다. 원고에게 일단 성공적인 거의 대부분의 소송도 현재 재판에 계류 중에 있거나 이미 파기되었다. 단지 소수의 사건에서만 담배제조사가 판결에 의해 손해를 배상해야 했다. 이와 같이 일반적으로 미국 담배소송의 경우 쟁점을 기준으로 시기상 구분해 크게 3단계의 시기로 나누어진다.

- 1단계(1954~73년)에서는 흡연과 폐암 등 질환과의 인과관계를 인정할지가 쟁점
- 2단계(1983~92년)에서는 '담뱃갑에 표시된 경고에도 불구하고 소비자가 위험성을 알면서 피해를 감수하고 흡연했으므로 흡연자에게 더 많은 책임이 있다'는 이른바 '위험감수론' 인정 여부가 쟁점
- 3단계(1994년 이후)에 접어들어 담배회사가 담배의 중독성과 유해성을 연구한 문건이 내부자 고발로 공개되면서 승소판결이 증가하는 추세

그러나 1단계에는 인과관계 입증이 안 됐다는 이유, 그리고 2단계에는 담배회사가 흡연의 중독성 및 유해성에 대해 경고했는데도 흡연자가 피해를 감수하고 흡연했다는 이유 등으로 원고가 대부분 패소했다. 그러나 3단계(1994년 이후)에 접어들어 담배회사가 담배의 중독성과 유해성을

연구한 문건이 내부자 고발로 공개되면서 승소판결이 늘었다. 미국 샌프란시스코 법원과 오리건 주 법원은 1999년에 '징벌적 손해배상'의 의미로 각각 5,000여만 달러와 8,000여만 달러를 흡연피해자에게 지급하라고 판결하였다. 이처럼 담배회사에 손해배상 책임을 묻는 판결이 종종 있지만 흡연자들이 항상 이기는 것은 아니다. 2006년 미국 연방대법원은 110만 명의 흡연자들이 "'라이트', '저타르' 등 문구를 사용해 소비자들을 속였다."며 담배회사들을 상대로 낸 소송에서 원고 패소 판결을 하였다. 근래에 미국에서 흡연피해자들이 개별적인 담배소송을 제기하여 비교적 많이 승소했다고 하더라도 이러한 승소판결을 집행하는 데에는 여러 어려움이 따르기 때문에 실제로 흡연피해자에게 배상금이 지불된 경우는 드물다.

- **담배소송에 있어서 '징벌적 손해배상'과 'Socott – Fall'이라는 새로운 유형의 소송이 제기되고 있다.**

'징벌적 손해배상(punitive damages)'은 민사상 가해자가 피해자에게 '악의를 가지고' 또는 '무분별하게' 재산 또는 신체상의 피해를 입힐 목적으로 불법행위를 행한 경우에 이루어진다. 이러한 불법행위에 대한 손해배상 청구 시 가해자에게 손해 원금과 이자만이 아니라 형벌적인 요소로서의 금액을 추가적으로 포함시켜서 배상받을 수 있게 한 제도를 징벌적 손해배상이라고 한다. 즉 불법행위자에게 엄중한 책임을 물을 만한 사정이 있는 경우, 그 '징벌'로 실제로 피해자가 입은 재산상 손해보다 훨씬 많은 액수를 배상하게 하는 제도다. 예를 들어 담배와 관련하여 징벌적 손해배상의 예로는 미국의 담배소송에서 원고의 주장을 받아들인 1999년 플로리다 주의 Engle v. Reynolds 사건을 들 수 있다. 플로리다 주의 흡연자들이 5개의 주요 담배회사를 상대로 제기한 손해배상청구에서 배심원은 원고에게 1,450억 달러라는 엄청난 액수의 배상금을 지불하라고 평결하였다<그림 2-21>. 이어서 또 다른 소송인 Moris 사건에 대해 항소법원도 흡연피해자들에게 거액의 배상금을 지불하라는 판결을 내렸다. 우리나라의 담배소송도 각종 언론의 관심이 되고 있고 판결을 두고 논란이 많다. 그러나 우리나라 담배소송에서 거론되는 손해배상액수는 미국의 담배소송과는 차원이 다르다. 몇십 억 또는 몇백 억이라는 천문학적인 배상액이 아니며 일반 사망사고와 같은 수준으로 1, 2억 수준이다. 그럼 왜 이와 같이 손해배상청구액에 큰 차이가 나는 것일까? 이는 바로 '징벌적 손해배상' 때문이다. 만일 담배의 피해로 사망을 했다면 우리나라와 같은 법체계(대륙법계)에서는 사망으로 인한 손해배상액만을 청구할 수 있고 그 범위 내에서만 인정이 된다. 그러나 미국과 같은 영미법계에서는 순수한 손해배상액뿐만 아니라 이러한 징벌적 손해배상이라는 형벌적인 요소로서의 금액을 추가로 포함시켜 배상하도록 하고 있다. 물론 징벌적 손해배상이 되려면 단순한 '경과실' 이상의 과실이나 고의적인 침해행위가 있었음에 대한 입증이 있어야 한다. 그러나 미국 최고법원은 징벌적 손해배상을 위한 최고 한도를 정하고 특히 한 배심원이 원고의 손해를 일으키지 않은 행위를 벌하기 위해 손해배상을 승인해서는 안 된다는 점을 분명히 하고 있다. 이 결정을 토대로 흡연사건에 있어서 징벌적 손해배상판결이 감소되었다. 또한 2000년에 집단소송에 기인하여 나온 샌프란시스코 법원 판결인 1,450억 달러의 손해배상판결도 2003년 5월 21일에 플로리다에 있는 항소법원에서 집단의 불허용성으로 인하여 폐기되었다.

최근에 소위 'Socott-Fall'이라는 새로운 유형의 소송이 제기되었다. 원고가 질병으로 고통을 받는 경우가 아닌 미래의 잠재적인 질병의 의학적 감독비용을 충당해야 하는 기금을 출연하도록 요구하는 사건에서

법원이 이를 허용하는 소송을 'Socott—Fall'(단어의 유래는 명확하지 않음, 참고: 법부법인 한강 블로그) 소송이라고 한다. 더 나아가 소송을 제기한 집단은 담배제조자에게 흡연자들의 금연을 쉽게 이끌 수 있는 프로그램의 비용을 충당하기 위한 기금의 출연을 요구하였다. 법원은 원고들의 주장을 받아들여 담배회사에게 10년 동안의 금연프로그램을 위해 5억 9,100만 달러를 지불하도록 판결하였다. 우리나라에서도 1999년 12월 흡연으로 폐암에 걸렸다며 환자와 가족 등 30여 명이 국가와 한국담배인삼공사를 상대로 소송한 일종의 'Socott—fall' 소송의 사례가 있다. 이에 대한 1심은 7년이 넘는 심리 끝에 '폐암이나 후두암이 흡연 때문에 발생했음을 인정할 증거가 없다'는 취지에서 원고 패소 판결했다. 이에 앞서 원고 측은 한국인삼공사(KT&G)에 20년간 6,108억 원을 출연해 공익 재단법인을 설립하여 이를 통해 대규모 금연운동 등 사회 공헌활동을 펼치는 것을 골자로 하는 조정안을 제시하였다. 그러나 2010년 한국인삼공사는 "흡연 예방활동과 금연운동 등을 담당할 공익재단을 설립하라"는 원고의 조정안을 수용하기 어렵다고 밝혔다.

〈그림 2-21〉 담배와 소송: 담배소송은 일반적인 소송과는 다르게 징벌적 손해배상과 이에 결합하여 사회적 책임을 묻는 'Scott-fall' 소송 등의 특징이 있다(참고: http://www.cbsnews.com).

● 우리나라의 담배소송은 1999년부터 시작되어 담배와 관련하여 다양한 소송이 제기되고 있다.

우리나라에서는 1999년에 소송이 시작되어 2009년 현재 2건의 담배소송이 진행 중이며 다음과 같이 담배소송에 대해 요약된다.

- 1999년: 40년 가까이 담배를 피우다 폐암말기 판정을 받은 50대 외항선원이 한국인삼공사를 상대로 손해배상을 청구(우리나라 최초의 담배소송)
- 1999년: 한국금연운동협의회가 주최가 되어 흡연피해자와 가족 등 31명을 원고로 소송
- 2003년: 한국금연운동협의회가 "KT&G가 담배 유해성에 대해 많은 연구를 했으면서도 자료를 공개하지 않았다."며 정보공개청구 소송을 제기해 법원으로부터 담배관련 464개의 연구문서를 공개하라는 판결을 받아 냄
- 2005년: 흡연으로 폐암에 걸려 사망한 경찰공무원 유족이 제기한 사건
- 2007년: 흡연으로 폐암, 후두암에 걸린 생존피해자 6명과 가족 등 31명이 제기한 사건(1심 패소)
- 2007년: 흡연으로 폐암에 걸려 사망한 피해자의 유족이 제기한 사건 (1심 패소)
- 2009년: 수출용 담배는 화재안전담배로 제조, 판매하면서 국내용은 화재안전담배로 제조, 판매하지 않고 오히려 화재위험이 높은 첨가물을 사용하여 제조, 판매하고 있는 것에 대하여 경기도가 소방지출비용에 대한 배상청구를 한 사건

제3장
흡연독성학(Smoking toxicology)

1. 독성학 및 흡연독성학의 개요
2. 흡연에 의한 활성중간대사체를 생성하는 독성물질

1. 독성학 및 흡연독성학의 개요

◎ 주요 내용

- Smoking toxicology이란 흡연을 통해 노출되는 화학물질에 의해 유발되는 생물체 내에서 독성을 유발하는 기전을 연구하는 분야이다.
- 담배연기 중 mainstream smoke은 약 2,500여 종, sidestream smoke은 4,000여 종의 화학물질을 포함하고 있다.
- 흡연에 의한 모든 질환의 90% 이상은 담배연기 속 유기화학물질의 생체전환을 통해 생성된 활성중간대사체와 생체의 구성의 4대 거대분자인 DNA를 비롯한 지질, 단백질 그리고 당과의 상호작용을 통해 발생한다.
- 생체전환의 제1상반응과 제2상반응이 이루어지는 가장 중요한 장소는 간이지만 폐 역시 주요 장소이며 다양한 관련 효소의 촉매반응을 통해 친지질성-극성-친수성 순으로 화학적 특성이 전환되어 배출된다.
- 담배연기 속의 화학물질에 의한 독성화 또는 무독화를 결정하는 데 있어서 가장 중요한 것은 제1상반응의 cytochrome P450과 제2상반응의 glutathione 이다.
- 폐에서 cytochrome P450에 대한 발현과 특성에 대한 이해는 활성중간대사체 생성에 대한 이해를 위해 중요하다.

● **Smoking toxicology이란 흡연을 통해 노출되는 화학물질에 의해 유발되는 생물체 내에서 독성을 유발하는 기전을 연구하는 분야이다.**

흡연독성학(smoking toxicology)을 이해하기 위해서는 먼저 독성학에 대한 이해가 필요하다. 독성학이란 화학물질이 생물체 내에서 독성 또는 유해성(Hazard: 유해작용을 야기하는 물질의 능력)을 유발하는 기전을 연구하는 학문이다. 또한 생물체에서 얻은 화학물질의 유해성에 대한 정보를 사람에게 응용하여 위해성(risk: 개인이나 인구집단이 특정 화학물질에 특정농도로 노출되었을 경우 유해한 결과가 발생할 가능성<likelihood>)을 평가하거나 이를 바탕으로 예방에 대한 대책을 제시하는 것 역시 오늘날 독성학의 중요한 분야이다. 독성학에서 화학물질이란 외인성물질(xenobiotics: xenos =foreign, bios＝life: 생명체에는 외인성이라는 뜻)을 의미하는데 체내에 들어오는 약물, 한약재 그리고 환경오염물질 등 인체 내에서 생성되지 않으면서 정상적인 식이(diet)에 포함되지 않는 모든 물질을 말한다. 이와 같이 독성학 개념에서 화학물질은 중금속 및 미량원소와 같은 무기물과 탄소를 주 골격으로 하는 유기물 등이 있다. 따라서 흡연독성학 (Smoking toxicology)이란 흡연을 통해 노출되는 화학물질에 의해 유발되는 생물체 내에서 독성 또는 유해성을 유발하는 기전을 연구하는 분야이며 또한 이를 인체에 적용하여 위해성의 확률을 추정하는 것이다. 이러한 흡연독성학을 이해하기 위해서는 담배 및 연소를 통해 어떤 화학물질이 발생하며 어떤 화학물질이 체내로 유입되는지에 대한 이해가 우선적으로 필요하다.

- **담배연기 중 mainstream smoke은 약 2,500여 종, sidestream smoke 은 4,000여 종의 화학물질을 포함하고 있다.**

간접흡연의 원인이 되며 담배가 연소되면서 발생하는 담배연기를 환경담배연기(environmental tobacco smoke)라고 하는데 주류연(mainstream smoke)과 부류연(sidestream smoke)으로 구성되어 있다. 환경담배연기의 약 15%인 주류연은 흡연자가 들이마신 후 내뿜는 연기이며 약·85%를 차지하는 부류연은 타고 있는 담배 끝에서 나오는 생담배연기를 의미한다. 부류연은 주류연보다 화학물질의 성분에 있어서 carbon monoxide, benzene, ammonia 그리고 다양한 발암물질 등 독성물질을 더 많이 함유하고 있다. 이는 직접흡연 못지않게 간접흡연이 더 위험하다는 이론을 제공하는 이유이다. 주류연과 부류연의 차이에 있어서 가장 근본적인 이유는 부류연에서 주류연보다 불완전연소에 의해 발생하는 화학물질을 더 많이 가지고 있기 때문이다. 이러한 연유로 간접흡연과 직접흡연에 의한 발암성과 심혈관질환 발생에 대한 영향 등에 대하여 분리하여 역학조사가 이루어지기도 한다.

궐련형 담배(cigarette, 담뱃잎을 말려 가공, 처리하여 얻는 담배. 이하, 담배는 궐련형 담배를 지칭함)의 부류연은 약 2,500여 종의 화학물질을 가지고 있는 반면에 주류연은 4,000여 종 이상의 화학물질을 함유하고 있다. 또한 담배는 연소(combustion), 열분해(pyrolysis) 그리고 증류(distillation) 등 다양한 기전을 통해 약 1,500여 종 이상의 화학물질이 추가된다. 일반적으로 담배는 <그림 3-1>에서처럼 연소되는 부위의 온도가 약 700~950℃인 exothermic combustion zone(흡열반응연소구역)과 연소가 되지 않는 부위인 온도가 약 200~600℃의 pyrolysis/distillation zone(열분해/증류구역)으로 구별된다. 대부분 연기 속의 화학물질은 외부에서 열을 흡수하는 흡열반응(endothermic reaction)을 통해 pyrolysis/distillation zone에서 발생한다. 담배연기 속의 화학물질 성분은 종이와 필터, 담배 길이와 더불어 담배의 구성성분 등에 따라 차이가 있다. 일반적으로 담배연기는 95%의 가스상(gaseous phase)과 5%의 입자상(particulate phase) 등 2가지 상(phase)의 영역으로 구성되어 있다. 가스상 영역은 주로 inter alia nitrogen oxide, carbon monoxide, carbon dioxide, ammonia, nitrites, alcohols, acetone과 butanone 등 ketone류, hydrogen sulfide을 포함한 volatile sulfur-containing compounds(휘발성 황 함유 화합물), hydrocarbons, formaldehyde와 acetaldehyde 등 aldehyde류, hydrogen peroxide, superoxide anion radical과 peroxynitrite 등 free radicals 및 산화물질류 등이 있다. 입자상 영역에는 주로 알칼로이드, 물 그리고 tar가 존재한다. 알칼로이드 중에는 물론 니코틴(nicotine)이 가장 많고

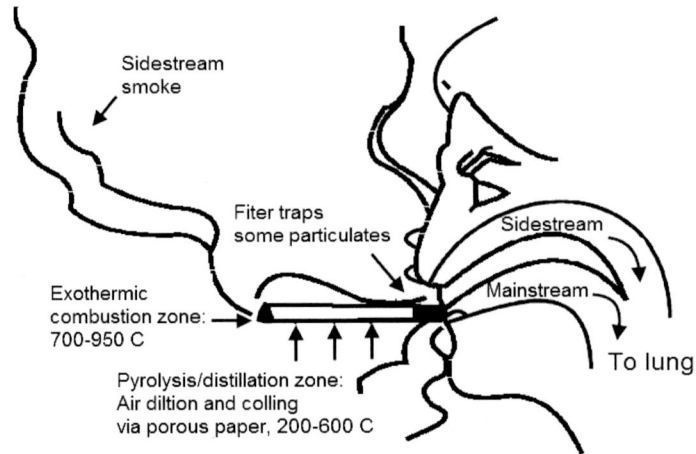

〈그림 3-1〉 담배의 영역과 담배연기의 구분: 담배연기(environmental tobacco smoke)
라고 하는데 주류연(mainstream smoke)과 부류연(sidestream smoke)으로 구
성되어 있다. 일반적으로 담배는 연소되는 부위이며 온도가 약 700~950℃인
exothermic combustion zone(흡열반응연구역)과 연소가 되지 않는 부위이며 온
도가 약 200~600℃인 pyrolysis/distillation zone(열분해/증류 반응)으로 구별
된다(참고: Chapter 5, Addiction model).

anatabine, anabasine 및 nornicotine 등이 소량 존재한다. 특히 입자상 영역
에서는 물질은 호흡기를 통해 잘 흡수될 수 있는 입자상물질(particulate
matter, PM)이라고 불린다. Nitrosamine류의 4-(methylnitrosamino)-1-(3-pyridyl)
-1-butanone(NNK), N-nitrosonornicotine(NNN), N-nitrosodiethylamine(DEN)
그리고 cembranoid 등이 담배연기의 입자상 영역에 또한 함유되어 있는
화학물질이다. 타르(tar)는 polycyclic aromatic hydrocarbons(PAH), 메탈 이온
그리고 방사선 물질과 프리라디칼이 포함되어 있다.

- 흡연에 의한 모든 질환의 90% 이상은 담배연기 속 유기화학물질
  의 생체전환을 통해 생성된 활성중간대사체와 생체 구성의 4대 거
  대분자인 DNA를 비롯한 지질, 단백질 그리고 당과의 상호작용을
  통해 발생한다.

그러나 체내에 흡입되는 담배연기의 물질들이 어떤 질환을 유발하는가에 대한 원인적 연관성(causal association)을 규명한다는 것은 많은 물질들이 동시에 노출이 이루어지기 때문에 거의 불가능하다. 특히 4,000여 종의 화학물질이 담배연기 속에 포함되었다고 하지만 밝혀지지 않은 화학물질이 이보다 몇십 배나 많은 십만여 종에 이르는 것으로 추정되고 있다. 그러나 흡연독성학적인 측면에서 무엇보다도 중요한 것은 대부분 외인성물질(식이 및 영양물질을 제외한 모든 화학물질)에 의한 독성이 효소에 의한 대사 과정으로 정의되는 생체전환을 통해 생성되는 활성중간대사체(reactive intermediate) 생성에 기인한다는 것에 대한 이해이다.

일반적으로 화학물질에 의한 독성은 <그림 3-2>에서처럼 원물질(parent compound) 그 자체, 활성형 물질(active form)과 활성중간대사체(reactive intermediate) 등으로 전환을 통해 이루어진다. 원물질에 의한 독성기전은 체내에 들어온 화학물질이 아무런 변화 없이 독성을 유발하는 기전을 의미한다. 활성형 물질에 의한 독성기전은 체내에 들어온 화학물질이 체내의 물 등에 의한 자연분해를 통해 전환되어 생성된 활성형 물질에 의해 독성이 유발되는 기전을 의미한다. 반면에 활성중간대사체에 의한 독성기전은 세포 내에 존재하는 효소에 의한 생체전환에 의해 생성되는 활성중간대사체에 의해 독성이 유발되는 기전을 의미한다.

이와 같이 체내에 들어온 담배연기 속의 화학물질이 효소작용에 의해

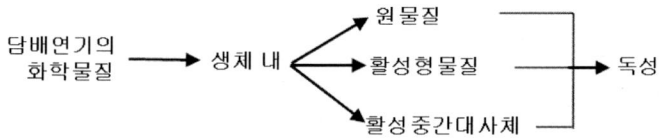

〈그림 3-2〉독성유발을 위한 생체 내에서 화학물질의 형태: 일반적으로 화학물질에 의한 독성은 원물질(parent compound) 그 자체, 활성형 물질(active form)과 활성중간대사체(reactive intermediate) 등으로 전환을 통해 이루어진다.

전환되는 과정을 생체전환(biotransformation)이라고 한다. 생체전환은 그림에서처럼 제1상반응과 제2상반응으로 구성된다. 화학물질이 생체 내로 흡수되기 위해서는 세포막 또는 생체막을 통과하여야 한다. 이들 생체막은 지질로 구성되어 있기 때문에 친지질성을 가진 화학물질만이 체내로 흡수될 수 있다. 따라서 체내로 흡수되는 대부분 담배연기 속의 화학물질은 친지질성이다. 체내로 들어온 화학물질은 독성을 유발하는 표적세포 또는 표적기관에 도착하게 된다. 일반적으로 독성이 없는 친지질성 화학물질은 제1상반응을 통해 극성을 지닌 극성대사체, 그리고 제2상반응을 통해 친수성대사체로 전환되어 체외로 배출되는데 <그림 3-3>의 (A)에서처럼 이러한 과정을 생체불활성화(bioinactivation) 또는 무독화(detoxification)라고 한다. 반면에 생체활성화(bioactivation)란 친지질성 화학물질이 <그림 3-3>의 (B)에서처럼 제1상반응 후 활성중간대사체로 전환되어 생체 내의 거대분자와 결합하여 독성을 유발하는 과정을 의미하여 독성화(toxication) 과정이라고 한다. 대부분의 유기화학물질 및 중금속을 제외한 담배연기 속의 화학물질들은 이러한 생체활성화를 통한 활성중간대사체 생성을 통해 독성을 유발한다. 또한 생체전환이 없이 원물질 자체 또는 자연분해에 의한 활성형 물질 생성에 의해 독성이 유발되기도 하지만 이는 극히 소수의 유기화학물질에 의한다.

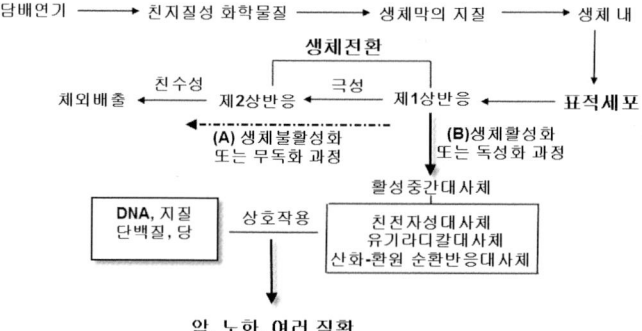

〈그림 3-3〉 흡연에 의해 체내 흡수된 화학물질의 체외배출과 독성유
발 기전: 체내로 흡수되는 대부분 담배연기 속의 화학물질은 친지질성이다.
체내로 들어온 화학물질은 독성을 유발하는 표적세포 또는 표적기관에 도
착하게 된다. 일반적으로 독성이 없는 친지질성 화학물질은 제1상반응을 통
해 극성을 지닌 극성대사체 생성 및 체외 배출－(A) 경로, 생체불활성화
(bioinactivation) 또는 무독화(detoxification)라고 한다. 반면에 생체활성화
(bioactivation)란 친지질성 화학물질이 제1상반응 후 활성중간대사체로 전
환되어 생체 내의 거대분자와 결합을 하여 독성을 유발하는 과정－(B) 경
로, 독성화(toxication) 과정이라고 한다.

  유기화학물질 또는 담배연기 속의 화학물질이 생체전환을 통해 생성
되는 활성중간대사체에는 <표 3-1>에서처럼 친전자성을 가진 친전자
성대사체(electrophilic metabolites), 라디칼 특성을 가진 유기라디칼대사체
(carbon-centered radicals) 그리고 유해활성산소(reactive oxygen species)를 생
성하는 산환-환원의 순환반응 대사체(redox-active species) 등이 있다. 이
들 활성중간대사체의 각각은 독성유발 기전에서 차이가 있다. 생체를
구성하는 물질은 4대 거대분자인 당, 지질, 단백질 그리고 핵산(또는
DNA) 등과 더불어 미량원소들이 있다. 그러나 담배연기 속의 유기화학
물질들은 몇몇 예외적인 경우를 제외하고는 대부분 미량원소보다 생체
4대 거대분자와의 결합을 통해 독성을 유발한다. 이들과의 결합을 위해
서는 이들이 가지고 있는 화학적 특성과 짝을 이루는 화학적 특성을 가
져야 한다. 독성학적인 측면에서 생체 4대 거대분자의 중요한 화학적 특

성은 전자가 풍부한 친핵성(nucleophilic)이다. DNA를 비롯한 단백질 등은 친핵성을 가진 부위가 많이 있다. 반면에 이들 전자가 풍부한 친핵성 부위와의 결합을 위해서는 전자가 부족한 친전자성(electrophilic) 특성을 가진 담배연기 속의 화학물질들이 필요하다. 그러나 대부분의 이들 화학물질들은 친전자성 특성이 없다. 이러한 친전자성 특성은 생체 내에서 자연분해 및 생체전환의 과정을 통해 친전자성대사체로의 전환을 이룬다. 따라서 생체전환에 의해 생성되는 담배연기 속 화학물질의 친전자성대사체로의 전환은 생체를 구성하는 4대 거대분자와의 친핵성 부위와의 결합을 통해 독성을 유발하는 주요 기전이다.

〈표 3-1〉 생체전환을 통해 생성되는 활성중간대사체

활성중간대사체 (reactive intermediates)	특 성
친전자성대사체 (Electrophilic metabolites)	친전자성대사체 또는 물질은 전자가 부족한 원자, 이온을 비롯한 분자성 물질을 말하며 친핵성물질의 전자쌍과 높은 친화성의 결합력을 가지고 있다. 이러한 결합은 주로 DNA 및 단백질 등과 이루어져 외인성물질의 주요 독성 기전 대부분이 친전자성대사체에 의해 설명된다.
유기라디칼대사체 (Carbon-centered radicals)	전자의 추가나 발췌에 의해 최외각 궤도(orbital)에 하나 또는 그 이상의 비쌍 전자(unpaired electron)를 가진 대사체이다. 여기서 다루는 외인성물질은 유기물질이기 때문에 ROS(reactive oxygen species: 활성산소종)와 RNS(reactive nitrogen species: 활성질소종) 등의 라디칼과 구별된다.
산환-환원의 순환반응 대사체 (Redox-active species)	Redox-active species는 대사체의 전구물질 또는 전구대사체와 산화-환원의 순환반응이 가능한 라디칼성 대사체이다. 라디칼 및 redxo-active species는 직접적으로 DNA, 지질 및 단백질과 결합을 통해 독성을 유발할 수 있다. 또한 redox-active species는 산화-환원 순환반응을 유도하여 그 부산물에 의해 독성을 유발하는 간접적인 방법도 있다.

　　담배연기 속 화학물질의 생체전환을 통해 생성되는 또 다른 활성중간 대사체인 유기라디칼대사체 또는 산환-환원의 순환반응 대사체 등은 친전자성대사체와는 또 다른 기전으로 독성을 유발한다. 라디칼성대사

체는 지질의 'H abstraction(수소발췌)'을 통한 지질과산화(lipid peroxidation)를 유도하여 세포막의 파괴 등 독성을 유발한다. 또한 직접적으로 DNA 또는 단백질을 공격하여 독성을 유발할 수도 있다. 산환-환원의 순환 반응 대사체 역시 효소의 작용을 통해 생성되는데 그 자체 대사체가 산화와 환원되는 과정에서 유해활성산소를 생성하여 생체 내 4대 거대분자에 작용하거나 세포 내 산화-환원 상태의 변화를 통해 산화적 스트레스를 유발할 수 있다. 따라서 흡연에 의한 모든 질환의 90%는 담배연기 속 유기화학물질의 생체전환을 통해 생성된 활성중간대사체와 생체를 구성하는 4대 거대분자인 DNA를 비롯한 지질, 단백질 그리고 당과의 상호작용을 통해 발생하는 것으로 추정할 수 있다. 이와 같이 담배연기 속의 화학물질이 생체전환을 통한 활성중간대사체 생성에 의한 독성이 가장 중요한 독성기전인데 이들 활성중간대사체 중 특히 친전자성대사체가 흡연의 독성물질에 의한 질환 유발에 있어서 가장 중요하다.

그러나 이들 활성중간대사체는 4대 거대분자와의 작용을 통해 독성을 유발하는 기전은 상호작용이라는 공통성이 있으며 중요한 것은 활성중간대사체가 체내 어디에서 발생하느냐에 따라 담배연기 속의 독성물질에 의한 독성이 결정된다. 왜냐하면 대부분 화학물질의 활성중간대사체의 반감기(half-life)가 백만분의 1초 정도로 짧은데 이는 그만큼 반응성이 크기 때문이다. 따라서 흡연을 통한 체내에 유입된 어떤 화학물질이 어느 조직 또는 기관에서 활성중간대사체로 전환되는가에 대한 이해가 흡연에 의한 독성기전과 질환기전에 가장 기초가 된다. 예를 들어 흡연에 의한 암 중 폐암이 가장 많이 발생하는 이유는 호흡기를 통해 들어온 담배연기 속의 화학물질이 다른 조직으로 이동하기 전에 폐에서 생체전환에 의한 활성중간대사체로 생성되어 그 세포에서 DNA와 결합하기 때문이다. 이와 같이 담배연기 속의 화학물질이 활성을 위해 어떤 활성중간대사체로 전환되고 또한 4대 거대분자 중 어떤 분자와 결합하느냐에 따라 돌연변이를 통한 발암화(carcinogenesis)를 비롯하여 심혈관질환 등 흡연에 의한 다양한 질환이 유발된다.

- **생체전환의 제1상반응과 제2상반응이 이루어지는 가장 중요한 장소는 간이지만 폐 역시 주요 장소이며 다양한 관련 효소의 촉매반응을 통해 친지질성 – 극성 – 친수성 순으로 화학적 특성이 전환되어 배출된다.**

담배연기 속의 수많은 화학물질은 독성을 유발할 수도 있고 독성 유발이 없이 배출될 수도 있다. 독성이 없는 화학물질들은 대부분 제1상반과 제2상반응의 효과와 관련 – 물질들에 의해 촉매 되어 친지질성 – 극성 – 친수성의 화학적 특성 변화를 통해 체외로 배출된다. 생체전환을 통한 담배연기 속의 수많은 화학물질이 친지질성에서 친수성으로 전환되기 위해서는 <표 3 – 2>에서처럼 각각의 반응단계마다 다양한 효소의 촉매반응이 이루어진다. 외인성물질의 극성으로 전환을 유도하는 제1상반응에서는 산화, 환원과 가수분해 등 반응이 있으며 제2상반응에서는 포합반응이 있다. 이들 효소의 활성은 다양한 기관에서 발생할 수 있으나 가장 활성이 높은 곳은 생체전환의 주요 장소인 간이 된다. 따라서 경구를 통해 들어오는 모든 외인성물질의 90% 이상이 간에서 생체전환이 이루어지며 간은 외인성물질의 생체전환 또는 대사에 있어서 중심기관이다. 반면에 담배연기의 화학물질이 제일 먼저 접촉하는 곳이 호흡기이다. 특히 폐암과 관련하여 폐에서의 제1상반응 및 제2상반응과 관련된 효소는 중요하다. 폐에서의 제1상반응과 제2상반응은 간보다 생체전환의 양적인 측면과 질적인 측면 모두에서 미약하지만 폐암을 유발할 수 있을 정도로 중요한 역할을 한다. 특히 폐에서 흡수된 화학물질이 혈류를 타고 간으로 이동하며 대사되는데 이를 통해 생성된 대사체는 다시 폐로 이동하여 독성을 유발할 수도 있다.

비록 세포 또는 조직에서 생체전환의 정도는 다르지만 생체전환의 과정은 모든 세포 또는 조직에서 동일하다. 제1상반응 및 제2상반응과 관련된 대부분의 효소는 <표 3−2>에서처럼 미크로좀(microsome)의 SER(smooth endoplasmic reticulum: SER, 활면소포체)과 세포질 등 세포소기관에 집중적으로 위치한다. 특히 지질에 대한 용해성이 높은 경우, 외인성물질은 세포질에서보다 SER에서 생체전환이 더 잘 이루어진다. 외인성물질의 제1상반응에 관여하는 효소는 <표 3−2>에서처럼 cytochrome P450(CYP450 또는 P450)과 flavin−containing monooxygenase(FMO) 등이 있다. 제2상반응에서 당유도체, 황산, 아세틸기, 메틸기, 아미노산을 비롯하여 glutathione 등을 대사체의 극성부위에 포합하는 주요 효소는 UDP−glucuronosyltransferase(UGT), sulfotransferase(SULT), N−acetyltransferase(NAT), methyltransferases(MT)와 glutathione−S−transferase(GST) 등이 있다. 그러나 외인성물질의 생체전환에 있어서 효소들 중 제1상반응에서는 CYP450, 제2상반응에서는 UGT 효소가 기질의 촉매반응에 가장 많이 참여한다. CYP450 효소체계는 내인성물질의 대사에 관여하기도 하지만 체내에 들어오는 약물을 포함한 외인성물질의 80% 이상의 대사에 관여하며 제1상반응에 있어서 가장 중요하다. UGT는 전체 제2상반응의 약 30% 정도로 가장 많은 외인성물질의 대사에 관여한다. 제1상반응과 제2상반응의 각각의 효소에 의한 생체전환에 있어서 가장 중요한 특징과 기능은 다음과 같이 요약된다.

　−제1상반응에 있어서 −OH, −COOH, −SH, −O− 또는 NH₂ 등의

작용이 도입되어 외인성물질의 친지질성에서 극성으로 전환
- 제2상반응에 있어서 내인성물질인 당유도체, 황산, 아세틸기, 메틸
기, 아미노산을 비롯하여 glutathione 등이 제1상반응에서 생성된 극
성부위의 포합반응을 통한 친수성으로 전환

〈표 3-2〉 제1상반응과 제2상반응의 화학반응 종류와 관련 효소

화학반응	효소	세포 내 위치
Phase Ⅰ(제1상반응)		
Oxidation (산화)	Alcohol dehydrogenase	Cytosol
	Aldehyde dehydrogenase	Mitochondria, cytosol
	Aldehyde oxidase	Cytosol
	Xanthine oxidase	Cytosol
	Monoamine oxidase	Mitochondria
	Diamine oxidase	Cytosol
	Prostaglandin H synthase	Microsomes
	Flavin-mono oxygenase	Microsomes
	Cytochrome P450	**Microsomes**
Reduction (환원)	Azo-and nitro-reduction	Microsomes
	Carbonyl reduction	Microflora,
	Disulfide reduction	Cytosol
	Sulfoxide reduction	Cytosol
	Quinone reductase	Cytosol, Microsomes
	Reductive dehalogenation	Microsomes
Hydrolysis (가수분해)	Carboxylesterase	Microsomes, Cytosol
	Peptidase	Microsomes, Cytosol, Blood, Lysosomes
	Epoxide hydrolase	Microsomes, Cytosol
Phase Ⅱ(제2상반응)		
Conjugation (포합반응)	Glucuronide conjugation	Microsomes
	Sulfate conjugation	Cytosol
	Glutathione conjugation	**Cytosol, Microsomes**
	Amino acid conjugation	Mitochondria, Microsomes
	Acetylation	Mitochondria, Cytosol
	Methylation	Cytosol

※ 제1상반응에서 가장 중요한 효소는 cytochrome P450이며 담배연기 속의 화학물질을 포함한 80% 이상의 외인
성물질의 생체전환에 관련된다. 또한 이들 효소들의 활성 정도는 차이가 있을지라도 모든 세포에서 동일하게 진행된다.

• 담배연기 속의 화학물질에 의한 독성화 또는 무독화를 결정하는 데 있어서 가장 중요한 것은 제1상반응의 cytochrome P450과 제2상반응의 glutathione이다.

흡연에 의한 수많은 화학물질이 질환을 유발하기 위해서는 생체 내에서 생체전환을 통해 활성화됨과 4대 거대분자와 결합을 통해 이루어진다. 그럼 화학물질에 의한 활성을 유발하는 제1상반응에서 가장 중요한 효소는 무엇일까? 이는 담배연기를 비롯한 약물, 한약재 및 오염물질 등 외부에서 들어오는 외인성물질의 80% 이상의 생체전환에 관여하는 cytochrome P450 효소(또는 P450, CYP)이다. P450 효소는 화학물질에 따라 체외로 배출되는 극성대사체도 생성하지만 활성중간대사체 역시 생성한다. 따라서 P450 효소에 의해 극성대사체로 전환되는 화학물질은 무독한 화학물질이 되며 활성중간대사체로 전환되면 독성물질이 된다. 결국 P450에 의해 화학물질이 <그림 3-4>에서처럼 어떤 대사체로 전환되는가에 따라 독성물질 또는 무독한 화학물질로 결정된다. 그러나 비록 P450에 의해 활성중간대사체로 전환되더라도 제2상반응에서 glutathione(GSH)에 의해 포합되면 다시 친수성대사체로 전환되어 체외로 배출될 수 있다. 특히 glutathione은 체내에서 활성중간대사체의 친전자성대사체를 제거하는 데 있어서 제2상반응 또는 생체에서 유일한 물질이기 때문에 담배연기 노출에 의한 독성 예방에 있어서 핵심적인 물질이다.

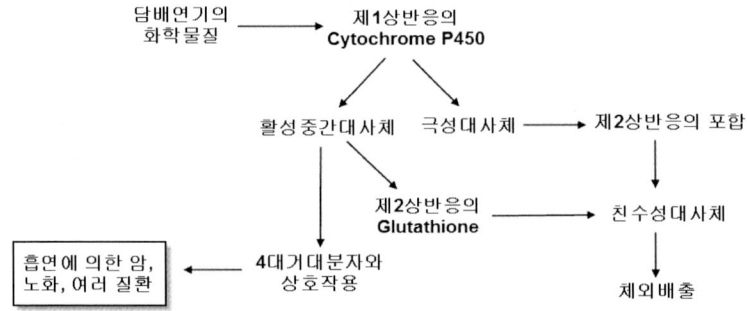

〈그림 3-4〉 Cytochrome P450에 의한 활성중간대사체와 친수성대사체 생성기전:
P450 효소는 화학물질에 따라 체외로 배출되는 극성대사체도 생성하지만 활성중간대사체 역시 생성한다. 그러나 비록 P450에 의해 활성중간대사체로 전환되더라도 제2상반응에서 glutathione(GSH)에 의해 포합되면 다시 친수성대사체로 전환되어 체외로 배출될 수 있다.

제1상반응에서 P450에 의한 기질 촉매반응(catalytic cycle)은 전자 2개의 환원과 더불어 산소분자의 1개 원자는 기질(R)에 전달되고 산소분자의 다른 원자는 물에 전달되면서 기질이 수산화(−OH)되는 과정이다. P450에 의한 전체적인 산화반응은 아래와 같으며 최종적으로 기질(RO)에 수산화(−OH)가 결합한 ROH가 된다. ROH는 극성을 가지게 되며 <표 3−2>의 제2상반응에서 GSH 포합반응을 제외한 나머지 포합반응을 통해 친수성으로 전환되어 체외로 배출된다.

$$RH + O_2 + 2H^+ + 2e^-(from\ 2\ NADPH) \rightarrow ROH + H_2O + (2\ NADP^+)$$

그러나 P450의 촉매작용에 의해 극성을 가진 −OH가 아니고 친전자성을 가진 활성중간대사체인 친전자성대사체를 생성할 수 있다. 친전자성물질(electrophiles)은 분자를 구성하고 있는 특정 원자의 전자−부족(electron deficient)으로 전자를 받아들이려는 화학적 특성을 가지고 있다. 친전자성물질은 환원제(reducing agent) 또는 Lewis acid의 역할을 하기도 하는데 대부분의 친전자성물질은 부분적으로 또는 전체적으로 양이온을 띠고 있다. 또한 전자의 부분적 치우침이 있거나 분자 전체의 비이온성을 지닌 친전자성물질도 있다. 이러한 특성을 가진 친전자성물질은 외인성물질의 제1상반응을 통해 대부분 생성되며 이를 친전자성대사체(electrophilic metabolite)이라고 한다. 친전자성대사체의 특성을 나타내는 물질 또는 대사체를 <표 3-3>에서처럼 기능과 화학적 구조에 따라 알킬화(alkylation: 지방족포화탄화수소기를 부가하는 것) 및 아릴화(arylation: 방향족 화합물에서 수소원자 하나를 제거하여 원자단을 부가하는 것)를 유도하는 물질, 친전자성질소를 가진 화합물(compound with electrophilic nitrogen), 카르보닐화합물(carbonyl compound: RCO-), 아실화-유도물질(acylation: 라디칼성 RCO-), 인산화-유도물질(phosphorylation: 인산 부가) 그리고 유기라디칼(organic radicals) 등으로 구분할 수 있다. 이들 친전자성대사체들이 4대 거대분자와 결합하여 DNA 돌연변이를 유발하거나 단백질 및 지질에 작용하여 독성을 유발한다. 그러나 P450에 의해 가장 많이 발생되는 친전자성 구조는 epoxide이다. 제1상반응의 효소에 의해 이러한 epoxide 구조가 외인성물질에 형성되는 것을 'epoxidation(에폭시화)'이라고 한다. Epoxide는 또한 원물질인 'ethylene oxide' 또는 'oxirane'이라고 하는데 <그림 3-5>에서처럼 산소원자에 2개의 탄소가 결합하여 형성된 3개의 원자 삼각형 환을 형성한 cyclic ether이다.

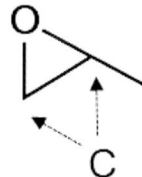

〈그림 3-5〉 전형적인 epoxide 구조: Epoxide 구조는 'ethylene oxide' 또는 'oxirane'이라 하며 외인성물질에 의한 독성을 유발하는 구조에 있어서 생체전환에 의해 생성되는 대표적인 대사체의 구조이다. Epoxide를 지닌 대사체와 물질은 DNA와 반응성이 강하여 발암을 유발한다.

〈표 3-3〉 친전자성대사체 및 생성 원물질의 분류

원물질의 대분류	친전자성대사체의 화학적 구조에 따른 분류	구조식 (R은 H를 비롯한 alkyl 또는 aryalkyl 기)	독성유발 반응
Alkylating 및 arylating agents	Alkyl halides(할로겐알킬화합물)	R−X(X = I, Br, Cl과 F)	친핵성치환 (nucleophilic substituition)
	Epoxid(또는 oxiranes: alkene이나 향족화합물 등 모두에서 생성 가능)		
	Alkylnitrosamide 또는 Alkylnitoamine(대부분 이들 물질은 alkyldiazonium ion이나 cabonium ion 등과 같은 경로를 통해 활성화 됨)		
	Diakyl sulfates 또는 Alkyl alkanesulfonate		
	Activated ethene compound (α, β−unsaturated aldehydes, o − or p−Quinones 등)	Ethene이 전자를 끌어 당기는 NO2, SO2R, COR, CONR 등에 의해 활성화	1,4−첨가반응 (Addition)
Compound with electrophilic nitrogen	Aromatic mine (nitrorenium ion의 생성을 통해 활성화)		친핵성치환
Carbonyl compounds	Aldehydes, ketone		carbinolamine 경로를 통한 Sciff base
Acylating agents	Organic acid anhydrides Organic acid halides Isocynates Isothiocyanates	X = F, Cl, Br, I	친핵성치환 또첨가 반응
Phosphorylating agents	Organo phosphorous compounds	R1−O−P−O−R2, R1/R2−P−O(S)−X	친핵성치환
Organic radicals	CCl₄에서 생성된 ·CCl3		라디칼−매개 반응

※ P450에 의해 생성되는 가장 대표적인 친전자성 구조는 epoxide이다(참고: Tornqvist).

그러나 비록 P450에 의해 친전자성대사체가 생성되더라도 이를 포합되어 친수성으로 전환되면 독성이 유발되지 않는다. 이러한 친전자성대사체와 더불어 활성중간대사체를 제거할 수 있는 유일한 제2상반응의 포합반응은 GSH에 의해 이루어진다. 글루타치온(glutathion: GSH)은 <그림 3-6>에서처럼 3개의 아미노산인 γ-glutamic acid, cysteine과 glycine 구성된 tripeptide이다. GSH는 포합반응뿐만 아니라 항산화적 방어 및 세포증식조절 등 세포 내에서 다양한 기능을 수행한다. 이러한 기능을 할 수 있는 가장 중요한 구조적 요인은 3개의 아미노산 중 cysteine 잔기인 -SH group의 강력한 전자공여력(electron-donating capacity) 때문이다. GSH는 세포질에 약 90%, 미토콘드리아에 약 10% 정도, 그 외로 소량이 소포체에 존재한다. GSH는 성인 체내에 1~10mM 농도로 가장 많이 존재하는 비단백질 티올(thiol 또는 mercaptan)-함유 유기황화물(SH-containing compound)이다. GSH포합반응은 모든 세포에서 일어나지만 간에 GSH 농도가 집중되어 있고 가장 많이 발생하는 장소이다. 간 외에 신장은 간에서 GSH포합반응에 의해 생성된 포합체가 분리될 수 있는 장소이기 때문에 중요하다. 특히 GSH포합은 친전자성대사체에 반응이 이루어지는데 만약 분리된다면 친전자성대사체의 재생성과 활성에 의해 독성이 유발할 수 있기 때문이다.

GSH포합이 제2상반응의 다른 포합반응과 달리 중요한 이유는 제1상반응에서 생성된 극성대사체뿐 아니라 독성물질의 독성을 발휘하는 최종독성물질(ultimate toxicant)인 친전자성대사체를 포합한다는 것이다. 친전자성대사체는 세포 내 거대분자인 지질과 단백질 또는 DNA의 친핵성 부분(nucleophilic region)과 결합 또는 adduct를 형성하여 세포에 독성을 유발하는 가장 중요한 원인 대사체이다. 따라서 사람에 있어서 GSH포합 능력은 암을 비롯한 화학물질-유도성 질환의 발생 또는 예방에 결정적인 영향을 주는 생체방어시스템이다.

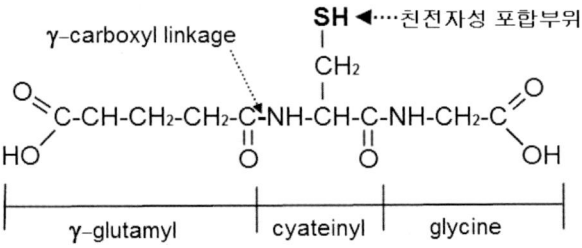

〈그림 3-6〉 GSH의 구조: GSH(glutathione 또는 γ-glutamylcysteinyl glycine)은 3개 아미노산인 glutamate, cysteine과 glycine으로 구성되어 있으며 cysteine의 SH가 포합반응에 있어서 중요한 전자공여체이다.

● **폐에서 cytochrome P450에 대한 발현과 특성에 대한 이해는 활성 중간대사체 생성에 대한 이해를 위해 중요하다.**

제1상반응에서 독성이 없는 극성대사체와 독성유발의 활성중간대사체 생성에 가장 중요한 효소는 cytochrome P450(CYP 또는 P450)이다. P450 유전자는 사람의 경우에는 단백질 발현의 능력이 없는 58개의 위유전자(pseudogene)와 기질에 대해 활성이 있는 57개가 있다. 수많은 종류의 P450에 대한 분류는 <표 3-4>에서처럼 효소의 염기서열 또는 아미노산서열의 유사성을 기준으로 이루어지고 있다. 일반적으로 염기서열에 있어서 동일성(identity)이 40% 이상일 때 같은 '군'으로 분류되며 동일한 숫자로 표기된다. 염기서열 동일성이 60% 이상일 때는 같은 '하위군(subfamily)'으로 분류하며 '군' 다음에 알파벳으로 표시한다. 마지막 3번째 분류는 각각의 개별 P450 동질효소이며 숫자로 표시된다.

〈표 3-4〉 Cytochrome P450의 명명법

분 류	염기서열의 동일성(identity)	명명 및 표기 (예: CYP2E1)
군(family)	40% 이상	숫자(CYP2)
하위군(subfamily)	60% 이상	영문알파벳(CYP2E)
동질효소(isozyme)	각각의 P450	숫자(CYP2E1)

P450은 포유동물의 경우에는 간을 비롯한 신장, 폐, 부신, 생식선, 뇌 그리고 여러 다양한 조직에서 동시 다발적으로 발현된다. 이러한 포유동물의 조직 및 세포에 있어서 P450 분포의 비율은 종마다 차이가 있다. 랫드의 경우에는 전체 P450 중 70%가 간에 존재하며 나머지는 신장을 비롯하여 소장, 폐 등에 약 25%, 그리고 심장, 근육과 뇌에 소량 존재한다. 사람에 있어서 P450의 약 57종 촉매 하는 기질에 따라 분류되는데 P450 역시 존재한다. 약물 및 독성물질 등과 같은 외인성물질 대사에 주로 관여하는 P450은 대부분 CYP1, CYP2와 CYP3 계열이며 '독물－약물 대사효소군(toxin－drug metabolism enzyme families)'이라고 한다.

〈표 3－5〉 독물－약물 생체전환을 위한 P450 계열

Family	Subfamilies
CYP1	1A1, 1A2
CYP2	2A6, 2A13, 2B6, 2C8, 2C9, 2C18, 2C19, 2D6, 2E1, 2F1, 2S1
CYP3	3A4, 3A5, 3A7

폐는 P450과 환경독성물질이나 대기오염물질 등의 주요 대사 장소이다. 폐는 40개 이상의 서로 다른 세포로 구성되어 있다. P450 효소는 주로 기관지 상피조직(bronchial epithelium), 세기관지 상피조직(bronchiolar epithelium), 크라라 세포(Clara cells, 분비작용<surfactant 유사물질>을 하며 세기관지의 손상 시 줄기세포로서 역할을 한다), 과립허파꽈리세포(Type II pneumocytes)와 폐포대식세포(alveolar macrophages) 등에서 발현된다. 폐 조직에서의 P450은 PAH 또는 N－nitrosamine 등의 발암전구물질이 DNA와 결합할 수 있는 활성중간대사체로의 생체전환을 유도하여 발암화에 있어서 중요한 역할을 한다. 폐조직에서 발현되는 대표적인 P450 효소는 CYP1A1, CYP1B1, CYP2B6와 CYP2F1 등이 있으며 CYP3A5의 경

우에는 발현율이 다소 낮다. 후두(larynx)에서는 CYP1A1, CYP2A6, CYP2B6, CYP2C, CYP2D6과 CYP3A5 등이 주로 발현되며 폐포대식세포에서는 CYP2B6/7, CYP2C, CYP2E1과 CYP2F1과 CYP3A5 등의 P450 단백질이 주로 발현된다.

CYP2F1은 여러 폐조직에서 선택적으로 발현되는데 기질이 발암을 유발할 수 있는 활성중간대사체를 생성한다. CYP2S1은 기관지에서 가장 많이 발현되는 P450 효소이며 주요 기질은 naphthalene 등이 있다. CYP2 계열 중 CYP2A6와 CYP2A13은 폐조직보다 비강(nasal)과 후각점막(olfactory mucosa)에서 아주 높게 발현된다. 이 두 P450 효소는 4-(methylnitrosamino)-1-(3-pyridyl)-1-butanone(NNK), aflatoxin B1(1,3-butadiene)과 같은 다양한 발암전구물질 대사를 통해 활성중간대사체를 생성하여 발암화를 유도할 수 있다. CYP2E1은 기관지 상피조직에서 발현이 주로 이루어진다. CYP3A 계열은 폐조직에서 약물대사에 가장 중요한 역할을 하는 P450 효소이다. 특히 흡입성 약물인 salmeterol, theophylline 또는 glucocorticoids (예: budesonide) 등이 폐조직에서 CYP3A 계열의 주요 기질이다. CYP3A4와 CYP3A5는 기관지과 이에 연결된 혈관세포를 비롯한 거의 모든 호흡기 내에서 발현된다.

흡연은 수많은 화학물질의 노출을 유도하며 이들이 주요 기질 또는 유도물질 그리고 억제물질 등 역할을 통해 P450 활성에 있어서 다양한 영향을 준다. P450 발현과 관련된 물질은 효능제(agonist, 유도물질)로서 dioxins, dioxin-like chemical인 PCDD와 PCDF, 그리고 PAH인 benzo[a]-anthracene, chrysene, benzo[a]pyrene, benzo[b]fluoranthene, benzo[k]fluoranthene, benzo[g,h,i]perylene과 dibenzo[a,h]anthracene 등이 있다. CYP1A1와 CYP1A2 등은 TCDD, benzo[a]pyrene, pyridine, nicotine와 omeprazole 등에 의해 폐조직에서 발현이 유도된다. CYP1B1과 CYP1A1 역시 기관지의 여러 세포에

서 발현되며 흡연에 의해 증가되는데 여성흡연가의 폐에서 CYP1A1 발현이 아주 높다. CYP3A5는 비흡연가보다 흡연가의 폐포대식세포에서 발현이 감소한다.

2. 흡연에 의한 활성중간대사체를 생성하는 독성물질

◎ **주요 내용**

– 흡연에 의한 모든 암과 질환은 이들 물질에 의한 활성중간대사체 생성에 기인한다.

– 담배연기에 존재하는 다환방향족탄화수소는 친전자성대사체로 전환되며 대표적으로 B[a]P가 있다.

● **흡연에 의한 모든 암과 질환은 이들 물질에 의한 활성중간대사체 생성에 기인한다.**

일반적으로 활성중간대사체는 그 종류에 따라 4대 거대분자와 상호작용이 다를 수 있지만 대부분의 활성중간대사체는 DNA를 비롯하여 단백질, 지질 그리고 당과 상호작용이 가능하다. <표 3-6>은 담배연기 및 담배 자체의 발암물질의 종류를 나타낸 것인데 연소 유무에 의해 발암물질의 종류가 다른 것을 알 수 있다. 그러나 이들 물질들은 사람에게 있어서 발암 유무에 따라 또한 분류될 수 있다. <표 3-6>에 있는 물질은 대부분 생체전환에 의하여 활성화되어 DNA와의 직간접적인 상호작용으로 사람 및 동물에 있어서 암을 유발한다. 또한 이들 물질은 생체전환에 의한 활성을 통해 담배연기의 화학물질 노출에 의해 유발되는 대부분의 질환의 원인으로 추정된다. 이들 물질은 크게 PAH(polycyclic aromatic hydrocarbon), heterocyclic hydrocarbons, N-nitrosamines, aromatic amines, aldehydes, phenolic compounds, volatile hydrocarbons, acetamide와 acrylonitrile 등과 같은 miscellaneous organic compounds, inorganic compounds 등으로 구분된다. 이들 물질들은 담배 이외에도 다양한 환경에서 노출되기 때문에 활성기전에 대한 연구는 비교적 많이 이루어져 왔다.

〈표 3-6〉 담배연기 및 담배 자체의 P450에 의한 생체전환 대상의 화학물질

화학물질의 분류
담배연기
PAH
Nitrosamines
Aromatic amines
Aldehydes
Phenols
Volatile hydrocarbons
Nitro compounds
Other organics
Inorganic compounds
담배 자체(Unburned tobacco)
PAH
Nitrosamines
Aldehydes
Inorganic compounds

1) Polycyclic aromatic hydrocarbon

- 담배연기에 존재하는 다환방향족탄화수소는 친전자성대사체로 전환되며 대표적으로 B[a]P가 있다.

다환방향족탄화수소(polycyclic aromatic hydrocarbon: PAH)는 두 개 또는 그 이상의 벤젠환이 직접 일직선상으로 결합되어 있거나 가지를 쳐서 생긴 결합으로 여러 환이 밀집되어 있는 화합물을 말한다. 담배연기 속에 존재하는 대표적인 PAH는 <표 3-7>에서처럼 benzo(a)anthracene benzo(b)fluoranthene benzo(l)fluoranthene benzo(k)fluoranthene benzo(a)pyrene, dibenzo(a,e)pyrene, dibenzo(a,h)anthracene, indeno(1,2,3-cd)pyrene과 5-methylchrysene 등이 있다. 담배의 주류연에 함유되어 있는 이들의 농도는 benz(a)anthracene 이 담배 1개비당 20~70ng 그리고 B[a]P가 20~40ng 그리고 나머지 PAH 는 대략적으로 1~20ng/1개비 담배 정도 존재한다. 특히 B[a]P는 다양한 동물종에서 발암이 확인되어 흡연에 의한 질환 및 독성에 주요 물질로 추정되고 있으며 대표적인 PAH이다.

〈표 3-7〉 담배연기 속의 Polycyclic aromatic hydrocarbon

PAH의 종류	주류연의 농도(ng/ 1 개비)	부류연/주류연
benzo(a)anthracene	20-70 ng	
benzo(b)fluoranthene	4-22 ng	
benzo(l)fluoranthene	6-21 ng	
benzo(k)fluoranthene	6-12 ng	
benzo(α)pyrene	20-40 ng	2.5-3.5
dibenzo(a,h)anthracene	4 ng	
dibenzo(a,l)pyrene	1.6-3.2 ng	
dibenzo(a,e)pyrene	present	
indeno(1,2,3-cd)pyrene	4-20 ng	
5-methylchrysene	0.6 ng	

PAH의 독성을 유발하는 활성중간대사체는 친전자성대사체이다. 이들 대부분은 epoxide 구조를 가지고 있는데 P450에 의한 에폭시화(epoxidation)의 결과이다. 특히 PAH 중 벤젠고리 3개가 결합한 안트라센(anthracene: $C_{14}H_{10}$)인 경우에는 제1상반응을 통해 epoxide가 벤젠환의 어

디에 형성되느냐에 따라 독성 정도가 차이 있다. 또한 PAH는 대사를 통해 3차원 공간구조(three dimensional structure)를 갖게 되며 다양한 이성질체(isomer)가 형성된다. 이성질체는 분자식은 같지만 입체구조에 따라 성질이 판이하게 다르게 나타나는 화합물들을 의미한다. 예를 들어 대사를 통해 epoxide가 B[a]P의 어느 벤젠환 부위에 위치하고 어떠한 입체구조를 갖느냐에 따라 화학적 특성이 달라지며 독성 역시 차이가 있다. 이러한 대사체의 다양한 입체이성질체(stereoisomer: 이중결합으로 연결된 두 원자에 결합된 원자나 원자단이 같은 방향이거나(cis), 다른 방향(trans)으로 구분되는 이성질체)에 따라 독성의 차이가 있는 대표적인 예로는 B[a]P의 분자만곡부(Bay region)가 있다. <그림 3-7>에서처럼 B[a]P는 CYP1A1에 의해 2개의 Benzo[a]pyrene 7, 8-epoxide인 7R, 8S-oxide와 7S, 8R-oxide 배열이성질체(enantiomer: 키랄중심탄소에 붙는 원소나 기능기에 원자번호순으로 순서를 정하여 R(rectus, 우)방향과 S(sinister, 좌)방향으로 나눌 수 있는 이성질체) 등의 대사체로 전환된다. 그러나 CYP1A1의 선택적 대사에 의해 7R, 8S-arene oxide가 7S, 8R-arene oxide보다 약 9:1의 비율로 더 많이 생성된다. 각각의 BP-7, 8-epoxide는 epoxide hydrolase에 의해 epoxide가 수화되어 7R, 8R-과 7S, 8S-dihydrodiol-benzo[a]pyren으로 전환된다. 이 2개의 대사체는 동일한 P450 효소에 의해 4종류의 7, 8diol-9, 10epoxide-benzo[a]pyren diastereomer(부분입체이성질체)로 전환된다. 그러나 4개의 부분입체이성질체 중 diastereomeric(+) benzo[a]pyrene 7R, 8S-diol-9S, 10R-epoxide-2가 80% 이상으로 가장 많이 생성되며 유일하게 DNA와의 결합을 통해 발암성을 갖게 된다. 따라서 동일한 물질이 동일한 효소에 의한 대사 과정에서 효소의 입체선택성에 의해 다양한 대사체가 생성될 수 있다. 이들 입체이성질체성 대사체는 특히 B[a]P의 bay region처럼 물질의 잠재적 독성유발 부위 효소에 의한 기능

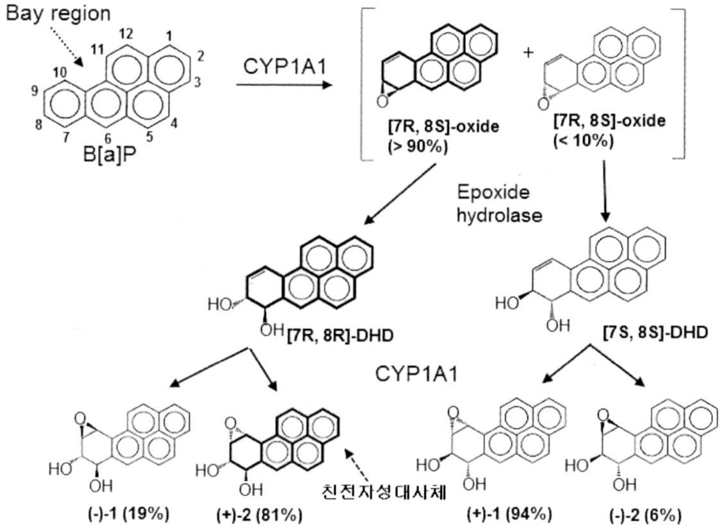

〈그림 3-7〉 CYP1A1과 epoxide hydrolase에 의한 benzo[a]pyrene의 대사에
있어서 bay region의 입체선택적 독성 기전: B[a]P의 bay region에서
CYP1A1과 epoxide hydrolase에 의한 촉매반응은 4개의 입체이성질체성 대사체를 생성
한다. 이들 대사체는 효소의 입체선택적 대사를 통해 대사체 생성 비율도 다르며 독성 역시
다르다. 특히 4개의 부분입체이성질체 중 diastereomeric(+) benzo[a]pyrene 7R, 8S-diol-
9S, 10R-epoxide-2가 가장 많이 생성되며 유일하게 DNA와의 결합을 통해 돌연변이성
또는 발암성을 갖게 된다. [7R, 8R] 또는 [7S, 8S]-DHD: 7R, 8R-과 7S, 8S-dihydrodiol-
benzo[a]pyren.

기 첨가로 인하여 특정 입체이성질체에 의해 독성이 유발되는 것을 입
체선택적 독성(stereoselective toxicity) 기전이라고 한다. 따라서 PAH는
CYP 1A1에 의한 생체전환과 친전자성대사체의 활성중간대사체 생성을
통해 독성을 유발한다. 특히 대표적인 PAH는 B[a]P이며 CYP1A1에 의해
여 벤젠환에 epoxide 형성으로 친전자성대사체가 생성된다.

2) Heterocyclic hydrocarbon

헤테로원자방향족 탄화수소화합물(heterocyclic hydrocarbon, HCH 또는

heterocyclic compound)이란 적어도 1개 이상의 탄소와 탄소 이외의 헤테
로원자인 S, O와 N 원자 1개 이상을 가진 방향족탄화수소 화합물을 의미
한다. 생체에 독성을 유발하는 대표적인 방향족탄화수소화합물(aromatic
hydrocarbon)인 heterocyclic hydrocarbon은 <그림 3-8>에서처럼 N 원자를
지닌 5각 환구조의 pyrrole 화합물, 산소원자를 지닌 5각 환구조의 furan
화합물, S 원자를 지닌 5각 환구조의 thiophenen 등이 있다. 담배연기에
포함되어 있는 HCH는 furan, quinoline, dibenzo(a,h)acridine, dibenzo(a,l)
acridine, dibenzo(c,g)carbazole 그리고 benzo(b)furan 등이 있다. 담배연기 속
의 농도는 furan과 quinoline 등이 가장 많은 18~37μg과 1~2μg 각각 존재
한다.

〈표 3-8〉 담배연기 속의 Heterocyclic hydrocarbon

Heterocyclic hydrocarbons	주류연의 농도(ng/ 1 개비)
furan	18-37 μg
quinoline	1-2 μg
dibenzo(a,h)acridine	0.1 ng
dibenzo(a,l)acridine	3-10 ng
dibenzo(c,g)carbazole	0.7 ng
benzo(b)furan	present

Heterocyclic hydrocarbon 역시 P450 효소에 의해 epoxide 형성을 통한 친
전자성대사체로 전환되어 독성을 유발한다. 그러나 5각 환구조의 탄소
에 어떠한 기능기가 결합하느냐에 따라서 p450의 기질특이성이 달라질
수 있기 때문에 P450 산화촉매반응에 의해 모든 heterocyclic compound에
epoxide가 형성되는 것은 아니다. Furan의 일종인 3-Methylfuran은 P450
에 의해 산소가 결합하면 H_2O의 도움으로 전자의 재배열을 통해 epoxide가
형성되어 친전자성대사체의 3-Methylfuran-3,4-epoxide으로 전환된다.

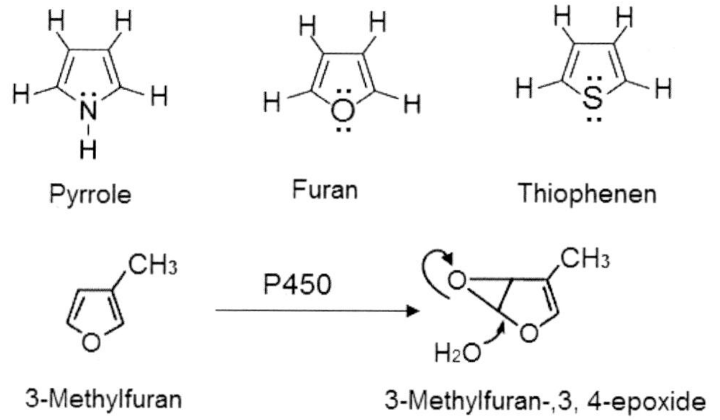

Pyrrole   Furan   Thiophenen

CH₃ ... P450 ...

3-Methylfuran   3-Methylfuran-,3, 4-epoxide

〈그림 3-8〉 Heterocyclic compound의 P450에 의한 epoxide 생성:
Furan계의 3-Methylfuran가 P450에 의해 산화되어 산소원자가 결합하고
H2O의 도움으로 전자재배열(→)을 통해 epoxide 구조가 형성되어 최종적
으로 친전자성대사체인 3-Methylfuran-3,4-epoxide가 된다.

3) N-nitrosamines

N-nitroso 화합물(N-nitroso compound: 질산나이트로조 화합물)이란 N-N=O의 작용기를 가진 유기화합물이며 N-nitrosamine과 N-nitrosamide 2가지 그룹으로 나눌 수 있다. N-nitrosamine의 분자식은 $R_1N(-R_2)-N=O$, N-nitrosamide의 분자식은 $R_1N(-NO)C(=O)NH_2$이다. 식품 및 육류 등 열을 가하는 요리과정에서 많이 발생하지만 담배 및 담배연기에서 특이적으로 존재하기 때문에 담배-특이적 nitrosamine(tobacco-specific nitrosamines)이라고도 한다. 담배-특이적 nitrosamine은 흡연의 노출에 의해 활성중간대사체를 생성하는 대표적인 독성물질이다. 특히 <표 3-9>에서처럼 NDMA(N-Nitrosodimethylamine, 또는 dimethylnitrosamine, DMN), NNN(N-nitrosonornicotine) 그리고 NNK(4-<methylnitrosamino>-1-<3-pyridyl>-1-butanone) 등은 발암 및 독성과 관련하여 가장 강력한 친전자성대사체를 생성하는 대표적인 담배-특이적 nitrosamine이다.

〈표 3-9〉 담배-특이적 nitrosamines

N-nitrosamines	주류연의 농도(ng/ 1개비)
N-nitrosodimethylamine	2~1,000ng
N-nitrosoethylmethylamine	3~13ng
N-nitrosodiethylamine	ND-2.8ng
N-nitrosodi-n-propylamine	ND-1.0ng
N-nitrosodi-n-butylamine	ND-30ng
N-nitrosopyrrolidne	3~110ng
N-nitrosopiperidine	ND-9ng
N-nitrosodiethanolamine	ND-68ng
N-nitrosonornicotine	120~3,700ng
4-(methylnitrosamino)-1-(3-pyridyl)__1-butanone	80~770ng

〈그림 3-9〉에서처럼 사람에게 있어서 NDMA는 CYP2E1에 의해 수화(α-hydroxylation) 및 탈질소화(denitrosation) 등 2가지 경로를 통해 대사되며 각 대사체는 대부분 친전자성을 띠는 활성중간대사체이다. 먼저 수화경로에서 NDMA는 CYP2E1에 의해 중간라디칼대사체(intermediate radical)인 $CH_3(CH_2)N-N=O$이 생성되는 중간과정을 거쳐 hydroxymethylnitros와 monomethylnitrosamine($CH_3NHN=O$)으로 분해된다. Monomethylnitrosamine는 불안정하여 전자재배열을 통해 강력한 메틸화-유도물질(methylating agent)이면서 단백질 및 DNA의 알킬화를 유도하는 methyldiazonium ion($CH_3N^+ \equiv N$)으로 전환된다. 또한 methyldiazonium으로 분리된 methylcarbenium ion(CH_3^+) 역시 친전자성물질이며 DNA와 결합한다. 방향족탄화수소에서 2가 전자를 가진 탄소원자인 carbene 역시 친전자성을 갖는데 3개의 치환기 그리고 양이온의 탄소원자를 갖는 물질을 carbenium ion(옛명: carbonium ion: R_3C^+)이라고 한다. 탈질소화 과정에서 N-Nitrosodimethylamine는 CYP2E1에 의해 nitrite가 분리되면서 라디칼인 N-Methylformadimine으로 전환되며 다시 methylamine(CH_3NH_2)과

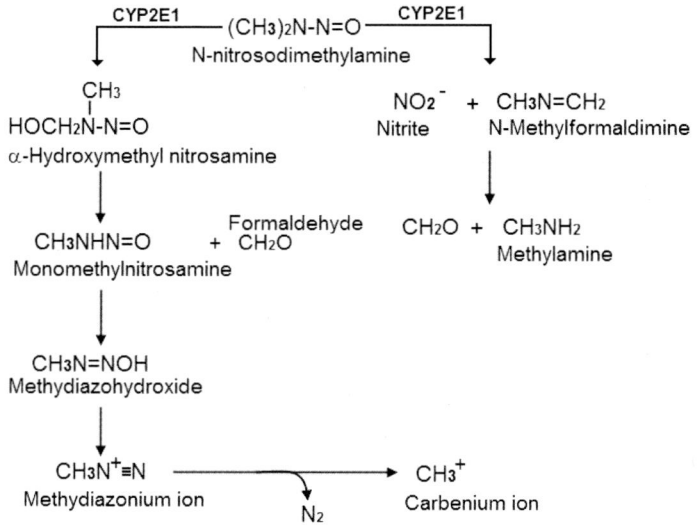

<그림 3-9> N-Nitrosodimethylamine(NDMA)의 친전자성대사체 생성과정:
CYP2E1에 의해 NDMA은 α-Hydroxymethylnitrosamine 및 N-Methylformaldimine
으로 전환되며 이후 자연분해를 통해 radical을 비롯한 다양한 친전자성대사체로 전환된다.
또한 methyldiazonium으로 분리된 methylcarbenium ion(CH₃⁺) 역시 친전자전성대
사체이다.

formaldehyde으로 분해된다. 세포 내에서 CYP2E1에 의한 대사 및 자연분해에 의한 NDMA의 대사체는 대부분 친전자성을 가지며 생체 내의 거대분자와 결합하여 독성을 유도한다.

지방족탄화수소의 nitrosamine인 NDMA와 같이 <그림 3-10>에서처럼 방향족의 nitrosamine인 N-Nitrosonornicotine(NNN)의 대사과정에서도 친전자성대사체를 확인할 수 있다. CYP2A6에 의한 수산화를 통해 NNN는 2′-hydroxy 및 5′-hydroxy NNN으로 전환된다. 두 대사체는 자연발생적으로 환고리가 끊어지면서 diazohydroxide의 친전자성대사체로 전환된다.

또 다른 담배-특이적 nitrosamine인 NNK는 환원에 의한 NNAL 및

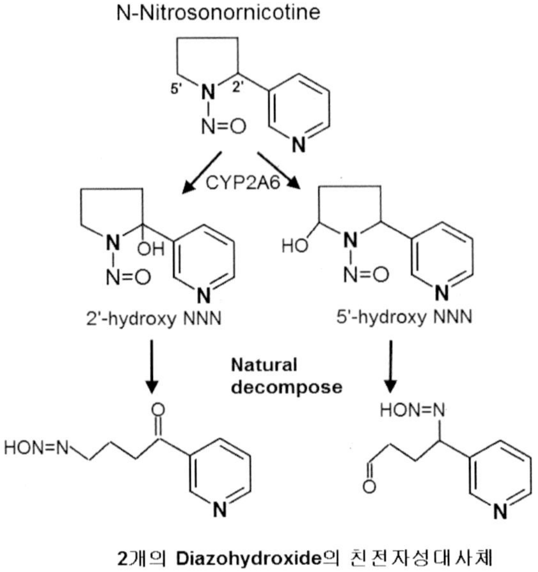

N-Nitrosonornicotine

CYP2A6

2'-hydroxy NNN

5'-hydroxy NNN

Natural
decompose

2개의 Diazohydroxide의 친전자성대사체

〈그림 3-10〉 N-Nitrosonornicotine의 친전자성대사체의 생성과정: N-itrosonornicotine(NNN)은 CYP2A6에 의해 2개의 hydroxy NNN으로 전환되어 고리가 끊어지면서 친전자성대사체가 형성된다.

P450에 의한 직접적인 α-hydroxylation 등 2가지 경로를 통해 대사된다. <그림 3-11>에서처럼 NNK는 11β-hydroxysteroid dehydrogenase type 1(11β-HSD-1)과 carbonyl reductase(CR) 등에 의한 carbonyl reduction 반응으로 NNAL(4-(methylnitrosamino)-1-(3-pyridyl)-1-butanol)로 전환된다. NNK는 대부분 CYP2A 계열인 CYP2A13과 CYP2A5 등에 의해 수산화가 이루어지지만 CYP3A4, CYP3A5를 비롯한 CYP2E1 등에 의한 수산화를 통해 여러 α-hydroxy NNK로 전환된다. 또한 NNK는 NNAL 경로를 통해서도 다양한 α-hydroxy NNAL로 전환된다. 이들 α-hydroxy NNK 및 NNAL은 불안정하여 자연분해에 의해 methyl diazohyderoxide 또는 diazonium ion 등의 친전자성대사체로 전환된다. 이들 친전자성대사체 대부분은 DNA와 결합하기 때문에 흡연에 의한 발암의 주요 원인물질이다.

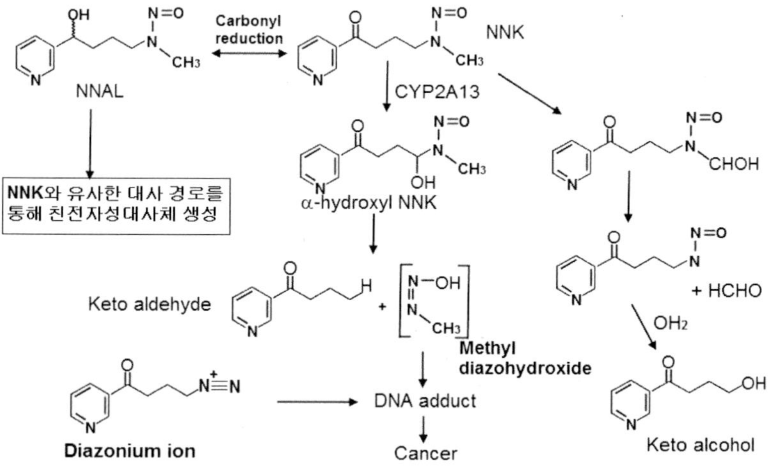

Carbonyl reduction

NNAL

NNK

CYP2A13

α-hydroxyl NNK

NNK와 유사한 대사 경로를 통해 친전자성대사체 생성

Keto aldehyde

+

Methyl diazohydroxide

+ HCHO

OH2

Diazonium ion

DNA adduct

Cancer

Keto alcohol

〈그림 3-11〉 NNK의 친전자성대사체인 Methyl diazohydroxide과 Diazonium ion 의 생성 기전: NNK는 11β-HSD-1 효소에 의해 carbonyl reduction을 통해 NNAL 로 전환되거나 P450 효소에 의해 직접적인 수산화를 통해 α-hydroxy NNK으로 전환된다. α-hydroxy NNK 및 NNAL의 분해를 통해 친전자성대사체인 methyl diazohydroxide과 diazonium ion이 생성된다(참고: 박영철).

4) Aromatic amines

Aromatic amine(방향족 아민)은 벤젠환을 가진 방향족탄화수소에 NH2, -NH- 또는 nitrogen group을 가진 화합물을 의미한다. 담배에는 <표 3-10>에서 처럼 2-amino-3-methyl-9H-pyrido[2,3-b]indole(MeAαC)N-heterocyclic amines, 2-amino-3-methyl-imidazo(4,5-f)quinoline(IQ), 2,6-dimethylaniline, 3-amino-1,4-dimethyl-5H-pyridol(4,3-b)indole(Trp-P-1), 2,6-dime-thylaniline, 3-amino-1-methyl-5H-pyrido[4,3-b]indole(Trp-P-2), N-heterocylic amines, 3-amino-1-methyl-5H-pyrido[4,3-b]indole(Glu-P-1), enylimidazo[4,5-b]pyridine(PhIP), 2-aminodipyrido[1,2-a:3',2'-d]imidazole(Glu-P-2), 2-toluidine 등의 aromatic amine이 있다. 특히 담배 속의 아미노산이 연소되면 서 발생할 수도 있는데 tryptophan이 연소되면서 Trp-P-1과 Trp-P-2, glutamate가 연소되면서 Glu-P-1과 Glu-P-2가 발생한다. 이들 대부분은 생체전환을 통해 활성중간대사체를 생성한다.

<표 3-10> 담배연기 속의 Aromatic amine

Aromatic amines	주류연의 농도(ng/ 1개비)
2-toluidine	30~337ng
2,6-dimethylaniline	4~50ng
2-naphthylamine	1~334ng
4-aminobiphenyl	2~5.6ng
N-heterocylic amines	
AaC	25~260ng
MeAαC	2~37ng
IQ	0.3ng
Trp-P-1	0.3~0.5ng
Trp-P-2	0.8~1.1ng
Glu-P-1	0.37~0.89ng
Glu-P-2	0.25~0.88ng
PhIP	11~23ng

특히 MeAαC는 담배연소에 의해 발생하는 대표적인 aromatic amine의 일종이다. MeAαC는 <그림 3-12>에서처럼 P450에 의한 대사를 통해 반응성이 높은 nitrenium ion과 또 다른 양이온 대사체인 carbenium ion 등의 친전자성대사체 생성을 한다. MeAαC는 여러 P450 효소에 의해 일산소화되지만 CYP1A2에 의해 N-신화와 3-CH₃에 일산소화되어 생체활성화가 이루어진다. 제1상반응을 통해 생성된 각 대사체는 제2상반응 효소인 N-acetyltransferases(NAT)와 sulphotransferases(SULT)에 의해 acetyl group(CH_3COO^-)과 무기황산이온(SO_3^-) 등으로 포합되어 N-Acetoxy-MeAαC, N-Sulfoxy-MeAαC와 3-Sulfoxy-MeAαC로 전환된다. 그러나 이들 포합물질들은 자연분해에 의해 이탈되어 포합대사체가 nitrenium ion 및 carbenium ion을 지닌 친전자성대사체로 전환된다. 일반적으로 이들 이온들은 대부분 원물질의 골격에 존재하여 발생

되기도 하지만 여러 대사경로를 통해 분리되어 직접적으로 독성 작용을
하는 경우도 있다. 여기서 중요한 점은 대부분의 외인성물질의 친전자성
대사체가 제1상반응에 의해 생성되는 것과 달리 MeAαC의 친전자성대사
체로의 전환은 제2상반응 후 발생한다는 것이다.

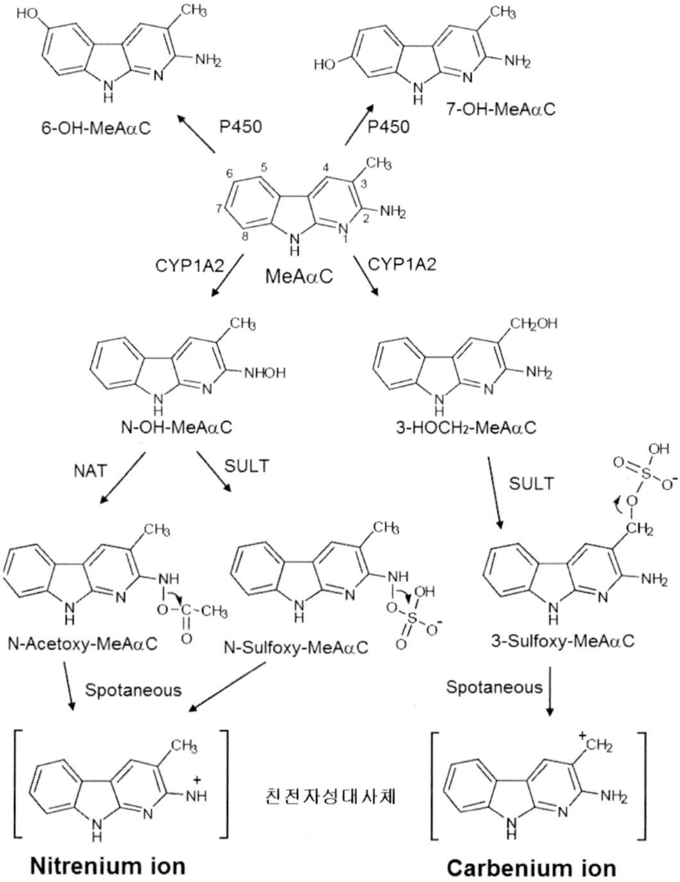

〈그림 3-12〉 MeAα C의 대사를 통해 생성된 Nitrenium ion 및 Carbenium ion을
가진 친전자성대사체: Nitrenium ion 및 carbenium ion을 지닌 친전자성대사체는 원물
질인 2-amino-3-methyl-9H-pyrido[2,3-b]indole(MeAαC)의 P450 특히 CYP1A2에
의한 일산소화반응, 그리고 제2상반응의 N-acetyltransferases(NAT)와 sulphotransferases(SULT)에
의한 포합반응 후 생성된다. 특히 제2상반응의 포합물질이 자연적으로 acetyl group(CH3COO-)
기와 무기황산이온(SO3-) 대사체에서 친전자성 이온이 생성된다(참고: 박영철).

5) Aldehydes

담배연소에 발생하는 aldehyde류는 <표 3-11>에서처럼 acetaldehyde와 formaldehyde가 있는데 그 자체가 전자가 부족한 친전자성물질이다. 이는 체내로 흡입된 후 생체전환 과정이 없이도 생체의 4대 거대분자와 결합할 수 있다는 것을 의미한다. 아세트알데히드는 세포 내의 여러 단백질과 결합하여 불활성화를 유도하며 또한 뇌에서 신경전달물질인 dopamine과 결합한다. 특히 acetaldehyde는 Group 2B에 해당하는 발암가능성 물질로 분류되는데 이는 아세트알데히드와 DNA의 공유결합을 통한 DNA adduct(DNA 부가물: 생체전환을 통해 생성된 친전자성대사체가 DNA의 특정 부위에 공유 결합하여 생성된 염기구조물) 형성 및 DNA 나선간 교차결합(interstrand crosslink)에 기인한다.

〈표 3-11〉 담배연기 속의 대표적인 aldehyde

Aldehydes	주류연의 농도(ng/ 1개비)
formaldehyde	7~100μg
acetaldehyde	500~1,400μg

Formaldehyde는 H1, H2A, H2B, H3, H4 등 모든 histone 단백질과 결합하여 DNA-단백질 교차결합을 유도한다. <그림 3-13>에서처럼 formaldehyde는 구조적으로 단순하여 DNA-단백질 교차결합 유도를 위해 2개의 활성부위, 즉 복수작용기성 부위를 가지지 못한다. 그러나 복수작용기성 부위는 formaldehyde가 단백질 및 염기의 친핵성부위와의 반응을 통해 형성되며 2단계 과정을 통해 DNA-단백질 교차결합이 유도된다. 먼저 1단계는 비효소적인 활성화 과정인 'Schiff base(또는 azomathine)'를 통해 formaldehyde-단백질 교차결합이 유발된다. 여기서 'Schiff base'

란 탄소와 이중결합으로 연결된 질소에 알킬기 또는 아릴기가 결합한 구조($R_1R_2C = N - R_3$, R_3 = aryl or alkyl group)가 형성되는 것을 의미한다. Formaldehyde는 비효소적 반응을 통해 단백질 내의 lysine과 arginine의 아미노기(amino group: NH_2) 또는 이미노기(imino group: NH)와 반응하여 'Schiff base'을 형성한다. 이후 2단계에서 'Schiff base'는 DNA 염기의 아미노기와 결합하여 DNA-schiff base-단백질의 교차결합을 유도하며 결국 DNA-단백질 교차결합을 유도하게 된다. 그러나 2단계를 통한 DNA-단백질 교차결합은 역으로 formaldehyde가 DNA 염기의 아미노기 또는 이미노기와의 'Schiff base'를 형성한 후 단백질의 아미노기와의 결합을 통해 유도될 수도 있다. 이와 같이 비록 formaldehyde 그 자체는 하나의 활성기를 가졌지만 단백질 및 DNA의 아미노기와 결합을 통한 Schiff base 형성을 통해 또 다른 활성기 형성이 가능하며 이를 통해 복수작용기성 DNA-단백질 교차결합이 가능하다.

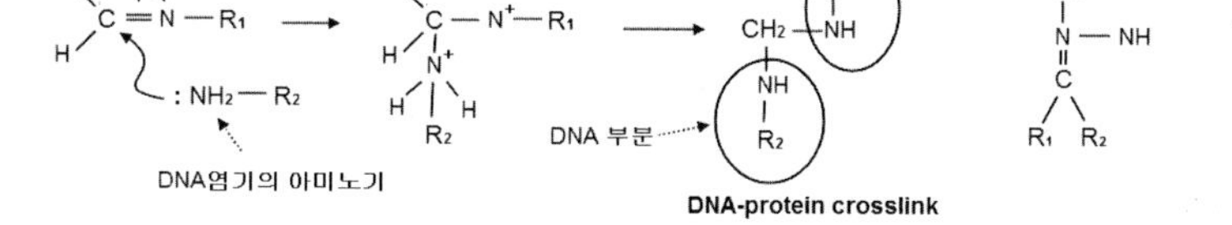

〈그림 3-13〉 Formaldehyde의 DNA-단백질 교차결합 형성기전: A) 먼저 1단계는 Formaldehyde가 단백질의 side chain과 결합하여 비효소적인 활성화 과정인 'Schiff base(또는 azomathine)'가 형성되어 단백질 교차결합이 유도된다. B) 형성된 shiff base는 다음 2단계를 통해 DNA 염기의 아미노기와 결합하여 DNA-단백질 교차결합을 유도한다. C) 여기서 'Schiff base'란 탄소와 이중결합으로 연결된 질소에 알킬기 또는 아릴기가 결합한 구조(R1R2C=N-R3, R3=aryl or alkyl group)가 형성되는 것을 의미한다(참고: 박영철).

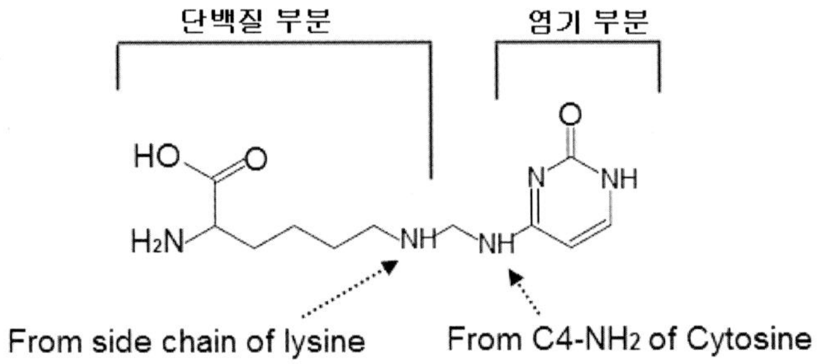

<그림 3-14> Cytosine-formaldehyde-lysine의 교차결합: Formaldehyde 에 의한 DNA-단백질 교차결합은 lysine과 arginine의 side chain과의 Schiff base 형성을 통한 단백질과의 결합 그리고 cytosine C4의 아미노 기와의 공유결합을 통해 형성된다.

Formaldehyde 단백질과의 Schiff base 형성은 주로 lysine과 arginine의 side chain과의 결합을 통해 이루어진다. 형성된 Schiff base는 cytosine C4의 아미노기와 공유결합을 통해 최종적으로 DNA-단백질 교차결합을 유도한다. <그림 3-14>는 formaldehyde에 의한 cytosine과 lysine 사이 DNA-단백질 교차결합을 형성한 구조이다.

6) Phenolic compound

페놀성 또는 polyphenol(다환페놀성) 물질은 하나 또는 그 이상의 수산기(hydroxyl groups)가 붙은 방향족 환상구조를 가진 화합물이다. <표 3-12>에서처럼 catechol, caffeic acid와 methyleugenol 등이 있다.

〈표 3-12〉 담배연기 속의 대표적인 phenols

Phenolic compounds	주류연의 농도(ng/ 1개비)
catechol	90~2,000μg
caffeic acid	<3μg
methyleugenol	20ng

Catechol은 대표적인 페놀성 화합물로 벤젠 또는 PAH에 2개의 수산기가 결합한 물질이다. Catechol 자체가 담배연기에 포함되어 있는 벤젠 및 PAH의 제1상반응을 통해 생성되기도 한다. Catechol은 전구물질 또는 전구대사체와의 산화-환원의 순환반응을 통해 유기라디칼대사체와 ROS 등을 생성하는 산환-환원의 순환반응 대사체(redox-active species, RAS)의 활성중간대사체이다. 즉 <그림 3-15>에서처럼 catechol은 o-quinone, 그리고 hydroquinone은 p-quinone으로 비효소적 반응을 통해 산화 및 환원을 반복하는 산화-환원의 순환반응(redox cycling)을 지속한다. 이 과정에서 생성되는 DNA 손상을 유발할 수 있는 대사체 및 부산물은 p- 또는 o-semiquinone anion radical과 superoxide anion radical 등이 있다. Semiquinone anion radical은 다른 유기라디칼대사체와 같이 수소발췌를 통해 지질 및 DNA 손상을 유발할 수 있는 가능성은 있지만 이에 대한 연구에서는 아직 증명되지 못하고 있다. 이는 산소, fenton pathway(펜톤경로) 그리고 Cu(II)/Cu(I) redox cycling(Cu 산화-환원의 순환반응)을 통한 빠른 반응을 통해 quinone 또는 catechol으로의 빠른 전환에 기인하는 것으로 추정된다. Semiquinone anion radical의 자체 독성 이외에도 quinone의 redox cycle을 통해 생성된 superoxide anion radical, H_2O_2, hydroxyl radical 등의 부산물이 DNA 손상을 또한 유발할 수 있다. 그러나 fenton pathway 또는 Cu(II)/Cu(I) redox cycling을 유도하는 Fe이나 Cu 이온이 없다면 DNA 손상은 유발되지 않는다. 이는 이들 이온들이 quinone의 redox cycle에서 발생하는 superoxide anion radical과의 반응을 통해 ROS 중 DNA와 가장 강력한 반응성을 가진 hydroxyl radical 생성을 유도하기 때문이다. 아래의 반응식과 <그림 3-15>에서처럼 Cu(II)/Cu(I) redox cycle에 의한 hydroxyl radical(HO·)의 생성은 PAH-o-quinone에 의한 DNA 나선절단에 중요한 역할을 한다. 따라서 catechol에 의한 독성은 친전자성대사체 또는 유

$$H_2O_2 + Cu^{2+} \rightarrow Cu^+ + O_2^{\cdot-} + 2H^+$$
$$H_2O_2 + Cu^+ \rightarrow Cu^{2+} + HO\cdot + OH^-$$

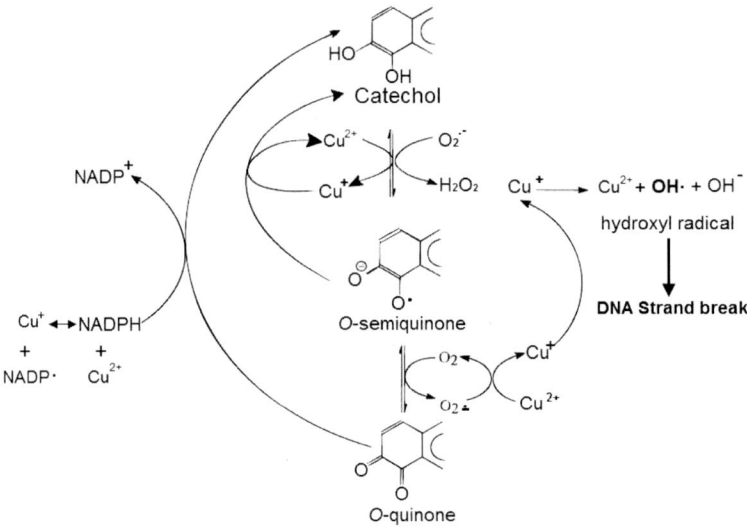

〈그림 3-15〉 *O*-quinone에 의한 ROS 생성과 hydroxyl radical에 의한 DNA 나선절단 기전: Quinone의 redox cycle을 생성한 ROS는 Cu(II)/Cu(I) redox cycle 과 fenton pathway 등을 통해 hydroxyl radical(HO·)로 전환되어 PAH-o-quinone 에 의한 DNA 나선절단에 중요한 역할을 한다(참고: 박영철).

기라디칼대사체 등에 의해 유도되는 것이 아니라 산화-환원의 순환반 응과 fenton pathway를 통한 ROS 생성에 의해 유도된다.

7) Volatile hydrocarbons

Volatile hydrocarbon 또는 volatile organic compound(VOC: 휘발성유기화 합물)는 대기 중 상온에서 가스상태로 존재할 수 있는 모든 유기물질을 의미한다. <표 3-13>에서처럼 1,3-butadiene, isoprene benzene와 styrene 등뿐 아니라 담배에 포함된 aldehyde 역시 VOC의 일종이다.

Volatile hydrocarbons	주류연의 농도(ng/ 1개비)
1,3-butadiene	20~75μg
isoprene	450~1,000μg
benzene	20~70μg

담배연기에 존재하며 대표적인 VOC는 styrene-butadiene의 배합고무 (synthetic rubber) 가공에 이용되는 1,3-butadiene(BD)이다. BD는 Group 2A에 해당되는 사람에게 있어서 발암가능성 물질로 분류된다. BD는 P450의 생체전환을 통해 친전자성대사체의 활성중간대사체를 통해 독성을 유발한다. <그림 3-16>에서처럼 BD 우선적으로 P4502E1 또는 P4502A6에 의해 1,2-epoxy-3-butene(BDO)으로 산화된다. BDO는 epoxide hydrolase에 의해 1,2-dihydroxy-3-butene으로 가수분해되지만 한편으로는 P4502E1 또는 P4503A4에 의해 2개의 epoxide를 구조를 가진 BDO_2로 전환된다. BDO_2와 1,2-dihydroxy-3-butene은 또한 P450효소에 의해 추가적으로 산화되어 1,2-dihydroxy-3,4-epoxybutanes(BDE)로 전환

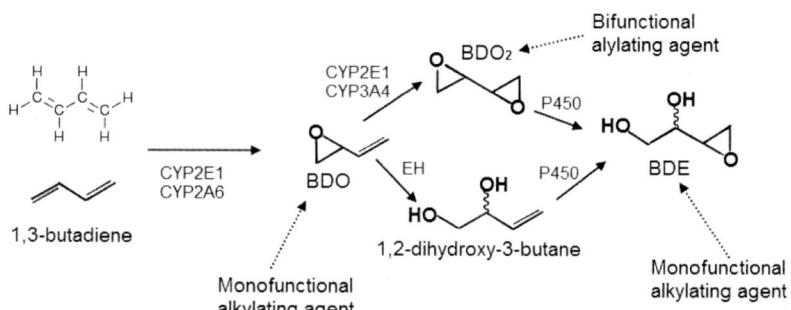

〈그림 3-16〉 1,3-butadiene의 단일 및 복수작용기성 알킬화-유도 대사체의 생성 기전: 활성중간대사체인 BDO, BDO2 그리고 BDE 등에서 DNA-crosslink을 유발하는 관련된 복수작용기성 알킬화-유도 대사체는 2개의 epoxide 구조를 가진 BDO2이며 단일작용기성 알킬화-유도 대사체는 BDO와 BDE 등이다(참고: 박영철).

된다. BD의 생체전환 과정에서 생성된 여러 대사체 중에서 DNA 손상과 관련된 친전자성의 활성중간대사체는 BDO, BDO$_2$와 BDE 등이다.

또한 benzene은 방향족탄화수소의 가장 간단한 구조이며 또한 체내에서 quinone 생성으로 인하여 생체전환에 대해 많이 연구된 대표적인 VOC이다. Benzene의 quinone으로의 전환에는 많은 효소와 여러 단계의 과정이 필요하다. 그러나 이러한 여러 과정을 통해 quinone 및 RAS 등의 다양한 대사체가 생성되는데 이는 산화-환원의 순환반응에 의한 독성 뿐 아니라 친전자성대사체에 의한 독성 역시 유발할 수 있다. 따라서 Benzene은 생체전환을 통해 이러한 산화-환원의 순환반응 및 친전자성 대사체 등의 다양한 대사체로 전환되는 대표적인 VOC이며 담배의 독성물질이며 뒷장에서 다시 논한다.

8) Dioxin

일반적 명칭인 다이옥신은 다활로겐 방향족탄화수소(polyhalogenateted aromatic hydrocarbon, 방향족 탄화수소에 halogen 원자인 F, Cl, Br, I가 결합한 구조)의 일종으로 75가지의 PCDD(polychlorinated dibenzo-p-dioxin)과 135가지의 PCDF(polychlorinated dibenzofuran) 등의 동종화합물을 일컫는다. <그림 3-17>에서처럼 PCDD는 6개의 탄소(C)가 정육각형으로 결합한 벤젠고리 2개가 있으며 그 사이에서 산소(O)가 다리를 놓는 형태가 기본구조다. 단지 강력한 살균과 소독 능력이 있는 염소(Cl)가 벤젠고리의 어디에 위치하느냐에 따라 종류가 구분된다. 반면에 PCDF는 4개의 탄소와 하나의 산소로 구성된 벤젠고리 2개가 있는 구조이며 마찬가지로 염소가 벤젠고리의 어디에 위치하느냐에 따라 종류가 구분된다. 이들 다이옥신은 환경호르몬(environmental hormone), 즉 자연적인 호르몬의

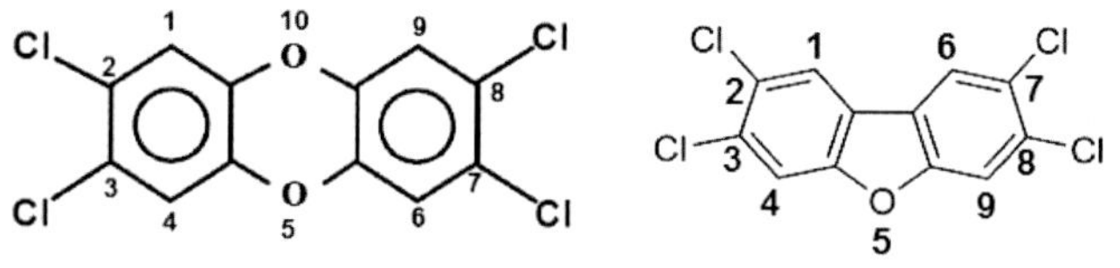

PCDD의 일종　　　　　　**PCDF의 일종**

〈그림 3-17〉 PCDD와 PCDF의 구조: PCDD의 일종인 2,3,7,8-tetrachloro-
dibenzo-p-dioxin과 PCDF의 일종인 (2,3,7,8-tetrachlorodibe-
nzofuran)의 구조

작용을 방해해 항상성과 생식, 면역기능 등에 이상을 일으키는 화학물
질이다.

　다음은 5개 상품의 담배에 대해 필터, 담뱃재, 담뱃잎 그리고 궐련지
등에서 dioxin, furan과 PCB(poly chlorinated benzene)의 동질체를 측정하여
TEQ(toxicity equivalency for dioxin, 독성 등가치 TEQ: 2,3,7,8-TCDD의 독성계
수를 1로 기준하여 각 다이옥신류의 독성 계수에 채취된 다이옥신 양을 곱하여 얻어지는
수치 또는 동종화합물 다이옥신 농도)를 추정하였다. <그림 3-18>의 (A)에서
담배 20개비의 필터, 재 그리고 주류연 및 부주연의 담배연기 속에 존재
하는 다이옥신의 농도이다. 20개비 중 재에서는 별 차이가 없지만 필터
와 담배연기에서 다이옥신이 큰 차이가 나는 것을 확인할 수 있다. 특히
담배의 종류에 따라 담배연기에서 최저(ML)와 최고(KE1)가 약 3.6배 정
도 차이 나는 것으로 확인되었다. 여러 나라에서 1일 허용섭취량(ADI)
1~5pg/kg체중/day으로 설정되어 있다. <그림 3-18>의 (B)는 각 담배상
품별 20개비 담배를 흡연하였을 경우에 1일 1kg 체중당 체내로 흡입되는
다이옥신의 농도이다. 가장 높은 상품인 KE1은 0.96pg-TEQ/kg으로 확인되
었다. 하루 60kg의 체중을 가진 사람이 20개비 KE1을 흡연하였을 경우
에 57.6pg-TEQ을 흡입한다는 것이다. 이는 60kg 체중의 1일 최소 ADI
인 60pg-TEQ에 근접하는 농도가 된다. 대부분 담배연기

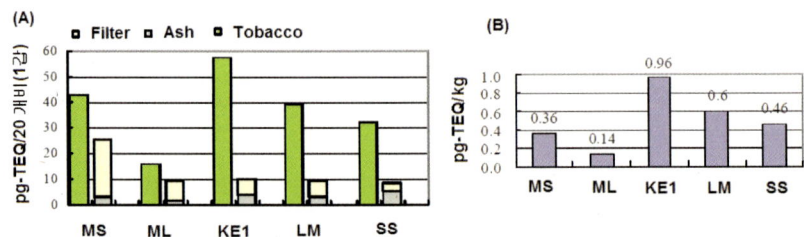

〈그림 3-18〉 담배상품별 다이옥신의 농도(A)와 체내 흡입되는 다이옥신 농도(B): (A)에서처럼 특히 담배의 종류에 따라 담배연기에서 최저(ML)와 최고(KE1)가 약 3.6배 정도 차이 나는 것으로 확인되었다(B)에서 KE1인 경우에는 60kg 체중의 1일 최소 ADI(허용농도)인 60g-TEQ에 접하는 농도가 된다. pg: pico gram(참고: Aoyama).

속의 유기화학물질이 생체전환과 활성중간대사체 생성을 통해 독성을 유발하는데 다이옥신은 직접적으로 세포질 내의 단백질 등과 결합하여 유전자의 발현 등 변형을 통해 암을 비롯한 독성을 유발한다.

9) 그 외 담배연기 속의 활성중간대사체 생성 물질

지금까지의 물질들은 생체전환 또는 자연분해를 통한 친전자성대사체 및 RAS 등의 활성중간대사체 생성에 대한 기전을 주로 설명하였다. 화학물질에 의한 독성유발 기전은 친전자성대사체 및 RAS 등의 외에도 유기라디칼성대사체 역시 대단히 중요한 활성중간대사체의 하나이다. <표 3-14>에서처럼 acetamide, acrylamide, acrylonitrile, vinyl chroride, DDT(dichloro-diphenyl-trichloroethane), DDE(dichloro-diphenyl-dichloro-ethylene), 1,1-dimethylhydrazine, ethyl carbamate, ethylene oxide와 propylene oxide 등 다양한 유기물질 역시 담배연기를 통해 체내로 유입되어 독성을 유발한다.

<표 3-14> 그 외 담배연기 속의 활성중간대사체 생성물질

Miscellaneous organic compounds	주류연의 농도(ng/ 1개비)
acetamide	38~56μg
acrylamide	present
acrylonitrile	3~15μg
vinyl chroride	11~15μg
DDT	800~1,200μg
DDE	200~370μg
1,1-dimethylhydrazine	present
ethyl carbamate	20~38μg
ethylene oxide	7μg
propylene oxide	0~100μg

특히 carbamic acid(NH_2COOH)를 가진 ethyl carbamate 또는 urethane는 실험쥐에서는 발암이 확인되었으나 사람에게는 아직 확인되지 않은 발암-가능성 물질이다. Ethyl carbamate는 과일이나 곡물의 발효 과정에서 생성된 에탄올과 carbamyl phosphate가 서로 반응하여 자연발생적으로 생성기도 하지만 담배연기에도 존재한다. Ethyl carbamate가 특히 중요한 것은 유기라디칼성대사체 생성뿐 아니라 aldehyde 그리고 epoxide를 가진 친전자성대사체가 활성중간대사체로 전환된다는 것이다. 생체에서는 ethyl carbamate 대사에 관여하는 carbonylesterase와 CYP2E1 등 2가지 효소가 있다. Carboylesterase에 의한 ethyl carbamate 대사는 최종적으로 에탄올, 암모니아 그리고 이산화탄소로 분해, 배출된다. 또한 CYP2E1을 비롯한 다른 P450 효소에 의해 ethyl carbamate는 N-Hydroxylurethane으로 전환되지만 아주 소량이다. Ethyl carbamate의 epoxide-함유 대사체인 vinyl carbamate epoxide는 CYP2E1에 의해 생성된다. 일반적으로 사슬탄화수소에 epoxide가 발생하는 경우에는 대부분 탄소와 탄소의 이중결합(C=C) 부위에서 발생하는데 ethyl carbamate의 경우에는 탄소-탄소 이중결합의

불포화된 부위가 없다. 따라서 우선적으로 CYP2E1에 의해 탈포화(desaturation)가 유도되어 epoxide 대사체가 형성된다. <그림 3-19>에서처럼 산소일 분자가 결합한 CYP2E1의 FeO^{3+}에 의해 ethyl carbamate의 methyl group에 'H abstraction(수소발췌)'이 발생한다. P450에 의한 수소발췌를 통해 ethyl carbamate는 ethyl carbamate radical로 전환된 후 다시 CYP2E1에 의한 '산소화'가 이루어진다. 특히 이러한 라디칼대사체는 반응성이 높아 P450 효소에 의한 대사가 이루어지지 않으면 주변 지질의 수소발췌를 통해 지질과산화에 의한 세포독성의 원인이 된다. 결합된 산소는 탄소와 탄

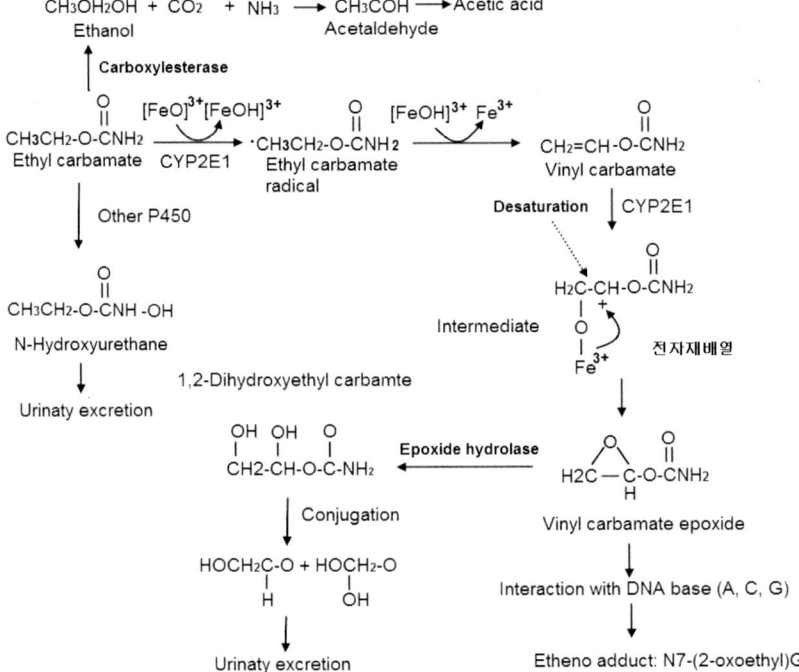

〈그림 3-19〉 Ethyl carbamate의 CYP2E1에 의한 epoxide 생성 과정: Ethyl carbamate와 같은 사슬형 탄화수소는 epoixde 형성을 위해 먼저 탄소-탄소 단일결합이 P450에 의해 탈포화(desaturation)가 이루어져 이중결합이 형성되어야 한다. 이중결합부위에서 P450 효소에 의한 일분자산소화를 통한 재결합과 전자재배열을 통해 epoxide 대사체인 vinyl carbamate epoxide가 형성된다(참고: 박영철).

소의 이중결합 중 하나와 공유결합을 형성하여 탈포화(desaturation)되고 또한 전자재배열을 통해 epoxide 대사체인 vinyl carbamate epoxide 형성을 유도한다. Epoxide를 지닌 친전자성대사체는 DNA와 결합하거나 epoxide hydrolase를 통해 분해되어 배출된다. 또한 CYP2E1 외의 다른 P450 효소에 의해 ethyl carbamate는 대부분 수산화에 의한 친수성을 가져 대부분 쉽게 체외로 배출된다.

Acrylamide는 그 자체가 친전자성원물질이며 CYP2E1에 의한 생체전환을 통해 더 독성이 강한 친전자성대사체로 전환된다. <그림 3-20>에서처럼 CYP2E1에 의해 생성된 glycidamide는 DNA adduct를 형성하며 또한 GSH-S-transferase에 의해 GSH의 SH와 결합하여 GSH-acryamid adduct를 형성한다. 반면에 친전자성원물질은 직접적으로 hemoglibin과 결합하여 hemoglobin-adduct를 형성한다. 이들 친전자성원물질은 친지질성물질보다 물과 용해성이 강하기 때문에 체내로 유입은 쉽지 않지만 생체 내로 들어오면 혈액에 존재하는 단백질들과의 protein-adduct를 주로 형성한다. 또한 생체전환을 통해 형성된 친전자성대사체는 DNA와의 주로 결합하지만 protein과 결합하여 단백질 adduct 또한 형성한다.

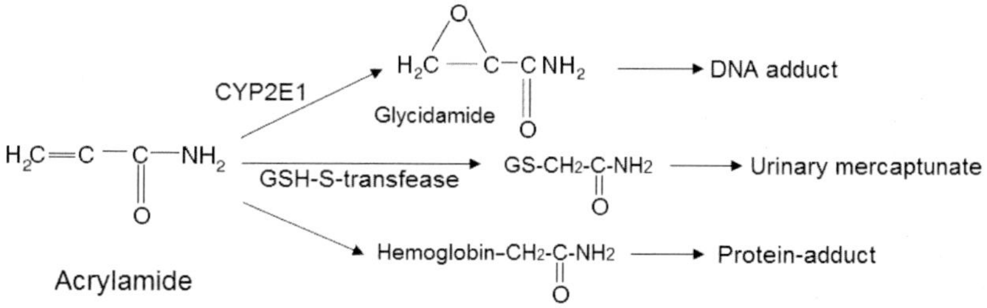

〈그림 3-20〉 Acrylamide의 다양한 대사경로와 hemoglobin과의 adduct 형성: Acrylonitrile 은 친전자성원물질로 생체전환 없이 직접적으로 단백질 내 cysteine의 SH기와 결합하여 protein-adduct를 유도한다. 이는 soft electrophile의 특성에 기인하며 또한 CYP2E1에 의해 생성된 hard electrophilic metabolite는 DNA의 친핵성부위와 결합하여 DNA adduct를 유도하기도 한다(참고: 박영철).

10) Inorganic compounds

무기물질인 중금속 및 메탈로이드 역시 담배연기 속에 존재하여 또한 독성을 유발하며 담배연기 속의 이들 주요 물질은 <표 3-15>와 같다. 이들은 유기물질의 활성중간대사체 생성을 통한 독성이 아닌 전혀 다른 독성기전에 의해 독성을 유발한다. 담배연기 속의 화학물질은 가스상 영역과 입자상 영역으로 구분되어 존재한다. 특히 입자상 영역의 물질들은 PM(particulate matter, 입자상물질)을 형성하여 존재하는데 주로 알칼로이드, 물 그리고 tar로 구성되어 있다. 특히 중금속 및 메탈이온 등의 무기물질은 타르에 존재한다. PM에 존재하는 중금속은 6가 크롬(hexavalent chromium, Cr), 비소(arsenic, As) 그리고 납(lead, Pb), 수은(mercury, Hg), 니켈(nickel, Ni)과 이온형 카드뮴(cadmium, Cd) 그리고 코발트(cobalt, Co) 등이 있다. 그러나 이들 중금속은 양적으로 아주 소량으로 담배 1개비당 5.4ng Hg, 11.95~75ng Pb, 12.6ng Cd, 4.5ng Cd 등으로 각각 존재한다. 그러나 이 중에서 가장 문제가 되는 것은 Cd와 Pb이며 흡연에 의한 발암 위험성의 주요 지표 중금속이다. Cd는 IARC 분류 중 Group 1, Pb는 Group 2A에 속하는 발암물질이다. 하루 20개비 흡연하는 사람은 2~4μg Cd와 1~5μg Pb가 흡입을 통해 체내로 흡수되는 것으로 추정되고 있다. 담배에 존재하는 대부분의 중금속은 토양에 존재하는 중금속이 재배 시 담뱃잎으로 이동하여 노출되는 것이다. 일반적으로 흡연 시 담배의 전체 Cd 중 33%, 그리고 전체 Pb의 11%가 흡입을 통해 체내로 들어가는 것으로 추정되고 있다. 그러나 이들 대부분은 부류연을 통해 흡입되고 주류연을 통해서는 아주 소량이 흡입된다. 따라서 이들 중금속은 간접흡연 노출의 주요 물질이라고 할 수 있다. 흡연가에 있어서 혈액 및 요소의 Cd와 Pb 농도는 비흡연가보다 약 2~4배와 약 30% 정도 각각 많다.

그 외 담배연기에 포함된 발암성 금속에는 금속의 속성을 지닌 일종의 metalloid(준금속)인 polonium의 동위원소인 polonium-210이 있다.

〈표 3-15〉 담배연기 속의 무기물질

Inorganic compounds	주류연의 농도(ng/ 1개비)
hydrazine	24~43ng
arsenic	40~120μg
beryllium	0.5ng
nickel	ND-600ng
chromium(only hexavalent)	4~70ng
cadmium	7~350ng
cobalt	0.13~0.2ng
lead	34~85ng
polonium-210	0.03-1.0pCi

제4장
흡연역학(Smoking epidemiology)

1. 흡연과 암의 역학적 특성
2. 흡연에 의한 발암기전과 특성에 대한 독성학적 이해
3. 흡연에 의한 암 이외의 주요 질환에 대한 역학적 특성
4. 흡연에 의한 암 이외 질환 발생의 기전에 대한 추정
5. 간접흡연의 유해성

• 역학은 질병 발생 원인을 규명함으로써 질병을 예방하는 것을 목적으로 하는데 흡연역학(smoking epidemiology)이란 흡연을 통해 발생하는 질환에 대한 원인적 연관성을 역학적인 측면에서 접근하여 이해하는 것을 의미한다.

역학 'epidemiology' 단어는 Hippocrates(B.C. 460~377)의 저서 Epidemic에 ology를 붙인 것에 기원한다. 개념적으로 역학이란 지역에서의 어떤 질병의 발생현상을 연구하는 것이라 정의할 수 있다. 좀 더 명확하게 말해서 역학이란 집단의 건강과 질병의 빈도, 분포 및 결정요소를 연구하는 것이다. 그러므로 질병의 역학은 인간 개체에 있어서의 병인론에 대한 모집단의 유사체이며, 이러한 배경에서 역학은 집단에서의 의학을 위한 근간이 되므로 인간사회에 일어나는 질병 현상학, 구체적으로 말하면 질병생태학(ecology of human disease)이라고 할 수 있다. 그러나 역학을 이해하는 데 무엇보다도 중요한 기능은 원인물질과 질병의 원인적 상관관계(causal association)를 규명하는 것이다. 초기에는 생물학적 요인에 의한 역병(유행병)에 대한 원인 규명, 오늘날에는 비전염성 질환과 관련된 화학물질 등의 비생물학적 요인에 의한 원인 규명 등 다양한 영역에서 사용되고 있다. 이러한 원인 규명을 바탕으로 질병 발생과 유행의 감시, 보건사업의 기획과 평가자료 제공, 질병의 자연사(natural history) 연구 그리고 임상분야에 활용된다.

이와 같이 역학은 질병 발생 원인을 규명함으로써 질병을 예방하는 것을 목적으로 하는데 흡연역학(smoking epidemiology)이란 흡연을 통해 발생하는 질환에 대한 원인적 연관성을 역학적인 측면에서 접근하여 이해하는 것을 의미한다. 담배연기에는 수천 가지 화학물질이 포함되어 있으며 어떤 특정 물질이 어떤 질환을 유발하는가에 대한 원인적 연관성을 추정하기에는 어려운 점이 있다. 그러나 다양한 흡연-관련 질환 (tobacco-related disease)과 연관성에 대한 연구가 많이 이루어져 왔다. 흡연에 의한 질환에 대한 연구는 1930년대 흡연이 폐암의 원인으로 추정된다는 것으로 시작되었다. 1938년에 존 홉킨스 의대의 연구자들에 의해 평균수명과 흡연이 반비례적 상관관계(negative correlation), 즉 흡연을 하면 할수록 평균수명은 단축된다는 것이 확인되었다. 1950년에는 흡연이 폐암의 주요 원인이라는 것이 많은 연구논문에 의해 주장되었다. 가장 대표적인 논문이 British Medical Journal에 발표된 "Smoking and Carcinoma of the Lung"이며 흡연하면 폐암 발생률이 5배 정도 높다고 발표되었다. 그러나 이러한 것은 역학적 조사에 기인하는 것이기 때문에 정확한 원인적 연관성에서 대해서는 다소 의문시되었으나 미국의 보건성이 1964년에 비로소 최초로 흡연의 건강상 피해를 공식적으로 발표했다.

일반적으로 흡연에 의한 건강 및 사망과 관련하여 가장 큰 영향을 주는 인체 기관은 폐와 심장이다. 이러한 영향을 통해 심장마비, 만성폐색성폐질환(chronic obstructive pulmonary disease, COPD)과 폐암 등이 가장 많이 발생한다. <표 4-1>과 같이 흡연에 의해 다양한 기관에서 암을 비롯한 여러 질환이 유발되거나 기능이 저하된다. 여기서는 <표 4-1>에서 설명한 흡연에 의한 질환에서 암을 분리하여 설명하였으며 나머지는 기관별 또는 신체기능별로 구분하여 역학적 특성을 설명하였다.

<표 4-1> 흡연-관련 질환(tobacco-related disease)

문제가 되는 기관 및 신체기능	흡연-관련 질환 및 기능저하
호흡계	폐암, 만성폐색성폐질환, 폐렴, 후두암
심혈관계	심근경색증, 심장마비, 말초혈관질환(고혈압, 죽상동맥경화증), 혈소판응집 증가, 저산소심근증, 심근산소요구량 증가, 심실세근 역치감소, 고콜레스테롤증, 뇌졸중
근골격계	골다공증, 결절
호르몬	뇌하수체호르몬, 갑상선호르몬, 부신호르몬, 성호르몬, 인슐린저항, 부갑상선호르몬
인지장애	알츠하이머질환 증가, 대뇌수축
위장계	구인두암, 상기도 및 중기도 암, 위암, 위-식도 역류 질환, 위궤양 치료지연, 췌장암
특수감각	미각 및 후각 기능 저하, 시력저하, 백내장
외피계	피부주름 증가
비뇨생식계	자궁경부암, 테스토스테론과 에스트로겐 감소, 방광 및 요도 암
임신과 출산문제	저체중아, 태아성장지연, 호중구 증가증, 비타민 Ad와 C 감소, 자연유산, 조산아
정신장애	사회행동장애

1. 흡연과 암의 역학적 특성

◎ 주요 내용

- IARC에 따르면 흡연-관련 암(smoking-associated tumor)은 인체 11개 조직 및 기관에서 발생한다.
- 흡연은 다양한 기관에서 직간접적으로 암을 유발한다.
- 흡연에 의한 폐암의 역학적 특징
- 흡연에 의한 구강인후암의 역학적 특징
- 흡연에 의한 요도암의 역학적 특징
- 흡연에 의한 위암의 역학적 특성
- 흡연에 의한 간암의 역학적 특성
- 흡연에 의한 기타 암과 역학적 특성

- **IARC에 따르면 흡연 – 관련 암(smoking – associated tumor)은 인체 11개 조직 및 기관에서 발생한다.**

흡연은 전 세계적으로 사람의 건강에 부정적인 영향을 주는 가장 핵심적인 문제이다. 전 세계적으로 11억 명 이상의 흡연자가 있으며 3백만 명이 흡연에 의한 요인으로 사망한다. 그러나 더욱 문제인 것은 향후 30~40년 내에 흡연으로 사망하는 사람이 매년 천만 명으로 증가된다는 것이며 이 기간에 약 5억 명이 흡연으로 사망할 것으로 추정되고 있다. 일반적으로 남자의 모든 암 중 50%, 여자의 모든 암 중 25% 정도가 흡연에 기인하는 것으로 추정되고 있으나 인류에게 발생하는 모든 암의 30% 정도 흡연에 기인하는 것으로 추정되고 있다. 물론 흡연이 암의 발생에 있어서 가장 절대적인 위험요인(risk factor)으로 작용하는 암은 폐암이다. 폐암 환자 중에서 약 90%가 흡연에 기인하며 전 세계적으로 매년 120만 명이 폐암으로 사망한다. 특히 흡연은 인체에 있어서 그 어떤 발암물질보다 더 많은 기관 및 조직에서 암을 유발한다. IARC(International Agency for Research on Cancer, 국제암연구소)에 따르면 흡연－관련 암(smoking－associated tumor)은 인체 11개 조직 및 기관에서 발생한다. 흡연에 의한 암의 종류는 폐암뿐 아니라 혀와 인구 그리고 타액선 부위에서의 암을 포함한 구강암(cancer of oral cavity), 식도암 그리고 기관지암 등 담배연기가 접촉하는 기관, 자궁경부암, 췌장암, 방광암, 신장암, 위암 그리고 혈액암 등이 있다. 따라서 흡연은 체내 거의 모든 조직이나 기관에서 암을 유발한다.

흡연에 의한 암 발생률은 일반적으로 1.5~3배 정도 높은 것으로 추정되고 있다. 우리나라의 경우에는 국민건강보험공단 자료에 의해 흡연과 암 발생률이 조사되었다. 조사에 따르면 남성의 경우에는 전체 암의

29.8%가 흡연에 의해 발생하며 폐암 78.3%, 식도암 86.1%, 후두암 59.5%, 방광암 50.2%, 구강인후암 41.3%, 췌장암 37.8%, 위암 32.8 그리고 간암 32.8% 등으로 확인되었다(참고: Yun). 물론 이러한 것은 더 많은 원인적 연관성을 위한 개별적 조사 및 추적조사를 통해 산출되어야 하지만 흡연에 의해 다양한 종류의 암이 유도된다는 것을 알 수 있다.

● 흡연은 다양한 기관에서 직간접적으로 암을 유발한다.

흡연에 의해 발생하는 암은 역학적 특성을 통해 그 위험 정도를 확인할 수 있다. 질병빈도의 측정과 질병 발생의 원인 규명을 위해 사용되는 주요 측정단위는 비율(rate), 대비(ratio) 등이다. 비율을 통해 역학적 특성을 나타내는 지표는 발생률과 유병률이 있다. 발생률(incidence rate)은 일정기간에 새로 발생한 환자 수를 의미하며 유병률(prevalence rate)은 대상 집단에 존재하는 환자 수를 의미한다. 대비를 통해 역학적 특성을 나타내는 지표는 비교위험도와 기여위험도가 있다. 비교위험도(relative risk)는 위험요인에 폭로된 집단의 발병률과 비폭로 집단과의 발생률 또는 유병률의 비를 비교한 것으로 질병 발생의 위험도를 나타낸다. 기여위험도(attributable risk)란 질병요인에 폭로된 사람과 아닌 사람 사이의 발생률 또는 유병률 차이를 나타내며 질병요인을 제거할 때 얼마나 질병을 감소시킬 수 있는가에 대한 지표이다. 역학에서는 이러한 자료를 통해 원인적 위험요인을 제거하는 다양한 예방을 위한 기획과 평가 등을 하며 또는 수적인 예상치를 제시한다. 이러한 예상치를 유도하는 모집단 그리고 연구 방법에 따라 다소 차이가 있다. 다음에 서술된 흡연에 의한 암 발생 등에 대한 역학적 추정치에 있어서 역시 다소 차이가 있지만 각각의 연구결과에 대해 그대로 기재하였다. <그림 4-1>은 흡연에

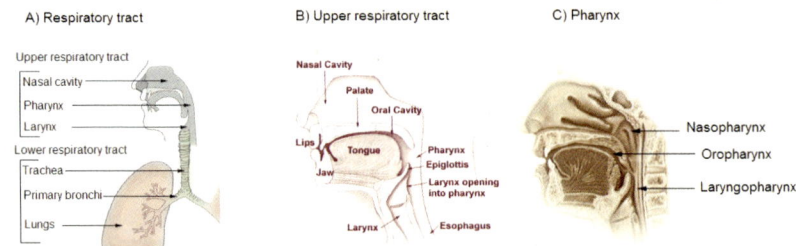

A) Respiratory tract

Upper respiratory tract
Nasal cavity
Pharynx
Larynx
Lower respiratory tract
Trachea
Primary bronchi
Lungs

B) Upper respiratory tract

Nasal Cavity
Palate
Oral Cavity
Lips
Tongue
Jaw
Pharynx
Epiglottis
Larynx opening
into pharynx
Larynx
Esophagus

C) Pharynx

Nasopharynx
Oropharynx
Laryngopharynx

〈그림 4-1〉 호흡기 계통의 인체 구조: A) Respiratoty tract: 호흡기도, Upper respiratory tract: 상기도관, Lower respiratory tract: 하기도관, Nasal cavity: 비강, Pharynx: 인두, Larynx: 후두, Trachea: 호흡관, Primary bronchi: 1차기관지, Lungs: 폐, B) Upper respiratory tract, Nasal cavity: 비강, Palate: 구개, Oral cavity: 구강, Lips: 입술, Esophagus: 식도, Epiglottis: 후두개, C) Nasopharynx: 비인두, oeopharynx: 인두 중앙부, Laryngopharynx: 후두인두.

의한 암 가운데 담배연기와 가장 먼저 접촉하는 부위인 호흡기에 대한 인체의 구조도이다.

1) 흡연에 의한 폐암의 역학적 특징

○ 폐암 환자 중 흡연이 원인으로 추정되는 환자 비율이 남자인 경우 90%, 여자인 경우에는 79% 정도이다.

○ 전 세계적으로 폐암의 발생률과 사망률에 있어서 여자보다 남자가 약 3배 정도 높다.

○ 흡연가는 비흡연가보다 폐암에 걸릴 확률의 비교위험도는 남자인 경우에는 4.4배, 여자인 경우에는 2.8배이다.

○ 폐암에 의한 사망률에 대한 평생 비교위험도(lifetime relative risk)는 <그림 4-2>에서처럼 흡연량과 흡연기간과 밀접한 관계가 있다. 하루 45개비 이상 흡연을 하면 비흡연가보다 폐암사망률의 비교위험도는 12배 정도이다.

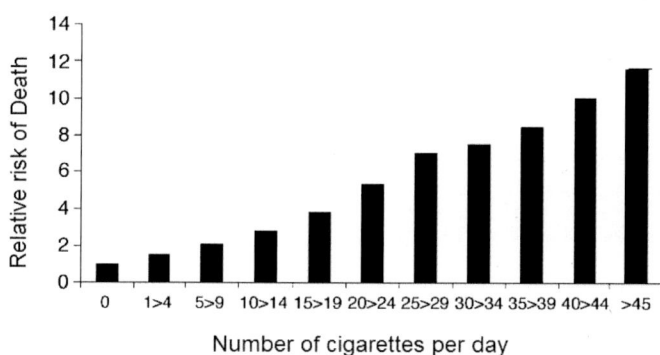

〈그림 4-2〉 흡연량에 의한 폐암사망률에 대한 비교위험도: 흡연량에 따라 폐암사망률에 대한 비교위험도는 높아지는데 하루 45개비 이상 피우는 흡연가는 비흡연가보다 약 12배 정도 높다(참고: Montesano, Smith).

○ 현재 흡연과 과거 흡연에 의한 폐암사망률은 남자에서 각각 52.2% 와 14.8%이며 여자인 경우에는 11.8%와 2.8%이다.

○ 흡연에 의해 폐암에 걸릴 확률 차이는 담배연기 속의 발암물질에 대한 생체활성화와 생체불활성화의 균형 차이이며 이것이 주요 위험요인으로 작용한다.

○ 폐암에 대한 기여위험도가 가장 큰 집단은 하루 20~29개비, 연간 40~59packs(10갑/1pack) 그리고 흡연기간 20~22년 집단이다. 이 집단을 대상으로 금연을 유도할 경우 가장 높은 비율로 폐암환자와 폐암사망률을 줄일 수 있다.

○ 중국의 환자-대조군연구(case-control study)에 따르면 흡연에 의한 폐암사망률은 도시와 농촌에서 차이가 있는 것으로 확인되었다. 연령 35~69세 사이의 흡연 남자 중에서 도시 사망자의 54%, 농촌 사망자의 51%가 폐암이 원인이다. 폐암에 의한 남자 사망자들의 기대수명(life expectancy)은 정상인과 비교하여 18.3년 감소되는 것으로 추정되었다. 연령 35~69세 사이의 흡연 여자 중에서 도시 사망자의 29%, 농촌 사망자

의 11%가 폐암이 원인이다. 폐암에 의한 여자 사망자들의 기대수명(life expectancy)은 정상인과 비교하여 21.3년 감소되는 것으로 추정되었다.

○ 흡연에 의한 폐암사망률이 보다 젊은 시절에 담배를 끊을수록 더욱 감소된다. <그림 4-3>에서처럼 비록 나이 60~69세 사이 금연을 하더라도 폐암사망률에 대한 누적위험도(cumulative risk)는 지속적으로 흡연을 한 사람보다도 감소된다.

○ 흡연자에게 있어서 흡연을 시작한 후 암에 걸리는 평균 기간은 약 20년 정도로 추정되고 있다. <그림 4-4>는 미국에서의 남자 및 여자의 담배 소비량과 폐암에 의한 사망 수를 연도별로 나타낸 것이다. 1900년대부터 기록된 담배 소비량은 1960년대에 최고점을 기록하고 1980년

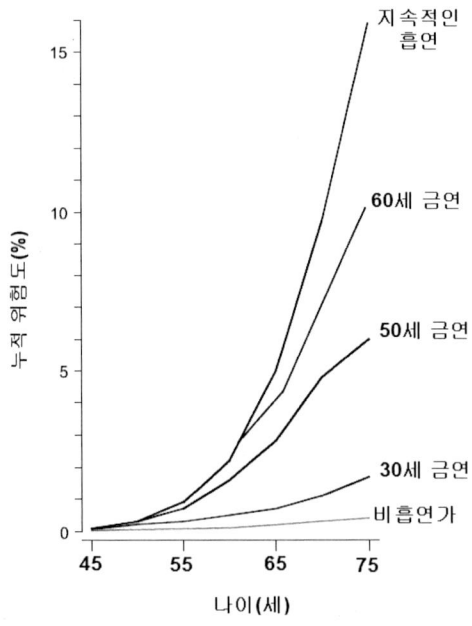

〈그림 4-3〉 금연시기에 따른 폐암사망률에 대한 누적위험도: 비록 나이가 50세 또는 그 이상의 나이에서 금연을 하더라도 폐암사망률에 대한 누적위험도(cumulative risk)는 지속적으로 흡연을 한 사람보다도 감소된다(참고: Montesano, Smith).

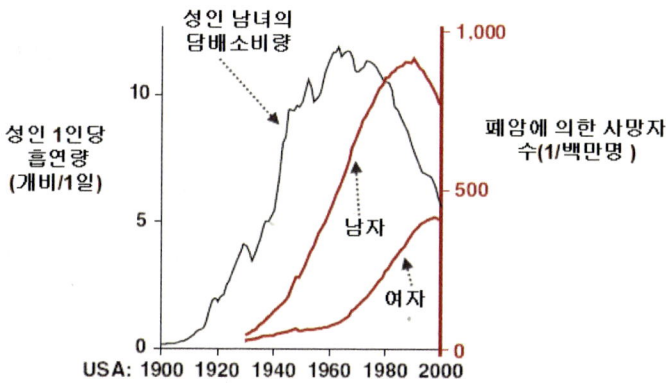

〈그림 4-4〉 담배 소비량과 폐암에 의한 사망 수의 변화: 이와 같이 담배 소비량과 폐암에 의한 사망자 수 등의 최고점을 비교했을 때 두 최고점 사이 기간의 차이가 대략 20년 전후로 추정된다(참고: International Union Against Cancer).

이후부터 급격히 감소하였다. 반면에 폐암에 의한 남자 사망자 수는 1980년대에 급격히 증가하여 최고점을 기록한 후 1990년부터 감소하였다. 이와 같이 담배 소비량과 폐암에 의한 사망자 수 등의 최고점을 비교했을 때 두 최고점 사이 기간의 차이가 대략 20년 전후로 추정된다. 그러나 남자와 여자의 폐암에 의한 사망자 수의 변화에 있어서 차이가 있다. 폐암에 의한 남자 사망자 수의 최고점이 1980년대인 반면에 폐암에 의한 여자 사망자 수는 1990년대에 최고점이 확인되었다. 이러한 차이는 비교적 여자가 남자보다 흡연 시기가 다소 늦기 때문인 것으로 이해된다.

○ <그림 4-5>는 미국에서 1930년부터 2002년 사이 암에 의한 사망자에서 암 종류의 비율이다. 20세기 초반에는 남자, 여자 모두에서 위암이 암 사망자에서 가장 큰 원인이었지만 흡연이 유행하면서 폐암이 가장 큰 원인으로 대두되고 있다. 특히 20세기 말과 21세기 초에 이르러 남자의 폐암에 의한 사망률이 급격히 감소하고 있는 반면에 여자의 폐암사망률은 급격히 증가하고 있다. 폐암의 원인 중 흡연이 90%를 차지

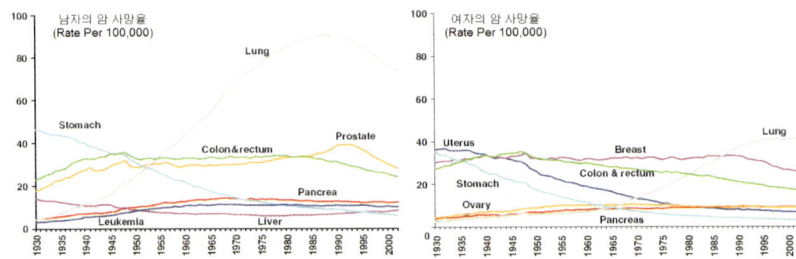

〈그림 4-5〉 연도별 흡연에 암사망자의 암 종류에 따른 비율: 20세기 말과 21세기 초에 이르러 남자의 폐암에 의한 사망률이 급격히 감소하고 있는 반면에 여자의 폐암사망률은 급격히 증가하고 있다(참고: American Cancer Society, 2006).

한다는 점을 고려하면 20세기 중반부터 증가된 여자흡연율이 폐암에 의한 높은 사망률의 원인으로 추정된다.

2) 흡연에 의한 구강인후암의 역학적 특징

○ 구강인후암(cancer of oral cavity and throat)은 인두 중앙부(oropharynx), 입술, 혀, 타액선(salivary grand), 기타 인두 그리고 구강 부위에서 유발되는 암을 의미한다.

○ 매년 구강인후암의 발생률은 약 400,000명 정도인데 이 중에서 약 3분의 2 정도가 개발도상국에서 발생하는 역학적 특징이 있다.

○ 구강인후암은 여자보다 남자에게서 발생률이 높다.

○ 구강인후암 유발에 있어서 가장 중요한 위험인자는 흡연과 음주이다. 구강인후암의 위험인자인 흡연과 음주는 각각 단독 요인으로 작용할 수 있으며 동시에 노출되었을 때는 상승작용을 한다.

○ 흡연과 음주에 의한 구강인후암의 기여위험도는 약 80%이며 흡연과 음주를 단절하면 환자 중 약 80%에서 구강인후암이 발생하지 않는다.

○ 흡연가와 과거흡연가에 대한 추적조사에서 흡연가는 과거흡연가

보다 구강인후암에 걸릴 확률의 비교위험도는 약 2.5배(남자인 경우)이었다. 즉 흡연 후 금연하면 구강인후암에 걸릴 확률이 약 2.5배 정도 낮다는 것을 의미한다.

○ 흡연과 음주를 동시에 하는 사람은 구강인후암에 걸릴 확률이 하지 않는 사람보다 약 38배 정도 높다.

○ 연기가 나는 담배뿐 아니라 씹는담배 등 연소가 없는 담배 역시 구강인후암을 유발한다. 연소에 의해 담배연기 속에 많은 발암물질이 존재하지만 연소가 없는 담배 역시 자체의 성분에 발암물질이 포함되어 있어 구강인후암을 유발할 수 있다.

○ 금연과 금주를 통해 구강인후암 환자의 발생률이 약 75%까지 감소될 수 있을 것으로 추정된다. 특히 금연 후 1~4년 내에 약 35% 정도, 20년 내에 80%의 발생률이 감소되는 것으로 추정된다.

○ 술을 마시지 않은 흡연가(1일 2갑 이하)는 흡연중단자 또는 비흡연가보다 구강인후암에 대한 비교위험도가 약 3.8배 높다.

○ 조사에 따르면 목과 뇌에 암을 가진 치료 환자 160명 중에서 1년 동안 치료 후 50%가 다시 흡연을 시작한 것으로 확인되었다. 금연을 한 환자 중에는 약 13%가 목과 머리에서의 암과 다른 2차 암(second cancer)이 발생하였고 흡연을 시작한 환자에게서는 약 50% 정도 2차 암이 발생하였다. 따라서 구강인후암을 지닌 환자에게서도 금연에 의해 2차 암의 발생률이 감소될 수 있다는 것을 의미한다.

3) 흡연에 의한 요도암의 역학적 특징

○ 흡연은 방광(bladder), 신우(renal pelvis) 그리고 요관(ureter) 등을 포함한 요도(urinary tract)의 이행세포암종(transitional−cell carcinomas: 중층 상

피 세포의 이행형으로부터 발생하는 악성 종양)을 유발하는 위험요인이다.

○ 특히 신우암종(renal-cell carcinoma)인 경우에는 여자나 남자 모두 흡연자에게서 발생한다.

○ 이들 암은 50~60대에서 많이 발생하는데 흡연량과 흡연기간에 따라 암에 걸릴 위험이 증가한다.

○ 폐암에서처럼 어떤 연령에서도 금연하면 지속적인 흡연에 의한 요도암에 걸릴 위험이 보다 감소된다.

4) 흡연에 의한 위암의 역학적 특성

○ 이러한 이유로 흡연과 위암에 대한 원인적 연관성은 1986년까지만 해도 확인되지 않았지만 여러 연구를 통해 남녀 모두에서 흡연이 위암의 원인인 것으로 확인되고 있다.

○ 흡연에 의한 위암은 다양한 외인성물질과 병원균 등 혼란변수들에 영향을 받기 때문에 흡연과 위암의 원인적 연관성을 확인하기에는 어려움이 있다. 그러나 다양한 환자-대조군 연구를 통해 알코올 섭취, 식이습관 그리고 helicobacter pylori 감염 등 위암에 대한 혼란변수들이 제거된 상황에서 흡연과 위암의 원인적 연관성이 확인되었다.

○ 흡연에 의한 위암 위험도 역시 흡연량과 흡연기간 정도에 비례하여 증가하며 금연은 길면 길수록 위암 발생에 대한 위험은 감소한다. 흡연에 의한 위암의 비교위험도는 성별에 따라 큰 차이가 없다.

5) 흡연에 의한 간암의 역학적 특성

○ 간은 외부에서 들어오는 물질대사에 있어서 90% 이상을 수행하는

기관이기 때문에 위암에서와 마찬가지로 흡연과 간암(liver cancer)의 원인적 연관성을 확인하기가 쉽지가 않다.

○ 환자-대조군 또는 코호트(cohort) 연구 등에 따르면 흡연량과 흡연기간에 따라 비례적으로 간암 발생률이 증가하는 것을 통해 원인적 연관성이 추정되고 있다. 그러나 흡연에 의한 다른 암보다 원인적 연관성이 높지는 않다.

○ 알코올은 간암의 주요 위험요인인데 흡연에 의한 간암 발생에 있어서 중요한 혼란변수이다. 이러한 요인을 고려하여 비음주가에게서 흡연에 의한 간암 발생률을 확인한 결과, 증가하는 것으로 확인되었다. 또한 간암의 주요 원인인 hepatitis B와 hepatitis C virus를 고려한 연구에서도 흡연의 간암과의 원인적 연관성이 확인되었다.

○ 흡연에 의한 간암 발생률이 약 10년 이상 흡연 후 금연한 사람들은 흡연가보다 감소되는 것이 확인되었다.

6) 흡연에 의한 기타 암과 역학적 특성

○ 자궁경부암(cervix cancer)의 주요 요인인 인유두종바이러스(human papillomavirus, HPV)를 고려한 연구에서 흡연이 자궁경부암을 유발하는 것으로 확인되었다.

○ 췌장암(pancreas cancer) 역시 흡연량과 흡연기간에 따라 발생률이 비례적으로 증가한다. 알코올과 흡연에 동시 노출되었을 경우에 후두암 발생 위험도가 증가한다. 금연기간이 길면 길수록 췌장암 발생 위험은 감소한다.

○ 후두암(laryngeal cancer) 역시 흡연량과 흡연기간 등에 의해 발생 위험이 증가한다. 식도암에서처럼 알코올과 흡연에 같이 노출되었을 때

후두암 발생률은 크게 증가하는 것으로 확인되었다. 특히 후두암은 흡연의 연령이 빠르면 비교위험도가 더 높다. 흡연 후 금연기간이 길면 길수록 후두암에 대한 비교위험도는 감소한다.

○ 흡연에 의한 식도암(esophagus cancer)은 상피세포에서 유래된 편평세포암종뿐 아니라 선에서 유래한 선암종 등 모든 암종과 관련이 있다. 모든 형태의 식도암은 흡연기간 및 흡연량에 의해 발생률이 비례적으로 증가한다. 그러나 식도암의 편평세포암종은 알코올과 병행하여 흡연에 노출되었을 경우에 발생률이 더욱 증가한다. 또한 흡연에 의한 다른 암과는 달리 금연 후에도 오랜 기간 동안 발생 위험이 상존한다.

○ 흡연이 비인두암(nasopharynx cancer)의 원인이며 흡연량과 기간에 따라 암 발생률 역시 비례적으로 증가한다. 또한 금연 후 비인두암의 발생에 대한 비교위험도가 감소되는 것이 확인되었다.

○ 비강 및 부비동(paranasal sinuses: 코 주위 머리뼈 속에는 공기가 차 있는 빈 공간)에서의 암 역시 흡연에 의해 유발된다. 현재 몇 개의 역학조사를 통한 연구에 의하면 흡연에 의한 비강 및 부비동암은 선에서 유래한 선암종(adenocarcinoma)보다 상피세포에서 유래된 편평세포암종(squamous-cell carcinoma)이 비교위험도가 높은 것으로 확인되었다.

○ 백혈병(leukemia)과 흡연과의 원인성 연관성이 성인 흡연가들에게서 확인되었다. 흡연의 양과 흡연기간에 의해 백혈병이 증가된다. 그러나 대부분 흡연에 의한 백혈병은 골수성 백혈병(myeloid leukaemia)이며 림프 백혈병(lymphoid leukaemia)은 원인적 연관성이 낮은 것으로 확인되었다.

○ 대장암(colorectal cancer)발생률이 흡연가들에게서 높은 것으로 확인되어 원인적 연관성이 다소 있는 것으로 추정된다. 그러나 대장암의 요인이 너무 많기 때문에 이를 고려한 연구에서 흡연에 의한 대장암 발생률 증가는 크지 않았다.

○ 유방암(breast cancer), 자궁 내막암(endometrium cancer) 그리고 전립선암(prostate cancer) 등을 비롯한 기타 암은 흡연과의 원인적 연관성이 미약한 것으로 추정되고 있다.

○ 흡연에 의한 피부암은 인상세포피부암(squamous cell skin cancer), 기전세포피부암(basal cell skin cancer), 흑색종(melanoma) 그리고 외성기암(anogenital cancer) 등과 관련이 있다. 흡연가에게서 비흡연가보다 인상세포피부암 발생 위험이 높은데 이는 담배에 의한 면역억제 기능에 기인하는 것으로 추정되고 있다. 대부분의 역학 연구를 통해 기저세포피부암과 흡연과의 원인적 연관성은 없는 것으로 조사되었으나 암조직의 크기, 즉 1cm보다 큰 암조직에서는 흡연과의 연관성이 있는 것으로 조사되었다. 또한 흡연에 의한 기저세포피부암은 피하의 반상경피성 형태(morpheaform type)로 더 많이 발생한다. 흡연에 의한 흑색종의 원인적 연관성은 없지만 비흡연가보다 흡연가에게서 흑색종의 전이가 더 잘 발생하며 더 일찍 사망이 이루어진다. 흑색종에 대한 흡연에 의한 이러한 영향 역시 흡연에 의한 면역억제에 기인하는 것으로 추정된다.

2. 흡연에 의한 발암기전과 특성에 대한 독성학적 이해

◎ 주요 내용

- 흡연(smoking) 및 환경담배연기(environmental tobacco smoke)로 IARC에 의해 사람에게 있어서 발암원으로 분류되고 있으며 그 외 담배연기 속에는 잠재적 발암가능으로 분류되는 70여 종의 발암물질들이 포함되어 있다.
- 화학물질에 의한 발암기전은 'multistage theory'로 설명된다.
- Multistage는 tumor initiation, tumor promotion, malignant conversion과 tumor progression 등 4단계로 구성되어 있다.

- 왜 흡연이 모든 암의 발생에 있어서 원인의 30% 정도를 차지할 정도로 암의 가장 높은 위험요인인가?
- 담배연기 속에는 DNA의 돌연변이를 유발할 수 있는 활성중간대사체로 전환되는 수많은 돌연변이원이 있다.
- 담배연기 속의 수많은 발암전구물질은 기관 및 조직 - 특이적 발암을 통해 다양한 암을 유도하는 주요 원인이며 이는 다양한 조직에서 흡연 - 유래 DNA adduct 형성을 통해 이해할 수 있다.
- 흡연에 의한 발암률이 높은 것은 담배연기 속에 돌연변이원과 비돌연변이원성 촉진물질이 함께 존재하기 때문이다.
- 또한 흡연에 의한 발암은 비유전손상 - 발암물질의 일종인 보조발암물질의 동시 노출에 의하여 더욱 촉진 증가된다.
- 화학적 발암화는 단계별로 돌연변이가 추가되는 다단계 과정인데 proto - oncogene, tumor - suppressor gene와 DNA mismatch - repair gene 등 세 부류의 유전자에서 돌연변이에 의해 진행된다. 흡연에 의해 노출된 화학물질들은 이들 유전자에 DNA 손상을 유발한다.

- **흡연(smoking) 및 환경담배연기(environmental tobacco smoke)로 IARC에 의해 사람에게 있어서 발암원으로 분류되고 있으며 그 외 담배연기 속에는 잠재적 발암가능으로 분류되는 70여 종의 발암물질들이 포함되어 있다.**

흡연에 의한 발암가능성을 확인하기 위해 처음으로 동물을 이용한 실험이 1911년에 이루어졌다. 물론 1992년 미국 환경청(EPA)에 의해 사람의 발암원(carcinogen)으로 분류되었지만 IARC에 의해 담배와 관련된 발암은 1960년대 이후 많은 자료를 바탕으로 2004년에 Group 1로 확정되었다. IARC의 흡연에 의한 발암성은 동물에게 담배연기 - 농축액 도포와 주류연 노출 등 2가지 방법으로 이루어졌다. IARC에 의해 발암물질은 <표 4-2>에서처럼 역학연구 및 동물실험 등의 근거를 통해 분류된다.

분류는 사람에 있어서 발암 정도에 대해 '확실한(definite)', '발암성이 추정되는(probable)' 또는 '가능성이 있는(possible)' 인체발암원(human carcinogen) 등으로 이루어진다.

〈표 4-2〉 IARC에 의한 발암원의 분류

Groups	발암 강도	분류 기준	종 류
Group 1	인체 발암물질 (Definite Human Carcinogen)	노출과 암과의 원인관계에 대한 충분한 인체 증거가 있음	105종: 61종의 화학물질, 9종의 바이러스 및 병원균, 16종의 혼합물, 19종의 노출환경
Group 2A	인체 발암 추정물질 (Probable Human Carcinogen)	인간에 대해서 제한적인 증거가 있음-인간에 있어서 발암작용의 기전에 대한 구체적 연구를 통한 설명	66종: 50종의 화학물질, 2종의 바이러스 및 병원균, 7종의 혼합물, 7종의 노출환경
Group 2B	인체 발암 가능물질 (Possible Human Carcinogen)	동물에서는 충분한 증거가 있으나 인간에 대해서는 증거가 불충분함	248종: 224종의 화학물질, 2종의 바이러스 및 병원균, 13종의 혼합물, 72종의 노출환경
Group 3	인체 발암성으로 분류되지 않음 (Not Classifiable as to its carcinogenecity)	동물에서 발암 증거가 불충분함	515종: 496 화학물질, 11종의 혼합물, 8종의 노출환경

<표 4-3>은 노출과 암과의 원인관계에 대한 충분한 인체 증거가 있는 Group 1에 속하는 61종의 화학물질, 9종의 바이러스 및 병원균, 16종의 혼합물(mixture) 그리고 19종의 노출환경(Exposure circumstances) 등 106종의 물질 및 환경을 나타낸 것이다. IARC에 의한 발암원의 분류에서 담배와 관련된 분류는 16종의 혼합물에서 'Betel quid with tobacco'와 'Tobacco(smokeless)', 그리고 19종의 노출환경에서의 'tobacco smoking and tobacco smoke'으로 표기되어 있다. 'Betel quid with tobacco'는 인도 및 파키스탄 등에서 이용되고 있는 씹는담배이며 'Gutka'이라고 한다. 'Tobacco(smokeless)' 역시 씹는담배의 일종으로 암을 유발하지만 궐련형 담배보다 대중적이

지 못하고 일부 지역에서 이용되고 있다. 일반적으로 담배라고 고려하는 궐련형 담배에 대한 IARC의 분류는 노출환경에서의 'tobacco smoking and tobacco smoke(흡연과 담배연기)'이다. 흡연 그 자체는 물질이 아니며 특히 담배연기 속의 어느 물질에 의해 흡연에 의한 다양한 암이 유발되는지 원인적 연관성(causal association)을 명확하게 파악하기가 불가능하기 때문에 담배는 노출환경으로 분류된다. 여기서 'tobacco smoking'은 흡연을 의미하며 그 자체가 발암원이라는 뜻이다. 그리고 'tobacco smoke'는 환경담배연기를 의미하는데 생담배가 연소하면서 발생하는 연기와 흡연자가 내뿜는 연기의 혼합된 연기를 의미하며 간접흡연을 뜻한다. 즉 흡연 및 간접흡연 모두가 발암원으로 분류된다는 것이다. 여기서 논하는 것은 대부분 흡연에 대한 것이며 간접흡연에 의한 유해성과 특성은 다음 장에서 논하였다. <표 4-3>에서처럼 담배가 함유한 화학물질 중 사람에게도 암을 유발하는 'definite'인 Group 1에 해당하는 물질은 9종류로 benzene 2-naphthylamine 4-aminobiphenyl, vinyl chroride, styrene, ethylene oxide, chronium(only hexavalent), cadmium, polonium-210, arsenic, beryllium 그리고 nikel 등이 있다.

61종의 화학물질

4 - Aminobiphenyl, Aristolochic acid, **Arsenic and arsenic compounds**, Asbestos, Azathioprine, **Benzene**, Benzidine, Benzo[*a*]pyrene, Beryllium and **beryllium compounds**, *N,N* - Bis(2 - chloroethyl) - 2 - naphthylamine(Chlornaphazine), Bis(chloromethyl)ether and chloromethyl methyl ether, 1,3 - Butadiene, 1,4 - Butanediol dimethanesulfonate(Busulphan: Myleran), **Cadmium and cadmium compounds**, Chlorambucil, 1 - (2 - Chloroethyl) - 3 - (4 - methylcyclohexyl) - 1 - nitrosourea(Methyl - CCNU: Semustine), Chromium VI, Cyclophosphamide, Cyclosporine, Diethylstilboestrol, Dyes metabolized to benzidine, Erionite, Estrogen - progestogen menopausal therapy(combined), Estrogen - progestogen oral contraceptives(combined), Estrogens - nonsteroidal, Estrogens - steroidal, Estrogen therapy - postmenopausal, Ethanol in alcoholic beverages, **Ethylene oxide**, Etoposide, Etoposide in combination with cisplatin and bleomycin, Formaldehyde, Gallium arsenide, Melphalan, 8 - Methoxypsoralen(Methoxsalen) plus ultraviolet A radiation, Methylenebis(chloroaniline), MOPP and other combined chemotherapy including alkylating agents, Mustard gas(Sulfur mustard), 2 - **Naphthylamine**, Neutrons, **Nickel compounds**, *N′* - Nitrosonornicotine(NNN) and 4 - (*N*- Nitrosomethylamino) - 1 - (3 - pyridyl) - 1 - butanone(NNK), Oral contraceptives(sequential), Phenacetin, Phosphorus - 32 as phosphate, Plutonium - 239 and its decay products(may contain plutonium - 240 and other isotopes) as aerosols, Radioiodines(short - lived isotopes, including iodine - 131, from atomic reactor accidents and nuclear weapons detonation, exposure during childhood), Radionuclides, a - particle - emitting(internally deposited), Radionuclides(b - particle - emitting, internally deposited), Radium - 224 and its decay products, Radium - 226 and its decay products, Radium - 228 and its decay products, Radon - 222 and its decay products, Silica crystalline(inhaled in the form of quartz or cristobalite from occupational sources), Solar radiation, Talc containing asbestiform fibres, Tamoxifen, 2,3,7,8 - Tetrachlorodibenzo - *para* - dioxin, Thiotepa, Thorium - 232 and its decay products(administered intravenously as a colloidal dispersion of thorium - 232 dioxide), *ortho* - Toluidine, Treosulfan, **Vinyl chloride**, X - and Gamma (g) - Radiation

9종의 바이러스 및 병원균

Epstein - Barr virus, Helicobacter pylori, Hepatitis B virus(chronic infection), Hepatitis C virus(chronic infection), Human immunodeficiency virus type 1, Human papillomavirus types(16, 18, 31, 33, 35, 39, 45, 51, 52, 56, 58, 59 and 66), Human T - cell lymphotropic virus type I, Opisthorchis viverrini, Schistosoma haematobium

16종의 혼합물(mixture)

Aflatoxins(naturally occurring mixtures of), Alcoholic beverages, Areca nut, **Betel quid with tobacco**, Betel quid without tobacco, Coal - tar pitches, Coal - tars, Household combustion of coal(indoor emissions from), Mineral oils(untreated and mildly treated), Phenacetin(analgesic mixtures containing), Plants containing aristolochic acid, Salted fish(Chinese - style), Shale - oils, Soots, **Tobacco(smokeless)**, Wood dust

19종의 노출환경(Exposure circumstances)

Aluminium production, Arsenic in drinking - water, Auramine production, Boot and shoe manufacture and repair, Chimney sweeping, Coal gasification, Coal - tar distillation, Coke production, Furniture and cabinet making, Haematitemining(underground) with exposure to radon, Involuntary smoking(exposure to secondhand or 'environmental' tobacco smoke), Iron and steel founding, Isopropyl alcohol manufacture(strong - acid process), Magenta production, Painter(occupational exposure), Paving and roofing with coal - tar pitch, Rubber industry, Strong - inorganic - acid mists containing sulfuric acid(occupational exposure), **Tobacco smoking(흡연) and tobacco smoke(환경담배연기)**

독성학 측면에서 흡연에 의한 발암이 반드시 Group 1의 9종 발암물질 만이 담배에 의한 암을 유발한다고는 할 수 없다. <표 4-4>는 IARC에 의해 분류되는 담배 및 담배연기 속에 존재하는 발암과 관련된 물질이 한국의 국립암센터에 의해 재분류된 것이다. Group 1에 속하는 9종류의 담배연기 속의 발암물질과 발암가능 등 다른 Group에 속하는 70여 종의 상당히 많은 수의 발암물질들이 존재한다. 이들 물질은 비록 인체발암 물질로는 분류되지 않았지만 생체 내에서 자연분해에 의한 활성형 물질 또는 생체전환에 의한 활성중간대사체 등으로 전환되어 발암에 기여하 거나 흡연과 관련하여 발암의 주요 원인물질로 추정되고 있다.

〈표 4-4〉 담배에서 확인된 국제암연구소의 발암물질 종류

발암물질의 종류	필터 없는 담배연기 속의 농도	IARC의 발암물질 평가		IARC의 발암성 분류
		동물실험	인간	
PAH				
benz(a)anthracene	20~70ng	sufficient		2A
benz(b)fluoranthene	4~22ng	sufficient		2B
benz(l)fluoranthene	6~21ng	sufficient		2B
benz(k)fluoranthene	6~12ng	sufficient		2B
benzo(α)pyrene	20~40ng	sufficient	probable	2A
dibenz(a,h)anthracene	4ng	sufficient		2A
dibenz(a,l)pyrene	1.6~3.2ng	sufficient		2B
dibenzo(a,e)pyrene	present	sufficient		2B
indeno(1,2,3-cd)pyrene	4~20ng	sufficient		2B
5-methylchrysene	0.6ng	sufficient		2B
Heterocyclic hydrocarbons				
furan	18~37μg	sufficient		2B
quinoline	1~2μg			
dibenz(a,h)acridine	0.1ng	sufficient		2B
dibenz(a,l)acridine	3~10ng	sufficient		2B
dibenzo(c,g)carbazole	0.7ng	sufficient		2B
benzo(b)furan	present	sufficient		2B

발암물질의 종류	필터 없는 담배연기 속의 농도	IARC의 발암물질 평가		IARC의 발암성 분류
		동물실험	인간	
N-nitrosamines				
N-nitrosodimethylamine	2~1,000ng	sufficient		2A
N-nitrosoethylmethylamine	3~13ng	sufficient		2B
N-nitrosodiethylamine	ND-2.8ng	sufficient		2A
N-nitrosodi-n-propylamine	ND-1.0ng	sufficient		2B
N-nitrosodi-n-butylamine	ND-30ng	sufficient		2B
N-nitrosopyrrolidne	3~110ng	sufficient		2B
N-nitrosopiperidine	ND-9ng	sufficient		2B
N-nitrosodiethanolamine	ND-68ng	sufficient		2B
N-nitrosonornicotine	120~3,700ng	sufficient		2B
4-(methylnitrosamino)-1-(3-pyridyl)-1-butanone	80~770ng	sufficient		2B
Aromatic amines				
2-toluidine	30~337ng	sufficient		2B
2,6-dimethylaniline	4~50ng	sufficient		2B
2-naphthylamine	1~334ng	sufficient	sufficient	1
4-aminobiphenyl	2~5.6ng	sufficient	sufficient	1
N-heterocylic amines				
AαC	25~260ng	sufficient		2B
MeAαC	2~37ng	sufficient		2B
IQ	0.3ng	sufficient		2A
Trp-P-1	0.3~0.5ng	sufficient		2B
Trp-P-2	0.8~1.1ng	sufficient		2B
Glu-P-1	0.37~0.89ng	sufficient		2B
Glu-P-2	0.25~0.88ng	sufficient		2B
PhIP	11~23ng	sufficient	possible	2B
Aldehydes				
formaldehyde	7~100μg	sufficient	limited	2A
acetaldehyde	500~1,400μg	sufficient	insufficient	2B
Phenolic compounds				
catechol	90~2,000μg	sufficient		2B
caffeic acid	<3μg	sufficient		2B
methyleugenol	20ng			
Volatile hydrocarbons				
1,3-butadiene	20~75μg	sufficient		2B

발암물질의 종류	필터 없는 담배연기 속의 농도	IARC의 발암물질 평가		IARC의 발암성 분류
		동물실험	인간	
isoprene	450~1,000μg	sufficient		2B
benzene	20~70μg	sufficient		1
styrene	10μg	limited		2B
Nitrohydrocarbons				
nitromethane	0.5~0.6μg	sufficient		2B
2-nitropropane	0.7~1.2μg	sufficient		2B
nitrobenzene	25μg	sufficient		2B
Miscellaneous organic compounds				
acetamide	38~56μg	sufficient		2B
acrylamide	present	sufficient		2B
acrylonitrile	3~15μg	sufficient	limited	2A
vinyl chroride	11~15μg	sufficient	sufficient	1
DDT	800~1,200μg	sufficient	probable	2B
DDE	200~370μg	sufficient		2B
1,1-dimethylhydrazine	present	sufficient		2B
ethyl carbamate	20~38μg	sufficient		2B
ethylene oxide	7μg	sufficient	sufficient	1
propylene oxide	0~100μg	sufficient		2B
Inorganic compounds				
hydrazine	24~43ng	sufficient	inadequate	2B
arsenic	40~120μg	inadequate	sufficient	1
beryllium	0.5ng	sufficient	sufficient	1
nickel	ND-600ng	sufficient	sufficient	1
chromium(only hexavalent)	4~70ng	sufficient	sufficient	1
cadmium	7~350ng	sufficient	sufficient	1
cobalt	0.13~0.2ng	sufficient	inadequate	2B
lead	34~85ng	sufficient	inadequate	2B
polonium-210	0.03~1.0pCi	sufficient	sufficient	1

- 화학물질에 의한 발암기전은 'multistage theory'로 설명된다.

흡연이나 기타 화학물질 등의 비생물학적 요인이나 바이러스와 병원균 등에 의한 발암요인은 다르지만 전반적으로 암은 유사한 경로를 통해 발생하며 이에 따른 용어 역시 유사하다. 따라서 발암과정에 관련된 주요 용어가 <표 4-5>에 설명되었다. 일반적으로 종양(tumor)이란 증식이 무한하게 이루어지는 세포를 의미한다. 무절제하고 빠른 세포증식이 양성종양(benign tumor)으로 유도되기도 하지만 이들 일부는 악성종양(malignant tumor, cancer)으로 전환된다. 특히 무절제한 세포분열과 더불어 암세포의 다른 조직으로의 이동인 전이(metastasis)는 대표적인 악성 표현형이다. 양성종양은 다른 조직으로 침투나 전이가 되지 않으며 생리학적 중요한 부위를 압박하지 않는다면 생명에는 지장을 주지 않는다. 그러나 악성종양은 다른 기관으로의 전이와 침투가 이루어지며 생명을 위협한다.

<표 4-5> 암의 주요 용어

주요 용어	의 미
암 (cancer)	전이 또는 주변의 다른 조직에 침투할 수 있는 능력을 가진 악성종양
종양 (tumor)	시간에 따라 점차 악화되어 세포주기를 조절할 수 없는 성장에 대한 일반용어. 종양은 양성과 악성이 있음
신생물 (neoplasm)	종양과 동일함
신형성 (neoplasia)	비정상적이고 조절되지 않는 세포증식을 가진 새로운 조직의 성장
양성종양 (benign tumor)	전이 또는 주변조직으로 침윤되지 않는 종양
악성종양 (malignant tumor)	전이 또는 주변조직으로 침윤이 가능한 종양(암과 동일)
전이 (metastasis)	원래 발생한 곳에서 떨어진 새로운 지점에 두 번째 종양을 형성하는 능력
발암 또는 발암화 (carcinogenesis)	모든 종류의 악성종양 발생에 대한 일반적인 용어로 사용됨

주요 용어	의 미
불멸화된 세포 (immortalized cell)	혈청의 성장인자를 가진 배양액을 통해 성장이 가능하거나 지속적으로 살아 있는 세포 그러나 암의 특성을 나타내는 형질전환은 되지 않은 상태의 세포이며 또한 정상세포 특성을 많이 가지고 있는 세포
형질전환된 세포 (transformed cell)	숙주에 주입하면 암을 유발할 수 있는 세포이며 반드시 숙주를 죽이지는 않는 세포
전이세포 (metastatic cell)	완전히 형질전환된 세포로서 다른 조직으로 이동 또는 침투를 통해 새로운 클론 형성이 가능하며 숙주에 주입 시 사망을 유도하는 세포
선종 (Adenoma)	선조직-유래 양성종양이며 양성종양에서 악성종양으로 전환되는 시점은 세포를 adenocarcinoma, 선-암종 연속체
암종 (Carcinoma)	상피세포-유래 형질전환된 악성종양

발암기전(carcinogenesis)에서의 기본적인 이론의 바탕인 동시에 대립적 주제는 '암은 유전자의 질환이다(Cancer is an illness of gene)' vs '암은 유전자 조절의 질환이다(Cancer is an illness of gene regulation)'로 요약된다. '암은 유전자의 질환'이라는 것은 암의 원인이 유전자 돌연변이에 기인하다는 의미이며 '암은 유전자 조절의 질환'이라는 것은 암의 원인이 유전자 활성을 조절하는 구조의 변화에 기인한다는 것을 의미한다. 그러나 발암기전에서 발암유전자의 발견으로 인하여 암은 유전자 돌연변이 또는 이상에 유래하는 질환이라는 것이 더욱 설득력을 갖게 되었으며 유전자-돌연변이 발암기전(gene-mutation cancer hypothesis)이 더욱 일반화되고 있다. 유전자-돌연변이에서의 돌연변이란 염기수준에서 발생하는 점돌연변이(point mutation)를 의미한다. 그러나 발암의 시작단계에서 세포 핵형이 정상적인 염색체의 수가 아닌 이수체(aneuploid)에 의한 발암기전인 염색체 이수성화-유도 발암화 이론(hypothesis for carcinogenesis via aneuploidization) 역시 제안되고 있다.

흡연에 의한 암 역시 특별한 바이러스나 병원균에 노출되지 않았다면 <표 4-4>에서처럼 담배연기 내의 발암물질에 의한 다양한 돌연변이에 의해 유도된다. 그러나 암세포의 중요한 특징인 형질전환의 원인이 되는 돌연변이는 120여 종의 암마다 각각 다른 유전자에서 발생할 수 있으며 암세포에서 발견되는 돌연변이의 유전자 수 역시 암마다 차이가 있다. 즉 암마다 원인이 되는 돌연변이 유전자의 종류와 유전자의 수가 다르다는 것이다. 이러한 점이 발암의 명확한 기전을 규명하고 이해하는 데 있어서 가장 어려운 점이다. 즉 암이 동일한 유전자에서의 돌연변이와 발생하는 돌연변이 수가 같다면 그만큼 치료 또는 예방하기가 쉽다.

여기서 논하는 chemical carcinogenesis(화학적 발암화 또는 화학물질-유도 발암화)이란 화학물질에 의해 정상세포가 암세포로 형질전환되는 과정을 의미한다. 일반적으로 화학적 발암화에 대한 기전은 발암의 다단계이론으로 가장 많이 설명되고 있다. IARC에 의해 1992년에는 cancer는 아주 일부 기전만 알려진 다인성(multicausal) 및 다단계(multistage) 특성을 가진 질환군이었지만 2006년에 cancer는 비정상적인 세포의 무제한적 생장과 확산으로 특정되는 질환군으로 정의되고 있다. 이와 같이 암에 대한 기전과 규정에 대한 변화가 이루어지고 있지만 유전적 변화에 기인한다는 것은 대체적으로 받아들여지고 있다. 그러나 화학적 발암화에 있어서 무엇보다도 중요한 것은 여러 번의 돌연변이를 거친 하나의 세포에서 암세포 집단으로 전환된다는 것이다. 따라서 동일한 세포에서 지속적이고 추가적인 돌연변이는 무제한적 생장과 확산되는 암세포로의 전환을 촉진하는 가장 중요한 요소이다.

- Multistage는 tumor initiation, tumor promotion, malignant conversion과 tumor progression 등의 4단계로 구성되어 있다.

세포의 발암은 정상세포가 다양한 종양전구(pre-neoplastic) 또는 종양성(neoplastic) 표현형 및 유전형을 발현하면서 다단계를 통해 암세포로 전환되는 매우 희귀한 과정이다. 발암화의 다단계이론에 가장 중심적인 사항은 세포가 암세포로의 전환을 위해서는 여러 번의 유전적 변화가 유발되며 이러한 유전적 변화에 따라 암세포로의 특성이 단계적으로 획득된다는 것이다. 유전자 변화에서 유전자 또는 DNA 손상 자체가 돌연변이를 의미하지는 않는다. 돌연변이(mutation)란 손상된 DNA가 DNA 복제와 더불어 세포분열을 통해 다음 세대로 상속 또는 전달되는 것을 의미한다. 특히 단계별로 유전자 또는 DNA 손상을 입은 이들 일부 세포는 다른 기관으로의 전이와 침투가 가능한 악성종양(malignant tumor, cancer)으로 형질전환이 된다. 이와 같이 발암화의 다단계이론이란 정상세포가 암세포로 전환하는 과정에서 특정의 유전자에서 돌연변이를 통해 이루어지는데 돌연변이가 추가되면서 발암화가 단계별로 진행되는 과정을 의미한다. 이러한 일련의 돌연변이와 단계별 발암화 과정은 <그림-4-6>에서처럼 개시(initiation), 촉진(promotion), 악성전환(malignant conversion: progression에 포함되어 생략되기도 함) 그리고 진행(progression) 등 4단계로 구분된다. 또한 다단계를 통해 정상세포가 암세포로의 전환을 위해 다음과 같은 네 가지의 기본적 특성을 획득하게 된다.

① Clonality(클론화): 암세포는 하나의 정상세포에서 유래
② Autonomy(자율성): 정상적인 생체의 조절기능에서 벗어나 무조절적 성장
③ Anaplasia(기능적 퇴화): 암 발생 조직의 세포는 정상적인 세포로서의 기능을 상실
④ Metastasis(전이): 다른 조직으로의 암세포 침범

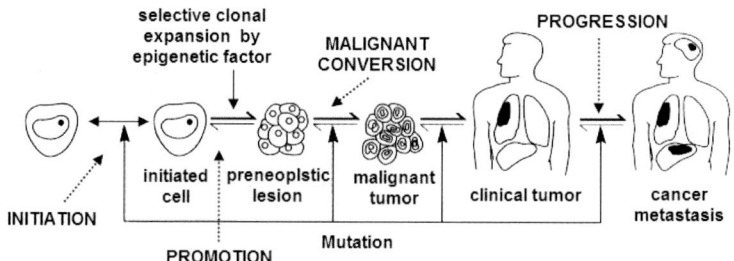

〈그림 4-6〉 발암화의 다단계와 단계별 특성과 돌연변이: 대부분의 발암화는 개시(initiation), 촉진(promotion), 악성전환(malignant tumor) 그리고 진행(progression) 단계로 구성되는데 각 단계는 추가적인 돌연변이에 의해 진전된다(참고: Weston).

① 종양개시(tumor initiation) 단계

손상을 가진 DNA 부위 또는 유전자 부위가 세포주기의 DNA 합성 시 수선(repair)이 되지 않은 상태로 돌연변이가 다음 세대에 고정(fixation)된 세포가 출현한다. 정상세포가 암세포로 전환되기 위해서는 돌연변이가 유발되어야 하는데 모든 유전자의 돌연변이가 해당되는 것은 아니다. 전체 유전자의 약 1%에 해당하는 3가지 부류의 특정유전자인 proto-oncogene(전구발암유전자 또는 발암전구유전자), tumor-suppressor gene(발암억제유전자) 그리고 DNA mismatch-repair gene(DNA 수선유전자) 중에서 돌연변이가 발생되어야 암세포로의 전환이 가능하다. 특히 proto-oncogene, tumor-suppressor gene 등은 대부분 신호전달체계(signal transduction), 세포주기 및 아포토시스 등의 조절과 관련된 유전자들이다. 이들 유전자에 돌연변이가 유도된 세포를 개시세포(initiated cell)라고 한다. 특히 종양의 개시를 유도하는 DNA 손상물질을 개시자(initiator)라고 한다.

② 종양촉진(tumor promotion) 단계

촉진단계는 촉진물질에 의해 유전자 손상을 가진 개시세포의 클론화를 위한 세포 생장이 유도되는 단계이다. 촉진물질은 보조발암물질로 대부분 비돌연변이원성이며 제거되면 클론화가 지연 또는 멈추게 되는 가역성이다. 개시세포의 클론화는 다음과 같은 2가지 중요한 점이 있다. 먼저, 돌연변이를 가진 개시세포에서 또 다른 돌연변이의 발생 확률을 높이기 위해서는 개시세포가 많아야 한다는 점이다. 두 번째는 클론화 된 세포는 돌연변이의 수선 및 방어에 취약하다는 점이다. 개시세포의 클론화는 암 발생 이전의 암전구세포(preneoplasitc cell) 특성이지만 추가적인 돌연변이를 통해 암세포의 특성을 나타내는 세포들로 서서히 교체된다. 이와 같이 개시세포의 클론화를 유도하는 물질을 촉진자(제) 또는 촉진물질(promotor)이라고 한다. 촉진물질은 개시물질과 달리 유전물질에 손상을 유발하지 않는 비돌연변이원성(non－mutagenic)이기 때문에 그 자체는 발암물질이 아니다. 특히 정상적인 세포의 발암화에 있어서 촉진물질 자체는 아무런 영향이 없지만 발암물질에 의한 돌연변이가 선행된 후에는 발암화를 촉진시킨다.

③ 악성전환(malignant conversion) 단계

악성전환은 발암억제유전자 또는 발암유전자 등 유전자의 추가적인 돌연변이를 통해 악성 표현형을 나타낼 수 있는 세포로의 전환 과정을 의미한다. 일반적으로 다단계에 의한 발암화의 임상적 또는 생물학적 표현형은 세포과형성(hyperplasia), 형성이상증(dysplasia), 비정상 형태(abnormal morphology), 세포퇴화(anaplasia), 세포역분화(dedifferentiation), 다발성 약물내성, 불멸화(immortality), 접촉성장저해의 상실(loss of contact growth inhibition: 두 개 이상 세포가 접촉하는 경우에 세포 성장이 멈추는 것이 상실되는 것), 이식을 위한 조직적합성(histocompatibility), 이질적인 바이러스에 대한 감수성, 종양세포－유도 신생혈관형성(angiogenesis), 비정상적인 대사, 생장자율성, 침윤(invasion) 그리고 전이(metastasis) 등이 있다. 이 중에서 특히 악성 표현

형(malignant phenotype)으로는 이식을 위한 조직적합성(histocompatibility), 이 질적인 바이러스에 대한 감수성, 비정상적인 대사, 생장자율성, 침윤 그리고 전이 등을 들 수 있다. 악성전환단계는 다음 단계인 진행단계와 연속 또는 혼재되어 발생하며 암세포의 표현형은 더욱 다양하게 된다.

④ 종양진행(tumor progression) 단계

클론화된 세포에서 악성 표현형(malignant phenotype)의 발현과 이미 악성을 가진 암세포가 더욱더 악성적인 특성으로 발전되어 가는 과정을 의미한다. 유전자의 불안정성에 의해 발암전구유전자의 활성화와 발암억제유전자의 불활성화 등을 포함한 유전자의 추가적인 돌연변이가 발생한다. 발암전구유전자의 활성화는 돌연변이에 의해 이루어지는데 활성화된 상태의 유전자를 발암유전자라고 한다. 발암억제유전자의 불활성화란 돌연변이에 의해 발암억제 기능이 상실된다는 것을 의미한다. 따라서 이들 유전자들의 돌연변이에 의해 정상세포의 암세포로의 전환을 촉진하게 된다.

발암전구유전자의 활성화는 일반적으로 2가지 기전으로 이루어진다. 두 가지 기전 중 'ras' 유전자군의 경우에는 12, 13, 59 그리고 61번째 코돈에 점돌연변이가 발생하며 또 다른 기전으로는 myc, raf, her-2 그리고 jun 등의 다유전자군(multi-gene family)에서 중복에 의한 유전자 증폭에 의해 유도되는 과발현이 있다. 또한 어떤 유전자는 bcl-2와 면역글로불린 유전자 등의 강력한 프로모터에 새롭게 위치하여 과발현이 되기도 한다. 발암억제유전자의 불활성화는 이중적 양상(bimodal fashion)을 통해 이루어진다. 발암억제유전자의 불활성 및 발암전구유전자의 활성화는 종국적으로 세포 생장을 촉진시키며 국소적 침윤 및 타 조직 및 기관으로 전이를 유도하는 악성 표현형의 발현에 대한 원인이 된다.

- 왜 흡연이 모든 암의 발생에 있어서 원인의 30% 정도를 차지할
  정도로 암의 가장 높은 위험요인인가?

  이와 같은 다단계 과정을 통해 발암을 위해서는 적어도 4~7개 정도
의 유전자에서 돌연변이가 필요하다고 추정되고 있다. 적어도 4개 이상
의 특정 유전자에서 돌연변이 세트를 가진 세포만이 암세포로 전환될
수 있다는 것이다. 그러나 인체세포의 약 20,500개로 추정되는 유전자
중에서 암세포가 되기 위해 한 세포가 4~7개의 유전자에서 돌연변이를
일으키기 위해서는 무차별적 돌연변이가 필수적이다. 또한 과연 발암을
위해 이러한 무차별적 돌연변이의 발생이 가능한가에 대한 의문 역시
존재한다.

  발암기전의 'Nature and nurture theory' 이론에 의하면 세포의 정상적
상황에서 자연적으로 발생하는 유전자 돌연변이율은 유사분열 세포당
10^{-6}이다. 즉 백만 개 세포 중 한 개의 세포에서 자연발생적 돌연변이가
유발된다는 의미이다. 암세포인 경우에는 4~7개의 특정유전자들에 돌
연변이 유발이 필요한데 자연발생적 돌연변이율을 기초로 한다면 사람
의 경우에는 10^{24}~10^{42} 세포 중에서 단 하나의 세포만 암세포로 전환된
다는 계산이 나온다. 또한 사람은 약 10^{14} 세포로 구성되어 있기 때문에
이는 곧 10^{10}~10^{28} 사람 중에서 단 한 사람만 암이 발생하는 것으로 계
산된다. 예를 들어 발암억제유전자가 열성이라고 가정하면 열성암유전
자(recessive cancer gene)의 돌연변이율은 제곱이 되어야 하므로 암의 자연
적인 발생률은 더욱 낮아지게 된다. 즉 외부 돌연변이를 유도하는 영향
이 없이 단순히 유사분열과정에서 자연적인 돌연변이율로 근거 하였을
경우에 사람에게서 암은 거의 발생할 수 없다는 결론을 얻을 수 있다.
또한 최근 발암화의 주요 기전의 하나로 제시되고 있는 암줄기세포 가

설에서 줄기세포의 자연발생적 유전자 돌연변이율은 유사분열당 10^{-10}
이므로 자연적인 암 발생 확률은 더욱 낮아진다.

이와 같이 자연적인 돌연변이율 측면에서 한 세포의 4~7개 돌연변이
에 의한 발암은 거의 불가능하다. 그럼에도 불구하고 어떻게 흡연이 모
든 암의 발생에 있어서 원인의 30% 정도를 차지할 정도로 암의 가장 높
은 위험요인인가는 다음과 같은 담배연기의 화학물질 특성에 기인한다.
이는 흡연에 의해 발암이 발생할 수밖에 없도록 담배연기 속에는 없는
돌연변이원과 촉진물질 등 발암에 필요한 모든 독성물질을 가지고 있다
는 뜻이다.

○ 담배연기 속에는 DNA의 돌연변이를 유발할 수 있는 활성중간대사
체로 전환되는 수많은 돌연변이원이 있다.
○ 담배연기 속의 수많은 발암전구물질은 기관 및 조직－특이적 발암
을 통해 다양한 암을 유도하는 주요 원인이며 이는 다양한 조직에
서 흡연－유래 DNA adduct 형성을 통해 이해할 수 있다.
○ 담배연기 속에는 암의 잠복기를 짧게 유도하는 완전발암물질 및
촉진물질이 많다.
○ 담배연기 속에는 발암물질과 동시 노출 시 발암을 증가시키는 보
조발암물질이 존재한다.
○ 담배연기 속에 존재하는 발암물질은 특히 발암의 원인 유전자인
발암억제유전자, 발암전구유전자 그리고 DNA 수선유전자의 돌연
변이를 유도한다.

● 담배연기 속에는 DNA의 돌연변이를 유발할 수 있는 활성중간대
사체로 전환되는 수많은 돌연변이원이 있다.

담배연기 속의 돌연변이원 역시 생체 내에서 자연분해에 의한 활성형
물질 생성 또는 생체전환을 통한 활성중간대사체에 기인한다. 이들은
돌연변이를 통해 개시세포 생성을 유도하여 화학적 발암화 과정을 유도

한다. 다음은 담배연기 속에 포함된 대표적인 활성중간대사체를 생성하는 담배-특이적 nitrosamine, PAH 그리고 benzene 등에 의한 DNA 손상 기전인데 흡연에 의한 활성중간대사체 생성에 있어서 가장 중요한 예이다.

흡연에 의해 유발되는 암의 원인물질로 가장 대표적인 물질이 담배 및 담배연기에 특이적으로 존재하는 담배-특이적 nitrosamine인 NNN(N-nitrosonornicotine) 그리고 NNK(4-<methylnitrosamino>-1-<3-pyridyl>-1-butanone) 등으로 추정되고 있다. <그림 4-7>에서처럼 NNK, NNN와 대사체인 NNAL 등은 DNA 염기의 여러 위치에서 알킬화(alkylation, 유기화학물질이 DNA 거대분자에 결합하여 손상을 유발하는 것을 알킬화라고 함) 및 다양한 adduct(DNA 거대분자에 화학물질의 공유결합을 통해 결합하여 생성된 구조물) 등을 유도하는 단일작용기성 알킬화-유도물질(monofunctional alkylating agent)이다. 알킬화-유도물질에는 단일작용기성 알킬화-유도물질과 복수작용기성 알킬화-유도물질(bifunctional alkylating agent)이 있다. 복수작용기성 알킬화-유도물질은 2개의 활성기가 DNA 이중나선의 각각 나선에 존재하는 염기 하나씩과 결합할 수 있다. 이는 DNA 나선 간 또는 나선 내에서 염기와 염기를 연결해 주는 DNA crosslink(DNA 교차연결)를 유도할 수 있다. 반면에 단일작용기성 알킬화-유도물질은 다양한 염기의 친핵성부위에 결합할 수 있지만 단 하나의 염기와 결합이 가능하다. 따라서 단일작용기성 알킬화-유도물질은 이중나선 중 어느 하나와 결합을 통해 단선만 절단할 수 있는 유전자수준 돌연변이의 DNA 손상을 유발하고 복수작용기성 알킬화-유도물질은 DNA 이중나선을 절단하는 염색체수준 돌연변이를 유발한다.

NNK, NNN와 NNAL(4-(methylnitrosamino)-1-<3-pyridyl>-1-butanol)은 <그림 4-7>에서처럼 N-alkylation 및 O-alkylation 유도를 통해 DNA adduct(DNA 부가물)를 형성한다. 일반적으로 adduct는 대사체 일부 및

작은 분자의 공유결합을 통해 형성되는 일반적인 adduct와 크기가 큰 분자의 대사체 전체가 결합하여 형성되는 'bulky DAN adduct(거대 DNA 부가물)' 등으로 구분된다. NNK 및 NNAL의 생체전환을 통해 생성된

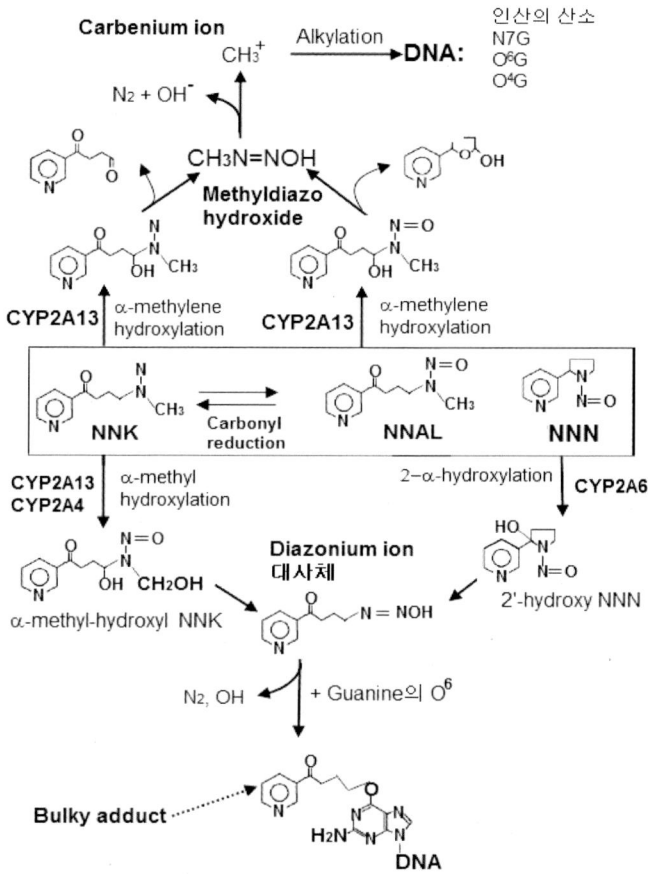

〈그림 4-7〉 담배 특이적-nitrosamine인 NNK, NNAL과 NNN의 N-및 O
-alkylation 통한 DNA 돌연변이: Tobacco-specific nitrosamines)인
NNK(4-(methylnitrosamino)-1-(3-pyridyl)-1-butanone)와 대사체인 NNAL
(4-(methylnitrosamino)-1-(3-pyridyl)-1-butanol), NNN(N-nitrosonornicotine)
등은 여러 염기의 위치에서 알킬화와 adduct를 유도하여 단일작용기성 DNA 손상을
유발한다(참고: 박영철).

carbenium ion은 N-alkylation 및 O-alkylation을 통해 인산의 산소와 N7G, O6G를 비롯한 O4T 등에 알킬화를 유도한다. 또한 NNK와 NNAL 뿐만 아니라 NNN 역시 생체전환을 통해 생성된 diazoium ion 친전자성 대사체의 활성중간대사체를 통해 O6G 위치에 결합하여 pyridyloxobutyl DNA adduct를 생성하는 O-alkylation을 유도한다. pyridyloxobutyl DNA adduct는 DNA adduct 중에서도 분자가 큰 물질에 의해 형성된 adduct이기 때문에 bulky adduct 형성을 통해 DNA 돌연변이를 유도한다. 이와 같이 이들 담배연기 속의 발암물질은 생체 내 생체전환을 통해 carbenium ion과 diazoium ion 등의 다양한 친전자성대사체의 활성중간대사체 생성을 통해 돌연변이를 유도한다.

NNK, NNN와 대사체인 NNAL 외에도 또 다른 담배-특이적 nitrosamine 인 N-Nitrosodimethylamine(NNDE) 역시 흡연에 의한 발암 유도에 있어서 중요한 돌연변이원으로 추정되고 있다. <그림 4-8>에서처럼 N-Nitrosodimethylamine은 CYP2E1의 대사를 통해 친전자성대사체인 methyldaizonium ion 및 carbenium ion을 생성하여 알킬화를 유도한다. 활성중간대사체인 carbenium ion은 guanine의 O^6에서 메틸화 또는 알킬화를 유도한다. DNA 복제 시 메틸화된 O^6-methylguanine(O^6MeG)은 상보적인 cytosine을 대체한 thymine과 염기쌍을 이루게 된다. 결과적으로 O^6MeG:T 의 염기쌍은 다음 DNA 복제 시 T:A와 T:O^6MeG 염기쌍으로 전환된다. 이러한 과정을 전체적으로 보면 메틸화에 의해 GC→TA으로 전환되는 GC→TA transition(동일계열-염기전위: purine-purine의 치환, pyrimidine-pyrimidine 치환)이다. 반드시 메틸화 또는 알킬화에 의해 GC→TA으로 치환되는 것은 아니고 상황에 따라 GC→AT으로 치환으로 되는 경우도 있는데 이러한 경우 GC→AT transversion(비동일계열-염기전위, purine-pyrimidine 치환)이라고 한다. 이와 같이 단일작용기성 알킬화-유도물질은 단일염

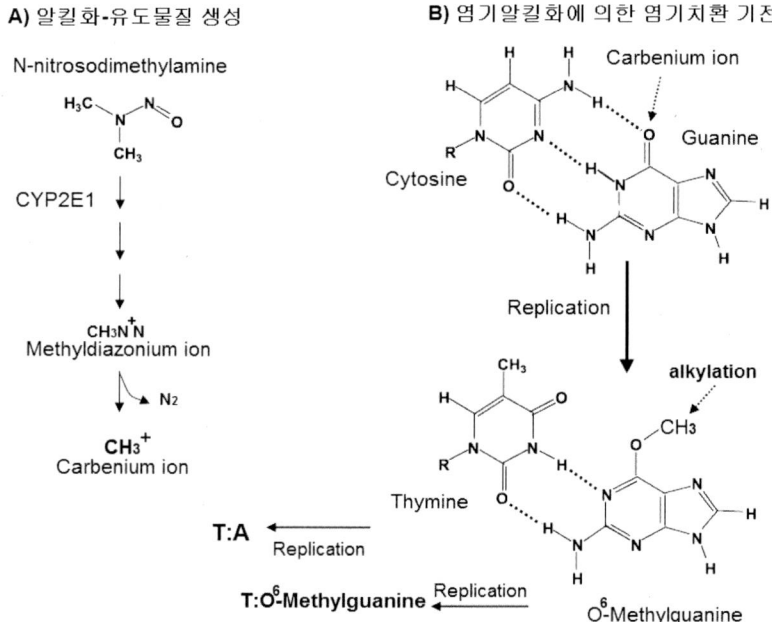

A) 알킬화-유도물질 생성

N-nitrosodimethylamine

CYP2E1

CH_3N^+N
Methyldiazonium ion

N_2

CH_3^+
Carbenium ion

B) 염기알킬화에 의한 염기치환 기전

Carbenium ion

Cytosine

Guanine

Replication

T:A
Replication

alkylation

Thymine

T:O⁶-Methylguanine
Replication

O^6-Methylguanine

〈그림 4-8〉 N-Nitrosodimethylamine의 친전자성대사체에 의한 염기 alkylation: A) N-Nitrosodimethylamine은 생체전환을 통해 2개의 알킬화-유도 대사체인 methyldaizonium ion과 carbenium ion 등을 생성한다. B) 2개의 친전자성대사체 중 methyldaizonium ion인 경우에는 N7G, O2T, O6G, N3A, 또 다른 대사체인 carbenium ion인 경우에는 guanine의 O6에서 우선적으로 알킬화가 이루어진다. Carbenium ion에 의해 guanine 알킬화는 O6-Methylguanine으로 염기변형을 유도하여 DNA 합성시 cytosine 대신 thymine과 결합하는 염기전위가 유도된다. 이는 다음 복제에서 T:A와 T:O6MeG 염기쌍으로 또한 전위된다. 결과적으로 N-Nitrosodimethylamine의 대사체에 의해 guanine이 adenine으로 전환하는 동일계염기전위가 유도된다(참고: 박영철).

기치환을 통해 결과적으로 염기쌍 치환을 가장 많이 유발하는 유전자수준의 돌연변이원이다. 특히 N-Nitrosodimethylamine에 의한 GC→TA transition은 흡연에 의해 유도되는 발암억제유전자인 TP53 유전자의 돌연변이를 통해 화학적 발암화의 기전인 다단계이론에 있어서 주요 역할을 하는 것으로 추정되고 있다.

담배연기 속의 가장 대표적인 PAH는 benzo[a]pyrene(B[a]P)이며 앞서 언급한 것처럼 B[a]P는 benzo[a]pyrene 7,8-dihydrodiol으로의 대사를 통해

친전자성대사세가 생성된다. <그림 4-9>에서처럼 Benzo[a]pyrene 7,8-dihydrodiol은 CYP1A1에 의해 산화되어 benzo[a]pyrene-7,8-dihydrodiol-9,10-epoxide(B[a]PDE)로 전환된다. B[a]PDE의 epoxide는 자연발생적으로 epoxide 구조가 개방되면서 탄소에 양전하를 띠는 친전자성대사체인 carbocation intermediate(카르보양이온 중간체)로 전환된다. 카르보양이온 중간체는 인산의 친핵성부위인 'O⁻'와 결합하여 phosphotriester adduct(DNA 인산 adduct)를 형성한다. 또한 phosphotriester adduct의 내부 전자이동을 통해 고리가 형성되면서 한쪽 DNA의 나선절단(strand break)이 발생되는 DNA 손상이 유발된다. 이러한 알킬화-유도물질이 DNA의 phosphodiester

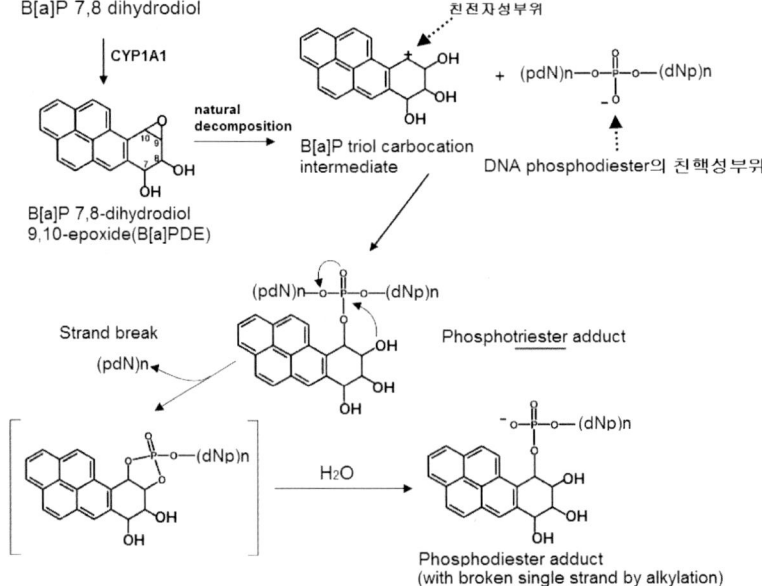

〈그림 4-9〉 B[a]PDE에 의한 DNA backbone의 phosphotriester adduct 형성

기전: Benzo[a]pyrene-7,8-dihydrodiol-9,10-epoxide(B[a]PDE)는 phosphodiester의 'O' 원자인 친핵성부위의 알킬화를 통해 phosphotriester adduct를 형성한다. Phosphotriester adduct는 내부 전자이동을 통해 DNA strand의 절단을 유도하여 단일나선-phosphodiester adduct로 전환되는 DNA 손상을 유발한다. pdN:2´-deoxynucleoside 5´-monophosphates, dNp: 2´-deoxynucleoside-3´-monophosphates(참고: 박영철).

(인산이에스테르)에 결합하여 형성되는 구조물을 phosphotriester adduct(인산이에스테르 adduct)이라고 하며 알킬화에 의해 절단된 DNA strand의 adduct를 단일나선-phosphodiester adduct이라고 한다. 대부분은 이들 adduct들은 DNA의 단일나선을 절단하는 single strand break(단일나선절단)의 돌연변이를 일으킨다.

특히 흡연에 의한 benzene 노출 역시 다양한 활성중간대사체 생성을 통해 골수암을 유발한다. Benzene에 의한 골수암의 발생은 흡연에 의한 표적기관독성(target organ toxicity) 기전에 대한 이해에 있어서 대단히 중요하다. Benzene은 quinone 대사체 외에도 aldehyde 대사체를 생성하며 이들 대사체에 의해 골수-특이적 표적기관독성을 유발한다. <그림 4-10>에서처럼 CYP2E1에 의해 benzene이 benzene oxide로 전환된 후 효소적 또는 비효소적 반응을 통해 생체 내 거대분자와 결합할 수 있는 친전자성 대사체인 *trans-trans*-muconaldehyde 또는 benzoquinone으로 전환된다. Aldehyde type의 친전자성의 활성중간대사체인 *trans-trans*-muconaldehyde는 benzene oxepin의 벤젠환이 열리면서 형성된다. 또한 benzene oxide는 비효소적 재배열을 통해 phenol로 전환되어 CYP2E1과 myeloperoxidase(MPO)의 촉매반응에 의해 1,4-Benzoquinone(1,4-BQ) 및 1,2-Benzoquinone(1,2-BQ)으로 전환된다. 1,2-BQ인 경우에는 benzene oxide가 epoxide hydrolase에 의해 benzen dihyrodiol, dehydrogenase(DH)에 의해 cathecol로 전환된 후 MPO에 의해 생성되기도 한다. 이와 같이 benzene에 의한 대표적인 친전자성대사체인 *trans, trans*-muconaldehyde, 그리고 catechol을 비롯한 1,4-BQ 및 1,2-BQ 등의 redox-active species 등이 생체전환을 통해 생성되는 대표적인 활성중간대사체이다.

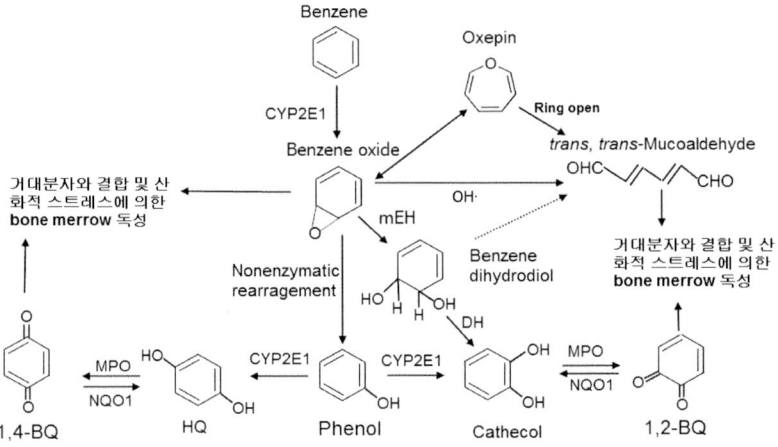

〈그림 4-10〉 효소 및 비효소적 반응을 통한 benzene의 친전자성대사체인 benzoquinone 과 aldehyde의 생성 과정: BQ: benzoquinone, HQ: hydroquinone DH: dehydrogenase, mEH: microsomal epoxide hydrolase, MPO: myeloperoxidase, BQ: Benzoquinone, NQO: NAD(P)H: quinone oxidoreductase.

Benzene은 혈액과 골수-특이적 독성을 통해 림프구-유래 백혈병 및 골수종을 유발한다. Benzene의 친전자성대사체인 *trans, trans* — muconaldehyde, 1,4-BQ 및 1,2-BQ 등은 비록 친핵성 DNA와 결합하여 독성을 유발할지라도 자체의 높은 반응성 때문에 간에서 혈액 및 골수에 도달하기에는 어려움이 있다. 따라서 이들의 이동에 의한 혈액과 골수-특이적 독성유발 기전을 설명하기에는 부족하다. 그러나 친전자성대사체의 전구체인 phenol, hydroquinone를 비롯한 항산포합대사체인 phenyl sulfate 등은 친전자성을 갖지 않지만 간에서 혈액 및 골수로의 이동과 peroxidase와 sulfatase 등에 의한 대사를 통해 혈액과 골수-특이적 독성을 유발하는 것으로 추정된다. 특히 peroxidase와 sulfatase 등의 두 효소가 혈액 및 골수에서 활성이 높다는 것은 이러한 추정을 잘 설명해 준다. <그림 4-11> 에서처럼 골수로 이동된 phenol은 peroxidase에 의해 qunione을 함유한 대사체인 diphenoquinone으로 전환되며 benzene의 황산포합대사체는 sulfatase

에 의해 황산이 분리된다. 또한 hydroquinone 역시 peroxidase에 의해 benzoquinone 으로 전환된다. 따라서 benzene의 골수-특이적 독성은 간에서 제1상반응 및 제2상반응을 통해 생성된 phenol, hydroquinone 및 phenyl sulfate 등이 혈액을 통해 골수로의 이동에 기인한다. 이들 대사체는 친수성으로 혈액을 통해 체내 대부분의 조직이나 장소로 갈 수 있으나 특히 골수에서 독성을 나타내는 이유는 관련된 효소인 peroxidase 및 sulfatase의 높은 활성 때문이다. 이들 효소에 의한 phenol, hydroquinone 및 phenyl sulfate

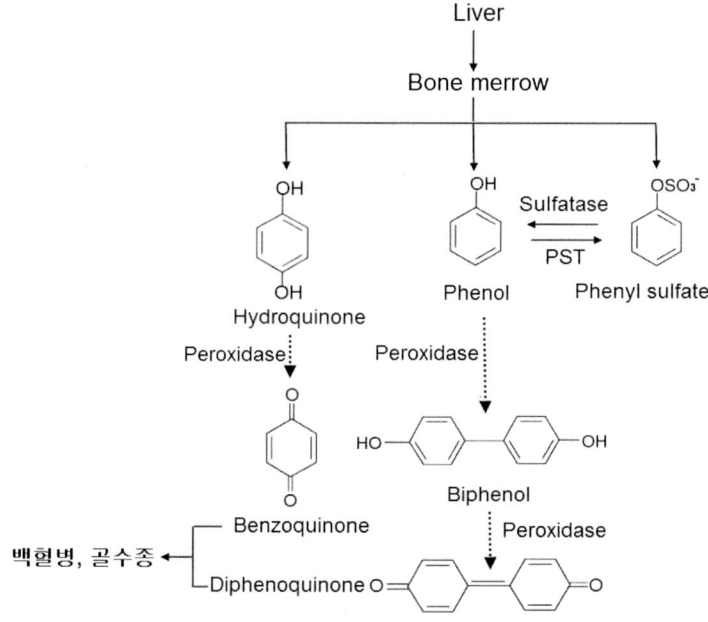

〈그림 4-11〉 Benzene의 골수-특이적 독성 기전: Benzene의 골수-특이적 독성은 간 (liver)에서 제1상반응 및 제2상반응에서 생성된 phenol, hydroquinone 및 phenyl sulfate 등의 대사체가 혈액을 통해 골수(bone merrow)로의 이동에 기인한다. 이들 대사체들은 골수에서 높은 활성을 가지고 있는 peroxidase 및 sulfatase에 의해 친전자성대사체인 benzoquinone 및 diphenoquinone 등으로 전환된다. 또한 간에서 phenol은 PST(phenol sulfotransferase) 에 의해 phenyl sulfate 포합체로 전환된다. Phenyl sulfate는 골수로 이동되어 phenol로 재전환 그리고 peroxidase에 의해 diphenoquinone으로 전환된다. 골수에서 최종대사체인 benzoquinone과 diphenoquinone 등은 골수종 또는 백혈병 등 벤젠-특이적 독성을 유발한다(참고: 박영철).

등의 재-대사(re-metabolism)는 RAS(redox active species, 산화-환원 순환 반응 대사체)인 benzoquinone 및 diphenoquinone 등을 생성하며 결과적으로 이들의 산화-환원의 순환반응을 통해 독성을 유도한다. 이와 같이 benzene에 의한 골수-특이적 독성은 골수에서 benzene 대사체의 재-대사를 유도하는 높은 효소활성에 기인하는데 이러한 제2상반응의 포합체가 재-대사에 의한 활성중간대사체로의 전환을 통해 독성을 유발하는 기전을 재활성화 독성기전(reactivation-toxic mechanism)이라고 한다.

간 및 골수에서 벤젠의 생체전환을 통해 생성된 대사체인 benzoquinone 및 diphenoquinone은 quinone 그 자체에 의한 친전자성, 그리고 quinone의 일전자-환원반응을 통한 semiquinone anion radical의 생성 그리고 일전자 및 이전자-환원을 통한 ROS 생성을 통해 DNA 손상의 돌연변이를 유발한다. Quinone은 그 자체가 친전자성을 띄기 때문에 DNA의 친핵성부위와 공유결합을 통해 알킬화를 유도한다. 물론 quinone이 외인성물질의 생체전환을 통해 생성된다면 indirect-acting 물질이다. <그림 4-12>에서처럼 가장 간단한 quinone 구조인 $1,4(p)$-benzoquinone은 염기의 환 외 분자에 exocyclic adduct(환외부가물)를 형성한다. 특히 1,4-Benzoquinone 은 adenine의 N^6, guanine의 N^2와 cytosine의 N^4의 아미노기(NH_2)에 첨가반응을 통해 안정화된 bulky adduct를 형성한다. 이는 복제를 통해 G→T 등의 염기전위(transversion) 및 염기소실을 유도한다.

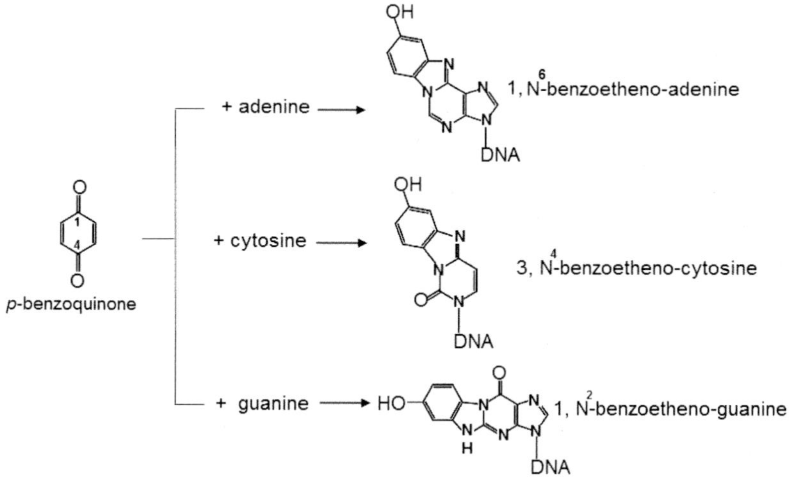

〈그림 4-12〉 1,4(*p*)-Benzoquinoe에 의한 여러 exocyclic adduct 형성: Quinone 은 그 자체가 친전자성을 띠기 때문에 DNA의 친핵성부위와 공유결합을 통해 알킬화를 유도하는 돌연변이원의 역할을 한다(참고: Xie).

또한 벤젠의 제1상반응을 통해 생성된 benzoquinone의 $o-$quinone 및 $p-$quinone 그리고 diphenoquinone은 강력한 독성을 지닌 ROS인 hydroxyl radical 생성을 통해 돌연변이를 유발할 수 있다. DNA 손상을 유발할 수 있는 대사체 및 부산물은 $p-$ 또는 $o-$semiquinone anion radical과 superoxide anion radical 등이 있다. Semiquinone anion radical은 다른 유기라디칼대사체와 같이 수소발췌를 통해 DNA 손상을 유발할 수 있는 가능성은 있지만 이에 대한 연구에서는 아직 증명되지 못하고 있다. 이는 산소, fenton pathway 그리고 Cu(II)/Cu(I) redox cycling을 통한 빠른 반응을 통해 quinone 또는 catechol으로의 빠른 전환에 기인하는 것으로 추정된다. <그림 4-13> 에서처럼 semiquinone anion radical의 자체 독성 이외에도 quinone의 redox cycle을 통해 생성된 superoxide anion radical, H_2O_2, hydroxyl radical 등의 부산물이 DNA 손상을 또한 유발할 수 있다. 그러나 fenton pathway 또는 Cu(II)/Cu(I) redox cycling을 유도하는 Fe이나 Cu 이온이 없다면 DNA 손상

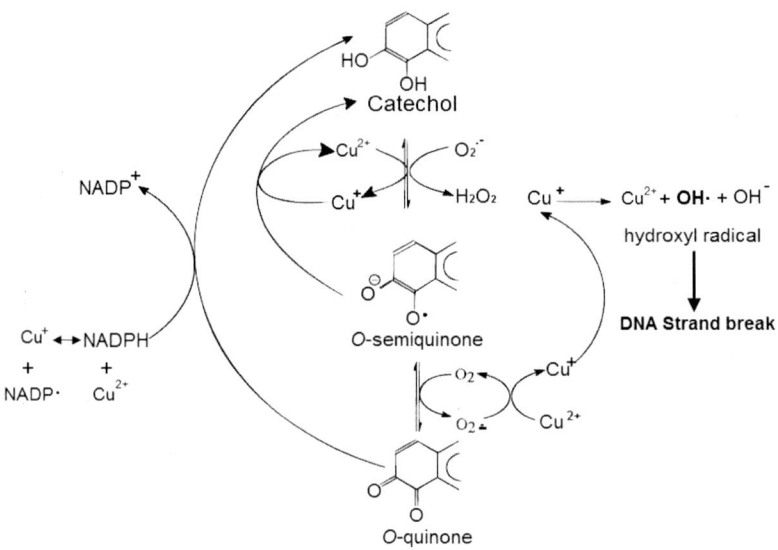

〈그림 4-13〉 *O*-quinone에 의한 ROS 생성과 hydroxyl radical에 의한 DNA 나
　　　　　선절단 기전: Quinone의 redox cycle을 생성된 ROS는 Cu(II)/Cu(I) redox cycle과
　　　　　fenton pathway 등을 통해 hydroxyl radical(HO·)로 전환되어 PAH-o-quinone에 의
　　　　　한 DNA 나선절단에 중요한 역할을 한다(참고: Penning).

은 유발되지 않는다. 이는 이들 이온들이 quinone의 redox cycle에서 발생
하는 superoxide anion radical과의 반응을 통해 ROS 중 DNA와 가장 강력
한 반응성을 가진 hydroxyl radical 생성을 유도하기 때문이다.

> ● 담배연기 속의 수많은 발암전구물질은 기관 및 조직-특이적 발암
> 을 통해 다양한 암을 유도하는 주요 원인이며 이는 다양한 조직에
> 서 흡연-유래 DNA adduct 형성을 통해 이해할 수 있다.

이와 같이 담배연기 속에는 수많은 발암전구물질이 DNA와 결합 또
는 손상을 통해 돌연변이를 유발하며 이는 궁극적으로는 발암물질
(carcinogen)로 표현된다. 그러나 담배연기 속에 들어 있는 대부분의 발암

물질은 직접적으로 DNA와 결합하는 것이 아니라 대부분 생체전환을 통해 생성된 친전자성대사체와 RAS 등의 활성중간대사체에 의해 DNA 결합 또는 손상을 유도하게 된다. 따라서 담배연기 속의 발암물질은 실제적으로는 생체전환이 필요한 발암전구물질(procarcinogen)로 표현된다. 특히 이들 발암물질은 <표 4-6>에서처럼 입자상 영역과 가스상 영역으로 구분하여 분류되기도 한다. 입자상 영역에는 타르를 포함한 PHA 그리고 여러 금속성 물질이 있으며 가스상 영역에는 nitrosamines, hydrazine 과 vinyl chloride 등이 있다.

〈표 4-6〉 담배연기의 가스상 영역과 입자상 영역에서의 발암물질 종류

입자상 영역
Tar
Polynuclear aromatic hydrocarbons
β-Naphthylamine
N-Nitrosonornicotine
Benzo[a]pyrene
Trace metals(e.g., nickel, arsenic, polonium 210)
가스상 영역
Nitrosamines
Hydrazine
Vinyl chloride

<표 4-7>은 사람에게 있어서 흡연에 의해 암이 유발되는 주요 부위와 관련된 발암물질이다. 특히 이들 물질들은 기관 및 조직에 따라 각각 달리 작용하여 흡연에 의한 다양한 조직 및 기관에서 암을 유발하는 특이성을 지니고 있다. 예를 들어 담배-특이적 nitrosamine인 NNK, NNN 와 NNAL 등의 돌연변이에 의해 유발되는 암은 폐, 후두, 비강, 구강, 식도, 간, 췌장 그리고 자궁경부 등에서 암을 유도하는 것으로 추정되고

있다. 흡연의 양과 흡연기간에 의해 백혈병의 증가를 유도하는데 흡연에 의한 백혈병(leukemia)은 benzene이 가장 유력한 원인물질로 추정되고 있다. 또한 PAH인 경우는 폐, 구강 그리고 자궁경부 등의 조직 및 기관에 암을 유도하는 것으로 추정되고 있다.

〈표 4-7〉 담배-특이적 발암물질에 따른 사람의 암 종류

암 종류	추정 발암원인물질
폐	PAH, NNK(major) 1,3-butadiene, isoprene, ethylene oxide, ethyl carbamate,
후두	aldehydes, benzene, metals
비강	NNK, NNN, other nitrosamines, aldehydes
구강	PAH, NNK, NNN
식도	NNN, other nitrosamines
간	NNK, other nitrosamines, furan
췌장	NNK, NNAL
자궁경관	PAH, NNK
방광	4-Aminobiphenyl, other aromatic amines
백혈병	benzene

PAH: -poyaromatic hydrocarbon, NNN: N-nitrosonornicotine, NNK: 4-〈: ethylnitrosamino〉-1-〈3-pyridyl〉-1-butanone), NNAL: 4-(methylnitrosamino)-1-〈3-pyridyl〉-1-butano(참고: Wogan).

이러한 기관-특이적 발암이 이루어지는 가장 큰 이유는 담배연기 속의 발암전구물질들이 체내 흡수된 후 어느 조직 또는 기관으로 이동되어 생체전환을 통해 친전자성대사체가 생성되느냐에 기인한다. 왜냐하면 이들 활성중간대사체는 반감기가 수천에서 수백만의 1초 정도로 활성이 높아 타 조직 또는 기관에 이동이 어렵기 때문에 생체전환 발생 장소에 존재하는 DNA에 손상을 유발하기 때문이다. 흡연에 의해 다양한 암이 유발되는 가장 중요한 증거로는 다양한 조직에서 흡연에 의한 DNA adduct 형성 확인을 통해 설명할 수 있다. 흡연에 의해 체내에 흡수된 화학물질이 생체전환을 통해 생성하는 활성중간대사체 대부분은 친

전자성대사체이다. 이들 물질에 의한 친전자성대사체는 전자가 부족하여 DNA 내 전자가 풍부한 친핵성 부위와 결합하여 DNA adduct를 형성한다. DNA adduct는 DNA의 돌연변이를 유발하기 때문에 정상세포의 개시세포로의 전환을 촉진하고, 발암화의 다단계 과정을 유도하게 된다. 이들 물질에 의한 DNA adduct 생성 외에 수많은 방향족 아민(aromatic amines), 알데하이드류(aldehydes), 페놀성화합물(phenolic compounds), 휘발성탄화수소(volatile hydrocarbons) 그리고 acetamide와 acrylonitrile 등의 여러 유기물질들이 친전자성대사체 형성을 통해 DNA adduct가 형성된다. 물론 DNA adduct가 돌연변이와 DNA 손상의 원인은 되지만 돌연변이와 DNA 손상의 결과를 의미하지는 않는다. DNA 손상은 염기소실(base loss), 염기변형(base modification), 자외선 손상(photo-damage), inter-strand crosslink(나선간 교차결합), DNA-protein crosslink(DNA-단백질 교차결합) 그리고 strand break(나선절단) 등이 있다. DNA adduct는 친전자성대사체와 DNA의 친핵성 부위와의 공유결합(두 원자핵이 같은 전자에 대해 동시에 정전기적 인력을 가짐으로써 생기는 원자 사이의 결합)을 통해 결과적으로 이러한 DNA 손상을 유발한다. 따라서 DNA adduct는 돌연변이와 DNA 손상의 사전단계이며 정상세포의 암세포로의 전환을 위한 최초의 단계라고 할 수 있다. <그림 4-14>에서처럼 DNA adduct → 돌연변이 → 정상세포의 개시세포로의 전환이기 때문에 흡연에 의한 DNA adduct 생성에 대한 확인은 흡연에 의한 발암가능성에 대한 지표가 된다. 따라서 여러 조직에서의 흡연에 의한 DNA adduct 형성은 흡연에 의한 다양한 조직에서의 발암 유발의 가능성을 제시해 준다.

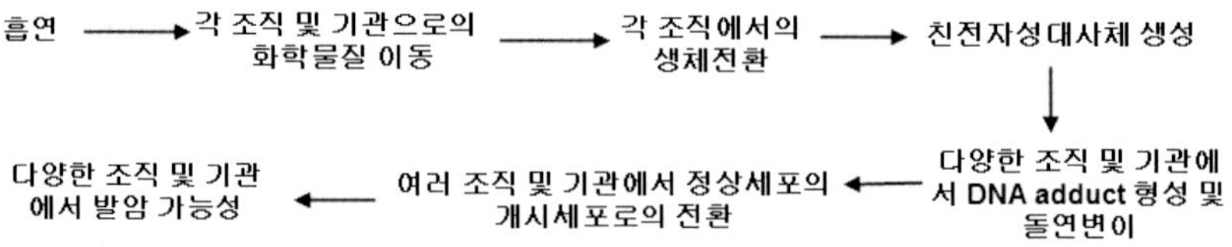

흡연 ──→ 각 조직 및 기관으로의 화학물질 이동 ──→ 각 조직에서의 생체전환 ──→ 친전자성대사체 생성

친전자성대사체 생성 ──→ 다양한 조직 및 기관에서 DNA adduct 형성 및 돌연변이 ──→ 여러 조직 및 기관에서 정상세포의 개시세포로의 전환 ──→ 다양한 조직 및 기관에서 발암 가능성

〈그림 4-14〉 흡연에 의한 다양한 조직 및 기관에서 DNA adduct 형성과 발암기전: 여러 조직에서의 흡연에 의한 DNA adduct 형성은 흡연에 의한 다양한 조직에서의 발암 유발의 가능성을 제시해 준다.

생체전환을 통해 생성된 친전자성대사체 일부 및 자체가 DNA의 특정 부위에 공유결합 하여 생성된 염기구조물이 DNA adduct(DNA 부가물)이다. DNA adduct는 크기 측면에서 구분이 되는데 bulky DNA adduct(거대 DNA 부가물)란 비교적 큰 분자인 방향족 친전자성대사체 전체가 염기와의 공유결합을 통해 형성된 adduct를 의미한다. 이와 같이 DNBA adduct는 <그림 4-15>에서처럼 친전자성대사체에 의해 작게는 단순한 메틸기(CH_3)가 붙은 adduct부터 거대한 친전자성대사체가 붙은 bulky DNA adduct 등이 형성될 수 있다. 특히 흡연에 의한 bulky DNA adduct는 B[a]P의 친전자성대사체인 B[a]P-diol epoxide와 Guanine N2와 공유결합을 통해 형성된 adduct의 예를 들 수 있다. 흡연과 관련된 DNA adduct는 각 조직 배양을 통해 ^{32}P-Postlabelling에 의한 DRZ(dignosed radioactive zone), 면역조직화학방법(immunohistochemistry), 형광물질확인법(fluorescence detection) 그리고 전자화학적 방법(electrochemical detection) 등을 이용하여 위치가 확인되었다.

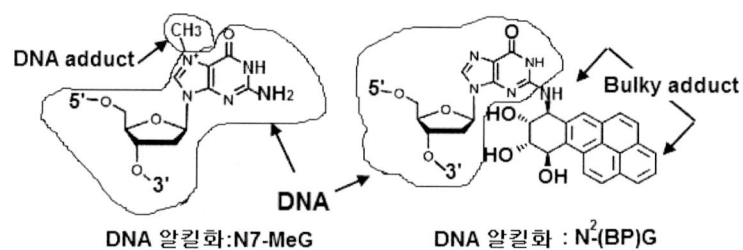

〈그림 4-15〉 DNA 손상과 adduct의 종류: 친전자성대사체에 의해 작게는 단순한 메틸기 (CH3)가 붙은 adduct부터 거대한 친전자성대사체가 붙은 bulky DNA adduct 등이 형성될 수 있다.

① 호흡기 계통에서의 흡연-관련 DNA adduct

○ 폐와 기관지(lung and bronchus): 흡연-관련 DNA adduct의 일종인 4-aminobiphenyl(4-ABP)-DNA adduct와 7-methyldeoxyguanosine(7-MedG) adduct 등의 형성은 흡연상태와 비례하여 증가하지 않았지만 대부분의 흡연가에게서 폐의 말초기관지, 기관지상피세포(bronchial epithelium), 기관지폐포 세척물(bronchioalveolar lavage, BAL)에서 유의하게 증가되는 것이 확인되었다. 또한 폐암을 가진 모든 흡연가에게서는 DNA adduct와 흡연기간과의 역비례성이 확인되었다. 이는 DNA adduct가 폐암을 가진 사람에게서 적게 나타났다는 것을 의미하는데 암 발생에 의해 그만큼 DNA adduct가 감소되었다는 것을 의미한다. 금연 후 1년이 지난 과거흡연가(ex-smoker)의 평균 DNA adduct 수준은 비흡연가와 흡연가 사이의 중간 정도의 양으로 확인되어 흡연상태에 따라 용량-반응 관계가 있는 것으로 확인되었다. 장기간 흡연 이후 흡연을 중단한 과거흡연가인 경우에 폐조직에서 흡연에 의해 생성된 DNA adduct의 약 1/2 정도가 없어지는 평균반감기(average half-life)는 1~2년 정도로 추정되고 있다. 그러나 이러한 추정치는 세포의 수명, 복제주기 그리고 DNA 수복의 생화학적 과정을 고려할 때 다소 긴 시간이라고 판단하고 있다. 이러한 장시간

의 반감기가 나타나는 이유는 담배연기 속의 발암물질과 타르 등이 폐 깊숙이 생체전환이 없이 존재하다가 금연 후에 이들이 생체전환을 통해 DNA adduct가 새롭게 형성되는 것으로 추정되고 있다. 노르웨이의 코호트 연구에서 여성의 흡연율을 보정한 후 남녀 DNA adduct 수준은 남성보다 여성의 폐에서 훨씬 높았다.

○ 후두(laynx): 흡연가 및 비흡연가 25명에서 후두점막의 DNA 분석을 통해 hydrophobic adduct(소수성 DNA)가 4명의 비흡연가에게서는 없었지만 21명의 흡연가, 모두에게서 확인되었다. 핵산분해효소인 nuclease P1과 부탄올 추출법을 사용한 방법에서 대부분 이들 DNA adduct는 담배연기 속의 aromatic amine보다 B[a]P와 같은 PAH(polycyclic aromatic hydrocarbons)에 의해 형성되는 것으로 확인되었다. 또한 DNA adduct 형성 정도는 제1상반응효소인 CYP1A, 2C와 3A4 등에 의한 생체전환을 통해 생성된 친전자성대사체와 비례적으로 이루어지지만 CYP2E1와 2A6과는 무관한 것을 확인되었다. 또한 DNA adduct 형성 정도는 흡연의 양과 비례적인 것으로 확인되었다. 즉 후두암에서의 DNA adduct 정도가 정상적인 조직과 과거흡연가의 조직에서보다 adduct 정도보다 훨씬 높았다. 또한 하루 40개비 이상을 흡연하는 흡연가의 후두조직에서 DNA adduct의 일종인 N7-alkylguanine이 하루 20개비 흡연가의 후두조직에서보다 약 2.5배 그리고 비흡연가 또는 과거흡연가보다 약 6배 정도 높았다. 이와 같이 N7-alkylguanine과 hydrophobic adduct의 생성 수준이 흡연량에 의해 비례적으로 증가한다는 것을 확인할 수 있다. 후두 생검조직의 면역화학적반응 방법을 통해 38명 환자 모두로부터 4-aminobiphenyl-DNA(4-ABP-DNA) adduct와 더불어 종양 및 용종이 확인되었다. 특히 흡연가의 용종 및 종양을 비롯한 주변 조직은 비흡연가의 용종 및 종양을 비롯한 주변 조직의 염색 강도에서 확연한 차이가 있었으며 이는 DNA adduct에 기인한

다. 이러한 연구를 통해 4−ABP-DNA adduct는 흡연에 의해 유도된 후두 암의 주요 adduct라는 것으로 추정된다.

○ 객담(sputum): 후두에서 흡연에 의한 DNA adduct 생성 정도는 여자에게서보다 남자에게서 높다. 흡연가 20명의 객담에서 분리된 DNA를 20명의 비흡연가 객담에서 분리된 DNA의 분석을 통해 흡연가 모두와 비흡연가 1명에게서 DNA adduct가 형성되었다. 또 다른 DNA adduct 측정방법인 면역화학적방법을 이용하여 객담에서 4−ABP−DNA adduct가 비흡연가에게서보다 흡연가에게서 유의하게 높았다.

○ 폐세포(human lung cell): 사람의 폐세포 배양액에 담배연기의 'bubbling'을 통해 노출시켜 DNA 손상을 확인한 결과, DNA 단일나선절단과 8−oxo −dG(산소가 결합되어 염기가 산화된 8−oxo−7, 8−dihydroguanine) 형성이 유도되었다. <그림 4−16>의 8−oxo−dG와 같은 DNA 손상은 hydroxyl radical (·OH)과 같은 유해활성산소(reactive oxygen species, ROS)에 의해 유발된다. 친전자성대사체의 결합에 의한 DNA adduct 형성과는 다르게 산소가 결합하여 DNA adduct가 생성된 것은 adduct라기보다도 DNA 산화성 손상이라고 한다. 따라서 폐세포에 주입된 담배연기에 의해 ROS 생성에 의한 폐세포의 DNA 산화성 손상이 유발되는 것으로 추정된다. 이러한 손상은 철이온에 의해 증가되고 또한 catalase에 의해 감소되는 것이 확인되었다. 일반적으로 철이온은 ROS 중에서 가장 강력한 종인 hydroxyl radical을 생성하는 'fenton pathway' 경로를 유도하여 DNA 산화적 손상을 증가시키며 catalase는 hydrogen peroxide를 H_2O로의 전환을 유도하여 DNA 손상을 감소시킨다. 따라서 타르에 의해 활성화된 호중성백혈구가 ROS의 일종인 hydrogen peroxide(H_2O_2) 생성을 통해 DNA 산화적 손상을 유도하는 것으로 추정된다. 또한 태아에서 분리된 폐세포에서 담배−특이적 nitrosamine인 nitrosamines N−nitrosonornicotine(NNN)과

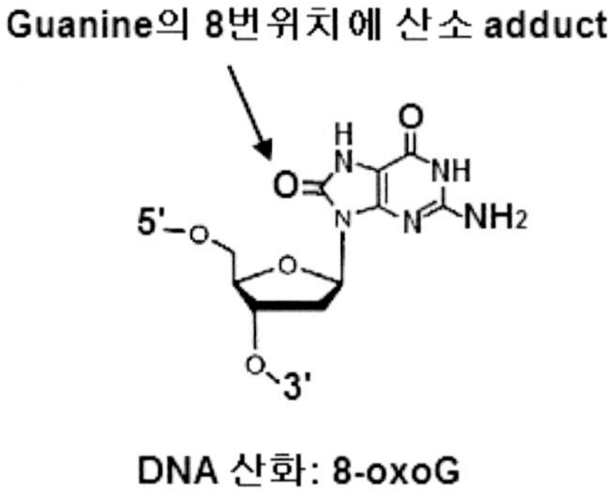

Guanine의 8번위치에 산소 adduct

DNA 산화: 8-oxoG

〈그림 4-16〉 산소의 결합을 통해 생성된 DNA 산화적 손상:
친전자성대사체의 결합에 의한 DNA adduct 형성과는 다르게
산소가 결합하여 DNA adduct가 생성된 것은 adduct라기보
다도 DNA 산화성 손상이라고 한다(참고: 박영철).

4-(N-methyl-N-nitrosamino)-1-butanone(NNK)에 의해 DNA 나선절
단이 유발된다. ROS를 제거하는 물질에 의해 DNA 손상이 저해되는 것
이 확인되어 이들 담배-특이적 nitrosamine에 의한 DNA 산화적 손상 역
시 ROS 생성을 통해 유발되는 것으로 추정된다. 세기관지 상피세포
(tracheobronchial epithelial cells)에 담배연기의 bubbling을 한 결과, DNA 나
선절단뿐만 아니라 그림과 같이 아니라 8-oxo-dG이 형성되는 것이 확
인되었다.

○ 구강 및 비강(oral and nasal cavities): 흡연가 및 비흡연가의 구강점막
세포(oral mucosal cell)에서 ^{32}P-postlabelling 연구를 통해 흡연에 의해 일
반적으로 잘 나타나는 aromatic adduct(방향족 adduct) 또는 hydrophobic
adduct(소수성 adduct)가 형성되는 것이 확인되었지만 흡연과의 연관성으
로 추정되기는 어렵다. 그러나 구강 내 편평상피세포암(intraoral squamous
cell carcinoma)을 가진 환자들의 분리된 구강조직에서 DNA 손상 정도를
확인한 결과, 흡연가의 조직에서 DNA adduct가 과거흡연가 또는 비흡연
가보다 훨씬 높았다. 또한 평균 DNA adduct 수준 역시 비흡연가보다 흡

연가에게서 유의하게 높았으며 흡연량과 adduct 수준 역시 비례적인 연관성이 확인되었다. 또한 흡연가의 치주조직(gingival tissue)에서 1, N^2 – propanodeoxyguanosine adduct가 비흡연가보다 약 4.4배 정도 증가되는데 이들의 생성은 담배연기 속의 acrolein과 crotonaldehyde 등과 DNA와의 상호작용을 통해 이루어지는 것으로 추정되고 있다. 탈피된 구강 내 세포를 이용한 benzo[a]pyrene – 7,8 – diol – 9,10 – epoxide-DNA adduct(BPDE adduct), 4 – ABP-DNA adduct 그리고 malondialdehyde-DNA adduct 형성에 대한 연구를 통해서도 비흡연가보다 흡연가에게서 adduct가 유의하게 증가되었다. 특히 malondialdehyde는 라디칼에 의해 지질과산화(lipid peorxidation)의 최종 유해물질인데 이는 흡연에 의한 지질고산화가 유발되며 이에 의해 돌연변이가 유발되는 것으로 이해된다.

② 비뇨생식기 조직(urogenital tissue)에서의 DNA adduct

○ 방광(bladder): 방광암을 가진 20명의 환자에게서 분리된 조직과 36명의 정상인으로부터 탈피된 방광세포에서 두 군 모두 흡연과 DNA adduct 생성과 비례적인 관계를 보여 주었다. 또한 56명의 방광조직에서 DNA adduct 확인을 통해 흡연에 의해 DNA adduct가 증가된다는 관련성이 유의하게 나타나지만 강한 연관성은 아닌 것이 확인되었다. 흡연가 24명과 비흡연가 22명의 방광조직에서의 4 – ABP-DNA adduct 비교를 통해 흡연가에게서 DNA adduct가 유의하게 증가하였으며 특히 흡연량과 비례적으로 증가하는 것으로 확인되었다. Gas chromatography – mass spectrometry(GC – MS)를 통한 4 – ABP-DNA adduct 분석을 통해 흡연가 46명 중 24명, 과거흡연가 17명 중 9명 그리고 비흡연가 8명 중 5명 등 전체 75명 37명에서 adduct가 확인되었다. 이러한 결과는 흡연에 의한 방광조직에서 DNA adduct 생성에 유의한 영향이 없는 것으로 이해할 수

있다. 그러나 상당히 진행된 방광암을 가진 환자에게서 4−ABP-DNA adduct는 흡연가에게서 비흡연가 11명 중 5명보다 유의하게 높았다. 결과적으로 방광 생검조직 또는 탈피된 방광세포에서 흡연이 DNA adduct를 유의하게 증가하는 것으로 추정된다.

○ 자궁경부(cervix): 흡연가 11명, 과거흡연가 7명, 비흡연가 21명 등 39명의 자궁경부 생검조직에서 ^{32}P−postlabelling 방법을 이용해 DNA adduct 정도를 비교한 결과, 흡연가와 과거흡연가에게서 비흡연가보다 유의하게 높았다. 또한 흡연카에게서 DNA adduct가 비흡연가보다 유의하게 높았으며 과거흡연가의 DNA adduct의 양은 흡연가와 비흡연가의 중간 정도이었다. GC−MS를 이용한 자궁경부 상피세포에서의 B{a}P의 친전자성대사체인 BPDE adduct 생성에 대한 연구에서도 흡연가가 비흡연가보다 adduct가 약 2배 정도 유의하게 높았다.

③ 기타 조직 및 세포에서의 DNA adduct

○ 유방(breast): ^{32}P−postlabelling 방법을 이용하여 유방암을 가진 환자의 유방조직에서의 DNA adduct 생성은 17명의 흡연가 중에서 17명, 8명의 과거흡연가 중에서 4명, 52명의 비흡연가 중 4명 등에게서 각각 확인되었다. 그러나 유방암을 가지고 있지 않은 정상인의 흡연가와 비흡연가의 조직에서의 DNA 생성은 흡연과 관련성이 없었다. 유방암을 가진 199명 환자의 유방조직에서 PAH-DNA adduct 생성에 있어서 유방암에 의해 유의하게 adduct가 증가되었지만 흡연과 adduct 정도 그리고 암과 연관성은 없었다. 따라서 흡연에 의한 유방조직에서의 adduct 형성에 대한 영향은 정확한 추정이 어렵지만 흡연에 의해 adduct가 증가하는 경향은 있을 것으로 추정된다.

○ 췌장(pancreas): ^{32}P−postlabelling 및 nuclease P1(핵산가수분해효소)를

이용하여 20명의 췌장암을 가진 환자와 13명의 정상인의 췌장 조직에서 DNA adduct 생성에 대한 연구결과, 흡연에 의한 DNA adduct가 유의하게 증가하는 경향이 있는 것으로 추정되었다. 그러나 BPDE-DNA adduct를 측정한 결과에서는 6명의 흡연가와 5명의 비흡연가의 췌장에서의 DNA adduct 생성의 비교에서 유의한 차이가 없는 것으로 확인되었다.

○ 결장(colon): 형광분석법을 통해 BPDE-DNA adduct가 4명의 흡연가 중 3명, 3명의 비흡연가 중 1명에게서 확인되었다. 흡연에 의해 BPDE-DNA adduct 형성은 $0.2 \sim 1.0$adduct/10^8 nucleotides 정도로 추정된다.

○ 위(stomach): ^{32}P-postlabelling 및 nuclease P1(핵산가수분해효소)을 이용하여 26명의 위암을 가진 환자에게서 DNA adduct를 확인한 결과, 14명 흡연가의 위조직에서 4명 비흡연가의 위조직에서보다 adduct 생성이 증가되었다. 그러나 비흡연가의 수가 적어 의미 있게 해석하기는 어려운 측면이 있다.

○ 태반 및 태아 조직(placenta and fetal tissue): ^{32}P-postlabelling 및 면역화학적 방법을 통한 태반 조직에서의 BPDE-DNA adduct 생성 연구에서 17명 흡연가 중 16명, 13명의 비흡연가 중 3명에게서 DNA adduct가 확인되었다. 또한 53명의 태반 DNA 중 3명의 흡연가에게서 DNA adduct가 생성되었다. 또한 흡연가 7명의 태반 중 5명, 비흡연가 9명 중 3명의 태반에서 BPDE-modified DNA adduct가 확인되었다. 이러한 결과를 통해 흡연에 의해 DNA adduct가 증가되는 것으로 추정되지만 흡연 외에 다른 환경적인 요인에 의해 태반의 DNA가 영향을 받는 것으로 추정된다.

○ 정자(sperm): ^{32}P-postlabelling 방법을 이용하여 하루에 20개비 이상을 흡연하는 흡연가 12명과 20개비 이하를 흡연하는 흡연가 그리고 12명 비흡연가의 정자에서 DNA adduct 생성을 확인한 결과, 3군 모두에서 유의한 차이가 없었다. 그러나 면역화학적 방법을 통한 정자에서의 BPDE-DNA adduct 생성 연구에서는 흡연가에게서 비흡연가보다 adduct가 유의하게 증가되었다. 또한 정자에서 8－oxo－dG 생성에서는 흡연가에게서 비흡연가보다 약 1.5배 정도 높게 확인되었다. 또한 정자의 acid－유도 DNA 변성에서 흡연가는 비흡연가보다 훨씬 더 민감한 것으로 확인되었다.

○ 심혈관 조직(cardiovascular tissue): ^{32}P－postlabelling 방법을 이용하여 갑작스러운 사망 사고로 숨진 133명의 가슴대동맥(thoracic aorta) 조직에서 DNA adduct를 확인하였으며 또한 동맥경화증(atherosclerosis)을 가진 사람을 'case'로 분류하여 조사하였다. DNA adduct가 case인 경우에는 case 아닌 조직에서 보다 유의하게 높았다. 또한 사망자들의 혈액에서 cotinine의 농도를 통해 흡연가와 비흡연가를 분류하여 DNA adduct를 측정한 결과, case 경우에 흡연가에게서 adduct가 유의하게 증가하였지만 case가 아닌 경우에는 흡연가와 비흡연가 사이에 adduct 생성에 있어서 차이가 없었다. 심장수술을 한 41명 환자의 우심방돌기(right atrial appendage) 조직에서 DNA adduct를 분석한 결과, 흡연가에게서 과거흡연가와 비흡연가에게서보다 유의하게 증가되었다. 또한 흡연가의 우심방돌기 조직에서 DNA adduct 생성이 비흡연가에게서보다 유의하게 높았으며 또한 흡연량에 비례적으로 DNA adduct가 증가하였다.

○ 혈액세포: 일반적으로 유핵의 말초혈액세포는 담배－유도 발암에 대한 주요 표적기관이 아니지만 사람의 생체에서 비교적 쉽게 조직샘플을 획득할 수 있다는 점에서 DNA adduct에 대한 연구가 많이 이루어졌다. 그러나 혈액세포에 있어서 DNA adduct 형성에 대한 영향은 많은 연구에서 상반된 결과가 많아 일정성이 없다. 특히 혈액세포에서의 DNA adduct 생성에 대한 영향이 흡연에 의한 폐세포 또는 BAL 세포에서 DNA adduct 정도를 반영할 수 있을 정도로 민감하지 못한 것으로 결론을 짓고 있다.

● 흡연에 의한 발암률이 높은 것은 담배연기 속에 돌연변이원과 비돌연변이원성 촉진물질이 함께 존재하기 때문이다.

이와 같이 담배연기 속의 다양한 물질들은 생체전환을 통해 다양한 조직과 기관에서 DNA adduct를 생성할 수 있다. 이들 DNA adduct는 화학적 발암화의 다단계에 있어서 정상세포의 개시세포로의 전환에 있어서 가장 중요한 원인인 돌연변이가 된다. DNA adduct가 생성되었다고 돌연변이가 되는 것은 아니고 세포복제를 통해 adduct에 의해 염기의 변화 또는 DNA 나선의 절단 등으로 돌변연이가 유도된다. 일단 돌연변이가 유발되면 화학적 발암화는 정상세포에서 개시단계-촉진단계-악성전환단계-종양진행단계 등의 단계를 통해 순차적으로 암세포로 전환된다. 또한 각 단계로의 이행 역시 추가적인 DNA 돌연변이에 의해 진행되기 때문에 화학적 발암화의 다단계라고 한다. 그러나 각 단계에 있어서 개시단계에서 촉진단계로의 전환은 돌연변이에 의해 이행되는 것이 아니라 돌연변이를 유발하지 않는 비돌연변이원성 촉진물질에 의해 촉진단계로 진행된다. 촉진단계는 정상세포에서 돌연변이가 유발된 최초의 개시세포가 세포분열을 통해 증가되는 클론화되는 과정을 의미한다. 따라서 비록 돌연변이에 의해 유전자 돌연변이를 가진 개시세포일지라도 촉진물질에 노출되지 않으면 장기간 개시세포 상태에서 더 이상 클론화 과정으로 진전되지 않는다.

<그림 4-17>에서처럼 일반적으로 개시단계가 이루어진 후 종양의 크기가 증가되는 클론화까지는 오랜 잠복기(latency period)가 존재한다. 암의 잠복기가 길다는 것은 개시세포의 클론화 과정의 시간이 길다는 것을 의미한다. 즉 개시단계는 순간적이면서 단시간에 발생되는 것과 비교하여 종양의 촉진단계는 오랜 시간에 걸쳐서 세포의 형태학적 변화

를 비롯하여 생화학적, 분자생물학적 변화가 진행된다. 일반적으로 사람에게 있어서 촉진단계는 평균 약 10년에 걸쳐 진행된다. 이러한 연유로 클론화를 통해 단 하나의 암세포가 직경 1cm의 종양 크기로 성장하려면 5년에서 20년 또는 그 이상의 시간이 걸릴 수 있다. 따라서 화학적 발암화의 다단계 과정에서 촉진물질의 가장 중요한 역할은 개시세포의 클론화까지의 긴 잠복기를 감소시키는 것이다. 개시단계는 개시물질에 의하여 유발된 DNA 손상과 돌연변이로 인하여 비가역적이지만 촉진단계는 촉진물질이 제거되면 클론화가 지연 또는 멈추게 되는 가역적이다. 종양의 클론화는 촉진물질 노출의 빈도 및 양에 따라 결정된다고 할 수 있다. 체내로 흡입되는 담배연기 속에는 여러 촉진물질이 존재하기 때문에 개시세포의 클론화를 촉진시킬 수 있다. 따라서 이는 흡연이 왜 다른 암을 촉진시키는가에 대한 또 다른 중요한 요인이다.

이와 같이 촉진물질은 발암물질에 노출된 후 개시세포가 암세포로의 전환까지의 잠복기를 단축시키는데 결정적인 역할을 한다. 개시세포의 클론화를 위해 촉진단계에서는 개시세포의 유사분열 촉진이 유도되는데 이와 같이 세포증식을 유도하는 물질인 유사분열촉진제(mitogen)는 대부분 발암에서의 촉진물질로 역할을 할 수 있다. <표 4-8>에서처럼

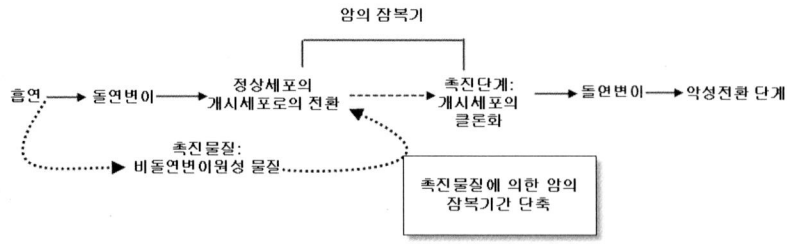

〈그림 4-17〉 **흡연의 촉진물질에 의한 암의 잠복기 단축기전:** 체내로 흡입되는 담배연기 속에는 여러 촉진물질이 존재하기 때문에 개시세포의 클론화를 촉진시킬 수 있다. 따라서 이는 왜 흡연이 다른 암을 촉진시키는가에 대한 또 다른 중요한 요인이다.

이들은 체내에 항상 존재하는 내인성(endogenous) 또는 외부에서 체내흡수를 통해 들어오는 외인성 촉진물질(exogenous promotor)로 분류되며 조직 및 암 종류에 따라 특이적으로 분열을 촉진하는 역할을 한다. 예를 들어 12-tetradecanoylphorbol-13-acetate는 alicyclic chemical(방향족과 지방족이 혼합된 구조)로 마우스 피부의 발암에 있어서 촉진물질로 작용한다. Saccharin인 경우에는 방광, phenobarbital은 간 그리고 TCDD(2,3,7,8-Tetrachlorodibenzo-p-dioxin)는 랫드의 간을 비롯하여 폐 및 피부의 발암에 있어서 촉진물질로의 역할을 한다. 물론 다이옥신 중 TCDD 역시 담배연기 속에 포함되어 담배연기 노출에 의해 특히 폐에서 개시세포의 클론화의 촉진을 유도할 수 있다. Nafenopin은 간에서 peroxisome의 합성을 유도하는 proliferator이며 2,2,4-Trimethyl pentane은 신장암을 촉진하는 촉진물질이다. Cholic acid는 개시물질 및 촉진물질 모든 역할을 하며 특히 B[a]P와 같은 aromatic hydrocarbon의 일부 물질 역시 개시물질과 촉진물질의 역할을 모두 한다.

〈표 4-8〉 발암에 있어서 내인성 및 외인성 촉진물질의 종류

내인성 촉진물질 (Endogenous promoters)	외인성 촉진물질 (Exogenous promoters)
Estrogen Prolactin Thyroxin Tryptophan Cholic acid	12-tetradecanoylphorbol-13-acetate(TPA) Phenobarbital Saccharin Butylated hydroxytoluene Estradiol benzoate 2,2,4-Trimethyl pentane Nafenopin 2,3,7,8-Tetrachlorodibenzo-p-dioxin Chloroform Benzoyl peroxide Macrocyclic lactones Bromomethyl benzanthracene Anthralin Phenol Dichlorodiphenyltrichloroethane(DDT)

내인성 촉진물질 (Endogenous promoters)	외인성 촉진물질 (Exogenous promoters)
	Cigarette-smoke condensate
	Polychlorinated biphenyls(PCBs)
	Teleocidins
	Cyclamates
	Indole
	Cabazole

: 굵은 글씨는 담배연기와 관련된 촉진물질

담배연기 속에도 발암화에 있어서 개시세포의 클론화를 촉진하는 촉진물질 역시 존재한다. 담배연기 속의 대표적인 촉진물질로는 PAH인 B[a]P를 예로 들 수 있다. B[a]P는 물론 정상세포의 돌연변이를 통해 개시세포를 유도할 수 있는 돌연변이원이다. 그러나 B[a]P는 또한 개시세포의 클론화를 촉진시키는 촉진물질로도 확인되었다. 이와 같이 돌연변이성 개시물질과 비돌연변이원성 촉진물질의 역할을 모두 수행할 수 있는 발암물질을 완전발암물질(complete carcinogen)이라고 한다. 그 외 개시물질의 역할만 하는 발암물질을 불완전발암물질(incomplete carcinogen)이라고 하는데 이들 물질이 노출된 후 촉진물질이 노출되어야 발암이 유발된다. 따라서 촉진물질은 DNA 손상이 없이 개시세포를 촉진하는 물질로 비유전자손상-발암물질(non-genotoxic carcinogen)이다.

또한 흡연과 관련된 담배와 관련하여 발암화 단계에서 촉진물질의 역할은 대부분 담배연기 농축물(cigarette-smoke condensate 또는 tobacco-smoke condensate)을 이용한 연구를 통해 확인되었다. 담배연기 농축은 어느 정도의 온도에서 농축하느냐에 따라 발암의 정도에 차이가 있을 정도로 함유성분도 다르다. 온도 500~700℃에서 농축된 담배연기 타르를 마우스 피부에 도포한 결과, 단지 몇 %의 낮은 발암이 확인되었다. 일반적으로 담배연기 타르는 PAH와 완전발암물질인 B[a]P를 함유하고 있다. 또한 B[a]P 단독으로 마우스 피부에 도포한 결과, 담배연기 농축 타르와 같이 단지 몇 %의 암 발생을 유도하였다. 그러나 동일한 양의 B[a]P를 처리한 후에 담배연기 농축 타르를 처리한 결과, 상당한 수의 papilioma(유도종)가 확인되었고 이후에 다시 carcinoma(암종)이 발생하는 것이 확인되었다. 이와 같이 개시물질로의 B[a]P 후 촉진물질로 담배연기 농축 타르의 처리에 발생한 암의 수는 B[a]P 단독으로 또는 타르 단독 처리에 의해 발생한 암의 합보다 많았다. 비록 B[a]P가 개시물질 또는 촉진물질의 역할을 하는 완전발암물질이라는 특성으로 피부도포에 의해 발암이 유도되지만 촉진물질의 역할이 미약하다고 할 수 있다. 그러나 B[a]P 처리 후 담배연기 농축타르 도포에 의해 발암이 상당히 증가하였다는 것은 특정할 수 없는 담배연기 속에 발암화 과정에서 촉진물질 역할을 할 수 있다는 것을 의미한다. 담배염기 농축타르에는 일반적으로 여러 종류의 PAH와 B[a]P가 있는데 정확한 촉진물질을 지정하기에는 어려움이 있다. 그러나 담배연기 농축타르가 촉진물질로서의 기능에 의해 발암을 촉진하지만 보조발암물질로서의 역할 역시 흡연이 발암의 가장 중요한 원인으로 작용한다. 이 외에 담배연기 내에 존재하는 촉진물질로서 indole과 cabazole 등이 있다. 이와 같이 담배연기 속에는 개시세포의 클론화를 통한 촉진단계로의 이행을 유도하는 다양한 촉진물질이 존재한다. 만약 흡연이 정상세포의 돌연변이만 유발하고 촉진물질의 역할을 하지 않는다면 암의 잠복기는 흡연에 의해 유발되는 암이 발생하지 않거나 장기간 연장되어 유발될 수 있다. 따라서 흡연은 개시세포의 생성과 동시에 촉진단계를 유도할 수 있는 촉진물질의 역할을 하며 이는 왜 흡연이 강력한 발암원으로 작용하는가의 중요한 요인이 된다. 특히 개시세포가 생성된 후 악성전환단계까지의 기간이 암의 잠복기라는 점을 고려할 때 흡연을 통한 촉진물질의 지속적인 노출은 잠복기의 기간을 짧게 하는 원인이 된다.

- **또한 흡연에 의한 발암은 비유전자손상 - 발암물질의 일종인 보조 발암물질의 동시 노출에 의하여 더욱 촉진, 증가된다.**

발암의 다단계에서 대부분의 직접 또는 간접 발암물질은 DNA 손상을 통해 발암을 유도하는데 이러한 DNA 손상(유전자수준 및 염색체수준 돌연변이)을 통한 발암물질을 genotoxic(또는 mutagenic) arcinogen(유전자손상 - 발암물질)이라고 한다. 그러나 유전자 또는 유전물질의 손상이 없이 장기간 노출에 의해 발암이 유도되는 발암물질을 non - genotoxic(또는 non - mutagenic) carcinogen(비유전자손상 - 발암물질)이라고 한다. 이들 비유전자손상 - 발암물질은 발암의 다단계에서 촉진물질과 비교하여 DNA 손상을 유발하지 않고 개시세포의 세포 생장을 유도한다는 점에서는 유사하다. 일반적으로 촉진물질은 돌연변이를 유발하는 유전자손상 - 발암물질 노출에 의한 개시세포가 형성된 후에 비로소 세포 생장의 촉진을 통해 발암에 영향을 준다. 따라서 이러한 유전자손상 - 발암물질에 의한 DNA 손상을 가진 개시세포가 없다면 아무리 노출되어도 촉진물질에 의해 발암이 유도될 수 없다는 점이다. 그러나 비유전자손상 - 발암물질은 유전자손상 - 발암물질에 의한 DNA 손상의 유무와 관계없이 단순히 장기간 노출을 통해 발암을 유도할 수 있다는 점이다. 이와 같이 비유전자손상 - 발암물질은 유전자의 손상이 없이 암을 촉진할 수 있다는 측면에서 촉진물질과 같지만 개시세포가 없이도 발암을 유도할 수 있다는 점에서 촉진물질과는 다른 점이다.

현재 비유전자손상 - 발암물질에 의한 발암기전은 수용체 - 매개 내분비호르몬 조율(receptor - mediated endocrine modulation), 비수용체 - 매개 내분비호르몬 조율(nonreceptor－mediated endocrine modulation), 종양촉진(tumor promoting), 조직－특이적 독성 유발물질(inducers of tissue－specific toxicity), 염증반응(inflammatory responses), 면역억제물질(immunosuppressants), 세포간 신호전달의 저해제(gap junction intercellular communication inhibitors), 페록시좀 증식물질(peroxisome proliferator) 등으로 설명되고 있다. 그러나 peroxisome proliferator와 같이 비유전자적－발암물질이라도 일부 기전은 간접적으로 DNA 손상과 연관이 있다. Catalase 등 다양한 효소를 함유한 peroxisome 의 증식은 증가된 peroxidative function(과산화 기능)을 유도한다. 활성화된 과산화 기능은 ROS 생성을 유발하며 이는 곧 DNA 산화적 손상을 통한 발암화를 유도할 수도 있다.

물론 비유전자손상－발암물질 역시 발암의 촉진단계에서 개시세포의 클론화를 유도하는 촉진물질의 특성을 가지고 있다. 그러나 대부분의 물질들이 촉진물질의 특성을 가지고 있지만 모든 비유전자손상－발암물질이 촉진물질의 특성을 나타내는 것은 아니다. <표 4－9>는 IARC에 의해 분류된 Group 1(77종), Group 2A(57종)와 Group 2B(237종)에 속하는 371종의 인체－발암물질 또는 발암가능한 화학물질 및 혼합물질 중에서 미생물복귀돌연변이시험(Ames test)의 음성을 나타낸 비유전자손상－발암물질이다. 이는 IARC Group 1의 16.9%, Group 2A의 3.5% 그리고 Group 2B의 12.7%가 비유전자손상－발암물질이다. 물론 인체－유래 세포가 아닌 미생물을 이용한 돌연변이원성 시험으로부터 나온 결과이지만 발암물질 중에서 상당히 많은 물질이 비유전자손상－발암물질이다.

<표 4-9> 인체 및 동물에서의 발암물질 중 비유전자손상-발암물질

IARC Group 1	IARC Group 2A	IARC Group 2B
1. Dimethylarsinic acid 2. Berryllium Berryllium sulfate tetrahydrate 3. Chromium carbonyl 4. Cyclosporin 5. Estrogens, non-steroidal Chlorotrianise 6. Estrogen/progesterone therapy 7. Estradiol 8. Estrogens, steroidal 9. Ethinyl estradiol 10. Ethanol 11. Gallium arsenide 12. Nickel sulfate hexahydrate, Nickel(Ⅱ) oxide, Nickelocene 13. 2,3,7,8-Tetrachlorodibenzo-para-dioxin	1. Perchloroethylene 2. Lead acetate	1. Acetamide 2. Butylated hydroxyanisole(BHA) 3. Carbon tetrachloride 4. Catechol 5. Chlordane 6. Chloroprene 7. Dichlorodiphenyl-trichloroethane(DDT) 8. para-Dichlorobenzene 9. 1,4-Dioxane 10. Griseofulvin 11. Hexachlorobenzene 12. Hexachloroethane 13. γ-1,2,3,4,5,6-Hexachlorocyclohexane(Lindane) 14. Medroxyprogesterone acetate 15. 6-Methyl-2-thiouracil 16. Mirex 17. Nitrilotriacetic acid(NTA) 18. Nitrobenzene 19. Nitromethane 20. Ochratoxin A 21. Phenytoin 22. Polychlorophenols 23. Ponceau 3R 24. Progestins 25. Progesterone 26. 6-Propyl-2-thiouracil 27. Hexabromobiphenyl 28. Sodium ortho-phenylphenate 29. Vanadium pentoxide 30. Vinyl acetate

(참고: Hernandez)

담배연기 속에도 <표 4-9>에 있는 acetamide 또는 catechol 등 비유전자손상-발암물질이 존재한다. 그러나 담배연기 속의 비유전자손상-발암물질 노출과 이들의 직접적인 작용에 의한 발암의 강도가 유전자손상-발암물질보다 높지 않다는 것이 일반적인 견해이다. 그러나 <그림 4-18>에서처럼 흡연에 의한 비유전자손상-발암물질 노출은 보조발암물질의 역할을 통한 발암을 증가시킬 것으로 추정된다. 보조발암물질(co-carcinogen)이란 발암물질과 동시에 투여하였을 경우에 발암을 증가시키는 물질을 의미한다. 발암화 단계에서 촉진물질과 보조발암물질은 비유전적손상과 발암물질과 더불어 발암화를 증가시킨다는 측면에서는

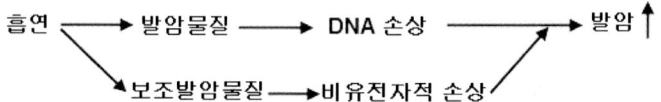

〈그림 4-18〉 흡연에 의한 발암물질 및 보조발암물질 동시 노출에 의한 발암 증가기전: 비유전자손상-발암물질의 일종인 보조발암물질이 담배연기 속에 존재하며 이들은 돌연변이와 동시 흡입되어 흡연에 의한 발암 촉진과 증가를 유도하는 주요 기전으로 이해된다.

같다. 반면에 보조발암물질은 발암물질과 동일한 시간에 처리하였을 경우에 발암을 증가시키지만 촉진물질은 발암물질에 의해 돌연변이가 유도된 후에 처리하였을 경우에 발암을 증가시킨다는 점에서 차이가 있다. 그러나 발암화의 촉진단계에서의 촉진물질이나 보조발암물질이 비유전자손상-발암물질의 일부일 수 있으나 모든 비유전자손상-발암물질이 보조발암물질이거나 촉진물질일 수 없다. 왜냐하면 비유전자손상-발암물질은 단독으로 장기간 노출을 통해 발암을 유도할 수 있지만 보조발암물질이거나 촉진물질들은 단독으로 발암을 유발할 수 없기 때문이다. 물론 촉진물질이면서 보조발암물질인 경우 역시 많다.

수천 가지나 되는 담배연기 속의 화학물질도 이러한 기전을 통해 확인되고 있다. <표 4-10>은 담배연기 농축물에 존재하거나 존재하는 것으로 추정되는 속의 약 21종의 화학물질을 대상으로 보조발암물질의 기능 수행에 대한 결과를 나타낸 것이다. 발암물질인 B[a]P와 함께 다양한 보조발암물질을 암컷 swiss mice에 동시 도포하였다. 먼저 촉진물질의 특성이 없는 페놀성 물질인 catechol인 경우에는 B[a]P와 같이 도포하였을 때에 catechol 단독으로 도포한 경우보다 papilloma(유도종)와 carcinoma(암종) 등의 발암률이 증가되었다. 담배연기 농축물의 21종 중 <표 4-10>에서처럼 catechol과 더불어 pyrogallol, decane 그리고 B[e]P 4종을 포함하여 7종이 발암물질인 B[a]P와 같이 도포되었을 경우에 유도종 및 선편평세포암종이 증가되는 것이 확인되었다. 이와 같이 담배연기 농축물에는 catechol과 더불어 pyrogallol, decane 그리고 B[e]P 등 다수의 보조발암물질이 포함되어 있는 것이 확인되었고 이들은 담배연기 속의 발암물질의 발암화를 유도하는 데 영향을 통해 발암률을 증가시키는 것으로 추정된다. 그 외 담배연기의 입자성에 존재하는 phenol과 cresol 역시 보조발암물질으로 분류된다. 이와 같이 비유전자손상-발암물질의 일종인 보조발암물질이 담배연기 속에는 존재하며 이들은 돌연변이와 동시 흡입되어 흡연에 의한 발암 촉진과 증가를 유도하는 주요 기전으로 이해된다.

〈표 4-10〉 담배연기 농축물(cigarette smoke condensate)에 존재가능성이 있는 보조발암물질에 의한 발암률

Carcinogen (5 μg B[a]P)	담배연기의 보조발암물질(dose)	유도종을 가진 암컷 수	선편평세포암종
−	Acetone	0	0
+	Acetone	14	10
−	Catechol(2mg)	1	1
+	Catechol(2mg)	36	31
−	Pyrogallol(5mg)	0	0
+	Pyrogallol(5mg)	40	33
−	Decane(25mg)	1	0
+	Decane(25mg)	44	41
−	B[e]P(15μg)	0	0
+	B[e]P(15μg)	33	27

* B[a]P(5mg)과 보조발암물질을 동시에 암컷 Swinns mice의 등부위에 노출(주당 1회씩 369일에서 440일 도포)하였다. Total paippoma는 동일한 개체에 여러 군에 암이 형성된 것을 의미함(참고: Rubin).

- 화학적 발암화는 단계별로 돌연변이가 추가되는 다단계 과정인데 proto-oncogene, tumor-suppressor gene와 DNA mismatch-repair gene 등 3부류의 유전자에서 돌연변이에 의해 진행된다. 흡연에 의해 노출된 화학물질들은 이들 유전자에 DNA 손상을 유발한다.

세포의 발암화는 정상세포가 다양한 종양전구(pre－neoplastic) 또는 종양성(neoplastic) 표현형 및 유전형 특성을 발현하면서 다단계를 통해 암세포로 전환되어 조절불가능한 세포분열로 특징되는 매우 희귀한 과정이다. 일반적으로 정상적인 세포분열은 거의 모든 조직에서 발생하는 생리적인 과정이다. 세포분열을 통해 생성된 새로운 세포는 문제를 가진 세포의 아포토시스(apoptosis, programed cell death, 세포자살)를 통해 사라진 세포를 대처하게 된다. 따라서 정상적인 상황하에서 세포를 구성하는 조직과 기관의 완전한 형태의 유지는 이러한 아포토시스와 세포분열의 조절에 의한 균형으로 이루어진다. 이와는 달리 세포의 발암화는 정상 세포 내 여러 유전자의 돌연변이에 의해 이러한 세포의 증식과 죽음의 균형을 무너뜨리는 과정이며 결과이다. 그러나 무엇보다도 중요한 것은 모든 유전자에서의 돌연변이에 의해 발암화가 이루어지지 않는다. 발암화의 다단계이론에서 각 단계별로 발생하는 돌연변이는 특정 유전자에서 발생하는 돌연변이를 의미한다. 즉 유전자의 돌연변이가 발암의 중요한 동력이지만 모든 유전자 또는 모든 DNA의 돌연변이를 포함하지는 않는다. 발암의 다단계이론은 여러 단계에 걸쳐 특정 유전자의 돌연변이에 의해 정상세포의 형질전환을 통한 발암화를 의미하는데 특정 유전자는 다음과 같이 3가지 유전자로 요약된다.

① 다양한 기전을 통해 세포증식을 유도하는 proto－oncogene(발암전구유전자)
② DNA 수선을 위해 세포분열을 일시적으로 정지시키거나 세포성장을 중지시키는 발암억제유전자(tumor－suppressor gene)
③ 손상된 DNA의 수복과 관련된 염기쌍－오류 수선유전자 또는 DNA 수선유전자(DNA mismatch－repair gene)

사람의 유전체에서 발생하는 수많은 돌연변이 중에서 전체 유전자

20,500개 중 약 2% 유전자의 돌연변이가 발암과 관련이 있다. 이 중 생식세포에서 암과 관련된 유전자는 약 70개, 체세포에서는 약 342개의 유전자가 관련이 있는 것으로 추정되고 있다. 물론 2% 유전자 대부분은 발암의 개시단계를 시작하는 유전자 돌연변이와 관련이 있는 발암전구유전자, 발암억제유전자 그리고 DNA 수선유전자 등이다.

발암전구유전자는 세포 생장뿐 아니라 아포토시스, 분화 등에 관여하는 모든 유전자를 의미하는데 이들 부류 중 <표 4-11>에서처럼 발암전구유전자에 따라 다양한 생화학적 효소의 특성을 나타낸다. 대부분 이들 단백질은 세포분열의 증가, 세포분화의 감소 그리고 항아포토시스 특성 등의 전형적인 암세포의 표현형을 유도하는 데 기여한다. 발암유전자는 발암전구유전자의 돌연변이 결과로 변형된 유전자를 의미하는데 현재까지 발암유전자는 약 100개 정도 확인되었다. 따라서 이들 발암유전자는 결국 발암전구유전자의 정상적인 생화학적 특성의 변형을 유도하여 발암에 기여하게 된다.

〈표 4-11〉 세포조절에 관여하는 발암전구유전자의 종류와 생화학적 특성

분 류	발암전구유전자	생화학적 특성
성장인자	c-sis	Platelet derived growth factor
성장인자수용체	c-erbB	Epidermal growth factor receptor
Signal transduction proteins	c-abl, c-src	
	H-ras, K-ras	G-protein kinase
Nuclear proteins	c-myc, c-fos	Transcription factor

돌연변이에 의해 발암유전자로 활성화되는 발암전구유전자와는 다르게 발암억제유전자(tumor suppressor gene 또는 anti-oncogene)는 돌연변이에 의해 활성화가 저해되어 발암에 기여한다. 현재까지 약 10개의 발암억제유전자가 확인되었는데 가장 대표적인 발암억제유전자는 p53 단백

질을 발현하는 TP53 유전자와 pRB 단백질을 발현하는 RB(Retinoblastoma
망막아세포종) 유전자이다. 특히 TP53 유전자의 돌연변이는 직장암의
70%, 유방암의 30~50%, 그리고 폐암의 50% 정도로 설명되고 있으며 모
든 암에서 돌연변이로 확인되고 있다. RB 및 TP 53 외의 발암억제유전
자들은 APC, BRCA1와 2, CDKN1C, MEN1, NF1, NF2, TSC1 그리고 TSC1
등이 있으며 돌연변이에 의한 발암의 종류를 <표 4-12>에 요약하였
다. 발암과 관련된 유전자인 발암전구유전자와 발암억제유전자 외에도
DNA 수선유전자 또는 DNA 염기쌍-오류 수선유전자에서의 돌연변이
도 발암의 감수성 또는 위험성을 높이는 유전자군 중의 하나이다. 이러
한 군에는 hMSH2, hMLHl, hPMSl와 hPMS2 유전자 등이 있으며 이들 수
선유전자의 돌연변이에 의해 발생하는 가장 대표적인 암은 유전성 비선
종성 대장암(HNPCC: hereditary nonpolyposis colorectal cancer)이 있다.

〈표 4-12〉 RB1과 TP53 외의 발암억제유전자와 특이적 암

Gene Symbol	Gene Name	Main Tumor Type	Secondary Tumor Type	Chromosomal Location
APC	Adenomatous polyposis coli	대장의 Familial adenomatous polyposis	−	5q21−q22
BRCA1, 2	Familial breast/ovarian cancer	Hereditary breast cancer	−	13q12.3
CDKN1C	Cyclin−dependent kinase inhibitor 1C(p57) gene	Beckwith−Wiedemann syndrome	Wilms' tumor, rhabdomyosarcoma	11p15.5
MEN1	Multiple endocrine	Multiple endocrine neoplasia	Parathyroid/pituitary	11q13
NF1	Neurofibromatosis type 1 gene	Neurofibromatosis type 1 syndrome	Neurofibromas, gliomas, pheochromocytomas, myeloid leukemia	17q11.2
NF2	Neurofibromatosis type 2 gene	Neurofibromatosis type 2 syndrome	Bilateral acoustic neuromas, eningiomas, ependymomas	22q12.2

Gene Symbol	Gene Name	Main Tumor Type	Secondary Tumor Type	Chromosomal Location
TSC1	Tuberous sclerosis type 1	Tuberous sclerosis	hamartomas, renal cell carcinoma	9q34
TSC2	Tuberous sclerosis type 2	Tuberous sclerosis	hamartomas, renal cell carcinoma	16p13.3

흡연에 의해 노출된 화학물질 역시 이들 주요 3가지 유전자의 돌연변이를 통해 암을 유도한다. <표 4-13>은 흡연에 의해 유발되는 암 종류 대부분은 유전자 손상 및 불안정성에 기인하는데 폐, 식도, 인두, 후두 그리고 췌장 등의 암에서 발암억제유전자인 TP53 유전자와 발암전구유전자 K-ras에 의한 유전자 손상이 확인되었다. 흡연-관련 폐암에서 가장 빈번하게 돌연변이가 발견되는 유전자는 TP53 발암억제유전자이다. TP53 돌연변이는 비흡연자보다 흡연자에게서 더 많이 발생하는데 특히 돌연변이 빈도는 흡연의 양에 비례적으로 증가한다. TP53 돌연변이는 폐가 암세포로 전환되기 전의 종양전구 병변에서 발견되기도 하는데 이는 흡연에 의한 DNA 손상이 암화 과정에서 초기에 발생하는 단서가 된다. 흡연에 의한 폐암에서 TP53 돌연변이는 GC → TA 염기전환(transition)이 약 30% 정도로 발생하는 양상인데 이는 비흡연가에게서는 약 10%에 불과하다. 역학적인 자료에 의하면 환풍이 미비한 폐쇄 환경에서 석탄 난방을 이용하는 사람들에게서 GC → TA 염기전환이 약 76% 발생한다. 특히 석탄 연소에 의해서 발생하는 PAH 노출이 이러한 높은 발생을 유발하는 것으로 추정된다. 따라서 이러한 결과와 추정은 흡연가에게서의 GC → TA 염기전환이 담배에 의한 것이며 특히 PAH에 의한 돌연변이로 유추된다. 그러나 PAH에 의한 GC → TA 염기전환의 돌연변이가 다른 연구에서는 불일치한 점도 있지만 흡연가에게서 TP53 유전자상의 돌연변이가 흡연에 의한 직접적인 DNA 상해의 결과로 해석되고 있다.

TP53의 발암억제유전자와는 달리 Kristen-ras(K-ras) 유전자는 돌연변이에 의한 발암전구유전자에서 발암유전자로 전환되는 대표적인 흡연과 관련된 발암유전자이다. K-ras는 모든 폐암의 30%에서 돌연변이가 나타난 것을 비롯하여 췌장에서도 돌연변이가 확인되었으며 특히 암진단 및 치료의 지표유전자이다. 또한 흡연가의 폐암에서 30% 정도가 양성종양에서 악성종양으로 전환되는 시점의 세포인 선-암종 연속체(adenocarcinoma)에서 K-ras 유전자의 돌연변이가 확인되었다. TP53 유전자에서처럼 K-ras 유전자의 돌연변이 중 약 66% 정도가 GC → TA 염기전환이다. TP53과 같이 K-ras 유전자의 돌연변이 역시 발암화의 초기 과정에서 발생한다. TP53과 K-ras 이외에도 FHIT, Bcl-2와 BAX 등의 유전자가 흡연-관련 암인 유방암, 구강암, 췌장암, 후두암 그리고 식도암 등에서 돌연변이가 확인되었다.

〈표 4-13〉 흡연에 의한 부위별 발암에 있어서 특정 유전자의 돌연변이

기관	유전독성
구강/비강	소핵형성, 염색체불안정, DNA 나선절단
식도	TP53 돌연변이
인두/후두	TP53와 P16 돌연변이
폐	염색체 및 유전자 돌연변이
위	자료 없음
췌장	K-Ras 및 기타 유전자 돌연변이
간	자료 없음
골수성 기관	세포유전 변화
신장	자료 없음
방광/요도	돌연변이원성 물질이 포함된 소변, 세포유전 변화, DNA 이중나선절단
자궁경부	돌연변이원성 점액 상피세포의 소핵형성

(참고: DeMarini)

3. 흡연에 의한 암 이외의 주요 질환에 대한 역학적 특성

> ◎ 주요 내용
> - 흡연에 의한 호흡기 질환의 역학적 특성
> - 흡연에 의한 심혈관계 질환의 역학적 특성
> - 흡연에 의한 임신 및 출산(pregnancy and birth)에 대한 영향
> - 흡연에 의한 기타 질환 및 기능저하의 역학적 특성

1) 흡연에 의한 호흡기 질환의 역학적 특성

○ <표 4-14>에서처럼 중앙기도의 변형(Alterations of central airways), 말초기도의 변형(Alteration of peripheral airways), 폐포 및 관련-미세혈관의 변형(Alterations of alveoli and capillaries) 그리고 면역기능의 변화(Alterations and immune function) 등으로 요약된다.

<표 4-14> 흡연에 의한 폐의 병리생리학적 영향(cancer 제외)

Alterations of central airways(중심기도의 변형)
Loss of cilia(섬모 유실)
Mucus gland hyperplasia(점액선 비대)
Increased number of goblet cells(점액분비세포인 배상세포 증가)
Alteration of peripheral airways(말단기도의 변형)
Inflammation and atrophy(염증과 위축증)
Mucus plugging(점액전: 점액과잉분비로 미세기관지 막힘 현상)
Smooth muscle hypertrophy(평활근 비대)
Peribronchial fibrosis(미세기관지 섬유증)
Alterations of alveoli and capillaries(폐포와 모세혈관의 변형)
Destruction of peribronchial alveoli(미세기관지의 폐포 파괴)
Reduced number of small arteries(미세 동맥혈관 감소)
Bronchoalveolar lavage fluid abnormalities(폐포기관지 세척액 역류)

Elevated levels of IgA and IgG(면역글로불린 증가)
Increased percentages of activated macrophages and neutrophils (대식세포 및 호중구성 세포 증가)
Alterations of immune function(면역기능의 변형)
Higher peripheral leukocyte counts(말초 백혈구 증가)
Elevation in peripheral eosinophils(말초 호산구백혈구 증가)
Increased levels of serum IgE(IgE 증가)
Lower allergy skin test reactivity (알레지성 피부시험에 대한 낮은 반응성)
Reduced immune responses to inhaled antigens (흡입 항원에 대한 면역반응 약화

(참고: Skurnik)

○ 호흡기 질환은 세계 사망원인 중 네 번째이며 우리나라에서도 10대 사망원인에 포함될 정도로 위험한 질환이다. 흡연을 통해 담배연기 속의 일산화탄소를 비롯하여 cyanide 등에 장기간 노출되면 폐포에서의 신축성 상실 등 폐손상이 유발된다. 이러한 노출을 통해 호흡기 문제는 흡연가에게서 공통적으로 나타나는 짧은 호흡(shortness of breath), 헐떡이는 숨(wheezing), 가래와 기침 등으로 시작된다. 지속적인 흡연과 더불어 폐기종(emphysema), 만성기관지염(chronic bronchitis) 등으로 기도폐쇄(airway obstruction)가 점진적으로 진행되는 만성폐쇄성폐질환(Chronic obstructive pulmonary disease, COPD)을 유발한다. COPD를 가진 환자 중 약 80%가 흡연에 의한 것으로 추정되고 있으며 COPD 사망자의 10명 중에 9명이 흡연에 의한 것으로 추정되고 있다. 또한 발암물질인 담배연기 속의 acrolein과 대사를 통해 생성되는 활성중간대사체는 염증을 유발하여 COPD를 더욱 악화시킨다. COPD에 의해 만성적으로 호흡곤란이 유도되는데 이는 담배연기의 화학물질은 기관지 경련, mucin의 과다분비, 섬모세포의 비대와 비후 등을 통해 세기관지의 폐색에 기인한다. 또한 COPD는 기도의 상피세포에 대한 자가항체(autoantibody) 생성과도 연관

이 있는 것으로 추정되고 있다. 미국암학회는 흡연에 의해 COPD에 대한 위험성이 10배 정도 증가하는 것으로 파악하고 있다.

○ 폐렴(pneumonia)은 흡연가들에게서 일반적으로 나타나는 호흡기질환은 아니지만 흡연가가 폐렴에 걸리면 비흡연가보다 더욱 치명적이다. 또한 흡연가는 비흡연가보다 폐렴에 노출될 위험성이 상대적으로 높다. 영국에서는 2002년 한 해에 약 6,062명이 담배에 기인한 폐렴으로 사망한 것으로 추정되고 있다.

○ 미국에서는 매년 80,000명 이상이 COPD를 포함한 천식(asthma), 인플루엔자(influenza), 폐렴 등 흡연에 의한 호흡기계통의 질환으로 사망한다. 또한 미국에서 발생하는 COPD에 의한 사망과 질환 발생에 있어서 약 85%가 흡연에 기인하는 것으로 추정되고 있다.

○ 이와 같이 흡연은 다양한 호흡기 질환을 유발하지만 흡연자들은 <그림 4-19>에서처럼 폐질환이 없어도 폐기능이 감소된다.

○ FEV1(forced exporatory volume in 1 second: 1초간 노력성호기량)은 의도적으로 최대한 호기를 시작한 후 처음 1초간 내쉰 공기의 양을 나타낸다. 정상 성인 남자와 여자의 FEV1은 각각 3L 이상과 2L 이상이다.

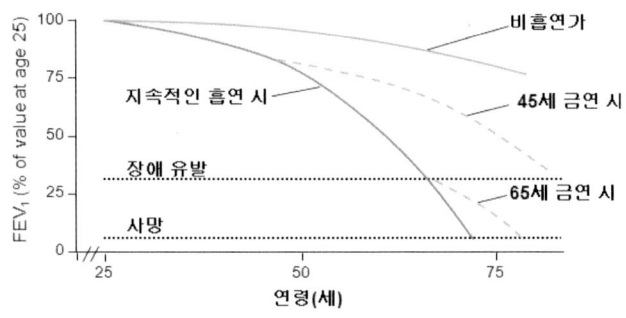

〈그림 4-19〉 흡연기간과 FEV1의 감소: 의도적으로 최대한 호기를 시작한 후 처음 1초간 내쉰 공기의 양을 의미하는 FEV1(forced exporatory volume in 1 second: 1초간 노력성호기량)은 흡연에 의해 평생 동안 25%~60^ 정도 감소한다(참고: Fletcher).

그러나 흡연은 평생을 걸쳐 비흡연 정상인보다 FEV1을 25%~60% 정도 감소시킨다. 특히 흡연기간이 길면 FEV1은 더욱 큰 영향을 받으며 폐기능을 감소시킨다.

2) 흡연에 의한 심혈관계 질환의 역학적 특성

흡연과 질환에 관련하여 암과 호흡기 질환 이외 대표적인 질환이 심혈관 손상과 관련된 질환이다. 흡입 후 1분 이내에 심장박동이 증가되고 10분 내에 심장박동률을 약 30% 정도 증가시킨다. 또한 일산화탄소의 생성은 혈액의 중요한 역할인 산소운반을 감소시키게 되어 심혈관 근육에 산소 공급이 감소되어 산소요구량이 증가된다. 또한 흡연에 의한 급성적인 반응으로는 흡연은 혈류량 증가에 반응하며 얼마나 빨리 확장할 수 있는지를 나타내는 척도인 관상동맥 혈류예비력(CFVR－Coronary Flow Velocity Reserve)의 감소 그리고 혈관의 심박변동성(Heart rate variability, HRV) 및 동맥류(aneurysm) 등을 유발한다. 이와 같이 담배연기 흡입 후 몇 가지 즉각적인 반응을 유발할 정도로 심장 및 혈관에 영향을 준다. 흡연에 의한 이러한 급성적인 반응들은 흡연을 통해 지속적 또는 장기화되어 혈관 문제를 유발한다. 이와 같은 기전을 통해 흡연에 의한 심혈관계 질환은 크게 복부대동맥류(abdominal aortic aneurysm), 뇌졸중(stroke)과 같은 뇌혈관질환(cerebrovascular disease), 죽상동맥경화증(atherosclerosis), 관상동맥성심질환(coronary heart disease, CHD, 허혈성심질환)과 심근경색(myocardial infarction) 등과 같은 심혈관질환(cardiovascular disease, CVD)을 유발한다. 그 외 흡연은 발과 손의 동맥 및 정맥의 급성적인 염증과 혈전에 의한 Buerger's disease(폐색성혈전혈관염, thromboangiitis obliterans)을 유발한다. 또한 흡연은 심혈관세포의 세포분열 과정뿐 아니라 심장의 형태에도 영향을 준다.

○ 복부대동맥류는 남자 노인들에게서 주로 발생한다. 그러나 흡연에
의한 복부대동맥류는 복부의 대동맥이 <그림 4-20>에서처럼 풍선처
럼 부풀어서 생기는 것으로 크기가 커지면 터질 수 있으므로 매우 위험
한 질환이다. 대동맥류 중에서 가장 빈도가 높다. 주로 65세에서 75세
사이 장년기 이후의 남성에게서 많이 발생하며 대부분 동맥경화증이 원
인이다. 흡연에 의한 복부대동맥류에 대한 상대위험비는 2~9 정도로 흡
연량에 따라 발생 위험성이 증가하는 용량-의존성이 있다. 특히 흡연
에 의한 복부대동맥류의 상대위험비는 관상동맥성심질환보다 2.5배, 뇌
혈관질환의 3.5배 정도 높다.

○ 흡연은 뇌졸중의 위험요인이다. 뇌졸중은 뇌기능의 부분적 또는
전체적으로 급속히 발생한 장애가 상당 기간 이상 지속되는 것으로 뇌
혈관의 병 이외에는 다른 원인을 찾을 수 없는 상태를 일컫는데 동맥경

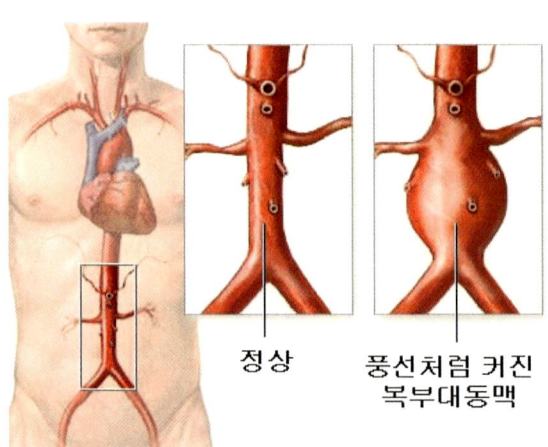

정상　　　　풍선처럼 커진
복부대동맥

〈그림 4-20〉 복부대동맥류의 발생위치와 형태: 복부의 대동맥이 풍선처
럼 부풀어서 생기는 것으로 크기가 커지면 터질 수 있으므로 매우 위
험한 질환이다(참고: ADAM, www.onlinebenefits.com).

화증에 의해 유발되는 것으로 알려졌다. 중국에서 1991년 조사된 남자 83,533, 여자 86,336 중 흡연율이 남자 59.1%, 여자 13%의 특성을 가진 집단을 대상으로 흡연과 뇌졸중의 원인적 연관성이 확인되었다. 약 8.3 년 동안 추적조사를 통한 연구결과 6,780명의 뇌졸중 환자가 발생하였으며 이 중 3,979명이 사망하여 흡연과 뇌졸중의 원인적 연관성이 추정된다. 또한 뇌졸중 남자환자 중 14.2%가 흡연에 의해 발생하였으며 사망자 중 7.1%가 흡연에 의한 뇌졸중으로 사망한 것으로 추정되었다. 여성의 경우에는 3.1%가 흡연에 의한 뇌졸중이 발생하였으며 뇌졸중으로 사망한 사람 중 2.4%가 흡연에 의한 뇌졸중에 의한 사망으로 추정되었다. 또한 하루 20개비 이하는 21%, 하루 20개비 이상 흡연은 36% 정도 뇌졸중 위험성의 증가를 유도하는 것으로 추정되었다. 그러나 다른 연구를 통해서는 하루 20개비 이상 흡연하는 경우에는 뇌졸중 위험성이 약 51% 정도까지 증가하는 것으로 확인되었다. 캐나다에서 1996년 약 2,500명이 흡연에 의한 뇌졸중으로 사망한 것으로 추정되는데 흡연가는 비흡연가보다 뇌졸중에 대한 위험이 약 50% 정도 높은 것으로 추정되고 있다. 미국에서는 매년 뇌졸중 환자가 약 60만 명 발생하며 이 중 약 30%가 사망한다. 일반적으로 과거흡연자가 비흡연자와 같은 뇌졸중 위험성에 도달하려면 금연 후 5~10년 정도 걸리는 것으로 추정되고 있다.

○ 미국에서 심혈관질환으로 매년 140,000명 정도 사망하는데 이 중 흡연에 의한 심혈관질환으로 사망하는 사람은 약 30%인 42,000명 정도로 추정되어 흡연에 의한 심혈관성 질환에 대한 위험성은 대략적으로 30% 증가시키는 것으로 추정되고 있다. 또한 경구피임약을 복용하는 여자흡연가는 경구피임약을 복용하지 않은 흡연가보다 20~40% 정도 관상동맥성심질환에 걸릴 위험이 증가한다. 그러나 관상동맥성심질환에 의한 사망률은 비흡연가보다 흡연가에게서 약 2배 정도 높다. 흡연에 의

한 심혈관질환으로 죽상동맥경화증과 혈전증이 원인이 되는 관상동맥성심질환과 심근경색을 들 수 있다. 죽상경화증에서 죽상이란 기름을 의미하는데 혈관의 가장 안쪽을 덮고 있는 내막(endothelium)에 콜레스테롤 및 혈액세포들이 침착하고 내피세포의 증식이 일어난 결과, <그림 4-21>에서처럼 '죽종(atheroma, 기름덩어리 또는 동맥경화반)'이 형성되는 혈관질환을 말한다. 죽종 내부는 죽처럼 묽어지고 그 주변 부위는 단단한 섬유성 막인 '경화반'으로 둘러싸이게 되는데, 경화반이 불안정하게 되면 파열되어 혈관 내에 혈전(thrombus: 피떡)이 생긴다. 또한 죽종 안으로 출혈이 일어나는 경우 혈관 내부의 지름이 급격하게 좁아지거나 혈관이 막히게 되고, 그 결과 말초로의 혈액순환에 장애가 생긴다. 최근에는 죽상경화증과 동맥경화증을 혼합하여 죽상동맥경화(atherosclerosis)라고 한다. 동맥경화증(arteriosclerosis)은 주로 혈관의 중간층에서의 퇴행성 변화가 유발되어 섬유화가 진행되고 혈관의 탄성이 줄어드는 노화현상의 일종이다. 이 때문에 수축기 고혈압이 초래되어 심장근육이 두꺼워지는 심장비대 현상이 나타나게 된다.

　관상동맥성심질환이란 관상동맥은 심장을 둘러싼 2개의 동맥을 의미

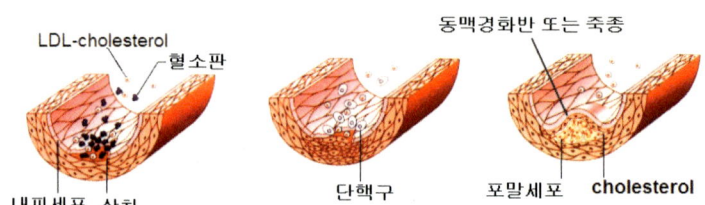

〈그림 4-21〉 죽종(atherom)의 형성 과정: 죽상경화증은 죽종(기름 및 세포덩어리)이 형성되는 과정이다. 먼저, 혈관벽 손상으로 인해 지질이 축적되고 혈소판 및 대식세포의 분비물이 혈관내피세포로 증식된다. 마지막으로 증식된 세포 사이 지방의 축적과 지방이 축적되어 포말세포(foam cell)로 전환되어 혈관벽이 좁아지게 된다. 단핵구는 대식세포로 바뀌어 산화된 지방질을 잡아먹지만 이 세포의 수가 지나치게 증가하면 거품형태의 포말세포를 형성한다 (참고: ADAM, www.onlinebenefits.com).

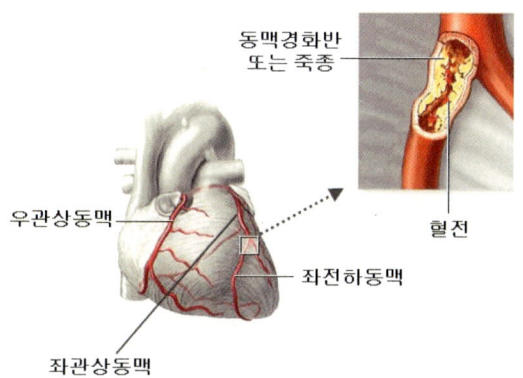

동맥경화반
또는 죽종

우관상동맥

혈전

좌전하동맥

좌관상동맥

〈그림 4-22〉 관상동맥성심질환: 관상동맥 내에 동맥경화증과 혈전증에 의해
발생한다(참고: ADAM, www.onlinebenefits.com).

하는데 심장에 혈액을 공급하는 관상동맥이 경화되고 좁아져서 심장세
포에 적절한 산소를 공급할 수 없게 되어 그곳의 심장세포가 기능을 발
휘하지 못하는 질환을 의미한다. 즉 <그림 4-22>에서처럼 관상동맥에
동맥경화반과 혈전이 형성되는 질환이다. 흡연에 의한 이들 질환들은
고혈압, 지질이상과 더불어 유발된다. 특히 관상동맥성심질환은 죽상동
맥경화증과 혈전증(thrombosis)이 주요 발생 기전으로 이해되고 있다. 혈
전증에서 혈전이란 혈관 속에서 피가 굳어진 덩어리를 의미하며 혈전증
은 혈전에 의해 발생되는 질환을 말한다. 혈전증은 또한 혈전색전증이
라고도 하며 통상적으로 혈전에 의해 혈관이 막힌 질환을 일컫는다.

흡연은 죽상경화성 질환의 출발이 되는 혈관 내피세포의 상처를 유발
한다. 니코틴은 탈피와 같은 기전으로 내피세포를 벗겨 내어 상처를 내
며 PAH 역시 내피세포 상해의 대표적인 물질이다. 혈관 내피세포에 대
한 직접적인 상해 외에도 흡연은 PDGF(platelet-derived growth factor) 방
출에 의한 혈소판을 유도, 그리고 LDL-cholesterol과 중성지방 농도의 증
가와 HDL-cholesterol 감소를 유도하여 죽상경화성질환을 심화시킨다.

특히 혈전증과 관련하여 흡연은 혈전 생성 및 간에서 만들어지는 단백질이며 또한 염증에 의해 증가되는 C-reactive protein(C-반응성 단백질)의 발생을 유도하여 염증 발생을 촉진시킨다. 이는 혈액응고의 중요한 역할을 하는 fibrinogen 생성 유도를 통해 이루어진다. 이러한 흡연의 역할을 통해 죽상경화증 및 동맥경화증의 원인이 된다. 이는 또한 죽상동맥경화증과 혈전증에 의해 유발되는 관상동맥성심질환 발생에 있어서 흡연이 주요 원인이 된다.

○ 관상동맥성심질환 및 심장마비(heart attack and myocardial infarction) 등의 다양한 심혈관질환(cardiovascular disease, CVD)에서 C-reactive protein, fibrinogen뿐만 아니라 homocysteine 등이 증가하는 것으로 알려졌다. 약 19,000명을 대상으로 한 연구에서 흡연가 그룹 및 과거흡연가 그룹은 비흡연가 그룹과 비교하여 C-reactive protein 및 fibrinogen(피브리노겐, 글로블린에 속하는 단백질로 섬유소원이며 혈액응고의 중심적인 역할을 하는 단백질)을 비롯하여 homocysteine 역시 증가하는 것으로 확인되었다. 특히 호모시스텐인(homocysteine)은 흡연에 의한 대사적 장애를 통해 발생하여 흡연에 의한 심질환을 유발하는 물질이다. 호모시스테인은 <그림 4-23>에서처럼 생물학적 기능 및 생화학적 반응에 필수적인 메틸기(methyl group)를 공여하는 methionine의 대사경로에서 생성되는 중간대사체이다. 1969년에 호모시스테인에 의해 동맥경화의 병인론으로 처음으로 제시된 후 말초혈관, 심혈관 그리고 뇌혈관의 동맥경화를 유발하는 데 있어서 주요 원인으로 확인되었다. 혈중 호모시스테인 $5\mu mol/L$은 콜레스테롤 20mg/dL 정도의 상승과 같으며 혈관질환의 위험도를 나타내는 교차비가 1.6~1.8 정도 상승을 유도한다. 특히 혈청 호모시스테인이 $1\mu mol/L$ 증가하면 심혈관질환의 이환율이 약 10% 증가할 정도로 독성이 강하다. 혈중 호모시스테인을 증가시키는 원인으로 가장 대표적인 것은 흡연이다.

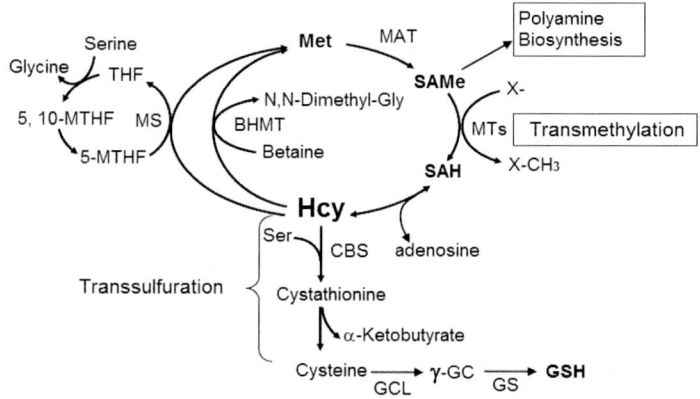

〈그림 4-23〉 호모시스테인의 생성과정: 호모시스테인(homocysteine=Hcy)은 생물학적 기능 및 생화학적 반응에 필수적인 메틸기(methyl group)를 공여하는 methionine 대사경로에서 생성되는 중간대사체이다. 흡연에 의해 혈중농도가 2~3배 증가하여 심혈관질환의 원인이 된다. MTs: Methyltransferases, SAH: S-adenosylhomocysteine, Hcy: Homocysteine, MS: Methionine synthase, BHMT: Bladine homocysteine methyltransferase 5-MTHF: 5-methyltetrahydrofolate, 5,10-MTHF: 5,10-methylenetetrahydrofolate, THF: tetrahydrofolate, Cys: cysteine, Hcy: Homocysteine, Ser: serine, CBS: cystathionine b-synthase, GCL: glutamate cysteine ligase, γ-GC, γ-glutamyl-L-cysteine, GS: GSH synthase(참고: Lu).

흡연에 의해서 혈중 호모시스테인이 약 2~3배 정도 증가하는 것으로 알려졌다. 이러한 이유로 오늘날 서구에서는 '21세기의 콜레스테롤(cholesterol)'으로 불릴 정도로 호모시스테인의 심각성이 부각되고 있다.

○ 흡연은 또한 심근경색을 유발한다. <그림 4-24>에서처럼 담배연기 속의 다양한 성분 및 요인에 의한 대표적인 심혈관질환은 흡연에 의한 심장 혈관의 협착(narrowing)에 기인하는 심근경색이며 급성심혈관질환이다. 흡연량과 심혈관질환의 위험성은 비례하며 비록 하루 1~2개비 정도의 흡연이라도 심근경색 등의 급성심혈관질환에는 위험이 상존한다. 심근경색 위험은 나이에 상관없이 여자 및 남자 모두에서 흡연에 의해 증가된다. 그리고 40세 이하 집단군에서 흡연가의 비교위험도는 비흡연가보다 약 4~5배 정도 높지만 심근경색 위험은 나이에 상관없이 여자 및 남자 모두에서 흡연에 의해 증가된다. 심근경색은 담배연기 속

의 nicotine, carbon monoxide과 oxidant gases(산화성 가스) 그리고 PAH가 주요 원인물질로 추정되고 있다. 니코틴은 신경세포 또는 부신으로부터 catecholamine 방출을 유도하는 교감신경작용약물(sympathomimetic drug)이다. 일반적으로 흡연할 때 심장박동률은 증가하고 흡연을 하지 않을 때 감소한다. 이러한 흡연에 의한 심장박동률의 증가는 니코틴에 의해 지속적인 교감신경세포의 자극에 기인한다. 이러한 영향은 니코틴이 빨리 흡수되면 될수록 효과의 강도가 더욱 커진다. 심장박동률이 증가되면 혈압이 증가되어 심혈관 내의 근육세포에 산소요구량이 증가한다. 이러한 산소의 공급 필요성에도 불구하고 흡연에 의해 체내에 유입된 일산화탄소는 헤모글로빈(hemoglobin)과 결합하여 carboxyhemoglobin(카복시헤모글로빈: 일산화탄소와 결합한 헤모글로빈이며 안정적이어서 산소와 결합을 하지 않아 세포저산소증 유발)을 형성한다. 이러한 carboxyhemoglobin은 흡연가의 혈액 속에서 전체 hemoglobin의 5% 정도를 형성한다. 그러나 헤비스모거(heavy smoker)일수록 더욱 많아지는데 약 10% 정도 carboxyhemoglobin이 형성된다. 일반적으로 비흡연가의 carboxyhemoglobin은 0.5~2%인데 비흡연가인 경우에는 자동차 배기가스의 노출 정도에 크게 좌우된다. 일산화탄소는 헤모글로빈에 결합하여 산소운반 및 헤모글로빈으로부터 산소방출을 저해한다. 결국 일산화탄소는 저산소혈(hypoxemia)을 유도하여 니코틴에 의해 증가된 산소요구량에 더하여 심혈관의 산소 공급을 차단하게 된다. 저산소혈에 반응하여 산소를 운반하는 hemoglobin을 생성하는 적혈구는 더욱 증가되며 이에 의하여 혈액 점성(visosity)이 높아지게 되어 결과적으로 혈액응고가 높아지는 상태(hypercoagulable state)가 된다.

흡연에 의해 또한 산화성 라디칼인 유해활성산소(ROS reactive oxygen species) 등이 생성된다. 흡연가의 혈액 내에는 비흡연가와 비교하여 vitamin C 농도가 낮은데 이는 이러한 산화성 물질의 제거 및 방어에 역할을 하

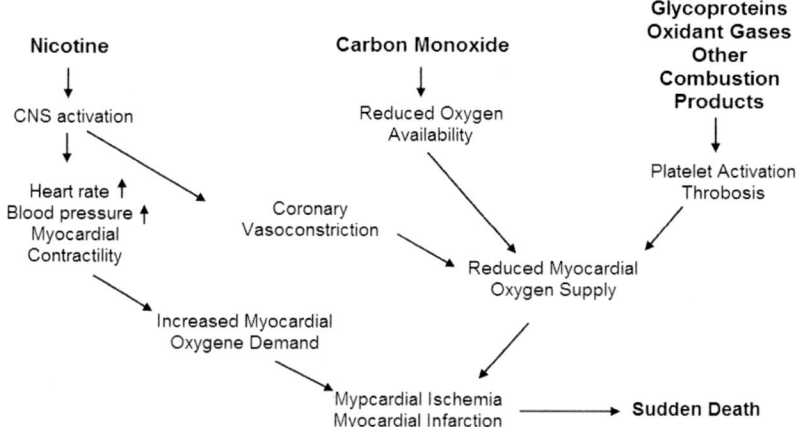

<그림 4-24> 담배연기 속의 주요 성분에 의한 급성심혈관질환의 심근경색 발생기전:
급성심혈관질환은 담배연기 속의 다양한 물질에 의해 유발되나 가장 잘 알려진 기전은 니코틴,
일산화탄소(carbon monoxide)와 산화성 가스(oxidant gases) 등에 의한 경로이다. 이들 물질
은 결국 심혈관의 근세포에 산소공급 부족에 의한 심근세포의 저산소증(ischemia)과 심근경색
(myocardial infarction)의 급성심혈관질환을 유도한다(참고: Benowitz).

기 때문이다. 흡연을 통해 생성된 이들 라디칼은 지질과산화를 증가시
켜 혈관내피세포를 손상시키고 기능을 감소시킨다. 또한 혈액 내의
LDL(light density lipoprotein)산화를 촉진시키며 염증반응 및 혈소판 활성
화를 유도하여 심혈관 손상을 유도한다. B[a]P를 비롯한 7, 12−demethyl
benz(a)anthracene 등의 PAH는 동맥경화성 플라크(atherosclerotic plaque) 형
성을 유도하여 혈액의 정상적인 흐름을 저해한다. 담배연기의 가스상에
존재하는 butadiene 역시 플라크 크기를 증가시켜 급성심혈관질환인 심
근경색을 가속화한다.

○ 여러 인종이 포함된 남녀 2만 1,123명(50~60세)을 대상으로 평균
23년에 걸친 미국의 2010년 연구자료에 따르면 1일 두 갑 이상 담배를
피운 사람은 노인성치매와 혈관성치매 발생률이 각각 157%와 172% 높
은 것으로 확인되었다. 흡연 후 중년에 금연을 하거나 중년에 담배를 하

루 반 갑 이하 피운 사람은 노인성 또는 혈관성 치매 위험이 낮아지는 것으로 확인되었다. 노인성치매는 알츠하이머형으로 뇌실질조직의 노화와 위축에 의하여 발생하며 혈관성치매는 뇌혈관의 손상 후 점진적인 뇌조직의 퇴행이 이루어지는 다발성 뇌경색에 의해 발생한다.

3) 흡연의 임신 및 출산(pregnancy and birth)에 대한 영향

미국이나 호주 그리고 일부 서유럽에서는 흡연율이 감소되고 있지만 핀란드, 러시아 그리고 아시아 등에서는 아직 흡연율에 변화가 없으며 다소 증가하는 경향도 있다. 이와 같이 여성 특히 20대 여성의 흡연이 문제가 될 수 있는데 이는 대부분 여성들의 출산 적령기와 맞물려 있기 때문에 태아에 대한 영향 측면에서 중요하다. 또한 오늘날 대부분의 금연정책이 간접흡연에 대한 피해를 줄이는 방향으로 전개되고 있다. 태아의 경우에는 임산부가 흡연을 한다면 어떠한 금연정책으로도 태아의 간접흡연을 예방할 수 없다. 따라서 흡연의 임신 및 출산에 대한 영향은 여성 흡연의 증가와 어떤 금연정책으로도 태아의 간접흡연을 막을 수 없다는 측면에서 중요하다.

○ 임산부의 흡연: 미국에서 모든 여성이 금연한다면 사산(stillbirth) 11%, 그리고 신생아사망(neonatal death)이 5% 감소될 것으로 추정되고 있다. 미국에서 임신 중 여성흡연가는 1991년에 18.1%, 2002년 11.4% 정도로 상당히 감소되고 있는 추세이다. 그러나 미국 질병통제센터의 2007년 자료에 따르면 임신 중 마지막 3개월 동안 흡연한 여성이 13% 정도이며 특히 교육경력이 짧은 여성(약 12년 이하)인 경우 흡연율이 20% 이상으로 추정되고 있다.

○ 흡연의 수정(fertility)에 대한 영향: 흡연과 불임과의 원인적 연관성을 확인하기 위해 약 12개 연구의 메타분석(meta-analysis: 특정한 연구주제에 대해 행해진 여러 독립적인 연구의 결과를 합리적이고 체계적으로 종합하는 통계적 분석방법, 참고: Rogers)에 따르면 비흡연여성과 비교하여 흡연여성의 불임 위험성에 대한 교차비(odds ratio: 모집단이 없는 환자-대조군 연구인 경우에는 상대위험비의 산출이 불가능하므로 상대위험비의 추정치)는 1.60으로 흡연여성이 생산력(fecundity)이 떨어지는 것으로 확인되었다. 또한 불임여성의 인공수정(in vitro fertilization) 능력에 대한 연구에 따르면 비흡연여성의 인공수정 능력을 1 기준으로 하였을 경우에 흡연여성의 임신에 대한 교차비는 0.66에 불과하였으며 임신 역시 흡연여성에 있어서 2개월 정도 지연되었다. 그러나 430쌍의 덴마크 부부를 대상으로 한 수정능력 조사에서 흡연에 의한 영향이 주로 여성흡연자에게서 나타났으며 남성에게서는 나타나지 않았다. 아주 흥미로운 연구결과는 임신 중 담배연기에의 노출은 출생한 남자 및 여자 자식들 모두 성인이 되었을 때 생산력이 유의하게 감소하는 것으로 조사되었다. 또한 부모의 흡연에 의해 여자 어린이는 간접흡연에 노출되면 성인이 되어 자연유산(spontaneous abortion)이 유의하게 높은 것으로 확인되었다.

일반적으로 중금속 카드뮴은 정자 수와 정자의 운동 능력 감소를 유도한다. 담배연기를 통한 이러한 카드뮴 노출 역시 이러한 감소를 유도할 수도 있는데 1일 20개비 이상의 흡연자인 경우에 카드뮴 농도가 유의하게 증가하였다. 특히 비흡연남자의 정자 수와 정자의 운동성과 비교하여 흡연에 의해 유의하게 감소되는 것으로 확인되었다.

○ 자궁 외 임신(ectopic pregnancy)에 대한 영향: 자궁 외 임신의 주요 원인은 골반염증성질환(pelvic inflammatory disease)과 흡연이 원인이다. <그림 4-25>는 임산부의 흡연량과 자궁 외 임신의 교차비를 나타낸

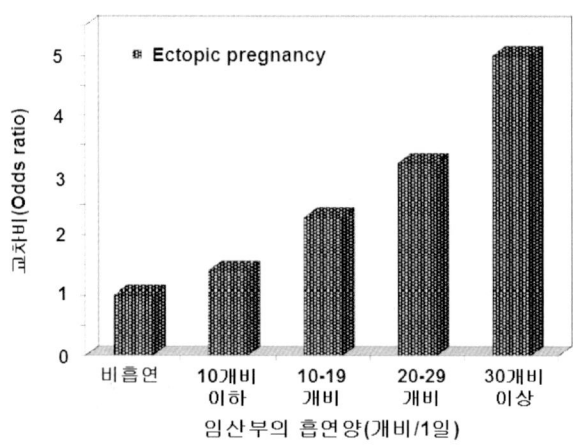

〈그림 4-25〉 임산부흡연량에 따른 자궁 외 임신의 교차비: 흡연량
에 따른 자궁 외 임신의 위험이 유의하게 증가한다(참고: Handler).

것인데 흡연량이 증가하면 자궁 외 임신에 대한 위험성이 유의하게 증
가되는 용량-반응관계(dose-response relationship)라는 것을 알 수 있다.
일반적으로 임산부가 하루 20개비 이상의 담배를 피우면 자궁 외 임신이
발생할 위험성이 비흡연가보다 3~5배 정도 높은 것으로 추정되고 있다.

○ 자연유산(spontaneous abortion)에 대한 영향:

스웨덴에서 임산부의 혈중 cotinine의 농도에 따른 분류와 자연유산 발
생률에 대한 조사가 이루어졌다. 비흡연임산부(0.1ng cotinine/ml plasma 이
하), 간접흡연에 노출된 임산부(0.5ng cotinine/ml plasma) 그리고 흡연임산
부(15ng cotinine/ml plasma 이상) 등으로 분류하여 비흡연임산부를 1로 했
을 때 자연유산에 대한 교차비가 각각 1.67과 2.11 정도로 높았다. 따라
서 간접흡연 또는 직접흡연을 통한 담배연기 노출은 자연유산의 위험성
을 약 1.5~2배 정도 높이는 것으로 추정된다.

○ 태반(placenta)에 대한 영향: <그림 4-26>에서처럼 임산부흡연은
태반으로 흐르는 혈류를 방해하여 영양막세포층(cytotrophoblast)의 분화

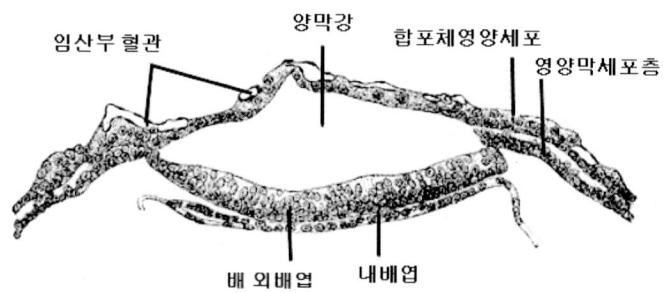

〈그림 4-26〉 태반의 배와 주변 세포층: 임산부흡연은 태반으로 흐르는 혈류에
영향을 주며 영양막세포층(cytotrophoblast)의 분화와 증식에 영향을 준다.

와 증식에 영향을 준다. 특히 흡연은 영양막세포층에서 유전자의 단백
질 발현에 영향을 주며 이는 태반 내의 산소분압에 영향을 주게 된다.
그러나 이러한 영향은 간접흡연에 노출된 여성에게서보다 직접적으로
흡연한 여성에게서 더 심하다는 연구결과 역시 있다. 또 임산부흡연은
영양막세포층의 안쪽에 있는 영양아세포층 기저막(trophoblastic basement
membrane)을 비후시키거나 융모 간충직(villous mesenchyme)의 콜라겐 증
가를 유도한다.

또한 흡연은 태아의 생장지연과 저해를 유도하는데 이는 태반의 저산
증, 영양막세포층에 대한 영향 그리고 증가된 신생혈관생성(angiogenesis)
으로 설명되고 있다. 특히 흡연에 노출된 태반의 융모 체외배양조직
(placental villous explants)에서 신생혈관 생성을 촉진하는 신생혈관전구단
백질(proangiogenic protein) 증가가 확인되었다. 이는 흡연에 의한 신생혈
관생성 증가로 태아성장 지연의 이유이기도 하지만 임신중독증(preeclampsia)
에 대한 영향으로 설명되고 있다. 임신중독증은 최근에는 잘 쓰지 않는
용어로 임신과 더불어 발생하는 고혈압성 질환을 말한다. 이러한 임신
중독증에 대한 위험성은 비흡연임산부에게서보다 흡연임산부에게서 낮

은데 이는 흡연에 의한 신생혈관생성 증가로 설명된다. 즉 흡연에 의해 증가된 혈관에 기인하여 고혈압이 그만큼 낮아진다는 것이다.

흡연을 통해 흡수된 카드뮴 역시 태반에 축적된다. 카드뮴은 영양아 세포(trophoblast)에서 $11-\beta-$hydroxysteroid dehydrogenase type $2(11-\beta-$HSD2)의 활성 감소뿐 아니라 $11-\beta-$HSD2 mRNA와 단백질 양의 감소도 유도한다. 이러한 $11-\beta-$HSD2 활성저하는 자궁 내 발육 지연(intrauterine growth retardation)에 있어서 결정적인 역할을 한다. 태반은 태아가 분만되고 난 뒤 떨어지는 것이 정상적인데 아직 태아가 분만되기 전에 태반이 먼저 떨어지는 것을 태반조기박리(placenta abruption)라고 한다. 발생빈도는 연구마다 차이는 있으나 1/200~1/450 정도로 발생하는 것으로 추정되고 있다. 또한 태반조기박리가 일어난 경험이 있으면 재발할 확률은 20~30배 높은 것으로 추정되고 있다. 약 13개 연구결과에 대한 메타분석을 통해 흡연에 의한 태반조기박리는 흡연임산부가 비흡연임산부보다 약 1.9배 높은 것으로 확인되었다. 흡연은 또한 자궁의 입구에 태반이 위치하여 심한 출혈을 일으키는 전치태반(placenta previa)을 유도한다. 이러한 전치태반의 교차비는 2.6에서 4.4 정도로 흡연에 의해 유의하게 증가한다. 또한 흡연은 미숙아 출생을 유발하는 융모양막염(chorioamnionitis) 등을 유발하는 것으로 추정되고 있다.

○ 기형에 대한 영향: 흡연은 태아 신체의 구조적 변화를 유발할 수 있다. 특히 이러한 변화는 대사체계와 관련된 유전자와 태아발달과 관련된 유전자에 따라 민감성이 다르게 나타난다. 2008년 조사(Shi 등)에 따르면 출생 시 대표적인 기형적 형태인 구순구개열(Cleft lips, 언청이: 윗입술이 갈라진 선천성 기형) 유발에 있어서 대사와 관련된 유전자는 제1상반응의 cytochrome P450과 제2상반응의 glutathione$-$S$-$transferase, 그리고 태아발달과 관련된 유전자인 transforming Growth Factor α (TGFA), transforming growth factor β 3, muscle segment homeobox 1, retinoic acid receptor 그리고 proto-oncogene(BCL3) 등이 있다. 이들 유전자에서 문제점이 발생하면 구순구개열뿐만 아니라 다른 기형도 유발하는 것으로 알려졌다.

○ 조기출산(preterm birth)에 대한 영향: 조기출산은 임신기간을 기준으로 하여 임신 20주를 지나 임신 37주 이전의 분만을 의미한다. 연구결과에 따르면 임신 주수 23주 미만의 신생아 생존율은 0%, 23주에서 24주까지는 6.9%, 25주에서 26주에서는 58%, 27주에서 28주까지는 37.6%, 31주 이후에는 87.5%이다. 서구에서는 신생아의 약 5~10% 정도가 조산으로 태어나며 영아사망률의 주요 원인이다. 미국의 2002년 역학조사에 따르면 임신 중 흡연에 의해 조기출산이 5.3~7.7% 정도 증가하는 것으로 확인되었다. 특히 흡연에 의한 조기출산은 다산하는 임산부에게 위험성이 더 높다.

○ 저체중아에 대한 영향: 흡연에 의한 저체중아 출산가능성은 1957년에 이미 추정되어 직접흡연 및 간접흡연에 의한 저체중아 출산에 대한 많은 연구가 이루어졌다. 흡연에 의한 저체중출산은 전체 저체중아 출산의 13.1~19.0% 정도로 발생률이 추정되고 있다. 특히 <그림 4-27>에서처럼 흡연량과 체중 감량은 용량-반응 관계를 나타내는데 하루에 5~20개비 흡연일 때 250g, 20개비 이상 흡연일 경우에는 350g이 감량되는 것으로 추정된다. 또한 임신기간 동안의 간접흡연 역시 출생 시 35~90g의 감량을 유도하며 저체중에 대한 위험비는 약 1.2로 추산된다. 물담배흡연(narghile, waterpipe: 담뱃대를 통해 연기가 물을 통하는 흡연)에 의한 저체중 출산의 위험비는 2.4 정도이다. 흡연에 의한 저체중출산은 기본적으로 태아의 성장지연에 기인한다. 이러한 원인은 다양하게 제시되지만 모태의 혈액흐름 감소와 일산화탄소에 의한 저산소증에 기인하는 것으로 일부 설명되고 있다. 특히 흡연에 의한 저산소증을 극복하기 위

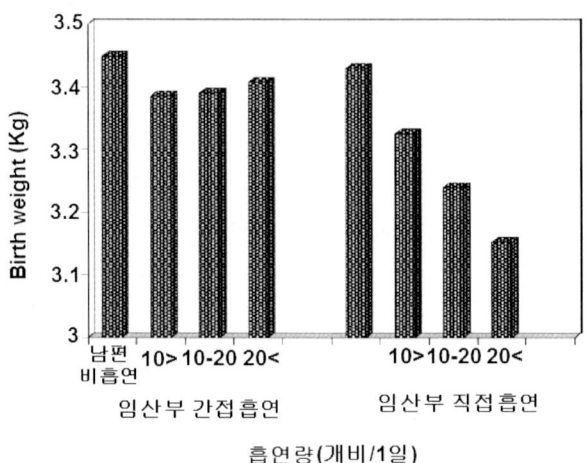

〈그림 4-27〉 임산부의 간접흡연 및 직접흡연에 의한 신생아의 체중: 간
접흡연 역시 저체중을 유발하며 직접흡연인 경우에는 흡연량이 증가함에 따
라 감량이 더 큰 용량-의존성 반응을 나타내고 있다(참고: Ward).

해 흡연임산부에게서 헤모글로빈과 적혈구용적백분율(hematocrit: 혈액의
용적에 대한 적혈구의 상대적 용적)이 증가된다.

○ 사산(stillbirth)에 대한 영향: 태아의 사산에 대한 교차비는 흡연에
의해 약 2배 정도 높은 2.0이다. 그러나 임신 중이라도 전체 임신기간의
3분의 1 이내에 금연을 하면 비흡연임산부의 사산 발생률과 유사한 것
으로 알려졌다. 또한 임신 동안 지속적으로 흡연을 하게 되면 초산과 두
번째 출산 등 출산 때마다 사산이 발생할 교차비가 정상임산부보다 높
은 1.35로 추정되고 있다. 그러나 초산 후 두 번째 임신 동안에 금연하면
정상임산부와 유사한 사산발생률로 확인되었다.

○ 영아돌연사증후군(sudden infant death syndrome, SIDS): 임산부의 흡
연뿐 아니라 간접흡연 역시 SIDS(건강한 젖먹이가 예기치 않게 급격히 사망하는
증후군)를 유발한다. <그림 4-28>에서처럼 또한 SIDS는 흡연량에 따라
증가하는 용량-의존성 반응이 있는 것으로 확인되었다. 흡연에

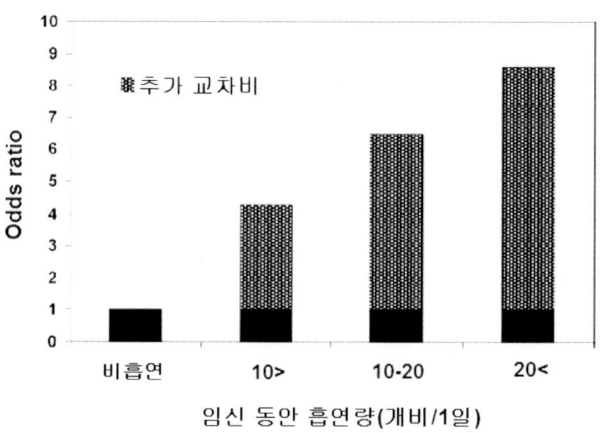

〈그림 4-28〉 흡연에 의한 영아돌연사증후군의 교차비: SIDS는 흡연
량에 따라 증가하는 용량-의존성 반응이 있다(참고: Rogers).

의한 SIDS의 교차비는 흡연을 하지 않은 임산부에게서 출산된 영유아보다 2~9배 정도 증가한다. 일반적으로 전체 SIDS의 23.2~33.6%가 흡연에 의해 발생하는 것으로 추정되고 있다. SIDS의 발생기전으로는 급성 니코틴 노출에 의한 심장박동에 기인하는 것으로 추정되고 있다.

○ 2세의 신경행동학적 영향(neurobehaviral effects): 여러 역학 연구를 통해 임신 중 흡연한 여성으로부터 태어난 자식이 행동장애(behavioral problems), 주의결핍 및 과잉행동 장애(attention deficit hyperactivity disorders, ADHD), 학습장애(learning disabilities)에 대한 위험성 증가와 더불어 성인이 되어 흡연-경향 가능성 증가(increased risk of smoking later in life) 등이 나타날 수 있다고 추정되고 있다. 특히 임신 중 흡연으로 17~42개월 사이에 과잉행동 장애를 비롯하여 충동성과 물리적 공격성이 나타나는 것으로 조사되었다.

○ 발암에 대한 영향: 담배연기 속에 존재하는 발암물질은 탯줄을 통해 태아에게 전달된다. 그러나 수많은 연구를 통해 임신 중 흡연과 출생

한 어린이의 발암과의 연관성이 확실하게 확인되지는 않았다. 그러나 몇몇 연구를 통해 소아뇌종양을 비롯하여 백혈병 그리고 임파종 등 암은 임신 중의 흡연과의 연관성이 제시되고 있다. 스웨덴에서 약 11.4백만 명의 출산 영아들에 대한 분석을 통해 흡연은 발암의 위험성이 있는 것으로 조사되었다. 하루 10개비 이상 흡연한 임산부로부터 태어난 영유아에게서 염색체 불안정성(chromosome instability: 돌연변이 가능성이 높은 상태의 유전자 및 염색체)이 증가하며 특히 소아혈액암과 관련하여 염색체 11q23에서 상해가 많이 나타나는 것으로 확인되었다.

○ 어린이 비만에 대한 영향: 임신 중 흡연과 자식의 비만은 서로 상관관계가 있는 것으로 체질량지수(BMI, body mass index: 체중(Kg)을 신장(m)의 제곱으로 나눈 수치)를 통해 확인되었다. 체질량지수에 따라 비만 정도를 저체중, 정상, 과체중, 경도비만 그리고 중증도비만으로 구분한다. 독일의 만 5~7세 어린이를 대상으로 한 조사에서 임신 중 흡연을 한 경우에는 어린이들의 체중이 과체중(BMI > 90th percentile), 그리고 비만(BMI > 97th percentile)에서 용량－의존성 반응이 확인되었다. 임신 중 흡연에 의한 비만에 대한 교차비는 임신 전 흡연인 경우에는 1.70, 임신 중 첫 3개월은 2.22 정도로 확인되었다. 비록 두 교차비의 통계적 유의성은 없지만 임신 첫 3개월이 출산 후 어린이들의 비만에 결정적인 영향을 주는 것으로 추정되고 있다. 임산부의 흡연과 BMI와의 관련성을 확인하기 위하여 34,866명을 나이별로 조사한 결과, 대부분의 흡연임산부에게서 태어난 아이는 저체중이었지만 곧 체중이 비흡연임산부에게서 태어난 어린이의 체중과 유사하게 되었다. 그러나 어린이들이 태어난 후 3년 정도 지나서 흡연임산부에게서 태어난 어린이들이 BMI가 증가되는 것이 확인되었다.

○ 어린이 혈압에 대한 영향: 흡연임산부로부터 출생한 어린이들의

혈압이 증가하는 원인적 연관성은 다소 복잡하다. 흡연에 의해 임신기간 33주 이하의 조산(33 주 임신기간)으로 태어난 어린이들의 혈압은 수축기혈압(systolic blood pressure)이 낮으며 반면에 33주 이상으로 태어난 어린이들은 수축기혈압이 높은 것으로 확인되었다. 임신기간 중 0~40개비의 흡연범위에서 1일 10개비 흡연의 추가에 따라 조산한 어린이 경우에 혈압이 1.5mmHg 간격으로 떨어지고 33주 이상의 임신기간을 통해 태어난 어린이들은 2.9mmHg 간격으로 상승한다. 대부분의 연구에서 흡연임산부에게서 태어난 아이들의 수축기혈압이 증가되는 것으로 확인되었다.

○ 당뇨에 대한 영향: 'British National Child Development Study'에 따르면 흡연임산부에게서 태어난 어린이들은 당뇨병에 대한 교차비가 흡연량에 따라 증가하는데 헤비스모거인 경우에는 4.55, 흡연량의 변동이 심한 임산부인 경우에는 4.13, 경스모거임산부인 경우에는 1.11 정도로 높았다(참고: Montgomery). 또한 25개의 수행된 연구의 메타분석을 통해 흡연가에게서 제2형 당뇨병(type 2 diabetes mellitus: 제2형 당뇨병은 췌장에서 나오는 인슐린은 충분하거나 심지어 정상보다 더 많은데도 불구하고 그 작용이 원활하지 않아 혈당이 올라가는 현상인 인슐린저항성 당뇨병)에 대한 상대위험비가 비흡연가에게서보다 높은 것으로 확인되었다.

4) 흡연에 의한 기타 질환 및 기능저하의 역학적 특성

○ 인지장애(cognitive dysfunction): 흡연에 의한 인지장애는 알츠하이머 질환(Alzheimer's disease) 및 뇌위축증(cerebral atrophy)에 기인한다. 흡연은 이들의 발생을 증가시키는 위험요인이다. 그러나 일반적으로 비흡연가는 흡연가보다 파킨슨 질환(Parkinson's disease)의 발병 위험성에 있어서 2

배 정도 낮은 것으로 알려졌다. 파킨슨 질환을 가진 환자는 대부분 도파민성 신경계에 손상이 있다. 이러한 손상의 주요 원인은 monoamine oxidase −B(MAO−B)가 dopamine을 분해하면서 발생하는 라디칼에 의한 산화적 손상에 기인하는 것으로 추정되고 있다. 담배연기 속에는 MAO−B 활성의 감소를 유도하는 물질이 존재하기 때문에 흡연가의 도파민성 신경계 손상이 감소되는 것으로 추정되고 있다. 따라서 흡연가에 있어서 보다 낮은 파킨슨 질환의 발병률은 MAO−B 활성 저해를 통한 도파민성 신경계 손상의 감소에 기인하는 것으로 추정된다. 또한 흡연에 의한 콜린성 신경계의 활성을 통해 알츠하이머 질환(Alzheimer's disease) 역시 흡연가에게서 감소되는 것으로 알려졌다. 그러나 흡연가가 이들 질환에 걸리는 평균 연령에 도달하기 전에 죽기 때문에 더 오래 사는 비흡연가보다 파킨슨 및 알츠하이머 질환의 발병률이 흡연가에게서 낮은 것으로 추정되고 있다. 실제로 흡연은 사람의 평균수명을 적게는 10년, 많게는 17.9년 정도 단축시키기 때문에 나이 80세 정도에서 흡연가의 인구는 비흡연가의 반 정도이다. 따라서 이러한 흡연에 의한 알츠하이머 질환이나 파킨슨 질환의 위험성을 증가시키며 이에 의해 흡연이 인지장애를 유발한다는 것으로 설명되고 있다. 또한 흡연 및 알코올의 동시 섭취는 뇌세포 수축을 통한 뇌위축증을 유발하여 기억력 감퇴, 판단력이나 통찰력 등의 지적 능력 감소를 유발한다. 따라서 흡연에 의한 이들 뇌질환의 유도는 인지장애의 주요 원인으로 추정되고 있다. 그러나 흡연에 의한 인지장애에 대한 확실한 원인적 연관성을 확인하기 위해서는 좀 더 많은 역학조사가 필요하다.

○ 정신적 및 사회적 영향: 흡연가는 흡연에 의해 다양한 정신적 건강에 영향(psychological effect)을 받는다. 먼저 흡연가가 습관적으로 흡연을 하는 시간에 흡연을 하지 못하게 되면 불쾌감과 짜증을 나타낸다. 또한

흡연가가 항상 느끼는 일상적 생활에서의 스트레스가 금연 후 감소되는 것이 확인되었다. 연구에 의하면 흡연가의 이혼율은 비흡연가보다 약 53% 정도 높기 때문에 흡연은 이혼의 예측지표로 이용되기도 한다. 또한 흡연은 역학조사를 통해 자살(suicide)과도 밀접한 연관이 있는 것으로 확인되었다. 이러한 연관성은 3가지 측면에서 설명되고 있다. 첫 번째, 흡연자는 자살에 대한 위험성을 증가시키는 요인을 이미 가지고 있으며(pre-existing condition) 두 번째, 흡연은 serotonin 등과 같은 호르몬 활성 감소를 유도하여 우울증 등의 고통스럽고 심신을 악화시키는 요인(painful and debilitating conditions)을 유발하며 세 번째, 계획적인 금연의 일환이 아닌 상태의 일시적 금연은 우울증을 유발하여 자살을 유도할 수 있다는 것이다.

○ 근골격계(musculoskeletal system): 흡연의 근골격계에 대한 영향으로 골다공증(osteoporosis)이 있다. 여성의 골다공증은 폐경에 의한 estrogen 활성 감소와 이에 의한 골밀도(bonemineral density) 감소에 기인한다. 또한 흡연은 조숙한 폐경을 유도하기 때문에 골다공증의 발생 위험성을 증가시키는 것으로 추정된다.

○ 소화기 계통(gastrointestinal tract): 흡연은 소화기 계통에 대한 영향을 통해 소화성 궤양(peptic ulcer disease) 또는 국한성 장염(Crohn's disease)을 유발한다. 흡연은 위점액의 생성 감소 및 다른 감소와 점막 보호 작용을 하는 물질들의 생성 감소를 통해 소화성 궤양을 유발한다. 또한 흡연은 소화관을 통하는 혈류를 감소시키거나 십이지장으로의 위산 저류를 증가시키게 된다. 국한성 장염은 주로 소장에 생기는 염증 질환이다. 흡연에 의해 국부적 장염의 발병 위험성이 증가된다. 호주에서의 연구에 의하면 20세 이상에서 국한성 장염으로 사망하는 사람 중 남자의 경우 약 24%, 여자의 경우에는 약 36% 정도가 흡연에 의한 것으로 추정되

고 있다. 일반적으로 흡연에 의한 위 및 십이지장 궤양 등을 포함한 소화기계통에 대한 질환의 상대위험비는 3.4에서 4.1 정도로 추정되고 있다. 원인이 불분명하고 위장관 어디에나 발생하는 육아성 염증 질환으로 점막 밑에 근육층을 파괴시키는 국한성 장염에 대한 상대위험비는 흡연에 의해 2.1 정도 증가되는 것으로 확인되었다.

○ 간(liver): 흡연가는 비흡연가보다 5배, 헤비스모거는 경스모거보다 5배 정도 간경변(liver cirrhosis)에 대한 위험성이 높은 것으로 추정되고 있다. 그러나 이러한 높은 위험성은 흡연이 직접적인 원인이라기보다도 알코올 섭취에 따른 2차적인 요인으로 이해되고 있다.

○ 피부(skin): 흡연에 의한 피부암 외에도 화농성 한선염(hidradenitis suppurativa), 수장족저농포증(palmoplantar pustulosis: PPP), 건선(psoriasis), 상처치유불량(poor wound healing) 등의 피부질환에도 관련이 있는 것으로 확인되고 있다. 흡연에 의한 피부손상은 비교적 이른 1965년에 회색의 창백하고 주름진 얼굴로 알려진 스모거페이스(smoker face)를 통해 피부 노화를 촉진시키는 것으로 알려졌다. 이러한 스모거페이스는 대략적으로 약 10여 년 정도 흡연을 하면 발생하는 것으로 추정되고 있다. 특히 주름(wrinker)과 관련하여 조기 얼굴주름(premature facial wrinkling)이 흡연가의 특징으로 나타난다. 흡연에 의한 얼굴주름의 발생 원인에 대한 정확한 기전은 알려지지 않았으나 엘라스틴(elastin)과 콜라겐(collagen)의 감소에 기인한다. 이러한 흡연에 의한 피부 손상은 햇빛에 의한 손상보다 더 빠르게 진행된다. 또한 Favre-Racouchot syndrome은 장기간의 태양 노출에 의해 깊은 주름과 면포(comedone, 모낭 속에 고여 딱딱해진 피지) 형성의 특성을 나타내는데 이 역시 흡연가에게서 더욱 빈번하게 발생한다. 일반적으로 흡연에 의한 피부 주름 형성 및 노화는 다음과 같은 요인으로 촉진되는데 흡연에 의한 이러한 영향은 대부분 라디칼에 의한 것으로

추정되고 있다.

① 흡연은 모세혈관을 통한 혈액의 흐름을 저해하여 원활한 산소 및 영양 공급을 저해한다.
② 흡연은 스킨의 구조를 형성하는 주요 물질이며 피부의 탄력성에 결정적인 역할을 하는 collagen을 분해하는 효소의 활성을 증가시킨다.
③ 흡연은 피부 손상을 예방하는 vitamin A와 C의 체내 농도를 감소시킨다.

이 외에도 흡연은 담배연기를 흡입하는 습관에 의해 눈가와 입가에 잔주름이 형성되며 또한 쑥 들어간 뺨을 가질 수 있다. 특히 흡연에 의한 이러한 영향 및 니코틴 중독이 있어서 여성이 두 배 정도 민감하기 때문에 스모거페이스를 비롯한 피부노화는 남성보다 여성 흡연가에게 있어서 훨씬 빨리 진행된다. <그림 4-29>는 52세의 여자 쌍둥이의 피부를 관찰한 사진이다. 두 사람은 병력을 포함한 유사한 환경과 유사한 삶을 살아왔지만 한 사람은 52.5pack years(1pack per day x 52.5years: 흡연량을 1일 한 갑으로 계산했을 때 흡연한 전체 햇수) 정도로 흡연을 하였고 한 사람은 비흡연가이다. 흡연가인 경우에는 눈과 뺨에 주름이 많고 비흡연가보다 훨씬 피부노화가 더 진행된 것을 알 수 있다. 이러한 영향을 통해 흡연은 일반적으로 10~20년 정도 피부의 조기노화를 유도하는 것으로 알려졌다.

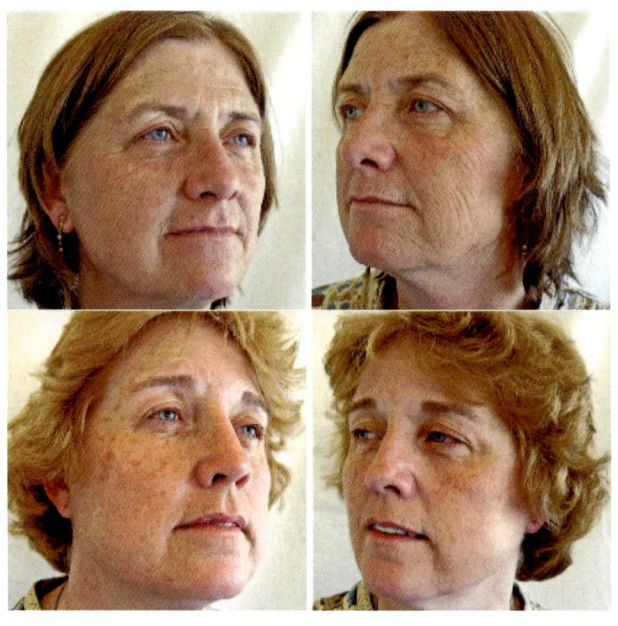

〈그림 4-29〉 쌍둥이 자매의 흡연 유무에 따른 피부상태: 두 사람 모두 52세로 그림 위의 여성은 52.5pack years 정도 흡연하였고 그림 아래 여성은 비흡연가이다. 흡연여성이 주름과 피부노화가 훨씬 더 진행된 것을 확인할 수 있다(참고: Doshi).

○ 특수감각기관(special sense organs): 시간 및 청각 등 이러한 감각들은 나이와 더불어 그 기능이 감소하는데 흡연은 이들 감각의 기능을 더욱 감소시키며 관련 질환에 대한 발병 위험성을 증가시킨다. 시신경조직이 다량 분포되어 있는 망막 중심부위를 황반이라고 하는데 흡연은 신경조직의 손상과 노화를 촉진시켜 노인성 황반변성(Age-related Macular Degeneration)과 백내장(catarats)의 위험성을 증가시켜 실명을 유도할 수 있다.

○ 흡연에 의한 제2형 당뇨병에 대한 영향: 프랑스에서 28,409명을 대상으로 한 연구에서 제2형 당뇨병(type 2 diabetes mellitus, T2DM)에 대한 위험성이 남성비흡연자에 비교하여 흡연자에게 49% 그리고 과거흡연자에게 31% 정도 높은 것으로 확인되었다. 가장 높은 남자흡연자의 연령

층은 40세에서 69세 사이이다. 그러나 여성흡연가에게서는 여성 전체를 대상으로 T2DM에 대한 위험성은 없었지만 40세에서 69세의 연령층은 흡연에 의해 T2MD에 대한 위험성이 유의하게 높은 것으로 나타났다. 특히 흡연은 비만을 가진 사람에게 T2DM에 대한 위험성을 증가시킨다. BMI 24.7kg/m^{2}인 남성흡연가는 동일한 조건을 가진 비흡연가보다 T2DM에 대한 위험성이 유의하게 증가한다. 특히 BMI 21.3kg/m^2 이하인 남성 흡연가는 T2DM에 대한 위험성이 감소되었다. 이러한 흡연에 의한 당뇨는 심혈관질환에 대한 위험성을 증가시킨다.

이러한 흡연에 의한 제2형 당뇨병 위험성에 대한 기전으로는 흡연에 의한 인슐린 민감도(insulin sensitivity)로 일부 설명되고 있다. 인슐린 민감도(insulin sensitivity)란 식사 후 혈액 속에 형성되는 포도당을 체내의 모든 세포들이 에너지원으로 사용할 수 있도록 세포 내에 저장시키는 호르몬인 인슐린에 대한 신체의 반응 정도를 말한다. 인슐린 민감도가 높으면 당이 세포에 잘 저장되어 혈액에 당의 농도가 감소되며 인슐린 민감도가 낮으면 세포 내 포도당의 저장이 낮아 혈액에서의 당의 농도가 증가하게 된다. 당뇨병 환자는 인슐린에 대한 민감도가 낮아 포도당이 세포에 저장되지 못하고 혈액 중에 남아 혈당치가 상승하게 된다. 일반적으로 흡연은 말초혈관계를 통한 포도당 흡수의 감소를 유도하기 때문에 인슐린 민감도를 감소시킨다. 흡연가는 또한 비흡연가보다 인슐린－매개 포도당 흡수에 대한 저항성이 높다. 이러한 이유로 1시간 내에 4개비 정도의 흡연은 포도당 이용뿐 아니라 인슐린수용체 친화도의 감소를 유도하게 된다.

○ 복부비만(abdominal obesity)에 대한 영향: 복부비만은 내장에서의 지방 축적에 기인하며 WHR(waist－to－hip ratio, 허리/둔부의 비)이 복부비만의 지표이다. 흡연은 10% 정도 에너지소비(energy expenditure, 생물체

가 영양소를 연소시켜 열이나 일로 소비하는 에너지)를 증가시킨다. 흡연에 의한 이러한 에너지소비의 증가는 신체활동 시 활성화되는 교감신경계(sympathetic nervous system) 자극을 통해 이루어진다. 따라서 일반적으로 흡연자는 비흡연자보다 평균적으로 체중이 $1kg/m^2$ 정도 낮으며 BMI(평균 체질량지수, body mass index) 역시 낮다. 이와 같이 흡연가에게서 낮은 BMI는 에너지소비의 증가와 낮은 칼로리 섭취로 이해되고 있으나 일부 니코틴의 식용억제작용(appetite-suppressing action)으로 설명되고 있다. 그러나 흡연에 의한 이러한 낮은 BMI에도 불구하고 흡연이 복부비만을 유도하는 것으로 알려졌다. 영국에서 수행된 45~49세의 21,828명의 조사를 통해 흡연이 남녀 모두에서 비흡연가보다 유의하게 WHR을 증가시키는 것으로 확인되었다. 또한 과거흡연자 역시 비흡연가보다 WHR이 높았다. 그러나 금연을 20년 이상 한 과거흡연자인 경우에는 비흡연자와 유사한 WHR로 나타나 복부비만이 정상적으로 돌아오기에는 상당한 시간이 걸리는 것으로 추정되었다. 특히 복부비만은 동맥경화증을 비롯한 관상동맥질환(coronary heart disease, CHD), 제2형 당뇨병 등의 위험요인이다. 흡연에 의한 복부비만이 이러한 질환의 직간접적 원인으로 이해되기도 한다. 일반적으로 남녀에 있어서 복부비만은 연령이 증가하면 할수록 증가한다. 흡연에 의한 복부비만은 연령을 증가시키는 역할을 통해 일부 기전이 설명되기도 한다.

○ 호르몬(Hormone)에 대한 영향: 흡연은 질환의 발생에 영향을 줄 수 있는 호르몬 분비에 있어서 다양한 영향을 준다. 이러한 영향을 주는 담배연기 속의 핵심적인 물질은 니코틴과 thiocyanate이다. 흡연에 의한 분비에 영향을 받는 호르몬은 뇌하수체 호르몬(pituitary hormone), 갑상선 호르몬(thyroid hormone), 부신 호르몬(adrenal hormone), 성호르몬(sex hormone), 인슐린 저항성(insulin resistance) 그리고 부갑상선 호르몬(parathyroid hormone)

등이다. 흡연은 이들 호르몬에 대한 영향을 통해 갑상선기능항진증 (Hyperthyroidism), 안구돌출증(opthalmopathy), 골다공증(osteoporosis)과 인슐린 저항성에 의한 제2형 당뇨병(type 2 diabetes mellitus) 등을 유발한다. 특히 흡연은 갑상선기능항진증뿐 아니라 갑상선기능저하증(hypothyroidism)을 유발한다. 또한 iodine이 부족한 사람에게 발생하며 갑상선이 부어오르는 갑상선종(goiter)의 위험을 증가시킨다.

○ 평균수명에 대한 영향: 흡연에 의한 건강상의 피해에 대한 가장 유명한 연구는 영국 Richard Doll에 의해 수행된 역학연구의 일종으로 흡연에 의한 수명단축에 관한 연구이다. 연구는 영국과학자 모임에 34,439명의 의사를 대상으로 1951년부터 2001년까지 일명 '영국 의사 연구(British doctor study)'라는 종적 연구(Longitudinal Study)방법을 통해 수행되었다. 연구를 통해 1900년~1909년 사이에 태어난 흡연가들의 50%가 흡연에 의한 암, 심혈관질환 및 뇌졸중 등으로 조기 사망하였으며 1920년대에 태어난 2/3 정도가 흡연에 의해 사망한 것으로 확인되었다. 이러한 흡연 그리고 이로 인한 질환과 더불어 단축된 평균수명은 약 10년 정도로 추정되었다. 연구참가자 중 5,900명이 2010년 현재 여전히 생존하고 이 중에서 134명만이 여전히 흡연하고 있다. 이러한 역학적 연구를 통해 흡연에 의한 질환은 흡연량뿐 아니라 흡연의 기간과 비례적으로 증가하는 것이 확인되었다. <그림 4-30>은 1900년부터 1930년 사이에 태어난 집단을 대상으로 35세부터 흡연가와 비흡연가의 연도별 생존율을 나타낸 것이다. 이를 토대로 흡연가의 평균수명이 비흡연가보다 10년에서 17.9년 정도 감소되는 것으로 추정된다. 흡연에 의한 평균수명이 짧아지는 이유는 남성흡연가 중 2/3 정도가 흡연과 관련된 질환으로 사망하기 때문이다. 특히 <그림 4-30>에서 50세 정도에서는 흡연가 및 비흡연가의 생존율 차이가 불과 3년 정도인데 60세부터 생존율이 약 30% 정도

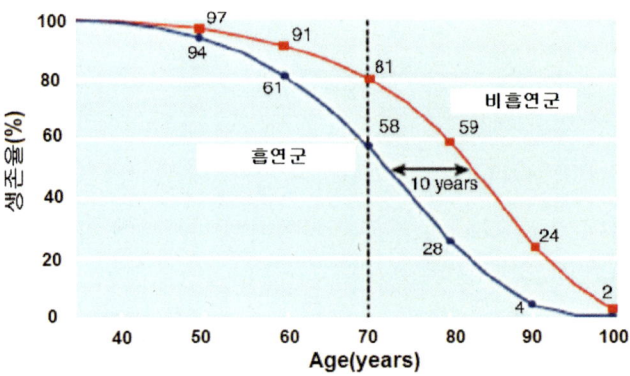

〈그림 4-30〉 흡연군과 비흡연군의 생존율 차이: 35세부터 흡연군과 비
흡연군의 생존율 차이는 70세에서 약 23% 정도이었다. 두 군의 평균
수명 차이는 약 10년에서 17.9년 정도로 추정된다(참고: Doll).

로 크게 차이가 나기 시작하는 특징이 있다. 이러한 측면은 최소한 50세
늦어도 60세부터 금연을 하더라도 생존율이 증가할 것으로 추정된다.

4. 흡연에 의한 암 이외 질환 발생의 기전에 대한 추정

◎ 주요 내용

- 다양한 병리생리학 변화 및 대사적 장애에 대한 영향, 면역체계에 대한 영향,
  기관 및 조직의 노화에 대한 영향, 여러 효소 및 호르몬의 불활성을 유발할
  수 있는 protein adduct 형성, 그리고 내분비계통(endocrine system)에 대
  한 영향 등에 의해 유도되는 것으로 추정된다.
- 흡연의 다양한 병리생리학 변화 및 대사적 장애에 대한 영향
- 흡연의 면역계에 대한 영향
- 흡연의 노화에 대한 영향
- 흡연으로 사람의 조직에서 protein adduct 생성
- 흡연의 내분비계통에 대한 영향

● 다양한 병리생리학 변화 및 대사적 장애에 대한 영향, 면역체계에 대한 영향, 기관 및 조직의 노화에 대한 영향, 여러 효소 및 호르몬의 불활성을 유발할 수 있는 protein adduct 형성, 그리고 내분비계통(endocrine system)에 대한 영향 등에 의해 유도되는 것으로 추정된다.

아무리 다양한 암이라도 흡연에 의한 발암은 담배연기 속의 여러 물질이 생체전환을 통해 생성된 활성중간대사체 또는 자연분해를 통해 생성된 활성형 물질 등에 의한 돌연변이와 촉진물질로의 역할 등으로 설명이 가능하다. 그러나 암 이외의 흡연에 의한 질환기전에 대한 독성학적 또는 병리학적 설명은 담배연기 속의 수많은 화학물질에 의해 동시에 영향을 받을 뿐 아니라 특정물질에 의한 질환과의 원인적 연관성을 설명하기에는 쉽지 않다. 특히 이들 물질들 각각의 질환에 대한 영향을 분류하기에는 거의 불가능하다. 따라서 흡연에 의해 질환을 유발할 수 있는 다음과 같은 5가지에 대한 영향이 흡연에 의한 다양한 질환의 원인과 주요 기전으로 추정된다. 물론 이러한 5가지 요인은 암 유발에 있어서도 기여할 것으로 사료된다.

- 다양한 병리생리학 변화 및 대사적 장애에 대한 영향
- 면역체계에 대한 영향
- 기관 및 조직의 노화에 대한 영향
- 여러 효소 및 호르몬의 불활성을 유발할 수 있는 protein adduct 형성
- 내분비계통(endocrine system)에 대한 영향 등에 의해 유도되는 것으로 추정된다.

1) 흡연의 다양한 병리생리학 변화 및 대사적 장애에 대한 영향

흡연에 의한 병리생리학적 변화는 <표 4-15>와 같이 확인되었다. 비

록 이러한 병리생화학적 변화들이 흡연에 의한 여러 질환에 대해 기전적인 측면에서 명확하게 구분하여 설명하기는 어렵지만 직간접적으로 흡연에 의한 다양한 질환을 유발하는 데 원인이 된다. 흡연의 지질에 대한 영향으로는 HDL cholesterol(high density lipoprotein cholesterol, 고비중 지단백 콜레스테롤)의 저하와 혈장 총콜레스테롤과 중성지방의 증가를 유도한다. 흡연의 당대사에 대한 영향으로는 공복혈당농도(Fasting blood glucose), 헤모글로빈 당화(Glycosylated haemoglobin), 인슐린저항성(Insulin resestance), 췌장의 베타세포 독성(Beta-cell toxicity) 등을 유발, 증가시킨다. 흡연에 의한 염증 유발은 염증지표(Inflammatory markers)를 통해 알 수 있는데 혈장의 fibrinogen 및 homocysteine, C-반응성 단백질(C-reactive protein, 간에서 만들어지는 단백질로서 몸에 염증이 있을 때 수치가 증가), 호중구의 수(Neutrophil count) 등을 증가시킨다. 조직 및 혈관과 관련된 상해에 대한 흡연의 영향은 관련된 지표로는 조직회복(tissue repair) 지연, 아포토시스(apoptosis, 세포의 계획적인 죽음, 세포자살) 증가, 헤모글로빈의 카르복실화(carboxyhaemoglobin) 증가, 혈관벽의 팽창성(Distensibility of vessel walls) 저하, 혈관내피세포 기능(endothelial dysfunction) 저하와 호모시스테인 증가 등이 있다.

〈표 4-15〉 흡연에 의한 병리생리학적 변화

지질	전체 혈장 콜레스테롤 ↑
	HDL-콜레스테롤 ↓
	혈장 중성지방(triglycerides) ↑
포도당 대사-관련 영향	공복의 혈액 포도당 농도 ↑
	헤모글로빈의 당화 ↑
	인슐린 저항성 ↑
	베타-세포 독성 ↑
염증지표	혈장피브리노겐 ↑
	C-반응성단백질 ↑
	호중구 수 ↑

조직상해와 혈관 영향	조직 상처부위 회복 ↓
	아포토시스 ↑
	카보시헤모글로빈 ↑
	혈관 팽창성 ↓
	혈관내피세포 기능 ↑
	호모시스테인 ↑

(참고: Pasupathi)

이들 병리생리학적 변화들이 니코틴에 기인하는 것은 불분명하지만 담배연기 속의 다양한 화학물질 그리고 니코틴과 이들의 상호작용 등의 기전으로 추정되고 있다. 또한 인슐린저항성을 포함한 몇몇 지표의 병리생리학적 변화는 비정상적인 대사(abnormal metabolism)라는 단위로 분류할 수 있다. 예를 들어 흡연에 의한 혈장 중성지방 농도 증가 또는 HDL-콜레스테롤 농도 감소 등은 일종의 지질대사에 대한 영향으로 분류된다. 흡연에 의한 이러한 대사적 장애는 고지혈뿐만 아니라 당뇨병 역시 관련이 있을 것으로 추정된다.

2) 흡연의 면역계에 대한 영향

면역은 자연면역인 선천면역(innate immunity)과 후천적으로 생활 등에 적응되어 얻어지는 획득면역(acquired immunity)으로 구분된다. 특히 획득면역은 처음 침입한 항원에 대해 기억할 수 있고 다시 침입할 때 특이적으로 반응하여 효과적으로 항원을 제거할 수 있는 특징이 있어 선천면역을 보강하는 역할을 한다. 획득면역은 체액성 면역(humoral immunity)과 세포성 면역(cell-mediated immunity)으로 구분된다. 체액성 면역은 B-cell(B-세포)이 항원을 인지, 분화되어 항체(antibody)를 분비하여 감염된 세균을 제거하는 기능이다. 세포성 면역은 흉선에서 유래한 T-cell(T-세포)이

항원을 인지하여 림포카인(lymphokine: 세포성 면역응답의 발현에 관여하며 면역글로불린과는 다른 액성인자의 총칭)을 분비, 직접 감염된 세포를 죽이는 기능을 한다. 흡연은 체액성 면역과 세포성 면역 모두에 영향을 줄 뿐 아니라 임신 중 신생아의 선천성 및 후천성 면역체계 모두를 변형시킨다. 흡연에 의한 면역체계에 대한 영향을 통해 발생하는 가장 잘 알려진 질환은 만성폐색성폐질환, 알레르기 반응 및 천식, 자가면역의 위험, 류마티스 관절염(rheumatoid arthritis), 전신성 홍반성 루프스(systemic lupus erythematous, SLE), 자가면역성 갑상선 질환(autoimmune thyroid disease), 염증성장질환(inflammatory bowel disease) 그리고 혈관염증후군(vasculitis syndromes) 등이 있다. <표 4-16>은 흡연 및 니코틴의 면역체계 기능에 대한 영향을 나타낸 것이며 이에 대해 좀 더 자세히 서술하면 다음과 같다.

〈표 4-16〉 흡연 및 니코틴의 면역체계 기능에 대한 영향

면역-억제 영향	전구-염증 영향
○ 수지상세포와 항원전달활성에 대한 영향-수지상세포의 성숙과 cytokine 방출에 대한 억제	○ 수지상세포-매개 후천성면역(adaptive immunity)의 활성화
○ 호중성백혈구 및 대식세포에 대한 영향-호중성백혈구-매개 염증기전을 억제, 억제된 PMN(다형핵백혈구) 이동과 주화성, 감소된 대식세포의 활동 등	○ 혈액의 PMN 수 증가
○ T-cell 임파구에 대한 영향-니코틴의 항체-형성세포 반응에 대한 저해, T-cell에서의 항원-매개 신호체계에 대한 방해, T-cell anergy(면역결여)의 유도	○ Polyphenol-풍부 당단백질은 말초혈액의 T-cell의 증식 자극
○ B-cell에 대한 영향	○ 비정상적인 CD4(+)와 CD8(+)의 비
○ 체액성면역에 대한 영향-혈액의 감소된 면역글로불림	○ B-cel의 반응의 증대
○ 염증지표물질과 매개물질에 대한 영향-IL-1b, IL-2, Il-10, TNF-α, IFN-γ 방출의 저해, 내피세포의 IL-8 방출 저해	○ TNF-α, TNF-α receptor와 IL-6 등의 전구염증물질 증가

면역 - 억제 영향	전구 - 염증 영향
○ IFN 신호전달의 약화 등 비특이적 기전에 대한 영향	○ 자가항체(autoantibody)의 방출과 노출, 조직의 저산증 및 독소-매개 세포괴사에 의한 세포-기원 항원 증가
	○ 유해활성산소 방출과 더불어 이에 의한 DNA 손상

(참고: Arnson)

○ 흡연의 전구염증매개물질(proinflammatory mediator)과 항염증성매개물질(anti-inflammatory mediator)의 방출과 저해에 대한 영향: 대부분의 흡연가에게서 다양한 만성적인 염증이 유발되는데 이는 흡연이 폐와 전신의 시토카인(cytokine: 여러 가지 면역세포들에 의하여 만들어지며, 여러 가지 면역세포의 활성화, 성장과 분화 등에 영향을 주는 단백질성 물질)의 네트워크에 영향을 주기 때문이다. 특히 흡연에 의해 TNF-α, TNF-α receptor, interleukin(IL)-1, IL-6, IL-8과 granulocyte-macrophage colony-stimulating factor(GM-CSF) 등의 cytokine 방출이 유도된다. 반면에 흡연은 toll-like receptors(TLR)-2와 9의 활성화를 통해 IL-6, TLR-2 활성화를 통해 IL-10 생성의 감소를 유도한다. 그 외에 흡연은 단핵구(mononuclear cell) 활성화를 통해 IL-1b, IL-2, TNF-α 그리고 IFN-γ 생성을 감소시킨다. 흡연에 의한 이러한 cytokine의 활성 저해는 주로 니코틴, 타르의 페놀성 화합물 그리고 일산화탄소에 의해 이루어진다. 니코틴은 IL-6의 염증성 cytokine 저해에 큰 영향을 주며 IL-10의 생성을 저해한다. 특히 이러한 니코틴의 저해 기능은 염증성장질환(inflammatory bowel disease)에 응용되어 치료제로 활용되기도 한다. 니코틴은 또한 내피세포에서 IL-8 분비를 저해한다. IL-8은 호중성백혈구에 대한 강력한 화학주성인자(chemotactic factor, 염증유발물질 또는 보체활성물질)이다. 이러한 니코틴에 의한 cytoline의 활성 저해는 대식세포 또는 T-cell 그리고 B-cell 등

의 세포에서 확인되는 7α nicotinic acetylcholine receptor(7α 니코틴 아세틸콜린성 수용체)의 활성화에 니코틴의 영향을 통해 이루어지는 것으로 추정되고 있다. 이들 수용체의 활성화는 TNF-α, IL-1β와 IL-6 등의 염증전구물질성 cytokine의 Th1 세포 반응의 억제를 통한 감소에 기인한다.

○ 흡연에 의한 내독소 생성을 통한 면역체계에 대한 영향: 흡연은 또한 항원으로 작용하는 lipopolysaccharide(LPS) 등의 내독소(endotoxin, 단백질·다당류·지질의 복합체로 이루어진 항원) 생성을 유도한다. 흡연가는 비흡연가보다 수백 배 이상의 내독소 생성을 유도한다. 흡연에 의해 증가된 내독소는 항체 IgE 증가를 유도하여 아토피성피부염(atopic dermatitis) 또는 천식을 유발한다. 일반적으로 아토피성피부염을 가진 환자의 약 80% 정도에서 혈청 IgE가 증가되는 특징이 있다. CD14(CD: cluster designation: 세포표면항원무리)는 LPS의 세포 내 수용체(LPS receptor)인데 천식의 중증도와 비례적으로 CD14와 IgE 농도가 증가한다. 특히 임신상태의 태아기 또는 출생 직후 등 초기에 이들 내독소에 노출되면 실내 공기나 음식항원에 의한 IgE 감작(sensitization, 어떤 물질에 대해서 몸에 면역반응이 일어나는 상태)에 대한 위험성이 증가하며 또한 아토피피부염 또는 과민반응이 유발된다.

○ 흡연의 다형핵백혈구에 대한 영향: 흡연은 기능이 감소된 다형핵백혈구(polymorphonuclear neutrophils, PMN)의 수를 감소시킨다. 흡연에 의해 유발된 전신 염증반응은 우선적으로 백혈구와 혈소판을 방출하는 골수세포 등의 조혈체계의 자극에 의해 이루어진다. 이러한 조혈체계에 대한 자극은 흡연에 의한 PMN 수의 증가에 기인한다. 따라서 흡연에 의해 유발되는 염증은 기능을 상실한 PMN의 증가와 더불어 전체적인 PMN 수의 증가에 기인한다. PMN의 수는 흡연가 혈청에서 비흡연가보다 약 30% 정도 증가된다. 이러한 흡연에 의한 PMN 수의 증가에서 주요 원인으로 니코틴에 의한 자율신경 자극호르몬인 catecholamine 분비

유도가 추정되고 있다. 또한 흡연가의 기도에서 PMN 수가 증가되는데 이는 단백질분해효소(proteolytic enzyme)인 neutrophil elastase, cathepsin G 그리고 protease-3 등의 활성을 유도한다. 이들 효소 활성은 기도의 섬유세포(ciliated cell) 파괴와 세포외기질의 파괴를 유도한다. 반면에 니코틴은 PMN 영향을 통해 염증반응의 감소를 유도한다. 니코틴은 PMN에서 유해활성산소(reactive oxygen species, ROS) 생성을 저해한다. ROS는 백혈구 등의 활성을 유도하는데 니코틴에 의한 이들의 활성 저하는 곧 다양한 호중성 백혈구-유도 염증반응 억제를 유도하게 된다. 감소된 염증반응의 주요 기전으로 흡연가의 말초혈액에서의 PMN이 또한 비흡연가와 비교하여 이동과 주화성(chemotoxis)의 감소에 기인하는 것으로 설명되고 있다.

○ 흡연의 대식세포에 대한 영향: 대식세포(macrophages)는 폐에서 항원-전달 기능(antigen-presenting function)과 생성 및 식작용을 통해 외부 물질에 대해 제1차방어를 담당하는 주요 세포군이다. 특히 폐포의 대식세포를 광학현미경을 통해 확인하면 담배연기에 존재하는 미세입자(particles, 주로 kaolinit)와 더불어 관찰된다. 특히 이들 미세입자는 흡연기간이 비록 짧더라도, 금연 후 2년이 경과하더라도 관찰될 정도이다. 장기 흡연은 폐포-대식세포(alveolar macrophage)의 기능을 비롯한 수와 형태를 변형시킨다. 일반적으로 흡연가의 대식세포는 단핵구의 지표인 CD14가 증가되며 또한 덜 성숙되거나 응축된 세포질 형태를 나타낸다. 흡연가의 폐에서 분리된 대식세포는 비흡연가로부터 분리된 것과 비교하여 백혈구의 일종인 임파구와 NK 세포(Natural Killer Cell, 자연살해세포) 증식의 저해에 있어서 더 큰 영향을 준다. 이러한 영향은 세균 등을 죽이는 데 이용되는 선택적 기능의 결핍을 유도하게 된다.

○ 흡연의 임파구(lymphocyte)에 대한 영향: 흡연은 혈액 T-cell(또는 T

-lymphocyte. T- 세포)의 수를 증가시킨다. 일반적으로 T-cell의 분화기전에 대한 논쟁이 많다. CD4(+) T-cells(또는 T-helper cells)의 감소 및 기능저하가 유도되며 반면에 CD8(+) T-cell(T-suppressor cell)의 증가에 따른 CD4(+)/CD8(+)의 비가 감소되는 현상이 헤비스모거(1일 25개비 이상 흡연)에서 확인되었다. 금연 후 2~4년이 지난 후 CD4(+) T-cells의 증가가 더 이상 일어나지 않았는데 이는 금연 후에도 상당한 기간 흡연에 의해 T-cell 변화가 지속적으로 발생한다는 것을 의미한다. 또한 세기관지세척(bronchoalveolar lavage)을 통해 흡연의 이러한 CD4(+) T-cells 감소와 CD8(+) T-cell 증가에 따른 혈액 임파구의 변화가 확인되었다.

○ 흡연의 Toll-like receptor에 대한 영향: Toll-like receptor(톨-유사 수용체, TLR)는 알레지성 면역반응에 저항하여 나타나는 선천적 반응을 위한 필수적인 단백질이다. TLR은 항원-전달 세포(antigen-presenting cells, APC) 및 CD4(+)/CD25(+) T-regulatory cell(조절세포) 등 즉각적인 면역반응과 관련된 많은 세포에 존재한다. 임신 중 흡연 상황에서 출생한 신생아는 TLR을 통해 변형된 신호를 가질 수 있다. 임신 중 흡연은 항체전달세포의 cytokine 생성을 감소시키며 또한 TLR에 결합하는 리간드에 대반 반응의 방해를 유발한다. 약한 Th1 자극 경로는 Th2 알레지성 질환을 유발하려는 경향이 있다(참고: 항원전달세포(antigen-presenting cell, APC)는 짧은 서열의 단백질 조각을 세포내이입<endocytosis>하여 더 짧게 절단한 후, 제2급 주조직 적합성 복합체<type II MHC>로 항원 제시<presentation>를 할 수 있는 세포의 총칭이다. 주요한 것으로는 B 세포, 대식세포<macrophage>, 수지상 세포<dendritic cell>가 있다. 이들은 체내에서 세포성 면역을 담당하는 주요한 세포들이다).

○ 흡연의 수지상세포에 대한 영향: 흡연은 항원전달세포의 일종인 수지상세포(dendritic cells, DC)의 기능 저하를 통해 Th1 cytokine 생성을 억제하는 반면에 Th2 반응을 발달시킨다. 흡연은 DC의 다른 세포 활성

작용에 대한 능력의 감소를 유도할 뿐 아니라 세포 내 활동과 식작용의 감소 그리고 항원전달세포-의존성 T-cell 반응에 대한 감소, 성숙한 DC로부터 IL-10과 IL-12 그리고 보조-자극 분자들의 분비 감소 등을 유도한다. 특히 니코틴은 용량-의존성적으로 보조-자극 분자들의 발현을 촉진시키며 IL-10과 IL-12 방출을 증가시킨다. 또한 흡연은 DC의 T-cell 점화 능력(priming ability)을 증가시킨다. 결과적으로 흡연은 Th1과 Th2-매개 면역 생성을 위한 DC의 능력을 가중시키게 된다. 장기 흡연은 기도에서 표피구성세포의 하나인 랑게르한스 세포(Langerhans Cell)와 골수성 수지상세포(myeloid DC)의 수적 증가를 유도한다. 흡연가의 기도에서의 수지상세포는 보조-자극 물질인 CD80과 CD86의 발현 증가를 유도하지만 lymph node homing receptor(림프절귀환수용체) CCR7의 발현을 감소시킨다. 이는 흡연가의 수지상세포가 T-cell 반응을 유도하는 능력을 증가시키지만 배수하는 림프절 쪽으로 이동을 유도하는 능력은 감소된다는 것을 의미한다.

○ 흡연의 항체형성에 대한 영향: 흡연은 혈청 면역글로불린(immunoglobulin) 특히 IgE, IgA, IgG와 IgM 농도를 10~20% 이상 증가시킨다. 특히 랫드에서 니코틴의 장기 노출에 의해 항체-형성세포의 반응 저해, T-cell에서 항체-매개 신호의 방해 그리고 T-cell 면역결여(anergy)가 유도되었다.

○ 흡연이 자가면역(autoimmune) 유도에 대한 위험성-앞서 언급한 것처럼 수백만의 임파구는 외부 항원을 알아내어 항원을 직접 공격하거나 항원에 대항하기 위해 거의 무한정으로 항체를 만들어 낸다. 이렇게 만들어진 다양한 항체가 계속 순환하는데 이때 자기항원(건강한 세포나 해가 없는 물질)이 마치 이물질인 것처럼 반응하는 항체도 만들어진다. 자신의 체세포조직에 면역반응을 일으키게 될 임파구는 평소에는 성숙되기 전에 제거된다. 이와 같이 자가면역이란 자기 체조직에 대한 면역반응으

로 자신의 정상적인 세포 또는 신체 구성물질에 면역을 일으키거나 과민성인 상태를 일컫는다. 자가면역 질환은 다양한 원인으로 발생된다. 감염균이나 백신, 약물중독 그리고 흡연이 자가면역 질환을 유도하는 주요 원인으로 제시되고 있다. 특히 흡연인 경우에는 자가면역 질환 유도의 유무에 대한 다양한 연구결과는 논란이 있기는 하지만 자가면역을 다양한 방법으로 유도하는 것으로 추정되고 있다. 흡연은 면역체계의 이물질 제거 능력을 약화시킬 수 있는 조직의 저산소증 및 독성물질-매개 세포괴사를 통해 세포성 항원의 방출을 유도하거나 담배연기의 부산물에 의한 자가-반응성 B-cell의 증대 등을 통해 자가면역의 유도성이 추정되고 있다. 또한 말초혈액에서 T-cell의 증식 자극을 하는 polyphenol-풍부 당단백질이 담뱃잎에서 분리되고 또한 담배연기에도 존재한다. 이는 당단백질이 T-cell의 증식을 말초혈액에서 유도하는 것을 의미한다. 일반적으로 흡연에 의한 자가면역 유도에 있어서 또 다른 중요한 기전으로는 프리라디칼 생성과 항에스트로겐 영향이다. 흡연은 또한 다량의 ROS를 비롯하여 프리라디칼을 생성한다. 이들 프리라디칼은 DNA와 반응하여 돌연변이를 통해 자가면역을 일으키는 유전자활성화를 유도하는 것으로 또한 흡연에 의한 주요기전으로 추정되고 있다. 또 다른 기전으로는 흡연에 의한 항-에스트로겐성 영향을 통해서이다. 에스트로겐은 류머티즘이나 임신기간 임신중독의 증상완화를 유도한다. 흡연은 에스트로겐 농도를 감소시켜 염증 반응을 더욱 활성화시켜 자가면역 반응을 유도하는 것으로 추정되고 있다.

3) 흡연의 노화에 대한 영향

노화는 유전자 요인 및 환경적 요인 간의 상호작용으로 유래되는 매우 복잡한 생물학적 현상이다. 특히 환경적 요인 중에서 흡연은 노화의 가장 강력한 가속요인(accelerating factor)이다. 앞서 언급한 것처럼 담배가 연소되면서 다양한 물질이 생성되는데 상당한 양의 프리라디칼(free radical) 역시 생성된다. 프리라디칼은 전자의 상실 및 획득, 그리고 공유결합의 상동성 분열(homolytic fission)에 의하여 최외각 오비탈에 비쌍전자(unpaired electron)를 가진 물질을 의미한다. 프리라디칼은 ROS를 포함하여 담배 1개비당 2×10^{14}radicals 정도 발생된다. 프리라디칼은 담배연기의 가스상과 입자상 등 2가지 상(phase)의 영역 모두에 포함되어 있다. 입자상에는 비교적 안정적인 프리라디칼이 포함되어 있는 반면에 가스상에는 산소, 탄소 그리고 황-유래 라디칼의 약간과 고농도의 산화질소(nitric oxide)가 존재한다. 담배연기 속에 존재하는 특별히 중요한 라디칼은 담배의 polyphenol로부터 유래하는 hydrogen peroxide(H_2O_2)와 superoxide anion radical(O_2^{-})이다. 이들 hydrogen peroxide와 super oxide anion radical에 의한 산화적 스트레스는 흡연에 의한 노화의 주요 원인이다. <그림 4-31>에서처럼 산화적 스트레스에 의한 다양한 세포 내 반응, 세포질 내의 Ca^{2+}의 증가, DNA 손상, 지질과산화(lipid peroxidation), 산화된 티올기(thiol group, -SH)를 가진 단백질 증가, GSH(glutathione)/GSSG(GSH의 산화형)의 감소된 비(ratio) 그리고 세포막 및 미토콘드리아 등 세포소기관의 변형 등이 있다. 산화적 스트레스에 의한 이러한 변화는 노화를 촉진시키며 흡연에 의한 다양한 질환을 유발하는 주요 기전이다.

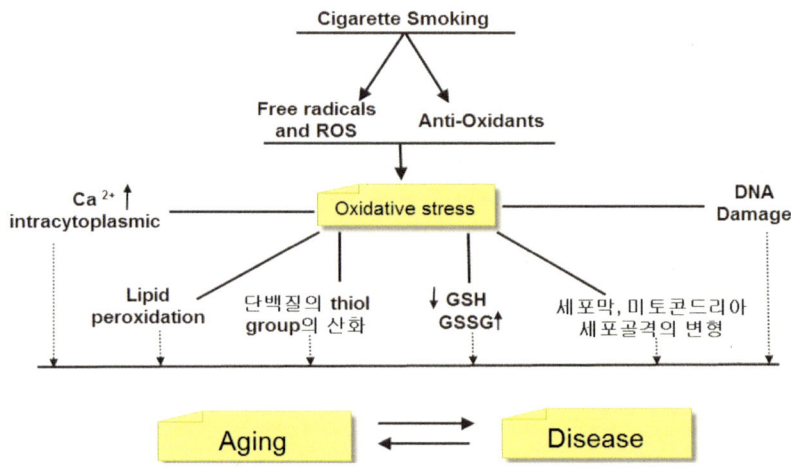

〈그림 4-31〉 흡연에 의한 산화적 스트레스-유도성 노화와 질환 기전: 산화적 스트레스
는 산화성물질과 항산화적 물질의 불균형을 의미한다. 산화적 스트레스에 의한 다양한 세포 내
반응 세포질 내의 Ca2+의 증가, DNA 손상, 지질과산화(lipid peroxidation), 산화된 thiol기를
가진 단백질 증가, 감소된 GSH/GSSH의 그리고 세포막 및 미토콘드리아 등 세포소기관의 변
형 등이 있다. 산화적 스트레스에 의한 이러한 변화는 노화를 촉진시키며 흡연에 의한 다양한
질환을 유발하는 주요 기전이다(참고: Nicita-Mauro).

또한 흡연에 의한 노화는 <그림 4-16>에서처럼 이들 프리라디칼
생성과 더불어 항산화성물질의 감소 역시 산화적 스트레스를 악화시키
는 주요 원인이다. 산화적 스트레스는 세포 내 항산화체계가 방어할 수
있는 능력 이상으로 과잉 생성된 상태를 의미하는데 항상화체계의 변화
에 있어서 가장 중요한 지표는 GSH 감소와 GSSG 증가이다. GSH는 성
인 체내에 1~10mM 농도로 가장 많이 존재하는 비단백질 티올(thiol 또
는 mercaptan)-함유 유기황화합물(SH-containing compound)이다. GSH는
세포질에 약 90%, 미토콘드리아에 약 10% 정도, 그 외 소량이 소포체에
존재한다. GSH는 3개의 아미노산 중 cysteine 잔기인 -SH group의 강력
한 전자공여력(electron-donating capacity) 때문에 라디칼뿐 아니라 다양
한 산화성물질을 제거하고 화학물질에 의한 항독성기전에 있어서 핵심
적 역할을 한다. 일반적으로 산화적 스트레스 정도가 심한 경우 GSH으

로의 환원할 수 있는 세포 능력의 한계로 GSSG가 축적된다. GSSG의 축적은 곧 세포 내의 산화-환원 평형(redox equilibrium)에 대한 영향을 통해 항산화적 방어 및 세포증식조절 등 세포 내에서 다양한 기능에 부정적 영향을 주게 된다. GSH 외에도 흡연에 의한 산화적 스트레스를 통해 단백질 및 효소에서 주요 기능을 담당하는 thiol group(-SH)의 산화가 유도된다.

GSH 및 단백질-SH 이외 흡연에 의한 다양한 항산화체계 영향을 통해 산화적 스트레스가 유발된다. 생체에서 가장 큰 항산화적 효능을 가진 ascorbic acid(vitamin C) 혈청 농도는 비흡연가와 비교하여 흡연가에게서 유의하게 감소된다. Ascorbic acid뿐 아니라 α-carotene, β-carotene 그리고 cryptoxanthin 등은 흡연에 의해 약 25% 정도 감소된다. 또한 Se와 Zn 등 항산화적 이온 역시 흡연에 의해 감소된다. 이와 같이 흡연에 의한 라디칼 생성과 더불어 이들에 의한 항산화체계의 기능 저하는 흡연에 의한 산화적 스트레스를 더욱 지속적이면서 더 강한 영향을 통해 노화와 질병유발을 촉진시키게 되는 주요 요인이다.

흡연을 통한 증가된 산화적 스트레스에 의한 노화 및 질환은 지질과산화(lipid peroxidation)를 통해 유도된다. 지질과산화는 지질의 '수소발췌(hydrogen abstraction)'을 통해 지질 손상을 유도하는 주요 기전이지만 cholesterol ester, phospholipids, triglycerides 등의 다중불포화지방산 등의 지질 손상을 유발하고 생성되는 부산물 역시 또 다른 세포독성을 유발하는 중요 기전이다. 특히 지질과산화를 통해 LDL(low density lipoprotein, 저밀도 지단백)의 산화가 유도되며 반면에 HDL(high-density lipoprotein, 고밀도지단백)은 감소된다. 이러한 변화는 혈관 및 다양한 기관 및 조직의 노화를 촉진, 흡연에 의한 질환 발생의 위험성을 높이게 된다. 또한 지질과산화를 통한 세포막의 변형은 세포괴사를 유도하고 세포소기관막의 지질과산화는 기능 저하의 주요 원인이 된다. 산화적 스트레스에 의한 지질과산화와 더불어 가장 중요한 독성기전은 DNA 손상이다. 흡연에 의해 증가된 hydrogen peroxide 및 superoxide anion radical은 Fe 등과 반응하는 fenon pathway를 통해 hydroxyl radical(HO·)로 전환된다. Hydroxyl radical은 ROS 중 가장 강력한 독성을 지닌 유해활성산소이며 흡연에 의한 산화적 스트레스-유도성 DNA 손상의 주요 원인물질이다. 이와 같이 흡연은 산화적 스트레스를 통해 생체 노화와 더불어 다양한 질병의 원인과 위험요인이다. <그림 4-32>에서처럼 은 흡연은 노화를 촉진하여 자력을 통해 생명현상 유지인 self-sufficiency(자력 충분) 상태보다 신체의 다양한 장애(disabilities)를 유발하여 삶의 질을 떨어뜨린다. 또한 흡연은 생물학적으로 주어진 생명 기간을 노화와 질병 유발을 통해 단축을 유도한다.

이와 같이 흡연은 궁극적으로 노화 촉진을 유도하여 수명에 영향을 준다. IMUSCE(Italian Multicenter Study on Centenarians, 참고: Franceschi)에 의한 백 세 이상의 노령인구에 대한 조사에 따르면 흡연가는 1.44%, 과거 흡연가가 9.93% 정도로 비흡연가가 훨씬 많았다. 이는 흡연이 장수에

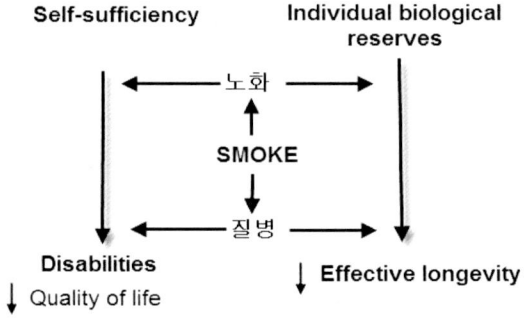

〈그림 4-32〉 흡연-유도성 노화와 질병에 의한 삶의
질과 수명에 대한 영향(참고: Nicita-Mauro)

영향을 준다는 것을 의미한다. 또한 이들을 건강상태에 따라 <표 4-17> 에서처럼 Group A는 좋은 건강 상태의 노인, Group B는 중간 정도의 건 강상태 그리고 Group C는 건강의 악화 상태의 노인 등으로 구분하여 흡 연과의 연관성을 확인하였다. 과거흡연가 대부분은 중간 또는 악화의 건강상태를 나타내는 Group B 또는 C에 속하는데 이는 흡연에 기인하는 것으로 추정되며 또한 자력을 통한 생명 현상유지인 self-sufficiency(자 립)에 문제가 있다는 것을 의미한다. 또 다른 연구에 의하면 이탈리아 로마에 살고 있는 백 세 이상 노인 157명 중에서 39명의 여성노인과 118 명의 남성노인 등 전체의 83.3%는 비흡연가이며 13.3%는 과거흡연가 그 리고 2.7%는 흡연가이었다(참고: Taylor). 이들에 대한 질환과 흡연과의 연 관성 확인을 통해 흡연에 의한 질병 유발이 유의하게 연관성이 있는 것 으로 확인되었다. 특히 백 세 이상의 노인에서 평균 생존율이 흡연가는 20.7±11.2개월이었으나 비흡연가는 27.0±19.0개월로 비흡연가가 훨씬 높 았다. 이와 같이 흡연은 질병이 없는 성공적인 노화에 영향을 주게 되며 또한 질병 유발과 더불어 평균수명을 단축하는 것으로 추정된다.

〈표 4-17〉 흡연 여부에 따른 이탈리아 백 세 이상 노인 483명에 대한 건강상태

Group	A	B	C	Total	%
Smokers	1F	—	—	1F	1.44
	—	3M	3M	6M	
Ex-Smokers	6F	6F	5F	17F	9.93
	10M	17M	4M	31M	
Non-Smokers	67F	124F	184F	375F	88.6
	24M	10M	19M	53M	
Total	108	160	215	483	

*Group A는 좋은 건강 상태의 노인, Group B는 중간 정도의 건강상태 그리고 Group C는 건강의 악화 상태의 노인 등 건강 상태에 따라 구분. Smokers: 현재 흡연가, Ex-Smokers: 과거흡연가, Non-Smokers: 비흡연가. IMUSCE(Italian Multicenter Study on Centenarians)(참고: Franceschi).

4) 흡연에 의한 사람의 조직에서 protein adduct 생성

흡연에 의한 발암에서 언급하였듯 DNA adduct(부가물)의 개념은 화학
물질이 체내에서 생체전환을 통해 생성된 친전자성대사체(electrophilic
metabolite, 전자가 부족하여 전자가 풍부한 DNA 및 단백질의 전자가 풍부한 친핵성부위
와 결합하려는 특성을 가진 대사체)가 DNA의 친핵성부위와의 공유결합을 통
해 생성되는 부가물을 의미한다. 이는 발암물질이 유전자의 돌연변이를
통해 암을 유도하는 발암의 중요 기전이다. 또한 친전자성대사체는 단
백질의 친핵성부위와 결합하여 효소 및 호르몬 등의 불활성을 통해 다
양한 독성을 유발할 수 있다. 특히 단백질의 아미노산 역시 DNA에 친핵
성부위가 존재하듯이 친핵성이 높은 아미노산 잔기부위가 존재한다.
<그림 4-33>은 pH 7 정도에서 친전자성대사체와의 결합을 선호하는
친핵성 활성(nucleophilic reactivity)을 표시한 아미노산의 side-chain 부위이
다.

이와 같이 담배연기 속의 수많은 화학물질 역시 생체전환 또는 생체
내에서의 자연분해를 통해 친전자성물질 또는 대사체로 전환되어 protein

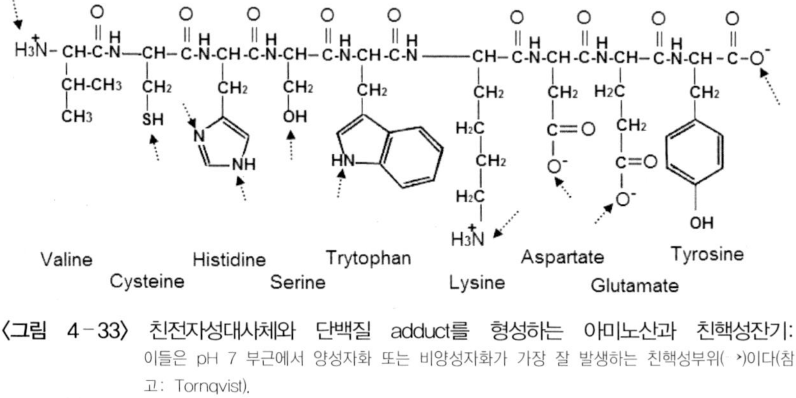

〈그림 4-33〉 친전자성대사체와 단백질 adduct를 형성하는 아미노산과 친핵성잔기:
이들은 pH 7 부근에서 양성자화 또는 비양성자화가 가장 잘 발생하는 친핵성부위(ﾒ)이다(참
고: Tornqvist).

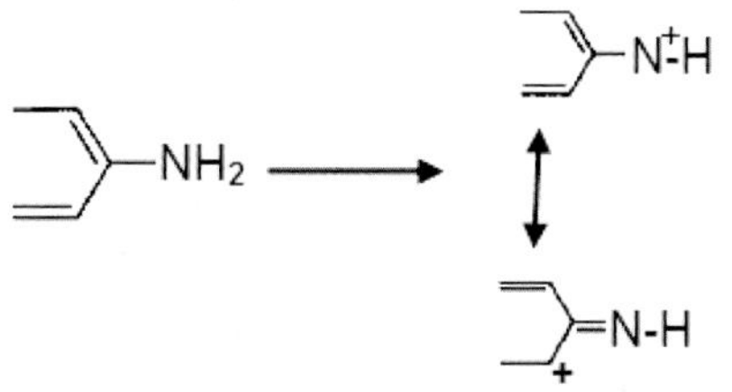

<그림 4-34> Protein adduct 형성: Aromatic amine의 친전자성 대사체는 생체 내에서 protein adduct 형성의 대표적인 흡연-유래 대사체이다.

adduct 형성을 한다. 담배연기 속의 화학물질 중 protein adduct 형성에 있어서 대표적인 물질은 <그림 4-34> aromatic amine류(질소를 가진 방향족탄화수소)인데 흡연에 의한 protein-adduct 형성은 D. H. Phillips의 연구에 의해 잘 정리되었기에 소개한다.

Aromatic amine의 일종인 4-aminobiphenyl에 의한 haemoglobin adduct가 22명의 흡연가에게서 24명의 비흡연가에게서보다 유의하게 증가되는 것이 확인되었다. 흡연가에게서 haemoglobin adduct의 농도는 75~256pg/g haemoglobin, 비흡연가에게서는 7~51pg/g haemoglobin이었는데 이는 두 군의 농도범위가 중복되지 않는 것으로 흡연에 의해 adduct 형성이 유도된다는 것을 의미한다. 유방암을 가진 환자를 대상으로 환자-대조군 연구에서 blond-tobacco cigarette(금담배, 인공열에 의해 건조되어 당성분이 높은 약한 담배)와 black-tobacco cigarette(흑담배, 인공열은 거의 사용되지 않고 자연광에 의해 건조되며 향이 강한 독한 담배) 피운 흡연가와 비협연가의 15종류의 aromatic amine-haemoglobin adduct 생성 비교에서도 흡연에 의해 adduct 증가가 확인되었다. 특히 독성이 더 강한 담배인 black-tobacco cigarette를 피운 흡연가에게서 blond-tobacco cigarette를 피운 흡연가에게서보다 약 40~50% 정도의 aminobiphenyl-haemoglobin adduct 농도가 높았다. 그 외

2−naphthylamine, o−toluidine, p−toluidine, 2−ethylaniline 그리고 2,4−dimethylaniline 등의 aromatic amine−haemoglobin adduct가 흡연에 의해 증가되었다. 반면에 m−toluidine, 2,5−, 2,6−, 2,3−, 3,5−dimethylaniline, 3,4−dimethylaniline, 3−ethylaniline와 4−ethylaniline 등의 aromatic amine−haemoglobin adduct는 흡연에 의해 유의한 증가가 없었다. 이러한 차이는 대사경로에 기인하는 것으로 추정되고 있다. 일반적으로 aromatic amine 대사체는 독성대사체 생성 기전과 무독화 기전 등의 두 가지 생체전환 경로를 통해 대사되는데 유사한 aromatic amine이 어느 경로에 따라 대사가 진행되느냐 하는 점에서 adduct 생성 유무에 영향을 준다. 또한 4−ABP-haemoglobin adduct 농도를 장기간 흡연한 후 금연을 한 사람을 대상자에서 측정한 결과, 금연시작 시기에 34명의 adduct 농도는 120±7pg/g, 그러나 3주 후에는 82±7pg/g으로 유의하게 감소되었다. 또한 금연의 시간과 더불어 adduct의 농도는 감소되는데 약 2개월 후에는 34±5pg/g 정도로 감소되었다. 이러한 변화를 통해 확인된 4−ABP-haemoglobin adduct의 반감기(half−life)는 약 7주에서 12주로 추정되고 있다. 이들 adduct는 또한 임신 중 흡연여성에게서도 비흡연의 임신여성보다 유의하게 증가되었다. 흡연량에 따른 4−ABP-haemoglobin adduct 생성은 흡연량에 따라 증가되는 비례관계가 확인되지만 1일 30개비 정도의 흡연량에서 adduct 생성이 포화되었다.

PAH(polycyclic aromatic hydrocarbon, 다환방향족탄화수소) 역시 protein−adduct 형성에 있어서 담배연기 속의 주요 물질이다. PAH와의 결합을 통해 adduct를 형성하는 대표적인 혈장단백질은 albumin, globin haemoglobin 등이 있다. 흡연여성 97명의 PAH-albumin adduct 생성이 비흡연가보다 유의하게 높았다. BPED(benzo[a]pyrene diol−epoxide) 역시 BPDE-globin adduct 생성하여 비흡연가에게서보다 2.7배 정도 흡연가에게서 높았다.

BPDE는 globin 외에도 haemoglobin과도 adduct를 형성하여 흡연에 의해 증가된다.

담배-특이적 nitrosamine인 NNK와 NNN 등은 haemoglobin과 결합하여 4-hydroxy-1-(3-pyridyl)-1-butanone(HPB) 등의 adduct를 형성한다. 흡연가 40명의 평균 HPB-adduct 농도는 79.6±189 fmol/g haemoglobin인 반면에 21명의 비흡연가 평균 HPB-adduct 농도 29.3±25.9 fmol/g haemoglobin 정도로 흡연에 의해 유의하게 증가된다. 흡연에 의한 HPB-haemoglobin adduct 생성에 있어서 남녀의 차이는 없으며 특히 금연 후에도 어느 정도 adduct가 지속되는 것으로 확인되었다. Ethylene은 담배연기의 가스상 영역에서 주요성분인데 ethylene oxide로 전환되어 haemoglobin의 N-terminal valine과 결합하여 N-(2-hydroxyethyl) valine(HOEtVal) adduct를 생성한다. 하루 20여 개비의 담배를 피우는 사람 11명을 대상으로 한 조사에서 HOEtVal adduct가 217~690pmol/g의 농도범위로 확인된 반면에 14명의 비흡연가에게서는 27~106pmol/g 농도범위로 흡연에 의해 유의하게 HOEtVal adduct가 증가된다. 임신 중 흡연에 의한 역시 HOEtVal adduct 농도 조사에서 흡연여성에게서 361±107pmol/g haemoglobin 정도이었으며 비흡연여성에게서 63±20pmol/g haemoglobin 농도로 흡연에 의해 증가된다. Acrylamide와 acrylonitrile 역시 haemoglobin과 결합하여 adduct를 유도하는데 흡연가에게서는 116와 106pmol/g 정도, 비흡연가에게서는 31 및 2pmol/g haemoglobin 정도이었다. 이들 담배연기 속의 adduct 형성물질은 단백질의 산화적 또는 질소적 손상(nitrative damage)을 유발하여 다양한 독성을 통한 생체기능 저하 및 질환을 유발한다. 이와 관련하여 폐암을 가진 52명(24명 흡연가, 28명 비흡연가)과 43명 정상 대조군(흡연가 18명, 비흡연가 25명) 등을 대상으로 질소적 손상의 지표인 nitrotyrosine 생성과 산화성물질에 의한 단백질의 손상 지표인 carbonyl group 농도 조사가 이루어졌다. 질소화된 단백질(nitrated protein)의 농도가 폐암을 가진 군에서 정상대조군과 비교하여 유의하게 높았으나 담배에 의한 증가는 없는 것으로 조사되었다. 반면에 단백질 산화는 흡연에 의해 유의하게 높았으나 흡연에 의한 발암의 유무에 관계가 없는 것으로 조사되었다. 따라서 흡연을 통해 흡입된 다양한 화학물질은 발암의 유무와 관계없이 단백질의 산화적 손상을 유발하며 이는 단백질의 친핵성부위와의 결합을 통한 protein adduct 형성에 기인한다. 이러한 adduct 형성을 통한 단백질의 손상은 결국 생체의 기능 저하를 유도하여 흡연에 의한 질병 발생의 주요 기전으로 고려된다.

5) 흡연에 의한 내분비계통에 대한 영향

흡연은 호르몬 분비에 대한 다양한 영향을 통해 질환을 유발한다. 흡연에 의해 영향을 받는 대표적인 호르몬은 갑상선호르몬(thyroid hormone), 뇌하수체호르몬(pituitary hormone), 부신호르몬(adrenal hormone), 성호르몬(sex hormone), 인슐린 저항성(insulin resistance), 그리고 부갑상선호르몬(parathyroid hormone) 등이 있다. 흡연에 의한 호르몬의 영향은 니코틴을 비롯하여 thiocyanate 등 담배연기 속 물질에 의해 유발되지만 흡연에 의해 유발되는 육체적 스트레스(physical stress)에 기인하기도 한다.

○ 흡연이 갑상선호르몬에 대한 영향: 갑상선은 내분비계에 중요한 장기 중 하나로 성대 바로 밑에 위치한다. 갑상선은 신진대사(metabolism)를 통제하는 타이록신(thyroxine<T4>)과 삼요드타이로닌(triiodothyronine<T3>) 등의 호르몬을 생산하는 중요한 기관이 된다. 그러나 갑상선호르몬이

과잉 분비되면 갑상선기능항진증, 반면에 분비가 저하되면 갑상선기능저하증(hypothyrodism)이 유발된다. 흡연은 갑상선 기능을 증가 또는 저해하는 양면적인 영향을 유도한다. 정상적인 성인에게서 흡연은 갑상선호르몬 활성 증가를 아주 미약하게 유도하는데 이는 니코틴에 의한 교감신경계의 자극에 기인하는 것으로 추정된다. 또한 부모의 흡연은 태아의 갑상선 호르몬 기능에 영향을 준다. 흡연을 하는 부모로부터 출생한 신생아의 탯줄 혈청에서 thyroglobulin(thyroid hormone으로 전환되는 단백질)과 thiocyanate 농도가 비흡연가 부모로부터 출생한 신생아에서보다 훨씬 높다. 또한 흡연은 신생아의 갑상선 크기를 증가시키며 호르몬 분비 역시 성인처럼 증가를 유도한다. 흡연에 의한 갑상선 호르몬 농도를 증가시키는 담배연기 속의 주요 물질은 thiocyanate와 2,3-hydroxypyridine 등으로 추정되고 있다. Thiocyanate는 갑상선이 커져서 목 앞쪽이 부어오르는 갑상선종(goiter) 유발물질(goiterogen)인데 요오드의 수송을 저해하여 갑상선으로부터 요오드의 배출을 증가시킨다. 2,3-Hydroxypyridine는 iodothyronine deiodinase(요오드 티로닌 탈요오드화 효소)활성 및 thyroxine 탈요오드화(deiodination) 저해를 통해 갑상선 호르몬 생성을 감소시킨다. 특히 흡연은 갑상선기능항진증(hyperthyroidism)에 대한 위험요인이며 그레이브스 안병증(Graves' ophthalmopathy, 근력 약화로 인한 근육 마비, 눈이 튀어나오거나 안구 건조증 및 각막염, 복시 등의 증상이 나타나는 증상)을 유발한다. 질환의 중증도가 강하면 강할수록 흡연과 연관성이 높다. 흡연에 의한 그레이브스 안병증에 대한 기전은 명확하지는 않지만 조직에서의 저산증을 더욱 악화시키거나 면역계통의 이상으로 추정되고 있다.

○ 흡연의 뇌하수체 호르몬에 대한 영향: 흡연은 뇌하수체 전엽 및 후엽에서 분비되는 호르몬에 대해 영향을 준다. 흡연은 갑상선-자극 호르몬(thyroid-stimulating hormone, TSH), 황체형성호르몬(luteinizing hormone,

LH) 그리고 여포자극호르몬(follicle-stimulating hormone, FSH) 등의 분비
에 영향을 주지 않지만 젖분비호르몬(prolactin)을 감소시킬 뿐 아니라 부
신피질 코티코트로핀(adrenocorticotrophin, ACTH), 성장호르몬(growth hormone,
GH)과 아르기닌-바소프레신(arginine vasopressin, AVP) 등의 분비에 영향
을 준다. 이러한 흡연이 호르몬에 대한 영향은 니코틴 함량에 비례적이
며 남녀 흡연가 모두에게서 나타난다.

흡연이 이들 호르몬에 대한 영향은 4가지 기전으로 설명된다. 먼저,
흡연은 격렬한 회전 후에 나타나는 것과 유사한 심한 구토(nausea)를 유
발하는데 이러한 구토는 코티졸(cortisol, 스트레스호르몬의 일종), 성장호
르몬, 젖분비호르몬과 항이뇨호르몬(antidiuretic hormones) 등의 분비를
증가시킨다. 구토와 함께 유발되는 신경화학적 경로는 뇌간 구토중추가
니코틴을 통해 연결되어 흡연에 의한 구토를 유발한다. 또 다른 기전은
니코틴-자극 cyclic AMP 생성을 비롯하여 스트레스 자체에 의해 이들
호르몬의 분비를 촉진한다. 또는 니코틴이 뇌하수체 전엽 또는 시상하
부에 직접적으로 작용하여 이들 호르몬을 유도할 수도 있다. 그러나 장
기 흡연은 젖샘에서 젖이 분비되도록 촉진하며 여성 호르몬인 프로게스
테론(progesterone)을 분비하는 황체를 유지시키는 젖분비호르몬 분비를
저해한다. 젖분비호르몬 분비에 대한 니코틴의 저해는 젖분비호르몬-저
해 요소(prolactin-inhibitory factor)와 같이 dopamine을 분비하는 결절누두
도파민신경(tuberoinfundibular dopamine neuron)의 니코틴수용체의 활성을
통해 이루어진다. 따라서 흡연가에게서 젖분비호르몬의 기본 농도는 비
흡연가보다 낮다. 여성에게 있어서 모유의 생성을 조절하는 호르몬인
젖분비자극호르몬(luteotropin)에 의해 유도되는 젖분비호르몬은 일반적
으로 여성흡연가에게서 낮기 때문에 낮은 생식력의 원인이 된다. 또한
임신 중 흡연을 하였을 경우에 여성흡연가의 젖분비호르몬 농도가 감소

하며 이는 출산 후 신생아의 체중이 비흡연가의 신생아보다 감소되는 주요 원인이 된다. 이는 여성흡연가에게서 젖분비호르몬 분비 저하로 인하여 모유를 생성하는 기간이 훨씬 빨리 단축되기 때문이다.

비록 노인에게 있어서 반응이 감소되지만 흡연에 GH 농도 역시 급격하게 증가한다. 그러나 인슐린−유사 성장인자(insulin−like growth factor−I, IGF−I) 농도는 특히 남자에게서 흡연이 증가하면 감소되는 경향이 있다. 일반적으로 IGF−I 분비는 GH와의 상호의존성이 있기 때문에 장기 흡연은 GH 분비의 감소를 유도한다. 흡연은 중추 시상하부 경로(central hypothalamic pathway)를 통해 IGF−I 농도에 영향을 주는 것으로 추정된다. 따라서 흡연은 IGF−I의 분비를 저하시키는 데 있어서 위험요인이 된다. 생식샘자극호르몬(gonadotrophin) 농도는 남녀 모두에게 있어서 흡연에 의해 크게 영향을 받지 않는 것으로 확인되었다. 그러나 폐경이 오기 전에 폐경의 전구증상인 연기상태(perimenopausal state)에 있는 여성에게 있어서 흡연에 의해 FSH 농도가 증가되었다. 흡연 또한 항이뇨호르몬의 일종인 바소프레신(vasopressin) 농도의 급성적인 증가를 유도한다. 이러한 증가는 흡연 후 일시적인 고혈압 증상이 나타나는 주요 원인이다. 바소프레신은 정맥주사를 통한 니코틴에 반응하여 유도되지 않고 호흡 상피세포에 존재하는 감각신경종말이 흡연에 의해 자극되는 호흡기도−특이적 기전(airway−specific mechanism)에 의해 유도된다. 임신 중 흡연은 태아의 내분비계열의 장애를 유발한다. 젖분비호르몬, GH와 IGF−I 등이 흡연에 의해 임신의 전체 기간보다 임신 30주에서 37주에 사이에 상당히 증가한다. 특히 임신 중 흡연에 의한 비정상적인 호르몬 분비는 흡연에 의해 태아 혈류의 감소에서 비롯된 태아의 고통에 기인한다.

○ 흡연이 부신 호르몬에 대한 영향: 흡연은 내인성 스테로이드 호르몬의 농도에 영향을 준다. 흡연은 또한 레닌−안지오텐신(renin−angiotensin system, RAS, 혈압이나 체액량의 조절에 중심적인 역할을 하는 내분비계 제어기구)에 대한 영향을 통해 혈액의 수축기압과 이완기압 그리고 심실빈맥 (tachycardia: 분당 100회 이상 심박수를 보이는 경우의 부정맥)의 증가를 유도한다. 흡연은 일시적으로 고혈압 또는 정상인에 있어서 알도스테론(aldosteron, 신장의 원위세뇨관에서 물과 나트륨의 재흡수와 칼륨이온의 배출을 유도하는 호르몬), angiotensin-전환효소(angiotensin converting enzyme) 활성을 증가시키지만 레닌(renin, 신장에 있는 단백질 가수분해효소이며 농도가 증가되면 혈압이 증가)활성 증가는 유도하지 않는다. 그러나 장기간 흡연가에게서 레닌과 알도스테론의 활성이 증가되는 것이 확인되었다. 이는 장기 흡연가에게서 혈관 수축이 증가되는 주요 원인이 된다. 증가된 부신 안드로겐(androgen, 남성 생식계의 성장과 발달에 영향을 미치는 호르몬의 총칭)은 특히 여성노인 흡연가에게 있어서 골다공증의 위험요인뿐 아니라 인슐린저항성에 기여한다. 흡연은 피질뿐 아니라 부신수질(adrenal medulla)을 자극하여 니코틴-유도 카테콜아민(catecholamine, 부신수질 호르몬을 총칭하는 말이며 adrenaline과 noradrenaline이 전체 catecholamine의 약 90%를 차지함) 농도를 증가시킨다. 특히 노인 흡연가에게 있어서 젊은 흡연가 및 비흡연가와 비교하여 흡연에 의해 혈장 노아드레날린(noradrenaline, 아드레날린과 밀접한 관계가 있으며 부신 수질에 의해 분비되고 아드레날린성 신경의 시냅스에서 분비되어 교감신경계의 신경전달 물질로서 작용함) 농도가 유의하게 증가한다. 흡연에 의한 카테콜아민 호르몬의 증가는 심장박동률과 혈압을 증가시키는 주요 원인이다. 임신 중 흡연 역시 태아에게서 카테콜아민 증가를 유도하며 태아는 저산소증을 일으킨다.

○ 흡연이 성호르몬에 대한 영향: 흡연은 생식기능 장애를 초래한다. 특히 에스트로겐(estrogen)은 흡연에 의한 간 대사의 영향으로 감소되는 대표적인 성호르몬이다. 이는 주로 estradiol 대사 과정에서 흡연에 의해

2-hydroxylation이 증가되어 에스트로겐으로서의 활성이 상실된 다량의 2-hydroxyestrogen 생성에 기인한다. 흡연이 요실금(urinary incontinence) 유도에 영향을 주는 것으로 확인되고 있는데 흡연에 의한 비뇨생식기 계통에서 흡연에 의한 중요한 영향은 성호르몬과 이와 관련된 다양한 기능저하이다. 흡연은 성호르몬의 활성 감소를 유도한다. 혈액 에스트로겐의 약 38% 정도는 성호르몬결합단백질(sex hormone binding globulin, SHBG)에 결합한 상태이며 약 60%는 아주 약하게 albumin에 결합, 나머지 약 2% 정도는 자유롭게 그 자체로 존재한다. 생리적인 기능을 수행하는 활성적인 호르몬을 생체이용-호르몬(bioavailable hormone)이라고 하는데 에스트로겐의 생체이용-호르몬은 albumin에 결합되어 있거나 자유롭게 존재하는 호르몬의 합을 의미한다. 대부분의 흡연가에게서는 SHBG 농도가 높고 여기에 강하게 결합하여 있는 에스트로겐이 많기 때문에 활성을 가진 estrogen의 농도가 낮아진다. 또한 흡연은 생리주기와 같은 에스트로겐-의존성 생리적 과정에도 영향을 준다. 여성흡연가의 생리주기는 불규칙하고 또한 비흡연가보다 짧은 것이 특징이다. 특히 이러한 불규칙에 대한 위험성은 흡연량이 많으면 많을수록 증가한다. 흡연에 의한 생리의 불규칙에 있어서 가장 근본적인 원인은 흡연이 생리주기의 전반부에 해당하는 난포기(follicular phase)를 단축시키기 때문이다. 특히 이는 흡연이 난소 내 난자(ovum)를 함유하고 있는 여포(ovarian follicle)에 대한 독성작용에 기인한다. 결과적으로 흡연에 의한 생리의 불규칙성은 배란에 문제를 유발하는 위험성을 유발하며 이는 흡연량에 비례적으로 증가하게 된다. 결과적으로 흡연은 여성의 생식기능과 관련된 호르몬에 대한 영향을 통해 생식기능을 저하시키며 조숙한 폐경을 유도하는 것으로 요약된다. 또한 폐경증후군의 일종인 폐경 후 여성의 혈관운동장애 증상인 안면홍조(hot flushes) 증상이 비흡연가보다 흡연가에게

서 훨씬 더 빈번하게 유발되거나 더욱 심하다. 흡연은 또한 여성의 경구 피임약의 효능 역시 영향을 준다. 흡연가는 경구피임약 복용에 의해 반점이나 출혈에 대한 위험성이 비흡연가보다 약 47% 정도 높다. 흡연에 의한 이러한 증상으로 경구피임약을 중단하게 되며 다시 경구피임약을 복용하게 된다. 이때 흡연은 경구피임약의 효능을 저하시키며 원하지 않는 임신율을 증가시키게 된다.

일반적으로 테스토스테론(testosterone)은 SHBG에 65~80%, albumin에 20~40% 그리고 자유롭게 존재하는 양이 전체의 1~3% 정도이다. 따라서 테스토스테론의 생체이용-호르몬은 albumin과 자유롭게 존재하는 양의 합이다. 흡연에 의한 테스토스테론의 농도는 생체이용-호르몬의 농도 편차가 너무 광범위해서 정확하게 영향을 측정하기 어렵다. 또한 연구결과 역시 영향 및 무영향 등 다양하지만 테스토스테론 농도가 흡연에 의해 감소되며 또한 정자 생성이 역시 감소되는 것으로 추정되고 있다. 남성에 있어서 안드로겐 농도는 흡연에 의해 크게 감소한다. 특히 흡연은 안드로겐 농도를 감소시켜 대사이상 장애증후군(metabolic syndrom)을 유발하는데 이는 흡연에 의한 관상동맥성심질환(coronary heart disease/CHD)과 관련이 있는 것으로 추정된다.

○ 흡연이 인슐린 저항성에 대한 영향: 흡연은 심혈관질환 발생의 위험성을 증가시킬 수 있는 인슐린 저항성을 유도하는 요인이 된다. 흡연에 의해 급성적으로 나타나는 여러 대사장애 중에서 글루코스 내성 장애 역시 유도된다. 흡연에 의해 말초혈관에서의 글루코스 흡수율이 감소되어 인슐린 작용을 방해한다. 비흡연가와의 비교를 통해 흡연가에게서 고인슐린증(hyperinsulinaemia)과 인슐린 저항성이 증가되었다. 특히 금연을 통해 인슐린 민감성 개선과 더불어 HDL 콜레스테롤 농도가 증가되는 것을 통해 흡연이 인슐린에 대한 영향을 확인할 수 있다. 비록 인

슐린 저항성이 흡연에 의해 유도되더라도 제2형 당뇨에 대한 영향은 없다. 제1형 당뇨에서 인슐린 요구는 흡연가에게서 다소 증가되었다. 일반적으로 흡연가에게서 감소된 인슐린 민감성은 혈액의 당을 증가시키는 것과 관련된 호르몬인 GH, 코티졸 그리고 카테콜아민 등과 같은 역-조절 호르몬(counter-regulatory hormone)의 증가에 기인한다. 비록 역-조절 호르몬에서 상승에도 불구하고 이들 환자에게서 보이지 않는 인슐린 민감도에 있어서 변화가 없을지라도 증가된 글루카곤(glucagon, 랑게르한 스섬에서 만들어지는 췌장호르몬으로 분자량이 작은 단백질인데 인슐린과 반대작용을 함) 농도는 제1형 당뇨를 가진 남자에게서 일시적 흡연 후에 나타난다. 다른 연구결과에서 역시 인슐린-의존성 당뇨를 가진 환자에게서 흡연은 정상인에게서보다 높은 GH, 바소프레신 그리고 코티졸 반응이 나타났을 뿐 아니라 인슐린-유도 저혈당에 대한 역-조절 반응을 증가시켰다. 이러한 증가된 코티졸이나 바소프레신에 의한 혈압 증가를 통해 심혈관 및 뇌혈관 그리고 신장질환 유발과 같이 당뇨병 합병증을 유발하는 주요 기전이 된다. GH의 과다분비 역시 당뇨성 미세혈관병증(diabetic microangiopathy)을 유발의 원인이 된다.

○ 흡연이 부갑상선 호르몬(parathyroid hormone, PTH) 및 뼈에 대한 영향: 부갑상선 호르몬은 부갑상선 주세포에서 합성되고 혈중에 분비된다. 흡연이 골다공증을 유발하는 위험요인이라는 것은 앞서 언급하였다. 흡연은 또한 골절(bone fracture) 유발의 위험요인이다. 흡연은 칼슘과 vitamin D의 대사에 영향을 주는데 이러한 영향은 주로 갱년기 또는 폐경기 여성에게서 확연히 나타난다. 칼슘 흡수는 흡연가에게서 비흡연가와 비교하여 월등히 감소된다. 이러한 영향의 주요 원인은 흡연가에게서 PTH과 혈청 칼시트리올(calcitrol, 콜레스테롤에서 얻어지는 스테로이드 호르몬 같은 물질, 골다공증 치료제로 쓰임) 농도가 매우 낮기 때문이다. 칼슘 흡수에 있어서

이러한 문제점이 식이를 통한 칼슘 흡수의 감소를 유도하며 결과적으로 골소실이 촉진된다. 그러나 흡연이 골절에 위험요인이라는 것은 일치하지만 다른 연구에서는 25−hydroxyvitamin D와 칼슘 등의 흡수는 흡연가에게서 낮지만 혈청 PTH은 헤비스모거에서 높은 것으로 확인되었다. 따라서 뼈에 대한 흡연의 영향은 vitamin D와 PTH 시스템에서의 변화에 기인하는 것으로 추정된다.

여성흡연가에게서 골다공증의 증가는 주로 폐경 이후에 나타난다는 것이 일반적인 견해이다. 폐경의 여성흡연가에 있어서 혈청 코티졸 농도가 비흡연가와 비교하여 높은데 이러한 고코티졸증(hypercortisolism)이 골다공증을 증가시키는 것으로 추정되고 있다. 그러나 흡연에 의한 고코티졸증에 앞서 부신안드로겐(adrenal androgen)이며 남성호르몬인 androstenedione와 DHEA 증가뿐 아니라 흡연에 의한 골밀도(bonemineral density, BMD)를 낮추는 항−에스트로겐성 효과(anti−estrogenic effect)에 기인한다. 특히 PAH는 골소실을 증가시키는 담배연기 속의 핵심물질이다. 이와 같이 여성뿐 아니라 남성 흡연가에게서도 비흡연가와 비교하여 낮은 BMD가 확인되었다.

5. 간접흡연의 유해성

> ◎ **주요 내용**
> − 간접흡연의 환경담배연기는 약 15%인 주류연과 약 85%의 부류연으로 구성되어 있으며 부류연이 주류연보다 약 4배 정도 독성이 더 강하다.
> − 간접흡연에 의한 건강상의 문제를 유발할 수 있는 노출농도에 대한 역치(threshold)는 없다.

- 간접흡연의 환경담배연기는 약 15%인 주류연과 약 85%의 부류연으로 구성되어 있으며 부류연이 주류연보다 약 4배 정도 독성이 더 강하다.

    간접흡연(passive smoking, indirect smoking, second-hand smoking)이란 직접 담배를 피우지 않는 사람이 남이 피우는 담배연기를 불가피하게 마시게 되는 상태를 의미하며 수동적 흡연(involuntary smoking)이라고 부르기도 한다. <그림 4-35>에서처럼 부류연과 주류연이 혼합되어 있는 담배연기가 중요한 환경오염원임이 인정돼 환경담배연기(Environmental Tobacco Smoke: ETS)란 용어가 권장되고 있으며 이러한 연기의 흡연을 또한 환경흡연이라고도 한다. 간접흡연에 의한 건강상의 피해는 1964년 미국의 보건성에 의한 최초 보고 이후 1972년에 비로소 공식적으로 처음으로 언급되었다. 이후 미국 보건성은 간접흡연의 심각성과 피해에 대해 전 세계에서 발표된 연구논문과 사례를 종합하여 공식보고서(the health consequence of involuntary smoking)를 작성, 발표하였다. 보고서의 핵심 내용 3가지는 첫째, 간접흡연은 비흡연자들에게도 폐암을 비롯한 여러 가지 질병의 원인이 된다는 것과 둘째, 흡연자들 가정의 아이들에게 상기도 감염이나 증상의 빈도가 증가하는 동시에 이들의 폐기능 발달이 지연된다는 점 그리고 마지막으로 비흡연자를 흡연자들로부터 분리시키는 정책으로는 흡연자들이 간접흡연의 위험을 예방하기 어렵다는 등으로 요약된다.

    일반적으로 간접흡연은 흡연가들의 흡입 후 배출되어 희석되었기 때문에 흡연가들보다 건강상의 문제가 없거나 약할 것으로 생각할 수 있다. 또한 부류연 역시 주류연과 비교하여 화학물질 종류에서 큰 차이가 없다. 사람 및 동물에 대한 69종류 발암물질을 포함하여 4,000여 종류

이상 화학물질이 존재한다. 물론 담배연기의 대표적인 유해물질인 PAH
와 담배-특이적 nitrosamine 그리고 4-aminobiphenyl과 같은 방향족 amine
등이 부류연에 포함되어 있다. 그러나 간접흡연의 환경담배연기는 약
15%인 주류연과 약 85%의 부류연으로 구성되어 있다. 부류연은 주류연
보다 화학물질의 성분에 있어서 carbon monoxide, benzene, ammonia 그리
고 다양한 발암물질 등의 독성물질을 더 많이 함유하고 있는 것이 특징
이다. 부류연에서 이러한 독성물질이 많이 발생하는 이유는 주류연에서
보다 부류연에서 불완전연소에 의해 발생하는 화학물질을 더 많이 가지
고 있기 때문이다. 또한 환경담배연기는 전체 입자상물질당 독성이 강한

〈그림 4-35〉 환경담배연기(environmental tobacco smoke): 환경담배연기
는 약 15% 주류연과 약 85% 부류연으로 구성되어 있다. 부류연은 주류
연보다 화학물질의 성분에 있어서 carbon monoxide, benzene, ammonia
그리고 다양한 발암물질 등의 독성물질을 더 많이 함유하고 있는 것이 특징
이다(참고: Robert Aleck, www.cynexia.com).

물질이 더 많은 것으로 확인되고 있다. 간접흡연은 단순히 흡연가가 흡입한 후 배출되는 담배연기가 아니며 담배회사에서 비밀리 조사된 내용에 의하면 부류연이 주류연보다 약 4배 정도 독성이 더 강하다는 것이다. 따라서 동일한 양을 흡입한다는 가정하에 간접흡연이 직접흡연에 의한 것보다 더 강한 독성을 유발할 수 있다고 추정할 수 있다.

- **간접흡연에 의한 건강상의 문제를 유발할 수 있는 노출농도에 대한 역치(threshold)는 없다.**

일반적으로 간접흡연에 의한 건강상의 유해 정도는 흡연자가 피우는 담배의 종류와 개수, 실내면적, 환기 정도, 실내에 머문 정도 등 여러 가지 요소에 의해 결정된다. 그러나 2006년 Surgeon General(외과전문의)의 보고서에 따르면 간접흡연에 의한 노출위험농도에 대한 역치(threshold)가 없을 정도로 건강상의 문제를 유발한다. Surgeon General의 보고서는 1986년 간접흡연의 건강에 대한 영향 첫 보고 이후 더 많은 자료를 통해 2006년 다음과 같은 건강상의 문제를 명확하게 요약, 발표하였다.

① 간접흡연은 담배를 전혀 피우지 않는 성인과 어린이들의 사망을 유발하며 특히 영아들에게는 sudden infant death syndrome(SIDS, 영아돌연사증후군: 겉으로는 건강해 보이던 영아가 갑자기 죽는 것)을 유발한다.

○ 미국에서는 성인 및 어린이 등의 비흡연가 53,000명 정도가 간접흡연에 의해 사망되는 것으로 추정되고 있다.

○ 프랑스에서는 간접흡연에 의해 매년 3,000명에서 5,000명 정도가 조기에 사망하는 것으로 추정되고 있다.

② 간접흡연에 노출된 어린이들에게 급성호흡기관염(acute respiratory infections), 귀 이상(ear problems), 중증 천식(asthma), 콧물, 기침과 호흡곤란 등 다양한 기도증상(respiratory symptoms) 그리고 폐의 성장지연 등이 유발된다.

○ 역학조사에 의하면 흡연하는 부모의 자녀들의 중이염의 발생률은 흡연을 하지 않는 부모의 아이들보다 약 60% 높은 것으로 추정되고 있다.

○ 부모가 흡연하는 집 아이들의 경우 30~80% 정도 만성적 기침이나 가래 등을 동반하는 호흡기 질환의 발생률이 높다. 또한 간접흡연에 의해 어린들의 폐 성장 지연 등의 이유로 폐기능이 평균 3~5% 정도 감소하는 것으로 추정되고 있다.

③ 간접흡연은 성인에게 있어서 즉각적으로 심혈관계에 부정적인 영향을 주거나 심장질환 및 폐암을 유발한다.

○ Italian National Cancer Institute에 따르면 환경담배연기는 디젤엔진보다 10배 정도 더 많은 입자상 물질(PM, Particulate Matter: 대기 중에 떠다니는 직경 0.001~500㎛ 크기의 물질인데 대부분 0.1~10㎛ 크기의 물질)을 생성한다고 알려졌다. 일반적으로 PM10(공기역학적 직경이 10㎛와 동일하거나 작은 입자)과 PM2.5(공기역학적 직경이 2.5㎛와 동일하거나 작은 입자)로 구별된다. PM10보다 입자의 크기가 더 작은 PM2.5의 경우 폐에 영향을 줄 수 있고 PM2.5가 $10\mu g/m^3$ 증가할 때마다 심장마비 발병률이 1.28% 증가한다. 이와 같이 환경담배연기에 의한 PM 생성은 폐를 비롯하여 심혈관질환의 원인이 된다. 환경담배연기 노출은 특히 심장에 문제를 경험한 사람에게 즉각적으로 심장발작 위험을 증가시킬 수 있을 정도로 혈액과 혈관에 영향을 준다. 또한 30분 정도의 환경담배연기에 노출되면 비록 건강한 비흡연가일지라도 심장혈류의 속도가 감소된다.

○ 폐기종(pulmonary emphysema) 역시 45일간 하루 30개비의 간접흡연을 통해 랫드에서 발생하는 것으로 확인되었다. 또한 폐 손상을 유발하는 비만세포의 탈과립화 역시 관찰되었는데 이러한 폐기종 및 폐 손상이 환경담배연기의 PM에 기인하는 것으로 추정되고 있다.

○ 간접흡연에 의한 심장질환에 대한 기여위험도(attributable risk: 질병 요인에 폭로된 사람과 아닌 사람 사이의 발생률 또는 유병률의 차이)는 약 23%로 추정되고 있다. 즉 간접흡연에 노출된 집단에서 심장질환 발생률이 노출되지 않는 집단의 심장질환 발생률보다 23%가 많다.

○ 영국에서 수행된 역학조사에 의하면 간접흡연에 의한 심장질환 발생률이 간접흡연에 노출되지 않는 집단의 23%보다 훨씬 높은 60% 정도로 추정되고 있다. 이는 하루 5~20개비 정도의 담배를 피우는 흡연가에게서의 발생률에 거의 근접하는 수준이다.

○ 금연구역을 설정한 금연법에 의해 간접흡연에 의한 심장질환 발생이 줄어드는 것으로 확인되고 있다. 2009년 미국의 조사에 의하면 캘리포니아에서 금연법이 실행된 이후에 첫해에 약 15%, 3년 후에 약 36% 정도로 심장질환 환자가 감소되었다. 또한 60세 이하 비흡연여성에게 있어서 가장 높게 나타나는 심장발작 위험성이 감소된 것으로 조사되어 이 역시 간접흡연에 의한 심장질환의 위험성을 잘 보여 주는 역학조사라고 할 수 있다.

○ 미국에서 1992년 발표된 역학 자료에 의하면 1980년대 초반 간접흡연에 의한 심혈관질환으로 35,000명에서 40,000명 정도의 사망을 유도한 것으로 평가되었다.

○ 대부분의 전문가들은 주기적으로 간접흡연을 할 경우에는 비흡연가보다 암 발생 위험성이 확실히 높을 것으로 추정하고 있다. 특히 IARC에 의해 간접흡연이 사람에게 발암물질인 Group 1로 지정되었다. 또한

다양한 연구를 통해 간접흡연이 폐암의 상대위험도를 증가시키는 것으로 조사되고 있다. 물론 얼마나 오랫동안 어느 정도의 양으로 간접흡연을 하였는가가 암 유발에 있어서 가장 중요한 변수이다. 일반적으로 간접흡연에 의한 폐암의 경우에 집이나 가정에서 걸리지 않은 비흡연가보다 약 20~30% 정도 노출이 증가되면 발생 위험이 높은 것으로 추정되고 있다.

○ 캘리포니아의 환경청에 따르면 간접흡연이 폐경 이전의 젊은 여성(premenopausal women)에 있어서 유방암의 발생 위험도를 70% 정도까지 높이는 것으로 확인되었다. 반면에 2004년 IARC는 비흡연여성의 간접흡연에 유방암 발생 위험성을 높이는 상관관계가 없는 것으로 반론이 제기되기도 하였다.

○ 신장신우암종(renal−cell carcinoma)이 직장 또는 집에서 간접흡연에 노출된 사람들에게서 증가되는 것이 확인되었다.

○ 간접흡연에 의한 암 발생은 동물을 이용한 독성학적 측면에서도 확인되었다. 간접흡연에 의한 발암에 대한 독성 연구 역시 수행되는데 대부분 이러한 연구는 환경담배연기 발생의 모의실험(simulation)과 부류연의 농축액 투여 그리고 애완동물의 발암률 확인 등을 통해 이루어졌다. 환경담배연기 노출을 통한 연구에서 마우스에 하루 6시간, 한 주의 5일 그리고 5개월 동안 환경담배연기를 노출한 후 4개월 지나 발암 여부를 조사한 결과, 대조군보다 유의하게 폐암 발생이 증가되는 것으로 확인되었다. 또한 환경담배연기 농축액은 마우스에서 주류연 담배연기 농축액보다 높은 발암효과가 확인되었다. 미국의 Tufts 대학의 수의학과에서 수행한 연구에 의하면 고양이에게 환경담배연기를 노출 후 구강암이 발생하는 것으로 확인되었으며 또한 흡연가와 함께 생활한 고양이에서 림프종(lymphoma)과 폐암이 유발되는 것으로 조사되었다. 그러나 개

에 있어서 흡연자와의 생활 기간 및 흡연자의 흡연량 등이 폐암에 대한 위험성에 아무런 영향을 주지 않는 조사 역시 있다. 2006년 Surgeon General의 보고서는 이러한 간접흡연에 의한 사람들의 건강상 문제뿐 아니라 간접흡연에 대한 독성 연구도 발표하였다. 발표에 따르면 환경담배연기에서는 30여 종의 발암물질이 확인되었으며 환경담배연기의 농축액에 의해 동물에서 발암이 확인되었다. 특히 흡연에 의한 암 유발에 있어서 대표적인 발암물질인 담배-특이적 nitrosamine(tobacco-specific nitrosamines)인 담배-특이적 nitrosamine인 4-(methylnitrosamino)-1-(3-pyridyl)-1-butanone(NNK)의 대사체가 간접흡연에 노출된 동물의 요에서 확인되었다.

④ 간접흡연에 의한 건강상의 문제를 유발할 수 있는 노출농도에 대한 역치(threshold)는 없다.

○ 일반적으로 간접흡연에 의한 건강상의 유해 정도는 흡연자가 피우는 담배의 종류와 개수, 실내면적, 환기 정도, 실내에 머문 정도 등 여러 가지 요소에 의해 결정될 수 있다. 그러나 영아 및 어린이들은 간접흡연에 의해 즉시 작은 기침이나 기도증상이 유발되거나 급성호흡기감염이 유발될 수 있기 때문에 건강상의 위험을 유발하지 않는 허용 노출 농도는 없다.

⑤ 담배규제 정책에도 불구하고 노출이 가장 심한 장소인 가정과 직장에서 여전히 간접흡연에 노출되는 성인과 어린이들이 있다.

○ 그럼 과연 얼마나 많은 사람들이 어느 정도 간접흡연에 노출될까? <표 4-18>은 2002년 8월에서 12월 일본의 중소기업에 다니는 남녀 968명의 성인비흡연가를 상대로 집과 직장에서의 노출 정도를 평가한

것이다. 평가는 자기－평가방법을 통해 '비노출(none)', '가끔(occasional)' 그리고 '항상(regular)' 등으로 설정하여 이루어졌다. 가정과 직장 모두에서 '항상' 간접흡연에 노출되는 비흡연가는 3.9%, 직장에서만 간접흡연에 '항상' 노출되는 비흡연가는 11.6%, 집에서만 간접흡연에 '항상' 노출되는 비흡연가는 3.3%로 조사되었다. 반면에 가정이나 직장에서 간접흡연에 전혀 노출되지 않는 비흡연가의 비율은 36.9%이다. 물론 집과 직장에서의 노출은 법적 규제와 사회적 환경에 따라 차이가 있지만 대략적으로 63.1%는 가정이나 직장에서 '항상' 또는 '가끔'으로 간접흡연에 노출되는 것으로 추정이 가능하다. 특히 가정에서 간접흡연의 노출이 '가끔' 또는 '항상'에 해당되는 비흡연가의 비율은 각각 8.4%와 3.3%로 전체 11.7% 정도이다. 이는 어린이들이 가정에서 간접흡연의 가능성이 있는 최대 비율로 고려될 수 있다.

〈표 4－18〉 직장 및 가정에서 간접흡연에 노출되는 비율(n＝968)

Exposure at home	Exposure at work		
	None	Occasional	Regular
	n(%)	n(%)	n(%)
None	357(36.9)	288(29.8)	112(11.6)
Occasional	81(8.4)	50(5.2)	7(0.7)
Regular	32(3.3)	3(0.3)	38(3.9)

(참고: Nakata)

⑥ 실내에서 금연만이 비흡연자들의 간접흡연 노출을 예방할 수 있다. 동일한 공간 내에서 금연석 및 흡연석의 분리, 흡연 후 실내공기 청정 및 환기로는 비흡연가에 대한 간접흡연의 노출을 막을 수 없다.

○ 간접흡연을 예방하기 위해 영국에서는 2010부터 건물 입구까지 금연구역을 확대하는 방안을 검토 중이다. 캐나다에서는 2010년 9월 200

여 개의 공원과 18㎞에 이르는 해변을 금연구역으로 지정하였다. 뉴질랜드와 미국 알래스카 등에서는 술집 흡연도 금지하고 있다. 우리나라 새 국민건강증진법은 전국의 지방자치단체가 실외 금연구역을 지정하여 이곳에서 담배를 피우는 사람에게 10만 원 이하의 과태료를 물릴 수 있도록 하고 있다. 또한 서울시는 이르면 2011년 하반기부터 버스정류장, 거리, 도서관, 공원 등을 금연구역으로 지정해 과태료를 부과할 계획이다.

⑦ 간접흡연을 second-hand smoking이라고 하는데 얼마 전부터 미국에서는 금연의 필요성의 또 다른 이유로 third-hand smoking이 제시되고 있다.

○ 간접흡연을 second-hand smoking이라고 하는데 미국에서는 금연의 필요성의 또 다른 이유로 3차 간접흡연(third-hand smoking)이 제시되고 있다. Third-hand smoke이란 흡연을 통해 발생한 담배연기가 주변 물질 및 물건에 오염, 흡착되어 다양한 경로를 통해 노출되는 현상을 의미한다. 흡연을 할 때 가스상 물질 및 입자상 물질이 발생한다. 가스상 물질은 벽, 가구, 옷, 장난감 그리고 집먼지 등의 표면에 흡착될 수 있다. 이러한 가스상 물질의 흡착은 비교적 빠른 시간에 이루어지는 데 반해 흡착된 화학물질은 몇 시간에서 몇 달까지 장기간 동안 이 물질들이 다시 공기 중으로 재배출될 수 있다. 또한 담배연기의 가스상 물질뿐 아니라 입자상 물질 역시 표면에 흡착되었다가 다시 부유하거나 기체형태의 화학물질과 반응을 할 수 있다. 이런 과정을 통해 흡연이 끝난 이후에도 실내환경에서 장기간 흡연에 의한 오염물질이 배출될 수 있다.

○ 담배의 약리작용의 원인물질인 니코틴은 실내의 카펫이나 페인트가 칠해진 벽에 잘 흡착되며 그 흡착률은 철 표면에 비해 2~3배 높다. 또한 흡연이 장기간 지속적으로 이루어졌던 실내장소에서 표면에 흡착

되어 있는 니코틴의 양은 담배 한 개비를 흡연했을 때 나는 양보다 많을 수 있다(참고: 이기영). 또한 니코틴은 실내표면뿐 아니라 실내에 존재하는 먼지에도 흡착이 될 수 있다. 먼지에 흡착된 니코틴은 자연상태에서 약 3주간이 지나도 약 40% 양이 남아 있을 정도로 장기간 흡착되어 있다. 또한 자동차 내에서 담배를 많이 피울수록 니코틴의 양은 증가한다.

○ 특히 실내표면에 흡착된 니코틴은 공기 중의 다른 오염물질과 반응하여 더 독성이 강한 물질로 전환될 수 있다. 예를 들어 니코틴은 공기 중의 아질산(nitrous acid, HONO)과 반응하여 발암성이 높은 담배－특이적 nitrosamine으로 전환된다. 특히 간접흡연에 노출된 셀룰로스를 60ppb의 아질산에 3시간 동안 노출시켰을 때 표면의 nitrosamines 농도가 10배 이상 증가하였다. 또한 이 과정에서 측정된 nitrosamines 중에는 환경담배연기에서 볼 수 없는 1－(N－methyl－N－nitrosamino)－1－(3－pyridiny1)－4－butanal를 비롯하여 발암성이 강한 4－(methylnitrosamino)－1－(3－pyridinyl)－1－butanone과 N－nitrosonornicotine이 확인되었다. 이는 환경담배연기와 환경물질의 반응을 통해 또 다른 독성물질 발생 가능성을 보여 주는 좋은 예이다.

○ 오염된 담배연기는 다시 사람에게 건강상의 문제를 유발할 수 있는데 특히 유아나 어린이들에게 영향이 클 것으로 역학조사를 통해 추정되고 있다. 미국 가정 1,500가구의 조사에 의하면 흡연가 43.3%, 비흡연가의 65.2%가 third－hand smoke에 의해 어린이들이 건강상 영향을 받을 것으로 생각하고 있다. 3차 간접흡연의 피해는 신생아의 소변에서 코티닌 측정을 통한 역학조사를 통해 알 수 있다. 신생아가 있는 가정을 가족이 모두 비흡연자인 가정군, 흡연자가 있으나 집에서 흡연을 하지 않는 가정군, 그리고 흡연자가 집에서 흡연을 하는 가정군 등 3개 군으로 설정하여 집 안에서 먼지 내, 공기 중, 그리고 실내 표면적에서의 니

코틴 농도와 신생아 소변의 코티닌을 측정하였다. 그 결과 흡연자가 있으나 집에서 흡연을 하지 않는 가정에서 간접흡연의 노출은 비흡연자 가정에 비해 5~7배 높았다. 집 안에서 흡연을 하는 가정은 집 안에서 흡연을 하지 않는 흡연자 가정에 비해 3~8배 정도 더 높은 노출을 보여주었다. 이는 흡연자가 집 안에서 흡연을 하지 않음에도 불구하고 신생아가 간접흡연에 노출되지 않더라도 3차 간접흡연에 의해 노출이 된다는 것을 의미한다.

○ 이러한 결과는 3차 간접흡연이 건강상 영향을 줄 수 있는 위험요인으로 고려되고 있다는 것을 의미한다. 따라서 단순히 동일한 실내 공간에서의 흡연 후 환기 및 배기 그리고 흡연석 및 비흡연석 분리는 완벽하게 비흡연자의 간접흡연 노출을 예방할 수 없다는 것을 의미한다.

제5장
니코틴의 약리작용 –
중독 및 금단증상의 기전

1. 니코틴의 생체전환과 약리작용
2. 니코틴 중독기전(mechanisms for nicotine addiction)

1. 니코틴의 생체전환과 약리작용

◎ 주요 내용

: 니코틴의 약물동태학

- Nicotine은 alkaloid의 일종이며 pK_a의 특성 때문에 대부분 폐를 통해 체내로 흡수된다.

- 폐포를 통해 혈류로 들어온 니코틴은 니코틴 친화성이 강한 조직인 간, 신장, 비장 그리고 폐 등에 분포하며 뇌는 수용체가 존재하여 높은 니코틴 친화성이 있다.

- 간에서 대부분 대사되는 니코틴은 약 70~80% 정도가 cotinine으로 대사되며 흡연자의 요에서 40~60%는 3 - hydroxycotinine와 cotinine glucuronide이 cotinine의 1차 대사체로 발견된다.

- Extrahepatic nicotine metabolism은 폐, 신장, 비강점막(nasal mucosa)과 뇌 등이 있지만 뇌에서 CYP2B6의 활성에 의한 니코틴의 대사가 중요하다.

- 니코틴 대사는 식이, 연령 그리고 성별 등에 의해 차이가 있는데 특히 여성에게 있어서 니코틴 대사율이 높은 이유는 estrogen에 의해 CYP2A6의 활성이 증가되기 때문이다.

- 니코틴의 분포용적을 비교하여 체내 조직에 광범위하게 분포한다는 것을 알 수 있으며 체외 배출을 의미하는 반감기(half - life)는 각각 니코틴이 100~150분, cotinine인 경우에는 770~1,130분 그리고 3 - hydroxycotinine인 경우 396분이다.

: 니코틴의 약물약력학

- 니코틴에 의한 약리작용은 dopamine을 비롯하여 norepinephrine, acetylcholine, serotonin, - GABA(γ - aminobutyric acid), glutamate와 β - endorphin 등의 신경전달물질 분비를 통해 이루어진다.

- 니코틴에 의한 약리작용과 담배중독(tobacco addiction)에 있어서 중추적인 역할을 하는 것은 뇌의 신경세포에 분포하는 nicotinic acetylcholine receptor (nAChR)이다.

- 니코틴은 nAChR 발현을 상향조절하며 6가지 기전으로 설명되고 있다.

- nAChR는 resting state, activated state 그리고 desensitized state 등의 3가지 상태로 니코틴에 의해 변화하는데 desensitized state는 니코틴의 장기적인 저농도 노출에 의해 발생한다.
- 니코틴은 nAChR 활성화를 통해 중뇌도파민신경계의 보상기능을 유발한다.

담배는 긴장과 불편한 감정을 해소하거나 피하기 위한 약물에 대한 갈망의 상태를 의미하는 중독성 또는 의존성(dependence)이 있다. 또한 지속적인 흡연을 하다가 몇 시간의 일시적 흡연 중단은 금단 증상을 유발한다. 이러한 의존성과 금단증상을 유도하는 흡연 또는 담배의 핵심 물질이 니코틴(nicotine)이다. 니코틴에 의한 이러한 의존성 유발은 흡연자 중 약 80% 이상에서 나타나고 있다. 일반적으로 약물 또는 화학물질에 대한 의존성과 같은 약리기전 등에 대한 정보는 동물 또는 동물－유래 세포를 비롯하여 미생물 등의 in vivo와 in vitro 실험 등의 다양한 생명체 시스템을 통해 얻게 된다. 특히 생명체 시스템에 대한 기본적인 접근은 전형적으로 화학물질의 두 가지 측면인 약물동태학(pharmacokinetics) 및 약물약력학(pharmacokinetics) 등을 통해 이루어진다.

1) 니코틴의 약물동태학

약물동태학(pharmacokinetics)은 약물의 생체막 투과, 체내 흡수, 분포 및 배출 등의 과정을 시간－의존성 측면에서 해석 및 규명하는 학문이다. 따라서 니코틴의 약물동태학이란 니코틴이 체내로 들어오는 흡수(absorption), 그리고 효소에 의한 대사(metabolism)와 분포(distribution) 그리고 최종적으로 체외 배출(excretion)에 대한 이해이다.

• Nicotine은 alkaloid의 일종이며 pK$_a$의 특성 때문에 대부분 폐를 통해 체내로 흡수된다.

니코틴은 분자식이 C$_{10}$H$_{14}$N$_2$인 알칼로이드(alkaloid)이다. 알칼로이드는 일반적으로 질소원자를 가진 환상구조(notrogen-containing heterocyclic ring)의 식물성천연화학물질(phytochemical)이다. 담배 속에 존재하는 대부분의 니코틴은 (S)-이성질체이며 (R)-이성질체의 양은 1% 이하이다. 또 다른 니코틴의 화학적 특성은 <그림 5-1>에서처럼 각각 3차아민(tertiary amine) 구조를 가진 pyridine과 pyrrolidine ring으로 구성되었다.

미국에서 2005년 조사에 의하면 상품화된 궐련형 담배 한 개비가 함유하고 있는 니코틴 함량은 평균 10~14mg으로 확인되었다. 물론 이러한 평균 니코틴 함량은 점차 감소 추세이기 때문에 오늘날의 담배와 비교하여 정확한 것은 아니다. 담배 한 개비에 함유되어 있는 전체 니코틴 중 약 35%는 연소되며 또한 유사한 양의 니코틴은 기도로 흡입되지 않고 주변 환경의 연기(non-inhaled smoke)에 존재한다. 대략적으로 흡연을 통해 체내로 흡입되는 니코틴 양은 담배 한 개비에 존재하는 전체 니코틴의 약 10% 정도로 추정되고 있다.

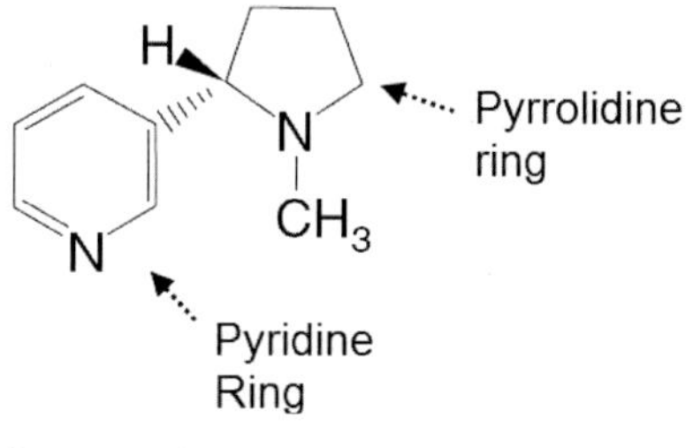

〈그림 5-1〉 Nicotine의 구조: 담배 속에 존재하는 대부분의 니코틴은 (S)-이성질체이며 각각 3차 아민(tertiary amine) 구조를 가진 pyridine과 pyrrolidine ring으로 구성된 약염기이다.

대부분의 화학물질이 막의 많은 부분을 차지하는 지질 부분을 통해 이동하는 단순확산에 의존한다. 막을 통과하기 위해서는 지질용해도 (lipid solubility)가 높고 비이온화 형태(non-ionized form)의 이온화 강도 (degree of ionizations)가 낮은 특성을 가져야 한다. 물질의 이온화 강도는 일반적으로 Handerson-Hasselbach 공식을 통해 확인할 수 있는데 물질의 pK$_a$(acid dissociation constant, 산의 해리상수)와 주변 pH에 의해 결정된다. 주변의 pH와 물질의 pK$_a$가 같으면 절반은 이온화 형태이며 절반은 비이온화 형태를 의미한다. 주변 pH가 물질 pK$_a$보다 높으면 높을수록 물질은 양성자(proton)를 상실하게 되어 이온화가 촉진된다. 반면에 주변 pH가 물질의 pK$_a$보다 낮으면 물질은 이온화 강도가 낮은 특성을 갖는다. Pyridine 질소의 pK$_a$는 3.04인 반면에 pyrrolidine 질소는 pK$_a$은 7.84이다. 이는 생리적 pH에서 니코틴이 약 23% 정도의 비이온화 형태로 지질층의 세포막을 통과하여 체내로 흡수된다는 것을 의미한다. 니코틴 자체적으로 pK$_a$은 약 8.0의 약염기이다.

pH가 낮은 산의 조직에서는 니코틴은 이온화 형태이기 때문에 세포막의 지질층을 통과하기 어렵다. 예를 들어 위의 pH은 약 2~4이기 때문에 니코틴이 거의 흡수되지 않는다. 따라서 니코틴을 함유한 껌을 통한 니코틴 흡수는 기대하기가 어렵다는 것이다. 또한 담배의 종류에 따른 연기의 pH 역시 니코틴 흡수에 영향을 준다. 파이프(pipe)나 시가(cigar)의 담배연기는 대부분이 pH 6.5 이상의 염기성이기 때문에 니코틴이 비이온화되어 입에서 흡수가 잘 된다. 반면에 궐련형 담배연기인 경우에는 pH가 5.5~6의 산성이기 때문에 니코틴의 이온화에 따른 흡수 감소가 유도된다. 따라서 궐련형 담배연기 속의 니코틴은 입이 아니라 폐를 통해 대부분 흡수된다. 이는 폐포(alveoli)를 지나는 혈액은 pH가 7.4이기 때문에 산성인 담배연기의 중화를 유도하며 결과적으로 니코틴의 비이온화 형태로의 폐순환계(pulmonary circulation) 흡수가 용이하기 때문이다. 물론 폐포의 넓은 면적 역시 니코틴 흡수에 영향을 준다. 따라서 니코틴의 pK_a와 염기 및 조직 등의 주변 환경 pH는 흡연을 통한 니코틴의 흡수에 중요한 영향을 준다.

폐포를 통해 들어온 니코틴은 pH 7.4의 혈액에서 약 69%가 이온화 형태, 약 31%가 비이온화 형태로 존재한다. 또한 혈장단백질에 약 5% 미만의 니코틴이 결합하여 존재한다. 혈액의 니코틴은 단순확산 또는 확인되지 않은 수용체－매개 수송기전(carrier-mediated transport)을 통해 혈액－뇌 장벽(blood-brain barrier)을 통과하여 뇌 속으로 들어간다. 뇌에서의 분포적 반감기(distributional half－life)는 약 10분 정도이다. 분포적 반감기란 폐, 간, 췌장 그리고 신장 등 니코틴에 대한 높은 친화성을 가진 조직이나 기관에 니코틴이 분포되는 동안에 뇌의 니코틴이 가장 높은 농도에서 50% 농도 감소에 걸리는 시간을 의미한다. 일반적으로 혈액에서의 니코틴 반감기는 약 2시간 정도이나 요를 통한 체외배출을 기준으로 니코틴의 반감기는 약 11시간이다. 이는 조직에서의 니코틴 방출이 지연된다는 것을 의미한다.

이러한 니코틴의 흡수기전에 따라 <표 5－1>은 다양한 경로에 의한 니코틴의 체내 흡수에 대한 특성을 요약한 것이다. 약 2mg의 궐련형 담배 1개비를 5분 동안 흡연하였을 경우에 혈액최고 농도(C_{max})는 정맥혈액 ml당 15~30ng이며 최고농도에 이르는 시간(T_{max})은 정맥혈액에서 5~8분이다. 또한 이러한 조건에서 투여된 전체 니코틴 중 체내 혈액 등 표적기관에서의 농도를 나타내는 생체이용률(bioavailability)은 80~90% 정도이다. 반면에 약 3mg의 니코틴을 함유한 경구투여액인 경우에는 C_{max}가 2.9, T_{max}가 66분과 더불어 생체이용률(bioavailability)은 20%에 불과하다. 니코틴 투여경로에 따른 생체이용률에 있어서 이러한 큰 차이는 니코틴의 화학적 특성에 기인한 흡수율 차이를 보여 주는 좋은 예라고 할 수 있다.

〈표 5-1〉 다양한 투여 방법을 통한 니코틴-흡수 약물동태학

Type of Nicotine administration	Cmax ngml^{-1}	Tmax min	Bioavailability %
Smoking(one cigarette, 5min)	15~30(venous)	5~8(venous)	80~90(of inhaled
(~2mg/cigarette)	20~60(arterial)	3~5(arterial)	nicotine)
Intravenous~5.1mg)	30(venous)	30(venous)	100
(60μg/kg, 30min	50(arterial)	30(arterial)	
Nasal spray 1mg	5~8(venous)	11~18(venous)	60~80
	10~15(arterial)	4~6(arterial)	
Gum(30min, total does in gum)			
2mg	6~9	30	78
4mg	10~17	30	55
Inhaler 4mg released	8.1	30	51~56
(one 10mg cartridge, 20min)			
Lozenge(20~30min)			
2mg	4.4	60	50
4mg	10.8	66	79
Sublingual tablet 2mg(20~30min)	3.8	~60	65
Tooth patch 2mg	~3.2	~120	
Transdermal patch(labeled dose)			
15mg/16h(Nicotrol)	11~14	6~9h	75~100
14mg/24h(Nicoderm)	11~16	4~7h	
21mg/24h(Nicoderm)	18~23	3~7h	68
21mg/24h(Habitrol)	21~21	9~12h	82
Subcutaneous injection 2.4mg	15	25	100
Oral capsule 3~4mg	6.8	90	44
Oral slow-release capsule	2.2	7.5h	
(colonic absorption) 6mg			
Oral solution			
2mg	4.7	51	
~3.0mg(45μg/kg)	2.9	66	20
Enema			
~3.5mg(45μg/kg)	2.3~3.1	20~80	
6mg	6~9	45	15~25

* Cmax: 혈액 내의 최고농도, Tmax: 최대농도에 도달하는 시간, Bioavailability: 생체이용률이며 투여된 전체 양 중 표적기관에 존재하는 양(참고: Neal).

- 폐포를 통해 혈류로 들어온 니코틴은 니코틴 친화성이 강한 조직인 간, 신장, 비장 그리고 폐 등에 분포하며 뇌는 수용체가 존재하여 높은 니코틴 친화성이 있다.

체내로 흡수된 니코틴은 pH 7.4의 혈류로 들어가게 되어 약 70%가 이온화되며 약 30%가 비이온화된다. 혈장단백질(plasma protein)에 결합하는 비율은 전체 니코틴의 5% 이하 정도이다. 혈액의 니코틴은 평균 2.6 L/kg(체중)의 항정상태용량(volume of steady-state)로 체내 조직에 광범위하게 분포된다. 흡연가의 부검을 통해 확인된 니코틴과 조직의 니코틴-친화성(nicotine-affinity)에 있어서 가장 친화성이 높은 조직은 간을 비롯하여 신장, 비장 그리고 폐가 있으며 가장 낮은 친화성을 가진 조직은 지방조직이다. 니코틴 대사체인 cotinine 농도가 가장 높은 곳은 간이다. 근골격에서는 니코틴 및 cotinine의 혈액의 농도와 유사하다.

니코틴은 또한 뇌세포의 수용체(receptor) 존재 때문에 뇌조직에 대한 높은 친화성을 가지고 있다. 특히 흡연가의 뇌조직에 대한 친화성이 비흡연가와 비교하여 높은데 이는 니코틴-콜린성 수용체가 흡연가에게 더 많기 때문이다. 많은 양의 니코틴이 위액과 타액에 축적된다. 피부흡착을 니코틴 투여인 경우에는 위액/혈장 또는 타액/혈장에 대한 농도비가 각각 61과 11이며 흡연인 경우에는 각각 53과 87 정도이다. 위액과 타액에 있어서 니코틴 축적이 높은 이유는 니코틴의 이온포착(ion-trapping) 현상에 기인한다. 니코틴은 또한 모유/혈장의 농도비가 2.9 정도로 모유에 축적된다. 니코틴은 탯줄을 통과하며 특히 양수나 태아 혈액에서 모의 혈액에서보다 니코틴 농도가 높다. 뇌와 다른 조직에서 니코틴의 시간별 분포는 니코틴의 흡수 경로에 크게 좌우된다. 흡연인 경우에는 니코틴은 폐정맥 순환계로 이동하여 심장의 좌심실과 동맥순환계를 통해 뇌로 이동한다. 이에 걸리는 시간은 10~20초 정도이다.

흡연 시 동맥혈에서 니코틴 농도는 혈액 ml당 100ng 정도로 빠르게 증가하나 일반적으로 20~60ng 정도로 유지된다. 첫 모금 후 동맥혈에서 니코틴 농도는 평균 7ng/ml 정도로 낮지만 흡연을 통해 동맥혈/정맥혈의 농도비가 10 정도로 증가한다. 흡연 후 이러한 빠른 니코틴의 체내 분포는 니코틴에 대한 내성이 생성될 여유가 없을 정도로 중추신경계에서 높은 농도를 유도하게 된다. 이러한 결과는 더욱 강한 약리작용을 유발하게 되는 원인이다. 따라서 한 모금의 흡연 후 니코틴이 뇌에 도달하는 초단기의 시간은 흡연가가 기대하는 약리작용을 위한 니코틴 농도를 설정하게 하고 흡연욕구 및 중독을 유발하는 원인이 된다. 궐련형 흡연과 더불어 비강스프레이(nasal spray)에 의한 니코틴 투여도 역시 니코틴의 체내 공급이 빠른 방법 중의 하나이다. 반면에 니코틴 패치(nicotine patch)와 같은 방법을 통한 니코틴의 지연 이동 및 전달은 니코틴 분포에 있어서 동맥혈-정맥혈의 불균형을 유발하며 흡연의 경우보다 뇌에 전달되는 니코틴 농도가 낮다. 결과적으로 뇌에는 니코틴 농도가 점차적으로 증가되어 니코틴의 약리작용에 대한 상당한 내성이 생성될 수 있는 시간적 여유를 갖게 된다. 따라서 중추신경계 영향에 대한 니코틴의 강도는 약하게 되며 중독 가능성도 거의 없다.

- 간에서 대부분 대사되는 니코틴은 약 70~80% 정도가 cotinine으로 대사되며 흡연자의 요에서 40~60%는 3-hydroxycotinine와 cotinine glucuronide이 cotinine의 1차 대사체로 발견된다.

담배연기 속 화학물질의 생체전환에 대한 설명은 앞장에서 이미 설명하였지만 니코틴 대사와 관련하여 여기서 다시 간단히 설명하였다. 담배연기 속의 화학물질은 외인성물질(xenobiotics: xenos = foreign, bios = life: 생명체에는 외인성이라는 뜻)을 의미하는데 체내에 들어오는 약물, 한약재 그리고 환경오염물질 등 인체 내에서 생성되지 않으면서 정상적인 식이(diet)에 포함되지 않는 모든 물질을 말한다. 영양물질의 '대사(metabolism)'와 구분하여 효소에 의해 외인성물질로 전환되는 과정을 생체전환(biotransformation)이라고 한다. 즉 생체전환은 외인성물질의 대사라고 간단히 정의할 수 있다. 그러나 엄격한 의미에서 외인성물질의 체내에서의 전환을 생체전환이라는 용어를 사용하여야 타당하나 일반적으로 대사라는 단어와 구분 없이 독성학을 비롯한 여러 분야에서도 혼용되고 있다. 일반적으로 외인성물질의 생체전환은 두 가지 반응단계로 구성되어 있는데 제1상반응(phase Ⅰ)의 작용기화(functionalization 또는 관능기화, 기능기화)와 제2상반응(phase Ⅱ)의 포합반응(conjugation)을 통해 이루어진다. 제1상반응에서는 원물질이 효소에 의해 산화(oxidation), 환원(reduction)과 가수분해(hydrolysis) 등의 반응이 주로 이루어진다. 이러한 반응을 통해 산소와 같은 특정 원자단과 결합하여 원물질은 다른 화학적 특성을 지닌 대사체(metabolites)로의 전환이 유도된다. 원물질의 또 다른 화학적 특성은 원물질에 새롭게 생성된 −OH 등의 작용기에 기인하는데 이러한 작용기의 생성 과정을 작용기화라고 한다. 새로운 원자단이 결합했을 경우 대부분의 원물질은 '극성(polar)'을 띠게 된다. 특히 생체전환의 제1상반응 과정에서 생성된 이들 극성부위는 제2상반응을 위한 부위로 제공된다. 따라서 제2상반응은 당유도체, 아미노산을 비롯한 메틸기 등의 다양한 내인성물질들이 효소에 의해 극성부위에 포합되는 과정이다. 제2상반응에서 극성의 대사체는 '친수성'으로 전환된다. 따라서 친지질성을 가진 외인성물질들은 제1상반응과 제2상반응을 거치면서 친지질성 → 극성 → 친수성으로 화학적 특성이 전환된다. 간단히 요약하면 제2상반응의 포합반응은 당에서 유래된 글루쿠로닉산(glucuronic acid), 황산이온(SO_3^-), 아세틸기(CH_3COO^-), 메틸기(CH_3), 아미노산(glycine, serine, glutamine)의 NH_2와 glutathione(GSH) 등을 제1상반응의 극성부위인 수산기($-OH$), 아미노기($-NH_2$)와 카르복실기($-COOH$)에 결합시키는 반응이다. 제2상반응의 주요 포합반응으로는 글루쿠론산포합(Glucuronidation), 황산포합(sulfate conjugation), 아세틸화(acetylation), 메틸화(methylation), 아미노산포합(amino acidconjugation)과 GSH포합(glutathione conjugation) 등 6종류가 있다.

특히 외인성물질의 제1상반응에 관여하는 효소는 cytochrome P450 (CYP450 또는 P450)과 flavin-containing monooxygenase(FMO) 등이 있다. 제2상반응에서 당유도체, 황산, 아세틸기, 메틸기, 아미노산을 비롯하여 glutathione 등을 대사체의 극성부위에 포합하는 주요 효소는 UDP-glucuronosyltransferase(UGT), sulfotransferase(SULT), N-acetyltransferase(NAT), methyltransferases(MT)와 glutathione-S-transferase(GST) 등이 있다.

니코틴 역시 사람의 일상적인 생활을 통해 체내로 흡수되는 대표적인 외인성물질이다. 또한 제1상반응과 제2상반응을 통한 생체전환을 통해 체외로 배출된다. 혈액에서의 니코틴 반감기가 2시간, 요를 통한 니코틴의 반감기가 약 11시간이라는 것은 결국 이러한 생체전환을 통해 결정된다. 대부분의 화학물질이 간에서 대사되어 체외로 배출되듯이 니코틴 역시 간에서 흡수된 니코틴이 대부분 대사된다. 그러나 니코틴이 뇌에서 적은 양이 대사되지만 뇌는 니코틴 약리작용의 주요 장소이기 때문에 뇌에서의 대사는 중요하다.

<그림 5-2>에서처럼 우선적으로 간에서 흡수된 니코틴의 70~80%가 cotinine으로 전환된다. 그러나 약 10~15%의 cotinine는 전환되지 않고 자체 형태로 소변으로 배출된다. 니코틴에서 전환된 cotinine의 1차 대사

체는 6종류인 3−hydroxycotinine5−hydroxycotinine(또는 allohydroxycotinine), cotinine N−oxide, cotinine methonium ion, cotinine glucuronide 그리고 norcotinine (또는 demethylcotinine) 등이 있다. 특히 대부분의 흡연가의 요에서 cotinine 의 1차 대사체 중 3−hydroxycotinine와 cotinine glucuronide가 약 40~60% 정도로 발견된다.

니코틴은 CYP2A6에 의해 nicotine−(1,5)−iminium ion, 그리고 세포질의 알디히드산화효소(aldehyde oxidase)에 의해 cotinine으로 전환되는 등 2단계를 통해 이루어진다. 이러한 과정에서 생성되는 nicotine−(1,5)−iminium ion은 친전자성대사체로 DNA 돌연변이를 유발하는 알킬화−유도물질 (akylating agent)이면서 또한 니코틴의 약리작용에 있어서 중요한 역할을 한다. 그 다음으로 간에서의 니코틴의 중요한 경로는 flavin−containing monooxygenase 3(FMO3)에 의한 니코틴의 N−산화반응을 통해 생성되는 nicotine N−oxide로 전환과정이며 흡수된 니코틴의 4~7% 정도가 이 과정을 통해 대사된다. 동물에서는 1−(R)−2−(S)−*cis*와 1−(S)−2−(S)−*trans*−이성질체가 FMO3에 의해 생성되나 사람의 소변에서는 대부분 nicotine N−oxide의 *trans*−이성질체가 발견된다. 다른 니코틴의 1차 대사체와는 달리 nicotine−N−oxide는 더 이상 대사되지 않는 최종대사체(ultimate metabolite)이다. 이와 같이 니코틴의 pyrrolidine ring 산화에 의한 nicotine−N−oxide 생성과 더불어 비산화적인 반응인 pyrrolidine ring의 질소에 메틸화를 통한 nicotine isomethonium ion(또는 N−methylnicotinium ion) 생성과 제2상반응의 글루쿠론산포합에 의한 nicotine glucuronide가 생성된다. 특히 nicotine glucuronide는 UGT에 의해 촉매 되어 (S)−nicotine−N−β−glucuronide 이성질체가 대부분이며 전체 니코틴의 3~5% 정도로 소변으로 배출된다.

사람의 간에서 니코틴은 또한 CYP2A6에 의해 nornicotine으로 전환되는데 2~3% 정도의 아주 미량이다. 그러나 nornicotine은 담뱃잎의 성분으로 소변의 nornicotine 중 약 30% 정도는 대사보다 이에 기인하는 것으로 추정된다. 니코틴의 소량 대사체 중에서 P450에 의한 니코틴의 2－수산화 반응을 통해 전환된 2－hydroxynicotine는 가장 최근 확인된 대사체이다. 특히 2－hydroxynicotine은 4－(methylamino)－1－(3－pyridyl)－1－butanone으로 전환되어 다시 4－oxo－4－(3－pyridyl)butanoic acid와 4－hydroxy－4－(3－pyridyl)butanoic acid로 전환된다. 특히 4－(methylamino)－1－(3－pyridyl)－1－butanone는 발암물질인 NNK(4－(methylnitrosamino)－

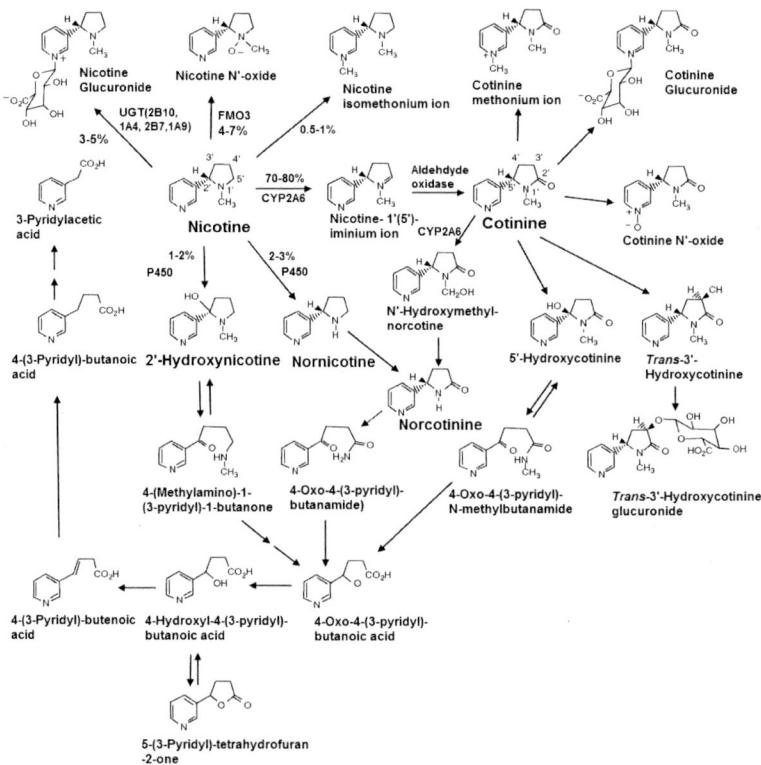

〈그림 5－2〉 니코틴의 생체전환 경로: 우선적으로 간에서 흡수된 니코틴의 70~80%가 cotinine으로 전환된다. 그러나 약 10~15%의 cotinine은 전환되지 않고 자체 형태로 소변으로 배출된다.

1−(3−pyridyl)−1−butanone)와 NNAL(4−(methylnitrosamino)−1−(3−pyridyl)−1−butanol)로 전환될 수 있다. 또한 2−hydroxynicotine은 nicotine−1(2)−iminium ion의 발암유발−대사체 물질로 전환될 수 있다. 이러한 발암대사체의 생성은 니코틴의 발암기전을 이해하는 데 있어서 중요하다.

- Extrahepatic nicotine metabolism은 **폐, 신장, 비강점막**(nasal mucosa) **과 뇌 등이 있지만 뇌에서 CYP2B6의 활성에 의한 니코틴의 대사가 중요하다.**

간 외의 조직에서 니코틴 대사(extrahepatic nicotine metabolism)가 주로 발생하는 조직은 폐, 신장, 비강점막(nasal mucosa)과 뇌 등이 있다. 그러나 니코틴은 주로 간에서 대사된다. 이는 간에서의 대부분 니코틴의 대사에 결정적인 역할을 하는 CYP2A6가 간−특이적 발현에 기인한다. <그림 5−2>에서처럼 체내에 들어온 니코틴은 70~80%는 CYP2A6에 의해 cotinine을 거쳐 norcotinine으로 간에서 대사된다. 반면에 CYP2A6와 CYP2B6의 N−demethylation(N−탈메틸화)을 통한 nornicotine 생성 경로는 전체 nicotine의 대사율 중 약 2~3%에 불과하다. 따라서 <그림 5−3>에서처럼 사람의 간에서의 니코틴 대사 주요경로(major pathway)는 norcotinine 생성경로이며 nornicotine 생성경로는 소수경로(minor pathway)이다. 니코틴이 뇌혈관장벽도 통과하기 때문에 뇌에서도 이루어진다. 뇌에서는 간에서 이루어지는 주요경로와 소수경로가 다르다. 뇌에는 CYP2A6뿐만 아니라 CYP2B6 역시 활성이 높기 때문에 nicotine 농도만큼 nornicotine 농도가 존재한다. 따라서 뇌에서는 주요경로가 nornicotine 생성경로가 된다. 특히 뇌에서 니코틴의 신경약리적 작용은 nicotine 대사체인 nornicotine에 의해 이루어지며 또한 nornicotine은 뇌 및 혈장에서 반감기가 nicotine

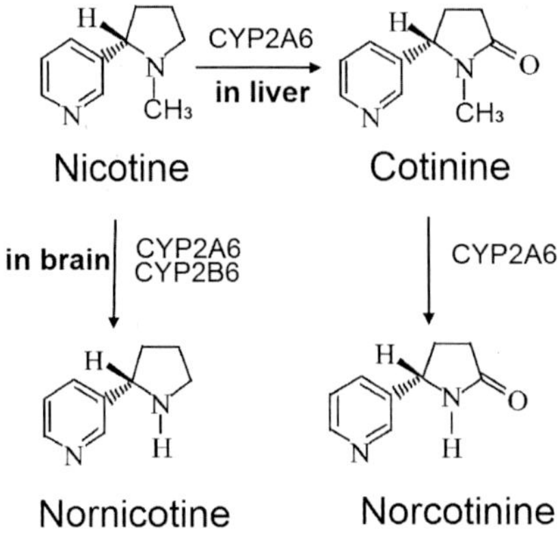

〈그림 5-3〉 Nicotine의 CYP2A6와 CYP2B6에 의한 대사: P450
효소에 의한 대사체인 nornicotine은 신경학적 약리작용을 유발하는 주
요 니코틴 대사체이다. 간에서는 norcotinine 생성이 주요경로이지만 뇌
에서는 nornicotine 생성이 주요경로이다(참고: Yamanaka).

보다 3~6배 정도 길다. 이러한 측면에서 볼 때 P450에 의한 물질의 대
사경로가 장소에 따라 다르며 이러한 차이는 물질의 기능적인 측면에서
기인하는 것으로 추정된다. 일반적으로 CYP2A6와 CYP2B6 활성은 니코
틴에 의한 유도발현에 의해 이루어지기 때문에 흡연가의 뇌에는 이들
효소의 활성이 높다. 이러한 점은 이들 P450 효소의 기질이 되는 약물을
복용하였을 경우에는 비흡연가보다 대사율이 높아 빠르게 대사되는 독
물동태학적 영향을 유발한다. 뇌에서 니코틴 대사는 CYP2A6와 CYP2B6
외에도 CYP2D6 그리고 CYP2E1 역시 발현되어 대사에 관여한다. 뇌 외
에도 간 이외의 조직에서의 니코틴 대사는 폐와 비강점막에서의 CYP2A13,
신장에서의 FMO3 등을 예로 들 수 있다.

- 니코틴 대사는 식이, 연령 그리고 성별 등에 의해 차이가 있는데
  특히 여성에게 있어서 니코틴 대사율이 높은 이유는 estrogen에 의
  해 CYP2A6의 활성이 증가되기 때문이다.

니코틴 대사에 영향을 주는 요소는 간에서의 혈류(blood flow), 연령 그리고 성별 등이 있다. 식이가 니코틴 대사에 미치는 영향은 식이 후 30~60분에 확인되었다. 간을 통한 혈류가 식이에 의해 약 30% 증가되었으며 니코틴 제거율 역시 약 40% 정도 증가되었다. 반면에 구강세정제를 비롯하여 궐련형 담배에도 사용되는 menthol과 포도주스는 간에서 니코틴 대사에 핵심적인 효소인 CYP2A6의 활성을 저해하여 니코틴 대사율을 감소시킨다. 니코틴 제거율이 65세 이상의 노인들에게서 감소되는 것이 확인되었는데 젊은 층과 비교하여 전체 니코틴 제거율은 23%, 신장제거율은 약 49% 정도가 낮다. 또한 노인들에게서의 니코틴 대사의 감소는 간에서의 혈류 속도에 의해서도 영향을 받지만 CYP2A6 등의 효소 활성은 차이가 없어 영향을 받지 않는다. 성별의 차이에서 니코틴 대사율이 차이가 있다. 일반적으로 경구피임약을 복용하지 않는 여성은 남성보다 니코틴 및 cotinine의 제거율이 13~24% 높다. 특히 경구피임약을 복용하는 경우에는 복용하지 않는 여성보다 니코틴 및 cotinine의 제거율에서 약 28~30% 정도 높다. 남녀 성별의 비교에서 여성이 남성보다 니코틴 대사율이 높은 이유는 CYP2A6 활성에 있어서 여성이 높기 때문이며 이는 성호르몬인 estrogen에 의해 CYP2A6 활성이 증가되는 것으로 추정되고 있다.

- 니코틴의 분포용적을 비교하여 체내 조직에 광범위하게 분포한다는 것을 알 수 있으며 체외 배출을 의미하는 반감기(half - life)는 각각 니코틴이 100~150분, cotinine인 경우에는 770~1,130분 그리고 3 - hydroxycotinine인 경우 396분이다.

<표 5 - 2>에서처럼 니코틴 생체전환 또는 대사를 통해 혈액에서 전

체 니코틴의 제거율(clearance: 1분 동안 체중 kg당 몇 ml의 혈액에서 제거되는 약물의 양)은 1,110~1,500ml/min이다. 즉 분당 약 1,110~1,500ml의 혈액 내에 존재하는 니코틴이 제거된다. Cotinine 대사는 다양한 경로를 통해 대사되는 nicotine보다 훨씬 느리게 이루어진다. 따라서 Cotinine의 제거율은 42~55ml/min이며 trans-3-hydroxycotinine의 제거율은 평균 82ml/min이다. 니코틴은 대부분 비신장제거율(nonrenal clearance)에 의존하여 배출되지만 신장제거를 통해 배출할 경우에는 소변의 pH에 따라 재흡수되거나 사구체여과(glomerular filtration)와 세뇨관분비(tubular secretion)에 따라 배출된다. 요의 pH의 비조절 상태에서 일반적으로 니코틴의 신장제거율(renal clearance)은 평균 35~90ml/min 정도이며 이는 전체 제거율의 약 5%에 해당하는 용량이다. 산성 요(pH 4.4)에서 니코틴은 대부분 이온화되어 세뇨관재흡수가 최소화되어 신장제거율은 약 600ml/min까지 증가된다. 반면에 염기성 요(pH 7)에서 대부분의 니코틴은 비이온화되어 세뇨관재흡수가 증가되어 신장제거율은 약 17ml/min까지 감소된다.

간에서 니코틴의 최대량 대사체인 cotinine은 혈장단백질과 결합하지 않는데 이는 세뇨관재흡수율이 높을 수 있다는 것을 의미한다. Cotinine의 신장제거율은 요가 산성을 띠게 되면 최대 50%까지 증가될 수 있다. Cotinine 배출은 정상적인 생리 pH하에서 비이온화 형태이며 니코틴보다 염기성이 낮아 pH에 의한 영향을 덜 받는다. 그러나 cotinine은 전체 제거율 중 평균 12% 정도로 배출에 있어서 주요 니코틴의 대사체가 아니다. 반면에 100% 비이온화의 nicotine N-oxide와 약 67% 비이온화의 3-hydroxycotinine이 요로 배출되는 대표적인 니코틴 대사체이다.

<표 5-2>에는 또한 니코틴의 분포용적(volume of distribution)을 표시하였다. 대부분의 약물은 혈액 외에도 많은 조직에 분포되기 때문에 고농도로 분포된 약물을 모두 혈액 내에 존재한다고 가정하고 현재의 혈

중농도에 비추어 그만한 양을 전부 수용하는 데 필요한 혈액의 양을 가상적으로 산출해 낸 값이 분포용적이다. 분포용적은 약물을 함유하는 데 필요한 체액의 양(volume)으로서 체내에 있는 약물의 투여량을 혈중농도로 나눈 것이다. 니코틴의 분포용적은 2.2~2.3 L/kg(체중)으로 cotinine의 0.69~0.93 L/kg(체중) 그리고 3-hydroxycotinine의 0.66 L/kg(체중)와 비교하여 체내 조직에 광범위하게 분포한다는 것을 분포용적을 통해 알 수 있다. 또한 반감기(half-life)는 각각 니코틴이 100~150분, cotinine인 경우에는 770~1,130분 그리고 3-hydroxycotinine인 경우에는 396분이다. 니코틴의 대변을 통한 배출은 흡연 후 72시간 정도에서 흡수된 니코틴의 1% 정도이며 땀으로도 아주 소량의 니코틴이 배출된다.

〈표 5-2〉 (S)-nicotine, (S)-cotinine 및 (3′R,5′S)-trans-3′-hydroxycotinine 의 정맥 투여 후 약물동태학의 지표

	Clearance	Renal Clearance	Nonrenal Clearance	Volume of Distribution(Steady State)	T$_{1/2}$
	ml/min			l/kg	min
Nicotine	1,110~1,500	35~90	1,050~1,460	2.2~3.3	100~150
Cotinine	42~55	3~9	36~52	0.69~0.93	770~1,130
Trans-3′-ydroxycotinine	82	50	32	0.66	396

* Volume of distribution: 약물을 함유하는 데 필요한 체액의 양(volume)으로서, 체내에 있는 약물의 양(투여량)을 혈중 농도로 나눈 것이며, liter (l) 또는 l/Kg으로 표시한다. T$_{1/2}$: 소실반감기(참고: Hukkanen).

2) 니코틴의 약물약력학

약물이 생체에 미치는 작용을 약리작용(pharmacological action)이라고 하며 약물약력학(pharmacodynamics)이란 약물이 체내에서 생화학적, 생리학적 변화를 유발하는 기전이다.

- **니코틴에 의한 약리작용은** dopamine**를 비롯하여** norepinephrine, acetylcholine, serotonin, GABA(γ - aminobutyric acid), glutamate **와** β - endorphin **등의 신경전달물질 분비를 통해 이루어진다.**

뇌에서 니코틴은 전전두엽피질(prefrontal cortex), 시상(thalamus) 그리고 시신경계 등에서 빠르게 활성이 증가된다. 이러한 활성을 통해 <표 5-2>에서처럼 니코틴에 다양한 신경전달물질(neurotransmitter: 신경세포 간 신호를 전달하는 물질) 분비를 촉진시켜 뇌에서 다양한 약리작용을 수행하게 된다. 특히 니코틴에 의한 신경전달물질은 도파민(dopamine)을 비롯하여 노에피네프린(norepinephrine), 아세틸콜린(acetylcholine), 세로토닌(serotonin), GABA(γ-aminobutyric acid), 글루타메이트(glutamate)와 엔돌핀(β-endorphin) 등이 있다. 일반적으로 호르몬과 니코틴과 같은 외부물질코틴 등과 같은 자극에 의해 각각의 신경전달물질을 분비하는 신경계는 분비되는 신경전달물질 이름을 붙여 회로(pathway, circuit system)로 불린다. 니코틴에 의해 분비되는 가장 중요한 신경전달물질인 도파민을 분비하는 신경계인 경우에는 '도파민성신경회로(dopaminergic pathway, dopaminergic circuit dopaminergic system)' 등으로 표현된다. 따라서 니코틴은 다양한 신경전달물질 분비를 유도하기 때문에 다양한 신경회로의 활성에 중요한 역할을 한다고 할 수 있다. 신경회로의 활성은 <그림 5-4>에서처럼 자극에 의해 acetylcholine을 분비하는 콜린성신경회로(cholinergic pathway)를 통해 이해할 수 있다. 신경회로의 활성화는 신경세포(neuron)와 신경세포의 신경접합부(neuronal junction)인 시냅스(synapse, 신경연접)에서 신경전달물질이 시냅스전신경세포(presynaptic cell)에서 시냅스후신경세포(postsynaptic cell)로의 전달을 통해 이루어진다. 즉 신경세포(neuron)는 일반적으로 수상돌

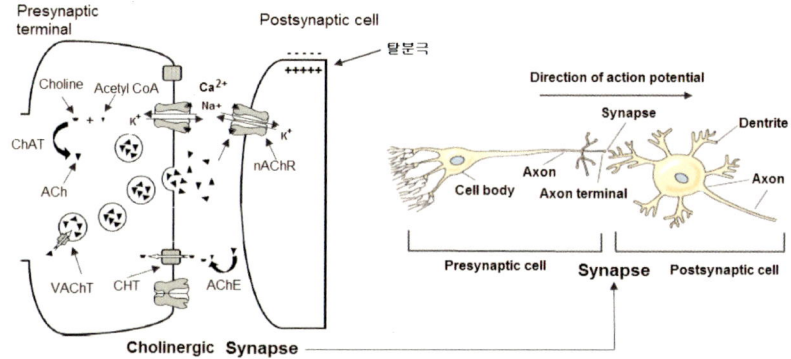

〈그림 5-4〉 니코틴-콜린성 수용체의 활성화와 acetylcholine 방출: Acetylcholine(ACh)
이 choline acetyltransferase(ChAT) 효소에 의한 choline과 acetyl CoA의 결합을 통해 합성
되어 시냅스전(presynapse)의 vesicular acetylcholine transporter(VAChT)에 저장된다. 리간
드 acetylcholine의 결합에 의하여 니코틴-콜린성 수용체(nAChR)는 입체구조적 변화(allosteric
change)가 유도되어 channel pore가 형성되어 양이온이 세포 내로 유입된다. 결과적으로 신경
세포는 활성화되어 acetylcholine을 방출한다. nAChR은 자기 축색이 분비한 신경전달물질과 결
합하는 자가수용체(autoreceptor)이다. 방출된 acetylcholine은 인접한 시냅스후신경세포(postsynaptic
cell)의 nAChR에 결합하여 신경세포의 탈분극을 유도하여 신경계의 정보를 전달한다(참고:
Abeu-Villaca).

기(dentrite) 및 세포체(cell body), 축삭(axon), 축삭종말(axon terminal) 그리
고 종말단추(terminal button)로 구성되어 있는데 신경세포의 종말단추가
다른 신경세포의 수상돌기와 마주 하는 곳이 시냅스이다. <그림 5-4>에서
처럼 신경전달물질인 acetylcholine이 수용체에 결합하면 수용체를 통한
이온 이동, 막전위의 변화에 의한 활동전위(action potential) 발생 그리고 막
의 탈분극(deporalization: Na^+는 세포 밖, K^+는 세포 내로 이동하여 발생) 등이 유도
된다. 또한 흥분성 신경전달물질은 탈분극을 통해 신경세포의 흥분을 전달
또는 활성화를 유도하지만 억제신경물질은 과분극(hyperpolarization)은 음이
온 채널의 개방을 유도하여 신경세포의 흥분을 억제시켜 비활성화를 유
도한다. 탈분극 후 신경세포의 막은 다시 양전하로 바꾸어 휴지기 상태
로 돌아가는 재분극(repolarization)이 이어진다. 따라서 자극, 탈분극, 재
분극 등의 과정을 통해 방출되는 신경전달물질에 의해 신경계의 세포

-세포의 소통이 이루어지는데 이러한 신경전달물질 전달에 의한 두 신경세포의 소통을 화학적 시냅스(chemical synapse)라고 한다.

니코틴에 의한 뇌 속의 다양한 신경회로의 활성화를 통해 다양한 약리작용이 유도된다. <그림 5-5>에서처럼 니코틴에 의해 GABA와 β-endorphin 그리고 serotinin 등의 분비는 불안, 긴장, 분노와 우울한 기분을 개선시키고 긍정적인 감정상태로 고양시키는 효과 등의 약리작용을 유도한다. 또한 니코틴의 약리작용으로 glutamate와 acetylcholine 등의 분비를 유도하여 학습, 기억 그리고 인지기능의 향상을 유도한다. 니코틴에 의한 norepinephrine의 분비는 식욕을 감소시키며 배고픔과 식사를 억제하는 약리학적 작용을 한다. 또한 니코틴은 도파민 분비를 유도하여 기분전환과 기쁨을 느끼게 한다. 그러나 니코틴에 의한 도파민 분비는 흡연의 보상기능(reward function)과 더불어 중독(addiction)을 유발하는 데 가장 중요한 약리작용이다. 이러한 약리작용은 니코틴이 말초신경계와 중추신경계에 존재하는 니코틴-콜린성 수용체(Nicotinic acetylcholine receptor, nAChR)를 통해 체내에서 처음으로 이루어지는데 이는 니코틴의 약물약력학을 이해하는 핵심이다.

〈그림 5-5〉 니코틴에 의한 신경전달물질 분비 및 약리작용: 니코틴에 nAChR의 활성화는 다양한 신경전달물질 분비를 촉진시켜 다양한 약리작용을 한다.

• 니코틴에 의한 약리작용과 담배중독(tobacco addiction)에 있어서 중추적인 역할을 하는 것은 뇌의 신경세포에 분포하는 nicotinic acetylcholine receptor(nAChR)이다.

nAChR는 내인성리간드인 acetylcholine(ACh)에 반응하는 ligand-gated ion channel(리간드-유도성 이온통로 채널, LGIC)의 'cys-loop' 계열이다. LGIC는 양이온 통과를 의미하며 'cys-loop'는 2개의 cysteine 사이에 이황화결합(disulfide bond)을 통해 'loop'가 형성되는 개념이다. 신경접합부의 시냅스전(pre-synapse) 및 시냅스후(post-synapse) 부위의 신경세포에서 <그림 5-6>에서처럼 리간드(ligand: 특정효소의 활성을 유도하는 물질, 또한 agonist이라고도 함)에 반응하여 ligand-gated ion channel(LGIC)을 형성하는 수용체이다. LGIC을 형성하는 수용체 계열은 막관통 소단위체를 가진 오량체(pentameric assembly)이다. 막관통 구조를 가진 LGIC 계열 수용체는 Na^+, K^+ 그리고 Ca^{2+} 등의 양이온과 Cl^-와 HCO^{3-} 등의 음이온을 통

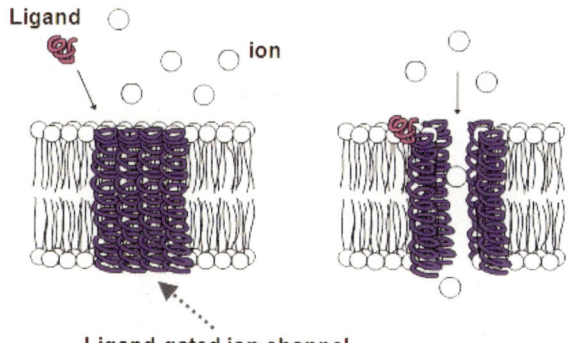

〈그림 5-6〉 Ligand-gated ion channel 특성을 가진 수용체: 니코틴-콜린성 수용체는 리간드에 의해 활성화되어 자체적으로 channel을 형성하여 다양한 ion을 통과시키는 Ligand-gated ion channel 계열의 수용체이다.

과할 수 있는 채널이다. 그러나 LGIC 계열인 nAChR은 Na^+, K^+ 그리고 Ca^{2+} 등에 대한 자체의 비선택적 양이온(non-selective cation) 채널통로를 통해 유입과 방출을 유도한다. 이는 시냅스후 세포의 활동전위 생성을 통한 탈분극을 유도하여 신경세포의 흥분 또는 활성화를 의미한다.

nAChR은 이러한 ion channel에 직접적으로 연결되어 있어 신경전달물질인 acetcholine(ACh)의 리간드 결합에 의해 활성화되어 이온이 통과하게 된다. 이와 같이 nAChR은 니코틴에 의해서 활성화되기 때문에 니코틴이라는 이름이 이용되었다. nAChR의 분자량은 290kDa이며 5개의 소단위체인 α, β, γ, ε와 δ 등으로 구성된 오량체(pentameric assembly)이다. <그림 5-7>은 전자-결정학(electric crystallography)을 통해 묘사된 $α_2βγδ$의 소단위체로 구성된 nAChR이다. nAChR은 또한 2개의 리간드 또는 acetylcholine이 결합하는 부위를 가지고 있는데 α 소단위체로 구성된 결합부위를 핵심소단위체(principal subunit) 그리고 γ와 δ 소단위체로 구성된 결합부위를 보조소단위체(complementary subunit)라고 한다. 그리고 principal subunit는 3개의 A, B와 C loop, complementary subunit는 4개의 D, E, F와 G loop가 각각 존재한다. nAChR은 시냅스에 존재하는 N-terminal 도메인, 세포막을 관통하고 있는 transmembrane 도메인 그리고 세포질(cytoplasmic) 도메인 등 3개 부분으로 구분된다. N-terminal 도메인은 리간드가 결합하는 부위이며 2개의 이황화결합으로 형성된 Cys-loop가 잘 보존되어 있으며 신경세포 밖의 시냅스에 존재한다. 리간드가 각각의 결합 부위에 결합하며 nAChR의 입체구조적 변화(allosteric change)가 유도되어 직경 0.65nm 크기의 이온 채널통로가 열리면서 nAChR의 활성화가 이루어진다. nAChR의 활성화란 <그림 5-7>에서처럼 이온이 왕래할 수 있는 이온채널(ion channel)이 열리는 것을 의미하며 이에 의하여 니코틴의 약리작용 수행을 의미한다. Trasmembrane 도메인은 α-나선인

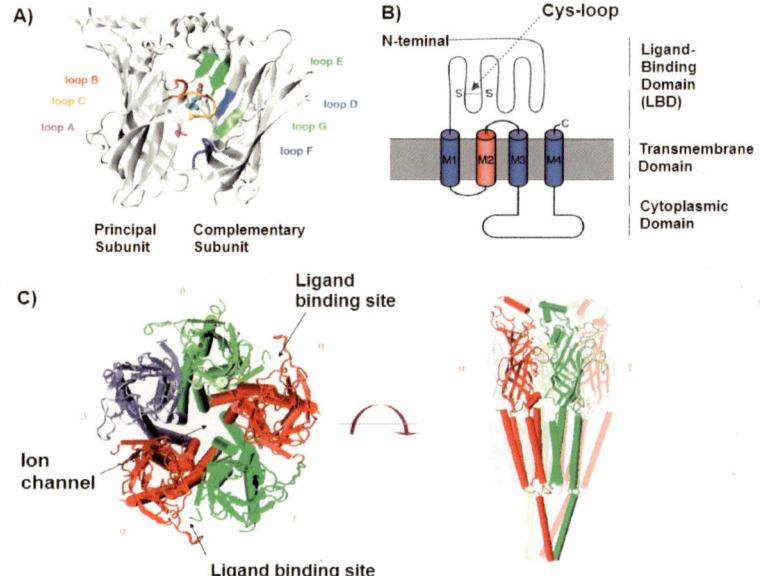

〈그림 5-7〉 니코틴-콜린성 수용체의 electron crystallography: A) 리간드가 결합
하는 2개의 부위인 principal subunit는 3개의 A, B와 C loop, complementary subunit
는 4개의 D, E, F,와 G loop가 각각 존재한다. B) nAChR은 시냅스에 존재하는 N-terminal
도메인, 세포막을 관통하고 있는 transmembrane 도메인 그리고 세포질(cytoplasmic) 도
메인 등 3개 부분으로 구분된다. C) 위에서 본 수용체의 이온채널과 시냅스에서 본 형상이
며 채널통로(ion channel pore)가 직경 0.65nm 크기로 열린다(참고: Mourot).

3개 단편인 M1-M4로 구성되어 있다. M2는 채널벽을 형성하며 M1, M3
그리고 M4는 막의 지질층과 상호작용하는 단편이다.

nAChR은 2개의 subtype(아형)인 근육계형(muscular type)과 신경계형
(neuronal type)으로 구분된다. 또한 nAChR 소단위체는 단백질 서열의 유
사성 정도에 따라 Ⅰ~Ⅴ로 구분되며 Ⅲ군은 다시 3개의 하위군으로 분
류된다. 그러나 비록 차이가 있지만 신경계형이든 근육계형이든 소단위
체의 소수성부위는 유사하다. 또한 근육계형과 신경계형 nAChR은 위치
하는 부위도 서로 다르다. 근육계형 nAChR은 항상 시냅스후 부위에 위
치하는 반면에 신경계형 nAChR은 다양한 신경전달물질에 반응하기 위

하여 시냅스전과 시냅스후 모두에 위치한다. <표 5-3>에서처럼 현재까지 17종류의 nAChR 소단위체가 척추동물에서 확인되었는데 근육형(α1, β1, γ, ε, δ)과 신경계형(α2-α10과 β2-β4)으로 구분된다. 또한 근육계형과 신경계형 nAChR 각각은 위치하는 부위도 다르다. 근육계형 nAChR은 항상 시냅스후 부위에 위치하는 반면에 뇌에 존재하는 신경계형 nAChR은 일부 시냅스후 위치에 존재하지만 대부분 다양한 신경전달물질의 방출을 위해 시냅스전 또는 종말전(preterminal) 부위에 위치한다.

〈표 5-3〉 니코틴-콜린성 수용체의 신경계형과 근육계형의 소단위체

Neuronal type					Muscle type
I	II	III			IV
α9, α10	α7, α8	1	2 .	3	α1, β1, δ, γ, ε
		α2, α3, α4, α6	β2, β4	β3, α5	

<표 5-4>에서처럼 근육계형 nAChR은 (α1)$_2$β1δε와 (α1)$_2$β1δγ으로 구성된 수용체가 대표적이다. 신경계형 nAChR은 중추신경계에 위치한 CNC(central nervous system, 중추신경계) type과 중추신경계의 외부에 있는 신경체의 집합을 의미하는 ganglion type(신경절형)으로 또한 구분된다. 또한 CNS 신경계형 nAChR는 α 소단위체(α2, α3, α4, α5, α6)와 β 소단위체(β2, β3, β4) 등으로 구성된 이질오량체(heteropentamer)는 (α4)$_2$(β2)$_3$와 (α3)$_2$(β4)$_3$ 또는 5개의 α 소단위체로 구성된 동질오량체(homopentamer)인 (α7)$_5$ 등이 있다. Ganglion type의 nAChR은 (α3)2(β4)3이 있으며 이는 대부분 말초신경계에 존재한다. 또한 각각의 수용체는 5개의 소단위체 중 2개의 소단위체에 리간드 결합부위가 존재한다. 니코틴의 약리작용을 위하여 가장 중요한 nAChR은 중추신경계형이다. 중추신경계의 대표적인 소단위체 구성은 이질오량체인 α4β2(또는 α4β2*, *: 미확인 염기서열이 존재)이며 뇌

에서 전체 nAChR 중 90% 이상을 차지한다. 이들 수용체는 중추신경계에 광범위하게 분포하기 때문에 니코틴은 뇌의 넓은 범위에 영향을 주게 된다. 또 다른 원거리 CNS(further CNS)의 이질오량체인 α3β4와 α7은 뇌뿐 아니라 심장에서도 니코틴에 반응하여 약리작용을 하는 것으로 추정되고 있다. 또한 α7로 구성된 동질오량체의 nAChR은 다른 이질오량체의 nAChR보다 신경전달물질에 의한 시냅스 소통이 빠르게 이루어지며 학습과 감각 영역에 관련되는 것으로 추정되고 있다.

〈표 5-4〉 니코틴-콜린성 수용체의 종류와 작용제 및 길항제

수용체 형태 (Receptor type)	위치	영향	니코틴 작용제(agonists)	니코틴 길항제 (antagonists)
근육계형: $(\alpha1)_2\beta1\delta\epsilon$ or $(\alpha1)_2\beta1\delta\gamma$	신경근육연접 (Neuromuscular junction)	EPSP (증가된 Na^+과 K^+ 투과성에 의해)	acetylcholine carbachol suxamethonium	α-bungarotoxin α-conotoxin tubocurarine pancuronium atracurium
신경절형: $(\alpha3)_2(\beta4)_3$	자율신경절 (autonomic ganglia)	EPSP (증가된 Na^+과 K^+ 투과성에 의해)	acetylcholine carbachol nicotine epibatidine dimethylphenylpiper azinium varenicline	mecamylamine trimetaphan hexamethonium bupropion dextromethorphan ibogaine 18-methoxycoronaridine
이질오량체 CNS type: $(\alpha4)_2(\beta2)_3$	뇌	시냅스 전후 흥분 (증가된 Na^+과 K^+ 투과성에 의해)	nicotine epibatidine acetylcholine cytisine	mecamylamine methylcaconitine α-conotoxin
원거리 CNS type: $(\alpha3)_2(\beta4)_3$	뇌	시냅스 전후 흥분	nicotine epibatidine acetylcholine cytisine	hexamethonium mecamylamine tubocurarine
동질오량체 CNS type: $(\alpha7)_5$	뇌	시냅스 전후 흥분 (증가된 Ca^{2+} 과성에 의해)	epibatidine dimethylphenylpiper azinium	mecamylamine memantine α-bungarotoxin

*: EPSP: excitatory postsynaptic potential(흥분성 시냅스후 전위)

- 니코틴은 nAChR 발현을 상향조절하며 6가지 기전으로 설명되고 있다.

모든 ligand-gated ion channel과 마찬가지로 nAChR의 channel pore(채널 통로) 역시 화학적 신호인 리간드의 결합에 의해 열린다. 리간드는 내인성작용제(exogenous agonist)인 acetylcholine과 더불어 외부 화학물질의 작용제(exogenous agonist)인 nicotine을 비롯한 여러 수용체에 따라 다양하게 존재한다. nAChR은 자기 축색이 분비한 신경전달물질인 acetylcholine과 결합하는 자가수용체(autoreceptor)이면서 또한 시냅스전 수용기 중에서 자기 축색이 분비한 신경전달물질이 아닌 다른 화학물질에 대해 반응하는 이종수용체(heteroreceptor)이기도 하다. 특히 니코틴은 nAChR의 이종수용체로서 대표적인 외인성리간드라고 할 수 있다. 특히 니코틴은

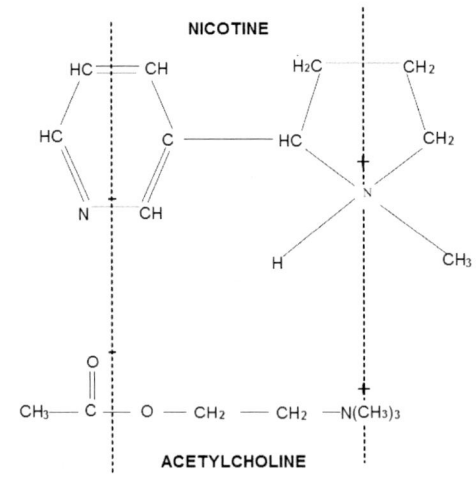

〈그림 5-8〉 Nicotine과 acetylcholinedml 구조: 두 분자 내에서 양전하와 음전하의 거리가 동일하다. 이는 두 물질이 nAChR에 경쟁적 결합을 위한 중요한 구조적 공통점이다.

nAChR의 대표적인 내인성물질이며 <그림 5-8>에서처럼 신경전달물질인 acetylcholine과 화학구조적으로 매우 유사하여 nAChR에 있어서 경쟁적 저해를 하는 가장 강력한 acetylcholine의 길항제(antagonist)이다.

<그림 5-9>는 SH-SY5Y 세포(사람의 신경세포와 유사한 특징을 가진 신경암세포)에 장기간 1,2-bis-N-cytisinylethane(CC4)과 니코틴 투여에 의한 소단위체 발현에 대한 영향을 확인한 것이다. CC4는 콩과식물인 *Laburnum anagyroides*의 씨앗에서 분리된 콜린성 약물이며 polymethylene에 의해 연결된 cytisine dimer(cytisine 이합체, 2개 cytisine이 결합한 것)이다. CC4의 이러한 구조는 니코틴과 유사하여 α3β4 또는 α7의 nAChR에 결합하여 니코틴의 강력한 길항제(antagonist) 역할을 한다. nAChR의 작용제 두 물질인 CC4와 니코틴을 반복적으로 세포에 노출시킨 결과, 소단위체인 α3와 β2의 발현이 대조군과 비교하여 현저히 증가한다. 이는 결국 흡연이 뇌에서 nAChR의 발현 증가를 유도하는 것으로 추정된다. 그러나 니코틴에 의해 nAChR이 세포수준 또는 개체수준에서 증가되지만 니코틴 장기 노출에 의한 nAChR 증가는 소단위체-특이적 발현이 이루어진다. 예를 들

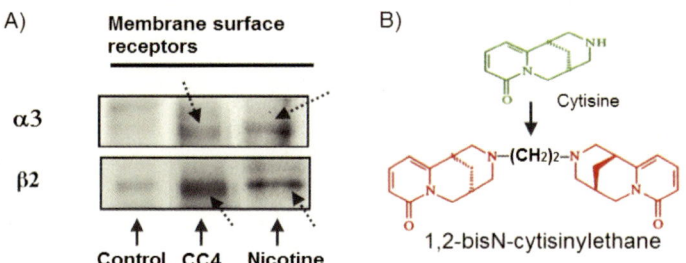

〈그림 5-9〉 1,2-bis-N-cytisinylethane 및 니코틴 투여에 의한 니코틴-콜린성 수용체의 발현: A) SH-SY5Y 세포에 장기간 1,2-bis-N-cytisinylethane(CC4)와 니코틴 투여 후 western blotting을 통해 nAChR의 소단위체 α3와 β2 발현이 세포막 표면에서 control과 비교하여 증가되었다(→: 수용체 단백질의 분획). B) 니코틴의 길항제인 1,2-bis-N-cytisinylethane의 구조(참고: Gaimarri).

어 니코틴 노출을 통해 nAChR의 소단위체 α2, α3와 α5는 상향조절이 되지 않지만 α4 소단위체는 상향조절이 이루어진다. 또한 β형 소단위체 중 주로 β2 소단위체가 니코틴 만성 노출에 의해 증가된다. 이와 같이 니코틴에 의해 nAChR의 소단위체가 소단위체−특이적으로 발현되지만 반복적인 노출을 통해 nAChR의 발현이 비례적으로 증가하며 신경세포에서의 nAChR 밀도 증가를 유도하는 주요 기전이다.

<그림 5−10>은 니코틴 투여량에 비례하여 세포배양을 통해 세포표면의 nAChR 역시 증가하는데 니코틴 용량−의존성 증가가 확인되었다. 또한 nAChR(α4β2)의 주요 기능이 이온채널을 통한 이온의 이동을 유도하는 것인데 이 기능 역시 니코틴 양에 비례적으로 증가하는 것을 알 수 있다.

니코틴에 의한 nAChR의 유전자 발현 증가 외에도 nAChR 상향조절은 다른 기전을 설명하고 있으나 논란이 많다. 니코틴 투여 후 nAChR의 소

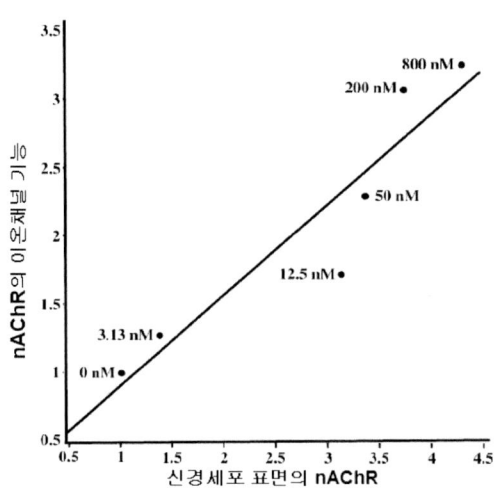

〈그림 5−10〉 니코틴 의존성 nAChR의 증가와 기능
증가: 니코틴 투여에 의해 세포에서 nAChR의
양과 기능이 니코틴 농도−의존적으로 증가된다(참
고: Kuryatov).

단위체에 대한 mRNA가 증가하지 않는 실험적 결과를 통해 니코틴 투여에 의한 nAChR 활성은 전사후 기전(posttranscriptional mechanism)이며 또한 번역후 기전(posttranslational mechanism)으로 추정되고 있다. 니코틴에 의한 nAChR 활성에 대한 상향조절은 6가지 기전으로 설명되고 있다. 세포 표면의 nAChR 분해(turnover), 소포체에서 소단위체의 성숙 및 합체(subunit maturation and assembly in the ER), 소단위체의 화학양론에서의 변화(changes in subunit stoichiometry), 소포체에서의 소단위체 분해 방지(block of subunit degradation in the ER)와 nAChR의 입체구조적 변화(nAChR conformational changes) 등이 있다.

- **nAChR는 resting state, activated state 그리고 desensitized state 등의 3가지 상태로 니코틴에 의해 변화하는데 desensitized state는 니코틴의 장기적인 저농도 노출에 의해 발생한다.**

nAChR는 3가지의 생리적 상태로 존재하는데 채널통로가 폐쇄된 상태의 휴지상태(resting state), 활성화상태(activated state) 그리고 탈감작상태(desensitized state) 등이다. 비선택적 양이온 채널(non-selective channel)을 가진 nAChR의 대표적인 내인성리간드인 acetylcholine이 시냅스전 세포에서 분비되어 시냅스후 세포의 nAChR에 결합하면 활성화되어 채널통로가 개방된다. 개방된 채널통로를 통해 Ca^{2+}를 비롯하여 Na^+는 신경세포 내부로 이동, K^+는 외부로 이동, 탈분극(depolarization)이 생성되면서 활성전위가 발생한다. 이때 세포 내부는 양전하, 세포 외부는 음전하를 띤다. 발생된 활성전위는 신경세포막의 내외부의 전압차를 의미한다. 이에 의해 채널통로는 빠르게 열리고 acetylcholine이 수용체로부터 분리될 때까지 열리며 보통 1/1,000초 정도이다. 시냅스후 세포의 탈분극이 유도된 후 시냅스에서 acetylcholine이 acetylcholinesterase에 분해되면 신경세포와 신경세포의 시냅스 소통은 사라지고 재분극(reporalization)을 통해 원상태로 돌아온다. <그림 5-11>의 (A)에서처럼 nAChR의 정상적인 구조적 변화를 통해 휴지기 상태와 활성화상태 사이로 상호 전환이 이루어진다. 즉 nAChR의 2개의 결합부위에 리간드가 결합하여 이온채널의 개방 → 신경세포막의 탈분극 → 시냅스전 세포에서 신경물질분비 → 시냅스후 세포의 nAChR에 결합 및 활성화 등의 순으로 정상적으로 신경계의 작동이 이루어진다. 이와 같이 정상적인 상태에서 리간드가 nAChR에 결합하여 이온채널 개방에 의한 활성화를 유도하는 과정을 감

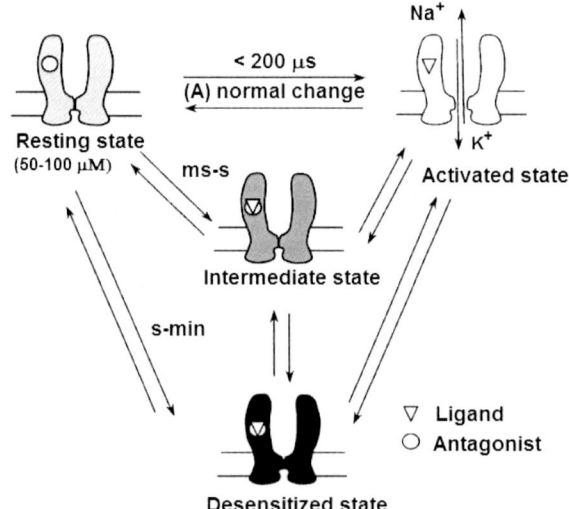

〈그림 5-11〉 nAChR의 구조적 변화에 따른 3가지 상태: nAChR는 채널이 닫힌 휴지기 상태 (resting state), 채널이 일시적으로 개방된 활성형 상태(activated state) 그리고 채널이 폐쇄된 탈감작상태(desensitized state) 등 3개 입체구조적 변화 사이에서 균형적으로 작동된다. 그러나 nAChR은 정상적인 상태에서 하나의 리간드가 결합하더라도 채널이 개방되지만(activated state) 병리적 또는 비정상적인 상태 또는 생리적 이상 상태에서는 리간드가 결합하지만 이온채널이 폐쇄된 상태인 탈감작상태(desensitized state)가 유도된다. 이러한 탈감작상태가 발생할 수 있는 이유는 nAChR이 2개의 리간드 결합부위를 가지고 있기 때문이다. μs: 백만분의 1초, s-min: 초에서 분, ms-s: 천분의 1초에서 초, Ligand: 작용제, Antagonist: 길항제(참고: Mourot).

작(sensitization)이라고 한다.

그러나 정상적인 상태가 아닌 병리적 상태 또는 생리적 이상 상태에서는 리간드가 nAChR에 결합하여 있지만 nAChR의 채널이 폐쇄되어 이온의 이동이 이루어지지 않고 또한 니코틴에 반응도 하지 않는 무반응 상태(refractory state)가 유발된다. 이와 같이 리간드 결합에 의한 nAChR의 무반응 상태를 탈감작상태라고 한다. 따라서 nAChR는 채널이 길항제가 결합하여 채널이 닫힌 휴지기 상태, 리간드가 결합하여 채널이 일시적으로 개방된 활성형 상태 그리고 리간드가 결합했지만 채널이 폐쇄된 탈감작상태 등의 3개 입체구조적 변화 사이에서 평행적으로 작동하게 된다. 또한 <그림 5-11>에서처럼 nAChR의 탈감작상태가 시작되는 데 걸리는 시간과 정상적인 상태인 휴지기 상태와 활성화상태로 전환되는 데 걸리는 시간 등 2개의 경로를 통한 전환 때문에 이중지수적인 시간 경과(biexponential time course)가 발생한다. 즉 nAChR의 휴지기 상태에서 활성화상태로 전환되는 시간은 1,000분의 1에 불과하지만 탈감작상태로 전환 또는 역전환에 걸리는 시간은 초에서 분단위의 시간이 걸린다. 이러한 전환된 과정에서 걸리는 시간의 차이로 시간의 이중지수가 발생하기 때문에 nAChR의 중간형 상태(intermediate state)가 발생한다. 중간형 상태의 nAChR은 리간드가 결합은 할 수 있지만 채널이 폐쇄된 탈감작상태이기 때문에 탈감작상태의 nAChR와는 리간드 친화도(affinity)에서 차이가 있다. nAChR에 의한 리간드 친화도는 중간형 상태보다 탈감작상태가 훨씬 높기 때문에 탈감작상태를 '리간드 고친화성-탈감작(high-affinity desensitization)'이며 중간형 상태를 '리간드 저친화성-탈감작(low-affinity desensitization)'이다. 특히 탈감작상태인 경우에서 nAChR의 리간드에 대한 친화도는 휴지기 상태보다 약 20배 정도 높다. 그러나 무엇보다도 리간드가 결합하여 있음에도 불구하고 활성화상태가 아닌 탈감작상태가 유발되는 이유는 nAChR 내 2개의 리간드 결합부위 중에서 1개의 부위에서만 리간드가 결합하기 때문이다.

이러한 nChR 탈감작상태는 장기간 동안 저농도의 니코틴 노출에 의해 발생한다. 흡연을 통해 흡수된 니코틴은 혈액－뇌장벽(blood－brain barrier)을 통과하여 시냅스 부위에 도달하여 신경계를 자극한다. 이때 도달한 니코틴 양은 50~600nM로 생리적 acetylcholine 농도인 1mM보다 적은 양이다. 그러나 acetylcholine은 acetylcholine esterase에 의해 신속하게 분해되어 신경계의 자극이 짧아진다. 이러한 이유로 니코틴이 더 긴 시간 동안 신경계의 자극을 유발할 수 있다. 니코틴이 acetylcholine보다 분해가 늦고 또한 니코틴 공급이 더 이상 이루어지지 않는 상태에서 nAChR의 2개 결합부위 중 하나는 니코틴이 결합된 상태이고 다른 하나는 결합되지 않은 상태인 nAChR의 탈감작상태가 유도된다. 따라서 nAChR은 니코틴의 장기간 특히 저농도 노출에 의해 nAChR의 채널이 열리지 않은 활성화상태로 탈감작이 촉진된다. 이는 니코틴의 저농도에 기인하여 2개의 리간드 결합부위에 결합하지 못하고 니코틴 하나만 nAChR에 결합한 것으로 설명된다. 또한 실험적으로 저농도의 니코틴을 아주 천천히 투여하였을 경우 니코틴의 입체구조적 영향에 의한 nAChR의 활성화 없이 탈감작되는 것이 확인되었다.

비록 한 개비의 흡연일지라도 nAChR의 활성화와 탈감작에 대해 큰 영향을 유발할 수 있다. 흡연 후 약 10초 이내에 뇌에 도달하는 혈액의 니코틴은 단 1개비 흡연 후 5분 이내에 50ng/ml(300nM) 정도로 최고 혈중농도에 도달한 후 약 20분에 걸쳐 완만하게 감소된다. 장기 흡연가의 혈액 내 니코틴의 1일 농도변화를 측정한 결과, 약 10에서 50ng/ml(60~300nM) 정도로 유지되는 것으로 확인되었다. 이러한 상승된 농도가 유지되는 이유는 nAChR의 활성화와 탈감작에 기인한다. 특히 탈감작은 nAChR의

2개 니코틴 부위 중 1개의 부위에 니코틴만 결합한 상태이기 때문에 니코틴이 체외로 배출되지 않고 혈액에 유지될 수 있다.

- 니코틴은 nAChR 활성화를 통해 중뇌도파민신경계의 보상기능을 유발한다.

흡연에 의해 공급된 니코틴의 보상회로를 통한 도파민 분비는 정신적 기쁨이라는 경험을 갖게 하는 보상기능을 증가시킨다. 뇌에서 보상기능을 하는 곳은 중뇌이다. 중뇌의 도파민 생성과 관련된 중변연계－도파민성 신경회로를 중뇌도파민신경계(mesocorticolimbic dopamine system, MDS, 또는 보상체계)라고 한다. nAChR은 중뇌의 도피민성신경계의 신경세포에서 광범위하게 발현된다. 중독의 병리생리학적 기전에서 있어서 중요한 역할을 하는 도파민은 보상(reward) 및 강화행동(reinforcing behavior: 조건반사의 형성 및 고전적 조건부여에서 조건자극에 따라 무조건 자극을 유도하는 행동) 등과 밀접한 연관성을 가지고 있다. 또한 MDS는 일반적인 보상인 유머, 성적 활동, 음식, 긍정적인 사회활동, 예술활동 그리고 애정표현 등에 의해 활성화되기도 한다.

<그림 5－12>에서처럼 MDS는 복측피개영역(ventral tegmental area, VTA)과 흑색질치밀부분(substantia nigra pars compacta, SNc) 등의 신경원(neurone)에서 시작하여 3개의 주요 영역인 배부선조체(dorsal striatum), 측중격핵(nucleus accumbens 또는 ventral striatum, NAc) 그리고 전(앞)전두엽피질(prefrontal cortex)로 연결되어 있다. 도파민성 신경세포들이 보상체계에 있어서 핵심적인 역할을 하며 NAc에 있어서 도파민 방출이 또한 대부분의 약물(ethanol, opiates, cannabinoids, phencyclidine, toluene) 오용과 정신자극제 투여와 강한 연관성이 있다.

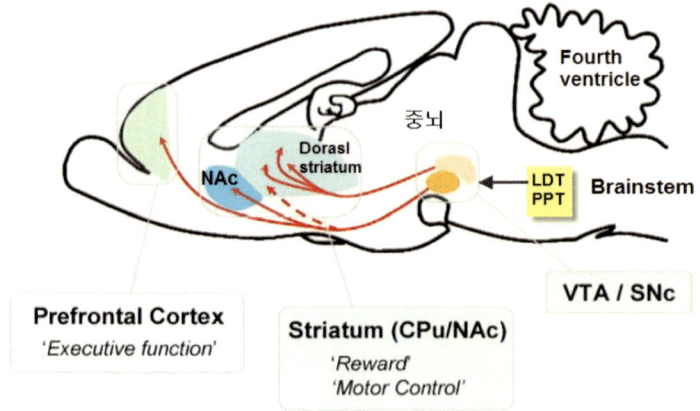

<그림 5-12> 중뇌도파민신경계회로: 뇌에 있어서 보상기능을 하는 곳은 중뇌이며 중뇌도파민신경
계(mesocorticolimbic dopamine system, MDS, 또는 보상체계)에 의해 이루어진다. 신경원
의 돌기는 중뇌(mesencephalon)의 복측피개영역(ventral tegmental area, VTA, 오렌지색)
또는 흑색질치밀부분(substantia nigra pars compacta, SNc, 옅은 오렌지색) 등의 한 영역
에서 나온다. 선조체(striastum)의 꼬리조가비핵(caudate putamen: CPu)과 배부선조체
(dorsal striastum, 옅은 청색)는 흑질선조체회로(nigrostriatal pathway)를 형성하는 SNc로
부터 기원하거나 또는 일부는 VTA의 신경원으로부터 기원한다. 측중격핵(nucleus
accumbens, NAc, 진한 청색)의 중심부 변연계회로(mesolimbic pathway)와 전전두엽피질
(pretrontal cortex)의 themesocortical pathway 등 2개의 주요 도파민회로는 VTA의 신경
원으로부터 기원한다. 그리고 MDS의 구심성 신경분포의 중요한 근원은 뇌간(brainstem)에
존재하는 2개의 주변 핵(adjacent nuclei)이다. 두 개의 핵은 외측 등 쪽 피개신경핵
(laterodorsal tegmental nucleus, LDT)과 대뇌각교뇌 피개신경핵(pedunculopontine
tegmental nucleus, PPT)인데 대부분 GABA성신경세포(GABAergic neuron)와 글루타민성
신경세포(glutamatergic neuron)들과 함께 혼재하는 콜린성신경세포들로 구성되어 있다(참
고: Livingstone).

그러나 니코틴의 혐오와 보상 효능(aversive and rewarding effect)은 NAc
의 해부학적 측면에 분리되어 유발된다. NAc의 중심부(core part)는 혐오
효능을 위한 뇌의 해부학적 부위인 반면에 NAc의 외곽부(shell part)는 니
코틴에 의한 보상효능을 유발하는 해부학적 부위이다. 전기생리학적으
로 VTA의 도파민성신경세포는 자극의 유무 및 정도에 대해 불활성화
단계(inactive state), 긴장성발화상태(tonic firing state) 그리고 다발성발화상
태(burst-firing mode) 등 3가지 종류의 단계로 구분된다. 긴장성발화상태
는 신경세포에 감각신호가 끊겨져 전달되는 단일신호에 의한 발화상태

를 의미하며 다발성발화상태는 감각신호가 한꺼번에 신경세포에 전달되는 상태를 의미한다. 일반적으로 도파민은 VTA에 존재하는 도파민성 신경세포의 발화상태가 이루어지면 MDS의 신경말단 지역에서 방출 또는 분비된다. 신경세포의 다발성발화 경우에는 NAc에서 한꺼번에 상당한 양의 도파민 분비가 유도된다. 느리고 단일성 자극의 긴장성발화(slow single-spike tonic firing)인 경우에는 NAc에서 안정적인 저농도의 도파민 분비가 유도되는데 이러한 농도를 기준선 농도(baseline concentration)라고 한다. VTA-도파민성신경세포의 구심성신경(afferent innervation: 중추로 향하는 신경분포)에 의존하는 다발성발화와는 다르게 긴장성발화는 도파민성신경세포막의 발진(oscillation: 전기적 진동)에 의해 유도된다.

MDS의 구심성신경 분포는 대뇌피질과 피질하부에서 기원하며 다양한 신경전달물질 분비와 관련이 있다. MDS의 구심성신경 분포의 중요한 근원은 뇌간(brainstem)에 존재하는 2개의 주변 핵(adjacent nuclei)이다. 두 개의 핵은 외측 등 쪽 피개신경핵(laterodorsal tegmental nucleus, LDT)과 대뇌각교뇌 피개신경핵(pedunculopontine tegmental nucleus, PPT)인데 대부분 GABA성신경세포(GABAergic neuron)와 글루타민성신경세포(glutamatergic neuron)들과 함께 혼재하는 콜린성신경세포들로 구성되어 있다. 대부분의 이들 세포종류는 VTA에 연결되어 있다. VTA에서 도파민성신경세포의 긴장성발화에서 다발성발화로의 전환이 이루어지는데 전환 스위치는 PFC와 PPT로부터 유도된 글루타민성구심신경에 의해 유도된다. 즉 LDT으로부터 나온 VTA의 구심성신경은 긴장성발화에서 다발성발화로 전환을 유도하는 글루타민-유도성 스위치 역할을 하게 한다. 이러한 작동을 중재하는 신경전달물질은 acetylcholine으로 추정된다. 또한 콜린성 뇌간 핵(cholinergic brainstem nuclei)은 니코틴 중독 측면에서 중요한 부위인 반면에 PPT는 음식 또는 성교 등에 의한 자연보상(natural reward)

또는 약물에 의한 보상과 관련이 있다.

니코틴은 또한 보상회로에 대한 영향을 통해 배부선조체, NAc 그리고 전전두엽피질 등의 신경세포에서 도파민 농도의 증가를 유도한다. 이 역시 MDS 활성에 의한 nAChR을 통해 이루어진다. MDS 활성에 있어서 nAChR의 주요 역할은 활동전위의 발화율(firing rate)과 시냅스에서 방출되는 도파민의 양을 조율하는 것이다. 복측피개영역 및 흑색질치밀부분에서 도파민을 분비하는 신경세포의 세포체상 nAChR은 니코틴에 반응하여 세포의 도파민 분비를 직접적으로 조절한다. 또한 nAChR은 도파민을 분비하는 신경세포의 종말(terminal)에서 신경전달물질 방출에 영향을 줄 수 있다. 그러나 비록 MDS에서 nAChR에 의한 도파민이 분비되지만 이를 구성하고 있는 nAChR의 소단위체가 어떻게 구성되느냐에 따라 도파민 방출에 영향을 받는다. 즉 nAChR의 소단위체가 민감도가 높으면 높을수록 도파민 방출이 높게 된다. 니코틴에 대한 민감도가 높은 nAChR의 소단위체는 α7와 β2 소단위체이다. nAChR은 보상회로에서 광범위하게 분포되어 있는데 대부분 α4β2, 소수의 α7 소단위체로 구성되었다. 그러나 니코틴에 의해 도파민 분비의 상향조절과 관련된 대표적인 nAChR은 α4β2로 구성된 수용체이다. 특히 VTA 또는 SNc에 존재하는 도파민신경세포의 니코틴에 의한 활성 또는 흥분은 니코틴 결합에 의해 직접적으로 이루어지지만 신경전달물질 glutamate 방출에 의해 이루어지기도 한다. 또한 니코틴은 glutamate 방출을 유도하여 도파민신경세포의 세포체 또는 글루타민성 신경종말(glutamatergic terminal)에 존재하는 N−methyl−D−aspartate(NMDA) glutamate receptor에 glutamate 결합에 의해 이루어지기도 한다. 특히 니코틴에 의한 glutamate 방출은 nAChR의 α7 소단위체에 의해 매개된다. 따라서 니코틴은 VTA에서 도파민성신경세포와 GABA성신경세포 종말의 α4β2 nAChR 활성화 그리고 글루타민성신경세포의 α7 nAChR 활성화를 유도한다.

이러한 점은 nAChR의 활성과 탈감작의 동태가 nAChR 아형(subtype)의 종류에 따라 달라지며 아형-특이적 반응이라고 할 수 있다. 예를 들어 α7을 가진 nAChR은 α4β2를 가진 nAChR보다 훨씬 빨리 활성화가 되며 cytisine에 민감하게 반응하는 nAChR은 다른 어떤 동질효소보다 빠르게 활성화된다. nAChR의 β 소단위체는 nAChR의 탈감작에 주요한 역할을 한다. 특히 β2 소단위체를 가진 nAChR는 β4 소단위체를 가진 nAChR보다 훨씬 빠르게 탈감작된다. 반면에 α 소단위체 특히 α4 소단위체는 탈감작이 매우 느리게 진행되는 원인이 되는 소단위체이다. 일반적으로 α3β2 > α4β2 > α3β4 > α4β4의 구성 소단위체를 가진 nAChR순으로 탈감작이 빠르게 진행된다.

2. 니코틴 중독기전(mechanisms for nicotine addiction)

◎ 주요 내용

: **니코틴 중독과 내성 기전**
- 니코틴에 의한 도파민 분비 그리고 이에 의한 보상기능은 니코틴 의존성 및 중독의 핵심적 기전이다.
- 장기적인 니코틴 투여는 nAChR 활성의 상향조절과 탈감작상태의 nAChR 증가를 유도하는데 이는 니코틴 내성 및 흡연욕구를 비롯하여 금단증상을 유발하는 주요 원인이다.

: **금단증상(nicotine withdrawal)에 있어서 nAChR의 역할**
- 금단증상은 도파민신경계의 활성을 위해 nAChR이 니코틴에 의해 포화되지 않기 때문에 유발되며 탈감작상태에 있는 nAChR의 휴지기 상태로의 전환은 금단증상을 심화시킨다.

- nAChR의 반감기는 평균 62.6±8.2시간이다.
- 장기 흡연을 통한 nAChR의 증가는 금연을 가장 어렵게 하는 원인이 된다.
- 이러한 금단증상과 흡연욕구 감소를 위해 니코틴 패치뿐 아니라 nAChR의 작용제(agonist)와 길항제(antagonist)가 많이 개발되어 금연보조제로 이용되고 있다.

1) 니코틴 중독과 내성 기전

● **니코틴에 의한 도파민 분비 그리고 이에 의한 보상기능은 니코틴 의존성 및 중독의 핵심적 기전이다.**

이와 같이 니코틴에 의한 보상기능은 중뇌에서 니코틴의 nAChR 결합으로 활성화된 신경계를 통해 NAc의 외곽부에서 도파민 분비에 의해 이루어진다. 니코틴에 의해 분비된 도파민은 신경종말의 수용체에 직접 작용을 할 수 있도록 NAc의 신경세포 사이 시냅스에서 농도가 증가된다. 분비된 도파민은 쾌락 경험(pleasurable experience)을 유발하는 신호를 보내게 되고 흡연가는 이를 통해 보상을 얻는다. 니코틴에 의한 이러한 쾌락은 최종적으로 도파민이 신경세포의 도파민 수용체 결합을 통해 이루어지는데 반대로 신경세포의 도파민 수용체 활성을 저해하면 니코틴에 의한 보상기능이 소멸된다.

담배중독(tobacco addiction)은 니코틴에 의해 이루어지는데 뇌의 보상회로(reward pathway)에 있어서 니코틴 작용에 기인한다. 담배중독이란 결국 흡연에 대한 의존성을 의미하며 니코틴 의존성(nicotine-dependence)에 기인한다. 의존성이란 신경세포가 약물이 있을 때에만 정상적으로 기능하게 되어 약물의 반복적이며 습관성 투여가 필요한 상태를 의미한다. 따라서 의존성은 신경세포가 반복적인 약물 노출에 이미 적응되어 있는 상태에서 발생한다. 특히 의존성은 강화행동(reinforcing behavior)을 유발한다. 동물실험에서 동물이 버튼을 누르면 니코틴 정맥투여가 되도록 장치를 만들어 두면 버튼을 누르는 동물의 강화행동이 유발된다. 이와 같이 강화행동이란 특정반응을 증강시키는 행동을 의미하는데 이러한 결과는 흡연이 니코틴에 의해 의존성 형성과 중독증상을 유발한다는 것으로 추정된다. 또한 강화행동의 결과로 발생하는 개체의 정신적인 만족감을 보상(reward)이라고 하는데 이는 니코틴에 의한 도파민 분비에 의해 이루어진다. 이러한 보상기능의 유발을 위해 흡연이라는 반복적이고 지속적인 강화행동은 니코틴 의존성 및 중독의 기전에 있어서 핵심적 원리이다. 또한 만성적인 니코틴 노출은 nAChR 밀도 증가를 유도하는데 이는 보상을 위해 더 많은 니코틴 노출이 필요하다는 것을 의미한다. 즉 nAChR의 증가는 기존에 투여되는 양의 니코틴으로는 미미한 보상작용을 유발하는 니코틴-내성(nicotine-tolerance)의 주요 기전이다.

- **장기적인 니코틴 투여는 nAChR 활성의 상향조절과 탈감작상태의 nAChR 증가를 유도하는데 이는 니코틴 내성 및 흡연욕구를 비롯하여 금단증상을 유발하는 주요 원인이다.**

정상적인 상태에서 nAChR의 불활성은 2차 신호-의존성 protein kinase 인 PKA(Protein kinase A) 및 PKC(Protein kinase C)의 인산화(phosphorylation)에 의한 탈감작에 의해 이루어지기도 하지만 니코틴에 의한 탈감작이 흡연에 의한 니코틴 내성 등에 있어서 중요한 기전으로 작용한다. nAChR의 탈감작상태는 리간드에 대한 친화도와 신경세포 세포체에서 nAChR 밀도(density)의 변화를 유발한다. 일반적으로 리간드에 의한 과도자극

(overstimulation)은 수용체 수의 감소를 유도하는 것으로 받아들여지고 있다. 그러나 니코틴의 장기간 노출에 의한 탈감작은 고친화도를 가진 nAChR 수의 증가와 저친화도를 가진 nAChR 수의 감소를 유도한다. 즉 니코틴에 대한 친화도가 높은 α4β2 소단위체로 구성된 nAChR은 증가하고 기타 소단위체로 구성된 nAChR은 감소된다. 또한 뇌에서 니코틴은 nAChR 발현을 상향조절(up-regulation)을 유도하여 신경세포에서의 nAChR 밀도를 증가시킨다. nAChR 발현은 반복적인 니코틴 노출 정도에 비례적으로 증가한다. 특히 이러한 니코틴에 의한 nAChR의 상향조절은 니코틴의 장기간 지속적인 노출에 따라 nAChR의 신속한 탈감작상태에 의한 불활성화에 기인한다. 탈감작상태는 니코틴이 nAChR의 2개의 결합부위 중 하나에만 결합하여 이온채널이 폐쇄되어 신경전달이 불가능하다. 따라서 장기간 흡연은 탈감작상태의 nAChR 농도의 증가를 유도하며 이에 따른 불활성화에 기인하여 새로운 nAChR의 생성을 유도한다. 이러한 니코틴 노출에 의한 nAChR 생성의 상향조절은 유전자 발현 증가에 의한 것인지 전사후조절 (posttranscriptional regulation)인지에 대해서는 논란이 많다. 일반적으로 nAChR의 상향조절은 <표 5-5>에서처럼 6가지 기전에 의해 이루어지는 것으로 요약되는 신경세포의 세포체에서 밀도와 활성 증가로 이해된다.

〈표 5-5〉 니코틴에 의한 nAChR의 상향조절 기전

상향조절 기전	구체적 방법
신경세포 표면의 nAChR 파괴	니코틴에 의한 세포막에 존재하는 nAChR 파괴 저해
신경세포 표면으로의 nAChR 이동	ER에서 조립된 nAChR의 세포막으로의 이동 증가
ER에서 소단위체 합성과 조립	ER에서 소단위체 합성과 조립 증가
nAChR의 소단위체 구성성분 비율의 변화	
ER에서 소단위체 분해	ER에서 소단위체 분해 저해
nAChR의 활성을 위한 입체구조적 변화	니코틴의 chemical chaperone의 역할을 통해 nAChR의 원활한 입체구조적 변화를 통한 활성 증가

*: Endoplamic reticulum(ER), 소포체, nAChR의 소단위체 단백질 합성과 조립하는 장소
**: chemical chaperone이란 원활한 기능을 위해 물질의 적절한 가공을 의미

이와 같이 탈감작상태에 의한 nAChR의 기능적 활성감소와 더불어 nAChR의 상향조절은 니코틴 내성(nicotine tolerance)과 흡연욕구(tobacco craving)에 있어서 결정적인 역할을 한다. 일반적인 흡연 형태에 의해 흡수된 대부분의 니코틴은 전체 α4β2 또는 α4β2* nAChR의 88~95% 정도로 거의 대부분 수용체와 결합한다. 이는 대부분 흡연가는 흡연을 통해 거의 하루 종일 니코틴이 포화상태로 nAChR와 결합되어 있다는 것을 의미한다. 특히 nAChR이 니코틴에 의해 88% 정도 이하로 포화되었을 경우에는 흡연욕구를 유발하며 그 이상이 되어야 흡연욕구가 경감된다. 그러나 탈감작상태로 유지되었던 nAChR이 다시 정상적인 휴지기 상태로 전환되면 nAChR이 니코틴의 결합이 필요한 상태이며 니코틴으로 포화되지 않은 상태이다. 이러한 포화되지 않는 상태의 nAChR은 니코틴 결합이 필요하며 이는 곧 니코틴 보충을 위한 흡연욕구를 유발하는 원인이 된다. 일반적으로 대부분의 장기 흡연자들은 하루의 첫 담배에 가장 큰 보상효과를 느끼는데 이는 니코틴에 의해 포화되지 않은 nAChR이 잠자는 동안의 금연으로 많이 생성되었기 때문이다. 최근 양전자방출단층촬영(positron emission tomography, PET)을 통해 nAChR는 거의 한 개비의 담배 흡연 후 니코틴에 의해 전체 nAChR이 완전히 점유되는 것이 확인되었다. 단 한 개비의 흡연에 의해서 nAChR의 소단위체인 β2*가 니코틴에 의해 전체의 88%로 점유되었으며 α4β2 nAChR의 50%가 탈감작된 것으로 확인되었다. 즉 탈감작된 50% 정도의 nAChR이 흡연이 이루어지지 않는 밤사이에 니코틴이 결합 가능한 상태의 nAChR로 전환된다는 것이다.

<그림 5-11>의 A)에서처럼 nAChR의 휴지기 상태에서는 acetylcholine이 결합한 후 즉각적으로 분해되기 때문에 200μs 내에 활성화상태에서 휴지기 상태로 돌아간다. 그러나 니코틴 자체는 분해가 늦기 때문에 또

는 만성적 노출에 의해 활성화상태의 nAChR이 탈감작상태로 된다. 그런데 이러한 탈감작상태의 nAChR은 휴지기 상태로 전환되기 위해서 활성화상태에서 전환되는 것보다 훨씬 긴 수 초에서 수 분의 시간이 걸린다. 탈감작상태의 nAChR이 휴지기 상태로의 전환이 많으면 많을수록 흡연욕구는 더욱 증가하게 된다. 따라서 <그림 5-13>에서처럼 담배중독은 니코틴에 의해 증가된 전체 nAChR 중 적어도 88~95%의 포화를 위한 반복적인 강화행동이라고 할 수 있다.

또한 니코틴의 장기간 노출에 의해 발생하는 nAChR 증가와 탈감작은 니코틴 내성을 유발하는 핵심 요인이다. 니코틴 내성이란 니코틴에 대한 반응이 감소되는 현상을 의미한다. 탈감작은 니코틴이 비록 nAChR에 결합하였지만 채널이 열리지 않는 nAChR의 불활성화상태이다. 휴지기 상태에서 니코틴에 의해 활성화가 이루지는 nAChR가 불활성되면 지속적인 니코틴 투여에도 불구하고 반응이 없는 무반응상태(refractory state)가 지속되어 내성의 주요 원인이 된다. 일반적으로 탈감작된 후 nAChR의 기능은 한 시간에서 수 시간 동안 저해되는 것으로 추정되고 있다. 또한 니코틴에 대한 내성 유발은 신경세포 세포체에서의 니코틴에 의해 증가된 nAChR 밀도에 기인한다. nAChR 밀도의 증가는 증가된 만큼 더 많은 니코틴 양에 의해 포화되어야 수용체 사이에서 끊임없는 탈분극을 통해 전체 신경세포의 흥분이 유발될 수 있기 때문이다. 즉 니코틴 부족으로 수용체와 수용체 사이의 감작이 유발하지 않는다면 끊어진 탈분극으로 신경세포의 활성이 저해된다. 특히 축색에서의 신경전달은 일단 흥분이 되면 그 강도는 변화가 없지만 nAChR이 존재하는 수상돌기 및 세포체에서는 탈분극 과정을 통해 그 강도가 감소된다. 따라서 신경전달이 가능하도록 세포체에서는 nAChR 포화를 위해 충분한 니코틴의 결합이 필요하다.

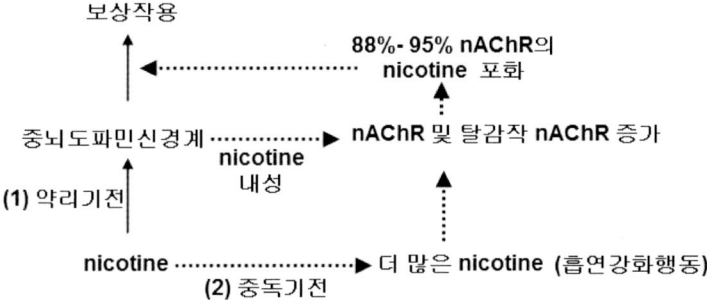

<figure>

보상작용

중뇌도파민신경계 ·············▶ nAChR 및 탈감작 nAChR 증가

(1) 약리기전

88%- 95% nAChR의 nicotine 포화

nicotine 내성

nicotine ·······················▶ 더 많은 nicotine (흡연강화행동)

(2) 중독기전

</figure>

〈그림 5 - 13〉 **니코틴의 약리기전 및 중독기전:** 니코틴은 중뇌도파민신경계의 수용체인 nAChr
에 결합하여 신경말단에서 도파민 분비를 통해 보상작용을 얻는다. 그러나 장기간 지속적
인 흡연은 nAChR의 증가와 탈감작된 nAChR의 증가를 초래한다. 이러한 증가는 전체
nAChR의 88~95% 정도 nicotine 포화에 의해 보상작용이 이루어지므로 더 많은 니코틴
공급이 필요하다. 또한 탈감작된 nAChR이 증가되는 것은 정상적인 휴기기 상태로 돌아오
는 nAChR이 많아지므로 이 역시 니코틴 공급을 필요로 한다.

2) 금단증상(nicotine withdrawal)에 있어서 nAChR의 역할

• 금단증상은 도파민신경계의 활성을 위해 nAChR이 니코틴에 의해
  포화되지 않기 때문에 유발되며 탈감작상태에 있는 nAChR의 휴
  지기 상태로의 전환은 금단증상을 심화시킨다.

이와 같이 흡연에 의한 nAChR의 증가와 탈감작상태로의 전환이 니코
틴 중독 또는 의존성에 있어서 가장 중요한 요인이다. 특히 전체 nAChR
중의 88~95%가 니코틴으로 포화되지 않으면 흡연욕구가 증가되며 지
속적으로 흡연이 이루어지지 않는다면 금단증상(withdrawal symptom)이
유발된다. 따라서 금단증상이란 장기간 흡연 후 금연하였을 경우 일시
적으로 나타나는 증상이다. 이러한 증상은 다양하나 일반적으로 신경계
에 미치는 영향으로 우울, 불면, 좌절, 분노, 초조, 불안, 주의 집중 곤란
그리고 식욕 증가(체중 증가) 등이 있으며 심혈관계에 대한 영향으로 심

박수 감소 또한 금단의 주요 증상이다.

금연에 의한 금단증상의 원인은 nAChR의 증가와 증가된 탈감작상태로의 전환이 주요 원인이다. 즉 금단증상은 장기 흡연에 의해 증가된 nAChR이 니코틴 결핍으로 결합이 되지 못하여 발생하는 신체이상 증상이다. 또한 금단증상은 nAChR 수와 탈감작상태의 nAChR 수가 많으면 많을수록 금단현상은 더 심화된다. 이는 많은 수의 탈감작상태의 nAChR이 동시에 더 많은 휴지기 상태의 nAChR로 전환되기 때문에 흡연욕구가 더 큰 원인으로 작용한다. 즉 흡연 시에는 탈감작상태가 지속적으로 유지된 nAChR이 일시적 금연에 의해 탈감작상태는 더 이상 생성되지 않고 휴지기 상태로 전환된다. 이는 전체 활성이 가능한 nAChR이 증가하기 때문에 흡연욕구를 더욱 유발하여 금단증상을 심화시키는 원인이 된다.

● nAChR의 반감기는 평균 62.6±8.2시간이다.

니코틴에 의한 nAChR의 증가와 탈감작은 금단증상을 유발하는 데 있어서 주요 원인으로 작용한다. 금연 동안 nAChR이 니코틴과 결합하지 못한 상태에서 지속적으로 존재하면 금단증상은 지속된다. 그러나 nAChR을 포함한 모든 단백질 및 효소는 유전자로부터 합성된 후 분해되는 것이 일반적인 세포 내에서의 과정이다. 즉 모든 효소와 단백질은 생성된 후 50%가 분해 반감기를 가지고 있다. 일반적으로 효소 및 단백질의 반감기는 짧은 경우 수 분에서 긴 경우에는 수 일~수 주일이 되는 경우도 있다. <그림 5-14>는 16시간 동안 0.5μM 니코틴을 세포에 투여한 후 세포를 세척하여 50시간 동안 nAChR(α4β2)의 양과 반감기를 관찰한 것이다. 니코틴 투여를 하지 않은 대조군에서는 50시간 동안 거의 모든 nAChR의 활성이 사라지면서 반감기($t_{1/2,}$ half-life)이었다. 반면 니코틴을

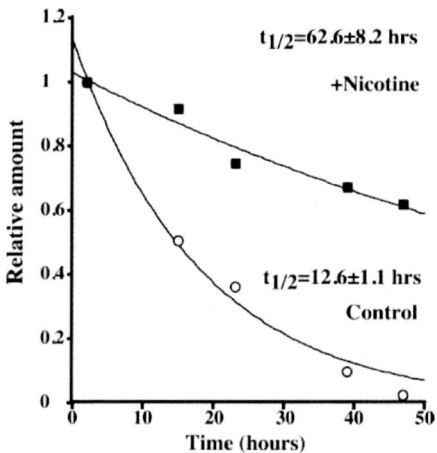

〈그림 5-14〉 니코틴에 의한 nAChR의 양과 반감기에 대한 영
향: 약 16시간 동안 0.5μM 니코틴을 세포에 투여한 후 세포를
세척하여 50시간 동안 nAChR(α4β2)의 양과 반감기를 관찰한
것이다. 니코틴 투여에 의해 nAChR의 반감기(t1/2)가 약 5배 정
도 증가하였다(참고: Kuryatov).

투여한 군에서는 50시간 동안 약 반 정도의 nAChR이 분해되었지만 반
감기가 대조군보다 약 5배 정도 높은 62.6±8.2시간이었다.

이와 같이 니코틴 투여에 의해 nAChR의 반감기가 증가된 이유로는
니코틴에 의한 nAChR의 양적인 증가와 니코틴 결합 및 탈감작에 의한
분해지연에 기인한다. 이는 어떤 측면에서 보면 금단증상이 나타나는
기간을 연장시키는 주요 원인이 된다. 앞서 언급한 것처럼 흡연을 통해
전체 nAChR의 50%가 탈감작상태로 전환되는데 이들은 다시 니코틴이
분리된 후 분해가 이루어지기 때문에 반감기가 길어지게 된다. 이러한
지연은 탈감작된 nAChR이 니코틴에 의해 불포화된 상태로 다시 니코틴
과 결합할 수 있는 상태로 전환될 때 흡연욕구 및 금단현상을 증가시키
게 된다. 특히 금연을 하게 되면 니코틴이 뇌에서 제거되는 시간이 약
7일 정도 걸리는데 이는 그만큼 nAChR의 분해지연이 되며 금단증상을

유발하는 기간 역시 길어질 수 있다는 것을 의미한다.

- ● 장기 흡연을 통한 nAChR의 증가는 금연을 가장 어렵게 하는 원인
  이 된다.

니코틴에 의한 보상작용은 nAChR에 의해 이루어지는데 특히 β2 소단
위체를 가진 nAChR(β2*−nAChR)에 의해 매개 된다는 것은 잘 알려진
사실이다. $[^{123}I]5−IA((S)−5−[123I]iodo−3−(2−azetidinylmethoxy)pyridine, 5−IA−$
$85380)$ single−photon emission computed tomography(SPECT)를 이용한
nAChR의 양을 측정하는 연구는 nAChR 양과 흡연욕구에 대한 관련성을
잘 확인해 준다. <표 5−6>는 흡연가와 비흡연가의 뇌에서 각 부위별
β2*−nAChR 양을 나타낸 것이다. 흡연가는 1일 20.1±7.5개비와
18.6±10.1년 동안 흡연하였다. nAChR의 양은 자체 $[^{123}I]5−IA$의 결합으
로 이루어지는데 체내 nicotine의 결합을 배제하기 위해 흡연가는 평균
6.8±1.9일 동안의 금연 후 이루어졌다. 일반적으로 금연 이후 니코틴이
뇌에서 없어지는 기간이 7일이기 때문에 이러한 접근은 타당하다고 할
수 있다. <표 5−6>에서처럼 흡연가의 β2*−nAChR은 시상(thalamus)에
서 8.7%, 중뇌의 선조체(striatum)에서 26.9%, 두정피질(parietal cortex)에서
27.9%, 전두엽(frontal cortex)에서 26.1%, 전대상피질(anterior cingulate)에서
35.6%, 측두엽피질(temporal cortex)에서 27.2%, 후피질(occipital cortex)에서
36.0% 그리고 소뇌(cerebellum)에서 25.2% 정도 비흡연가보다 증가하는 것
으로 확인되었다. 물론 이러한 연구결과가 흡연에 의해 nAChR이 이러한
양으로 증가한다는 것은 아니다. 니코틴 존재 시 활성이 더 높다는 것을 고
려하면 전체적으로 nAChR의 양은 흡연가에게서 더욱 증가할 것으로 고
려되며 2~5배 정도 증가하는 것으로 다음 연구를 통해서도 알 수 있다.

<표 5-6> 흡연가와 비흡연가의 뇌 부위별 β2*-nAChR 농도

Region	Nonsmokers (n=16) mean±SD	Smokers (n=16), mean±SD	% Difference smokers vs nonsmokers
Thalamus	48.1±8.4	52.3±8.3	8.7%
Striatum	24.5±3.8	31.1±5.0	26.9%
Parietal cortex	17.9±2.6	22.9±4.4	27.9%
Frontal cortex	19.9±2.8	25.1±4.9	26.1%
Anterior cingulate	18.8±2.7	25.5±4.5	25.6%
Temporal cortex	20.6±3.4	26.2±4.0	27.2%
Occipital cortex	18.6±2.8	25.3±4.7	36.0%
Cerebellum	23.0±4.5	28.8±4.8	25.2%

B2*-nAChR 농도는 $V_T{}'$(흡수 속도) 단위로 나타냈으며 $V_T{}'$=regional(^{123}I)5-IA activity/total plasma(^{123}I)5-IA activity.

또한 두 마리 원숭이에 니코틴 투여와 [^{123}I]5-IA Spect를 통해 nAChR 양의 변화를 측정하여 금연과의 관련성을 조사하였다. 원숭이에 니코틴 투여는 식이를 통해 3.3~37.5mg/kg 정도를 6주와 8주 투여하였다. 뇌의 nAChR 양은 6주 니코틴 투여 후 중단 1~2일에 그리고 8주 투여 후 중단 7일에 각각 측정되었다. <표 5-7>에서처럼 6주 니코틴 투여 후 중단 1~2일에 측정한 nAChR의 양은 부위별로 41%~65% 정도로 니코틴 투여 전 기본 nAChR의 양(baseline)보다 오히려 감소하였다. 그러나 8주 투여 후 중단 7일에 nAChR의 양은 뇌의 부위별로 240%~276% 정도로 기본 nAChR의 양보다 크게 증가하였다. 니코틴 6주 투여 후 중단 1~2일에서 혈장의 니코틴 대사체인 cotinine의 요 농도는 니코틴 투여 중단 이후 1~4일 동안 10,000ng/ml 이상이었으며 반면에 니코틴 8주 투여 후 중단 7일에서는 250ng/ml으로 상당한 양이 감소하였다. 특히 혈장의 니코틴 농도가 6주 니코틴 투여 후 중단 1~2일에 265~299ng/ml, 8주 투여 후 중단 7일에 75~166ng/ml이었다. 여기서 중요한 것은 cotinine의 요 농도가 니코틴 투여 후 중단 1~2일과 7일에서 무려 40배 이상 차이가 나지만 혈장농도에서는 차이가 1.8~3.3배 정도의 차이로 아주 적게 난다는 것이다. 이는 상당한 양의 니코틴이 nAChR에 결합되어 있다는 것을 의미한다. 즉 <표 5-7>에서 6주 니코틴 투여 후 중단 1~2일에 측정한 nAChR의 양이 기본 nAChR 양보다 감소한 것은 니코틴이 nAChR에 결합하여 [^{123}I]5-IA가 결합하지 못한 결과이다. 따라서 8주 니코틴 투여 후 nAChR의 양은 니코틴 투여하지 않은 군보다 약 2~3배 정도 증가한다는 것을 알 수 있다. 특히 이러한 nAChR이 금연 후 7일째까지 상당한 양이 존재한다는 것은 금단증상이 그만큼 길다는 것을 의미한다. 실제로 본 연구를 통해 nAChR의 양이 감소하면 감소할수록 금단현상을 경감시키기 위한 흡연욕구가 감소되는 것으로 조사되었다.

〈표 5-7〉 니코틴 처리 전과 처리 후 원숭이 뇌의 부위별 β 2-nAChR 농도변화

	B1	B2	6wk/1,2d	% Decrease	8wk/7d	% Increase
Thalamus	36.7±6.4	37.2±4.7	17.1±3.3	53.7%	88.4±26.0	239%
Striatum	23.7±1.1	25.5±1 5	14.1±2.1	42.8%	61.9±34.0	252%
Parietal cortex	25.8±3.0	23.6±0.4	9.6±0.8	61.3%	68.2±21.1	276%
Trontal cortex	28.4±1.3	26.9±0.6	9.7±1.3	65.1%	73.4±26.5	266%
Cingulate cortex	32.7±2.3	30.4±0.0	13.4±1.9	57.7%	77.0±27.6	244%
Temporal cortex	23.2±1.6	23 7±0.6	12.1±2.4	48.3%	59.4±20.4	254%
Occipital cortex	19.9±2.7	19.8±0.6	10.3±1.4	48.0%	54.4±13.0	274%
Cerebellum	9.6±0.5	11.6±1.9	6.2±0.4	41.2%	25.4±4.2	240%

B1: 6wk/1,2d에 대한 니코틴 투여 전의 baseline, B2: 8wk/7d에 대한 니코틴 투여 전의 baseline 농도,
6wk/1,2d: 6주간 니코틴 투여 중단 후 1, 2일째 측정, 8wk/7d: 8주간 니코틴 투여 중단 후 7일째 측정

- 이러한 금단증상과 흡연욕구 감소를 위해 니코틴 패치뿐 아니라 nAChR의 작용제(agonist)와 길항제(antagonist)가 많이 개발되어 금연보조제로 이용되고 있다.

니코틴에의 장기간 노출로 인한 nAChR 탈감작상태의 증가와 더불어 nAChR 증가가 니코틴 내성과 금단현상의 주요 원인이 된다는 것을 장기간 흡연을 한 흡연가의 금연과정에서 니코틴 패치의 흡착을 통해 이해할 수 있다. 실험에 의하면 금연 후 장기간－고농도 니코틴 패치를 이용한 사람은 단기간－저농도 니코틴 패치를 이용한 사람보다 흡연욕구가 감소되고 또한 금단증상이 감소되는 것으로 확인되었다. 이는 장기간－고농도 패치를 통해 긴 시간 동안 더 많은 양의 니코틴 공급은 지속적인 nAChR의 탈감작상태를 유도하고 이는 니코틴 결합이 필요한 휴지기 상태의 nAChR 수가 감소를 유도하기 때문이다. 어떤 측면에서 보면 반복적인 니코틴 공급은 휴지기 상태에 있는 nAChR의 탈감작을 유도하여 불활성화시키는 기능적인 길항제 역할을 한다고 할 수 있다. 즉 길항제－유도 nAChR의 불활성화는 작용제－유도 탈감작과 같은 역할을 하기 때문에 이 상태에서 흡연욕구가 감소하여 금연대체제로 사용이 가능하다는 것을 의미한다. 따라서 흡연욕구와 금단현상에 의한 흡연 재발을 막기 위해 다양한 nAChR의 작용제와 길항제가 nAChR의 활성과 저해와 관련하여 개발되고 있다. 니코틴 작용제로는 varenicline, cytisine, dianicline 그리고 sazetidine－A, 니코틴 길항제로는 mecamylamine과 bupropion가 있다.

제6장
세계와 우리나라의 금연정책

1. 세계의 금연정책
2. 우리나라의 금연정책

1. 세계의 금연정책

◎ 주요 내용

- WHO의 담배규제기본협약은 보건에 관한 사상 최초의 국제협약금연정책이며 전 세계적으로 21세기 금연정책을 주도하고 있다.
- 담배규제기본협약에 의해 가이드라인 마련으로 각국의 금연정책은 유사하지만 그 강도에서 차이가 있다.

● **WHO의 담배규제기본협약은 보건에 관한 사상 최초의 국제협약금연정책이며 전 세계적으로 21세기 금연정책을 주도하고 있다.**

영국에서 1928년 흡연이 암의 원인이 된다는 발표 이후 각국에서 이 문제에 관한 연구가 진행되었다. 1952년 미국 암협회조사의 보고서에 의하여 흡연과 폐암의 원인적 연관성이 제시되면서 흡연에 대한 경고가 처음으로 이루어졌다. 또한 1964년 미국공중위생총람 보고서에서 흡연과 폐암의 원인적 연관성이 재론되었다. 결국 1970년에 WHO총회에 흡연과 폐암의 관련성이 받아들여지고 가입국에 이러한 사실이 통보되었다. 이때부터 금연과 관련된 WHO의 역할이 시작되면서 담배와 금연과 관련된 세계적인 역할에 있어서 WHO가 주도하고 있다. WHO는 3개의 주요기관에 의해서 운영되는데 이 중 세계보건총회(World Health Assembly)는 전반적인 정책을 결정하는 기관으로서 매년 소집되어 그해 정책을 발표하게 된다. 먼저 1986년에는 9가지 조항을 채택하여 만든 'Tobacco or Health'에 대한 결의문을 각 회원 국가들로 하여금 실천하도록 강조하였다. 또한 이를 포함하여 세계보건총회에서는 <표 6-1>에서처럼 1970~1996년 사이 제시된 16가지를 종합한 결의문 'Tobacco control measures'

라는 것을 채택하였다.

<표 6-1> WHO의 세계총회에서 채택된 'Tobacco or Health' 결의문

	내 용
1	비흡연자 보호를 위한 각 공공장소 및 공공기관 건물, 음식점, 사업장에서의 흡연에 대한 제재 강조
2	청소년 및 어린이가 커서 흡연자가 되지 않게 하는 제재
3	흡연에 관련된 좋은 보기를 모든 건강관련 전문가에 의해 정해진 건강관련 약조에서 밝히게 함
4	흡연을 조장하는 사회 경제적, 행태적 또는 다른 보상제도의 점진적 말살을 위한 제도
5	모든 담배관련 상품에 대한 경고문 부착
6	건강전문가들이나 미디어의 활발한 공동참여를 위하여 금연운동과 같은 금연프로그램을 통해 담배와 건강의 피해 등에 대한 교육프로그램 및 공공정보 안내를 설립함
7	담배 또는 기타 담배상품 사용 및 이에 대한 효율적인 국가적 담배제재 장치를 항상 모니터링함
8	담배의 생산, 무역, 세금 대신 경제적 대치방법을 제시 활성화함
9	1~8의 모든 활동에 대해 최대한의 국가적 보조/협조할 것을 촉구

WHO는 1987년 5월 총회에서 창립 40주년을 맞이하여 이날 하루만이라도 담배의 유해함이 없는 세계를 만들고 흡연자가 없는 세상을 만들자는 의도의 '연기 없는 사회(smoke free society)' 조성을 목표로 5월 31일을 세계 금연의 날로 정하였다. 매년 5월 31일 세계 금연의 날 주제를 발표하여 흡연을 경고하고 금연을 권장하고 있으며 우리나라에서도 금연의 날 행사 및 캠페인을 펼치고 있다. 그러나 무엇보다도 금연정책에 있어서 WHO의 중요한 사업은 담배규제기본협약(FCTC, Framework Convention on Tobacco Control)의 체결이다. 이는 공중보건에 관한 사상 최초의 국제협약이며 각국이 흡연을 강력하게 제재하겠다는 선전포고의 특성을 갖는다. 1995년 당시 제48차 총회에서 전 세계적인 금연 활동의 필요성이 제기되고 1996년 총회에서 정식으로 결의안이 채택되었다. 결의안의 내용은 '회원국들이 사무총장으로 하여금 WHO가 주도적으로 담배규제기본협약(FCTC, Framework Convention on Tobacco Control)'을 마련하도록 하는

내용이었다. 이는 세계보건기구에서 1998년에 Tobacco Free Initiative라는 조직이 구성되어 추진되었다. 담배규제기본협약(http://apps.who.int/gb/fctc)은 2003년 5월 제56차 세계보건총회에서 192개 세계보건기구(WHO) 회원국들의 만장일치로 채택된 이 협약은 2005년 세계 40개국 정부의 서명에 따라 2월 27일부터 발효되었다. 주요 골자는 협약 발표 후 5년 내 모든 담배 관련 광고, 판촉, 후원을 금지 및 제한하는 조치를 취하도록 하고 있다. 또한 담배경고 문구 삽입과 청소년의 담배자판기 접근 금지 등의 내용도 담고 있다. 우리나라는 2003년 7월 21일 담배규제기본협약에 서명하였으며 2005년 5월 비준하였다.

담배규제기본협약의 성격은 다음과 같이 3가지로 요약된다. 첫째, 담배규제협약은 최초의 보건관련 국제협약으로서 금연정책을 국내문제가 아닌 국제문제로 인식하고 흡연을 규제하기 위한 각국의 공동 노력 및 의무사항을 규정하여 사회적·정치적 관심을 제고하였다. 두 번째로 구체적인 경제·사회적 규제장치를 통해 금연을 유도하고자 하였다. 특히 담배소비 감소를 위한 다양한 규제를 마련하고 회원국에 입법·행정 사법조치 및 감시강화 등 의무를 부과하였다. 이는 궁극적으로 협약 체결을 통해 회원국에 법적 구속력을 행사할 수 있도록 한 것이다. 세 번째로 흡연제한을 위한 총체적 접근을 시도하는 것이다. 흡연제한의 방법으로서 금연교육, 홍보, 흡연자 치료 등 보건적 접근만으로 한계가 있다고 판단하여 담배시장에 대한 규제를 통해 금연을 유도하고자 하였다. 이러한 성격과 목적을 가진 담배규제기본협약은 구체적으로 다음과 같은 내용을 통해 목적을 위해 접근하고 있다.

① 담배소비 억제를 위한 경제적 조치
− 담배가격인상을 담배소비를 줄이는 가격 메커니즘으로 활용

-담배세 부과, 면세담배 판매 금지 등 의무화 시도

② 흡연 억제를 위한 비경제적 조치
-비흡연자를 위해 금연장소 확대(사무실, 작업장, 공공장소, 교통시
설, 아동임산부 이용시설 등)
-담배성분 규제, 담배성분 공개 의무화
-Low tar, light, mild 등 대중을 오도할 우려가 있는 용어 사용 금지
-담배포장에 경고 문구 포함 조치(청소년 담배 판매 금지, 담배유해
성분 표시, 담배소비국 언어 사용)

③ 보건교육 및 대중의식 고취 강조
-다양한 매체를 통한 금연교육프로그램 개발 및 보급
-아동, 청소년에게 흡연의 위험성 교육
-담배산업정보에 대한 접근권 보장
-보건교육자에 대한 훈련프로그램 개발
-각급 학교 학생들에 대한 효과적이고 적절한 조치 실시
-금연활동에 있어 민간단체의 참여 증진

④ 담배 광고 및 판촉 규제
-18세 이하 아동에 대한 직간접적 광고 판촉 후원 해아 금지(성인에
대하여는 엄격 규제)
-담배회사의 광고 판촉 경비 공개
-광고 판촉 등이 소비자를 오도하지 않도록 적절한 규제 실시
-스포츠 문화 행사 후원을 종식시킬 수 있도록 전향적인 규제 및 조
치 실시
-국경을 넘는 광고 후원 판촉을 종식시킬 수 있는 국가적 조치 및 협
력 실시

⑤ 담배공급 규제
-담배 불법 거래 금지 조치의 중요성 강조
-제조회사명, 수출국, 제조번호, 제조일자, 유효기간 등 표시
-유통지역(국가)을 담배포장에 명시
-각국의 감시활동 의무화, 처벌강화를 위한 입법·행정 조치, 국가
간 협력강화

⑥ 청소년 특별 보호조항 설치
-담배 판매자에게 연령확인 의무 부과

- 청소년 접근 가능 장소에 담배자판기 설치 금지
- 청소년의 담배 파는 행위 금지를 위한 조치 실시
- 담배 개비판매 및 20개비 이하 판매를 위한 가능한 조치 실시
- 동 사항 위반자에 대한 강력 처벌 조항 설치

⑦ 담배 판매 허가제 실시
- 불법거래 및 청소년 담배 판매 금지를 위해 담배소매상 허가제 필요
- 허가 관리를 위한 입법·행정 사법적 조치 실시

⑧ 담배 경작농가 보호 관련
- 담배 생산 농가 및 담배산업 종사자에 대한 국가보조금은 점진적으로 감소

　담배규제기본협약이 2005년 발효됨에 따라 사무국은 2006년부터 2008년까지 세 차례에 걸친 당사국 총회(Conference of Parties, CoP)를 통해서 금연구역확대, 담배제품의 포장 및 라벨 규제, 그리고 담배의 광고, 판촉 및 후원규제에 관한 가이드라인을 완료했다. 이 가이드라인들은 당사국들이 의무적으로 개선해야 할 정책에 대한 권고사항과 최우수 관행을 소개하고 있어서 협약당사국들이 자체적으로 담배규제정책을 수립할 때 기준이 된다. <표 6-2>는 이러한 가이드라인에 따라 담배규제기본협약 회원국 중 주요 26개국 국가별 정책사례를 흡연율 모니터링, 금연구역, 흡연 경고문, 담배광고규제, 세금부과와 담배규제에 대한 예산지원 등을 구분하여 실행 정도를 나타냈다. 전체적으로 보아 흡연율 모니터링, 담배광고규제와 금연구역 등 정책이 잘 실행되고 있는 반면에 흡연 경고문, 세금부과와 담배규제에 대한 예산지원 등에 관한 정책은 다소 미진한 편이다.

(범례: ◎ 수행, ○ 부분수행, * 정책은 있으나 발효되지 않음, − 없음)

NO	Participant	Signature date	비준*	흡연율 모니터링 (실시 ◎)	금연구역 (부분○, 완전◎)	금연 프로그램 (있음○)	흡연 경고문 (부분○, 50%이상◎)	담배광고 규제 (부분○, 완전◎)	세금 부과 (○)	담배규제에 대한 예산지원 (있음○)
총계(국가수)				26	18 (◎+○)	25 (○)	25 (◎+○)	15 (◎+○)	26 (○)	23 (○)
1	Argentina	25−Sep−03		◎		○				○
2	Bangladesh	16−Jun−03	14−Jun−04	◎	○	○	○	◎	○	○
3	Brazil	16−Jun−03	03−Nov−05	◎	−	○	◎	◎	○	
4	China	10−Nov−03	11−Oct−05	◎	○	○	−	○	○	○
5	Egypt	17−Jun−03	25−Feb−05	◎	○	○	◎	◎	○	○
6	France	16−Jun−03	19 October 2004 AA	◎	○	○	○	*	○	○
7	Germany	24−Oct−03	16−Dec−04	◎	○	○	○	*	○	−
8	India	10−Sep−03	05−Feb−04	◎	○	○	◎	◎	○	○
9	Iran(Islamic Republic of)	16−Jun−03	06−Nov−05	◎	○	○	○	○	○	○
10	Italy	16−Jun−03		◎	○	○	○	*	○	○
11	Japan	09−Mar−04	8 June 2004 A	◎	○	○	○	*	○	○
12	Mexico	12−Aug−03	28−May−04	◎	−	○	○	◎	○	○
13	Pakistan	18−May−04	03−Nov−04	◎	○	−	○	○	○	○
14	Philippines	23−Sep−03	06−Jun−05	◎	◎	○	○	◎	○	○
15	Poland	14−Jun−04	15−Sep−06	◎	−	○	○	*	○	○

				(범례: ◎ 수행, ○ 부분수행, * 정책은 있으나 발효되지 않음, − 없음)						
NO	Participant	Signature date	비준*	흡연율 모니터링 (실시◎)	금연구역 (부분○, 완전◎)	금연 프로그램 (있음 ○)	흡연 경고문 (부분○, 50%이상 ◎)	담배광고 규제 (부분 ○, 완전◎)	세금 부과 (○)	담배규제 에 대한 예산지원 (있음○)
16	Republic of Korea	21−Jul−03	16−May−05	◎	◎	○	○	◎	○	○
17	Romania	25−Jun−04	27−Jan−06	◎	○	○	○	*	○	−
18	Russian Federation		03 June 2008 a	◎	−	○	○	*	○	○
19	South Africa	16−Jun−03	19−Apr−05	◎	◎	○	○	◎	○	○
20	Spain	16−Jun−03	11−Jan−05	◎	*	○	○	*	○	○
21	Thailand	20−Jun−03	08−Nov−04	◎	◎	○	◎	◎	○	○
22	Turkey	28−Apr−04	31−Dec−04	◎	−	○	○	*	○	○
23	Ukraine	25−Jun−04	06−Jun−06	◎	−	○	○	*	○	−
24	United Kingdom of Great Britain and Northern Ireland	16−Jun−03	16−Dec−04	◎	◎	○	○	○	○	○
25	United States of America	10−May−04		◎	○	○	−	◎	○	○
26	Viet Nam	03−Sep−03	17−Dec−04	◎	○	○	○	◎	○	○

* Ratification, Acceptance(A), Approval(AA), Formal confirmation(c), Accession(a), Succession(d)
(참고, 2010년 복지부, WHO 담배규제기본협약(FCTC) 비준 5주년 기념 자료집)

한편, 세계보건기구는 모든 회원국에 대해 가장 효과적인 담배규제정책으로 'MPOWER'라는 실천적 정책지침을 만들어 소개하고 있다. 여기서 M은 흡연현황과 예방정책을 지속적으로 모니터링하는 일을 말하며 (Monitor tobacco use and prevention policies), P는 간접흡연으로부터 사람들을 보호하는 것을(Protect people from tobacco smoke), O는 흡연자로 하여 금 금연하도록 지원하는 사업을(Offer help to quit tobacco use), W는 담배 의 위험성에 대한 경고 제도를(Warn about the dangers of tobacco), E는 담 배광고 판촉 후원을 금지하도록 제도화하는 것을(Enforce bans on tobacco advertising, promotion and sponsorship), 그리고 R은 담배세를 올리는 정책 을(Raise taxes on tobacco) 의미한다.

또한 이에 앞서 세계보건총회는 담배 판매를 위해 온갖 수단을 다하 는 다국적 담배회사 행태를 감시하기로 결의하였다. 2001년 제54차 세 계보건총회에서는 다국적 담배회사들이 담배의 판매를 촉진하기 위해 각 나라의 공중보건정책의 수립을 지연시키고, 정부의 대표들을 매수하 려는 증거가 포착됨에 따라 세계보건기구와 각 나라 정부로 하여금 다 국적 담배회사(Transnational Tobacco Industry)의 행태를 감시하도록 하는 안을 가결하였다. 이는 세계보건총회가 하나의 산업을 감시하기로 결정 하기는 역사상 처음이 되는 사건이다. 특히 세계 보건총회가 현재 전 세 계적으로 만연되고 있는 담배 판매에 대해 경종을 울리기 위한 것이다. 세계보건총회의 이러한 결정은 다국적 담배회사의 책임을 묻는 국제 민 간단체인 Network for the Accountability of Tobacco Transnationls(NATT)에 서 제공한 자료와 제안에 의해 이루어졌다. NATT는 다국적 담배회사들 이 기득권의 주장, 위원의 선정, 방해 등 정치적인 영향을 행사하여 금 연규제를 위한 각 국가의 정책수립을 방해해 왔다는 사실과 증거를 보 고하고 제시함으로써 결정하는 데 지대한 공헌을 하였다. 결의내용은 다음의 두 가지로 다국적 담배회사에 대한 대단히 강력하고도 중요한 규제를 의미한다. 이 결의를 하는 과정에서 담배회사를 두둔하는 미국 을 중심으로 하는 몇몇 나라의 반대가 있었으나 대다수 국가가 찬성함 으로써 통과되었다.

① 각 국가는 정부의 대표와 담배회사가 연루될 수 있음을 알아야 한다.
② 세계보건기구는 다국적 담배회사의 행태에 대한 정보를 회원국가에 지속적으로 제공해야 한다.

- **담배규제기본협약에 의해 가이드라인 마련으로 각국의 금연정책은 유사하지만 그 강도에서 차이가 있다.**

세계 처음으로 금연을 법제화한 나라는 노르웨이다. 1975년 노르웨이가 세계 처음으로 담배광고를 전면 금지한 뒤 각국에서는 다양한 금연정책을 시행하고 있다. 특히 앞서 소개한 담배규제기본협약에 따라 금연구역확대, 담배제품의 포장 및 라벨 규제, 그리고 담배의 광고, 판촉 및 후원규제에 관한 가이드라인이 완료되어 세계 각국은 이를 참고하여 더욱 강력한 금연정책을 강화하고 있다. 이 가이드라인들은 당사국들이 의무적으로 개선해야 할 정책에 대한 권고사항과 최우수 관행을 소개하고 있어서 협약당사국들이 자체적으로 담배규제정책을 수립할 때 기준이 된다. 그러나 <표 6-3>에서처럼 각국의 금연정책은 유사한 면도 많지만 강도에 있어서 상당히 차이와 특색이 있다. 특히 가장 강력한 경우에는 도시 및 국가 전체가 법적으로 금연이 정해진 금연도시와 금연국가가 탄생하기도 하였다.

<표 6-3> 세계 여러 나라의 시기별 금연정책

국가	연도	정 책
홍콩	2007	−식당, 술집 등 모든 실내 사업장과 해변, 운동장, 공원, 체육관 등 50만 곳을 금연 구역으로 지정 −위반자 60만 원 벌금, 업주 징역 2년형
독일	2007	−공공건물, 식당, 병원, 학교, 대중교통시설 흡연금지
영국	2006	−스코틀랜드: 밀폐된 공공장소에서 흡연 전면 금지
	2007	−담배를 구입할 수 있는 법정 연령을 현행 16세에서 18세로 상향 조정(10월부터 발효) −7월부터 밀폐된 공공장소 내 흡연금지 조치 시행 −모든 펍에서 흡연금지 시행 예정 −웨일스지역에서 펍, 레스토랑, 상점, 극장, 사무실, 대중교통시설 등 밀폐된 장소에서 전면 금연 시행 예정
미국	2006	−LA근교 해변금연구역 확대 −하와이 주 비흡연자들을 간접흡연으로부터 보호하는 금연법 발효 * 모든 직장의 실내, 식당, 바, 나이트클럽, 공항, 쇼핑몰 등에서 금연(11월) −하와이, 담뱃값 $1.40→$1.60 인상하여 담배 한 갑당 $5 → $6.66(9월) −네바다 주, 주유소나 편의점, 슬롯머신이 설치된 슈퍼마켓에서의 금연법 발효 −유타 주, 식당을 포함하는 모든 직장에서 금연법 실시 −콜로라도 주, 식당, 술집, 모든 직장으로 금연구역 확대하는 법안 통과
	2007	−워싱턴 D.C.(콜롬비아 특별자치구)가 2007년 1월 2일부터 바와 나이트클럽 등으로 금연조치를 확대 시행 −필라델피아가 금연도시 합류: 모든 직장의 실내, 공공장소, 식당, 바 등에서 금연 실시
벨기에	2007	−유럽에서 처음으로 담뱃갑에 글자만이 아닌 그래픽 또는 사진을 담은 금연광고를 2006년 10월부터 실시(시체와 종양, 잿빛 폐와 썩은 이 등 흡연의 해로움을 경고하기 위한 사진)
호주	2006	−3월부터 모든 담뱃갑에 경고 그림 도입 * 폐암, 폐기종, 썩어 가는 발가락, 막힌 동맥, 심장병, 말초혈관벽 등 14가지 그림 순환 사용 * 매년 흡연으로 인한 사망자 수, 호흡기를 착용한 어린이의 모습 등의 그림과 도표 포함 * 그림은 담뱃갑 앞면의 30% 그리고 뒷면의 90%를 차지
체코	2006	−담뱃갑에 그림문구 사용
인도	2005	−영화에서 흡연 장면의 방영을 금하는 법 발효
	2006	−담뱃갑 전면의 50%에 해당하는 공간을 이용하여 그림 경고를 하도록 함. 그림 경고에는 어머니의 흡연으로 아기가 간접흡연의 고통을 받는 장면과 무서운 암의 그림 등 포함
태국	2005	−무서운 그림경고 사용 * 담뱃갑 앞뒷면 면적의 50%를 이용. 그림과 경구를 써 넣게 하는 강력한 금연법을 제정. 경고문에는 충격을 주는 그림, 성분, 질병 그리고 금연방법에 대한 정보를 포함

국가	연도	정 책
일본	2005	- 담뱃갑과 포장지에 표시되는 흡연 경고문의 내용을 강화 * '흡연은 건강을 해칠 우려가 있다'는 내용의 경고문 등 건강에 대한 위험성을 구체적으로 명시 * '흡연자는 폐암에 의해 사망하는 위험성이 비흡연자에 비해 약 2~4배 높다' * '임신부가 담배를 피우면 태아의 발육장애 및 조산의 원인이 될 수 있다'
캐나다	2007	- 담배소매상에서 담배를 눈에 잘 띄게 전시하지 못하도록 규제하는 법을 입법 예고 * 담배 판매소에서의 담배 전시 금지: 담배를 외부에서 보이지 않도록 하고 청소년들이 볼 수 없는 곳에만 전시 * 담배의 판매와 가격에 대한 표시는 밖에서 보이지 않도록 한다. 단 표시의 크기, 개수, 내용은 법으로 정함
싱가포르	2006	- 야외식당을 금연구역으로 확대 시행(7월)
	2007	- 가라오케, 나이트클럽에서 금연구역 확대 예정
우루과이	2006	- 식당과 바를 포함하는 모든 직장 실내에서 금연법 발효
프랑스	2007	- 공공장소 흡연 규제 - 금연프로그램 참가 경우 비용 1/3 지원 - 2008년 1월부터는 금연구역 확대: 식당, 나이트클럽, 바 포함
스페인	2006	- 술집을 제외한 모든 직장에서 흡연금지 및 크기가 100㎡ 이상의 바, 식당 중 흡연시설을 따로 두지 않는 곳은 전면 금연 실시 - 담배광고 완전 금지, 담배를 살 수 있는 연령을 16세에서 18세로 상향 조정하는 등의 법적 규제를 포함

(참고: http://www.hp.go.kr/hpGuide)

○ 도시 및 국가 전체를 금연으로 한 도시 및 나라: 홍콩은 2007년 1월 도시 전체를 '완전 금연도시'로 선포하고 유흥업소는 물론 모든 사업장과 공원, 체육관, 운동장, 해변 등 50만 곳을 금연구역으로 지정했다. 이에 따라 일부 작은 공원을 제외한 실외지역과 길거리에서 담배를 피울 경우 60만 원에 달하는 벌금을 물게 되며 업주는 징역 2년형에 처하게 된다. 가정집과 일부 길거리의 흡연구역 말고는 담배를 피울 수 없게 되었다. 인구 70만 명의 입헌군주제 국가인 히말라야의 부탄은 2004년 모든 담배의 판매를 금지했다. 담배 판매금지조치는 외국인 관광객과 외교관 등에게는 적용되지 않지만 외국인들이 부탄인에게 담배를 판매

하다 적발될 경우 밀수 혐의가 적용된다. 담배를 팔다 적발되면 상점과 호텔 소유주는 영업허가가 취소되며 일반인은 210달러의 벌금을 내야 한다. 부탄은 17세기 초부터 공공장소에서의 흡연을 금지했으며 수도 팀푸 시의 경우, 20개 지역 가운데 19개 지역이 이미 종교적 이유로 흡연을 금지하고 있다. 뉴질랜드 역시 금연단체가 2020년까지 뉴질랜드를 금연 국가로 만들기 위해 대대적인 캠페인을 벌이고 있다.

○ 길거리 흡연을 엄격하게 금하는 일본: 일본은 간접흡연을 엄격히 규제하는 나라이다. 2001년 도쿄에서 한 남성이 피우던 담배 불똥이 어린아이의 눈에 닿아 실명하게 한 사건을 계기로 길거리 흡연금지 조례가 생겨났으며 2007년부터 전국으로 확산됐다. 현재 일본에서는 노상흡연을 하다 적발되면 2,000~3,000엔의 벌금이 부과된다. 도쿄 치요다쿠는 일본 최초로 걸어 다니면서 담배 피우는 것이 금지된 지역이다. <그림 6-1>에서처럼 노상흡연 금지 포스터가 도로 위에 부착되어 있지만 또

A) 도로위의 노상흡연 금지 포스터

B) 흡연을 위한 시설

〈그림 6-1〉 일본의 길거리 흡연금지 포스터와 길거리의 흡연시설: 도쿄 치요다쿠는 일본 최초로 걸어 다니면서 담배 피우는 것이 금지된 지역이다. 노상흡연 금지 포스터가 도로 위에 부착되어 있지만 또한 흡연자를 위한 구역 및 시설 역시 마련한 것이 일본 길거리 흡연금지에 대한 특징이라고 할 수 있다(참고: http://endeva.tistory.com, http://lilis.tistory.com).

한 흡연자를 위한 구역 및 시설 역시 마련한 것이 일본 길거리 흡연금지에 대한 특징이라고 할 수 있다. 특히 흡연 구역 및 시설에는 담배꽁초를 버리는 시설 역시 잘 마련되었다. 일본 길거리에 존재하는 담배자판기는 2008년부터 성인식별 장치의 부착을 의무화하였다.

○ 담배규제법 및 공공장소 금연법을 만든 미국과 캐나다: 미국은 세계 최초로 공공장소 실내 금연법을 만든(1975년 미네소타 주) 나라이다. 이러한 이유로 금연법이 가장 발달한 나라이며 호주와 함께 흡연율이 가장 낮은(17~18%) 나라 중 한 곳이다. 미국의 35개 주에서는 주마다 다소 차이는 있지만 어떤 형태로든 모든 주에서 금연법을 시행 중이다. 뉴욕, 워싱턴, 캘리포니아, 뉴저지 등 미국 주요 도시의 공원, 해변과 같이 사람이 많은 거리와 실외에서도 금연을 할 수 없도록 법으로 지정되어 있다. 특히 오바마 미국 대통령은 2009년 6월 22일 백악관에서 연방의원들과 어린이들이 지켜보는 가운데 '가족흡연예방 및 담배 규제법'에 서명하였다. 이에 따라 미국은 담배를 정부의 식품의약국(FDA)에서 규제하는 세계 첫 국가가 됐다. 이 법안은 식품의약국이 담배의 광고와 판매, 제조에 대해 엄격한 제한을 두는 권한을 행사하도록 규정하였다. 새상품이 나오면 FDA 허가를 받아야 팔 수 있으며 식품의약국은 담배 제품의 성분을 평가해 니코틴 함유량을 제한할 수 있고 해롭다고 판단되는 담배 내용물의 금지나 변경을 명령할 수 있다. 또한 학교 주변 300m 이내에서 담배광고가 금지되며 10대가 읽을 수 있는 출판물 광고 역시 통제된다. 비행기 내 금연은 80년대 캐나다의 국내선에서 시작돼 지금은 전 세계적으로 국제선까지 적용되고 있다. 캐나다는 2000년부터 흡연사망자의 입과 폐 등을 담은 끔찍한 컬러사진이나 그림을 담뱃갑 앞과 뒷면에 넣는 등 강력한 금연정책을 펴고 있다. 또한 캐나다에서는 담배를 눈에 띄는 곳에 전시하지 못한다.

○ 유럽의 금연정책: 이탈리아는 세계 최초로 모든 실내 공간의 흡연을 금지시키는 법을 2004년 통과시켰다. 2003년 법원이 간접흡연의 피해를 인정하는 것이 계기가 됐다. 금연법 시행 이후 카페와 식당 내 통풍기가 부착된 흡연실이 아닌 곳에서 담배를 피울 경우 벌금을 내야 한다. 특히 임산부나 12세 이하 어린이 앞에서 담배를 피우다 적발될 경우에는 두 배의 벌금을 물어야 한다. 또 아파트의 계단, 로비 등 시민들이 이용하는 닫힌 공간에서의 흡연도 금지됐으며 1인 이상이 사용하는 사무실과 공장 등 일터에서도 담배를 피울 수 없다. 이후 실내금연은 이탈리아 전체를 비롯해 스코틀랜드와 아일랜드, 벨기에와 스페인 등으로 확산됐다. 유럽연합은 2009년 6월 유럽연합 27개국의 공공장소와 직장에서 금연과 관련된 공통으로 사용할 수 있는 금연법 초안을 마련했다. 아일랜드는 유럽 국가 중 흡연 규정이 엄격하기로 유명해 금지된 장소에서 담배를 피우면 벌금 3,000유로(약 400만 원)가 적용되고 있다.

○ 늦었지만 강력히 금연정책을 시작하는 인도: 세계에서 두 번째로 인구가 많은 나라이지만 금연에 대한 인식이 부족해 흡연인구도 세계 최고 수준이다. 2000년대에 접어들면서 금연의 필요성을 인식한 인도 정부가 생각해 낸 것은 바로 영화다. 인도는 세계에서 영화를 가장 많이 제작하고 동시에 가장 많은 사람들이 영화를 즐겨 보는 나라이다. 2005년부터는 TV에 상영되는 영화는 흡연하는 장면을 법적으로 방영하지 못하게 하고 있다. 더 나아가 또 담뱃갑 한쪽 면에 어머니의 흡연으로 간접적인 영향을 받아 고통스러워하는 아이의 모습을 담고 있다.

○ 올림픽 개최를 계기로 금연정책을 시작한 중국: 약 3억 명의 흡연자를 가진 중국에서는 올림픽 이전에는 금연에 대한 특별한 법이나 대책은 없었다. 하지만 2008년 베이징 올림픽으로 세계인이 베이징에 집중하게 되면서 시급하게 금연에 대한 대책을 마련하였다. 2008년부터

우선적으로 모든 학교를 금연 구역으로 지정했고 올림픽이 열리기 직전인 2008년 5월 베이징시의 모든 건물에 대해 금연 구역을 지정했다. 또한 올림픽 당시 10만 명의 금연 감독관을 조직해 흡연금지 장소에서 흡연을 하는 사람들을 단속하기도 했다.

○ 전 세계적으로 가장 강력한 금연정책을 펼치는 호주: 현재 세계에서 가장 강력한 금연 대책을 내놓고 있다. 때문에 흡연율이 가장 낮은 국가이기도 하다. 호주에서는 담뱃갑 겉면에 담배에 대한 유해한 사진을 부착한다. 또 담배 제조사의 이름 대신 '흡연은 폐암을 일으킬 수 있다'라는 문구를 크게 싣고 있다. 또 담배 소비세가 담배가격에 많이 부가되어 담배 한 갑의 가격이 2만 2천 원 정도에 이른다. 또한 호주 정부는 2012년부터 자국 내 판매되는 모든 담배 포장을 정부 규정으로 통일한다고 발표하였다. <그림 6-2>에서처럼 각 담배회사의 로고와 브랜드나 마케팅 문구는 전혀 허용되지 못하고 담뱃갑의 한 모서리에 조그마하게 제조회사와 판매회사의 이름이 허용된다. 기존에 있던 금연효과를 주던 사진은 전면으로 더 크게 배치되어야 한다. 또한 호주담배는 화이트, 블루, 오렌지, 레드 등으로 분류가 되어 판매되었지만 2012년부터는 <그림 6-2>에서처럼 모두 무채색이 된다. 이러한 조치는 전 세계에서 발표된 흡연 억제정책 중 가장 급진적인 것으로 평가하고 있지만 담배회사의 피해보상을 요구하는 등 호주 내 담배회사들은 극렬히 반발하고 있다.

호주 이외에도 담뱃갑 경고그림은 2001년 처음 도입되어 전 세계 27개국에서 시행되고 있다. 도입국가는 캐나다, 브라질, 싱가포르, 태국, 베네수엘라, 요르단, 호주, 우루과이, 파나마, 벨기에, 칠레, 홍콩, 뉴질랜드, 루마니아, 영국, 브루나이, 이집트, 아일랜드, 말레이시아, 인도, 페루, 남아프리카공화국, 이란, 키르기스스탄, 지부티, 라트비아, 스위스 등이 있다.

기존

2012년 이후

〈그림 6-2〉 호주의 담배표지의 변화: 2012년 이후 담배표지의 담배회사의 로고,
색깔, 브랜드 이미지 등은 아주 작게 표시하여야 한다. 또한 기존에 있던 금연
효과를 주던 사진은 전면으로 더 크게 배치되어야 한다. 호주담배는 화이트, 블
루, 오렌지, 레드 등으로 분류가 되어 판매되었지만 2012년부터는 오른쪽 그
림과 같이 모두 무채색이 된다(참고: http://blog.paran.com/hojustory).

2. 우리나라의 금연정책

◎ 주요 내용

- 우리나라는 1995년 국민건강법 제정에 따라 금연구역 설정 등 흡연을 규제
하면서부터 본격적인 금연정책이 추진되었으며 담배규제기본협약에 따른 금연
정책을 활발히 추진하고 있다.
- 신문광고 및 배너광고를 통한 담배회사들의 우회적인 광고전략은 담배관련
광고를 제한, 금지하는 법령의 취지를 무색하게 한다.
- 금연정책에서 가장 논란이 많은 것은 담뱃값 인상을 통한 금연의 가격정책이다.
- 담뱃값 인상은 청소년흡연율에 크게 영향을 주는데 인상에 따른 청소년흡연
율은 성인흡연율보다 2~3배 정도 민감하게 반응한다.
- 담뱃값 인상은 금연의 주요 정책이며 성인흡연율을 낮추는 데 어느 정도는
기여하는 것으로 추정된다.

> – 금연정책 평가와 흡연율 예측을 위한 모델을 시뮬레이션 모델이라고 하며 우리나라에서는 Korea Sim – Smoke 모델이 개발되어 응용되고 있다.

● 우리나라는 1995년 국민건강법 제정에 따라 금연구역 설정 등 흡연을 규제하면서부터 본격적인 금연정책이 추진되었으며 담배규제기본협약에 따른 금연정책을 활발히 추진하고 있다.

우리나라의 금연정책은 <표 6-4>에서처럼 1986년 담배사업법을 시작으로 1995년 보건복지부의 국민건강법 제정으로 본격적으로 시작되었지만 1976년 최초로 담배에 대한 경고문인 '건강을 위하여 지나친 흡연을 삼갑시다'로 시작되었다. 2010년 현재 지자체 금연구역 지정 조례 근거 마련 등 다양한 법률제정을 통해 마련되어 왔다. 특히 이러한 금연정책은 주요 3가지 제어 대상인 흡연예방, 금연 그리고 간접흡연 등의 규제를 위해 금연사업 추진 네트워크 구성, 담배규제기본협약 이행을 위한 법·제도 정비, 흡연 관련 모니터링 강화, 청소년, 여성, 성인 등 대상자별로 세분화된 교육, 홍보 실시 그리고 흡연자에게 다가가는 금연 상담, 치료 서비스 제공 등의 추진전략으로 이루어지고 있다.

〈표 6-4〉 우리나라의 연도별 주요 금연정책

연도	내 용
1986년	담배사업법: 담뱃갑 경고문구 표기 및 담배광고 제한
1994년	담배가격 인상(이후 2005년까지 담배가격 7회 인상)
1995년	국민건강증진법 제정: 금연구역 설정 등 흡연규제
2001년	담배인삼공사(현 KT&G) 민영화 대통령 '금연종합대책마련' 지시
2002년	담배성분 중 타르, 니코틴 성분 공개

연도	내 용
2003년	금연구역 대폭 확대 7월 21일 세계보건기구(WHO)의 담배규제기본협약 (FCTC, Fraework Convention on Tobacco Control) 서명
2004년	담배 자동판매기 성인인증장치 부착 담뱃값 500원 인상
2005년	5월 16일 WHO 담배규제기본협약(FCTC) 비준
2006년	국립암연구원 금연클리닉 운영 시작 금연상담전화 등 흡연자 지원프로그램 운영 시작
2007년	발암성 물질 경고문구 표시(2009년 시행)
2010년	지자체 금연구역 지정 조례 근거 마련

우리나라에서는 금연정책의 일환으로 담배판매제한 관련 법령은 <표 6-5>에서처럼 보건복지부, 교육과학기술부 그리고 기획재정부 등에 의해서 제정된 국민건강증진법, 청소년보호법, 학교보건법 그리고 담배사업법 등이 있다. 1986년 기획재정부의 담배사업법에 의해 담뱃갑 경고문구 표기 및 담배광고가 제한되었다. 1995년 보건복지부의 국민건강법 제정에 따라 담배자동판매기의 성인인증장치부착을 비롯하여 청소년의 담배 접근 금지, 담배 경고문구 표기 등을 내용으로 하여 법적 규제를 마련한 계기가 되었다. 지난 10년간 TV 금연공익광고를 비롯하여 각종 금연캠페인이 이루어졌다. 또한 보건복지부는 청소년보호법을 1997년 제정하여 청소년에게 담배 판매를 전면금지하였으며 교육과학기술부의 학교보건법은 정화구역 안에서의 담배자동판매기 설치를 금지하였다.

<표 6-5> 담배판매제한 관련 법령 현황

소관부처	관련법	관련조항			
보건복지부	국민건강증진법	- 담배자동판매기 설치 제한(법 제9조 제2항 및 동법 시행령 제15조)			
		근거법령	과태료		
			1차	2차	3차 이상
		법 제34조 제1항 제1호	100만 원	200만 원	300만 원
		※ 허용되는 장소 1. 미성년자 등을 보호하는 법령에서 19세 미만 자의 출입이 금지되어 있는 장소 2. 지정소매인, 기타 담배를 판매하는 자가 운영하는 점포 및 영업장의 내부 3. 법 제9조 제4항의 규정에 의한 공중이 이용하는 시설 중 흡연구역으로 지정된 장소. 다만, 담배자동판매기를 설치하는 자가 19세 미만의 자에게 담배자동판매기를 이용하지 못하게 할 수 있는 장소에 한함. 담배자동판매기의 성인인증장치부착(법 제9조 제3항)			
		근거법령	과태료		
			1차	2차	3차 이상
		법 제34조 제1항 제3호	50만 원	100만 원	200만 원
	청소년보호법	※ 청소년유해약물 등의 판매·대여·배포 금지(법 제26조) - 청소년 연령 확인(동법 시행령 제20조) - 담배 제조·수입자는 담뱃갑 뒷면에 청소년 유해 표시 의무(19세 미만 청소년에게 판매를 금지)(동법 시행령 제22조) - 청소년에게 담배를 판매한 경우, 2년 이하의 징역 또는 1천만 원 이하의 벌금(법 제51조)			
교육과학기술부	학교보건법	※ 정화구역 안에서의 담배자동판매기 금지(동법 시행령 제4조의 2)			
기획재정부	담배사업법	• 소매인에 의해서만 판매, 우편 판매 및 전자거래 금지(법 제12조) - 위반 시 500만 원 이하의 벌금 • 청소년이 담배에 쉽게 접근할 수 있는 장소 등에 소매인 지정 제한(법 제16조) - 청소년의 보호를 위하여 지방자치단체가 조례로 정하는 장소에는 자동판매기의 설치를 제한(동법 시행규칙 제10조) - 청소년에게 담배를 판매한 경우, 1년 이내의 영업정지(법 제17조)			

(참고: http://www.hp.go.kr/hpGuide)

또한 우리나라는 1995년 국민건강증진법 제정 이후 2003년 WHO의 담배규제기본협약에 따라 국제적 금연정책과 함께하며 적극적인 금연 정책을 수립, 추진하고 있다. 담배규제기본협약에 따른 연도별 이행 의무사항은 <표 6-6>과 같으며 비준일(2005년 5월) 기준 90일 이후부터 법제도 정비 등 담배규제기본협약 이행의무 기한이 명시되어 있다. 또한 2010년 보건복지부는 지방자치단체의 금연조례 활성화를 위해 '자치단체 금연조례 제정을 위한 권고기준'을 마련, 배포했다. 이에 따라 각 지자체는 공원·놀이터, 거리·광장, 학교정화구역, 버스·택시 정류장, 동물원·식물원, 도서관, 연구소, 아파트와 같은 공동주택 등 금연구역 지정이 필요한 곳을 지자체 특성에 따라 조례로 지정하여 금연정책을 실시할 수 있게 되었다.

〈표 6-6〉 담배규제기본협약 조항에 따른 연도별 이행 의무사항

담배규제기본협약조항	이행 기한	주요 내용
제11조 담배제품의 포장 및 라벨	3년 이내('08.8.)	○ 경고문구 크기는 원칙적 담뱃갑의 50% 이상 요구, 주요 표시면은 반드시 30% 이상-경고그림도 가능토록 권장 ○ 건강상 오해를 불러일으킬 수 있는 문구 금지-라이트, 마일드, 저타르 등의 문구 금지
제13조 담배제품의 광고, 판촉 및 후원	5년 이내('10.8.)	○ 허위·오도·기만적이거나 잘못된 인상을 조장할 수 있는 방법의 제품 홍보금지 ○ 담배광고·판촉·후원에 경고 또는 전달문구 포함 ○ 구매를 촉진할 수 있는 유인책 사용 제한

(참고, 2010년 복지부, WHO 담배규제기본협약(FCTC) 비준 5주년 기념 자료집)

우리나라에서는 이러한 담배규제기본협약 이행의무를 위해 보건복지부와 국회는 <표 6-7>에서처럼 다양한 정책을 입안하고 있다. 특히 보건복지부는 2010년 제23회 세계 금연의 날 WHO 담배규제기본협약 비준 5주년을 기념하여 자료집을 발간하여 배포하였다. 자료집은 담배규제기본협약 원문 및 개발이 완료된 총 4개 조항의 가이드라인을 담고 있는데 협약의 이행을 위한 최우수관행(best practices, 금연을 위한 최선의 전략)을 보여 주는 지침으로 매우 강력한 규제를 내용으로 담고 있

다. 이러한 가이드라인 홍보를 통해 보다 강력한 정부의 담배규제정책 추진에 기여할 수 있을 것으로 기대된다.

〈표 6-7〉 금연정책 입안을 위한 국회계류 중인 16개 법안(2010년 5월)

추진 전략	국민건강증진법 개정안 내용	대표발의
흡연 경고그림	-담뱃갑 및 담배 광고에 경고문구와 함께 경고그림 및 사진 추가	이명수 의원 안홍준 의원 전현희 의원 전혜숙 의원
흡연 경고문구 추가 표기	-'타르 흡입량은 흡연습관에 따라 다르다'는 경고문구를 담뱃갑에 추가로 표기	송영길 의원
금연구역 확대	-공중이용시설 전체 금연구역화 -어린이 청소년 금연보호구역 지정·관리	박대해 의원 (2건)
	-출입구의 일정거리(예: 5m) 내에서의 흡연금지 필요	전현희 의원 장제원 의원
	-공동주택의 복도, 계단, 엘리베이터 및 버스정류장, 횡단보도 등을 금연구역으로 지정	정의화 의원
	-학교 모든 구역(운동장 포함) 금연구역으로 지정	오제세 의원
	-모든 학원시설 전체를 금연구역으로 지정	최재성 의원
직접 접근방식 담배 판매 금지	-구매자가 담배상품에 직접 접근할 수 있는 방식의 담배 판매 금지	장제원 의원
담배광고제한	-횟수 축소(연간 60회 이내 → 10회 이내) -담배광고제한 규정 법에 명시	
	-대통령령으로 정하고 있는 담배에 관한 광고의 금지 및 제한과 관련한 내용을 법률에서 규정	박준선 의원
흡연실태조사	-흡연실태 및 관련 의식조사 정기적 실시	전현희 의원
미성년자용품 판매금지	-담배형태의 미성년자용품 판매 금지	
담배광고심의	-담배광고심의위원회 설치 및 사전심의	
오도문구 사용 제한	-담배가 덜 해롭다는 식의 잘못된 인식을 유도하는 오도문구 사용 제한	전현희 의원 전혜숙 의원
금연콜센터 전화번호 표기	-국립암센터에서 운영하는 금연콜센터의 전화번호 표기	백원우 의원
담배규제 일원화	-담배규제 관련 법제를 국민건강증진법으로 일원화	전혜숙 의원
가향물질 표시금지	-담뱃갑 및 광고에 가향물질 표시 금지	최영희 의원
전자담배 부담금부과	-전자담배에 국민건강증진부담금 부과(니코틴 용액 1ml당 221원)	정부

(참고. 2010년 복지부. WHO 담배규제기본협약(FCTC) 비준 5주년 기념 자료집)

- **신문광고 및 배너광고를 통한 담배회사들의 우회적인 광고전략은 담배관련 광고를 제한, 금지하는 법령의 취지를 무색하게 한다.**

이와 같이 담배광고에는 엄격한 제한이 따른다. 다만 담배사업법 및 동 시행규칙에 의거한 '판매가격의 공고'는 하도록 되어 있다. 즉 일간 신문, 인터넷 등을 통해 제품의 이름, 규격, 포장구분, 포장단위, 판매가격, 판매개시일을 일정 기간 공고하게 되어 있지만 여기에 빈틈이 있다. 담배회사들은 '판매가격의 공고' 형식으로 간접적으로 담배광고를 하는 사례들이 늘어나고 있다. 예를 들면, 특정 담배의 소비자 가격 공고를 내세우는 5단 37㎝의 신문광고를 하면서, 5단 18㎝에는 가격공고를 하고 나머지 반의 광고지면에는 'BRITISH AMERICAN TOBACCO', '새로운 얼굴로 만납니다', '담배에 관한 정보의 창' 등과 같은 담배업체의 회사 로고를 부각시키는 방법으로 광고를 하고 있다.

누구나 쉽게 접근할 수 있는 인터넷사이트를 통한 광고 역시 교묘하게 이루어진다. 주로 이러한 광고는 초기 화면에 배너광고로 통해 이루어진다. 배너광고(banner advertising)란 유력 인터넷 홈페이지에 특정 웹사이트의 이름이나 내용을 띠 모양으로 부착하여 홍보하는 것이 마치 현수막처럼 생겼다고 해서 배너라고 하는데 이를 통한 광고를 배너광고라고 한다. 처음에는 단순한 형태로 시작했으나 요즘에는 동영상을 넣거나 화면에 고정적으로 배치되는 방법으로 다양화되고 있다. 이런 형식은 '담배 판매가격 공고'를 빌리고 있지만 이 또한 실제적으로 간접담배광고에 가깝다. 단순히 일간지상에 '담배가격 공고'를 게재하는 것과는 달리 인터넷 배너광고는 여러 컷의 장면으로 이루어진 동영상으로 어느 장면에서는 '담배가격 공고'라는 문구를 볼 수가 없다. 즉 어느 장면에서는 '담배가격 공고'이지만 다른 장면에서는 단순한 신제품 담배 및 담배회사 홍보라고 인식되고 있다. 또한 더욱이 인터넷은 흡연자만 사용하는 것이 아니므로 인터넷상의 배너광고는 청소년과 비흡연자에게도 무차별적으로 노출된다. 이는 담배관련 광고를 제한, 금지하는 법령의 취지를 무색하게 한다(참고: 법무법인 한강, www.lawhangang.co.kr).

- **금연정책에서 가장 논란이 많은 것은 담뱃값 인상을 통한 금연의 가격정책이다.**

2010년 식품의약품안전청의 질병관리본부는 '심스모크(SimSmoke)'라는 시뮬레이션을 활용하여 담뱃값 인상, 담배광고 제한, 금연구역 지정 등 7가지 금연정책의 효과를 분석한 '금연정책의 평가와 향후 흡연율 예측' 보고서를 작성하였다. 보고서에 따르면 1995년부터 2006년까지 국내에서 시행된 금연정책 가운데 흡연율 감소에 미친 효과를 분석한 결과, 남성의 흡연율을 줄이는 데 담뱃값 인상이 54.4%로 가장 강력한 정책수단인 것으로 확인되었다. 이어 대중매체를 통한 금연홍보 캠페인 32.9%, 금연구역 지정 9.3%, 금연치료 지원 3.4% 순으로 나타났다. 이러한 결과를 토대로 2010년 현재 2,500원인 담뱃값을 8,000원으로 올리면 흡연율이 선진국 수준으로 뚝 떨어질 것으로 예상하고 있다. 하지만 담뱃값을 8,000원으로 올릴 경우 흡연율을 선진국 수준인 30%로 낮출 수 있다는 주장을 근거로 극단적인 정책 추진은 친서민 정책이 아니라는 강한 반대이론 역시 존재한다.

다음은 2005년 9월 14일 중앙일보의 '논쟁과 대안: 담뱃값 인상 논란'에 대한 토론 내용이다. 여기에 참석하여 토론을 한 사람(당시 직책)은 고경희(한나라당 의원), 정경수(담배소비자보호협회장), 김원년(고려대 교수), 이종구(보건복지부 건강증진국장) 등으로 사회는 강치원(강원대 교수)에 의해 진행되었다. 토론은 각자의 입장에서 토론되어 담뱃값 인상에 따른 장점과 단점 뿐 아니라 담뱃값 인상에 의한 이해관계와 금연정책의 어려움 등을 동시에 이해할 수 있는 좋은 자료이기에 여기에 소개한다. 또한 담뱃값 인상에 대한 찬반 의견은 시간이 지나도 큰 변화가 없을 것으로 추정된다. 토론은 담배와 관련된 상황은 정부가 세계 최고 수준의 성인 남성흡연율을 낮추기 위해 2004년 2월 말 담뱃값을 500원 올린 데 이어 2005년 하반기에 500원을 더 올리는 방안을 추진하고 있는 상황하에 이루어졌다.

- 신문내용 및 토론(중앙일보, 2005년 9월 14일): 정부가 세계 최고 수준의 성인 남성흡연율(52.3%)을 낮추기 위해 지난해 12월 말 담뱃값을 500원 올린 데 이어 하반기에 500원을 더 올리는 방안을 추진하고 있다. 정부는 500원 인상안을 담은 건강증진법 개정안을 국회에 제출해 둔 상태다. 정부는 담배 가격 인상만큼 효과적인 금연정책이 없다고 주장한다. 여기다 금연 구역을 PC방과 공장 등으로 확대하고 담배회사의 이미지 광고 등을 규제하면 금연 효과가 더 커질 것으로 보고 있다. 하지만 한나라당이 호락호락 법안에 동의해 줄 것 같지 않다. 담배 판매량이 가격 인상 전으로 돌아갔기 때문에 금연 효과는 없이 서민에게 부담만 준다며 제동을 걸고 있다. 담배소비자 단체는 '담뱃값을 올린 지 1년도 채 안 돼 또 올리는 것은 지나치다'며 오히려 '담배소비자들로부터 거둬들인 돈을 엉뚱한 데 사용한다'고 목소리를 높이고 있다. 정기국회에서 벌어질 담뱃값 인상 논쟁을 미리 볼 수 있는 자리를 마련했다.

  ▶ 사회＝정부가 흡연율을 낮추기 위해 이르면 10월께 담뱃값을 500원 더 올릴 계획이다. 하지만 지난해 12월 500원 올린 이후 효과가 없다는 주장이 제기됐다. 가격 인상의 효과를 어떻게 봐야 하나?
  ▶ 이종구＝담뱃값을 10% 올리면 흡연량이 4% 준다는 것이 세계적으로 입증돼 있다. 우리나라도 마찬가지 효과가 있었다. 지난 20년간 금연구역 확대 등의 비(非)가격정책으로 흡연율을 낮추려 했지만 가격을 올리는 정책이 가장 효과적이었다. 가격을 올린 이유는 청소년들이 담배를 배우지 않도록 진입장벽을 만드는 것이다. 또 가난한 사람들이 흡연량이 많고, 담배 때문에 병에 걸려 회복이 안 된다. 이런 사람들을 보호하는 게 담뱃값 인상의 주목적이다.

▶ 김원년＝가격을 올리더라도 대부분의 흡연자가 담배를 계속 피운다고 하지만 착각이다. 값을 올리면 덜 피우고 끊기도 한다. 얼마나 많이 끊느냐가 관건인데 지난 23년간 추정치를 보면 가격을 두 배 올리면 적어도 40% 정도 흡연율이 줄어든다는 결과가 나왔다. 담뱃값을 두 배 올리면 가계 지출비 중에서 보건의료비 지출 부분이 30% 줄어든다. 값이 오르면 담배 소비가 줄고 건강이 좋아져 의료비가 줄어든다.

▶ 고경화＝지난해 말 500원을 올린 뒤 담배 판매량이 6월에는 지난 4년 월평균 판매량(4억 갑) 수준으로 회복됐고 8월에는 4억 6,000만 갑으로 평균보다 늘어났다. 가격 인상이 흡연율을 낮추는 데 별 효과가 없었다. 담배는 가격탄력성이 그리 크지 않다. 즉 값이 올라도 소비량에 큰 영향을 미치지 않는다.

▶ 정경수＝담뱃값 인상은 시대적인 정서와 문화 등을 고려해야 한다. 값을 올리면 금연이 확산된다는 논리는 맞지 않다. 영국이나 캐나다, 프랑스보다 미국, 일본, 이탈리아의 흡연율이 높은 편이다. 담뱃값이 가장 높은 영국의 흡연율이 가격이 훨씬 낮은 미국보다 높게 나타나는 현상은 무엇을 뜻하겠는가.

▶ 사회＝담뱃값 인상과 흡연율 관계를 좀 더 구체적으로 논의해 보자.

▶ 김원년＝담배를 6개월 끊었다면 금연에 성공한 것이다. 지난해 12월 담뱃값을 500원 올린 뒤 흡연자 700명과 비흡연자 300명을 대상으로 올해 1, 3, 6월 금연율의 변화를 추적 조사했더니 금연율이 그대로 유지되고 있다. 끊은 사람이 일부 돌아오지만(다시 흡연) 새로 끊는 사람이 생긴다. 지난해 12월 담뱃값 인상은 금연에 확실히 효과가 있었다.

▶ 이종구＝7, 8월 담배 판매량이 지난 4년 월평균 수준으로 돌아왔다고 하지만 1~7개월 판매치를 누적하면 지난해의 48%에 지나지 않는다. 최근 판매량이 늘어난 것은 하반기 인상을 앞둔 사재기 가수요 때문이다. 연말이 되면 올해 39억~40억 갑 팔려 지난해보다 7.7% 줄어들 것으로 본다. 사재기 때문에 판매량으로는 흡연율의 변화를 정확히 알기 어렵다.

▶ 고경화＝노르웨이는 담뱃값이 10달러가 넘어 세계적으로 가격이 높은 나라지만 흡연율은 27%다. 스웨덴은 담뱃값 5달러에 흡연율은 16%다. 가격과 흡연율은 별 관련이 없다는 뜻이다. 인도는 우리보다 담뱃값이 싼데도 흡연율은 우리나라보다 낮다. 문화적인 환경과 건강에 대한 관심도, 삶의 질 추구 정도, 스트레스 등을 따져야 한다. 흡연율을 가격과 연결시키는 것은 오해의 소지가 있다.

▶ 이종구＝1994년 이전까지는 금연정책을 펴지도 않았는데 흡연율이

연평균 0.45% 정도 줄었다. 94년에 공공장소 금연 등의 금연정책을 취한 이후 성인 남성의 흡연율이 연평균 1.52% 떨어졌다. 그런데 지난해 연말 500원 인상 이후 5.5% 떨어졌다.

▶ 고경화=99~2003년에도 흡연율이 떨어졌는데 (지난해 말 이후 감소분이) 자연감소인지 가격 인상 때문인지, 아니면 웰빙을 강조하는 분위기 때문인지 심도 있게 고찰해야 한다. 2002~2003년 흡연율이 많이 떨어졌는데 고 이주일 선생의 영향이 컸기 때문이다.

▶ 정경수=소비자의 웰빙 욕구, 환경의 변화, 생활의 질 변화 때문에 매년 흡연율이 1.6~1.8% 감소하고 있다. 이번 감소 역시 자연감소에 불과하다.

▶ 사회=흡연율 감소 효과에 관계없이 담뱃값 인상이 물가상승을 부추기고 경제성장에도 부정적인 영향을 준다는 지적이 있다. 특히 저소득층 서민의 부담이 상대적으로 커진다는 주장에 대해선 어떻게 생각하는가.

▶ 고경화=재경부 자료에 따르면 담뱃값을 500원 올리면 소비자 물가가 0.3% 상승한다고 한다. 여기서 끝나는 게 아니라 임금이 연동해서 오르고 최저임금에도 문제가 된다. 국민연금이나 건강보험 급여도 오른다. 국민 실생활에 미치는 효과가 엄청나게 크다. 담뱃값 인상에 신중히 접근해야 한다.

▶ 정경수=국회에서 예산 부족을 도와준다는 측면에서 지난해 말 500원 인상에 동의해 준 것으로 안다.

▶ 이종구=논리의 비약이다. 세수 부족을 채우려는 게 아니다. 담배가 물가를 올린다는 것도 맞지 않다. 일부 선진국은 소비자 물가지수에서 담배를 뺐다. 기초생활비에서 담배는 빠진다. 필수재가 아니기 때문이다. 건강에 나쁜 중독성, 발암물질을 경제성장과 연계하는 것은 받아들이기 어렵다.

▶ 김원년=담뱃값 인상 때문에 물가가 오르는 것은 사실이지만 경제성장 전체에 영향을 미친다는 논리는 비약이다. 물가상승도 한 번에 그치고 그 영향이 미미하다. 경제성장에 영향을 미치고 산업 전체에 영향을 준다는 주장은 소설이다.

▶ 고경화=한국은행 총재가 담배 때문에 지난해 국내총생산(GDP)이 떨어졌다고 말했다. 소설이 아니다. 소비자 물가지수를 결정하는 500여 개의 상품과 서비스 중에서 담배가 중요한 비중을 차지한다. 흡연인구가 1,200만 명이다. 많은 인구가 소비하는 것을 빼면 물가지수가 왜곡될 것이다.

▶ 이종구=지난해 담배를 사재기하면서 GDP가 올라갔고 올해는 마이너스 효과가 났다. 지난해와 올해 상황을 합해 보면 담뱃값 인상이

GDP를 떨어뜨린 게 아니다.

▶ 사회＝담배소비자단체에서는 건강증진기금 재원을 오로지 담배에 부과되는 부담금만으로 충당하는 것은 부당하다는 주장이다. 또 담배부담금으로 거둔 건강증진기금이 부담 주체인 담배소비자와 무관하게 사용되는 것 역시 부당하다는 지적인데.

▶ 고경화＝건강증진기금의 65%를 건보 재정으로 보충하고, 35%는 건강증진사업에 쓴다. 건강증진사업은 모든 국민이 혜택을 본다는 점에서 흡연자의 돈을 거둬 해야 할 사업이 아니다. 흡연자의 돈을 건보 재정에 충당하는 것도 말이 안 된다. 국가 재정이나 보험료로 채워야 한다.

▶ 이종구＝건강증진기금은 국회에서 심의한다. 비흡연자에게 이 돈을 쓰는 이유는 간접흡연으로 폐암이 발생하기 때문이다. 비흡연자가 흡연자가 될 수 있기 때문에 교육할 필요도 있다. 질병의 30%가 담배 때문에 생긴다. 일일이 치료비를 줄 수 없기 때문에 건강보험에 포괄적으로 지원하는 것이다.

▶ 고경화＝흡연자가 모든 질병의 원흉이라고 보는 것은 비약이다. 건보 재정은 많은 나라에서 세금을 거둬 쓴다. 조세로 하면 국회의 통제를 받지만 지금처럼 건강증진기금으로 운영하면 국회 통제가 어려워진다.

▶ 정경수＝폐암 환자 10명 중 한두 명이 담배 때문이라고 하지만 폐암의 주원인은 공해다. 자동차 1,000만 대가 뿜어내는 매연과 타이어가 마모되면서 발생하는 분진 때문에 폐가 망가지는 경우가 많다. 지금은 연간 건강증진기금의 1.4%만 금연사업에 쓰고 있다. 나머지는 어디로 갔는지 사용처를 분명히 해야 한다. 건강증진기금은 목적세 성격을 갖고 있으므로 기금의 20~30%라도 흡연자를 위해 써야 한다. 흡연자를 위해 병원을 세우고 금단현상을 완화하는 데 도움이 되는 방안을 내놔야 한다.

▶ 김원년＝흡연자가 사회에 엄청난 피해를 주기 때문에 담배부담금을 전체 국민의 건강을 위해 쓰는 것은 당연하다. 담뱃값을 올리면 단기적으로 서민층 흡연자에게 부담을 주지만 3~5년이 지나면 건강이 좋아져 여러 가지 면에서 부담을 던다.

▶ 사회＝2005년 하반기에 500원을 더 올려야 하는가. 담뱃값 인상 이외에 다른 금연정책은 없는 것인지? 바람직한 금연정책의 방향은?

▶ 이종구＝가격인상 정책을 계속 쓸 계획이다. 하반기에 500원을 올린 뒤 2010년까지 성인흡연율을 30%로 낮추기 위해서는 5,000원까지 올려야 한다는 생각이다. 대기오염도 문제가 있지만 밀폐된 공간에서 비흡연자들이 보는 간접흡연의 피해에 대해서도 대책이 필요

하다. 음식점에서도 흡연을 금지해야 한다.

▶ 고경화＝비가격정책(지자체 금연조례 제정에 따른 금연구역확대, 발암성 물질 경고문구 표시, 보건소 금연클리닉 등)을 제대로 시행하지 않아 금연 효과가 없었다. 담뱃갑에 유해성분으로 타르와 니코틴만 표시한다. 그 밖에 일산화탄소 등 여러 가지가 많은데 이런 것도 함께 표시하자. 그래서 '담배를 피우면 위험하다'는 경각심을 일깨워야 한다. 또 담배에 경고문구만 있지 경고그림(암에 걸린 폐의 모습 등)은 없다. 청소년들은 담배를 살 수 없게 돼 있지만 실제로는 손쉽게 담배를 산다. 이처럼 제대로 시행하지 않는 비가격정책들을 내실화한 뒤 가격인상 여부를 논의해야 한다.

▶ 정경수＝흡연자들은 가격을 올리는 대신 흡연구역을 축소하거나 금연 캠페인이나 프로그램 등으로 (금연운동을) 할 수 있다고 본다. 국가는 10~20년 후를 내다보고 청소년들이 담배에 접근하지 못하도록 많은 돈을 투자하고 적극적인 프로그램을 개발해야 한다. 가격을 올려 봤자 요요현상으로 효과도 없을뿐더러 사재기만 종용한다.

▶ 김원년＝가격을 올려 효과가 있다면 안 올릴 이유가 없다. 가격을 올리는 정책은 비가격정책보다 돈이 적게 든다. 대신 담배 피우는 사람이 당당하게 담배를 피울 수 있게 문화적인 공간을 마련해야 한다. 1,200만 명이 몸에 나쁜 일(흡연)을 하고 있는데 가격을 올려서라도 못 하게 해야 한다.

▶ 이종구＝우리나라는 세계보건기구의 담배규제기본협약(FCTC)에 66번째 비준했다. 협약은 가격 인상 정책, 담배회사의 스폰서 제한 등의 용어사용 금지 등을 권고하고 있다. 이에 맞춰 가격도 올리고 담배에 경고 그림을 넣는 방안을 준비하고 있다. 비가격정책은 법령을 고쳐야 하기 때문에 시간이 걸린다.

▶ 고경화＝담배규제협약에는 비가격정책에 대한 의무사항이 많다. 가격인상 정책은 권고사항이다. 우선순위에서 낮게 본 것이다. 비가격정책을 먼저 시행하고 가격정책이 따라가야 한다. 지난해 12월 가격을 올릴 때 규제개혁위원회에서 가격을 인상하되 1년 동안 효과가 있는지를 보고 재론하자고 했는데 1년도 안 된 상태에서 또 올리려는 것은 규개위의 논의를 물거품으로 만드는 것이다.

이와 같이 정부 측, 소비자 측 그리고 민심을 살피는 국회 등 서로 다른 입장에서 담뱃값 인상을 통한 금연정책에 대한 정당성과 부당성을 주장하는 것을 알 수 있다. 담뱃값 인상에 따른 찬반의견은 크게 흡연량,

흡연율, 물가상승, 국내총생산, 세금 부족분 보충, 건강증진기금 재원으로 활용, 비가격정책 그리고 청소년흡연 등 흡연율의 변화부터 경제적 영향 그리고 정책의 효율성 등 다양한 분야에 걸쳐 주장되고 있다. 이들의 주장을 찬반으로 여러 측면에서 분류하여 <표 6-8>에 정리되었다.

〈표 6-8〉 담뱃값 인상에 따른 항목별 찬반 의견

논란의 항목	찬성 측 의견	반대 측 의견
흡연량	담뱃값을 10% 올리면 흡연량이 4% 감소.	흡연은 중독성을 지니기 때문에 수요의 가격탄력성이 매우 낮아지기 때문에 값이 올라도 소비량에 큰 영향을 미치지 않음.
흡연율	지난 23년간 추정치를 보면 가격을 두 배 올리면 적어도 40% 정도 흡연율이 감소.	담뱃값이 가장 높은 영국의 흡연율이 가격이 훨씬 낮은 미국보다 높게 나타나는 현상을 보면 흡연율에 영향을 주지 않음.
물가상승	담뱃값 인상 때문에 물가가 오르는 것은 사실이지만 경제성장 전체에 영향을 미친다는 논리는 비약임. 일부 선진국은 소비자 물가지수에서 담배를 제외함.	재경부 자료에 따르면 담뱃값을 500원 올리면 소비자 물가가 0.3% 상승함. 임금이 연동해서 오르고 최저임금에도 문제가 됨.
국내총생산	담배 사재기로 인한 일시적인 현상임.	한국은행 자료에 의하면 국내총생산 감소함.
세금 부족분 보충	세금 부족분 보충이 아님.	2004년 국회에서 예산 부족의 이유로 담뱃값 인상 결정함.
건강증진기금 재원으로 활용	비흡연자에게 이 돈을 쓰는 이유는 간접흡연으로 폐암 발생하며 질병의 30%가 담배로 발생하기 때문에 당연.	흡연자가 모든 질병의 원흉이라고 보는 것은 비약임. 건강증진사업은 모든 국민이 혜택을 본다는 점에서 흡연자의 돈을 거둬 해야 할 사업이 아님.
비가격정책	가격을 올리는 정책은 비가격정책보다 돈이 적게 든다. 가격도 올리고 담배에 경고 그림을 넣는 방안을 준비하고 있다. 비가격정책은 법령을 고쳐야 하기 때문에 시간이 걸림.	담배규제협약에는 비가격정책에 대한 의무사항이 많다. 가격인상 정책은 권고사항이다. 우선순위에서 낮게 본 것임. 비가격정책을 제대로 시행하지 않아 금연 효과가 없었음.
청소년흡연	가격을 올린 이유는 청소년들이 담배를 배우지 않도록 진입장벽을 만드는 것	청소년들은 담배를 살 수 없게 돼 있지만 실제로는 손쉽게 담배를 구입. 제대로 시행하지 않는 비가격정책들을 내실화한 뒤 가격인상 여부를 논의해야 함.

*2005년 9월 14일 중앙일보의 '논쟁과 대안: 담뱃값 인상 논란'에 대한 토론 내용을 요약한 것임.

- 담뱃값 인상은 청소년흡연율에 크게 영향을 주는데 인상에 따른 청소년흡연율은 성인흡연율보다 2~3배 정도 민감하게 반응한다.

이와 같이 담뱃값 인상에 대한 논쟁은 가장 핵심적인 부분인 흡연율에 대한 영향에서 조차 크게 의견이 엇갈린다. 찬성하는 측은 지난 23년간 추정치를 보면 가격을 두 배 올리면 적어도 40% 정도 흡연율이 감소한다고 주장하고 반대하는 측은 담뱃값이 가장 높은 영국의 흡연율이 가격이 훨씬 낮은 미국보다 높게 나타나는 현상을 보면 흡연율에 영향을 주지 않는다고 주장하고 있다. 이러한 논란은 2010년 담뱃값 인상을 주장하는 '금연정책의 평가와 향후 흡연율 예측'의 정부 보고서가 제출되면서 다시 한 번 더 우리나라에서 시작되었다. 아래의 토론은 2010년 8월 19일 동아일보에 실린 신상진 의원(한나라당 국회 보건복지위원회)과 서홍관 회장(한국금연운동협의회 회장)에 의해 이루어진 토론이다. 여기서 2005년 담뱃값 인상안에 대한 토론은 2004년 500원 인상한 후 2005년 다시 500원 인상하는 상황이었으며 이번 토론은 2,500원에서 8,000원으로의 인상에 대한 토론이다. 따라서 인상 금액 측면에서 상당히 차이가 있다는 것을 알 수 있다. 이러한 측면을 고려하였는지 알 수 없지만 찬성 측은 청소년 흡연을 예방하는 것을 강조하였으며 반대 측은 세수의 부족분 보충과 친서민 정책의 역행을 강조하는 것이 특징이다.

- 신문내용(동아일보, 2010년 8월 19일): 담뱃값 인상 논의가 다시 고개를 들고 있습니다. 담뱃값을 올려 흡연율을 떨어뜨린다는 논리입니다. 전재희 보건복지부 장관은 지난달 '내년에 담뱃값을 인상하는 방안을 고려 중'이라고 했고 대한의사협회 등 보건의료 6개 단체도 최근 담뱃값 인상 등 강력한 금연정책을 촉구했습니다. 하지만 '친서민 정책' 기조 속에 담뱃값을 인상하면 서민층의 부담만 늘릴 뿐이라는 반론도 나옵니다. 두 주장을 함께 들어봤습니다.

○ 신상진 의원: 정부가 2010년 상반기 전국 흡연실태 조사결과를 발표하면서부터 담뱃값 인상을 예고하고 나섰다. 올해 흡연율 목표인 30%에 크게 못 미치는 42.6%를 기록했고 비가격 정책으로는 한계가 있다는 것이 보건복지부의 의견인 듯하다. 필자는 담뱃값 인상이 가져올 근본적인 목표를 정부가 명확히 밝혀 주기를 주문하고 싶다. 정부가 발표한 연구용역 결과를 보면 담뱃값을 8,000원으로 올릴 경우 흡연율을 선진국 수준인 30%로 낮출 수 있다는 주장을 근거로 극단적인 정책을 추진하려고 한다. 이는 반(反)서민 정책일 수밖에 없다. 이유는 다음과 같다.

첫째는 신뢰의 문제다. 정부는 하반기 국정과제의 핵심 목표가 친서민 정책이라고 주장하면서도 서민과의 소통은 여전히 외면하고 있다. 담배가 건강을 해치는 기호식품 정도로 취급된다는 사실 자체가 서민에게는 받아들여질 수 없는 현실이다. 서민의 고달픔과 애환을 잠시나마 달래 준다는 점에서 기호식품 이상의 가치가 분명 있다. 적어도 담뱃값 인상은 단순한 설문조사에 따른 접근보다 서민의 관점에서 충분한 소통을 통해 의견수렴을 거쳐 모두가 만족하고 신뢰할 수 있는 정책으로 추진해야 한다. 둘째는 민의의 문제다. 담뱃값은 현행 「국민건강증진법」 개정을 통해서만 조정이 가능하다. 즉 법률에 대한 심의와 의결권을 가진 국회에서 논의할 사항이지 행정부가 임의대로 담뱃값을 정해 인상을 추진하려는 태도는 민의의 전당인 국회를 뛰어넘겠다는 발상으로밖에 해석할 수 없다. 다양한 의견과 입장이 상존하는 만큼, 국민의 대표기관인 국회에서 충분한 논의를 거쳐 추진해야 한다. 셋째는 실효성의 문제다. 담뱃값을 올리던 2005년에 잠시나마 흡연율은 감소했지만 1년이 채 안 돼서 예년 수준을 회복했다. 소득수준이 낮을수록 흡연율이 높다는 연구기관의 내용처럼 서민경제가 특히 어려운 이때 결국 서민부담만 가중될 수밖에 없다. 지방자치단체의 금연조례 제정에 따른 금연구역 확대, 경고문구 표시, 금연클리닉 등 비가격정책을 시행한 지 불과 1, 2년밖에 지나지 않았다. 정책 실효성을 충분히 지켜본 뒤 가격정책을 논의하는 방안이 순리이다. 또한 금연정책에 투입하는 연간 300억 원의 예산을 올바르게 사용했는지, 과연 효과는 있었는지 냉철한 판단이 요구된다. 이상의 사항에 대해 정부가 명확한 답변을 제시하지 못한다면 결국 담뱃값 인상은 조세수입을 늘리기 위한 보조수단에 지나지 않는다는 국민의 인식을 바꿀 수 없다. 인식을 개선할 수 없다면 담뱃값 인상은 친서민 정책을 하겠다고 자임하는 정부의 유일한 반서민 정책으로 전락할 것이다.

○ 서홍관 회장: 우리나라 인구는 5,000만 명을 돌파했는데 흡연자는 무려 1,000만 명에 육박한다. 흡연 때문에 매년 5만 명 이상이 사망하는데 매일 150명꼴이다. 지난해 국민을 공포에 떨게 했던 신종 인플루엔자로 몇 개월 동안 250명이 숨졌다. 흡연의 피해가 대단함을 알 수 있다. 국내 사망원인 1위는 암, 2위는 뇌혈관질환, 3위는 심혈관질환이다. 사망원인 1, 2, 3위에 공통되는 요인이 담배이다. 담배 문제를 해결하지 않고는 국민 건강을 향상시킬 수 없다. 흡연은 심각한 중독성 질환이라서 혼자 의지만으로 금연하고자 할 때 1년 뒤까지 성공적으로 금연할 확률은 3%에 불과하다. 따라서 선진국도 청소년 흡연예방과 금연을 위해 노력하지만 성인흡연율이 20~30% 수준에서 쉽게 내려가지 않아 골머리를 앓는다. 담뱃값 인상은 단일 정책으로 가장 강력하다. 어느 나라에서나 효과가 입증됐다. 세계은행에서는 담배 가격을 10% 인상하면 고소득 국가에서 4%, 저소득 국가에서는 8%까지 담배 수요를 감소할 수 있다고 발표했다. WHO는 전 세계의 담뱃값을 10% 올리면 세계적으로 4,000만 명이 담배를 끊는다고 추산했다. 담뱃값 인상은 특히 청소년층에서 효과가 컸다. 미국에서는 1995년 36%이던 고교생 흡연율이 2001년에는 25%로 줄었는데 담배가격 인상이 가장 중요한 요인이었다고 발표했다. 캐나다에서는 1971~1991년에 담배가격 인상을 통해 15~17세 청소년의 흡연율이 47%에서 16%로 줄어들었다고 발표했다. 흡연자 시각에서는 건강을 위한다면서 정부가 세수를 올리려는 것 아니냐는 볼멘소리가 나올 수밖에 없다. 오해를 받지 않으려면 늘어나는 세수의 상당 부분을 청소년을 위한 흡연예방사업과 흡연자의 금연을 돕는 프로그램에 사용해야 한다. 금연성공률을 2~3배 높일 수 있는 금연약물이 개발돼 있는데 현재 보험 적용이 안 된다. 흡연이 국제질병분류기호에서도 엄연하게 질병으로 분류된 점을 감안하면 명백한 잘못이다.

담뱃값 인상을 반대하는 사람은 흔히 저소득층은 담배도 못 끊으면서 생계에 부담만 준다는 논리를 편다. 그러나 금연정책을 적극적으로 펴 나갈수록 중상류층은 흡연율이 낮아지는 데 비해 저소득층은 정체상태가 되므로 흡연율 격차가 벌어진다. 이는 건강격차의 심화로 이어진다. 저소득층을 보호하기 위해서 담뱃값을 인상하지 말라는 것은 저소득층의 건강격차 해소를 포기하라는 말과 마찬가지다. 금연약물을 지원할 때도 중상류층에게는 보험혜택으로 충분하지만 저소득층을 위해서는 무료로 해야 한다. 이런 방법이 국민의 흡연율을 낮추고 소득계층 간의 건강격차를 줄이는 데 가장 효과적이다.

<그림 6-3>은 미국에서 담뱃값 변화에 대한 청소년흡연율 변화에 대한 분석이다. 1975년부터 2005년까지 미국의 담뱃값은 평균 약 1.75달러에서 약 4달러로 약 2배 이상 증가되었다. 이러한 증가는 1990년대 초까지는 완만하게 증가하였지만 1990년대 후반부터 2004년까지 급격하게 담뱃값이 인상되었다. 이러한 담뱃값의 급격한 인상을 통해 이 기간 동안 고등학교 3년에 해당하는 청소년흡연율은 약 35%에서 23%, 고등학교 1년의 청소년흡연율은 약 30%에서 15%, 그리고 중학교 2년의 청소년흡연율은 약 21%에서 9% 정도로 크게 감소한 것으로 나타났다. 특히 중학교 2년에서의 흡연율 역시 담뱃값 인상에 큰 영향을 받는다. 또한 다른 청소년 연령별 흡연율과 비교하여 중학교 2학년 흡연율이 월등히 낮은데도 불구하고 담뱃값 인상에 따른 이들의 흡연율이 유사하게 감소한다는 것은 그만큼 담뱃값 인상에 빠른 반응이 나타난다는 것을 의미한다. 일반적으로 담뱃값 인상에 따른 흡연율 감소 추이는 성인흡연율보다 청소년흡연율이 2~3배 정도 더 민감하게 반응하여 나타나는 것으로 추정되고 있다. 특히 이 연령에서 흡연이 시작된다는 점을 고려

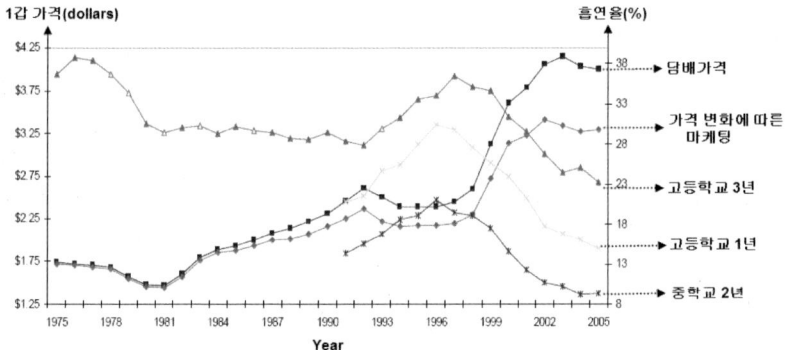

<그림 6-3> 담뱃값 변화와 청소년흡연율에 대한 영향: 담뱃값 인상에 따른 청소년흡연율이 급격히 감소되는 것을 확인할 수 있다. 담뱃값 인상에 따른 흡연율 감소 추이는 성인흡연율보다 청소년흡연율이 2~3배 정도 더 민감하게 반응하여 나타나는 것으로 추정되고 있다. 특이한 것은 가격이 오르면 오를수록 담배회사의 마케팅 역시 증가한다는 것이다(참고: Chaloupka).

한다면 담뱃값 인상은 청소년흡연율의 감소뿐 아니라 청소년의 초기 흡연을 낮추는 데 무엇보다도 중요한 정책이라고 할 수 있다. 그러나 가격이 증가하면 할수록 담배회사의 마케팅 노력 역시 비례적으로 증가하는 것을 확인할 수 있다.

- **담뱃값 인상은 금연의 주요 정책이며 성인흡연율을 낮추는 데 어느 정도는 기여하는 것으로 추정된다.**

이와 같이 담뱃값은 청소년흡연율을 급격히 감소하는 가장 바람직한 금연정책으로 볼 수 있다. 또한 담뱃값 인상은 성인흡연율에 대한 영향도 확인되었다. 그럼 우리나라의 담뱃값은 전 세계적인 평균 담뱃값의 어느 정도 수준인가? 이에 대한 이해는 담뱃값 인상을 위한 하나의 설득을 위한 대안이 될 수 있다. 이와 더불어 우리나라 담뱃값에 대해 가장 잘 설명해 주는 것이 '담뱃값의 햄버거론'이다. 담뱃값이 햄버거 1개의 값도 못 미치는 낮은 가격으로 기인하여 담배에 대한 접근성이 너무 쉽다는 것을 역설적으로 표현한 것이다. 다음은 2010년 9월 25일 중앙일보에 게재된 이진수 국립암센터 원장의 담뱃값의 햄버거론으로 담뱃값 인상에 대해 논한 것이다.

○ 이진수(국립암센터 원장): 질병관리본부는 금연 확산을 위한 가장 좋은 정책이 담뱃값 인상이라는 연구결과를 최근 발표했다. 담배에 부과하는 조세를 인상해 금연을 유도하는 가격 정책은 금연 선진국이라 불리는 영국 등 서유럽 국가들과 북미·호주 등에서 이미 그 효과가 입증됐다. 지속적으로 담뱃값을 인상한 영국은 1982년을 기점으로 담배 소비량이 감소하기 시작했다. 미국은 본격적인 가격 인상을 실시한 88년부터 담배 소비량이 꾸준히 줄고 있다. 국내에서도 2004년 건강증진부담금을 포함한 세금 인상을 통해 그 해 57.8%였던 남성흡연율이 2005년 50.3%로 급감했으며, 2008년에

는 40.4%에 이르는 실효를 거뒀다. 그러나 2009년 6월 41.1%, 올해 6월에는 42.6%로 다시 늘어나는 추세다. 이런 상황에서 담뱃값 인상이 다시 거론되고 있다. 국내에서 가장 많이 소비되는 담배 한 갑의 값은 2,500원이다. 영국의 1만 1,500원, 프랑스의 7,800원보다 훨씬 싸다. 청소년들이 즐겨 먹는 패스트푸드점의 햄버거 한 개 값인 3,300원이나 커피 값보다도 싸다. 영국의 햄버거 한 개 값이 4,300원 수준인 점을 감안하면 영국의 흡연율과 국내 흡연율의 차이가 어느 정도 설명되고도 남음이 있다. 더욱이 청소년들이 용돈으로 쉽게 사먹을 수 있는 햄버거 한 개 값보다도 싼 담뱃값은 청소년 흡연 예방을 강조하고 있는 현실 정책을 무색하게 한다. 전세계적으로 매일 분당 1,200만 개의 담배가 소비되고 있다. 우리나라 남성흡연율과 청소년흡연율은 아직도 경제협력개발기구(OECD) 국가 및 아시아 국가에서 선두를 달리고 있다. 이런 상황에서 금연과 흡연 예방을 위해 그 효과가 입증된 가격정책의 추진이 필요하다는 것은 정부와 국민 모두가 공감하고 있다. 다만 그동안 인상된 담배 세금의 활용 방안 등에 대한 논란이 실제 흡연관리를 위한 가격정책 추진 자체에 걸림돌이 되고 있다는 점은 안타깝다. 그러나 건강증진부담금의 일정 부분이 국민건강보험공단의 재정 지원에 활용되고, 포괄적인 건강증진 정책의 수립에 쓰이는 것이 가격정책 추진을 하지 말아야 할 근원적인 이유가 되어서는 안 된다. 현실적인 가격정책의 시행과 더불어 금연구역 확대, 담뱃갑에 경고그림과 금연상담 전화번호 삽입, 담배회사의 마케팅 제한, 담배성분 공개 등의 비가격 정책과 관련된 법안과 정책이 병행돼야 한다. 담배회사의 교묘한 마케팅 전략과 니코틴 중독이라는 흡연의 특성으로 인해 흡연습관을 당장 근절시킬 수 없다고들 한다. 그럼에도 담배는 69종의 발암물질과 4,000종 이상의 유해 화학물질이 포함돼 있는 건강 위해 물질이라는 사실이 명백히 드러났다. 이를 온 국민과 정부 차원에서 근절시키지 못하고 있는 것 자체가 아이러니다. 담뱃값을 획기적으로 높여 청소년들의 접근성을 최소화하고, 금연을 위한 충분한 지원을 통해 담배연기 없는 깨끗한 환경을 만드는 것이 '담배 연기 없는 한국(Smoke free Korea)'으로 향하는 긍정적이고 바람직한 시작이라고 본다.

앞서 언급한 것처럼 우리나라는 다른 선진국의 금연정책과 비교하여 결코 뒤지지 않고 일부 앞선 정책에도 불구하고 선진국의 담뱃값과는 다르게 햄버거 가격에도 못 미치는 담배가격이 현실이다. 또한 2008년부터 담배규제기본협약에 따른 금연정책 설정을 위한 2개의 실무그룹 (제14조 간사국)과 의정서 개발에 참여 중일 정도로 금연정책을 주도하는 측면도 있다. 그러나 지금까지 대부분의 금연정책은 큰 저항 없이 이행되어 왔지만 금연을 위한 가격정책인 담뱃값 인상정책에 대해선 상당히 논란이 많다. 담뱃값 인상은 정부에서 결정하는 것이 아니라 국회에서 「국민건강증진법」 개정을 통해서만 가능하기 때문에 민의에 민감한 국회에서는 그렇게 쉽게 처리하지 않는 경향이 있다. 그러나 OECD에서 남성흡연율이 최상위인 우리나라에서는 이에 대한 여러 부작용을 감소시키기 위하여 강력한 금연정책을 위해서는 끊임없이 담뱃값 인상안이 대두되고 있다. 담뱃값 인상은 1990년 이후 지금까지 4차례 인상되었으며 2004년 500원 인상으로 2,500원이 된 후 아직 가격변동이 없는 상태이다.

<그림 6-4>에서처럼 미국에서는 20세기에 진입하여 타르에 의한 발암 가능성, 흡연에 의한 폐암 발생 그리고 흡연에 의한 건강위해성에 대한 보고서 등이 발표되었지만 1960년대까지는 지속적으로 1인당 담배 소비량이 급격히 증가하였다. 이후 라디오, TV 및 신문 등 대중매체를 통한 담배 광고금지 그리고 비흡연가의 권리들을 보장하는 법률이 시행되는 1980년대까지는 담배 소비량이 최고 정점에 도달하면서 다소 감소되는 추세였다. 그러나 1980년대에 진입하면서 담배가격을 금연정책의 일환으로 인상하였을 때 담배 소비량이 급격히 감소하기 시작하였다. 이러한 측면에서 볼 때 금연정책의 일환으로서의 담배가격 인상은 흡연율을 낮추는 데 어느 정도 작용을 하는 것으로 추정된다. 또한 우리나라에서도 담배가격의 인상을 통해 흡연율이 낮추어진 것으로 확인되었다. 보건복지부의 조사에 의하면 2004년 12월에 시행한 담배가격 인상정책이 흡연에 미친 효과를 분석한 결과, 성인 남성흡연자 8.3% 정도의 금연을 유도하였으며 이들 금연자의 73.2%가 담배가격 인상의 영향을 받은 것으로 확인되었다.

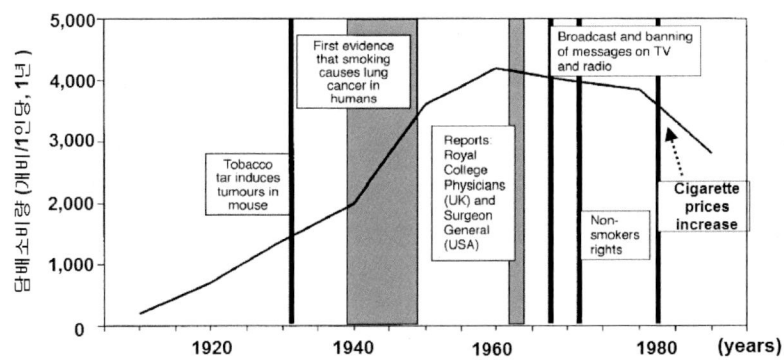

〈그림 6-4〉 미국의 다양한 건강위해성 연구결과 및 금연정책에 따른 담배 소비량의
변화: 1980년대 진입하면서 담배가격을 금연정책의 일환으로 인상하였을 때 담배 소비량이 급
격히 감소하기 시작하는 것을 확인할 수 있다(참고: Montesano).

    그러나 이러한 담배가격 정책을 통한 흡연율 감소는 어느 정도 기여는
하지만 한계 역시 존재한다. <그림 6-5>는 2009년 미국암학회 Tobacco
Atlas를 통한 담뱃값과 2007년 OECD Health Data에서의 15세 이상 성인
흡연율을 비교한 것이다. 2009년 기준으로 현재 우리나라 담뱃값은 2.15
달러에서 2.48달러로 추정되는데 일본을 제외한 대부분의 국가에는 우
리나라보다 1.5~5배 정도 담배가격이 높다. 반면에 담뱃값이 낮은 우리
나라를 비롯하여 일본, 그리스 등의 남성흡연율은 2007년 OECD조사에
의한 15세 이상 평균남성흡연율인 28.4%보다 훨씬 높다는 것을 알 수
있다. 그러나 담뱃값이 훨씬 높다고 하여 흡연율이 감소되는 것은 아니
라는 것을 <그림 6-5>을 통해 또한 확인할 수 있다. 미국의 경우 담뱃
값이 우리나라와 일본, 그리스를 제외한 다른 나라와 비교하여 보다 낮
은 것에도 불구하고 남성흡연율은 가장 낮은 17.1%이다. 이러한 측면에
서 반드시 담뱃값이 높다고 하여 흡연율이 낮은 것도 아니고 또한 담뱃
값 인상이 흡연율 감소에 영향을 주지 않는 것도 아니라는 것을 알 수
있다.

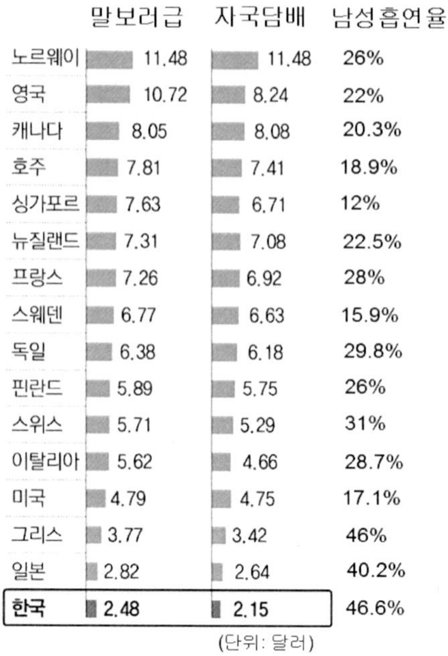

	말보러급	자국담배	남성흡연율
노르웨이	11.48	11.48	26%
영국	10.72	8.24	22%
캐나다	8.05	8.08	20.3%
호주	7.81	7.41	18.9%
싱가포르	7.63	6.71	12%
뉴질랜드	7.31	7.08	22.5%
프랑스	7.26	6.92	28%
스웨덴	6.77	6.63	15.9%
독일	6.38	6.18	29.8%
핀란드	5.89	5.75	26%
스위스	5.71	5.29	31%
이탈리아	5.62	4.66	28.7%
미국	4.79	4.75	17.1%
그리스	3.77	3.42	46%
일본	2.82	2.64	40.2%
한국	2.48	2.15	46.6%

(단위: 달러)

〈그림 6-5〉 세계 주요국의 담뱃값과 남성흡연율 비교(참고: 담뱃갑: 2009년 미국암학회 Tobacco Atlas, 남성흡연율: 2007년 OECD Health Data)

질병관리본부의 '금연정책의 평가와 향후 흡연율 예측' 보고서에 따르면 현재 2,500원의 담뱃값을 6,000원 정도 내외로 인상해 8,000원 ~ 8,500원으로 올렸을 경우 2010년 흡연율은 30.4%로 급감하고, 2020년에는 24.6%로 떨어진다고 전망하고 있다. 2010년 현재 담뱃값 인상에 대한 논란이 지속되고 있다. 담뱃값이 8,000원이 될 경우에는 약 7.2달러 수준(1달러＝1,100원 기준)으로 호주를 비롯하여 노르웨이 등 나라는 전 세계적으로 가장 강력한 금연정책을 펴는 담뱃값 상위국에 속하게 된다. 그러나 <그림 6-5>의 담뱃값과 남성흡연율 비교를 통해 담뱃값이 어느 정도 흡연율을 낮추는 요인은 되지만 또 다른 외적인 요인이 수반되어야 그 이상의 흡연율을 낮출 수 있을 것으로 추정된다. 미국과 노르웨이의 예에서처럼 어느 수준의 가격 인상이 최대로 흡연율을 낮출 수 있을지를 예상하여 장기적 측면에서 가격인상 정책이 수립되는 것이 바람직할 것으로 고려된다.

그러나 담뱃값 8,000 인상안에 대해 첫째, 담뱃값을 8000원대로 인상할 경우 그 수준이 선진국과 비교하여 어느 정도에 이를 것인가 하는 점과 둘째, 담뱃값을 8000원대로 인상할 경우 세수는 어느 정도 확보되고, 계층간 조세형평성에는 어떤 영향을 미칠 것인가 하는 점을 고려하여야 한다는 주장도 제기되고 있다. 다음은 오마이뉴스 2010년 12월 22일에 게재된 기사내용이다.

○ 홍헌호: 담뱃값을 8000원대로 인상할 경우 그 수준은 선진국과 비교하여 어느 정도에 이르게 될까하는 점이다. 담뱃값을 8000원대로 인상하자는 사람들은 선진국과 단순비교하며 우리나라 담뱃값이 턱없이 싸다고 주장한다. 그러나 국가간 담뱃값을 비교할 때는 1인당 GDP를 고려해 비교해야 한다. WHO 자료를 토대로 1일 1인당 GDP 대비 담뱃값 비율을 비교해 보면, 2008년 우리나라의 1일 1인당 GDP 대비 담뱃값 비율은 3.8%로 OECD 평균 5.0%의 76% 수준이다. 그러나 조세부담률(26.5%) 또한 OECD 평균(35.8%)의 74% 수준이기 때문에 담뱃값이 과도하게 낮다고 볼 수는 없다는 것이다. 정부가 담뱃값을 8000원대로 올리면 어떤 일이 벌어질까. 1일 1인당 GDP 대비 담뱃값 비율은 12.2%로 치솟아 OECD 평균의 2.44배에 달하게 된다. 단연 OECD 최고다. 현재 OECD 회원국 중 그 비율이 한 자리 수를 넘어선 나라는 단 한 나라도 없다는 것이다. 일본, 미국과 비교해 보아도 상당히 높다는 것을 알 수 있다. 2008년 일본의 1일 1인당 GDP 대비 담뱃값 비율은 3.2%, 미국은 3.5%에 불과했다.
두 번째 쟁점은 담뱃값을 8000원대로 인상할 경우 세수는 어느 정도 확보되고, 계층간 조세형평성에는 어떤 영향을 미치는가 하는 점이다. 현재 2500원에 팔리는 담배 한 갑에는 3종류의 세금(담배소비세 641원, 교육세 320.5원, 부가가치세 227.27원)과 2종류의 부담금(폐기물부담금 7원, 국민건강증진기금 부담금 354원)을 합해 총 1549.77원의 담배세가 부과되고 있다. 만약 2500원인 담뱃값을

8000원대로 올리면 담배 한 갑에 붙는 조세액은 현재의 1550원에서 7000원대로 4.52배 증가하게 되고 그로 인한 담배세 추가징수액은 무려 25조 원에 달하게 된다. 행정안전부가 발간한 <지방세정연감>에 따르면 2009년 담배소비세 총징수액은 3조107억 원이었고, 담배소비세의 50% 만큼 징수되는 교육세 총액은 1조5053억 원이었다. 또 담배소비세의 35.46%만큼 징수된 부가가치세 총액은 1조675억 원이었으며, 그것의 56.31%만큼 징수되는 부담금 총액은 1조6953억 원에 달했다. 이 모두를 합하면 담배에 붙는 조세총액(부담금 포함)은 7조2788억 원이 된다. 담뱃값을 8000원대로 인상해 담배에 붙는 각종 세목들이 모두 일률적으로 4.52배 만큼 늘어나면 조세총액은 얼마나 될까. 담배에 붙는 조세총액은 현재의 7조2788억 원에서 그것의 4.52배인 32조9002억 원으로 늘어나게 된다. 무려 25조6214억 원이 추가징수되는 셈이다. 평범한 직장인 A씨가 매일 담배를 한 갑씩 핀다고 가정하면 현재 가격에서 그가 1년간 납부해야 하는 담배세는 모두 56만5750원이다. 그러나 담뱃값이 8000원대로 오르면 그것은 255만 5000원으로 치솟게 된다. 놀랍게도 A씨가 1년간 납부해야 하는 담배세 255만5000원은 소득상위 10%와 하위 90% 경계선에 있는 근로자의 연간 근로소득세 총액과 맞먹는 액수다. <국세통계연보 2009>에 따르면 2008년 소득상위 5~10% 계층의 근로소득세는 평균 305만 원이었고, 10~15% 계층의 평균은 157만 원이었다. 따라서 소득상위 10%와 하위 90% 경계선에 있는 근로자의 연간 근로소득세 총액은 250만 원 선이라 볼 수 있다. 물론 2009년 이후 근로자 소득이 증가했을 것이므로 계층별 근로소득세 결정세액에도 변화가 있었을 것이다. 그러나 2008년 기준 통계는 대규모 부자 감세가 시행되기 직전 해의 통계라는 점도 고려해서 보아야 한다. 물론 건강에 좋지 않은 담배에 붙는 세금을 인상해서 그것을 재원으로 20조 원의 세수를 확보한다면 이 또한 나쁠 것이 없다고 주장도 있을 수 있다. 그러나 담배세는 그 어떤 세금보다도 '역진성'이 크다는 사실을 놓쳐서는 안된다. 여기에서 역진성이 크다는 말은 저소득층의 소득 대비 조세부담액 비율이 고소득층보다 더 크게 나타난다는 것을 의미한다. 역진성이 가장 큰 세목인 계층별 담배소비세 비율을 보면 소득상위 10% 계층의 소득 대비 부담률은 0.08%에 불과한 반면, 소득하위 10% 계층의 부담률은 0.38%에 달한다.

따라서 최악의 역진세가 부가되는 담뱃값을 올리는 것에는 신중할 필요성이 있다. 담배소비의 가격탄력성이 작은 상황에서는 더욱 그렇다. 담배소비의 가격탄력성이 작은 상황에서 담배세를 올리면 그 부담은 고스란히 흡연자 가족의 몫이 된다. 특히 저소득층 자녀들에게 미치는 영향은 치명적이다. 더욱이 정부가 비가격정책을 적극적으로 추진하지 않으면서 가격부터 우선 올리는 것은 다소 문제가 있다. 또한 고소득층들이 주로 부담하는 소득세가 GDP에서 차지하는 비율이 OECD 평균의 절반 수준에도 못 미치고 있는 상황에서 정부가 담뱃값부터 OECD 평균의 2.4배로 끌어올리는 것 역시 문제가 있다.

- **금연정책 평가와 흡연율 예측을 위한 모델을 시뮬레이션 모델이라고 하며 우리나라에서는 Korea Sim - Smoke 모델이 개발되어 응용되고 있다.**

흡연은 다양한 질병의 이환과 사망의 원인으로 대부분 국가에서는 금연정책을 통한 흡연율 감소에 관심을 집중하고 있다. 그 일환으로 정부와 지방자치단체들은 흡연율을 주기적으로 감시하며 국가적 차원에서 흡연율 목표를 설정하고 이를 달성하기 위해 노력하고 있다. 이러한 금연정책의 목표 설정과 목표 달성을 위해서는 금연과 관련된 정확한 평가가 이루어져야 한다. 이와 같이 금연정책 목표의 실현 가능성을 타진하고 현실적인 목표 설정과 목표 달성을 위한 정책적 방향 제시를 위해 프로그램화된 모델을 시뮬레이션 모델(simulation model)이라고 한다. 시뮬레이션 모델은 복잡한 사회적 현상을 설명하고 예측하는 데 유용한 도구로 다양한 금연정책들이 흡연행태에 미치는 영향을 이해하는 데 이상적인 분석틀을 제공한다. 예를 들어 흡연시작, 흡연, 금연 그리고 재흡연으로 이어지는 피드백 구조를 가진 인구집단 흡연자 수의 변화에 대한 분석이 시뮬레이션 모델을 통해 가능하다. 또한 금연정책의 효과 확인을 위한 흡연시작률, 금연율과 흡연재발율의 변화에 대한 분석 역시 시뮬레이션 모델을 통해 가능하다. 그리고 담배 가격정책, 금연홍보, 담배광고 제한, 경고문구, 금연구역지정, 흡연예방 교육, 금연치료 등 다양한 금연정책들이 사회경제적 세부 집단에 따른 차이를 시뮬레이션 모델을 통해 분석가능하다. 이와 같이 시뮬레이션 모델은 금연과 관련된 다양한 요인에 대한 분석을 제공함으로써 올바른 금연정책 방향을 설정하는 중요한 도구이다.

특히 금연정책 분석을 위해 개발된 시뮬레이션 모델로는 SimSmoke, Smoking Control Dynamic Model, 그리고 System Dynamic Model 등이 있다. 특히 SimSmoke는 담배 가격 정책, 대중매체 금연홍보, 담배광고 제한, 경고문구, 금연구역지정, 청소년 흡연예방, 금연치료 지원의 7가지 금연정책의 효과를 고려하는 장점이 있다(참고: 박수잔). 다음은 SimSmoke 모델을 활용하여 나타난 결과이며 이는 시뮬레이션 모델 활용을 통해 무엇을 얻을 수 있는가에 대한 이해를 도울 수 있다.

○ 미국의 애리조나 주의 금연정책 효과에 대한 평가 사례: 미국 애리조나 주의 흡연율은 1993년 22.6%였으나 강력한 금연정책을 적용하여 2002년 19.3%까지 감소하였다. SimSmoke 모델을 이용하여 이 기간 동안 적용된 금연정책의 효과를 평가한 결과, 1994년부터 2002년까지 적용된 금연정책들은 3.9%p의 추가적 흡연율을 감소시켰다고 추정되었다. 또한 감소된 3.9%p 중 담배가격 인상이 61%, 매스미디어 금연정책이 38% 기여하여 흡연율 감소에 주도적 역할을 수행한 것으로 평가되었다. 애리조나 주에서 매년 흡연으로 인한 사망이 7,000명에 달하는데 현재와 같은 정책이 지속적으로 실행된다면 2025년까지 총 1,036명의 흡연기여사망을 예방할 수 있다고 예측하였다.

○ Healthy people 2010 달성 가능성을 평가한 연구결과에 대한 사례: 미국 건강증진 종합계획 Healthy People 2010은 2010년까지 흡연율을

12%까지 감소시키는 것을 목표로 설정하였다. SimSmoke 모델을 이용하여 현재 시행 중인 담배가격 정책 대중매체 금연홍보, 금연구역지정, 청소년 흡연예방, 금연치료 지원 정책으로 향후 목표치 달성 가능성을 분석한 결과, 모델의 2010년 흡연율 예측치는 18.4%로 현재의 정책 수준으로는 목표 달성이 어려울 것으로 예측하였다. 그러나 1달러의 담배세 인상으로 2010년 16.1%까지 흡연율을 낮출 수 있을 것으로 추정하여 목표 달성을 위해 보다 강력한 금연정책의 시행이 필요함을 제언하였다.

이와 같이 SimSmoke 모델을 활용할 경우 과거 금연정책의 효과에 대해 보다 구체적인 평가가 가능하고 미래 흡연율 예측을 통해 향후 금연정책 강화에 대한 실제적 가이드라인 제시가 가능하다. 우리나라는 2005년 담배규제협약 비준에 따라 가격정책 강화, 경고그림 삽입을 비롯한 다양한 금연정책의 강화와 보완이 요구되는 상황이다. 그러나 정책강화의 우선순위 선정과 구체적 정책 강화 계획을 세우기 위한 연구 자료가 미비한 상태이다. 국내에서는 Korea Sim−Smoke를 개발하여 모델에서 얻은 결과와 그 정책적 활용방안이 제시되고 있다.

제7장
흡연과 금연의 기전과 특성

1. 흡연 유무 및 빈도에 따른 분류
2. 니코틴 중독 평가와 금연과 관련된 테스트
3. 흡연과 중독의 발달단계
4. 금연의 과정과 특성

1. 흡연 유무 및 빈도에 따른 분류

> ◎ **주요 내용**
>
> - 100개비의 흡연 유무가 니코틴 중독의 중요한 기준이 된다.

● **100개비의 흡연 유무가 니코틴 중독의 중요한 기준이 된다.**

일반적으로 흡연율은 최근 30일 동안 하루 이상 담배를 피운 적이 있는 사람을 흡연자 기준으로 하여 계산된다. 그러나 연구 목적에 따라 흡연빈도에 따라 다양한 종류의 흡연가로 분류된다. 특히 흡연자에 대한 분류의 기준을 어떻게 하느냐에 따라 흡연율의 조사마다 차이가 발생하는 주요 원인이다. 캐나다 흡연실태조사 및 미국가정의학회 등에 의한 분류가 널리 사용되고 있지만 <표 7-1>에서처럼 현재 흡연을 하고 있는 사람인 흡연가(smoker)와 현재 흡연을 하지 않는 비흡연가(non-smoker) 군으로 분류하여 세부적으로 재분류된다. 흡연가군으로는 현재흡연가(current smoker), 매일흡연가(daily smoker), 주기적 흡연가(non-daily & regular smoker 또는 occasional smoker) 및 통합흡연가(ever smoker)로 분류되며 비흡연가군으로는 과거흡연가(former smoker), 실험적 흡연가(experimental smoker), 평생금연주의자(lifetime abstainer) 그리고 평생금연추종자(never smoker) 등으로 구분된다. 흡연가에 속하는 현재흡연가는 매일 또는 비주기적으로 피우는 모든 흡연가를 의미한다. 매일흡연가는 매일 흡연을 하는 사람을 의미하며 주기적 흡연가는 매일은 아니지만 가끔씩 흡연을 하는 사람을 의미한다. 통합흡연가는 과거와 현재에 적어도 100개비 또는 그 이상 흡연을 한 경험이 있는 사람들을 지칭한다. 여기서 통합이란 과거

흡연가와 현재흡연가를 합친 의미이다. 따라서 통합흡연가에는 현재 담배를 피우는 사람도 있고 담배를 안 피우는 사람도 있다. 현재 담배를 피우지 않는 비흡연가군의 과거흡연가는 지난 시절 100개비 이상 담배를 피웠지만 지금은 흡연을 하지 않는 사람을 의미한다. 실험적 흡연가는 과거에 1개비 이상 100개비 미만으로 흡연하고 지금은 흡연을 하지 않는 사람을 의미한다. 평생금연추종자란 실험적으로 100개비 미만의 흡연을 했지만 평생금연을 추종하는 사람을 의미한다. 실험적 흡연가와 평생금연추종자는 과거 100개비 미만의 담배를 흡연한 경험이 있지만 향후 흡연에 대한 의지에서 다소 차이가 있다. 즉 실험적 흡연가는 과거 흡연가로 갈 수 있는 잠재력이 있는 반면에 평생금연추종자는 과거흡연가로 갈 가능성이 전혀 없이 향후 평생 금연할 의도를 가진 사람을 의미한다. 이러한 구분은 금연을 했지만 다시 흡연하는 사람들이 많기 때문이다. 즉 실험적 흡연가인 경우에는 청소년이 많고 평생금연추종자인 경우에는 성인들이 이에 속한다. 평생금연주의자는 일생 동안 단 1개비의 담배도 피우지 않고 평생금연을 지키는 사람을 뜻한다.

〈표 7-1〉 흡연 유무 및 빈도에 따른 흡연가 분류

	분류	특성
흡연가 (smoker)	현재흡연가(current smoker)	매일, 가끔씩 흡연
	매일흡연가(daily smoker)	매일 흡연
	주기적 흡연가(non-daily and regular smoker)	매일은 아니지만 주말 또는 특정이벤트마다 흡연
	통합흡연가(ever smoker)	과거이든 현재이든 적어도 100개비 또는 그 이상의 담배를 흡연한 경험이 있는 사람으로 현재흡연가와 과거흡연가를 포함한 흡연가를 의미
비흡연가 (non-smoker)	과거흡연가(former smoker)	현재는 흡연을 않지만 과거 100개비 이상 흡연
	실험적 흡연가(experimental smoker)	과거 1~100개비 사이 흡연(과거흡연가로 갈수 있는 잠재력 있음) 예) 청소년
	평생금연추종자(never smoker)	과거 1~100개비 흡연(평생금연에 대한 의도를 가짐) 예) 대부분 성인
	평생금연주의자(lifetime abstainer)	흡연 경험 없고 향후에도 평생금연 의도가 강함

이와 같이 흡연의 유형에 따라 흡연가와 비흡연가를 좀 더 세부적으로 다양하게 구분할 수 있다. 특히 과거흡연가와 실험적 흡연가를 구분하는 데 가장 중요한 기준이 평생 100개비 정도 담배의 흡연 여부이다. 이러한 100개비의 담배 흡연에 대한 기준은 1994년 미국 질병조절예방센터(Centers for Disease Control and Prevention, CDC)에 의해 제시되었다. 흡연경험이 있는 10세에서 22세까지의 흡연자들을 대상으로 조사한 결과, 평생 적어도 100개비 이상의 담배를 피운 흡연가 중 2/3가량이 금연 여부에 대해 '너무 끊기 힘들다'로 답변하였다. 반면에 100개비 이하로 흡연한 흡연자들에서는 금연 여부에 대해 '너무 끊기 힘들다'의 답변은 극히 소수에 불과하였다. 특히 매일흡연가인 경우에는 평균흡연량이 1일 15개비 이상이며 금연에 상당히 어려움을 나타내는 것으로 조사되었다. 이와 같이 100개비 이상 피운 사람들이 이보다 적게 피운 사람들과 비교하여 금연에 어려움이 더욱 크기 때문에 100개비의 기준이 중독 여부를 결정하는 데 있어서 기준이 된다.

2. 니코틴 중독 평가와 금연과 관련된 테스트

◎ 주요 내용

- 흡연 여부 검사
- 흡연 이유-확인테스트: Why test
- 니코틴 중독 평가
- 금연에 의한 금단증상(withdrawal symptom) 척도기법
- 금연동기 및 자기효능감(self-efficacy) 척도
- 금연시도 후 발생하는 스트레스 자기측정방법

금연프로그램을 이용한 금연시도는 다양한 분석을 통해 금연성공률을 높인다. 이러한 분석은 대부분 금연프로그램에 포함되어 있다. 이러한 분석은 금연 여부를 확인하는 흡연 여부 검사, 니코틴에 대한 의존성 및 중독 정도를 평가하는 니코틴 중독평가, 금연에 의한 금단증상의 정도를 평가하는 금단증상 척도기법 그리고 금연에 대한 자신감을 의미하는 자기효능감 척도 등이 있다. 이러한 자료와 분석을 통해 궁극적으로 개인의 금연과정에 가장 적절한 개입이 이루어질 수 있다.

1) 흡연 여부 검사

흡연 여부를 알기 위한 자료를 얻기 위한 가장 간단한 방법은 흡연가들의 일반적인 진술이다. 그러나 이러한 진술을 통해 흡연 여부에 대한 객관적 평가는 쉽지 않으며 또한 과학적인 접근이 아니다. 또한 흡연에 대한 부정적인 사회적 분위기 때문에 흡연 여부를 숨기려는 경향이 있다. 특히 여성이나 청소년의 경우 사회적 요망이 반영된 응답을 할 가능성이 커서 아무리 무기명 설문을 받더라도 그 결과를 신뢰하기 어렵다. 이러한 경우에는 생리적 검사를 통해 객관적 증거를 얻을 수 있다. 생리적 검사란 타액, 혈액, 요(소변) 등의 체액, 호흡을 통한 배기 그리고 모발 등에서 흡연과 관련하여 지표물질을 측정하는 것을 의미한다. 그러나 생리적 검사가 현실적으로 불가능할 때 일종의 거짓말탐지기인 Bogus-pipeline 기법이 이용되고 있지만 특별한 경우를 제외하고 거의 사용되지 않는다. <표 7-2>는 흡연 여부를 확인하기 위해 이용되는 생리적 검사를 위한 검체, 지표물질 그리고 장단점을 요약한 것이다. 가장 흔하게 사용되는 생리적 검사 도구는 Mossman Associates Inc에서 개발한 NicCheck 소변검사이다. NicCheck 외에 한국에서 흡연의 다양한 생리적 검사가 가장 발달된

곳은 국립암센터이다. 그러나 생리적 증거가 나와도 피검자가 흡연을 진술하지 않으면 흡연의 여부를 결론지을 수 없다는 것이 문제이다.

〈표 7-2〉 흡연 여부를 확인하기 위한 생리적 검사 방법

측정 검체 및 부위	지표물질	장 점	단 점
체액(타액, 혈액, 요)	티오시안산염 (thiocyanate), 탄화혈색소 (carboxyhemoglobin), 코티닌 (cotinine)	-탄화혈색소의 반감기가 4시간으로 짧고 티오시안산염은 반감기가 2주 정도 길기 때문에 기간 경과에 따라 지표물질의 변경 융통성 -코티닌은 니코틴의 대사체로 반감기가 24시간으로 비교적 길어 요와 타액에서 농도를 측정가능하며 니코틴 대사체이기 때문에 흡연의 강력한 증거	-생체 침습적으로 검사에 의한 불편함과 식이의 영향을 받는다는 것 -오염 및 조작 가능성 -요의 측정은 전처리가 필요 없지만 타액의 측정은 높은 점도 때문에 전처리가 필요
모발	니코틴	-니코틴은 반감기가 1~2시간으로 짧아 체액으로 측정은 부적절하고 모발 내에 장기간 극미량이 누적 -환경적 영향을 크게 받지 않는 흡연의 강력한 증거 -일정한 성장을 보이는 후두부의 모발을 검사하는 데 흡연 정도를 알려 줌	-비침습적이기 때문에 불편함이 없음 -극미량이기 때문에 측정한계성
호흡배기	일산화탄소(CO)	-저비용이고 신속하게 결과를 확인할 수 있다는 장점이 있어 보건소 금연상담실에서 많이 사용	-환경적 영향을 받고 하루 중에 변동이 심하고 음주나 운동의 영향을 받으며 반감기가 4시간으로 짧다는 것

(참고: 서경현)

2) 흡연 이유-확인테스트: Why test

대부분의 흡연가들은 서로 다른 이유로 다른 시간에 흡연을 한다. 흡연의 이유는 정신적인 스트레스, 습관 그리고 신체적 니코틴 의존성 등으로 다양하다. 이와 같이 흡연에 대한 이유를 확인하는 테스트가 흡연이유-확인테스트(일부에서는 흡연유형 테스트 이름으로 이용하지만 보다 이해가 빠

르다는 측면에서 이 용어를 사용함)이며 'Why test'가 가장 대표적인 방법이다. <표 7-3>과 같이 Why test는 총 18문항에 대한 답을 통해 자극형, 스트레스 해소형, 손장난형, 육체-심리적 중독형, 즐거움과 편안한 형 그리고 습관성형으로 구분할 수 있다. 이러한 구분은 금연 시 재흡연 예방을 위한 주요 대책방안을 제시하는 데 활용될 수 있다.

〈표 7-3〉 Why Test 서식

Why Test
다음은 담배를 피우는 이유 18가지를 나열한 것입니다. 열거된 이유가 당신에게 자주 해당되는 경우에는 '5'를, 가끔인 경우에는 '3'을, 전혀 해당되지 않을 경우에는 '1'을 기입하십시오.
(1) 마음의 여유를 갖기 위해 담배를 피운다-( )
(2) 담배, 라이터, 성냥 등 담배와 관련된 것을 만지는 일은 대단히 즐겁다-( )
(3) 담배를 피우면 즐겁고 편안해진다-( )
(4) 무슨 일에 화가 날 때 담배를 피우게 된다-( )
(5) 담배가 떨어지면 불안해서 못 견딘다-( )
(6) 나도 모르는 사이에 저절로 담배를 피우게 된다-( )
(7) 담배를 피우면 자극이 되고 일을 잘하게 된다-( )
(8) 흡연을 위해 담배의 점화부터 끄는 과정까지 그 자체가 즐겁다 -( )
(9) 담배 피우는 자체가 즐겁다( )
(10) 마음이 불안하고 긴장될 때 담배를 피우게 된다-( )
(11) 담배를 안 피우고 있을 때 담배를 피워야 된다는 의식을 하게 된다-( )
(12) 재떨이 위에 피우던 담배를 놓고도 그 사실을 모르고 또 담배에 불을 붙인다-( )
(13) 담배를 피우면 기분이 좋아진다-( )
(14) 내뿜는 담배연기를 쳐다보는 재미가 좋다-( )
(15) 마음이 편안하고 안정되어 있을 때 주로 담배를 피우게 된다-( )
(16) 기분이 울적하거나 걱정이 있을 때 주로 담배를 피우게 된다-( )
(17) 얼마 동안 담배를 안 피우면 담배 생각이 나서 견딜 수 없다-( )
(18) 언제 담배에 불을 붙였는지 모르는 상태에서 담배를 물고 있는 것을 발견할 때가 있다-( )
점수를 알아보는 방법: 질문에 대한 숫자를 아래에 기록한 같은 질문 번호 위에 기록하여 합계를 내십시오. __+__+__=__+__+__=__ (1) (7) (13) 자극형 (4) (10) (16) 스트레스 해소형 __+__+__=__+__+__=__ (2) (8) (14) 손장난형 (5) (11) (17) 육체-심리적 중독형 __+__+__=__+__+__=__ (3) (9) (15) 즐거움과 편안한 형 (6) (12) (18) 습관성형
* 합계점수는 3점에서 15점 사이에 놓여 있게 되는데 어느 하나의 합계가 11점 이상이 되면 높은 점수이고, 7점 이하이면 낮은 점수이다. 점수가 높을수록 해당되는 항목이 담배를 피우는 주된 이유가 된다.

(참고: 신경균)

3) 니코틴 중독 평가

앞서 니코틴 또는 담배의 중독은 증가된 nAChR과 탈감작에 기인한다는 것을 신경생화학적인 측면에서 이해하였다. 그럼 과연 담배중독의 증거는 무엇이며 어떻게 중독이라는 것이 판정되는가에 이해가 필요하다. 중독이라고 하면 크게 독으로 지칭되는 유해물질에 의한 신체증상인(intoxiciation, 약물중독)과 알코올, 마약과 같은 약물남용에 의한 정신적인 중독이 주로 문제 되는 중독(addiction)을 동시에 일컫는다. 신체증상으로서의 중독(intoxication)이란 생물체의 기능에 해로운 영향을 주는 화학물질에 생물체가 노출될 경우에 발생하는 문제로 정의된다. 정신적 의존 측면에서 중독(addiction)이란 일종의 습관성 중독(addiction, 중독, 갈망, 탐닉)으로 심리적 의존이 있어 계속 물질을 찾는 행동을 하거나 신체적 의존에 있어 지속적 복용에 기인하여 정신적 건강을 해치게 되는 상태를 의미한다. 여기서 심리적 의존(psychological dependence)이란 습관성(habituation)과 유사한 개념으로 약물을 계속 사용함으로써 긴장과 감정적 불편을 해소하려는 것을 의미한다. 따라서 중독(addiction)과 의존증(dependence 또는 의존성)은 상호교환 이용이 가능한 동일 개념이다. 약물-의존성(drug dependence)의 개념에 대한 WHO는 다음과 같이 정의를 하고 있다.

- 한 번 사용하기 시작하면 자꾸 사용하고 싶은 충동을 느낌-의존성 (dependence)
- 사용할 때마다 양을 증가시키지 않으면 효과가 없는 상태-내성 (tolerance)
- 사용을 중지하면 온몸에 견디기 힘든 이상을 유발-금단증상 (withdrawal symptom)

특히 여기에 이제는 '개인에게 한정되지 않고 사회에도 해를 끼치는 물질'까지 추가되어 약물−의존성의 개념으로 정의되고 있다. 흡연 역시 '간접흡연의 피해'라는 측면에서 이 항목에서 배제될 수 없다. 담배중독(tobacco addiction)은 보상회로에 있어서 니코틴 작용에 기인하기 때문에 니코틴 중독(nicotine addiction) 또는 니코틴 의존성(nicotine dependency)으로도 표현된다. 즉 담배중독은 니코틴이 주요 원인이다. 의존성은 신경세포가 반복적인 약물 노출에 이미 적응되어 있는 상태를 말하며 습관성 투여가 필요한 강화행동(reinforcing behavior) 상태를 의미한다. 이러한 측면에서 1988년 Surgeon General(외과전문의)의 보고서에 의해 약물−의존성에 대한 기준(Surgeon General's criteria for drug dependence)이 마련되었다. 여기서 신체적 측면(physical aspects)에서 일차적인 기준(primary criteria)은 심화된 습관성, 신경정신적인 약리작용 그리고 약물의 강화행동 유발 등이다. 그러나 담배중독 또는 니코틴−의존성은 이러한 3가지의 신체적 측면에 해당되는 것뿐 아니라 심리적 및 사회학적 측면(psychological & social aspects)이 추가되어 이루어지는 것으로 이해되고 있다.

○ 니코틴 중독의 신체적 측면(physical aspects of nicotine addiction): ① 흡연은 신경정신적인 측면에 영향(psychoactive)을 준다. 니코틴은 뇌에 작용하여 기분과 인지기능에 영향을 주는 약물이기 때문에 중독이라고 할 수 있다. ② 흡연은 상습적인 특성(compulsive)을 유발한다. 매일흡연가는 일반적으로 1일 평균 15.5개비의 담배를 흡연하는데 흡연가 중 약 76%가 매일흡연가이다. 즉 흡연가 중 매일흡연가와 주기적 흡연가의 비가 3:1 정도인데 이는 흡연이 매일 상습적으로 이루어지고 있다는 것을 의미하기 때문에 중독이라고 규정할 수 있다. ③ 흡연은 강화제(reinfocer) 역할을 한다. 약물의 중독성이란 약물−섭취 행위가 주기적으로 반복되

는 것을 의미한다. 니코틴은 금단증상을 피하기 위해 지속적이고 반복적으로 흡연을 유도하는 특성을 가지고 있기 때문에 중독을 유발한다. 흡연가의 뇌는 이미 특정 니코틴 농도 노출에 적응되어 있기 때문에 이를 유지하기 위해 흡연가는 더욱 깊게 담배연기를 흡입하는 적응현상은 신체적 측면에서 중독의 좋은 예라고 할 수 있다.

○ 니코틴 중독의 심리적 및 사회학적 측면: ① 심리적 측면에서 가장 중요한 요인은 흡연을 통해 기쁨을 느낀다는 것이다. 지루함, 낙담, 불쾌감과 스트레스에서 즉각적으로 벗어나도록 흡연행위 그 자체에 길들여져 있다는 것이다. 다양한 상황에서 담배의 촉각과 입을 통해 느끼는 담배연기의 끽미 등을 통해 정신적 안정감을 얻는다. 또한 식사 후와 음주 후의 흡연으로부터 오는 기분 역시 흡연을 통한 중요한 기쁨을 준다. 이러한 기쁨을 느끼는 것이 흡연의 심리적 측면의 예이며 이러한 심리적 측면이 흡연에 의한 부정적인 느낌보다 더 크게 작용하기 때문에 금연하기가 쉽지 않아 중독이 된다. 비록 흡연에 의해 기침 및 기관지염을 비롯한 호흡기능 약화 등을 매일 경험하거나 갖고 있다고 하더라도 흡연에 의한 즉각적인 결과가 장기적 건강 결과로 연결되어 일어날 것으로 생각하지 않는다는 것 역시 흡연의 중독을 유발하는 일종의 심리적 요인으로 이해된다. ② 흡연의 중독에 있어서 사회적 요인으로 흡연에 대하여 비교적 관대한 사회적 분위기를 고려할 수 있다. 일반적으로 알코올, 코카인과 히로인을 습관적으로 이용하면 중독자로 취급되는 사회적 분위기와는 다르게 흡연에 의해 직장을 상실하거나 사회 낙오자로 만들지 않는다는 분위기 역시 흡연의 중독을 유발하는 사회적 요인으로 고려된다.

앞서 언급한 것처럼 평생 100개비 흡연 기준이 중독 여부의 간단한 평가기준이 되기도 한다. 그러나 좀 더 과학적이고 객관적인 방법이 개발되어 니코틴 중독을 평가하는 데 있어서 니코틴 의존도가 이용되고 있다. 니코틴 의존도 측정은 흡연 여부를 판정하는 생리적 검사와는 달리 설문조사방법이다. 니코틴 의존도를 측정하기 위해 가장 널리 사용되는 것이 Fagerstrom에 의해 개발된 니코틴－의존도검사(FTND: Fagerstrom Test for Nicotine Dependence)이다. 이 척도는 <표 7－4>에서처럼 총 6문항에 대한 답변을 통해 점수화되어 의존도가 판정된다. 판정은 최저 0점에서 최고 10점으로 이루어진다. 즉 0~3점 니코틴 의존도 낮음, 4~6점 니코틴 의존도 중간, 7~10점 니코틴 의존도 높음으로 점수가 높으면 높을수록 니코틴 의존도가 높다.

〈표 7－4〉 니코틴－의존도에 대한 Fagerstrom test

문 항	답변	점수
1. 잠에서 깨 첫 담배를 시간적으로 얼마나 빨리 흡연하는가?	5분 이내	3
	6~30분	2
	31~60분	1
	60분 초과	0
2. 교회, 도서관, 극장 등의 금연구역에서 흡연에 대한 인내에 어려움을 느끼는가?	예	1
	아니오	0
3. 참기가 가장 힘든 담배는?	아침의 첫 담배	1
	기타	0
4. 하루 흡연량은?	10개비 미만	0
	11~20개비	1
	21~30개비	2
	31개비 이상	3
5. 아침에 깨어난 후 몇 시간 동안에 나머지 하루 일과 시간보다 흡연량이 더 많은가?	예	1
	아니오	0
6. 침대에 누워 있을 정도로 몸이 안 좋거나 아플 때 흡연을 하는가?	예	1
	아니오	0

판정은 최저 0점에서 최고 10점으로 이루어지는데 7점 이상이면 니코틴 의존도가 높은 것으로 중독으로 판정된다(참고: Heatherton).

FTND는 점수별 의존도 정도와 맥박, 체온, 니코틴의 일차 대사물질인 코티닌 수준 등과 비례적으로 상관성이 높은 것으로 확인되어 신뢰도가 높다. 일반적으로 중독을 포함하여 정신질환의 진단에 있어 가장 널리 사용되고 있는 기준은 미국 정신의학 협회(American Psychiatric Association)가 출판한 정신질환 진단 및 통계 편람(Diagnostic and Statistical Manual of Mental Disorders, DSM-IV)과 질병 및 관련 건강 문제의 국제적 통계 분류(International Statistical Classification of Diseases and Related Health Problems, ICD-10) 등을 통해 이용되고 있다. FIND는 이들이 제시한 진단범주를 모두 포함하고 있지 않고 있기 때문에 흡연이 중간 정도인 사람을 반영하기에 어려움이 있거나 성인보다도 청소년 설문에 적절한 경향이 있다고 지적되고 있다. 또한 문항 간 내적일치도(internal consistency: 동일한 개념을 나타내는 서로 다른 특성들을 측정하는 문항들이 같은 내용을 얼마나 잘 측정하는가에 대한 지표)의 수준이 낮다는 약점이 있다고 지적되어 왔다. 특히 이러한 FTND의 약점을 보완하기 위해 DSM-IV와 ICD-10을 포함하여 담배의 존증-12단계척도(CDS-12, Cigarette Dependence Scale-twelve items)와 니코틴의존증후군척도(NDSS: Nicotine Dependence Syndrome Scale)가 개발되었다.

<표 7-5>에서 12문항으로 구성된 CDS-12는 DSM 및 ICD의 진단범주를 바탕으로 구성되어 재측정에 의한 신뢰도와 내적일치도가 비교적 높은 것으로 확인되고 있다. 특히 문항 1~5번까지 설문을 하는 경우에서는 CDS-5, 12문항 전부를 설문할 경우에는 CDS-12로 분류된다. FIND에서 반응에 대한 단순히 '예'와 '아니오'로 표시하고 그리고 문항의 단순함과 비교하여 CDS-12의 가장 중요한 장점은 다양한 문항과 더불어 선택의 폭이 넓기 때문에 시간경과에 따른 변화를 좀 더 명확하게 표현가능하다는 점이다. 이러한 반응의 다양한 선택을 통해 매일흡연가와 주기적 흡연가의 명확한 구분, 금연시도 시 흡연에 대한 욕구의

강도, 흡연 정도에 따른 의존성 강도 등 구체적 설명이 가능하기 때문에 니코틴-의존도 평가에 보다 정확한 분석이 가능하다. 그러나 CDS-12 역시 니코틴-의존도를 정확하게 평가하기 위한 문항이 없는 제한점 역시 존재한다. 금연은 중독 정도와 관계없이 심리적 및 사회적 측면에 기인하여 많이 시도되는데 이를 고려한 문항이 없다. 또한 중독에 대한 신체적 특성의 하나인 니코틴-내성에 관한 문항이 없다. 이러한 제한점에도 불구하고 CDS-12는 담배중독 정도를 평가하고 금연 유도를 위한 정책 수립에 있어서 FIND보다 더 실용적이라고 평가되고 있다. 판정은 최저 0점에서 최고 60점으로 이루어진다. 또한 0~20점 니코틴 의존도 낮음, 21~40점 니코틴 의존도 중간, 41~60점 니코틴 의존도 높음으로 평가되지만 이러한 평가는 연구와 목적에 따라 세분하여 평가될 수도 있다.

〈표 7-5〉 담배의존증-12단계척도법(CDS-12, Cigarette Dependence Scale-twelve items)

문 항	반응	점수
1*. 0~100점 기준으로 당신은 담배중독이 몇 점 정도라고 생각하는가?	0~20점	1
	21~40점	2
	41~60점	3
	61~80점	4
	81~100점	5
2*. 하루에 평균적으로 흡연량이 어느 정도인가?	0~5개비	1
	6~10개비	2
	11~20개비	3
	21~29개비	4
	30개비 이상	5
3*. 아침에 잠에서 깨어나 몇 분 이내로 흡연을 하는가?	0~5분	5
	6~15분	4
	16~30분	3
	31~60분	2
	61분 이상	1

문 항	반응	점수
	불가능	5
	매우 어려움	4
4*. 건강을 위해 금연을 권유한다면?	다소 어려움	3
	쉬움	2
	아주 쉬움	1

5~12의 문항에 대한 답변 반응과 점수는 우측과 모두 동일

문 항	반응	점수
5*. 몇 시간의 금연 후 흡연 충동을 강하게 느낀다.	전적으로 부정 다소 부정 부정도 동의도 아님 다소 동의 전적으로 동의	1 2 3 4 5
6. 담배가 없다면 스트레스를 받는다.		
7. 외출 전에 담배를 소지했는지 항상 점검한다.		
8. 나는 담배의 포로가 되었다		
9. 나는 흡연을 너무 많이 한다.		
10. 때때로 나는 하던 일을 멈추고 담배를 사러 간다.		
11. 나는 담배를 하루 종일 입에 물고 있을 정도이다.		
12. 나는 흡연으로 인한 건강의 위험성을 알고도 피운다.		

*: CDS-12 중 CDS-5 단축형에 속하는 문항(참고: Etter).

　　NDSS는 중독증후군에 대한 Edward의 개념을 기초로 하여 개발된 담배중독 평가를 위한 다인성 접근법이다. 의존증에 대한 DSM-Ⅳ의 기초 Edward 증후군 개념은 증후군의 요소인 ① 약물사용행위에 대한 범위의 한계, ② 약물탐닉행위의 증가, ③ 약물내성 증가, ④ 반복되는 금단증상, ⑤ 더 많은 약물복용으로 금단증상에서 벗어나려는 행위의 증가, ⑥ 약물사용 충동에 대해 스스로 인지, ⑦ 절제 후 약물 재사용으로 증후군이 원상태로 돌아감 등을 기초로 한다. 의존도 정도에 대한 판정방법은 <표 7-6>과 같이 문항 점수화가 우선적으로 이루어진다.

<표 7-6> 니코틴의존증후군 척도

문 항	1점 전혀 그렇지 않다	2점 약간 그렇다	3점 그렇다	4점 매우 그렇다	5점 절대적 이다
1. 하루 중 나의 흡연유형은 매우 불규칙하다. 대개 1시간 안에 많은 담배를 피우기도 하지만 몇 시간 동안은 전혀 담배를 피우지 않는다.					
2. 나는 슬프거나 기쁘거나 스트레스 등 모든 상황에 영향을 받지 않고 일정하게 흡연한다.					
3. 장거리여행 할 때 여행기 등 흡연할 수 없는 운송수단보다 흡연가능한 운송수단을 선택한다.					
4. 나의 흡연에 있어서 불편함이 있을 것 같아 때때로 비흡연가 친구와 만나기를 기피한다.					
5. 비록 내가 좋아하는 음식이 제공되는 식당이라도 흡연을 할 수 없으면 기피하는 경향이 있다.					
6. 나는 하루 종일 지속적이면서 규칙적으로 흡연을 한다.					
7. 나는 상황에 따라 흡연량을 조절한다.					
8. 처음 흡연할 때와 비교하여 금연의 필요성을 느낄 정도로 많은 담배를 피운다.					
9. 처음 흡연할 때와 비교하여 너무 많은 담배를 피워 질병이 생기거나 혐오감을 느낄 수 있는 직전 단계이다.					
10. 일시적 금연 후 불안한 정서에서 벗어나기 위해 담배를 피우고 싶어 한다.					
11. 흡연량이 수시로 변하기 때문에 하루에 어느 정도의 담배를 피우는지 추정하기가 힘들다.					
12. 언제든지 금연과 흡연을 조절할 수 있을 정도로 나의 흡연에 대한 조절 능력을 갖고 있다는 것을 느낀다.					
13. 나의 기분 그리고 작업 등 다른 요인에 의해 하루의 흡연량이 영향을 받는다.					
14. 나는 흡연욕구를 강하게 느낄 때 조절할 수 없는 그 어떤 심리적 압박에 억눌린다.					
15. 주기적 흡연가가 된 이후로 나의 흡연량은 증가하지 않고 오히려 감소하였다.					
16. 흡연하지 않고 몇 시간 외출 후 흡연욕구가 유발된다.					
17. 나의 흡연은 하루 종일 일정하게 이루어진다.					
18. 몇 시간 동안 금연 후 발생하는 불안함과 과민성을 경감하기 위하여 흡연의 필요성을 느낀다.					
19. 주중이나 주말에 피우는 흡연량은 유사하다.					

점수화된 자료는 다시 NDSS의 하위요인으로 구분되어 보다 정확하게 니코틴－의존도에 대해 설명된다. 의존도의 하위요인은 충동성(drive), 상동증(stereotypy), 연속성(continuity), 우선성(priority), 그리고 내성(tolerance) 등이 있다. 충동성은 금연 후 흡연욕구와 포기 등에 대한 정도 그리고 흡연 충동의 심리적 정도를 나타낸다. 상동증은 의학적으로 같은 행동, 말을 무의미하게 끊임없이 반복하는 증세를 의미하는데 흡연이 다른 요인에 의해 영향을 받지 않는다는 것을 의미하다. 연속성은 흡연의 지속성 정도를 나타낸다. 우선성은 개인의 욕구를 충족시켜 주는 다른 어떤 것보다 흡연이 우선적으로 작용하여 선호행동이 나타나는 것을 의미한다. 내성은 흡연 효과에 대한 감소된 민감성을 의미한다. 이와 같이 NDSS의 이러한 하위요인을 통해 재분석되는 것은 의존도뿐 아니라 흡연량의 변화에 대한 예측력과 흡연유형도 정확하게 분석이 가능하기에 금연과정에 많은 도움을 줄 수 있는 장점이 있다. <표 7－7>은 2개 연구의 회귀분석을 통해 계산된 <표 7－6>의 각 항목당 추정매개변수와 NDSS의 하위요인에 대한 추정매개요인변수(estimated factor scores)이다. 이들 변수들은 <표 7－6>에서 얻은 자료와 함께 이용된다. <표 7－7>의 숫자들은 각 항목으로부터 얻은 점수를 요인별 점수화를 위해 매개 추정치(parameter estimates)와 절편(intercept)을 대신한다. 이를 통해 니코틴－의존도에 대한 전체 점수(overall score)는 19개 항목 중 5개 항목을 제외하여 계산된다. 하위요인인 충동성, 상동증, 연속성, 우선성 그리고 내성 등에 대한 점수는 각 해당되는 항목 점수와 항목별 변수를 이용하여 계산된다.

문항:대표단어	전체 점수	5개 하위요인에 대한 점수				
		충동성	상동증	연속성	우선성	내성
18번: RESTRRI	0.116	0.255				-0.105
10번: NEED	0.120	0.184				
16번: CRAVE	0.149	0.246			-0.081	
14번: FORCE	0.106	0.189				-0.087
12번: CONTROL	-0.092	-0.392	0.259	-0.286		
17번: REGULAR	0.119		0.270		-0.104	
2번: AFFECTED		-0.151	0.346			
6번: CONSITE	0.145		0.213			0.067
19번: WEEKEND	0.095		0.231		-0.052	
11번: NUMCHGE	0.049		0.088	-0.312		
1번: PATTERN				-0.312		
13번: INFLUENCE		0.112	-0.110	-0.241		-0.076
7번: DIFRATES	0.045			-0.244	-0.062	
5번: RESTAURA	0.101		-0.132	0.097	0.397	
4번: VISITS					0.478	-0.098
3번: TRAVELIN	0.133			-0.055	0.232	
15번: LESSAMT		0.147		-0.072		-0.494
8번: MORENOW	0.086					0.331
9번: MOREILL	0.067				-0.065	0.260
Intercept(절편)	-3.854	-2.649	-3.014	3.645	-0.877	-0.022
전체 점수 (overall score)	=(0.116 × RESTIRRI)+(0.120 × NEED)+(0.149 × CRAVE)+(0.106 × FORCE)-(0.092 × CONTROL)+(0.119 × REGULAR)+(0.145 × CONSISTE)+(0.095 × WEEKEND)+(0.049 × NUMCHGE)+(0.045 × DIFRATES)+(0.101 × RESTAURA)+(0.133 × TRAVELIN)+(0.086 × MORENOW)+(0.067 × MOREILL)-3.854					
요인별 점수 (factor scores)	① 충동성=(0.255 × RESTIRRI)+(0.184 × NEED)+(0.246 × CRAVE)+(0.189 × FORCE)-(0.392 × CONTROL)-(0.151 × AFFECTED)+(0.112 × INFLUENC)+(0.147 × LESSAMT)-2.649 ② 상동증=(0.259 × CONTROL)+(0.270 × REGULAR)+(0.346 × AFFECTED)+(0.213 × CONSISTE)+(0.231 × WEEKEND)+(0.088 × NUMCHGE)-(0.110 × INFLUENC)-(0.132 × RESTAURA)-3.014					
요인별 점수 (factor scores)	③ 연속성=(-0.286 × CONTROL)-(0.312 × NUMCHGE)-(0.312 × PATTERN)-(0.241 × INFLUENC)-(0.244 × DIFRATES)+(0.097 × RESTAURA)-(0.055 × TRAVELIN)-(0.072 × LESSAMT)+3.645 ④ 우선성=(-0.081 × CRAVE)-(0.104 × REGULAR)-(0.052 × WEEKEND)-(0.062 × DIFRATES)+(0.397 × RESTAURA)+(0.478 × VISITS)+(0.232 × TRAVELIN)-(0.065 × MOREILL)-0.877 ⑤ 내성=(-0.105 × RESTIRRI)-(0.087 × FORCE)+(0.067 × CONSISTE)-(0.076 × INFLUENC)-(0.098 × VISITS)-(0.494 × LESSAMT)+(0.331 × MORENOW)+(0.260 × MOREILL)-0.0220					

4) 금연에 의한 금단증상(withdrawal symptom) 척도기법

지금까지 니코틴의 중독기전에 대한 설명을 통해 요약되는 것은 금단 증상이 흡연에 의해 증가된 nAChR와 밀접한 관계가 있을 것으로 추정 된다. 또한 nAChR 증가와 탈감작상태로의 전환이 니코틴 중독 또는 의 존성에 있어서 가장 중요한 요인이다. 이러한 사실을 기초로 하여 금연 에 의한 금단증상은 이러한 증가된 nAChR에 기인하는데 흡연에 의해 증가된 nAChR 양이 비흡연가일 때 nAChR의 양으로 감소되어야 금단현 상이 사라지거나 감소될 것으로 추정된다.

금연시도 후 실패에 있어서 다양한 원인이 있지만 니코틴 중독 역시 중요한 요인이다. 니코틴 중독은 금연시도 시 금단증상을 유발하는 원 인이 된다. 일반적으로 금단증상은 금연 후 약 2주 동안 지속되는데 금 연실패에 있어서 30% 정도 원인으로 작용한다. 따라서 금연 후 경험하 게 되는 금단증상에 대한 이해와 조언을 통해 금연실패율을 줄이기 위 해 금단증상 정도의 측정에 대한 필요성이 있다. DSM-Ⅳ의 금단증상 은 크게 민감성(irritability), 불안(restlessness), 불면증(insomnia), 불안(anxiety), 우울(depression), 식욕증가(increased appetite)와 집중력 약화(poor concentration) 등 8개 항목으로 요약된다. 이후 흡연에 대한 갈망, 변비(constipation), 구 강궤양(mouth ulcer)과 상기도감염(upper respiratory tract infection) 등이 금 단증상의 주요 항목으로 추가되어 DSM-Ⅳ의 금단증상 항목은 다른 연 구의 금단증상과 비교하여 가장 잘 분류된 것으로 평가를 받고 있다. <표 7-8>에서처럼 DSM-Ⅳ 금단증상의 항목을 기초로 하여 다양한 금단증상 척도기법이 개발되었다. 대표적으로 Mood & Physical Symptoms Scale(MPSS), Minnesota Nicotine Withdrawal Scale(MNWS), Shiffman Scale(SS), Wisconsin Smoking Withdrawal Scale(WSWS)와 Cigarette Withdrawal Scale-21(CWS

−21) 등을 비롯하여 Cigarette Withdrawal Scale 21(CWS−21)이 개발되었다. MPSS는 금단증상 단 하나의 항목을 정확하게 평가하기 위해 개발되었으며 MNWS는 금단증상뿐 아니라 흡연에 대한 욕구 등의 다른 항목 역시 각각 평가할 수 있도록 개발되었다. 나머지 SS, WSWS와 CWS−12는 금단증상 항목의 각각에 대한 정확한 평가를 위해 고안되었다.

이와 같이 금단증상 척도기법은 다양한 목적으로 고안되며 주로 측정 항목을 어떻게 설정하느냐에 따라 척도기법의 특성과 목적이 달라진다. 주로 금단증상의 측정 항목과 범위는 ① 금연 정도에 대한 개인의 민감도(senstivity), ② 지속적으로 흡연하는 동안 흡연 정도 및 유형에 변화가 없는 안정성(stability), ③ 흡연 동안 모든 측정의 일치성(consistency), ④ 재흡연에 대한 예측 타당성(predictive validity), ⑤ 금단증상 기간에 대한 예측성, ⑥ 금단증상의 중증도에 영향을 주는 처방의 범위와 민감도, 그리고 ⑦ 금단증상 정도와 점수의 상관성을 나타내는 항목의 구성 타당도(construct validity) 등을 감안하여 설정된다.

이들 척도기법에 있어서 각각의 점수 범위는 SS는 10점을 제외하고 나머지는 5점 크기이다. 비록 10점 크기를 좀 더 세분하여 금단증상에 대한 분류가 가능하지만 실제 설문에 있어서는 응답자의 대답이 정확하게 이루어지지 않는 것으로 설명되고 있다. 각각의 척도기법에서의 항목에 따라 응답자의 반응이 다소 감소되는 부분도 있지만 전반적으로 이들 설문조사에 의한 금단증상 척도기법의 신뢰성은 높다.

〈표 7-8〉 다양한 금단증상 척도기법의 항목과 점수척도 비교

금단증상 척도기법	DSM - IV에 해당되는 금단증상
1) Mood and Physical Symptoms Scale: MPSS: 5-point response scale(not at all, slightly, somewhat, very, extremely)	
과민성	Irritability
안절부절못하는	Restlessness
우울	Depression
배고픔	Increased appetite
집중력 저하	Difficulty concentrating
불안	Anxiety
불면	Insomnia
강한 흡연욕구	Urge to smoke
항상 흡연에 대한 생각	Urge to smoke
2) Minnesota Nicotine Withdrawal Scale MNWS: 5-point scale(none, slight, mild, moderate, severe)	
화, 과민, 불만(frustrated)	Irritability
안절부절못하는, 초조	Restlessness
우울, 슬픈 기분	Depression
식욕 증가, 배고픔, 체중 증가	Increased appetite
집중력 저하	Difficulty concentrating
불면	Insomnia
불안, 걱정	Anxiety
흡연욕구	Urge to smoke
3) Shiffman Scale 10 point scale(low to high)	
과민	Irritability
화, 불만(frustrated)	Irritability
안절부절못하는	Restlessness
우울	Depression
슬픈	Depression
침울	Depression
비참함	Depression
배고픔	Increased appetite
과식	Increased appetite
식용 증가	Increased appetite
집중력 결핍	Difficulty concentrating
정신적으로 날카로움	Difficulty concentrating

금단증상 척도기법	DSM-IV에 해당되는 금단증상
불안	Anxiety
긴장	Anxiety

4) Wisconsin Smoking Withdrawal Scale

WSWS: 5-point scale(strongly disagree, disagree, neutral, agree, strongly agree)

금단증상 척도기법	DSM-IV에 해당되는 금단증상
나는 과민하고 화를 잘 낸다.	Irritability
나는 항상 화, 불만과 과민 등의 부정적인 기분에 있다.	Irritability
나는 불만을 느낀다.	Irritability
나는 긍정적이고 낙관적이다(역으로 점수화).	Depression
나는 우울하고 슬픔을 자주 경험한다.	Depression
나는 희망이 없고 낙담하는 상태이다.	Depression
나는 행복하고 만족스럽다(역으로 점수화).	Depression
음식을 보면 먹고 싶은 마음이 별로 없다(역으로 점수화).	Increased appetite
나는 단 음식이나 다과 등을 가끔씩 먹고 싶다.	Increased appetite
나는 과식을 하고 있다.	Increased appetite
나는 배고픔을 자주 느낀다.	Increased appetite
나는 음식이 자주 머리에 떠오른다.	Increased appetite
나의 집중력은 좋다(역으로 점수화).	Difficulty concentrating
나는 집중하기가 어렵다.	Difficulty concentrating
나는 생각을 명확하게 하기가 어렵다.	Difficulty concentrating
나는 평화로운 잠을 잔다(역으로 점수화).	Insomnia
나는 잠잘 때 자주 깬다.	Insomnia
나는 잠자는 것에 만족스럽다(역으로 점수화).	Insomnia
내가 생각하기에 나는 충분한 잠을 잔다고 느낀다(역으로 점수화).	Insomnia
나의 잠은 문제가 있다.	Insomnia
나는 조급함을 느낀다.	Anxiety
나는 긴장하고 불안하다	Anxiety
나는 나의 문제에 대해 불안함을 느낀다.	Anxiety
나는 최근에 상당히 침착해졌다(역으로 점수화).	Anxiety
나는 자주 흡연을 하고픈 욕구를 느낀다.	Urge to smoke
나는 담배를 피우고 싶은 욕구에 많이 고통을 느끼고 있다.	Urge to smoke
나는 흡연 생각이 많이 든다.	Urge to smoke
나는 나의 마음속에서 담배를 잊는 데 어려움을 경험하고 있다.	Urge to smoke

5) Cigarette Withdrawal Scale-21

CWS-21: 5-point scale(totally disagree, mostly agree, totally agree)

금단증상 척도기법	DSM-IV에 해당되는 금단증상
나는 과민하다.	Irritability
나는 쉽게 화를 낸다.	Irritability

금단증상 척도기법	DSM－IV에 해당되는 금단증상
나는 인내력을 상실했다.	Irritability
나는 신경질적이다.	Irritability
나는 우울함을 느낀다.	Depression
나의 의욕은 낮다.	Depression
나는 평상시보다 많이 먹고 있다.	Increased appetite
나의 식욕은 증가하고 있다.	Increased appetite
나의 체중은 최근에 증가하였다.	Increased appetite
나는 생각을 명확하게 하기가 쉽지 않다.	Difficulty concentrating
나는 집중력이 떨어졌다는 것을 느끼고 있다.	Difficulty concentrating
나는 최근에 업무에 집중하기가 쉽지 않다는 것을 느끼고 있다.	Difficulty concentrating
나는 잠자는 데 있어서 어려움을 느끼고 있다.	Insomnia
나는 깊은 잠을 자는 데 문제가 있다는 것을 느끼고 있다.	Insomnia
나는 불안함을 느끼고 있다.	Anxiety
나는 근심스러울 때가 많다.	Anxiety
내가 생각하고 있는 유일한 것은 흡연이다.	Urge to smoke
나는 담배가 너무 그립다.	Urge to smoke
나는 흡연의 유혹을 느낀다.	Urge to smoke
나는 손가락 사이 담배를 끼워 놓고 싶다.	Urge to smoke

※ 여러 금단증상 척도기법의 항목을 DSM－IV에 따라 재분류하였다. DSM－IV의 다음과 같이 해석된다. urge/craving: 흡연욕구, appetite/hunger: 식욕, insomnia: 불면, anxiety: 불안, depression: 우울증, irritability: 과민성, difficulty concentrating: 집중력 저하, restlessness: 안절부절못하는(참고: West).

5) 금연동기 및 자기효능감(self－efficacy) 척도

흡연동기에 대한 연구와 조사기법에 대해서는 많이 개발되었으나 금연시도에 대한 동기의 중요성에 대해서는 그렇게 중요하게 취급되지 않았다. 먼저 금연 및 흡연 예방과 관련하여 금연동기를 유발하는 요인에 대한 이해의 필요성이 있다. 일반적으로 흡연에서 금연으로의 전환을 유발하는 동기는 개인 삶의 현재 상황, 개인의 성격, 종교체계, 가족 및 주변으로부터의 압력 등이 있다. 그러나 시대적 흐름의 측면에서 흡연이 건강 및 성공 그리고 개인 인상 등에 부정적인 영향을 준다는 명확한 인식에 반하는 행동의 불일치 역시 중요한 금연동기로 제안되고 있다. 실제적으로 금연에 대한 가장 일반적인 이유로는 건강한 삶의 회복, 경제적 비용절감과 개인 이미지 개선 등이 있다. 이러한 다양한 금연동기와 더불어 금연동기 부여의 구성은 적어도 방향/목표(direction/goal)와 시도/에너지(efforts/energy) 등 2가지로 이루어진다. 첫째, 방향/목표 측면에서 나는 '왜' 금연을 해야 하는가 하는 방향성, 그리고 금연목적과는 다른 현재 행위의 불일치에 대한 자괴감에 의해 금연동기가 부여된다. 두 번째로 금연은 많은 갈등을 극복하는 시도와 이에 따른 에너지, 즉 노력을 통해 얻어진다는 것에 대한 충분한 이해 역시 중요한 요인이다. 이와 같이 금연동기 정도 또는 부여가 어떻게 설정되느냐에 따라 금연성공에 큰 영향을 준다. 금연동기 척도를 위해 가장 잘 알려진 기법은 McCuller 등에 의해 2005년 개발된 Sixteen-item motivation index(금연동기의 16 항목 분석기법, SIMI)가 있다. SIMI는 <표 7-9>에서처럼 금연을 위한 장래 시도와 에너지와 관련된 8항목, 그리고 금연을 위한 방향성과 목표와 관련된 8항목 등 전체 16항목으로 되어 있다. 구체적으로 에너지의 여러 가지 구성요소인 금연능력 적합도, 사회적 압력 그리고 개인 삶의 안정성 등에 대한 8항목, 방향성의 3차원적 구성요소인 개인-이미지, 영향(affect), 금연방법에 대한 호기심(또는 금연방법에 대한 알고 싶은 의지) 등에 대한 8항목 등이다.

<표 7-9> 금연동기의 16항목 분석기법

문 항	전적으로 동의	다소 동의	다소 부정	전적으로 부정
1. 내가 금연하면 나의 기분과 정서는 개선될 것 같다.*				
2. 금연하면 사람들의 기분과 정서를 개선할 것 같다.*				
3. 금연에 필요한 모든 방법을 가지고 있다.+				
4. 나는 금연을 위해 특별한 방법이 있다면 기꺼이 배우겠다.+				
5. 일반적으로 금연은 사람들의 안정적인 삶에 기여할 것으로 생각한다.+				
6. 나 역시 금연을 하면 좀 더 안정적인 삶을 가질 수 있을 것으로 생각한다.+				
7. 내가 금연을 한다면 나의 이미지 변신에 도움이 될 것으로 생각한다.*				
8. 금연을 하면 일반적으로 사람들의 이미지 개선에 도움이 될 것으로 생각한다.*				
9. 나는 금연방법에 대해 궁금하다.*				
10. 금연을 통해 나의 건강이 개선되는 방법을 배우고 싶다.*				
11. 주변의 가족과 친구들로부터 금연에 대한 많은 압박을 느낀다.+				
12. 금연에 대한 압박을 스스로 받는다.+				
	아주 많음	다소 많음	적음	없음
13. 지금 금연하고 싶은 의지가 얼마나 되는가?+				
14. 지금 금연을 위해 얼마나 노력할 것인가?+				
15. 금연을 해야 된다는 당위성을 얼마나 느끼고 있는가?*				
15. 금연에 대한 열망이 얼마나 되는가?*				

*: 금연을 위한 장래 시도와 에너지와 관련된 8항목. +: 금연을 위한 방향과 목표(참고: McCuller)

자기효능감(self-efficacy)은 금연성공에 대한 자신감이다. 자기효능감이 높으면 높을수록 금연성공의 확률이 높다는 것을 의미하는데 이는 금연과정에 어느 정도로 개입하여야 성공을 유도할 수 있을 것인가에 대한 정책 설정에 도움을 준다. 따라서 금연에 개입하기 전에 금연성공을 할 수 있다는 자기효능감 또는 금연효능감의 측정이 필요하다. 자기효능감 측정을 위한 대표적인 방법은 1990년에 Velicer 등에 의해 개발된 자기효능감/유혹척도(self-Efficacy/Temptation Scale, SETS) 기법이다. SETS는 9개의 항목을 묻는 단축형(short form)의 SETS-9 <표 7-10>과 20개 항목을 묻는 장축형(long form)의 SETS-20 <표 7-11>이 있다. 이들은 전체적인 합을 통해 자기효능감을 확인할 수 있지만 9개 및 20개 항목을 3개의 하위범위(subscale)로 다시 구분하여 하위항목별에 대해 자기효능감을 평가할 수 있다. 각각의 SETS는 3가지 하위범위 ① 기분 또는 주변 분위기가 좋거나 사교적인 상황(Positive Affect /Social Situation), ② 기분 또는 주변 분위기가 좋지 않은 상황, ③ 습관적 또는 흡연욕구를 유도하는 상황(Habitual/Craving Situation) 등으로 구분된다. 각 항목은 5점 척도로 이루어진다. 전체 항목에 대한 자기효능감/유혹척도의 평균 점수는 모든 항목의 점수를 합하여 SETS-9일 때 9, SETS-20일 때 20을 나누어 얻을 수 있다. 항목의 하위범위에 대한 자기효능감/유혹척도의 평균 점수는 각 표의 하단에 구분된 것처럼 각 하위범위에 속하는 항목의 점수를 합하여 항목 수로 나누면 얻을 수 있다.

〈표 7-10〉 자기효능감/유혹척도(Self-Efficacy/Temptation Scale, SETS) 기법-9항목

문 항	흡연 유혹				
	전혀 없음	없음	느낌	매우 느낌	매우 심각하 게 느낌
	1점	2점	3점	4점	5점
1. 친구들과 파티를 할 때					
2. 아침에 잠에서 깨어날 때					
3. 불안이나 스트레스를 받을 때					
4. 대화 또는 휴식을 취하면서 커피를 마실 때					
5. 기분전환이 필요하거나 기분이 좋아지기 바랄 때					
6. 일 또는 사람에게 대단히 화가 많이 날 때					
7. 배우자나 친한 친구가 담배를 피우고 있을 때					
8. 내가 지난 얼마 동안 담배를 피우지 않았다는 것을 인지할 때					
9. 일이 잘 풀리지 않거나 좌절감을 느낄 때					

: ① 기분 또는 주변 분위기가 좋거나 사교적인 상황: 1, 4, 7 문항, ② 기분 또는 주변 분위기가 좋지 않은 상황: 3, 6, 9 문항 ③ 습관적 또는 흡연욕구를 유도 상황: 2, 5, 8 문항(참고: Velicer)

〈표 7-11〉 자기효능감/유혹척도(Self-Efficacy/Temptation Scale, SETS) 기법-20항목

문 항	흡연 유혹				
	전혀 없음	없음	느낌	매우 느낌	매우 심각하 게 느낌
	1점	2점	3점	4점	5점
1. 술을 마실 때					
2. 담배를 피우고 싶을 때					
3. 일이 잘 풀리지 않거나 좌절감을 느낄 때					
4. 배우자나 친한 친구가 담배를 피우고 있을 때					
5. 가족들과 갈등이나 논쟁이 있을 때					
6. 기쁘거나 축하할 일이 생겼을 때					
7. 일 또는 사람에게 대단히 화가 많이 날 때					
8. 가족 및 친지들에게 큰 불행이 닥쳤을 때와 같이 억 누를 수 없는 감정이 생길 때					
9. 누군가가 담배를 피우고 있을 때					
10. 대화 또는 휴식을 취하면서 커피를 마실 때					
11. 금연이 스스로에게는 너무 힘들다는 것을 느낄 때					
12. 흡연에 대한 갈망이 높을 때					
13. 아침에 잠에서 깨어날 때					
14. 기분전환이 필요하거나 기분이 좋아지기 바랄 때					
15. 건강에 대한 관심이 떨어지고 운동 시간이 줄어들 기 시작할 때					
16. 친구들과 파티를 할 때					
17. 아침에 일어나 할 일이 많아 엄두가 나지 않을 때					
18. 심각하게 우울한 기분이 들 때					
19. 불안이나 스트레스를 받을 때					
20. 내가 지난 얼마 동안 담배를 피우지 않았다는 것을 인지할 때					

: ① 기분 또는 주변 분위기가 좋거나 사교적인 상황: 1, 4, 6, 9, 10, 16 문항, ② 기분 또는 주변 분위기가 좋지
않은 상황: 3, 5, 7, 8, 18, 19 문항 ③ 습관적 또는 흡연욕구를 유도하는 상황: 11, 13, 14, 15, 20 문항(참
고: Velicer).

6) 금연시도 후 발생하는 스트레스 자가측정 방법

의학적으로 스트레스(stress)란 적응하기 어려운 환경에 처할 때 느끼

는 심리적·신체적 긴장 상태를 의미한다. 이런 상태가 장기적으로 지속되면 심장병, 위궤양 및 고혈압 등의 신체적 질환을 일으키기도 하고 불면증·노이로제·우울증 등의 심리적 부적응을 나타내기도 한다. 금연의 실패 또는 재흡연의 중요한 요인 중의 하나가 스트레스(stress)이다. 이는 스트레스에 대한 적절한 제어와 대응방법이 금연의 성공에 영향을 줄 수 있다는 것을 의미한다. 따라서 금연 후 발생하는 스트레스에 대한 측정과 이를 통한 대처방안은 금연성공에 도움이 될 수 있다. 일반적으로 스트레스는 심리적인 측면과 신체적 측면에서 발생하는데 금연시도 후 발생하는 스트레스는 우울증상 등 금단현상과 복합적으로 작용하여 유발할 수 있기 때문에 심리적인 측면의 가능성이 높다. 전체 30개 문항에서 얻은 합계점수를 통해 스트레스 정도를 판정한다. 판단기준은 <표 7-12>와 같이 전체 점수를 바탕으로 이루어진다. 전체 점수 0~5점은 평균치 이하로 특별히 문제없으며 6~12점은 평균수준, 13~19점은 평균보다 조금 높으므로 약간의 주의가 필요하다. 그리고 20점 이상은 위험수위의 경고 수준으로 상당한 주의 또는 의사와의 상의가 필요하다. 심리적 측면 및 신체적 측면을 구분한 스트레스 정도와 상황에 대한 평가는 판단기준의 점수를 2로 나누어 해당 점수에 따라 스트레스 정도를 이해하면 된다.

〈표 7 - 12〉 스트레스 자가측정지

스트레스 자가측정 - 심리적 측면 (점수: 항상 느꼈다 - 3점, 자주 느꼈다 - 2점, 가끔 느꼈다 - 1점, 전혀 없었다 - 0점)				
1. 매우 긴장하거나 불안한 상태가 되었다.	3	2	1	0
2. 기분이 매우 동요되었다.	3	2	1	0
3. 사소한 일에 매우 신경질적이 되었다.	3	2	1	0
4. 소모감, 무기력감을 느꼈다.	3	2	1	0
5. 침착하지 못하다.	3	2	1	0
6. 아침까지 피로가 남고, 일에 기력이 솟지 않았다.	3	2	1	0
7. 화가 나서 자신의 감정을 억제할 수 없었다.	3	2	1	0
8. 생각지도 못한 일 때문에 곤욕을 치렀다.	3	2	1	0
9. 심각한 고민이 머리에서 떠나지 않았다.	3	2	1	0
10. 모든 일이 생각대로 되지 않아 욕구불만에 빠졌다.	3	2	1	0
11. 모든 일에 집중할 수가 없다.	3	2	1	0
12. 남 앞에 얼굴을 내미는 것이 두려웠다.	3	2	1	0
13. 남의 시선을 똑바로 볼 수 없다.	3	2	1	0
14. 똑같은 실수를 반복하였다.	3	2	1	0
15. 가족이나 친한 사람과 함께 있는 시간도 편하지 않다.	3	2	1	0
16. 불면	3	2	1	0
17. 심장이 두근거림	3	2	1	0
18. 얼굴이나 신체 일부의 경련	3	2	1	0
19. 현기증	3	2	1	0
20. 땀이 많이 남	3	2	1	0
21. 감각이 예민해짐(몸이 근질거리거나 따끔따끔)	3	2	1	0
22. 요통	3	2	1	0
23. 눈의 피로	3	2	1	0
24. 목이나 어깨 결림	3	2	1	0
25. 두통	3	2	1	0
26. 감염증(감기, 후두염 등)	3	2	1	0
27. 변비	3	2	1	0
28. 발열	3	2	1	0
29. 소화불량	3	2	1	0
30. 설사	3	2	1	0

3. 흡연과 중독의 발달단계

◎ 주요 내용

- 담배중독에 도달하기까지 여러 단계를 거치게 되는데 이러한 과정을 흡연의 발달단계(developmental stages of smoking onset)라고 한다.
- 흡연의 시작과 니코틴 의존성은 유전율(heritability) 및 유전자(gene)의 SNP 를 통해 확인되고 있다.

● **담배중독에 도달하기까지 여러 단계를 거치게 되는데 이러한 과정을 흡연의 발달단계(developmental stages of smoking onset)라고 한다.**

그러나 흡연의 시작과 담배중독(tobacco addiction)은 급작스럽게 이루어지는 것보다 어린 시절 주변의 흡연환경 노출을 포함하여 다양한 주변 환경과 더불어 점진적으로 이루어진다. 이와 같이 담배중독에 도달하기까지 여러 단계를 거치게 되는데 이러한 과정을 흡연의 발달단계(developmental stages of smoking onset)라고 한다. 이는 중독이 되기까지 어떤 과정이 수반되는가에 대한 이해 역시 금연유도를 위해 이용될 수 있는 중요한 모델이 된다. 흡연발달과정에 대한 다양한 모델이 많이 제시되었지만 실제로 큰 차이는 없고 유사한 점이 많다. 일반적으로 미성년에게 있어서 흡연의 시작과 중독 과정은 <표 7－13>과 같이 5단계로 구분되어 설명되고 있으며 이를 미성년 흡연의 5단계 모델(Five－Stage Model of Adolescent Smoking)이라고 한다. 흡연의 5단계 모델은 제1단계인 준비단계(preparatory stage), 제2단계인 시도단계(trial stage), 제3단계인 실험단계(experimental stage), 제4단계인 주기적 흡연단계(regular smoking stage) 그리고 마지막 제5단계인 니코틴-의존성 또는 중독단계로 구성되어 있다.

제1단계인 준비단계는 전혀 흡연 경험이 없는 아동이나 청소년이 흡연에 대한 정보, 태도 그리고 신념을 형성하는 단계로 흡연 '가능성 또는 민감성의 단계(susceptible)'라고 할 수 있다. 흡연에 대한 어떠한 정보를 획득하느냐에 따라 흡연가능성의 차이가 있다. 특히 주변 동료들의 흡연에 상당히 민감한 반응을 나타낼 수 있는 시기이다. 제2단계인 시도단계는 흡연을 이제 막 시작하고 경험하는 단계이다. 집에서 혼자 흡연을 할 수도 있지만 친구들과 집단으로 흡연이 이루어지는 경우가 많다. 이때는 첫 흡연에 기인한 어지러움과 불쾌한 미각 등의 생리적 영향 그리고 심리적 강화효과 등 2가지 요소를 흡연시도자(trier)가 어떻게 받아들이느냐에 따라 다음 단계로의 진행 여부가 결정된다. 흡연량은 인생에 있어서 첫 담배로 1개비 전부 또는 반 개비 정도이다. 제3단계인 실험단계에서는 일정기간에 걸쳐 반복적이지만 비주기적으로 흡연을 하는 단계이다. 특히 이 단계에서는 항상 흡연이 이루어지는 것이 아니라 친목모임이나 주말 등 특정 이벤트에서 친구들과 함께 흡연이 이루어지며 흡연량은 1개비 이상이다. 그러나 이 단계에서는 전체적으로 100개비 미만의 흡연이 이루어진다. 대부분 청소년 기간에서의 제3단계는 수년이 걸리지만 몇 개월 혹은 몇 주의 짧은 기간을 보이는 청소년도 있다. 이 단계에서 주변 및 사회적 환경이 흡연에 크게 작용하는데 이 단계에 해당하는 사람은 실험적 흡연가가 된다. 제4단계인 주기적 흡연단계에서는 흡연이 100개비 정도 이루어졌으며 제3단계에서처럼 주로 주말 및 친목모임 등 주기적으로 흡연이 이루어지는 특성이 있다. 또한 소량이지만 매일 흡연하는 경우도 있다. 중독의 문턱에 들어서는 시기이며 주기적 흡연가에 해당된다. 마지막 제5단계인 중독단계에서는 매일 15개비 이상의 흡연을 하며 일상적이며 고정적인 담배소비자(stabilized consumer) 단계이다. 니코틴 내성이 발생하고 흡연을 하지 않으면 금단증상을 느낄 수 있는 생리적인 측면에서의 니코틴 중독단계이다. 금연을 시도하지만 재흡연율 역시 상당히 높은 단계이며 니코틴 중독자에 해당된다.

〈표 7 – 13〉 흡연의 발달단계

단 계	특 성	흡연량 및 흡연자 분류
제1단계 준비단계 (preparatory stage)	전혀 흡연 경험이 없는 아동이나 청소년이 흡연에 대한 정보, 태도 그리고 신념을 형성하는 단계로 흡연 '가능성 또는 민감성의 단계(susceptible)'	－ 흡연한 적이 없음 － 비흡연자(non－smoker)
제2단계 시도단계 (trial stage)	흡연을 이제 막 시작하고 경험하는 단계	－ 몇 모금의 담배연기 흡입 또는 단 1개비의 흡연 － 시도자(trier)
제3단계 실험단계 (experimental stage)	일정기간에 걸쳐 반복적이지만 비주기적으로 흡연을 하는 단계	－ 100개비 미만의 흡연 － 실험적 흡연가 (experimental smoker)
제4단계 주기적 흡연단계 (regular smoking stage)	주기적 흡연단계에서는 흡연이 100개비 정도 이루어졌으며 주로 주말 및 친목모임 등 주기적으로 흡연이 이루어지는 특성	－ 100개비 이상 흡연 － 주기적 흡연가 (non－daily & regular smoker)
제5단계 니코틴－의존성 또는 중독단계 (nicotine dependence or addiction stage)	매일 15개비 이상의 흡연을 하는 일상적이며 고정적인 담배소비자(stabilized consumer) 단계	－ 1일 15개비 이상 － 매일흡연가(daily smoker)

(참고: Flay와 USDHHS)

이러한 니코틴 중독이 흡연을 하는 가장 큰 이유이다. <그림 7－1>은 흡연을 하는 이유를 여러 항목별로 나타낸 것이다. 흡연 이유로 니코틴 중독이 44.9%, 스트레스가 28.8%, 시간적 여유가 12.6%, 습관이 10.4% 그리고 남들이 피우니 따라 피우는 부화뇌동형이 3.4%이다. 흡연 이유에 대한 항목별 차이는 금연프로그램과 금연 개입에 있어서 정책의 방향을 어떻게 설정하여야 하는 단서를 일부 제공한다. 흡연을 하는

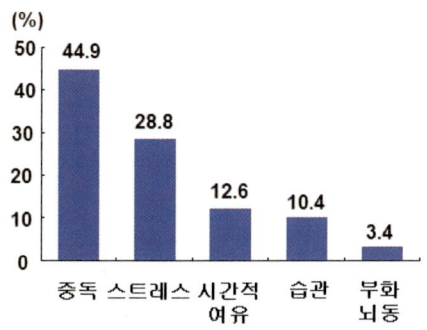

〈그림 7-1〉 흡연자들이 흡연하는 이유(참고:
한국갤럽조사연구소와 한국금연운동협의회
의 2007년 흡연실태조사)

흡연가를 위한 금연 개입을 위해서는 스트레스에 대한 대처방법 역시 중요한 고려사항이지만 니코틴 중독에 대한 해결책 역시 더 중요하게 고려해야 할 항목으로 추정된다.

이러한 흡연의 발달과정은 청소년들의 성장 과정과 밀접한 관계가 있다. 오늘날 흡연의 시작연령이 낮아지고 있는데 우리나라 역시 성인들의 평균 흡연연령이 20.8세이지만 청소년 흡연 시작연령은 갈수록 낮아지고 있다. <그림 7-2>는 흡연의 발달과정과 연령별 특성을 서로 연관하여 흐름도를 나타낸 것이다. 일반적으로 담배에 대한 정보를 얻는 시기는 6세부터 가능한데 특히 6~14세 연령층을 제1단계인 준비단계로 볼 수 있다. 물론 이 단계에서 빠르면 첫 흡연을 경험할 수 있지만 9~18세 연령층이 첫 흡연을 경험하는 시도단계라고 할 수 있다. 그리고 14~20세 사이 연령층이 약 100개비 미만의 담배를 흡연하는 실험적 흡연가의 3단계로 분류된다. 물론 빠르면 약 15세부터 100개비 이상의 담배를 피우는 4단계와 매일 15개비 이상 흡연을 하는 매일흡연가가 발생할 수 있다. 일반적으로 매일흡연가는 약 24세 이후에 많이 발생하는 것으로 추정되고 있다. 그러나 중독의 문턱이라고 고려되는 100개비 이상

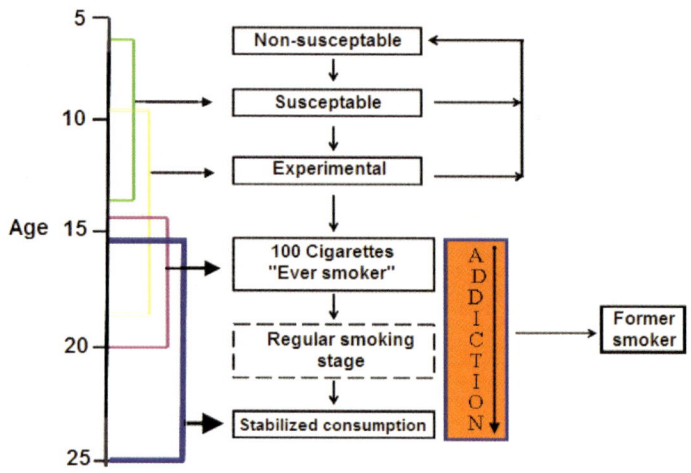

〈그림 7-2〉 흡연의 발달과정과 연령별 특성: 녹색 선은 6~14세 연령층으로 흡연 가능성이 있는 집단이며 노란색선은 9세에서 18세 사이 연령층으로 최초의 흡연이 이루어지는 시기이다. 파란색 선은 중독의 문턱을 들어서는 16세에서 25세 연령층으로 100개비 이상의 흡연을 하는 층이다. 이 연령층에서 100개 이상의 흡연이 이루어지며 약 20%는 더 이상 흡연을 하지 않지만 일부는 매일 15개비 이상의 흡연을 하는 매일흡연가가 되는 시기이다. 특히 파란색 선에서는 시간이 지날수록 중독의 강도는 더 심화되며 이 단계 후 금연을 통해 과거흡연자가 된다.

흡연을 하는 4단계에서 약 20% 정도가 흡연을 중단하는 것으로 추정되고 있다.

- **흡연의 시작과 니코틴 의존성은 유전율(heritability) 및 유전자(gene)의 SNP를 통해 확인되고 있다.**

많은 연구들에 의해 흡연시작(smoking initiation)과 현재흡연(current smoking)이 유전적인(heritable) 특성을 가지고 있는 것으로 확인되고 있다. 여러 연구의 메타분석을 통해 흡연시작에 대한 유전율(heritability, 생물 집단이 갖는 유전적 변이 중에서 다음 세대에 전달되는 비율)은 남성인 경우에 37%, 여성인 경우에 55% 정도로 확인되었다. 그리고 현재흡연에 대한 유전율

〈그림 7-3〉 유전자와 흡연의 상관성: 흡연시작과 현재흡연은 니코틴 의존성과
관련하여 밀접한 유전적인 상관성이 있는 것으로 추정된다.

은 남성의 경우에 59%, 여성의 경우에 46% 정도로 확인되었다. 또한 흡
연의 시작과 현재의 흡연이 흡연량과 니코틴 의존성에 밀접한 관계가
있는 것으로 확인되었다. 따라서 흡연시작과 현재흡연은 니코틴 의존성
과 관련하여 밀접한 유전적인 상관성이 있는 것으로 추정된다<그림 7-3>.

먼저 흡연과 관련된 유전자의 영향에 대한 이해를 위해서는 유전자의
단일염기다형성(Single Nucleotide Polymorphism: SNP)에 대한 이해가 필요
하다. SNP는 한 종 내에서의 단일염기의 차이를 의미한다. 인간의 유전
체는 23쌍의 염색체를 가지고 있으며 23쌍의 염색체는 약 30억 쌍의
DNA 염기(Adenine, Thymine, Guanine, Cytosine)로 구성되어 있다. 그중
99.9% 이상 한 종 내에서 동일한 염기를 가지고 있지만 0.01%의 염기
차이가 있다. SNP란 이와 같이 0.01%의 차이를 말한다. 인간의 유전체
(genome)에는 약 500~1,000염기당 1개 정도로 발생하는 약 3백만 개의
SNP가 있다. 이러한 SNP의 빈도는 높고 안정하여 유전체 전체에 분포되
어 있으며 이에 대한 차이를 통해 결국 개인 간 또는 집단 간의 유전적

다양성을 확인할 수 있다. 즉 <그림 7-4>에서처럼 DNA사슬의 특정부위에 어떤 사람은 아데닌(adenine: A)을 가지고 있는 반면 어떤 사람은 시토신(cytosine: C)을 가지고 있어 유전자의 다형성이 발생한다. 이러한 SNP의 미세한 차이에 의하여 각 유전자의 기능이 달라질 수 있고 이들이 상호작용하여 서로 다른 모양의 사람을 만들고 서로 다른 질병에 대한 감수성의 차이를 만들어 낸다. 마찬가지로 흡연과 관련된 유전자의 이러한 미세한 차이가 흡연시작 및 니코틴 의존성에 영향을 주게 된다. 현재 인간의 모든 SNP의 이름은 rs와 ID 숫자와 결합하여 이용되고 있다.

○ 흡연의 의존성과 관련하여 무엇보다도 중요한 요소인 nAChR의 S

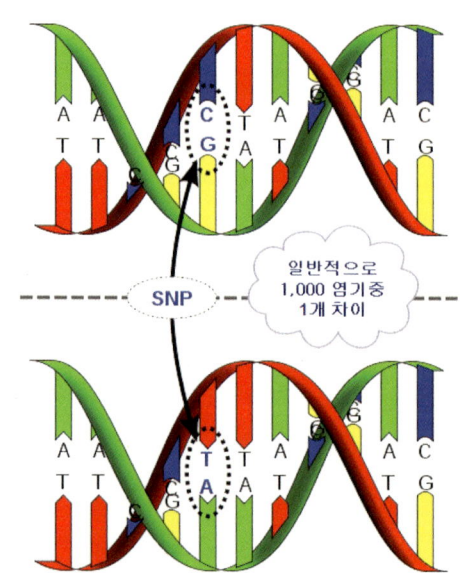

〈그림 7-4〉 단일염기다형성(Single Nucleotide Polymorphism): DNA사슬의 특정부위에 어떤 사람은 아데닌(adenine: A)을 가지고 있는 반면 어떤 사람은 시토신(cytosine: C)을 가지고 있어 유전자의 다형성이 발생한다.

NP에 대한 연구 역시 많이 수행되었다. CHRNA4 유전자는 nAChR 소단위체인 α4를 생성한다. 하루 20개비 정도의 흡연을 하는 2,707명의 흡연가와 2,399명의 비흡연가를 포함한 일반인 5,561명을 대상으로 한 CHRNA4 유전자의 SNP에 대한 조시를 통해 5종류의 다형성이 확인되었다(참고: Breitling). 두 집단 간의 흡연-관련 SNP 분석 및 니코틴 의존성 지표인 FTND(Fagerstrom test of nicotine dependence)을 통해 rs2236196 돌연변이와 밀접한 연관성이 있는 것으로 확인되었다.

○ 현재흡연가 1,154명, 과거흡연가 1,154명 그리고 비흡연가 1,137명의 SNP 분석을 통해 PSMA4과 nAChR의 소단위체 유전자인 CHRNA3와 CHRNA5를 포함하고 있는 염색체 15q25.1 내에 2개의 SNP rs1051730와 rs8034191 돌연변이가 확인되었다. 특히 이들은 변이체와 폐암과의 연관성을 통해 흡연과 밀접한 관계가 있는 것으로 추정되고 있다.

○ 염색체 15q25에 위치한 유전자 집단은 하루 흡연량과 관계가 있는 것으로 추정되고 있다. 특히 15q SNP의 돌연변이인 rs16969968은 흡연행위와 밀접한 관계가 있는 것으로 조사되었다.

그러나 이들 SNP 존재와 흡연과의 관련성은 추후 연구를 통해 재현성에 있어서 다소 문제가 있는 것으로 알려졌다. 이러한 재현성에서의 문제는 흡연가의 적은 표본 수와 흡연행위가 특정 유전자에 한정되어 나타나는 것보다 더 복잡한 과정에 의해 이루어지기 때문인 것으로 추정된다. 이러한 문제점을 극복하기 위해 제시된 접근이 여러 유전자 및 생성물들이 흡연-관련성 행위를 유발하는 세포 내의 기능적 네트워크에서 복합적인 작용을 통해 이루어진다는 이론을 기초로 한 유전체-광범위 연관성(genome-wide association, GWA) 방법이다. GWA 연구는 주로 니코틴 의존성, 금연, 1일 흡연량 그리고 중독에 대한 취약성 등을 비롯하여 흡연 시작 및 현재의 흡연과 관련하여 수행되어 왔으며 SNP 분석을 통해 이루어진다.

○ GWA 분석을 통한 흡연시작과 현재흡연의 상관성 확인을 위해 3,457명을 대상으로 한 연구가 수행되었다(참고: Vink). 특히 3개 유전자의 발현 유무와 세포 내에서의 기능적 체계의 작용을 통해 흡연시작과 현재흡연과 연관성이 있는 것으로 확인되었다. 이들 유전자의 발현과 관련된 단백질은 glutamate receptors(예: GRIN2B, GRIN2A, GRIK2, GRM8), tyrosine kinase receptor의 신호(예: NTRK2, GRB14), 운반단백질(예: SLC1A2, SLC9A9)과 세포-접착 분자(예: CDH23) 등이다.

○ 15q25에 존재하는 CHRNA3의 SNP인 rs1051730, 10q25의 SNP인 rs1329650와rs1028936, 그리고 9q13에 위치하는 유전자 EGLN2의 SNP인 rs3733829 등은 흡연량과 관련된 GWA의 주요 SNP로 확인되었다.

○ 10,000명의 흡연가로부터 300,000 SNP를 분석한 결과, rs1051730 돌연변이가 헤비스모거들에게 유의하게 많은 것으로 확인되었다. rs1051730은 nAChR의 α3 소단위체를 발현하는 유전자인 CHRNA3 유전자이다. 특히 약 6,000명의 폐암 환자와 rs1051730 돌연변이가 서로 연관성이 있는 것으로 확인되었다.

이와 같이 흡연시작과 니코틴 의존성이 nAChR의 구성요소인 주요 소단위체에서의 돌연변이와 밀접한 관계가 있는 것으로 추정되고 있다. 이러한 측면에서 흡연하기 쉬운 취약성을 보이는 돌연변이 유전자를 확인한다는 것은 흡연예방과 흡연에 의한 질환 발생의 예방을 위한 좋은 대책으로 제시될 수 있다.

4. 금연의 과정과 특성

> ### ◎ 주요 내용
>
> - 금연의 10가지 이유: 일반적으로 대부분의 흡연가는 다음과 같은 10가지 이유로 금연을 시도한다.
> - 일반적으로 금연은 5단계로 진행되며 금연시도가 많으면 많을수록 금연성공 가능성은 높다.
> - 금연은 환경적 및 개인적 영향을 통해 이루어지는데 이러한 영향을 통해 전반적인 금연과정을 '흡연가의 여정(smoker's journey)'이라고 한다.
> - 금연의 자연사에서 재흡연은 일시적 재흡연과 완전한 재흡연으로 구분된다.
> - 금연성공률을 높이기 위해서는 금연시도율 역시 높은 정책이 필요하다.

● **금연의 10가지 이유: 일반적으로 대부분의 흡연가는 다음과 같은 10가지 이유로 금연을 시도한다.**

<그림 7-5>는 금연을 시도하는 이유와 금연실패 이유에 대한 2008년 한국갤럽조사연구소와 한국금연운동협의회의 흡연실태조사 내용이다. 전체 흡연자 중 금연을 시도한 적이 있는 사람 267명을 대상으로 금연시도의 주요 이유 10가지에 대한 비율이다. 금연시도의 요인 중 전체 흡연자 중 61.5%가 건강, 13%가 가족건강을 각각 선택하였다. 따라서 금연의 이유 중 건강이 약 75% 정도 차지한다. 그 외 금연을 시도하는 이유로는 경제문제, 주위 금연권유, 청결, 금연분위기, 매스컴 영향, 운동, 직장금연과 주위시선 등이 각각 6.3%, 5.0%, 3.2%, 1.6%, 1.1%, 0.9%와 0.9%로 확인되었다.

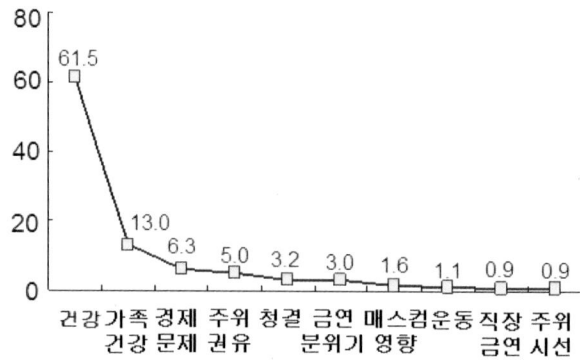

〈그림 7-5〉 금연을 시도하는 이유: 건강이 금연의 절대적 이유이다(참
고: 한국갤럽조사연구소의 2007년 흡연실태조사).

일반적으로 흡연자가 금연을 시도하는 이유는 대략 10가지로 요약된다.

① 더 좋은 건강: 금연의 가장 중요한 목적이다. 흡연과 더불어 스스
　로 건강이 나빠진다는 생각으로 금연을 원하기도 하지만 흡연으로
　인한 주변 사람들의 질환과 사망 등에 의해서도 금연의 동기유발
　이 된다.
② 더 좋은 호흡: 흡연의 기간이 길면 길수록 금연의 어려움은 더 크다.
③ 개인적 외모: 금연을 통해 조기 피부노화의 지연 그리고 치아와 손
　톱의 정상적인 색깔로 전환을 유도한다.
④ 어린 자식에 대한 모범: 어린 자식뿐 아니라 후대를 이어 갈 어린
　이들의 흡연 예방을 위해 모범을 보여 줄 필요성이 있다.
⑤ 간접흡연 예방: 가족과 주변 사람들에게 간접흡연의 노출을 예방
　한다.
⑥ 더 좋은 후각: 흡연에 의해 방해되어 느끼지 못한 모든 것에 대한
　좋은 향기를 맡을 수 있다.
⑦ 늘어난 금연구역: 공공장소를 비롯한 사업장 등 금연구역이 기하
　급수적으로 증가하고 있어 갈수록 흡연장소의 제한으로 불편함을
　느낀다.
⑧ 고비용의 담뱃값: 흡연율을 낮추기 위하여 가격정책이 선진국 중
　심으로 진행되고 있으며 갈수록 가격이 더 오를 것으로 예상된다.
⑨ 흡연의 화재위험 때문이다.
⑩ 금연시작 그 시점부터 혜택을 얻는다.

- **일반적으로 금연은 5단계로 진행되며 금연시도가 많으면 많을수록 금연성공 가능성은 높다.**

일반적으로 금연은 <표 7-14>에서처럼 5단계로 진행된다. 그러나 흡연가들은 단계별로 진행되기도 하지만 전 단계로 후퇴를 비롯하여 단계 사이를 반복적으로 왕복하기도 한다. 제1단계인 계획적 단계에서는 금연에 대한 필요성과 인식이 거의 없는 상태이다. 제2단계에서는 금연에 대한 인식과 더불어 필요성을 느끼는 단계이다. 제3단계는 금연시도를 다양한 방법으로 모색하는 준비단계이며 제4단계는 금연시도 단계이다. 금연시도 단계에서는 금단증상이 유발되며 흡연의 여러 단서(흡연을 유도하는 사물이나 일)가 일시적 재흡연을 유발하기도 한다. 비록 일시적 재흡연이 이루어지더라도 전체적인 금연과정에서 보면 일시적 재흡연이 실패는 아니다. 일반적으로 일시적 재흡연은 몇 년에 걸쳐 유발되기도 하지만 3개월 정도 금연을 하게 되면 금연에 성공할 가능성이 높다.

〈표 7-14〉 금연을 위한 5단계 과정

단계	특성
제1단계: 계획전 단계 (Pre-comtemplation)	-향후 6개월 정도는 금연할 생각이 없는 상태 -흡연이 아직 문제가 되지 않는다고 인식하고 있는 상태
제2단계: 계획단계 (Contemplation)	-지금은 아니지만 향후에 금연을 하겠다는 생각 -금연을 하는 방식에 대한 모색
제3단계: 준비단계 (Preparation)	-향후 1, 2개월 이내에 금연시도 -금연방법에 대한 더 많은 정보 획득
제4단계: 시도단계 (Action)	-금연을 시도 그리고 금단증상의 어려움 호소 -일시적 재흡연 그러나 일시적 재흡연은 실패가 아니기 때문에 금연 지속
제4단계: 유지단계 (Maintenance)	-금연지속을 하면서 재흡연 방지를 위해 더 많은 정보를 획득 -3개월의 어려운 시간이며 결국 흡연성공

- 금연은 환경적 및 개인적 영향을 통해 이루어지는데 이러한 영향을 통해 전반적인 금연과정을 '흡연가의 여정(smoker's journey)'이라고 한다.

<그림 7-6>은 환경적인 영향과 개인적 영향에 의해 흡연가의 금연과 재흡연 등의 반복적인 주기(relapse and recycling)를 낳게 하는 과정을 나타낸 것이다. 이는 결국 100개비 이상 흡연자들은 흡연가의 내외적 변수에 좌우되어 평생 흡연의 지속과 금연을 통해 과거흡연자가 되든지 2가지 결과를 유발하는 과정을 묘사한 것이다. 물론 금연시도도 없이 지속적인 흡연이나 단 한 번의 금연시도로 금연을 하는 경우도 있지만 대부분 흡연가인 경우에는 흡연과 금연시도, 재흡연, 금연시도 등의 주기(cycling)가 반복된다. 이와 같이 환경적인 영향과 개인적 영향에 의해 흡연 시작부터 금연 그리고 재흡연 또는 금연성공 등의 과정을 묘사한 것을 '흡연가의 여정(smoker's journey)'이라고 한다. 환경적 영향 측면에서 금연을 어렵게 하는 장애요소로는 흡연분위기와 담배광고 등이 있으며 촉진요소로는 사회적 압력, 담배가격, 금연정책, 사회적 지원 그리고 금연을 통한 긍정적 효과 등이 있다. 반면에 금연의 개인적 영향에 있어서 장애요소는 흡연에 대한 잘못된 믿음, 개인적 고민 그리고 정신적 문제가 있으며 촉진요소로는 금연시도의 여러 경험, 개인의지, 건강문제 그리고 특별한 동기 등이 있다. 이러한 환경적 또는 개인적 장애요소 및 촉진요소 등의 다양한 변수를 통해 흡연가는 금연시도, 성공 또는 재흡연의 주기가 반복적으로 지속된다.

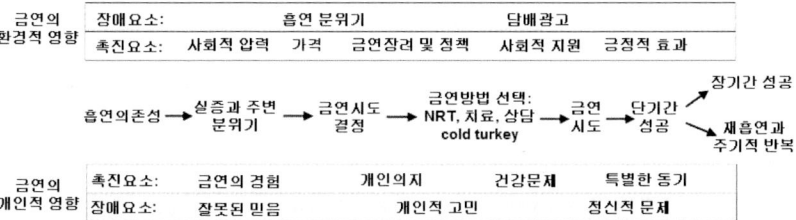

<그림 7-6> 흡연가 여정의 흐름도: 환경적인 영향과 개인적인 영향에 의해 흡연 시작부터 금연 그리고
재흡연 또는 금연성공 등의 과정을 묘사한 것을 '흡연가의 여정(smoker's journey)'이라고 한다(참
고: DiClemente).

- **● 금연의 자연사에서 재흡연은 일시적 재흡연과 완전한 재흡연으로 구분된다.**

금연자연사(natural history for smoking cessation)란 흡연자의 첫 번째 금연시도의 상황, 흡연자의 금연시도 횟수, 금연시도 시 금연방법 등 금연시도에 대한 모든 사항을 묘사하는 것을 의미한다. 그러나 금연자연사에 있어서 가장 중요한 요소는 금연의 성공을 결정하는 재흡연의 유무이다. <그림 7-7>의 금연자연사에서 금연과 재흡연 그리고 성공의 흐름도를 나타낸 것이다. 금연시도 후 흡연을 하였다고 하여 반드시 금연실패로 연결되지는 않는다. 일시적 흡연을 한 후 다시 금연을 지속한다면 금연성공으로 분류된다. 이와 같이 금연 후 일시적으로 흡연을 한 경우를 일시적 재흡연(lapase 또는 slip)이라고 한다. 그러나 금연 후 흡연 정도가 금연시도 이전의 상태로 전환되는 것을 완전한 재흡연((full-blown relapse 또는 relapse)이라고 한다. 문제는 어느 정도 기간과 어느 정도의 흡연량을 일시적 재흡연이라고 규정하느냐 하는 것이다. 일반적으로 3일 연속 그리고 1일 5개비 이하 흡연을 3-5 기준, 7일 연속 그리고 5개비 이하 흡연을 7-5 기준의 일시적 재흡연이라고 한다. 이러한 기준은

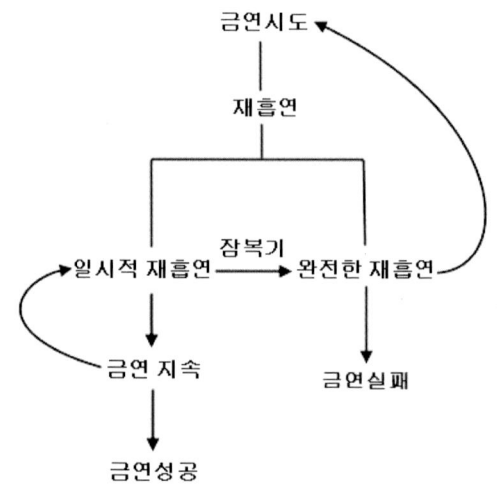

〈그림 7-7〉 금연자연사(natural history for smoking cessation)
에서의 금연-재흡연-성공의 관계: 금연시도 후 흡연을 하
였다고 하여 반드시 금연실패로 고려되지는 않는다. 일시적 흡연을 한 후
다시 금연을 지속한다면 금연성공으로 분류된다.

연구마다 차이가 있기 때문에 절대적 기준은 아니다. 또한 일시적 재흡
연은 완전한 재흡연으로 전환되는 가능성이 존재하는데 이와 같이 일시
적 재흡연 후 완전한 재흡연으로 전환되는 기간을 일시적-완전한 재흡
연 잠복기(lapse-relapse latency period)라고 한다. 대체적으로 금연 후 첫
일시적 재흡연은 7~8일 이내 대부분 발생하며 일시적-완전한 재흡연
잠복기는 약 3개월에서 6개월 이내인 것으로 추정되고 있다.

● **금연성공률을 높이기 위해서는 금연시도율 역시 높은 정책이 필요
하다.**

<그림 7-8>의 A)에서처럼 2007년 한 해에 한정하여 현재흡연가 267
명 중 약 40.9% 정도가 금연을 시도하였으며 나머지 59.1%는 금연을 시

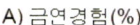

A) 금연경험(%)

■ 있다　■ 없다

| 과거 금연시도 | 76.2 | 23.8 |
| 2007년 금연시도 | 40.9 | 59.1 |

B) 금연경험 - 계층별(%)

구　분		금연시도 경험률	2007년 금연경험률
전 체		76.2	40.9
성별	남　　자	75.4	42.0
	여　　자	82.7	32.1
연령별	20　　대	80.2	37.4
	30　　대	75.0	38.2
	40　　대	70.5	45.6
	50　　대	76.2	49.8
	60 세 이 상	85.0	35.0

<그림 7 – 8> 금연시도율과 2007년 금연시도율: (참고: 한국갤럽조사연구소와 한국금연운동협의회
　　　　의 2007년 흡연실태조사)

도하지 않은 것으로 확인되었다. 그러나　전체적으로 누적 금연시도 경
험이 있는 흡연자들은 약 76.2% 정도 존재한다. 이는 매년 흡연자의 약
40%가 금연을 시도하며 전체 흡연자의 약 75% 정도가 금연시도 경험이
있는 것을 의미한다. <그림 7 – 8>의 B)는 전체 흡연자 중 한 번이라도
금연을 시도해 본 적이 있는 흡연자 비율을 나타낸 것이다. 금연시도 경
험은 여자가 82.7%로 남자 75.4%보다 다소 높으며 연령별로는 남자의
경우에 40대와 50대, 여자흡연가에게서는 20대와 60대에서 금연시도율
이 다소 높았다.

　2007년 한국갤럽조사연구소와　한국금연운동협의회의　흡연실태조사
에 따르면 <그림 7 – 9>에서처럼 금연을 시도한 흡연자 304명 중 1회
시도는 59.1%로 가장 많고 2회 16.6%, 3회 13.4%, 4회 1.1% 그리고 5회
이상이 9.8%이었다. 연령별 금연횟수에서는 20대와 30대가 5회 이상에
서 24.6%와 16.7% 정도로 가장 많이 금연을 시도한 연령층으로 확인되었
다. 남자와 여자 흡연자의 평균 금연시도 횟수는 각각 2.5회와 1.4회로 남
자가 금연시도를 여자보다 다소 많이 하는 경향이 있다(<그림 7 – 9>의 B).

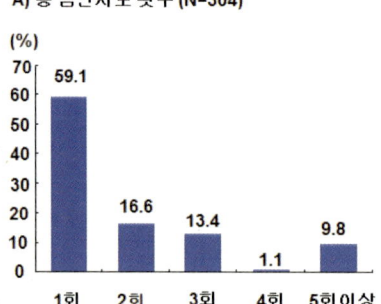

A) 총 금연시도 횟수 (N=304)

B) 연령별 총 금연시도 횟수

(%)

구 분		1회	2회	3회	4회	5회 이상	평균 (번)
전 체		59.1	16.6	13.4	1.1	9.8	2.4
성별	남 자	57.5	17.0	13.8	1.2	10.5	2.5
	여 자	74.7	12.5	9.9	·	2.9	1.4
연령별	20 대	47.1	18.9	9.4	·	24.6	4.6
	30 대	51.4	17.4	14.5	·	16.7	2.9
	40 대	60.0	16.9	14.2	1.5	7.4	2.1
	50 대	60.9	21.2	11.5	2.1	4.3	1.7
	60 세 이 상	67.1	11.4	14.9	1.3	5.3	1.9

〈그림 7-9〉 금연시도 횟수(참고: 한국갤럽조사연구소와 한국금연운동협의회의 2007년 흡연실태조사)

<그림 7-10>은 흡연 후 금연에 성공한 사람들의 금연기간에 대한 자료이다. 금연에 성공한 304명 중 약 34.6%가 3년 이하, 11.6%가 4~5년, 22.3%가 5~10년 그리고 31.5%가 11년 이상 금연기간으로 조사되었다. 전체적으로 3년 이하의 금연기간이 34.6%이며 4~5년의 금연기간이 11.6%, 5~10년의 금연기간이 22.3% 그리고 11년 이상의 금연기간이 31.5% 정도로 분포되었다.

특히 금연시도 후 한두 모금의 일시적 재흡연을 하는데 이는 실패가

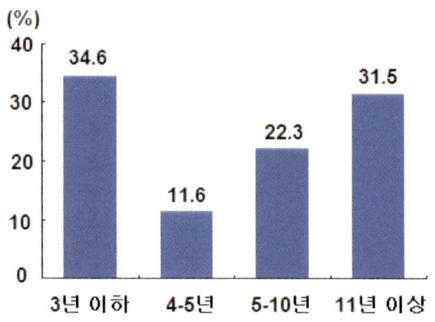

〈그림 7-10〉 금연 후 금연의 기간(참고: 한국갤럽 조사연구소와 한국금연운동협의회의 2007 년 흡연실태조사)

아니기 때문에 금연과정을 지속해야 한다. 또한 금연시도 후 완전한 재흡연으로 실패를 했지만 거듭되는 금연시도는 금연성공의 확률을 높여가는 과정이기에 금연시도를 주저할 필요는 없다. 다만 금연실패 후 재금연시도에 있어서는 실패의 원인을 철저히 분석하여 다음 금연시도에 반영할 필요성은 있다. 수많은 흡연자들은 다양한 이유로 금연을 시도한다. <표 7-15>는 2002년 보건복지부가 2010년까지 달성할 국민건강증진계획을 제시한 '국민건강증진종합계획(Health Plan 2010)'에서 금연과 관련된 달성 목표치이다. 2001년에 흡연성인의 금연시도율은 남자 48.3% 그리고 여자 38.9% 정도이며 남녀 전체 금연시도율은 43.6%이었다. 2005년 및 2010년에 각각 예상되었던 남녀 전체 금연시도율은 각각 60.3%와 70%이었다. 이와 같이 금연성공률 역시 중요하지만 금연시도율 역시 중요한 정책이 된다. 그러나 흡연율이 갈수록 낮아지는 현상을 고려한다면 금연시도율 역시 큰 폭의 증가는 기대하기 어려우며 이 점역시 금연시도율의 정책 설정에 있어서 고려해야 할 사항이다.

〈표 7-15〉 국민건강증진종합계획(Health Plan 2010)상의 목표

영역	목 표	지 표		2001	2005	2010
금연	성인(20세 이상) 흡연율 감소	성인 남자흡연율		61.8%	52.3%	30.0%
		성인 여자흡연율		5.4%	5.8%	2.5%
	금연시도율 증가	흡연성인의 금연시도율	남자	48.3%	61.0%	70.0%
			여자	38.9%	59.5%	70.0%
	금연결심률 증가	성인의 1개월 내 금연결심률	남자	—	10.9%	20.0%
			여자	—	11.1%	15.0%
	금연 상담 또는 치료 경험률 증가	금연클리닉 이용률		—	1.5%	10%
		금연상담전화 이용률		—	0%	10%

(참고: http://www.hp.go.kr/hpGuide)

제8장
금연방법 – 심리사회적 중재와 약물요법

1. 급작금연법(quitting cold turkey)
2. 심리사회적 중재 또는 요법(psychosocial intervention)
3. 약물처방 방법(pharmacological method)
4. 대체의학요법(alternative medical approach)
5. 담배대체물(substitutes for cigarettes)
6. 여러 금연방법의 금연성공률과 금연클리닉
7. 금연을 위한 흡연가에게 일반적인 접근 방법

1. 급작금연법(quitting cold turkey)

◎ **주요 내용**

- 급작금연법
- 자기금연법(self-help for smoking cessation)

- 일반적으로 금연을 위한 접근 방법은 주류 방법으로 급작금연법, 심리사회적 중재(또는 행동요법)와 약물요법 비주류 방법으로 대체의학요법, 담배대체물요법 등이 있다.

앞장에서 흡연에 의해 공급되는 니코틴이 nAChR과의 결합을 통해 도파민 분비, 이에 의한 보상작용을 지속적인 흡연을 유도하는 니코틴 중독기전으로 설명하였다. 이와 같이 흡연은 '중독이며 질병'으로 보는 측면이 있는 반면에 '흡연은 습관'이라는 측면이 있다. 흡연이 중독이라는 측면은 니코틴과 약리적 기전 측면에서 많이 이해되며 특히 의존성이라는 측면에서 다른 마약류와 동일한 범주로 분류하려는 경향이 있다. 흡연이 습관이라는 측면에 대한 견해는 약리적 측면보다 상황적 접근을 통해 설명되고 있다. 예를 들어 3~5시간의 단기 비행 승무원과 10~13시간의 장기 비행 승무원의 비행기간 동안 승무원들의 흡연욕구 수준을 조사한 결과, 흡연욕구의 정도는 비행거리와는 관련이 없었을 뿐만 아니라 오히려 단기 비행 승무원들이 비행이 끝날 때 즈음해서 가장 흡연욕구가 강한 것으로 확인되었다. 일반적으로 흡연 후 어느 정도 시간이 지나면 니코틴 의존성 및 흡연욕구가 증가한다. 따라서 단기와 장기 비행 승무원 사이 흡연욕구에 대한 차이가 없다는 것은 시간 경과에 따른 흡연욕구 증가와 관련이 없으며 결과적으로 흡연욕구는 니코틴 의존성 또는 중독에 기인하지 않는다는 것을 의미한다. 특히 비행이 끝날 때 즈음해서 가장 흡연욕구가 강하다는 것은 흡연욕구가 심리적인 단서에 의하여 유도된다는 것을 의미한다.

흡연의 중독성 측면과 흡연의 습관적 측면에 대한 견해 차이는 금연을 위한 접근 방법의 차이에 의해서도 설명이 가능하다. 흡연이 습관이라면 금연방법에서 가장 중요하게 고려되는 점은 심리적이고 행동과학적인 측면이 강조되며 반면에 흡연의 중독성 측면은 금연방법에서 약리적 또는 생리적 측면이 강조된다. 그러나 흡연은 신체적 및 정신적 중독(physical and psychological addiction)이며 동시에 습관(habit)에 기인하는 것으로 이해되고 있다. 실제적으로 이러한 통합적인 견해가 바람직하다는 것은 금연방법에 있어서 중독 그리고 습관 등 모두를 고려한 금연방법이 각각의 접근방법보다 금연성공률이 높다는 연구결과에 의해서도 확인되고 있다. 일반적으로 흡연의 중독이라는 측면에서의 금연을 위한 접근방법은 대체기전(coping mechanism)이 많이 이용되며 반면에 흡연이 습관이라는 측면에서는 반복을 통한 정신력 강화(reinforcement through repetition)가 금연방법으로 응용된다. 일반적으로 금연을 위한 접근방법은 크게 5가지로 구분되는데 많이 이용되는 주류 방법으로 급작금연법, 심리사회적 중재 또는 요법(psychosocial intervention 또는 행동치료)과 약물요법(pharmacological therapy)이 있으며 비주류 방법으로 대체의학요법과 담배대체물요법이 있다.

금연시도에 있어서 상담이나 다른 사람들의 도움을 받지 않고 혼자 금연을 시도하는 방법에는 어느 날 갑자기 아무런 도움이 없이 혼자 금연을 시도하는 급작금연법과 사전 준비를 통한 자가금연법이 있다.

1) 급작금연법: 'Quitting Cold Turkey(차가운 칠면조를 끊음)'의 유래는 미국의 추수감사절의 전통적인 칠면조 요리이다. 한 번에 먹기에는 많은 양의 칠면조 요리는 냉장고에 두고 며칠에 걸쳐 먹어야 하는 불편함

때문에 한 번에 먹어 치우길 바라는 의미에서 이 용어가 사용되게 되었다. 이 용어는 흡연뿐만 아니라 약물오용 등에도 응용되어 사용되는데 아무런 금연보조방법이나 준비도 없이 어느 날 갑자기 금연을 하는 것을 'Quitting Cold Turkey'이라고 하며 급작금연법(abrupt cessation)이라고 한다. 미국의 통계자료(Center for Disease Control & Prevention 2000)에 따르면 2000년 기준으로 미국의 약 45.7백만 명 흡연가 중 41%가 매년 금연을 시도하며 이 중 72%가 아무런 금연프로그램의 도움이 없이 금연시도를 하고 있다. 이러한 측면에서 볼 때 급작금연법에 의한 금연시도가 현재는 가장 대중적인 금연하는 방법으로 인식되고 있다. 또한 과거 흡연가 중 약 3/4이 급작금연법을 통해 금연에 성공한 것으로 추정되고 있다. 이와 같이 약물처방이나 금연프로그램 도움이 없이 스스로 금연을 시도하는 것을 급작금연법이라고 하며 이를 시도하는 사람을 독립-급작금연자(self-quitter)라고 한다. 그러나 독립-급작금연자에 대한 용어는 특정 연구목적하에 아무런 금연보조프로그램 도움이 없이 금연을 시도하는 비도움-시도금연자(unaided quitter)와는 의미에서 차이가 있다. 즉 약물요법 및 행동요법 등의 금연보조프로그램의 도움이 없이 금연을 시도한다는 측면에서는 동일하지만 연구자의 안내 및 특정 목적 유무에 따라 차이가 있다. 여기서 논하는 급작금연법과 'Quitting Cold Turkey'의 대상은 독립-급작금연자를 의미한다. 그러나 특정 연구나 조사에서 때로는 독립-급작금연자와 비도움-시도금연자가 혼합되어 자료와 결과가 산출될 수 있다. 이러한 경우, 독립-급작금연자와 비도움-시도금연자를 합한 개념인 비처방 금연자(untreated quitter)라고 한다.

2) 자가금연법(self-help for smoking cessation): 개인적으로 적합한 금연프로그램 등에 의지하여 금연을 시도하는 것을 자가금연법이라고 한다.

프로그램으로는 'quit meter'와 같은 컴퓨터 프로그램, self-helf book과 같은 참고서적을 비롯하여 금연프로그램을 제공하는 인터넷 웹을 이용하여 금연을 시도한다.

2. 심리사회적 중재 또는 요법(psychosocial intervention)

> **◎ 주요내용**
>
> – 심리사회적 중재(요법)의 가장 중요한 이론적 근거는 2가지로 요약되는데 ① 금연시도에 있어서 혼자 시도하는 것보다 도움. ② 사회적 영향 등을 통해 이루어지는 금연 등이 금연성공률이 높다는 것이다.
>
> **상담의 구조적 측면**
> – 상담의 형태는 크게 집단요법, 개인상담 그리고 재택중재로 구분된다.
> – 상담자 유형, 상담 횟수와 시간 등의 인적 및 물리적 구조 역시 금연프로그램의 질을 결정하는 중요한 요소이다.
>
> **상담의 행동내용과 대응방법**
> – 행동내용은 일종의 상담을 통한 금연성공을 위해 이용되는 일종의 보조요법이다.
> – 금연상담프로그램에서의 보조요법 및 행동내용은 선택에 따라 금연성공률에 영향을 줄 수 있다.
> – 긴장이완/호흡, 니코틴 페이딩, 체중조절/식이, 혐오요법(aversive therapy), 부정적인 영향(negative effects)에 대한 대처방법, 흡연욕구에 의한 재흡연과 대처방법, 사회적 지원 중재(social support intervention)
>
> **심리사회적 중재–행동요법과 인지행동요법**
> – 금연을 위한 심리상담요법으로는 학습이론을 바탕으로 하는 행동요법과 정신분석이론과 학습이론도 다소 통합되어 진행되는 인지행동요법이 있다.
> – 행동요법(behavior therapy)
> – 인지행동요법(cognitive-behavior therapy)
>
> **상담의 기본 구성을 위한 범이론적 모형의 응용**
> – 상담방법에 있어서 범이론적 모형은 금연으로의 유도를 위해 다양한 흡연가의 특성을 파악하고 심리적 이해와 더불어 단계적 접근의 좋은 모델이다.

- 심리사회적 중재(요법)의 가장 중요한 이론적 근거는 2가지로 요약되는데 ① 금연시도에 있어서 혼자 시도하는 것보다 도움, ② 사회적 영향 등을 통해 이루어지는 금연 등이 금연성공률이 높다는 것이다.

심리사회적 중재(요법)에 대한 표현은 심리학 및 신경정신학 분야에서 많이 이용되고 있는 용어인데 그 범위에서 애매모호하고 논란이 되어 왔다. 심리사회적 중재의 가장 중요한 이론적 근거는 2가지로 요약되는데 ① 금연시도에 있어서 혼자 시도하는 것보다 도움, ② 사회적 영향 등을 통해 이루어지는 금연 등이 금연성공률이 높다는 것이다. 또한 여기서 뜻하는 사회적 영향의 의미 또한 2가지인데 넓은 의미로는 국가적 또는 세계적 정책, 좁은 의미로는 사회적 지원 중재(social support intervention)로 이해할 수 있다. 세계적 또는 국가적 정책은 담배의 가격정책이나 비가격정책 등을 비롯하여 WHO와 같이 매년 5월 31일 전 세계적으로 금연의 날 등이 개인의 흡연행위 변화를 유도할 수 있다는 측면에서 사회적 영향으로 볼 수 있다. 심리사회적 중재의 이론적 근거의 또 다른 한 축은 개인보다 도움을 통한 금연성공률이 높다는 것인데 여기서 도움이란 비약물적 상담을 통한 도움을 의미한다. 따라서 심리사회적 중재란 약물처방이 아니라 개인 및 집단 또는 전화로 제공되는 상담(counselling), 사회적 지원 중재, 문제 해결(problem solving)과 금단현상 등을 극복하는 대응기술 훈련(coping skills training) 등에 의한 흡연행동을 변화시키는 금연요법이다. 특히 국가적 금연정책 등에 의한 금연을 유도하는 것을 제외한 심리사회적 중재를 특별히 행동처치 또는 행동치료(behavioral treatment: 행동요법과 유사한 개념으로 이용되기도 하지만 차이가 있음)라고 한다. 따라서 심리사회적 중재 또는 행동치료는 비약물적 처방에 의한 행동변화가 아닌 상담에 의한 행동변화이기 때문에 상담의 질이 무엇보다도 중요하다. 대부분의 상담프로그램에서처럼 어떤 상담이냐에 따라 크게 금연성공률을 좌우하기 때문에 상담의 질을 결정하는 상담의 구조(structure) 측면과 행동내용(behavioral content)이 중요 요소이다. 또한 이러한 구조와 행동내용을 달리하면서 참여자의 심리적 특성을 고려한 심리요법 역시 중요하다. 이러한 심리요법은 행동요법, 인지행동요법 그리고 범이론 등이 심리사회적 중재에서 적용되고 있다.

1) 상담의 구조적 측면

- **상담의 형태는 크게 집단요법, 개인상담 그리고 재택중재로 구분된다.**

상담의 구조적 측면이란 어떤 형태의 상담과 어떠한 인적 및 물리적 고려를 통해 금연치료내용이 전달되는가에 대한 이해이다. 먼저 상담의 형태는 크게 집단요법, 개인상담 그리고 재택중재로 구분된다.

① 집단요법(group therapy): 개인을 대상으로 하는 것이 아니라 집단을 대상으로 금연을 시도하는 방법이다. 집단행동요법 또는 집단상담은 자가금연(self-help for smoking cessation) 단독으로보다 더 효과적이다. 집단요법에서 흡연가 각각은 상호 지원을 하게 되며 또한 상호 도움을 주는 행위를 배울 수 있다. 미국의 경우에는 'Great American Smoke out'이라고 하는 프로그램이 있는데 흡연가를 초대하여 하루 금연을 시도하는 프로그램이다. 이 후 금연이 계속되길 바라는 측면이 있지만 이 역시 집단요법의 한 예로 볼 수 있다.

② 개인상담(individual intervention): 금연에 있어서 개인상담의 효과는

상담의 강도(intensity)와 직접대면 상담의 횟수가 결정한다. 가장 이상적인 개인상담 프로그램은 20~30분 동안의 4~7차례 직접 대면(face－to－face) 상담이다. 이 기간 동안 상담자는 금연에 기인하는 문제－해결(problem－solving), 재흡연을 피하기 위한 대응기술 훈련(coping skill training) 등 금연성공률을 높이기 위한 흡연자에 맞는 지원책을 제공한다. 또한 금연 시도에 대한 용기를 주며 강화하는 방향으로 상담이 이루어지며 흡연 유혹을 극복할 수 있는 대체전략에 대한 논의 역시 상담에 포함한다.

③ 재택중재(home－based intervention): 가정에서 개인적으로 금연을 원하는 흡연가를 위해 전화상담과 인터넷을 통한 상담이 이루어지는 방법이다. 공중보건학적 측면에서 높은 비용－효능(cost－effective)이 있으며 많은 사람들이 금연에 성공하는 경우가 많은데 재택중재로는 전화상담 및 온라인금연프로그램이 있다.

○ 전화상담(telephone counselling): 자가－금연에 이용되는 프로그램을 통한 재택금연시도자에 대한 금연율은 시도 이전에 전화상담을 통한 금연율보다 높지 않다. 특히 여러 번에 걸친 전화상담은 자가－금연자보다 훨씬 높은 금연성공률이 있다. 대체적으로 금연 후 첫 번째 주에서 전화상담의 빈도가 높은 사람일수록 금연성공률이 높다.

○ 온라인금연프로그램(tailored online support) 또는 인터넷을 통한 피드백(personalized computer feedback): 자가금연을 위한 자료와 전화상담과 더불어 금연시도자는 집에서 인터넷을 통해 피드백(feedback, 조언)을 제공받을 수 있다. 행위변화, 결정균형, 대체행위(coping behavior)와 흡연유혹 등 금연시도자의 단계를 기초로 한 금연프로그램은 금연성공률을 높일 수 있다. 또한 자기효능감, 최초의 금연동기를 비롯한 흡연 및 금연 등의 흡연과 관련된 개인의 경험에 대한 정보와 이해를 기초로 한 프로그램은 초기 금연실패를 극복하는 데 도움이 된다.

● 상담자 유형, 상담 횟수와 시간 등의 인적 및 물리적 구조 역시 금연프로그램의 질을 결정하는 중요한 요소이다.

금연치료내용 전달을 위해 임상의사 및 금연상담사 아니면 관련 전문가 등 상담자 유형, 접촉 횟수와 시간 등의 인적 및 물리적 구조 역시 상담프로그램에서 질을 결정하는 중요한 요인이다. 이와 같이 인적·물질적 구조가 어떻게 구성되는가에 따라 금연성공에 영향을 주는 금연방법의 강도(intensity)를 결정하게 된다. <표 8-1>은 여러 연구의 메타분석을 통해 금연프로그램의 다양한 구조요소에 의한 금연성공률에 대한 영향을 평가한 것이다. 상담방법의 강도는 직접대면의 상담자 유형, 접촉횟수, 접촉시간 그리고 접촉수준 등으로 분리하여 측정이 가능한데 금연성공률 또한 상담방법의 강도가 증가하면 할수록 비례적으로 증가하는 경향이 있다. 또한 상담의 직간접 대면을 비롯하여 개인 및 집단 등에 관계없이 상담 구성방식(format)의 수가 많으면 많을수록 금연성공률이 높은 것으로 확인되었다. 그러나 금연프로그램을 통해 흡연자가 접촉하는 상담자의 유형을 비롯하여 구성방식의 종류 등 다른 구조적 요인은 금연성공률과는 크게 관계가 없다. 이러한 측면은 금연프로그램에서 흡연자와 접촉하는 사람의 유형과 상담의 방법은 금연성공률에 영향을 주지 않지만 상담하는 기간 접촉의 횟수와 시간 등은 금연성공률에 크게 영향을 주는 것으로 요약된다. 따라서 약물치료와 같은 금연프로그램을 통한 금연성공에 있어서 어려움에 대한 특별한 돌파구가 발견되지 않는다면 흡연가와 더 많은 시간을 함께 보낼 수 있도록 접촉의 강도를 높이는 것이 가장 중요한 대안이 될 수 있다. 특히 이러한 접촉에 의한 결론은 현실적인 문제와 결합하여 이루어질 필요성이 있다. 실제적으로 접촉은 많은 시간과 업무를 수반하기 때문에 비용이 많이 든다는 단점이 있다. 따라서 접촉에 의한 금연성공률을 높이기 위한 금연프로그램에 있어서 빈번한 접촉 계획과 비용 절감 등 2가지가 중요한 고려사항이 된다.

〈표 8-1〉 금연보조프로그램의 구조요소와 금연성공률의 상관관계

구조를 구성하는 내용	추정 교차비(odds ratio) (95% C.I.)	추정 금연성공률 (95% C.I.)
흡연자 접촉(contact) 정도(43)		
무접촉	1.0	10.9
3분 이하 상담	1.3(1.01, 1.9)	13.4(10.9-16.1)
3~10분 정도 상담	1.6(1.2, 2.0)	16.0(12.8-19.2)
>10min 이상 상담	2.3(2.0, 2.7)	22.1(19.4-24.7)
총 접촉 시간(35)		
None	1.0	11.0
1~3min	1.4(1.1, 1.8)	14.4(11.3, 17.5)
4~30min	1.9(1.5, 2.3)	18.8(15.6, 22.0)
31~90min	3.0(2.3, 3.8)	26.5(21.5, 31.4)
91~300min	3.2(2.3, 4.6)	28.4(21.3, 35.5)
>300min	2.8(2.0, 3.9)	25.5(19.2, 31.7)
직접대면 횟수(45)		
0~1회	1.0	12.4
2~3회	1.4(1.1, 1.7)	16.3(13.7, 19.0)
4~8회	1.9(1.6, 2.2)	20.9(18.1, 23.6)
>8회	2.3(2.1, 3.0)	24.7(21.0, 28.4)
임상의사 유무(29)		
임상의사 없음	1.0	10.2
독립-금연	1.1(0.9, 1.3)	10.9(9.1, 12.7)
비의사 상담자	1.7(1.3. 2.1)	15.8(12.8, 18.8)
임상의사	2.2(1.5, 3.2)	19.9(13.7, 26.2)
임상의사의 종류(37)		
임상의사 없음	1.0	10.8
1 종류	1.8(1.5, 2.2)	18.3(15.4, 21.1)
2 종류	2.5(1.9, 3.4)	23.6(18.4, 28.7)
3 종류 이상	2.4(1.5, 3.2)	23.8(20.0, 25.9)
구성방식(Format)(58)		
없음	1.0	10.8

구조를 구성하는 내용	추정 교차비(odds ratio) (95% C.I.)	추정 금연성공률 (95% C.I.)
독립-금연	1.2(1.02, 1.3)	12.3(10.9, 13.6)
전화상담	1.2(1.1, 1.4)	13.1(11.4, 14.8)
집단상담	1.3(1.1, 1.6)	13.9(11.6, 16.1)
개인상담	1.7(1.4, 2.0)	16.8(14.7, 19.1)
구성방식의 수(54)		
없음	1.0	10.8
1종류	1.5(1.2, 1.8)	15.1(12.8, 17.4)
2종류	1.9(1.6, 2.2)	18.5(15.8, 21.1)
3~5종류	2.5(2.1, 3.0)	23.2(19.9, 26.6)

추정 금연성공률에서 굵은 숫자는 구조요인의 강도가 높으면 높을수록 금연성공률이 증가하는 용량-반응 관계에 대한 통계적 유의성이 있는 것을 나타낸다. ( )안의 수는 분석된 연구논문 수(참고: Piasecki).

2) 상담의 행동내용과 대응방법

● **행동내용은 일종의 상담을 통한 금연성공을 위해 이용되는 일종의 보조요법이다.**

금연프로그램에서의 상담을 통해 금연실천에 필요한 다양한 행동을 행동내용(behavior contents)이라고 하는데 이는 금연을 위한 일종의 보조요법이다. 보조요법(adjuvant intervention)이란 강한 금연동기를 유도하기 위하거나 또는 금연 중 발생할 수 있는 금단증상의 완화에 도움 등 금연성공을 위한 금연상담프로그램의 구성요소이다.

① 긴장이완/호흡

흡연할 때 연기를 들이마시는 것처럼 심호흡을 하면서 흡연욕구와 이에 유발되는 긴장을 완화할 수 있다.

② 니코틴 페이딩

니코틴 페이딩(nicotine fading)이란 망설임이 없이 단번에 담배를 끊는 'Quitting Cold Turkey 방법 외에도 점차적으로 흡연량을 줄이면서 금연을 시도하기도 하는데 이를 니코틴－순차적 감소법(nicotine－gradual reduction 또는 cut down and quit)이라고 한다. 니코틴 페이딩은 2가지 접근방법이 있다. 담배 종류마다 니코틴 양이 모두 다른데 기존에 피우던 담배보다 니코틴 양이 적은 담배를 선택하여 점차적으로 니코틴 감소를 통해 금연하는 방법이 있다. 또한 동일한 담배를 피우면서 흡연량 감소에 의한 니코틴 감소를 통해 금연한다. 이와 같이 순차적 감소법은 니코틴의 점차적 감소를 통해 금단현상을 최대한 줄이면서 금연보조 없이 금연을 하는 방법이다. 일반적으로 니코틴 페이딩은 니코틴대체요법과 병행하였을 때 성공률이 다소 높은 것으로 추정되고 있다.

니코틴 페이딩은 약리적이면서 심리적인 요인을 혼합하여 이루어지기 때문에 약물요법을 대처하는 또 다른 행동요법이다. 니코틴 페이딩의 적용에 대한 논리적 근거는 흡연이 대부분의 흡연가들에게 신체적인 중독이기 때문에 점차적으로 니코틴 의존성을 감소하면 금연 후에 발생하는 금단현상을 현저히 감소시킬 수 있다는 점이다. 그러나 니코틴 페이딩 과정에서 발생하는 금단증상 역시 페이딩 없이 금연시도 후 발생하는 것과 유사한 불편한 증상과 느낌을 유발할 수 있다. 특히 니코틴 페이딩의 문제점은 금연시도 후에 발생한다. 즉 페이딩으로 인한 부족한 니코틴을 보충하기 위해 페이딩 이전보다 더 많은 흡연을 하거나 필터의 공기구멍을 막아 더 진한 흡연을 하는 등 기존의 흡연형태 변화를 더 악화시키는 흡연형태를 초래할 수도 있다. 또한 니코틴 페이딩 요법을 통한 금연에 참여한 후 실패한 흡연가들이 실제로 재흡연율이 높다는 연구결과 역시 보고되고 있다. 따라서 니코틴 페이딩은 약물요법을 할 수 없는 사람들에게만 일부 적용할 수 있는 부분적이고 보조적인 요법으로 추천되고 있다.

③ 체중조절/식이

아미노산 트립토판(tryptophan, 50mg/1kg 체중/1일)을 보충한 고탄수화물 식이요법은 금단증상을 낮추는 것으로 추정되고 있다. 이는 니코틴 중독이 serotonin에 의해 일부 설명되고 있는데 serotonin의 전구물질인 tryptophan에 의해 serotonin 증가로 금단증상 완화가 유도되는 이론에 근거한다.

④ 혐오요법(aversive therapy)

혐오요법은 담배연기를 들이마셔 내뿜지 않고 오랫동안 참게 하는 방법인 흡연포만(smoking satiation), 그리고 약 5~6초마다 담배를 지속적으로 흡입하여 메스꺼움을 느끼게 하는 빨리 담배 피우기(rapid smoking) 등 방법이 있다. 이러한 혐오요법은 흡연포만과 빨리 담배 피우기 자체가 조건화되어 조건반사적으로 흡연을 회피하게 되는 원리를 바탕으로 개발된 금연보조방법이다.

⑤ 부정적인 영향(negative effects)에 대한 대처방법

금단증상은 신체적 또는 정신적 신호(mental and physical signs)로 구성되어 있으며 크게 부정적인 영향(negative effects)과 흡연욕구로 구분된다. 때에 따라서는 흡연욕구 자체가 금당증상과 분리되어 설명되기도 한다. 부정적인 영향은 배고픔, 화, 불안, 우울, 집중력 저하, 초조, 불면, 안절부절못함, 변비, 기침, 졸림, 꿈의 증가, 소화장애 그리고 구강궤양 등이 있는데 이에 대한 대처방법은 <표 8-2>와 같다.

부정적 영향	대처방법
과민/짜증스러움	-일상생활에서 휴식 시간을 취하고 신선한 공기를 마심 -빨리 걷거나 다른 운동을 함 -짜증스러울 때는 심호흡을 하여 긴장을 이완시킴
두통	-물을 많이 마심 -커피와 홍차를 줄임 -가벼운 운동을 하면 도움 -따뜻한 물로 목욕, 샤워를 하고 긴장을 풀어 주면 도움 -5분간 누워서 휴식
우울증	-운동을 하거나, 많은 물을 마시거나, 몸을 편하게 눕히는 이완운동이 도움이 됨
변비 및 소화장애	-변비가 생길 수 있고 가스가 찰 수 있음 -고지방 음식, 단 음식, 많은 양의 카페인 섭취를 피함 -매운 고추나 후추 가루는 위 점막을 자극할 수 있어 피함 -섬유소가 많은 음식을 먹음 -항상 일정한 시간에 배변하는 습관을 기름
기침	-기도를 막고 호흡을 힘들게 했던 가래와 타르를 제거하기 위한 신체의 정상 적인 방어 과정이며 섬모통제(ciliary beating)의 일종 - 물을 많이 마시면 기관지에 붙어 있는 가래를 뱉어내는 데 도움
피로감	-금단증상이 심한 첫 2주간은 무리한 일을 피함 -잠깐 낮잠을 잠
불면	-오후 6시 이후에는 카페인이 함유된 음료를 마시지 않음 -긴장을 풀고 명상을 시도해 보면 많은 도움 -잠자리에 들기 전에 따뜻한 샤워를 하는 것도 숙면에 좋은 방법
불안	-따뜻한 물로 목욕이나 샤워를 함 -가벼운 산책, 운동 -누워서 편히 쉼
집중력	-휴식을 취하고 마음을 편히 갖고 심호흡을 하는 것이 도움 -많이 힘들면 잠깐 일을 중단하고 아예 눈을 붙이는 것이 좋음
배고픔	-공복감을 느낄 때마다 칼로리가 낮은 스낵이나 음료를 섭취 -가벼운 운동

(참고: http://www.nosmokeguide.or.kr)

⑥ 흡연욕구에 의한 재흡연과 대처방법

흡연욕구(craving 또는 urge) 역시 일부에서는 금단증상의 일부로 분류 되기도 하지만 오늘날 금연프로그램에서의 중요성 때문에 금단증상과 분리하여 다루고 있다. 흡연욕구는 흡연유발 단서와 스트레스에 의해 주로 유도되며 다음과 같은 대처방법이 있다.

㉒ 흡연욕구 유발단서와 대처방법으로서의 4D와 기타 방법: 금연기간 6개월 동안 금연성공률이 약 5%에 불과할 정도로 재흡연은 금연에 가장 큰 장애요인이다. <표 8-3>에서처럼 일반적으로 금연 후 첫 번째 일시적 재흡연을 유도하는 가장 급성적인 단서는 금연에 따른 부정적인 효과를 포함한 여러 가지가 있으며 이에 대한 다양한 대처방법 역시 있다. 먼저 흡연욕구를 극복하는 가장 간단한 방법으로 D로 시작하는 4D 전략이 있다. 'Delay(지연)'는 흡연욕구가 생길 때 반응을 지연하는 것인데 몇 분만 지나가면 이러한 욕구가 사라진다는 개념이다. 'Deep Breathing(심호흡)'은 서서히 코로 들이키고 입으로 서서히 내쉬는 방법으로 깊은 심호흡을 몇 차례 한다는 개념이다. 'Drink Water(물 마심)'는 물을 서서히 한 모금 들이키고 잠깐 입속에 둔 후 다시 마신다는 개념이다. 'Distract(주의전환) 또는 Do something else'는 취미활동 등을 통해 일시적으로 나타난 흡연욕구를 전환하기 위해 집중할 무엇인가를 찾는다는 개념이다.

〈표 8-3〉 흡연욕구 유발단서와 대처방법

흡연욕구 유발 단서: 커피 또는 술, 주변의 흡연, 아침 기상 후, 수업 또는 작업 후, 장시간 전화 중, 혼자 운전, 식후, 파티, 스트레스, 화, 외로움, 지루함
대처방법
−식사 후 혹은 간식 후에 바로 양치질을 하는 것이 흡연욕구를 없앨 수 있다. −소화가 잘 안 되는 음식이나 자극적 음식은 흡연욕구를 증가시키기 때문에 피한다. −커피도 흡연욕구를 자극하기 때문에 자제한다. −입이 심심할 때 껌이나 은단, 해바라기 씨, 다시마 등을 먹는 것이 흡연을 대체하여 도움이 된다. −손을 놀릴 수 있는 도구로 손을 심심하지 않게 하는 것이 흡연욕구를 감소시킬 수 있다. 하지만 사무실이나 집 안에서 자유롭게 흡연하던 사람들에게만 해당되는 사항이다. −흡연욕구가 생길 때는 1분 정도라도 주의를 환기시킬 수 있는 행동을 한다. −금연 초기에 흡연욕구가 강하면 '우선 3분만 참아 보자(time-out)'고 생각한 후 흡연욕구의 변화를 살핀다. −흡연욕구가 생길 때 시원한 물을 마시는 것도 도움이 된다. −아침저녁으로 흡연욕구가 지속적으로 생기면 샤워 혹은 사우나를 한다.

- 스트레스에 의해 흡연욕구가 생겼다면 이완될 수 있는 스트레칭이나 간단한 체조를 하는 것도 도움이 된다.
- 규칙적인 운동도 흡연욕구가 생기는 것을 방지하지만, 승부가 걸린 운동경기를 하는 것은 흡연 욕구를 생기게 하기 때문에 피한다.
- 저녁에 잠자리에 들 때와 아침에 잠자리에서 일어날 때 금연 구호를 반복하는 것이 흡연욕구 발생 빈도를 줄일 수 있다.
- 흡연욕구가 강할 때는 미리 준비한 금연에 대한 강한 의지표현이 담긴 문구들을 보며, 금연 의지를 다진다.
- 흡연욕구가 강하면 금연을 지지해 주는 사람에게 전화한다.
- 금연 저금통을 만들어 담배를 샀던 금액을 매일 저금통에 넣고, 주기적으로 은행에 저축하며 통장에 기록을 쌓는 것이 금연 의지를 높이고 흡연욕구를 상쇄시킨다.
- 특히 여성들은 남들의 눈을 피해 혼자 있는 시간에 흡연을 해 왔기 때문에 조용히 혼자 있는 시간에 흡연욕구를 강하게 느낀다. 따라서 조용히 혼자 있는 시간을 줄여야 한다.
- 자동차는 가능한 한 집에 두고 직장에 출근하고 직장은 흡연금지구역으로 만들어라.
- 기상하자마자 이를 닦는다.

4D 전략:

① Delay for 5 to 7minutes－The urge should pass
② Drink plenty of water－between 6 and 8 glasses per day
③ Deep breathing
④ Do something else(or distract)

(참고: http://www.nosmokeguide.or.kr)

ⓘ 흡연욕구 대처방법으로서의 기록방법: 금연의 단기적 혜택, 금연의 장기적 혜택, 금연의 단기적 불이익 그리고 금연의 장기적 불이익 등에 대해 각각 5개씩 작성, 보관하여 금연시도 전 또는 흡연욕구가 발생할 때 마음가짐을 다시 다지는 데 이용할 수 있다. 이와 유사한 방법으로 흡연욕구가 언제, 어떤 사람, 어떤 일, 어떤 독백, 어떤 생각 그리고 어떤 기분일 때 발생하는지 <표 8－4>와 같이 기록하는 것도 흡연욕구를 억제하는 한 방법이다. 이러한 기록은 금연시도 전 또는 후에 빠른 시간 내에 이루어지는 것이 바람직하다. 그리고 어느 시간에 어떤 상황에서 발생하는지 정확하게 기록하는 것 역시 도움이 된다. 항상 소지하며 간단하고 편리하게 적을 수 있는 방법이 좋다.

<그림 생략>

〈표 8-4〉 흡연욕구 발생 시 기록을 위한 상황과 양식

흡연욕구 단서	행위/반응/생각/감정	결 과
언제 흡연욕구가 발생하였는가?	흡연욕구에 저항하였는가? 당신은 어떻게 반응하였는가? 당신의 대처전략은 사용하였는가?	결과는 무엇인가?
주변에 누가 있어 흡연욕구가?	흡연욕구가 발생했다면 상황을 정확하게 기록하라.	불쾌했는가? 아니면 유쾌했는가?
무엇을 하고 있었는가?	이 상황에서 자신은 어떤 말을 했는가?	무엇을 느꼈는가?
자신에게 어떤 말을 하고 있는데 흡연욕구가?	이 상황에서 무엇을 생각했는가?	이후 자신에게 무슨 말 했는지?
무엇을 생각했는데 흡연욕구가?	무엇을 느꼈는가?	이후 어떤 생각이 들었는가?
어떤 기분에서 흡연욕구가?	어떻게 했는가?	스스로가 한 행동에 대해 어떻게 생각하는가?

금연과정에서 재흡연의 유혹을 느낄 때 아래의 <표 8-5>와 같이 담배비용을 계산하면서 한편으로 절감된 비용으로 무엇을 구매할 수 있을까를 기록하는 방법 역시 흡연욕구의 대처방법으로 고려될 수 있다. 1일 한 갑의 흡연을 한다면 2,500원, 1주일은 7×2,500, 1달은 7×2,500×4 등의 방법으로 10년을 계산해 본다. 그리고 옆 칸에는 절감된 비용에 해당하는 원하는 물건명을 기록해 본다.

〈표 8-5〉 담배구입 비용 및 절감된 비용으로 구입 가능한 물건

금연 시간	담배구입 비용	절감된 비용으로 구매할 물건명
1일		
1주		
2주		
3주		
4주(1개월)		
2개월		
3개월		
4개월		
5개월		
6개월		

금연 시간	담배구입 비용	절감된 비용으로 구매할 물건명
1년		
2년		
5년		
10년		

㉰ Why test를 통한 해결: 앞장의 니코틴 중독 평가와 금연과 관련된 테스트에서 흡연 이유-확인테스트(Why test)를 통해 '왜 나는 흡연을 하는 것일까'라는 물음을 스스로에게 한 후 이에 답하는 방법 역시 흡연 욕구를 극복하는 데 도움이 될 수 있다. 즉 Why test에서는 6가지의 흡연 이유 항목인 자극형, 스트레스 해소형, 손장난형, 육체-심리적 중독형, 즐거움과 편안한 형 그리고 습관성형 등에 따라 이유를 해석하여 재흡연 예방을 위한 치료방법으로 활용할 수 있다.

자극형은 담배를 정신 집중, 창의력 등의 자극 목적으로 담배를 피우고 있다는 것을 뜻한다. 이러한 유형에 속하는 흡연자에게는 금연시도 전 미리 이러한 자극을 대신할 것을 찾는 것이 금연에 도움이 된다. 예를 들어 시트르산(citric acid)과 같은 신맛을 느끼거나 운동 또는 샤워를 통해 흡연욕구를 잊을 수 있다. 손장난형은 담배와 관련 물건을 만지작거리면서 일종의 손장난이 흡연의 이유이다. 이럴 경우에는 담배와 관련이 없는 재미를 느낄 물건으로 대체하거나 담배처럼 생긴 플라스틱 제품을 이용할 수 있다. 즐거움과 편안한 유형은 말 그대로 즐겁고 편안할 때 담배를 피우는 유형이다. 그러나 종종 단지 즐거움만을 위해 담배를 피우는 것인지 아니면 스트레스나 걱정을 줄이기 위해 피우는 것인지 구별이 되지 않는 경우가 있다. 또한 응답자의 2/3 정도가 이 유형에 많은 점수를 주지만 그중 절반은 스트레스 해소형에도 많은 점수를 주는 경향이 있다. 오로지 즐거움을 위해서 담배를 피우는 사람은 담배의

해독에 대한 이해 정도로 금연을 하게 되는 경우가 많다. 또한 이러한 경우에는 먹거나 마시는 즐거움, 사회활동이나 운동을 통해 담배의 즐거움을 대신할 수 있도록 배려하는 것도 좋은 방법이다. 스트레스 해소형은 스트레스나 심리적 불편을 줄이기 위해 담배를 피우는 경우이다. 그러나 개인적으로 심각한 문제가 담배로 해결되지 않는다는 점을 깨닫게 되면 쉽게 금연을 하기도 하는 유형이다. 반면에 다시 정신적인 심한 스트레스 상황에 빠지면 쉽게 흡연으로 되돌아가는 경향 역시 있다. 힘든 운동, 맛있는 식사와 다른 사회 활동 등으로 스트레스를 줄임으로써 금연을 할 수 있으나 가장 좋은 방법은 스트레스 해결을 할 수 있는 방안을 찾는 것이 바람직하다. 육체적, 심리적 중독형은 담배 끊기가 제일 어려운 사람의 유형이다. 대부분 담배를 다 피우고 막 끊자마자 또 담배를 피우고자 하는 생각이 간절해지는 유형이다. 그러므로 담배의 양을 줄임으로써 금연을 한다는 것은 불가능하다. 담배 끊기 며칠 전부터 평소보다 더 많은 양의 담배를 피워 담배가 쓰다는 느낌을 받는 혐오요법이나 일시에 담배를 끊고 금단증상의 모든 것을 참아 내는 급작급연법이 적절하다. 이 유형의 사람들은 담배를 끊는다는 사실이 너무 어렵고 고통스럽다는 것을 알기 때문에 일단 끊으면 다시 담배를 피우고 싶은 유혹에 잘 빠지지 않는 유형이기도 하다. 마지막으로 습관성형으로 자기가 담배를 무의식적으로 찾고 습관적으로 담배를 피우는 유형이다. 이런 경우 자기가 담배를 피울 때마다 담배를 피우고 있다는 사실을 깨닫고 담배를 꼭 피워야 했는지를 자문해 보는 방법만으로도 효과적으로 담배를 끊을 수 있다(참고: 신경균).

㉘ 스트레스에 의한 흡연욕구에 대한 대처방법: 금연시도 후 금단증상뿐 아니라 스트레스 역시 재흡연의 가장 중요한 원인이다. 스트레스는 마음의 안정이나 다른 사람과 함께 지내는 데 있어서 큰 불편을 주는

신체적 또는 정신적인 긴장을 유발하는 것을 의미한다. 금연시도 후 스트레스에 의한 재흡연 대처방법은 쉽지가 않다. 이는 직장과 가정 등 스트레스 역시 장소와 시간에 불문하고 발생하며 이에 따른 흡연 역시 항상 접근성이 쉽기 때문에 재흡연이 쉽게 이루어진다. 스트레스는 흡연가 및 비흡연가에 관계없이 누구에게나 발생하는 삶의 일부이다. 또한 스트레스에 대해 흡연가와 비흡연가의 차이는 스트레스에 대응한 흡연 유무의 차이이다. 따라서 금연을 위해서는 흡연을 통한 스트레스 해소방법을 바꾸지 않고는 불가능하다. 또한 비흡연가는 어떻게 스트레스를 해소하는가에 대한 성찰 역시 필요하며 이를 참고하여 흡연이 아닌 자기에게 맞는 스트레스 해소방법을 찾는 것 역시 금연을 위해서 무엇보다도 중요하다. 이를 위해 먼저 앞에서 제시한 스트레스 자가측정방법을 통해 자기가 어느 정도의 스트레스에 해당하며 이를 바탕으로 적절한 해소방법을 스트레스 정도에 따라 개발하는 것도 좋은 방법이다.

대체적으로 스트레스 해소방법은 크게 ㉠ 운동과 신체활동 등은 가장 효과적인 스트레스 감소방법이며, ㉡ 온라인 및 책 등을 통해 스트레스 관리 및 극복하는 방법에 대한 이해, 그리고 ㉢ 신뢰할 수 있는 사람과의 대화 등이 제시된다. 그러나 스트레스는 <표 8-6>에서처럼 심리적 측면과 육체적 측면이 있기 때문에 각 측면에 따라 구분하여 대처하는 것이 필요하다.

〈표 8-6〉 스트레스 대처를 위한 신체적 활동 및 심리적인 고려

① 신체적인 활동
- 충분한 수면을 한다. 수면부족은 신체를 스트레스에 매우 취약하게 만들어 적절한 수면(평균 7~8시간)을 취하는 것이 중요하다.
- 균형이 잡힌 식사를 하고 적당한 체중을 유지한다. 규칙적으로 적당한 식사를 하고 스트레스 누적 시에는 비타민과 아연 같은 무기질이 많이 소모되므로 야채와 과일을 많이 먹는 것이 좋다. 또한 알코올이나 카페인은 스트레스를 가중시키므로 삼가야 한다.
- 정기적으로 운동을 한다. 신체적으로 강해지면 스트레스를 효과적으로 다스릴 수 있으며, 스트레스로 인한 과도한 에너지 배출의 방법으로도 운동은 매우 효과적인 방법이다.
- 적당한 휴식과 여가가 중요하다. 또한 이완이나 명상을 통해서도 스트레스 반응이 효과를 반전시킬 수 있다.

- 기대치를 현실화한다. 스트레스는 비현실적인 기대 때문에 생기는 것이 많으므로 현실적인 기대를 하고 미리 계획을 세우면 문제 해결이 쉽게 된다.
- 보는 관점을 재구성한다. 현실을 다르게 바라봄으로써 현재의 상황을 자기에게 좋은 기회로 활용할 수 있게 된다. 또한 긍정적인 마음가짐은 자신의 정신건강은 물론 좋은 인간관계 형성을 위해서도 좋다.
- 감정을 표출한다. 흥분이 된 상태에서 그 문제에 대해서 글을 쓰거나 다른 사람과 이야기를 하면 스트레스를 해소하는 데 좋은 방법이 될 수 있다. 특히 가족이나 친구와의 대화는 정서적인 안정을 줄 수 있다.

㉣ 금연에 의한 긍정적인 효과 또는 변화(positive effect and change)의 기대를 통한 흡연욕구 억제: 1990년, Surgeon General 보고서인 '금연에 의한 건강이익(The Health Benefits of smoking cessation)'에 따르면 어떤 나이에서든 금연을 하게 되면 즉각적이고 장기적인 건강효과(immediate and longer-term effects of health benefit)를 얻는 것으로 설명하고 있다. 특히 금연은 금연에 기인하는 체중증가와 다른 부작용을 초월하는 건강효과를 기대할 수 있다고 설명하고 있다. <표 8-7>은 금연에 의한 단기 내 즉각적으로 나타나는 신체의 긍정적인 변화이다.

〈표 8-7〉 금연에 의한 즉각적인 건강효과

변 화
○ 마지막 흡연 후 20분이 지나면 혈압과 심장박동률이 정상으로 회귀
○ 금연 8시간 후, 혈액의 일산화탄소 농도가 정상
○ 금연 24시간 후, 심장마비의 위험성 감소
○ 금연 48시간 후, 신경종말(nerve ending) 재생장을 통해 후각 및 미각 능력 향상
○ 금연 72시간 후, 상당량의 니코틴이 대부분 체외로 배출되며 부드러운 호흡을 느낌
○ 금연 2주~3개월 후, 혈액순환 및 폐기능 향상을 통해 걷기 등 운동능력 향상
○ 금연 1개월~9개월 후, 기침, 피로, 가쁜 호흡, 부비동 충혈(sinus congestion) 등이 감소
○ 관상동맥성심질환에 대한 위험성이 1년 금연 후 약 50% 정도 감소

금연에 의한 신체의 장기적인 효과와 그 외 긍정적인 효과는 금연에 의해 유발되는 모든 독성을 감소시키는 것으로 설명이 가능하다. 그러

나 무엇보다도 다음과 같이 금연에 의한 긍정적인 변화는 다른 어떤 것보다도 흡연욕구 시 이를 억제하는 데 도움이 되는 것으로 추정된다.

○ 수명연장: 비록 오랫동안 흡연을 했을지라도 금연을 하면 수명이 연장된다. 예를 들어 35세에 금연을 하면 남자인 경우에 약 6.8년에서 8.5년 수명기대치가 연장되며 여성의 경우에는 약 6.1년에서 7.7년 연장된다. 45세에 금연을 하게 되면 수명기대치가 남자의 경우에 5.6년에서 7.1년 정도, 여자의 경우에는 5.6년에서 7.2년 정도 연장된다. 55세에 금연을 하게 되면 수명기대치가 남자의 경우에 3.4년에서 4.8년 정도, 여자의 경우에는 4.2년에서 5.6년 정도 연장된다. 또한 65세에 금연을 하게 되면 수명기대치가 남자의 경우에 1.2년에서 2.0년 정도, 여자의 경우에는 2.7년에서 3.7년 정도 연장된다. 또 다른 예로 나이 50세 이전에 금연을 하면 흡연을 지속할 때 예상되는 향후 15년 내의 사망위험성을 1/2로 감소한다.

○ 호흡기 질환의 이환율(morbidity)과 사망률(mortality) 감소: 환자 중 80%가 흡연에 의해 발생하는 만성폐쇄성폐질환(Chronic obstructive pulmonary disease, COPD)의 이병률이 유의하게 감소된다. 특히 FEV1(forced exploratory volume in 1 second: 1초간 노력성호기량)과 폐기능 등은 금연 후 1년 이내에 개선된다.

○ 발암 위험성 감소: 35세 이전에 금연하면 흡연에 의해 발생할 가능성이 있는 암 위험성의 90% 이상 감소된다. 폐암 역시 금연기간과 더불어 위험성이 감소되지만 비흡연가보다 위험성은 여전히 높다.

○ 뇌경색(stroke) 위험성 감소: 뇌경색의 고통에 대한 위험성이 남녀 모두에게서 금연과 동시 감소되며 대부분 5년 이내 뇌경색 위험성이 개선된다.

○ 관상동맥성심질환(coronary heart disease, CHD, 허혈성심질환) 위험성 감소: CHD에 대한 위험성은 1년 금연 후 약 50%가 감소된다. 금연 2년 후 심혈관계 질환에 의한 사망률이 약 24% 감소된다. 금연 후 5년이 지나면 심혈관질환에 의한 사망률은 비흡연가와 유사한 수준이 된다.

○ 저체중신생아 출산 감소: 여성이 임신 전·후 3~4개월 이내에 금연하면 흡연을 하지 않은 여성들 수준으로 저체중아 출산 위험성이 감소된다.

○ 소화성 궤양(peptic ulcer disease)에 대한 위험성 감소: 소화성 궤양을 가진 흡연가의 금연은 발생빈도의 감소 증상 완화를 유도한다.

○ 고관절 골절(hip fracture): 고관절 골절은 60세 정도에서 흡연가가 비흡연가보다 위험성이 약 17% 정도 높은데 금연에 의해 위험성이 감소된다. 특히 고관절 골절은 노인들에 있어서 높은 이병률과 사망률의 원인이 된다. 고관절 골절에 대한 금연을 통한 이익은 약 10년 이상의 금연기간이 필요하다. 이러한 긴 기간이 소요되는 이유는 금연에 의한 체중증가가 또한 고관절 골절 원인이 되기 때문이다.

⑦ 사회적 지원 중재(social support intervention)

사회적 지원 중재의 금연을 위한 개입은 접근의 주체마다 항목에 있어서 이질적이며 차이가 많이 있다. 때론 거대한 금연프로젝트의 극히 작은 부분에 해당되는 경우도 있다. 그러나 사회적 지원이 중요한 이유는 흡연이 생물학적, 사회적, 심리적 요인 등의 복합적인 요인에 의해 일어나고 금연 역시 그 중독성과 더불어 주변 및 사회적 분위기가 중요한 역할을 하기 때문이다. 사회적 지원의 형태는 금연상담 중인 내적 치료(intratreatment) 때와 금연상담 후인 외적 치료(extratreatment) 등으로 구분되어 이루어진다. 내적 치료의 사회적 지원의 예로는 치료 중에 이루어지는 따뜻한 관심 그리고 용기 등의 조항이 금연치료계획서(protocol)

에 포함될 수 있다. 흡연가에게 이러한 항목은 임상의사뿐 아니라 금연 상담사와 담당공무원 등 다른 담당 요원에 의해서도 이루어진다. 외적 치료의 사회적 지원 역시 다양하게 제공된다. 금연치료 후의 사회적 지원을 어떻게 할 것인가에 대한 접근이기 때문에 금연을 담당하는 상담 기관보다 흡연가가 속하여 있는 사회적 환경을 고려한 사회적인 지원이 바람직하다. 즉 재흡연을 감시하는 2인제 제도(buddy system)와 집이나 직장 등 언제, 어디에서나 사회적 지원을 얻도록 하는 훈련 등이 외적 치료를 위한 사회적 지원의 좋은 제도라고 할 수 있다.

- **금연상담프로그램에서의 보조요법 및 행동내용은 선택에 따라 금연성공률에 영향을 줄 수 있다.**

<표 8-8>은 약 62개의 연구논문에서 금연프로그램에 포함된 다양한 행동내용에 따른 금연성공률에 대한 영향을 분석한 것이다. 대조군으로 고려되는 무상담(no counselling)군의 금연성공률을 기준으로 하여 행동내용에 대한 교차비가 추정되었다. 상담을 통해 선택된 행동요법은 긴장완화/호흡, 행동계약, 체중/식이 조절, 니코틴 페이딩, 부정적인 영향에 대한 대처법, 내적 치료와 외적 치료의 사회적 지원, 재흡연 예방을 위한 문제 해결, 빨리 담배 피우기과 흡연포만 등이 있다. 그러나 금연성공률과 각 항목의 신뢰구간이 무상담의 금연성공률과 중첩되어 유의한 차이는 없다. 이러한 중첩의 원인은 다른 정신과적 치료의 행동요법의 치료에서 일반적으로 나타나는 '도도새 현상(Dodo Bird phenomenon: 하나의 문제로 다른 것까지 문제를 유발하는 도미노 현상의 일종)'의 일종으로 금연 과정에서도 역할을 하는 것으로 해석된다. 그러나 행동내용 중 사회적 지원, 재흡연 예방을 위한 문제 해결, 빨리 담배 피우기 그리고 흡연포

만 등에서는 추정 금연성공률이 비록 중첩되지만 교차비가 1.3에서 2.0 정도로 나타나 각 항목이 금연성공률에 영향을 어느 정도는 주는 것으로 추정된다. 또 다른 측면에서 이러한 행동내용의 접근을 통해 나타나는 바람직한 결과는 재흡연 예방을 위한 문제 해결과 대처훈련(coping training) 등과 연관하여 지원대책을 세우는 것이 바람직한 방향이다. 재흡연 예방을 위한 문제 해결에 있어서 가장 중요한 목적은 흡연욕구를 유발할 수 있는 상황에서 일시적 재흡연을 막아 주는 역할이다. 따라서 재흡연의 위험한 상황을 벗어날 수 있는 대처방법에 대한 교육이 흡연욕구에 의한 재흡연의 문제 해결의 핵심 사항이다. 또한 이러한 문제 해결은 인지행동치료요법과 연관하여 행동내용에 포함되기도 한다.

〈표 8-8〉 심리사회적 금연프로그램 내의 응용된 보조요법의 항목별 금연성공률

내용	추정 교차비 (95% C.I.)	추정 금연성공률 (95% C.I.)
무 상담	1.0	11.2
긴장완화/호흡	1.0(0.7, 1.3)	10.8(7.9, 13.8)
행동계약	1.0(0.7, 1.4)	11.2(7.8, 14.6)
체중/식이 조절	1.0(0,8, 1.3)	11.2(8.5, 14.0)
니코틴 페이딩	1.1(0.8, 1.5)	11.8(8.4, 15.3)
부정적인 영향에 대처방법	1.2(0.8, 1.9)	13.6(8.7, 18.5)
치료 중의 사회적 지원	1.3(1.1, 1.6)	14.4(12.3, 16.5)
치료 후 사회적 지원	1.5(1.1, 2.1)	16.2(11.8, 20.6)
재흡연에 대한 문제 해결	1.5(1.3, 1.8)	16.2(14.0, 18.5)
흡연포만	1.7(1.04, 2.8)	17.7(11.2, 24.9)
빨리 담배 피우기	2.0(1.1, 3.5)	19.9(11.2, 29.0)

62개의 연구논문의 결과에 대한 메타분석을 통해 얻어진 결과를 요약한 것이다(참고: Piasecki).

3) 심리사회적 중재 - 행동요법과 인지행동요법

- **연을 위한 심리상담요법으로는 학습이론을 바탕으로 하는 행동요법과 정신분석이론과 학습이론도 다소 통합되어 진행되는 인지행동요법이 있다.**

① 행동요법(behavior therapy)

정신사회학에 있어서 행동요법은 모든 행동이 외부의 조건에 의해서 학습되고 학습된 행동은 학습으로 다시 해소될 수 있다는 학습이론을 근거로 강화, 벌 그리고 소멸을 사용하여 행동을 수정하는 심리요법이다. 금연프로그램에서의 행동요법은 흡연이 과거의 부적당한 경험에 기인한 행동습관이라고 보고 그 부적당한 행동습관을 제거하여 보다 적절한 습관을 학습시키는 것이 금연치료의 근본이라는 관점이 기초가 된다. 행동요법의 기초가 되는 학습원리는 조건부의 원리이다. 흡연 그 자체를 과거의 경험에 의하여 생긴 조건반사라고 규정하고 그 조건반사를 없애거나 새롭게 형성시킴으로써 치료하려고 하는 것이다.

금연에 있어서 행동요법은 1970년대 이후 꾸준히 개발되어 1980년대부터 많이 응용되기 시작하였다. 초창기의 금연프로그램에서 행동요법으로 혐오요법이 있으며 앞서 언급한 것처럼 혐오적인 혐연의 조건화에 반응하여 조건반사적으로 흡연을 회피하게 되는 원리의 금연방법이다. 오늘날 금연에서 행동요법에는 금연실천을 도와주기 위한 획일적인 방법보다는 개별적인 금연이유의 파악, 선호하는 금연방법, 주변의 여건 등을 우선 파악한 후에 개인별 맞춤형 선택 등 내용이 포함되어 있다. 또한 금연에 관한 지식, 담배에 대한 의존성 정도, 과거 금연의 성공경험, 금연에 대한 성공기대, 사회적 지원, 심각한 갈등의 부재, 재흡연을 유발할 수 있는 스트레스 상황에 대한 대처능력 등이 고려되어 프로그램에 포함된다. 이런 것을 내용으로 한 행동요법의 금연프로그램을 자가치료법이라고 하는데 자기 스스로 금연을 유도하게끔 도와주는 상담 프로그램이다. 이들 프로그램은 자극조절(stimulus control), 행동계약(contingency contract), 자기 모니터링(self-monitoring)과 니코틴 페이딩 등 기법들이 포함되어 있다. 자극조절이란 담배를 피게 하는 상황이 어떤 것인가를 알아서 이를 미리 조절하는 것을 의미한다. 행동계약이란 금연동기를 촉진하고 금연에 바람직한 행동이 수행되었을 때 이를 강화시키기 위해 행동목표나 감시방법, 보상방법 등을 적어 놓고 서명하는 것을 의미한다. 즉 행동계약은 학습이론에 기초한 상담기법으로 금연상담자와 흡연자 사이에 흡연과 관련된 상황에 맞게 어떤 타협을 한 후 그에 근거해서 두 사람이 계약을 맺는 방법이다. 그리고 흡연 시간, 하루 담배량, 피는 장소, 활동 내용, 기분 등을 자세히 적어 분석하는 것이 자기 모니터링이며 니코틴 페이딩 역시 자가치료법의 일환으로 이용되고 있다.

이러한 행동요법의 금연프로그램은 기본적으로 사회적 지원중재가 포함된 자기 모니터링-자극조절-강화-사회적 지원-인식 변화 등 다섯 가지 부문으로 구성된다. 따라서 상담을 통해 흡연행위를 바꾸는 방법인 심리사회적 중재에 의한 대부분의 금연방법은 행동요법 또는 다소 변형되거나 약식형의 행동요법에 의해 이루어진다고 할 수 있다. 이러한 행동요법과 더불어 흡연자의 정서를 더욱 고려한 인지행동요법 역시 보다 효율적인 금연을 위한 심리상담을 위해 응용되고 있다.

② 인지행동요법(cognitive-behavior therapy)

행동요법에서는 학습이론을 바탕으로 하지만 인지행동요법에서는 정신분석이론과 학습이론도 다소 통합되어 있다. 이론적으로 사람의 행동과 정서는 그 사람이 세계를 어떻게 보고 어떻게 구조화(structure)하느냐에 따라 결정되며 이는 그 사람의 인지에 달려 있다. 인지(cognition)라는 것은 의식화되는 언어적 및 영상적 생각이며 개념(과거 경험에서 형성된 생각의 틀)에 근거한다. 금연에서의 인지행동요법은 영상 또는 상담을 통해 흡연에 대한 부정적인 것을 마음에 그리게 하고 연속적으로 금연에 대한 긍정적인 자기 이미지를 각인시키는 방법으로 금연을 유도한다. 이와 같이 인지행동요법은 금연에 대한 긍정적인 생각이 행동에 투영되도록 하는 심리치료요법이다. 행동요법과의 차이점은 행동요법이 조건반사적 심리를 이용한 것이라면 인지행동요법은 자연스럽게 금연이라는 긍정적인 생각이 행동에 투영되도록 하는 방법이다. 연구에 따르면 흡연자 21명을 대상으로 실시한 실험에서 담배가 피우고 싶을 때 흡연이 장기적으로 건강에 미치는 해독을 머리에 떠올리게 하는 훈련이 흡연욕구를 억제하는 데 도움이 되는 것으로 확인되어 인지행동요법이 실제로 효과가 있다는 것을 의미한다. 이에 대한 이론적 기전은 담배가 생각날 때 의식적으로 흡연이 자신의 건강에 가져올 해독을 생각하면 뇌의 보상중추 활동이 억제되는 한편 이성을 관장하는 부위가 활성화되는 것으로 설명되고 있다.

인지행동요법의 진행과정에 있어서 자신의 기분과 충동을 효과적으로 조절하여 금연의 어려움을 극복하기 위해 다양한 기법이 사용된다. 그러나 이들 기법 역시 행동요법 및 대부분의 니코틴 중독에서 사용되는 기법들인 자기 모니터링, 목표설정과 자기강화, 자극조절기법, 대응기술훈련, 사회적 지원중재 등으로 구성되어 진행된다. 일반적인 인지행동 치료기법에서의 상담프로그램 절차는 다음과 같지만 이들 기법들은 독립적이라기보다 치료의 큰 틀 안에서 상호 유기적으로 작용하는 보완 시스템으로 이해하는 것이 중요하다.

○ 1단계: 금연시작 전에 평소처럼 흡연하며 3일간 흡연일지를 적게 한 후 금연상담사가 개별상담을 통해 흡연자와 함께 정해진 시간과 흡연일지를 분석하는 자기 모니터링을 한다.

○ 2단계: 정해진 시간과 장소에서만 흡연하는 것(smoking narrowing)과 니코틴 페이딩과 같이 흡연의 질을 낮추는 방식의 자극조절(stimulus control)을 계획하여 1주간 실행한다.

○ 3단계: 금연시작일을 설정하는 등 목표설정 및 행동계약을 한다.

○ 4단계: 인지행동치료 집단 또는 개인에게 금연심상훈련 영상을 담은 CD를 제공하고 하루 두 번씩 연습하도록 한다. 금연심상장면훈련에서는 참여자가 자신이 흡연하는 장면을 상상하게 한 후 흡연의 부정적인 영향을 마음속에 그리게 하고 잠시 후 연달아 금연의 긍정적인 자기 이미지를 각인시키는 방식을 이용한다. 금연심상훈련에서는 적어도 다섯 가지 종류의 흡연과 관련된 역겨움을 다시 경험하게 한다.

○ 5단계: 시작 1주차에는 흡연이 자신에게 준 피해와 금연이 줄 이익을 명료화시키는 방식으로 금연동기를 증진시키는 동기유발면접상담(motivational interviewing)을 한다. 이 과정에서 흡연이나 금연과 관련된 비합리적 신념 그리고 재흡연 위험상황에 대해 논리적으로 강하게 논박한다. 예상되는 재흡연 위험상황을 토론하고 장단기 대응기술훈련 및 대처전략을 세운다. 대처전략으로는 흡연자의 흡연단서(smoking cues, 흡연을 유도하는 모든 물질과 환경) 파악, 흡연단서와 흡연 간의 연결 단절에 대한 교육, 스트레스 대응법, 금단증상에 대한 대응법 그리고 흡연하기 쉬운 기타 상황에 대한 대처를 통한 재발방지법 등이 있다. 금연을 위하여 감시 및 격려를 해 줄 수 있는 사회적 지원중재 또는 지원체계를 수립하도록 돕는다. 자기보상계획을 수립하게 하고 상담을 계속하면서 그것이 현실화되도록 돕는다. 계속되는 회기에는 금연유지에 대해 긍정적인 피드백(조언)을 주고 금연에 대한 자신감을 증진시킨다. 또한 위험상황에서 계획했던 대처전략을 활용했는지를 점검한다. 금단증상을 극복하는 데 도움이 되는 행동을 하도록 도우며 계속적으로 금연동기를 증진시킨다. 또한 금단증상으로 괴로워 생길 수 있는 비합리적 신념을 점검한다. 또한 개입을 종결하는 시기에는 성공에 대한 긍정적인 피드백과 추후 위험상황을 파악하고 장기적으로 금연을 유지하는 전략을 세우도록 돕는다.

○ 6단계: 재방문을 요청하며 계속 금연상태가 지속되는가를 확인하기 위해 추적조사를 한다. 금연자가 재흡연의 위험성이 낮아지는 데에는 6개월 정도 걸린다. 이 기간에 일시적 재흡연을 하는 경우

가 있다. 이때 참여자가 그동안 노력이 헛되이 되었다고 결정하는 것보다 비록 금연 전의 흡연상태인 완전한 재흡연으로 돌아갔지만 향후 금연시도 시 대처방법 확인 등 그동안의 금연 역시 긍정적인 효과가 있다고 주입한다. 이러한 긍정적인 효과를 금연중단효과 (abstinence violation effect)라고 한다. 이러한 경우에는 어떤 사건이나 환경이 흡연을 유도하였고 다음에는 어떻게 대응하는가에 대한 주제로 참여자와 함께 검토한다.

4) 상담의 기본 구성을 위한 범이론적 모형의 응용

- **상담방법에 있어서 범이론적 모형은 금연으로의 유도를 위해 다양한 흡연가의 특성을 파악 및 심리적 이해와 더불어 단계적 접근의 좋은 모델이다.**

범이론적 모형(transtheoretical model, TTM)은 개인이 어떻게 건강행위를 시작하고 이를 유지하는가에 대한 행위변화의 원칙과 과정을 설명하는 통합적인 모형이다. 이 이론은 300개 이상의 심리치료(psychotherapy) 이론에서 제시되는 주요 개념들을 체계적으로 통합하여 구성하였기 때문에 '범이론적(transtheoretical)' 모형으로 불리고 있다. 범이론적 모형은 4개의 중요한 구성개념들로 이루어져 흡연행위변화에 응용되고 있다. ① 핵심적인 구성개념은 변화단계(stages of change)인데 흡연행위변화에 대한 의도를 나타내는 5단계로 구성되어 있다. 즉 흡연행위의 변화에 대한 의도가 없는 계획 전 단계, 금연을 심각하게 고려하는 계획단계, 곧 있을 금연을 위한 준비를 하고 있는 준비단계, 금연행위변화를 시도하고 있는 행동단계, 그리고 성공적으로 흡연행위변화를 유지하고 있는 유지단계로 구성된다. ② 상담을 통해 개인은 현재 자신이 위치한 단계에서 다음 단계의 진행에 있어서 변화과정(processes of change), ③ 의사결정균형(변화의 긍정적인 면인 pros와 부정적인 면인 cons에 대한 비교분석), ④ 자기효능감(self-efficacy) 등의 영향을 받게 된다. 다음은 범이론적 모형을 응용하여 개발된 금연상담프로그램이다(참고: 김혜경).

① 변화단계

변화단계의 개념은 흡연행위변화가 전개되는 시간적 차원을 설명해 주기 때문에 흡연행위 변화를 설명하는 데 있어 중요한 의미를 지닌다. 즉 흡연행위변화란 시간적 결과와 함께 일련의 5단계를 거쳐서 발생하는 현상이다. 개인이 흡연행위변화를 시도할 수 있다는 측면에서 5단계로 구분되는데 일단 개인의 단계가 평가되면 행위변화를 촉진시키기 위하여 금연상담사는 각 단계에 적절한 개입방법을 개발하여 적용할 수 있다. 즉 상담 전 대상자들의 금연실천에 대한 변화단계를 측정함으로써 대상 집단을 범주화하여 각 변화단계의 특성에 맞는 상담내용을 준비한다. <표 8-9>는 금연실천에 대한 변화단계를 측정하는 질문과 답변에 대한 평가이다.

〈표 8-9〉 변화단계를 측정하는 질문과 답변에 대한 평가

질문: 귀하는 지금 흡연을 하고 계십니까?	
답변	단계
예, 흡연하고 있으며 앞으로도 금연할 계획은 없습니다.	계획 전 단계
예, 흡연하고 있으나 앞으로 6개월 이내에 금연할 계획입니다.	계획단계
예, 지금은 흡연하고 있으나 앞으로 1개월 이내에 금연할 계획입니다.	준비단계
아니오, 현재 금연을 실천하고 있으나 실천한 지 6개월이 되지 않았습니다.	행동단계
아니오, 현재 금연을 실천하고 있으며 실천한 지는 6개월 이상 되었습니다.	유지단계

(참고: 김혜경)

○ 계획 전 단계(precontemplation stage)와 대책: 계획 전 단계는 변화계획이 없는 단계로 자신의 흡연행위 문제에 대한 인식이 부족한 상태이

다. 궁극적인 흡연행위의 변화를 달성하기 위해서 자신의 문제점 인식은 중요한 초기단계라 할 수 있다. 그러나 이 단계에는 ① 현재 그들의 흡연행위 결과에 대해서 알지 못하는 흡연가, ② 이미 여러 번 금연하고자 시도하였으나 성공하지 못하거나 체험적 회피(experiential avoidance)를 추구하는 흡연가, ③ 흡연의 필요성을 느끼지 못하는 흡연가 등으로 구분할 수 있다. 특히 흡연행위의 결과에 대해서 인식을 못 하는 흡연가에 대해서는 흡연에 의한 다양한 건강위해성을 설명하여 설득할 수 있다.

　문제는 여러 번의 금연에 실패한 흡연가에 대한 상담이다. 이러한 흡연가의 특성은 체험적 회피로 설명되는데 흡연가 집단에 항상 존재하는 다루기가 어려운 군이다. 체험적 회피(experiential avoidance)는 그동안 수많은 금연과 흡연 등 반복을 통해 얻은 경험으로 금연에 대한 우려에 기인하는 금연시도 자체를 회피하는 것을 의미한다. 체험적 회피는 신체자극, 감정, 생각, 기억 그리고 행동성향 등의 특정 개인 경험을 다시 경험하고 싶지 않을 때 발생한다. 또한 체험적 회피는 이러한 특정 개인 경험을 유발하는 어떠한 내용, 발생 빈도 그리고 형태를 변형시키려는 시도를 한다. 이들은 금연 이후 수 시간 내에 금단증상과 불편함에서 벗어나기 위하여 주저 없이 재흡연을 하는 경향이 있다. 체험적 회피를 하는 흡연가들은 항상 일정하게 존재하기 때문에 이들에 대해서 억압적으로 조절하려는 시도의 접근은 좋은 방법이 아니다. 무엇보다도 중요한 접근방법으로는 체험적 회피의 부작용에 기인하는 약물오용, 약물의존성, 충동성, 정신공황, 경계성 성격 장애(borderline personality disorder)와 자살 경향 등의 다양한 사례를 주제로 하는 깊은 대화이다. 마지막으로 흡연의 필요성을 느끼지 못하는 흡연가 또한 설득에 상당한 노력이 필요하다. 이 흡연가 부류는 흡연의 결과에 대한 관심이 없으며 또한 흡연을 아주 즐기는 형이다. 대부분 이들은 흡연과 더불어 운동 등을 통해 자기 건강을 상당히 관리하고 있는 특성이 있다. 따라서 이들 대부분은 금연에 대한 질문을 하면 금연의 필요성을 못 느낀다는 답으로 일관하여 더 이상의 대화를 어렵게 하는 특성이 있다.

이와 같이 계획 전 단계에서도 다양한 흡연가의 분류를 통해 다양한 상담방법을 고안, 접근할 수 있다. 그러나 일반적으로 금연의 계획 전 단계에서는 <표 8-10>에서처럼 금연 행동변화에 준비가 되지 않은 단계로 행동변화에 대한 장애요인 파악, 상담의 목표 설정 그리고 전략적 중재를 통해 상담이 이루어진다.

〈표 8-10〉 계획 전 단계 대상자를 위한 금연상담프로그램 개요

행동변화에 대한 준비 정도	-금연을 실천할 준비가 되어 있지 않은 단계
행동변화에 대한 장애요인	-흡연이 건강에 미치는 영향에 대한 인식 부족 -금연을 실천할 생각은 있지만 다른 이유로 인하여 실천할 생각을 하지 못하고 있음 -과거의 금연시도 실패로 인한 좌절감 경험
상담의 목표	-대상자가 금연실천에 대해 관심을 갖도록 하기 -금연이 필요한 이유에 대해 이해하기 -과거 금연시도 실패의 원인 이해하기
전략적 중재	-흡연이 건강에 대한 영향자료를 제시하고 대상자들에게 자신의 흡연습관에 대하여 생각해 보도록 함으로써 자신의 상황을 돌아보는 계기 마련 -금연에 대한 과거 시도에 대한 검토 -흡연의 위험과 금연이 주는 개인적 혜택에 대한 맞춤식 교육

(참고: 김혜경)

○ 계획단계(contemplation stage): 계획단계는 흡연으로 파생되는 문제를 인식하고 곧 흡연행위변화를 하겠다는 생각을 하는 단계이다. 대체로 향후 6개월 이내에 흡연행위변화를 하고자 하는 특성을 지닌 흡연가의 단계라고 할 수 있다. 이 단계에 있는 흡연가는 흡연행위변화로 인한 긍정적인 면과 부정적인 면 모두 잘 파악하고 있다. 그러나 흡연행위변화에 대한 손실-이득의 계산과 더불어 같다고 여겨지거나 특정 스트레

스 상황이 주어지면 이 단계에 머무는 기간이 길어진다. 이 단계에서는 주위로부터 자극이나 동기부여가 없다면 이러한 단계가 지속될 수도 있다. <표 8-11>은 계획단계의 흡연가와의 상담을 위한 상담목표와 전략적 중재를 나타낸 것이다. 금연에 대한 긍정적인 면은 잘 파악하고 있기 때문에 금단현상 및 스트레스에 기인하는 재흡연의 우려 등을 고려한 금연실천 장애요인 극복을 위한 전략 제시가 무엇보다도 중요하다. 특히 본장의 후반에 있는 '금연 후 재흡연에 대한 특성과 대책'을 참고하여 심리적 그리고 약물학적 접근 등 다양한 장애요인 극복의 방안을 제시하는 것이 바람직하다.

⟨표 8-11⟩ 계획단계 대상자를 위한 금연상담프로그램 개요

행동변화에 대한 준비도	- 금연이 바람직하다고 생각하고 있으나 곧 시작할 준비가 부족한 상태
변화에 대한 장해요인	- 금연실천과 관련된 장점과 단점의 비중이 동등하게 인식 - 금연을 불가능하게 하는 개인적, 환경적 요인의 존재(금연실천의 부정적인 영향에 대한 두려움, 자신의 금연실천능력에 대한 확신 부족 등)
교육의 목표	- 금연에 대한 장점과 단점을 인지하게 하여 개인에게 가져다줄 수 있는 장점을 극대화하고 단점은 최소화하여 금연실천에 대하여 의사결정을 가능하게 함
전략적 중재	- 금연이 주는 혜택에 대한 강화(자신과 환경에 대한 재평가) - 금연에 수반되는 단점에 대응할 수 있는 효과적인 방안 파악 - 금연 실천 장애요인 극복을 위한 전략 제시 - 긍정적인 역할모델을 제시함으로써 행동의 계기 마련

(참고: 김혜경)

○ 준비단계(preparation stage): 준비단계는 구체적인 금연행위실행계획이 잡혀 있는 단계이며 보통 한 달 이내에 금연시도를 하겠다고 생각하는 단계이다. 이 시기에 있는 대부분의 흡연가들은 이미 변화를 위하여 심리적인 준비가 되어 있다. 전문가와 상담을 통해 금연프로그램에 참여하거나 또는 스스로 정보를 얻어 자기 나름대로의 변화를 시도하려는 계획을 가지고 있다. <표 8-12>에서처럼 금연에 대한 계획과 금연

방법에 대한 목표를 설정하여 전략적 중재를 통해 상담을 수행한다.

〈표 8-12〉 준비단계 대상자를 위한 금연상담프로그램 개요

행동변화에 대한 준비정도	-가까운 시일 내 금연을 실천할 준비가 되어 있는 상태
행동변화에 대한 장애요인	-금연시도에 필요한 지원이나 자원에 대한 접근성의 제한 -개인에게 적절한 금연방법에 대한 지식과 기술 부족
상담의 목표	-금연을 위한 구체적인 계획 설정 -개인에 적절한 금연방법에 대한 지식과 기술 습득
전략적 중재	-금연 실천 시작일 설정 -과거 금연시도와 관련된 문제점 검토 및 문제 해결을 위한 전략 파악하기 -구체적인 자원과 지원 파악하기(지원 네트워크 설정) -목적 설정 -전문가에게 개인화된 상담을 받고 어떻게 하는가에 대한 정보와 기술 개발 -행동계약 -흡연 위험상황에 대한 예측과 위험상황에 대처하는 방안에 대한 구체적 전략을 제시 -참여를 위한 기회를 제공

(참고: 김혜경)

○ 행동단계(action stage): 행동단계는 금연성공을 위해 노력하는 단계로 개인적인 노력을 투자하여야 하는 기간이며 1일~6개월 정도 지속된다. 금연 후 일시적 재흡연 또는 완전한 재흡연을 통한 실패한 흡연가 등 다양한 사람이 존재한다. 일반적으로 금연시도 후 6개월에 대한 재흡연곡선에 따른 시점금연율은 1주에서 24~51%, 1개월에서 15~28%, 3개월에서 10~20% 정도로 추정된다. 그리고 6개월에서 시점금연율은 3~5% 정도이며 대부분 금연에 실패하는 것이 일반적인 현상이다. 금연실패의 요인으로 금단증상이 주요 원인으로 작용하는데 재흡연 예방을 위한 접근은 <표 8-13>과 같이 전략적 중재 또는 본장의 '금연 후 재흡연에 대한 이해와 대책'을 참고하면 도움이 된다.

행동변화에 대한 준비 정도	-금연을 실천한 지 6개월이 되지 않은 상태
변화된 행동유지에 대한 장애요인	-금연에 대한 동기 감소 -과거 흡연습관으로 돌아갈 수 있는 위험상황 발생
상담의 목표	-금연 지속을 위한 전략 설정(재발방지 전략)
전략적 중재	-자기 모니터링 -흡연 상황에 처했을 때 대처하는 방안에 대한 구체적 전략 제시 -금연 결과의 긍정적 경험 강조 -금연 실패경험에 대한 부적절한 귀인 교정 -사회적 지원 강화 -자극조절(stimulus control: 금연실천을 촉진시키는 상황을 만들거나 이를 방해하는 상황이나 원인에 대한 통제) -강화(보상제공) -장기적 계획 설정

(참고: 김혜경)

○ 유지단계(maintenance stage): 유지단계는 중독성 또는 습관성이던 흡연행위가 없어진 단계로, 새로운 생활습관이 6개월 이상 지속된 경우이다. 유지기에는 사람들이 예전의 행동으로 돌아가지 않기 위해 계속 노력하는 단계이다. 한 흡연가가 금연시도 후 6개월 또는 12개월까지 금연이 지속될 확률은 평균적으로 약 4% 정도에 불과하다. 일단 6개월 이상 금연에 성공하면 재흡연할 가능성은 낮다. 이 단계에서의 상담은 <표 8-14>와 같이 금연 결과의 긍정적 경험을 강조하는 내용이 바람직하다.

〈표 8-14〉 유지단계 대상자를 위한 금연상담프로그램 개요

행동변화에 대한 준비 정도	－금연을 실천한 지 6개월 이상이 된 상태
변화된 행동 유지에 대한 장애요인	－금연에 대한 동기 감소 －과거 흡연습관으로 돌아갈 수 있는 위험상황 발생
상담의 목표	－금연 지속을 위한 전략 설정(재흡연 예방 전략)
전략적 중재	－자기 모니터링 －흡연 상황에 처했을 때 대처하는 방안에 대한 구체적 전략 제시 －금연 결과의 긍정적 경험 강조 －금연 실패경험에 대한 부적절한 귀인 교정 －사회적 지원 강화 －자극 조절 －강화(보상제공) －다른 사람의 역할모델 되기 －목적의 검토와 수정 －정기적인 건강검진

(참고: 김혜경)

② 변화과정(processes of change)

이와 같이 흡연행위변화는 5단계의 장기간에 걸쳐 이루어진다. 특히 흡연행위의 변화단계에서 각 단계별로의 진행과정에서 흡연자 또는 상담대상자의 흡연에 대한 인지적 및 행동적 변화가 이루어지는데 이를 변화과정이라고 한다. 즉 이러한 흡연자의 인지적 및 행동적 변화가 단계별 진행을 유도하는 동력으로 작용하게 된다. 따라서 간 단계별 진행의 동력이 되는 이러한 변화과정에 대한 이해를 통한 예측은 금연성공률을 더욱 높이는 상담력(counselling power)으로 작용한다. 흡연행위변화의 단계에서 변화과정은 크게 2개의 구성개념인 인지적 과정(cognitive processes)과 행동적 과정(behavioral processes)으로 구분된다. <표 8-15>에서처럼 인지적 과정은 흡연행위를 변화시킬 때 사용하게 되는 5개의 인지와 관련된 기술로 구성되며 행동적 과정은 행동변화의 결과인 금연과 관련된 5개의 행동과 관련 기술을 포함하고 있다. 특히 인지적 과정은 변화단계 중 앞쪽의 단계(계획 전 단계, 계획단계, 준비단계)에서 많이 사용되며 행동적 과정은 준비단계

부터 유지단계까지의 금연이행을 설명하고 예측에 있어서 매우 중요하다.

〈표 8-15〉 변화단계별 강조되어야 하는 변화과정의 요소

	행동변화단계				
	계획 전 단계	계획단계	준비단계	행동단계	유지단계
변화과정	인식제고				
	정서적 각성				
	환경재평가				
		자아재평가			
			자아해방		
				강화관리	
				조력관계형성	
				대체행동형성	
				자극조절	

(참고: 김혜경)

이와 같이 금연실천행위에 대한 변화의 단계를 인지적 과정과 행동적 과정으로 구분하여 이해할 수 있다. 금연전문상담가는 이러한 변화과정에서의 흡연가 특성과 변화를 잘 파악할 필요가 있다. <표 8-16>은 변화과정에서 인지적 과정과 행동적 과정에 포함되는 10가지 요소에 대한 정의이다.

〈표 8-16〉 금연실천행위 관련 변화과정의 정의

변화과정	정 의
인지적 과정(cognitive processes)	
인식제고 (consciousness raising)	금연(흡연)에 대한 새로운 정보와 이해력을 얻기 위한 노력
정서적 각성 (emotional arousal)	변화에 대한 정서적 측면, 즉 흡연과 관련된 정서적 경험
환경재평가 (environmental reevaluation)	흡연이 물리적, 사회적 환경에 미치는 영향에 대한 고려
자아재평가 (self-reevaluation)	흡연이 자신에게 미치는 영향에 대한 정서적, 인지적 재평가
사회적 해방 (social liberation)	사회 자체가 금연을 촉진시키는 방향으로 변하고 있다는 것에 대한 개인의 인식

변화과정	정 의
행동적 과정(behavioral processes)	
대체행동형성 (counterconditioning)	흡연을 위한 대안적 행위 개발
지원관계형성 (helping relationship)	금연을 위하여 노력하는 과정에서 타인으로부터 받은 신뢰와 지원
강화관리 (reinforcement management)	금연으로 인하여 얻게 된 보상
자아해방 (self—liberation)	금연을 실천하고자 하는 자신의 선택과 노력
자극조절 (stimulus control)	금연실천을 촉진시키는 상황을 만들거나 이를 방해하는 상황이나 원인에 대한 통제

(참고: 김혜경)

③ 의사결정균형

흡연가는 흡연행위변화를 위해 다양한 정보와 행동변화의 인지적 과정과 행동적 과정을 거치면서 의사를 결정하는 다양한 상황을 맞이하게 된다. 이러한 상황에서의 흡연가의 판단은 금연과정 전체에 영향을 주게 되므로 신중하고 긍정적인 방향으로 결정을 유도하여야 한다. 이를 위한 의사결정균형에 대한 이해가 필요하다. 의사결정균형(decisional balance)이란 개인이 어떤 행위를 변화시킬 때 자신에게 생기는 긍정적인 측면(pros)과 부정적인 측면(cons)에 대하여 비교, 평가함을 의미한다. pros란 행위변화의 긍정적인 측면에 대한 지각을 나타내며 행위변화에 대한 촉진제를 의미한다. 반면에 cons란 행위변화의 부정적인 측면에 대한 지각 또는 변화에 대한 장애요인을 의미한다. 의사결정균형은 개인이 pros와 cons에 부여하는 상대적인 중요성의 정도에 따라 결정된다. 금연실천행위와 관련된 측면에서 금연이 주는 긍정적인 측면에 대한 인지수준(pros)이 부정적인 측면에 대한 인지수준(cons)을 초과하기 전까지는 금연을 시도하거나 계속하지 않는다. 따라서 상담전문가는 상담을 통해 금연으로 갈 수 있는 가장 최고의 정보를 흡연가에게 주어야 한다.

④ 자기효능감

일반적으로 자기효능감(self-efficacy)이란 직면한 상황에서 필요한 행동을 성공적으로 수행할 수 있다는 개인의 신념을 의미한다. 그러나 흡연과 관련된 다양한 측도에서 자기효능감은 금연에 대한 자신감이다. 자기효능감이 높으면 높을수록 금연성공의 확률이 높다는 것을 의미하는데 이는 금연과정에 어느 정도 개입하여 성공을 유도할 수 있을 것인가에 대한 정책 설정에 도움을 준다. 계획 전 단계, 계획단계 그리고 준비단계까지는 장점(혜택)을 부각시키는 방향과 단점의 중요성을 감소시키는 방향으로의 상담을 통해 자기효능감을 높일 필요성이 있다. 그러나 변화의 5단계에서 자기효능감은 증가할수록 증가하는 것으로 추정되고 있다. 따라서 계획 전 단계, 계획단계 그리고 준비단계에서보다 행동단계, 유지단계에서 보다 높은 자기효능감을 위해 상담을 계속적으로 제공해야 한다.

3. 약물처방 방법(pharmacological method)

◎ **주요 내용**

- 니코틴과 비-니코틴 약물인 bupropion이 대표적 약물요법이며 제1차 약물처방요법의 약물이라고 한다.

: 니코틴대체요법

- 니코틴대체요법에 의한 금연성공률은 니코틴 공급 방법에 따라 대조군보다 5~15% 정도 높다.

: 비-니코틴대체요법

- 비-니코틴대체요법에 이용되는 약물은 대부분 nAChR 작용제(agonist)와 nAChR 길항제(antagonist) 등이 있다.

● 니코틴과 비-니코틴 약물인 bupropion이 대표적 약물요법이며 제1차 약물처방요법의 약물이라고 한다.

금연방법으로 약물처방 이전인 1980년대 영국의 과거흡연가를 대상으로 한 조사에서 과거흡연가의 53%가 별 어려움 없이 금연에 성공, 27%가 다소 어려움을 통한 금연성공, 그리고 나머지 약 20% 정도는 대단히 어려움을 통한 금연성공으로 확인되었다. 이는 금연성공에 이르는 사람들 중 약 50%는 특별한 금단증상이 없이 금연에 성공하지만 반면에 약 50%는 니코틴 중독에 의한 금단증상 및 흡연욕구 등의 어려움을 겪는다는 것을 의미한다. 금단증상 및 흡연욕구의 기본적인 원인은 흡연 동안의 니코틴의 약리작용에 기인한다. 금연을 통해 발생하는 이러한 금단증상 및 흡연욕구 감소를 위하여 니코틴 및 기타 약물처방 또는 투여를 약물요법(pharmacotherapy)이라고 한다. 약물요법은 니코틴을 이용하는 니코틴대체요법(nicotine replacement therapy, NRT)과 니코틴이 아닌 약물을 이용하는 비-니코틴대체요법(non-nicotine replacement therapy)이 있다. 비-니코틴대체요법에 이용되는 약물은 대부분 nAChR 작용제(agonist)와 nAChR 길항제(antagonist) 등이 있다. 미국 FDA는 이러한 니코틴 중독의 치료제로 니코틴 및 비-니코틴대체요법을 위한 7개의 약물에 대해 판매를 허용하고 있다. 대부분의 이들 제품들은 금단증상 및 흡연욕구에 도움을 주는 약리작용을 한다. 니코틴과 bupropion은 일반적으로 금연을 위하여 가장 많이 이용되는 약물처방의 약물로 다른 약물과 구분하여 제1차 약물처방요법(first-line therapies)이라고 한다. 제1차 약물처방요법에서 효과가 없거나 부작용이 우려되는 경우에는 제2차 약물처방요법(second-line therapies)이 있다. 제2차 약물은 nortriptyline과 고혈압 약제인 clonidine 등이 있다. 그러나 제2차 약물은 제1차 약물보다 더 큰 부작용과 혐오감을 유발할 수 있어 FDA에 의하여 니코틴 및 담배 의존성을 위한 처방에 대한 승인을 받지 않은 상태이다. 따라서 제1차 약물처방요법에서 니코틴과 비니코틴 약물인 bupropion이 대표적 약물이다.

1) 니코틴대체요법

- **니코틴대체요법에 의한 금연성공률은 니코틴 공급 방법에 따라 대조군보다 5~15% 정도 높다.**

담배를 피우지 않고 니코틴을 공급해 주는 것이 니코틴대체요법이다. <표 8-17>에서처럼 니코틴대체요법으로 FDA에 의해 판매 승인된 다양한 제품이 있다. 이들 제품의 니코틴 공급방법으로는 니코틴 껌(gum), 니코틴 패치(patch), 흡입제(inhaler), 비강분무제(nasal spray), lozenges(니코틴 목캔디) 등이 있다. 이들 대체제 또는 약물은 부작용의 우려 때문에 처방전이 필요가 없는 OTC(Over-the-Counter, 처방전 없이 살 수 있는) 약물과 처방전이 필요한 non-OTC(비|OTC) 약물로 구분된다. OTC 제품은 니코틴 껌, 니코틴 패치, 니코틴 목캔디 등이 있으며 non-OTC 제품은 흡입제와 비강분무제 등이 있으며 니코틴 패치 역시 의사처방이 필요한 제품 역시 있다.

니코틴 껌은 껌을 통해 니코틴을 공급하는 방법이다. 일반적으로 껌속 니코틴의 약 50% 정도가 체내로 흡수된다. 니코틴 패치(patch 또는 파스)는 <그림 8-1>에서처럼 피부에 닿는 면에는 젤 타입으로 가공된 니코틴이 도포되어 있어 피부를 통해 체내로 조금씩 니코틴이 공급되는 방법이다. 흡입제는 기체 상태로 니코틴을 흡입하는 방법이며 니코틴이 뇌에 신속하게 도달할 수 있도록 도와준다. 비강분무제는 코를 통하여 니코틴을 공급하는 방법이며 니코틴 목캔디는 일반 목캔디처럼 경구를

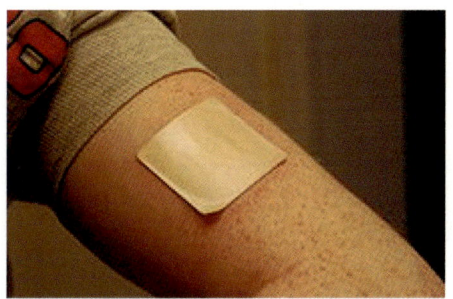

〈그림 8-1〉 니코틴 패치: 니코틴 패치는 니코틴대체
요법 중 가장 대표적인 방법이다.

통해 니코틴을 공급하는 방법이다. 니코틴대체요법은 니코틴 의존 또는
금단증상이 아주 심한 환자들에게는 니코틴 흡수가 아주 빠른 니코틴
흡입제를 사용하면 금연성공률을 높일 수 있다. 그러나 니코틴대체요법
이 완전히 금단증상을 사라지게 할 수는 없다. 다만 흡연에 의한 여러
독성물질에 노출되지 않는 장점이 있다.

　<표 8-17>은 55개의 연구논문에 대한 메타분석을 통해 다양한 니
코틴대체요법과 금연성공률을 나타낸 것이다. 메타분석을 통해 일반적
으로 니코틴대체요법의 교차비는 위약 또는 대조군보다 평균 2.0 정도
이다. 특히 니코틴대체요법에 행동요법이 추가되었을 경우 금연성공률
은 더 증가하는 것으로 나타났다. 니코틴 패치를 이용하였을 경우에 껌,
흡입제, 비강분무제, 의사처방 패치 그리고 ORT-패치 등의 금연성공률
은 각각 17.1%의 위약군에 비해 23.7%, 10.5%의 위약군에 비해 22.8%,
13.9%의 위약군에 비해 30.5%, 6.7%의 위약군에 비해 11.8% 정도로 확
인되었다. 특히 비강분무제에 의해 가장 높은 금연성공률이 확인되었는
데 성공 배수 정도를 나타내는 교차비 역시 2.7로 가장 높았다. 또한 니
코틴 패치 역시 ORT-패치를 이용하는 것보다 의사의 처방에 따른 패치
에 의해 다소 높은 금연성공률이 확인되었다. 니코틴대체요법 역시 여러

가지 사용을 통해 금연을 시도할 수 있는데 한 가지 이용에 의한 금연성
공률은 17.4%에 불과하지만 두 가지 사용에 의한 금연성공률은 28.6%로
여러 가지 요법을 이용하는 것이 훨씬 높은 금연성공률을 유도할 수 있
다. 일반적으로 니코틴대체요법을 이용하여 금연을 시도하는 사람 중 약
93%가 6개월~1년 이내에 재흡연을 하는 것으로 확인되었다.

〈표 8-17〉 니코틴대체요법에 의한 추정 교차비와 금연성공률

니코틴대체요법	추정 교차비 (95% C.I.)	추정 금연성공률 (95% C.I.)
Nicotine gum		
Placebo	1.0	17.1
Nicotine gum	1.5(1.3, 1.8)	23.7(20.6, 26.7)
Nicotine inhaler		
Placebo	1.0	10.5
Nicotine inhaler	2.5(1.7, 3.6)	22.8(16.4, 29.2)
Nicotine nasal spray		
Placebo	1.0	13.9
Nicotine nasal spray	2.7(1.8, 4.1)	30.5(21.8, 39.2)
Nicotine patch		
Placebo	1.0	10.0
Nicotine patch	1.9(1.7, 2.2)	17.7(16.0, 19.5)
Over-the-counter nicotine patch		
Placebo	1.0	6.7
OTC nicotine patch	1.8(1.2, 2.8)	11.8(7.5, 16.0)
Combination NRT		
One NRT	1.0	17.4
Two NRTs	1.9(1.3, 2.6)	28.6(21.7, 35.4)

: 5개월 이상 연구기간, Placebo: 위약(참고: Piasecki)

    <표 8-18>은 니코틴 투여 방법에 따른 다양한 니코틴대체용법의
종류와 특징을 나타낸 것이다. 니코틴 껌이나 흡입제, 비강분무제 그리
고 lozenge 등과 같은 경우에는 갑작스러운 흡연욕구와 금단증상 발생

시 이용되며 대개 금연 후 수개월 동안 이용된다. 패치인 경우에는 기본적인 흡연욕구 감소를 위한 목적이며 이 또한 수개월 동안 이용된다.

〈표 8-18〉 니코틴대체용법의 종류와 특징

상품(제조회사)	용량 및 부착량	사용량 및 처방스케줄	특 징
Nicotine-Gum			
Nicorette®(GSKCH, fizer, Novartis, numerous store brands)	2-mg: <25 cpd 4-mg: ≥25 cpd	시간당 1개, 하루 최대 24개, 수개월에 걸쳐 점차적으로 사용량 줄임	갑작스러운 흡연욕구와 금단증상 발생 시 이용
Lozenge			
Commit®(GSKCH)	2-mg: TTFC>30min 4-mg: TTFC≤30min	1회 1알, 1~2시간마다 최대 20알, 수개월에 걸쳐 점차적으로 사용량 줄임	갑작스러운 흡연욕구와 금단증상 발생 시 이용
Patch			
Habitrol®	7-mg 14-mg: ≤10 cpd 21-mg: >10 cpd	>10cpd 투여방법 Weeks 1~4: 21-mg/day Weeks 5~6: 14-mg/day Weeks 7~8: 7-mg/day ≤10 cpd 투여방법 Weeks 1~6: 14-mg/day Weeks 7~8: 7-mg/day	기본적인 흡연욕구 감소를 위한 목적
NicoDerm® CQ®(GSKCH)	7-mg 14-mg: <10 cpd 21-mg: >10 cpd	>10 cpd 투여방법 Weeks 1~6: 21-mg/day Weeks 7~8: 14-mg/day Weeks 9~10: 7-mg/day >10 cpd 투여방법 Weeks 1~6: 14-mg/day Weeks 7~8: 7-mg/day	기본적인 흡연욕구 감소를 위한 목적
Nicotrol 16h patch(Pfizer)	5-mg 10-mg 15-mg: >10 cpd	Weeks 1~6: 15-mg/day Weeks 7~8: 10-mg/day Weeks 9~10: 5-mg/day	기본적인 흡연욕구 감소를 위한 목적
Inhalator			
Nicotrol® Inhaler(Pfizer)		초기 처방 시 12 weeks 이상: 6~16cartridges/day	처방전 필요
Nasal spray			
Nicotrol®(Pfizer) Nicotine		1일 최소투여량: 8sprays/1일 시간당 추천투여량(per/h): 1~2sprays 시간당 최대투여량: 5sprays/h 1일 최대투여량: 40sprays 투여최대기간: 12weeks	처방전 필요

cpd-cigarettes per day, TTFC-Time to First Cigarette after waking(참고: Henningfield)

2) 비 – 니코틴대체요법

- **비 – 니코틴대체요법에 이용되는 약물은 대부분 nAChR 작용제(agonist)와 nAChR 길항제(antagonist) 등이다.**

① nAChR 길항제

니코틴대체요법으로 보상–관련 도파민 수용체를 간접적으로 자극하는 nAChR의 부분 또는 완전 작용제를 사용하는 방법 외에도 흡연을 통해 생성되는 보상과 관련된 신경전달물질을 매개하는 nAChR의 아형에 대한 길항제 역시 고려할 수 있다. nAChR 길항제는 니코틴에 의한 보상–관련 중뇌변연계에서 도파민 방출을 저해하는 것으로 금연치료의 효능 기전으로 설명된다. 금연 후 재흡연은 흡연을 유도하는 주변의 환경적 요인이 크게 작용하는데 대부분 흡연가들이 이러한 환경단서(environmental cues)로 인하여 흡연욕구를 떨쳐 버리기가 쉽지 않다. 이러한 금연 후 재흡연욕구를 꺾는 것이 보상 기대심리를 막는 데 중요하다. 일반적으로 길항제의 치료요법은 nAChR의 활성을 저해하기 때문에 이러한 보상심리를 감소시키는 기전으로 개발되었다. 작용제 및 길항제를 복합적으로 처방함으로써 단 하나의 처방에 반응하지 않는 사람들에게 또 다른 치료방법을 제공한다는 측면에서 의미가 있다. 미국 FDA 허가를 받아 시판되고 있는 nAChR의 길항제는 bupropion이 있으며 상품화는 되지 않은 nAChR의 길항제는 mecamylamine이 있다. 이들 모두는 처방전이 필요한 non – OTC 약물이다.

○ Bupropion: 일반적으로 nAChR 길항제로서의 효능을 하기 위해서는 투여 후 동물의 니코틴 선호 정도를 통해 확인된다. Bupropion 투여를 통

해 동물의 자가-니코틴 투여를 현저히 감소를 유도하였다. 이러한 측면은 bupropion이 흡연욕구를 감소시키는 기전으로 이해된다. 또한 bupropion은 항우울제이며 금연을 위한 치료에 유용한 것으로 알려졌다. 이러한 bupropion의 항우울 효능은 도파민 및 노르에피네프린의 시냅스전을 신경종말로 이동하는 것을 저해하는 능력에 기인한다. 마찬가지로 bupropion의 흡연욕구 감소 역시 이러한 기전을 통해 이루어지는 것으로 추정되고 있다. Bupropion은 항우울제이며 금연을 위한 치료에 유용한 것으로 알려졌다. <표 8-19>는 2개의 연구논문에 대한 메타분석을 통해 얻어진 bupropion의 금연성공률 추정치이다. Bupropion이 금연과정에서 처방되었을 경우에 금연성공률은 위약의 금연성공률 17.3%보다 높은 30.5%로 추정된다. 위약의 금연성공률의 배수를 나타내는 교차비는 2.1배 bupropion이 높은 것으로 추정된다.

〈표 8-19〉 Bupropion 투여에 의한 금연성공률

투여	추정 교차비 (95% C.I.)	추정 금연성공률 (95% C.I.)
Bupropion		
Placebo	1.0	17.3
Bupropion	2.1(1.5, 3.0)	30.5(23.2, 37.8)

이러한 bupropion 효과는 시내스전 신경종말로 도파민 및 노르에피네프린의 이동을 저해시키는 능력에 기인한다. Bupropion은 용도-의존적으로 시냅스전 액포성 도파민 흡수를 증가시키며 액포성 모노아민운반단백질(monoamine transporter)을 재분포시킨다. 이는 bupropion이 도파민 운반단백질과 노르에피네프린 운반단백질의 기능을 저해시키는 원인이 된다. 또한 bupropion은 nAChR 기능을 저해한다. 이러한 저해 기능은 배부선조체 또는 해마에서 니코틴-유도 도파민과 노르에피네프린 방출

을 유도하는 nAChR를 저해하게 된다. 이러한 nAChR의 저해는 nAChR의 활성을 감소시켜 특히 금단증상 및 강화효과의 감소를 유도하기 때문일 것으로 추정된다. nAChR의 대표적인 길항제인 buropion은 <표 8-20>에서처럼 글락소 스미스클라인(GSK)에서 제조되어 판매되고 있다. 일반적으로 bupropion은 1일 최대 300mg 정도 2회에 걸쳐 처방된다. 처방 첫 3일간은 적응을 위해 1일 150mg, 이후 1일 2회에 걸쳐 최대용량 300mg이 7~12주 정도 처방된다.

〈표 8-20〉 Buropion의 처방과 특징

상품(제조회사)	사용량 및 처방	특징
Zyban® sustained-release tablets(GSK)	최대투여용량: 1일 300mg(2×150mg/day) 투여 첫 3일: 150mg/day 3일 후: 300mg/day(2×150mg/day)	처방전이 필요하며 금단증상 완화 시 사용
	투여기간: 일반적으로 7~12주 이루어지나 상담에 따라 더 연장 가능	
	투여시작: 금연시작의 1주 전	

이와 같이 금연에서 있어서 효능이 확인되었으며 특히 bupropion 처방에 있어서 다음과 같은 특성이 있다.

- 흡연가를 포함하여 재흡연의 위험성이 높고 우울증 경험이 있는 흡연가
- 단기간 처방에서는 150mg/day보다 300mg/day가 더 효능이 있으나 장기간 투여에서는 더 높은 용량이 작은 용량 투여보다 더 큰 효능이 없음
- Bupropion의 처방은 1년 이상 기간에 대한 금연성공률은 약 25%인데 강력한 금연상담이 추가되어도 금연성공률에는 별 영향이 없음
- Bupropion과 NRT를 혼합하여 처방하였을 경우에 금연성공률은 각각 단독 처방했을 경우보다 높음
- 항우울제의 다른 약물보다 가격이 비쌈
- Bupropion은 환자의 적응력이 좋아 1년 등 장기간 처방기간을 확대

하게 되면 그만큼 재흡연의 가능성을 지연시킬 수 있음
－부작용으로 불면과 입가 건조증상이 있을 수 있음

○ Mecamylamine: Mecamylamine은 실험동물을 이용한 실험에서 용량－의
존성 니코틴 자가투여를 감소시키는 것으로 확인되었다. 주변 환경에
의한 흡연욕구에 의한 재흡연이 mecamylamine 사전 투여에 의해 현저히
감소되었다. 또한 mecamylamine는 흡연 만족감을 감소시키는 데 니코틴
패치를 단독으로 이용하였을 경우보다 mecamylamine와 함께 이용하였을 때
금연기간이 더 긴 것이 확인되었다. 이러한 효능은 mecamylamine이 nAChR
의 채널 개방을 막는 저해제로의 기능에 기인한다. 그러나 mecamylamine
은 nAChR의 아형에 대한 선택성이 없기 때문에 중추신경계 또는 말초신
경계에 존재하는 모든 종류의 nAChR의 비경쟁적 길항제(noncompetitive
antagonist)로의 역할을 하게 된다. 이는 흡연가 혈액에 존재하는 니코틴
의 긍정적인 효과와 부정적인 효과를 모두 나타내는 것을 의미한다. 결
과적으로 중추신경계에서의 nAChR에 대한 저해작용은 흡연욕구를 감소
시키지만 말초신경계에서 nAChR에 대한 저해작용은 cholinergic side effect
(콜린성신경계에 대한 부작용)를 통해 변비 및 고혈압 등의 부작용을 유
발한다. 이러한 이유로 mecamylamine의 임상 적용은 제한적이며 말초신
경계보다 중추신경계의 nAChR에 대한 선택적 저해가 금연보조제로서의
개발에 있어서 중요하다는 점을 제시해 준다.

② nAChR 작용제

nAChR에 대한 작용제는 부분 그리고 완전 작용제(partial and full
agonists)가 있으며 금단증상을 경감하는 데 중요한 역할을 한다. 부분 작
용제는 전체의 nAChR 중 일부에 대해 작용하는 물질이며 완전 작용제
는 모든 nAChR에 작용할 수 있는 물질을 의미한다. 특히 이러한 작용범

위의 차이가 존재하는 이유는 nAChR의 아형(subtype)이 존재하기 때문이다. nAChR에 대한 부분 작용제는 금연과정에서 나타나는 흡연욕구 및 금단증상을 경감시키는 니코틴대체요법과 유사하다. 그러나 니코틴대체요법이 니코틴-유도 도파민 방출을 유도하는 반면에 nAChR 작용제는 반복적인 니코틴-유도 도파민 방출을 감소시키는 것이 다른 점이다. 완전 작용제와 비교하여 부분 작용제는 신경전달물질 방출이 최대로 유도되는 반응이 아니기 때문에 약물남용의 가능성이 낮다는 특성이 있다. 그러나 비니코틴대체약물요법에 의한 치료방법에 있어서 효능이 최고를 보이는 것은 아니다. 특히 nAChR 작용제를 이용한 금연보조치료제로서의 단점은 nAChR에 대한 지속적인 자극이 이루어지기 때문에 흡연을 통해 유도된 의존성이 없어지지 않는다는 것이다. 따라서 니코틴-자가 투여의 강화효과가 급속하게 원상태로 돌아오게 되어 재흡연률이 높다. 미국 FDA 허가를 받아 시판되고 있는 nAChR의 작용제는 varenicline이 있으며 상품화는 되지 않은 nAChR의 작용제는 cytisine, dianicline과 sazetidine-A 등이 있다. 이들 모두는 처방전이 필요한 비-OTC 약물이다.

○ Varenicline: Varenicline은 구조적으로 식물성 알칼로이드인 cytisine과 관련이 있으며 미국 FDA에 의해 승인되었다. Vareniclinen은 α4β2 nAChR의 아형에 대해 높은 친화성을 가지고 있으며 다른 아형에는 친화성을 전혀 가지고 있지 않다. Varenicline은 니코틴에 의해 방출되는 도파민의 약 40~60% 정도에 해당되는 도파민을 유도할 수 있는 효능을 가지고 있다. 이러한 측면에서 varenicline은 α4β2 nAChR에 대한 중요한 부분 작용제이다. 그러나 varenicline은 α7을 가진 nAChR에 대해서는 완전 작용제이다. 사람에게서 vareniclin의 최대흡수는 경구투여 후 3~4시간 이내에 발생하며 반감기는 약 24시간이다. Vareniclin은 랫드에서 니코틴-자

가 투여를 막는 완벽한 니코틴대체물질이다. 최근 연구에 따르면 vareniclin은 위약보다 금연성공률이 2~3배 정도 높은 것으로 확인되었다. 금연 후 9~12주 경과 후 금연율은 bupropion의 30%와 위약의 18%보다 훨씬 높은 44% 정도이었다. 또한 금연 후 9~52주의 금연율에 대한 추적조사에서도 bupropion의 15%와 위약의 8%와 비교하여 훨씬 높은 22% 정도의 금연율로 varenicline의 효능이 확인되었다. 2008년 FDA에 따르면 varenicline를 복용한 환자는 동요(agitation), 우울증, 자살시도 및 자살 등 심각한 신경정신적 증상이 유발된다고 진술되었지만 이러한 부작용은 아주 소수에 국한되는 것으로 확인되었다. 따라서 금연을 위한 약물요법으로 varenicline는 다른 어떤 것보다 금연성공을 높이는 약물이라고 할 수 있다. <표 8-21>에서처럼 nAChR 작용제인 varenicline의 복용이 이루어지며 부작용으로 불면, 두통 그리고 메스꺼움이 있을 수 있다.

〈표 8-21〉 Varenicline의 상품과 특성

상품(제조회사)	사용량 및 처방스케줄	특 징
Chantix™ tablets (Pfizer)	1일 최대용량: 2mg(1mg/AM, 1mg/PM) 투여 1~3일: 0.5mg/day 투여 4~7일: 1mg/day(0.5mg/AM, 0.5mg/PM) 투여 8일부터 종료까지: 2mg/day(1mg/AM, 1mg/PM)	처방전이 필요하며 흡연욕구 및 금단증상 완화 시 사용됨, 부분적 nAChR 작용제
	최초투여시기: 금연 1주일 전부터	
	투여기간: 12주이나 상담을 통해 더 연장 가능	

*AM: 오전, PM: 오후

○ Cytisine: Cytisine은 *Cytisus laburnum* 등의 식물에서 발견되는 알칼로이드이며 varenicline의 유사체이다. Cytisine 역시 α4β2 nAChR에 대한 선택적인 부분 작용제이다. 다른 nAChR의 아형은 α4β4 그리고 α6을 가진 nAChR에 대해서도 작용한다. Cytisine은 니코틴에 의해 방출되는 도파민의 약 50% 정도를 유도하는 효능을 가지고 있다. Cytisine의 금연성공률

은 위약의 8%보다 높은 약 14% 정도로 확인되었다.

○ Dianicline: Dianicline은 varenicline 및 cytisine와 유사한 구조를 가지고 있다. Dianicline은 α4β2 nAChR에 대해 높은 친화성을 가지고 있으며 이외 다른 아형에 대해서는 낮은 친화성을 가지고 있다. Dianicline은 acetylcholine 의 약 19% 정도의 효능을 가지고 있는 부분 작용제이다. 금연성공률은 위약의 8%보다 높은 약 16% 정도이다. 하지만 dianicline은 약물처방요법 으로 더 이상 생산되지 않고 있다.

○ Sazetidine−A: Sazetidine−A는 α4β2에 대한 높은 친화성과 선택성 을 가진 물질이다. Sazetidine−A는 니코틴에 의해 방출되는 도파민의 90%를 중뇌의 배부선조체에서 유도하는 반면에 해마에서는 약 50% 정 도를 유도한다. 따라서 Sazetidine−A는 중뇌의 배부선조체에서는 완전 작용제, 해마에서는 부분 작용제로 역할을 한다.

○ Clonidine: nAChR의 α2−소단위체에 대한 작용제이며 혈압강하제 이다. 금연과정에서 clonidine의 효능은 진정(sedation)과 긴장완화(anxiolysis) 유도에 기인한다. 이는 clonidine이 교감신경의 흐름(sympathetic neural outflow) 에 대한 감소를 유도하기 때문이다. 특히 금연에 의한 불안(anxiety)이 높 은 사람에게 적절한 약물로 알려졌다.

- **금연에 있어서 약물요법의 효능에 대하여 부정적인 의견도 제시되 고 있다.**

니코틴대체요법(NRT)에 의한 금연의 효능성에 대한 평가에 있어서 역시 논란은 많았다. OTC NRT는 처방전 없이 금연을 원하는 사람이 구 입가능한 니코틴 껌과 패치를 금연에 응용하는 니코틴대체요법이다. 특 별히 OTC NRT에 대해 논란이 되는 것은 OTC라는 특성에 기인하여 누구나 쉽게 구입하여 특별히 상담이나 약물처방지침에 대한 이해가 없이 무분별하게 이용되고 있다. 이는 금연성공률에 대해 영향을 줄 수 있다. 이들을 이용한 NRT의 금연 효능은 상담과 이용 방법 등에 대해 잘 계획된 연구를 통해 확인된 것인데 무분별한 이용은 OTC NRT에 의한 성공률에 대해 부정적인 영향을 줄 수 있다. 특히 NRT에 대해 중립적인 입장 측면에서 NRT 효능에 대한 다양한 견해들이 나오고 있다. 만약 NRT가 금연에 대해 효능이 있다면 이러한 상품이 판매되기 시작한 이래로 흡연율에 대해 영향을 줄 정도로 크게 기여하였는가 또는 이러한 제품에 의존한 금연이 급작금연법을 통한 금연과 금연성공률에 차이가 있는가 등에 대한 의문이 논란의 중심에 있다. 결과적으로 이러한 질문에 대해 OTC 환경에서의 NRT는 효과가 없는 것으로 현재 받아들여지고 있다. 그러나 OTC 환경과는 다르게 NRT가 계획적으로 잘 응용되는 금연과정에서는 긍정적인 결과가 도출되고 있다는 연구 역시 존재한다. 따라서 NRT에 의한 금연성공 여부는 ORT 환경에서 어떻게 계획적으로 NRT가 응용되느냐에 따라 그 결과가 많이 다를 수 있다는 것을 의미한다.

일반적으로 담배회사는 니코틴의 용량, 운반속도 그리고 운반수단 등의 요소를 고려하여 담배에 다양한 첨가물을 첨가하거나 니코틴의 화학적 형태의 변형을 통해 담배의 중독 및 의존성을 극대화에 대한 개념을 바탕으로 담배를 개발하고 생산한다. 이러한 회사들의 방침에 따른 새로운 담배는 보다 더 감각기관을 자극하여 중독과 의존성을 높이게 된다. 금단 및 흡연욕구 완화를 위한 기존의 약물은 이러한 개발 방침에 맞추어 담배의 새로운 중독기전을 포함하여 작용할 수는 없다. 물론 이에 대체하여 새로운 약물이 개발되고 있지만 끊임없이 담배회사들은 새로운 중독기전을 응용하여 담배를 개발 중이며 개발할 것이다. 이러한 측면에서 금단증상 및 흡연욕구를 위해 처방되는 bupropion과 같은 비－니코틴대체 약물은 다른 어떤 금연방법보다 탁월한 효능을 가지고 있지만 담배회사들의 새로운 중독기전이 응용된 담배에 대해서는 효능이 같을 수는 없다는 측면에서 효능의 부정적인 면이 부각되고 논란이 되고 있다. 또한 니코틴대체요법에 의한 니코틴 투여는 니코틴 수용체인 nAChR 분해를 막는다. 일반적으로 장기간 흡연에 의해 nAChR이 증가하는데 금단증상은 증가된 nAChR에 기인하는 것으로 추정되고 있다. 따라서 니코틴대체요법을 통한 니코틴 투여는 nAChR의 분해를 막고 활성을 증가시켜 금단현상의 기간을 연장시킬 수 있다는 점이 또한 약물요법의 단점으로 지적되고 있다.

● **백신을 비롯한 증상치료기법을 이용하여 금연 및 의존성 치료를 위해 다양한 약물 개발이 가능하다.**

금연대체요법 등이 개발된 이후 지난 수십 년 동안 약물 및 이용 방법 역시 다양하게 개발되어 왔다. 또한 현재의 약물 종류 및 적용의 다양성에서 알 수 있듯이 약리적 기전을 이용한 새로운 약물 개발을 위한 잠재력은 많다. 이러한 새로운 약물 개발을 위해서는 ① 일반적으로 적용방법에 따른 새로운 화학물질(entities) 및 제제(formulation)의 개발, ② 새로운 제제와 화학물질의 성상에 대한 새로운 지표 설정, ③ 금연약물 투여를 위한 특정 집단의 선택 등이 금연을 위한 신약 개발에 있어서 일반적으로 고려할 사항이다.

① 적용방법에 따른 새로운 화학물질 및 제제의 개발: <표 8-22>는 금연을 위한 약물 개발을 위해 적용방법에 따른 새로운 제제와 신규화합물의 다양한 범주를 요약한 것이다. 약물 개발 분야별로는 폐(lung)로

의 니코틴 전달(lung delivered nicotine), 일상적 또는 순간적 욕구에 부합하도록 투여용량이 조절되는 니코틴 전달, nAChR 표적, 약물 비-니코틴 관련 약물, 니코틴 길항제, 다른 지표 또는 증상에 효능이 있는 약물 그리고 약물유전체적 접근 등의 측면에서 새로운 약물 개발이 가능하다. 니코틴을 얼마나 빠르게 전달하느냐는 급작스럽고 빠른 흡연욕구에 얼마나 빨리 부응하느냐 하는 문제와 결부되어 있다는 측면에서 중요하다. 이는 곧 시간에 관계없이 발생하는 흡연욕구에 적절하게 니코틴이 공급되어야 그만큼 금연성공률을 높일 수 있다는 것을 의미한다. 물론 좀 더 공격적으로 보다 높은 용량의 니코틴 공급 방법은 안전성 문제를 유발하거나 또 다른 중독 문제를 유발할 수 있다. 특히 이러한 종류의 약물은 법적 규제를 받을 수 있다. 그러나 안전성과 효능성이 입증되면 고려되는 여러 장벽을 극복하는 데 큰 문제가 없다. 이러한 전달에 중요성과 더불어 또한 효능성에 중점을 두어 약물이 개발될 수 있다. 예를 들어 백신을 이용한 접근을 통해 특정 수용체에만 작용하는 약물뿐 아니라 담배 의존성에 기인하는 금단증상과 자가투여를 예방하는 대체제 개발이 가능하다. 또한 항우울제인 bupropion과 varenicline 등은 특정 금단증상을 감소시키는 것으로 확인되어 금연과정에 작용되듯이 다른 질환치료제를 잘 이용하여 흡연과 금연에서 유발되는 여러 증상을 치료하는 데 적용을 위해 개발될 수 있다. 이와 같이 다른 질환 치료에 적용되는 약물을 유사한 증상을 보이는 다른 질환에 응용하여 치료하는 것을 증상치료기법(symptomatic treatment)이라고 한다.

〈표 8-22〉 금연을 위해 신규화합물의 적용방법에 따른 분류

약물의 유형과 분류	과학적 이론	개발 가능성	고려할 사항
폐로의 니코틴 전달 (Lung delivered nicotine)	담배의 니코틴은 폐를 통해 전달된다는 측면에서 유사한 방법	장기간 사용을 위한 안전성 확보가 되면 바람직한 전달 방법	의약적 목적에 적합하게 개발되면 처방 이외의 오용을 막기 위한 규제 필요
일상적 또는 순간적 욕구에 부합하도록 투여용량이 조절되는 니코틴 전달	욕구에 맞는 니코틴의 투여량은 다양하며 또한 담배 역시 니코틴 양이 다름	사용자들의 위험성을 최소화할 수 있도록 투여용량의 유동성 제공 필요	
nAChR 표적 약물	Cytisine과 varenicline 등과 같은 nAChR 작용제와 같은 원리	이미 개발되었기 때문에 개발 가능성이 큼	이미 효능이 알려진 기전으로 금단증상 완화와 흡연욕구 감소에 있어서 더 강력한 약물 개발 가능
비-니코틴 관련 약물 (cannabinoid receptor blockers 또는 도파민신경계 저해제 및 작용제)	흡연의 이유가 다양하듯이 금단증상 역시 다양하기 때문에 금단증상 유발에 있어서 다양한 기전	특정 금단증상에 대한 효능을 입증하는 임상시험 필요성	표적 증상과 기전의 차이로 시장의 독점 가능성
Vaccine(백신)	금단증상과 흡연욕구 감소를 유도하여 금연에 효과 입증	의존성 초기 또는 금연 유지에 어려운 시기에 백신이 적절	현재 젊은 사람들의 흡연을 예방하는 모델(prophylactic model)로는 개발되고 있지는 않지만 니코틴 중독의 치료를 위해 개발되고 있음. 내성과 안전성의 문제가 있어 5년 후 개발 가능할 것으로 추정됨
Antagonist (니코틴 길항제)	니코틴 길항제는 니코틴 강화작용을 억제하는 것으로 확인됨	Mecamylamine 등이 있는데 변비와 졸음 그리고 진정 등 아직 부작용 해결 필요성	완전한 길항제 개발은 어렵지만 부분 작용제와 부분 길항제 혼합 처방을 통해 개발 가능
다른 지표 또는 증상에 효능이 있는 약물	금단증상 및 약물 자가투여에 대한 깊은 이해를 통해 금연을 유도하는 데 도움	신경정신적 문제를 치료하는 약물이 많은데 니코틴 중독 치료에 적용	지적재산권과 특허 등에 있어서 문제가 있을 수 있지만 기존 효능을 확대함에 있어서는 법적 문제가 없음(예를 들면 bupropion은 우울증치료제이지만 니코틴의존성 치료제로 사용)
약물유전체적 접근	니코틴 대사, 중독 그리고 치료 등에 있어서 유전적 차이가 존재	현재의 약물과 미래의 유전적 측면의 개발 방향과 조화를 통해 신규화합물 개발	

:(참고: Henningfield)

② 새로운 지표 설정을 통한 신규화합물 개발: 일반적으로 금연을 돕는 약물들은 금단증상과 의존성에 대한 영향 등에 대한 지표에 국한된 기능으로 마케팅이 되고 있다. 그러나 이러한 약물이 지향하는 기능적 지표들을 확장하여 금연보조 약물을 개발할 필요성이 있다. <표 8-23>은 흡연중단을 포함한 다양하고 새로운 지표와 이러한 지표에 대한 효능 증명을 위한 시도에 대해 요약한 것이다. 추구해야 할 새로운 지표들은 재흡연 예방, 금연유지, 담배의 독성물질 노출 감소, 금연시도의 감소, 그리고 모든 종류의 담배 의존성에 대한 치료 등이 있다.

〈표 8-23〉 새로운 약물 개발을 위한 다양한 지표와 임상시험의 고려 사항

지표와 적용 범위	효능 검증을 위한 임상시험 디자인 고려사항	특이 사항
흡연중단	금연프로그램과 약물 투여 기간에 대한 모델 설정	투여 시간이 짧지는 않은지에 대한 조사와 마케팅 전략을 위한 조사 필요성
재흡연 예방	약 1~3년 동안 대규모 집단에 대해 장기간 시도 필요. 재흡연 예방을 위해 장기 또는 단기 약물 투여가 필요한지를 고려. 또한 재흡연 특정 위험군 설정 및 관리에 대한 고려. 재흡연 예방 효능에 대한 FDA 승인에 필요한 조사	금연으로 승인된 약물이지만 새로운 조성물 변화를 통해 효능에 있어서 재흡연 예방 항목을 추가
금연 유지	약 1~3년 장기 투여 약물로 분류. 대규모 집단에 대해 장기간 시도 필요. 재흡연 예방을 위해 장기 또는 단기 약물 투여가 필요한지를 고려. 또한 재흡연 특정 위험군 설정 및 관리에 대한 고려. 재흡연 예방 효능에 대한 FDA 승인에 필요한 조사	금연으로 승인된 약물이지만 새로운 조성물 변화를 통해 효능에 있어서 금연유지 항목을 추가.
담배의 독성물질 노출 감소	완전한 금연이 이루어지지 않고 완벽한 금연을 유도하기 위해 개선된 건강 상태와 더불어 독성물질 노출 감소를 증명할 수 있는 시도	독성물질의 노출 감소의 지표는 마케팅 그리고 금연중단을 막는 데 도움
금연시도의 감소	완전한 금연이 이루어지지 않고 완벽한 금연을 유도하기 위해 금연에 의한 개선된 건강과 더불어 단번에 금연성공을 통해 금연시도가 감소되는 것을 증명	금연이 본 약물의 최종 목표라는 것을 제품에 명시하며 이는 급작스러운 금연시도는 결코 성공할 수 없다는 것을 인식하게 함
모든 종류의 담배 의존성에 대한 치료	모든 종류의 담배에 의한 의존성 유발 기전은 거의 유사하다는 것을 니코틴 흡입하는 양의 비교를 통한 증명 시도	담배 종류마다 흡연의 형태가 다소 다르기 때문에 담배에 대한 적응 정도가 의존성의 판단 기준이 됨

③ 금연약물 투여를 위한 특정 집단의 선택: 약물 효능을 위한 대부분의 임상시험은 질환이 없는 집단과 전체 인구 특성을 대표할 수 있는 집단이 선택되어 이루어진다. 만성질환을 가진 집단은 금연에 의해 보다 더 얻을 수 있는 혜택이 많지만 금연약물 투여에 대한 임상시험은 거의 없다. 예를 들어 암환자에게 있어서 금연이 질환의 진행과 삶의 질 모두에 도움이 되지만 금연약물 투여의 임상시험은 거의 이루어지지 않았다. 우울증과 정신분열증 그리고 다른 약물오용을 가진 사람들은 담배 의존성과 담배에 의해 조기 사망에 대한 위험성이 더 높지만 또한 임상시험에서 배제되어 왔다. 이와 같이 질환과 같은 특수성을 가진 집단은 금연을 통해 더 많은 혜택을 얻을 수 있는 가능성에도 불구하고 약물 투여를 통한 금연이 거의 시도되지 않았다. 물론 또 다른 이슈를 유발하며 특별한 주의가 또한 필요한 것도 사실이지만 이와 같이 특별한 집단을 대상으로 금연을 유도하거나 도움이 되는 것 역시 새로운 금연약물을 개발하는 데 있어서 마땅히 고려해야 할 사항이다.

그러나 흡연감소가 특정 집단에서 위험성을 감소한다고 하지만 정확한 자료를 얻기 전까지는 어느 정도의 흡연 노출이 호흡기 질환 및 암 등을 유발하는지 확실하지 않다. 즉 금연을 위한 약물이 특정 집단에서 금연을 위한 도움이 되더라도 더 많은 자료를 확보하기 위해 개인적 평가와 관찰이 지속되어야 한다. 또한 질환의 상태에 따라 금연약물의 영향이 어떻게 안전성에 영향을 주는지에 대한 우려 역시 존재한다. <표 8-24>는 이러한 다양한 사항을 고려하여 특정 집단을 표적으로 금연약물의 임상시험 시도에 있어서 시험디자인과 특별히 고려해야 할 사항들을 요약한 것이다. 특히 어떤 약물에 대한 임상시험에 이어서 특별히 주의가 요구되는 집단은 임신부, 청소년 그리고 심장질환을 가진 집단이다. 이들 집단과 더불어 <표 8-24>에서 언급된 집단들이 금연약물 투여를 통한 금연으로부터 얻는 것이 많은 것은 사실이다. 이는 흡연이 대부분의 경우에 있어서 좋은 영향을 주는 것이 아니기 때문에 일반 집단보다 특정집단에서의 위험 대비 혜택이 동등하거나 더 많을 것으로 추정된다.

〈표 8-24〉 특정집단별 임상시험 시도에 있어서 고려해야 할 사항

표적 집단	효능 검증을 위한 임상시험	특이 사항
청소년 집단	청소년들은 18세 이전에 약 50% 정도는 끊기를 원하고 후회하는 마음과 더불어 의존성이 발달하게 된다. 흡연의 형태 및 행동학적 사회적 요인 등이 성인에게 이용되는 임상시험 디자인이 적용된다.	청소년 약 1/3 정도가 초기 성년기에 약물 투여 없이 금연을 한다는 사실 때문에 안전-이익 비(safety benefit ratio)가 중요하게 고려되어야 한다. 안전-이익 비란 청소년에게 가해지는 약물 투여의 안전성과 혜택을 따져서 혜택이 더 크다고 판단되면 안전성을 배제하여 실행하는 것을 의미한다.
임신부 집단	효능 검정 시도를 위하여 저체중아 출산과 임신 합병증 항목이 포함되어 시도되어야 한다.	임산부에게 약물 투여는 안전성의 문제가 있지만 일반인 대상으로 광범위하게 시도되고 있다는 점을 강조한다.
암환자	암환자에게 있어서 효능검증의 시도는 금연만큼이나 삶의 질에 대한 많은 고려가 필요하다. 금연약물 투여에 의한 결과와 질환-관련 결과에 의한 차이가 명확하게 구별이 가능하도록 디자인되어야 한다.	암의 진행에 대한 영향 등 안정성을 고려하여 생물학적 지표를 설정하여 금연약물 투여에 의한 안정성을 확인한다. 또한 이러한 결과를 마케팅에 적절히 이용한다.
호흡기 질환 집단	약물에 의한 금연은 잠재적인 호흡기 질환의 개선을 도우며 삶의 질이 좋아진다는 것을 고려하여 시도에 대한 디자인을 한다.	폐질환 경과에 대한 영향 등 안정성을 고려하여 생물학적 지표를 설정하여 금연약물 투여에 의한 안정성을 확인한다. 또한 이러한 결과를 마케팅에 적절히 이용한다.
심장질환 집단	금연약물 투여에 의한 심장질환의 약화가 없다는 조사를 시도	심장질환 경과에 대한 영향 등 안정성을 고려하여 생물학적 지표를 설정하여 금연약물 투여에 의한 안정성을 확인한다. 또한 이러한 결과를 마케팅에 적절히 이용한다.
정신과 치료를 받는 집단	금연약물 투여에 의해 정신과 치료에 있어서 부작용을 최소화한다는 것에 대한 시도가 필요하다.	정신질환에 의한 증상들과 금연에 의한 증상들에 대한 금연약물 투여의 영향이 명확하게 구분이 되도록 조건을 조성하여 시도가 이루어져야 한다.
기타 약물 의존성을 가진 집단	금연약물 투여에 의해 정신과 치료에 있어서 부작용을 최소화한다는 것에 대한 시도가 필요하다.	정신질환에 의한 증상들과 금연에 의한 증상들에 대한 금연약물 투여의 영향이 명확하게 구분이 되도록 조건을 조성하여 시도가 이루어져야 한다.

4. 대체의학요법(alternative medical approach)

일반적으로 뇌섬엽(insula)에 상해나 자극을 가진 사람이 금연을 쉽게 한다고 알려졌는데 대체의학요법은 이러한 뇌의 자극을 통해 금연을 유도하는 것으로 설명되고 있다.

○ 최면기법(hypnotherapy): 최면은 최면법 또는 최면술이라고 불리는 일정한 방법으로 의도적, 인위적으로 야기되는 인간 유기체의 특수한 상태 및 그것이 원인이 되어 생기는 심리적, 생리적인 일련의 현상들을 의미한다. 최면상태는 수면과 각성의 중간적 특징, 특히 잠들 때의 상태와 비슷하나 수면과 분명히 구별된다. 이러한 최면상태를 유도하여 금단현상 및 금연욕구를 유도한다.

○ 향기 및 허브요법(aromatic and herb therapy): 폴리네시아 산 후추 속(屬)의 대형 초본인 kava와 쌍떡잎식물 초롱꽃목 국화과의 풀인 chamomile에서 나오는 향기를 이용하여 금연을 돕는 방법이지만 널리 이용되고 있지는 않다. 또한 인도 담배의 일종인 Lobelia inflata는 신경계에 니코틴과 유사한 효능을 지닌 lobeline을 함유하고 있다. 그러나 금연에 대한 효능은 확실하지 않다. 그 외 다른 식물로서 귀바퀴(oat straw, Avena sativa), 골무꽃(scullcap, Scutellaria lateriflora), 쥐오줌풀(valerian, Valeriana officinalis), 레몬밤(lemon balm, Melissa officinalis), 마편초(vervain, Verbena officinalis) 등이 있다. 이 중 귀바퀴-에탄올 추출물은 흡연량을 유의하게 감소시키는 것으로 알려졌다.

○ 금연침요법(acupuncture clinical trial): 한의학에서 이용되는 침을 이용하여 금연을 돕는 방법이다.

○ 레이저치료법(laser therapy): 레이저 빔을 주사하여 금연을 돕는다.

5. 담배대체물(substitutes for cigarettes)

담배대체물이란 유해하지 않고 금연을 위해 담배를 대신하여 일시적으로 일부 역할을 하는 모든 물질을 의미한다. 대표적으로 전자담배와 무연담배가 있으며 이외에 담배를 대신할 수 있는 다른 식물성 엽초를 이용하여 만든 궐련이 있다.

○ 전자담배(electronic cigarette): 전자담배는 배터리로부터 전력을 공급받아 기화기가 카트리지 내의 니코틴 용액을 가열하여 니코틴과 수증기 흡입을 통해 담배를 피울 때와 유사한 형태와 기능을 할 수 있도록 고안된 니코틴대체요법 중의 하나이다. 특히 니코틴 공급을 통해 금단 증상 완화와 연기를 혀와 구강의 수액을 통해 느끼는 감각 또는 미각인 담배의 끽미를 느낄 수 있도록 하여 흡연자가 흡연욕구를 감소하도록 고안되었다. 물질이 연소하면서 발생되는 타르, 발암물질 등이 발생하지 않는다. 그러나 WHO는 2008년 9월, 연구를 통해 전자담배가 금연 도움에 대한 기능과 안전성에 있어서 신뢰할 수 없다는 점을 발표하였다.

○ 무연담배(smokeless tobacco): 무연담배는 작은 팩에 담배를 담아서 잇몸과 뺨 그리고 입술 사이에 물고 있는 담배이며 Snus가 있다. <그림 8-2>에서처럼 작은 팩의 엽연초는 일반담배와 같은 열건조(heat-cured)가 아니라 증기건조(steam-cured)에 의해 가공된다. Snus의 안전성에 대한 논란은 많이 있다. 연구에 의하면 구강암의 선행인자인 백반증(leukoplakia)에 대한 위험성을 증가시키는 것으로 알려졌다. 대부분의 씹는담배 역시 구강 및 후두암의 원인으로 추정되고 있다.

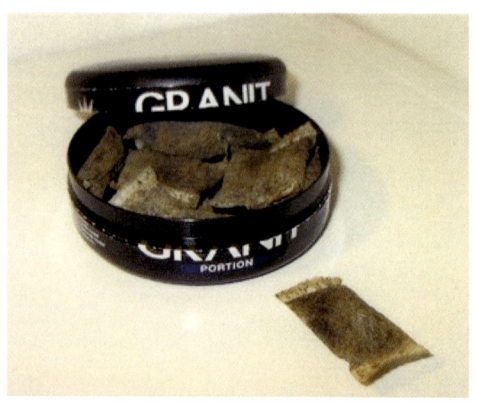

〈그림 8-2〉 Snus: 우측 하단의 작은 팩을 잇몸과 뺨그리고
입술 사이에 물고 있는담배이다.

6. 여러 금연방법의 금연성공률과 금연클리닉

◎ **주요 내용**

- 심리사회적 중재 및 약물요법은 병행하였을 경우에 더 큰 금연성공률이 유도
  된다.
- 심리사회적 중재와 약물요법을 병행하고 있는 보건소의 금연클리닉은 좋은
  금연프로그램의 모델이 된다.

● **심리사회적 중재 및 약물요법을 행하였을 경우에 더 큰 금연성공
률이 유도된다.**

<그림 8-3>은 인터넷 온라인상에서 직접 적절한 프로그램을 찾아
금연을 시도하는 온라인금연프로그램(tailored online support), 금연클리닉
에서의 일대일금연프로그램(one-to-one support), 여러 금연전문가 집단

으로 진행되는 집단지원금연프로그램(group support) 그리고 전화금연상담프로그램(telephone support) 등의 심리사회적 중재의 다양한 요법을 통한 금연성공률을 약물요법의 금연성공률과 비교한 것이다. 온라인금연프로그램, 일대일금연상담프로그램, 집단금연프로그램과 전화상담 등의 심리사회적 중재의 금연성공률은 약 3~6.5% 정도로 추정되고 있다. 니코틴대체요법은 약 7%, 그리고 니코틴대체요법과 bupropion 처방 병행에 의한 금연성공률은 약 12.5%, 그리고 nAChR 작용-제인 varenicline인 경우에는 가장 높은 약 16% 정도이었다. 이는 전체적으로 심리사회적 중재보다 약물요법이 다소 낮은 금연성공률을 보여 주는 것이다. 또한 약물요법이라도 니코틴대체요법과 비니코틴대체요법과 혼합할 때 금연성공률이 각각 치료했을 때보다 높다.

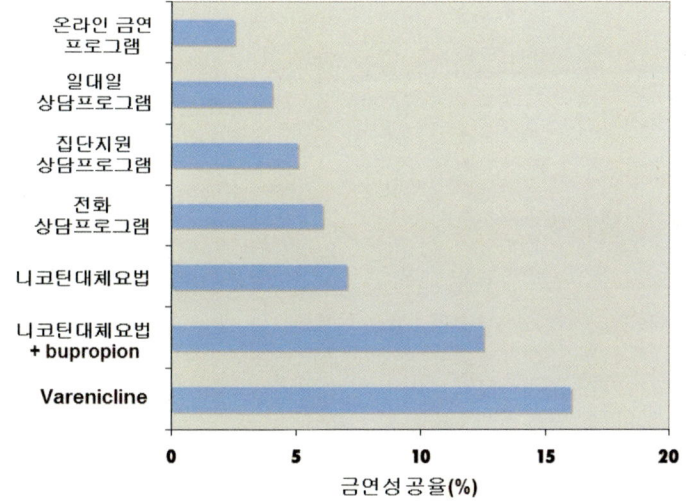

〈그림 8-3〉 심리사회적 중재와 약물요법의 금연성공률의 추정 비교: 온라인 금연프로그램, 일대일금연상담프로그램, 집단금연프로그램과 전화상담 등의 심리사회적 중재의 금연성공률은 약 3~6.5% 정도로 추정되고 있어 니코틴대체요법 등의 약물요법의 금연성공률과 비교하여 낮은 것으로 추정되고 있다(참고: west).

그러나 동일한 기준으로 여러 금연보조방법에 의한 금연성공을 객관적으로 평가하기가 쉽지 않다는 것이다. <그림 8-4>는 미국의 흡연 및 담배의 치료(Treating Tobacco Use and Dependence) Clinical Practice Guideline에 실린 내용으로 1975년과 2007년 사이 수행된 연구 약 8,700개 중 평가기준에 부합한 300개 연구에 대한 메타분석을 통해 금연방법에 따라 2008년 발표된 금연성공률의 추정치이다. 이 보고서에 따르면 심리사회적 중재의 행동요법 등에 의한 금연성공률은 대조군 금연성공률인 10%보다 높은 평균 15.1% 정도로 추정되었다. 또한 금연프로그램 중 구조와 행동내용의 항목이 많으면 많을수록 금연성공률은 심리사회적 중재에 의해 23.2% 정도까지 증가한다. 이러한 금연성공률은 FDA에 의해 승인된 대부분의 약물의 금연성공률인 22.5~26.7%의 평균 24.6%에 근접하는 수치이다. 또한 심리사회적 요법과 약물요법이 병행하여 금연치료가 이루어졌을 경우에 훨씬 높은 금연성공률이 나타나는 것으로 확인되었다. 금연전화상담은 상담을 하지 않은 8.5%의 금연성공률보다 높은 12.7% 정도이다. 그러나 약물처방과 병행하여 상담에 의한 금연성공률은 27.6%~32%의 평균 29.8% 정도까지 증가하였다. 따라서 상담에 있어서 다양한 행동내용과 구조가 많을수록 또한 심리사회적 중재(요법)와 약물용법을 병행하여 금연치료가 이루어질수록 금연성공률은 높을 것으로 추정된다. 특히 이러한 심리사회적 요법과 약물요법을 병행하는 치료요법은 금연클리닉에서 주로 이루어지며 우리나라에서는 대표적으로 보건소에 프로그램이 제공되고 있다.

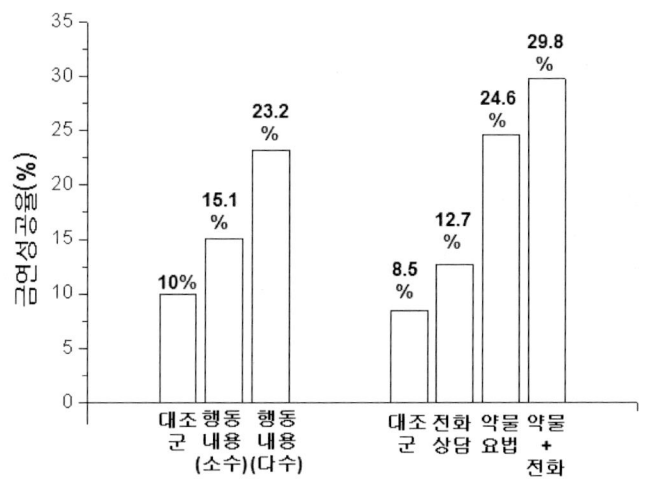

〈그림 8-4〉 심리사회적 중재와 약물요법에 의한 추정 금연성공률: 따라서 상담에 있어서 다양한 행동내용과 구조가 많을수록 또한 심리사회적 중재와 약물용법을 병행하여 금연치료가 이루어질수록 금연성공률은 높을 것으로 추정된다.

- 심리사회적 중재와 약물요법을 병행하고 있는 보건소의 금연클리닉은 좋은 금연프로그램의 모델이 된다.

금연을 유도하고 금연을 유지하기 위해서는 심리적 접근의 심리사회적 중재와 니코틴 및 nAChR 작용제와 길항제 등의 약물요법 등을 부분적 또는 통합적으로 제공하는 프로그램이 필요하며 이 역시 쉽게 접근 가능해야 한다. <표 8-25>에서처럼 금연을 위한 다양한 프로그램을 제공하는 여러 기관이 있다. 금연상담프로그램을 제공하는 금연콜센터와 금연프로그램을 온라인으로 제공하는 인터넷사이트 역시 존재한다. 또한 2008년에는 대한금연학회(회장: 맹광호)가 창립되어 금연 및 금연프로그램에 대한 학문적 뒷받침이 이루어지고 있다.

금연프로그램 및 관련 기관	내용 및 홈페이지
금연콜센터(quitline) (quitline.hp.go.kr, 1544-9030)	2006년 4월부터 금연상담전화서비스(1544-9030)를 제공해 오고 있으며 일반인 누구에게나 금연과 흡연예방을 위한 정보제공은 물론 전문 금연 상담사가 흡연자에 대하여 금연의지 확인, 금연결심, 금연실천, 금연유 지 등의 단계별 금연상담을 1년간 프로그램으로 제공하고 있으며 SMS 문자서비스, 이메일 서비스 등의 다양한 상담 채널을 제공하고 있다.
그 외 온라인 금연프로그램 및 금연기관	www.nosmokeguide.or.kr www.nosmoke.or.kr www.say-no.co.kr www.smokefree.co.kr www.nosmokingnara.org www.kash.or.kr 대한금연학회(www.ksrnt.org)
금연 클리닉-전국 보건소	지역사회 흡연자를 대상으로 상담 및 금연지원서비스를 제공하며, 지역 사회 금연 홍보 및 교육을 통하여 금연실천율을 높이고 궁극적으로는 흡연율을 감소시키는 것을 목적으로 설치되었다. 특히 2005년부터 전국 246개 보건소(2009년 현재 253개소)를 통해 금연을 원하는 흡연자에게 무료로 금연상담 및 치료서비스를 제공하고 있다.

특히 대부분의 금연에 도움을 주는 기관들이 상담을 통한 행동요법에 의존하지만 행동요법과 약물요법 모두를 제공하는 금연클리닉은 금연 정책에 있어서 큰 역할을 한다. 금연클리닉이 다른 금연상담프로그램과 다른 점은 의사가 존재하여 약물처방이 가능하다는 점이다. 따라서 금 연클리닉은 의사가 상주하는 일반 병원 및 의원 그리고 보건소에서 담 당하고 있다. 특히 보건소에서의 금연클리닉은 행동요법과 약물요법을 모두 제공하는 국가적 차원의 중요한 금연프로그램이라고 할 수 있다. 이러한 국가적 차원에서의 금연 지원은 <표 8-26>과 같이 외국의 금 연클리닉을 포함한 국가적 금연정책의 큰 영향을 통해 이루어졌다. 흡 연자의 금연실천을 지원하기 위한 방법으로 영국과 홍콩, 뉴질랜드에서 는 금연클리닉, 미국에서는 금연콜센터를 통해 약물요법 등이 제공되고 있다. 영국의 경우 1999년부터 국가 차원의 금연클리닉이 운영되어 2003

년에는 전체 흡연자의 약 3%가 금연클리닉을 이용하여 4주 금연성공률은 57%, 1년 금연성공률은 니코틴대체요법을 사용할 경우 6~10%, 사용하지 않을 경우 3~5% 정도로 성공적인 금연지원정책으로 정착되고 있다.

〈표 8-26〉 여러 국가에서 시행되고 있는 금연프로그램

국가	금연프로그램 서비스 제공 형태
영국	- 1999년 26개 HAZ(Health Action Zone)에서 서비스를 시작하여 2000년부터 NHS(National Health Service)에 통합되어, 2008년 현재 전국 304개 지역에서 금연클리닉 운영 중 - NHS의 금연클리닉(Stop Smoking Service)은 적합한 약물요법(NRT, 부프로피온)과 보건간호전문가의 상담서비스 제공
홍콩	- 2000년 8월 이후 SCHC(Smoking Cessation Health Center)에서 공공의 금연클리닉 서비스 제공 - SCHC의 주된 서비스는 행동요법과 니코틴대체요법(NRT)이며 공공과 민간의료기관, 정부 및 NGO들에게 포스터나 소책자를 배포하며 대중매체(TV, 신문 등)의 특집기사를 통하여 홍보
뉴질랜드	- 1998년부터 운영되고 있는 Quitline 서비스를 향상시켜 Quitline NRT 프로그램이 제공되고 있으며 Quit Group을 통해 2000년 11월부터 국가의 지원으로 금연클리닉 서비스 제공 - Quitline NRT 프로그램은 니코틴 패치와 껌의 형태로 제공되는 NRT와 무료전화상담으로 이루어진 프로그램을 구성하여 쌍방향 일대일 서비스를 제공
미국	- 미국의 금연콜센터는 이용하는 흡연자들에게 효과적으로 작용했다는 연구결과와 미국의 많은 주에서 금연콜센터가 메스미디어를 이용한 금연프로그램으로 중요한 역할을 담당함에 따라 2003년에 이르러 미국 40개 주들은 독특한 형태의 금연콜센터를 설립 - 금연콜센터에서 제공되는 서비스는 금연상담서비스, 약물치료 프로그램, 외부 프로그램 연계서비스, 우편자료 제공, 웹사이트 서비스 등으로 구성

우리나라에서 보건소 금연클리닉은 보건복지부에서 2004년 10월에 전국 10개 보건소에서 시범사업을 실시한 후 2009년 전국 253개의 보건소에 설치하여 운영하고 있다. 2008년 보건소 금연클리닉 사업실적은 등록자 349,107명, 신규등록자 299,925, 결심자 328,408명, 이용자 326,737명 등으로 4주 금연성공률은 78.7%(253,653명) 정도로 높았다. 인구사회학적 특성에 따르면 4주 금연성공률은 성별, 연령, 사회보장, 직업, 지역 등에서 통계적으로 유의한 차이가 있는 것으로 확인되었다. 성별로는

여성보다는 남성이, 연령별로는 연령이 높아질수록, 사회보장별로는 의료급여 대상자보다는 건강보험 대상자가, 지역별로는 대도시 지역에서 4주 금연성공률이 높게 나타났다. 또한 6개월 금연성공률은 46.5%(133,478명) 정도이었으며 성공률에 있어서 인구사회학적 특성은 4주 금연성공률의 특성과 유사하였다. 그러나 정부가 2011부터 전국 보건소의 금연클리닉을 없애고 금연치료를 민간병원에 맡기는 방안을 논의 중이며 보건소의 금연클리닉 지속은 다소 불투명한 점이 있다. 2009년 39만 명이 등록하고 금연성공률이 40%에 이를 정도의 보건소 금연클리닉은 좋은 평가를 받았으며 이에 대한 이해는 금연프로그램을 구성하는 데 좋은 도움이 된다. 다음은 보건소의 금연클리닉에 대한 구체적 목적과 실행 방법에 대한 내용이며 이를 통해 다른 금연클리닉의 특성과 비교할 수 있다(참고: 이주열).

① 보건소 금연클리닉의 필요성과 의의

○ 흡연인구 및 흡연율의 지속적인 감소를 위한 국가 차원의 금연정책이 필요하다. 금연클리닉은 흡연자를 대상으로 행동요법 및 약물요법을 제공하여 금연실천율을 높이고 궁극적으로 흡연율 감소를 유도하는 데 목적이 있다.

② 보건소 금연클리닉 운영 내용

○ 설치: 지역사회의 여건에 따라 보건소 내외에 설치하여 운영하고 있다. 기존 업무 공간과 구분되는 별도의 공간에서 상담사가 근무하고 있다.

○ 장비: 금연클리닉에는 CO 측정기, 체중계, 혈압계, 허리 줄자, 상담복, 금연교육용 자료 등이 구비되어 있다.

③ 인력 및 역할

○ 금연클리닉 담당의사: 보건소장은 보건소 의사 중 1인을 금연클리닉

담당의사로 지정하며 <표 8-27>과 같이 관련 전문 교육을 이수할 수 있도록 적극적으로 지원한다. 금연상담사의 의뢰를 받아 bupropion 등 약물처방을 하거나 흡연자에 대한 진료가 필요할 경우 진료 등을 담당한다.

○ 금연상담사

－흡연자들을 금연으로 이끄는 동기유발 상담 및 금연실천을 지속화시키는 상담을 담당한다.

－금연상담사 자격은 간호학, 보건교육학, 보건학, 심리학, 상담학을 학부에서 전공하였거나 대학원 과정에서 보건학을 전공한 사람이면 된다. 다만, 위의 영역을 전공하지 않았다 하더라도 보건소 및 시군구에서 보건업무를 5년 이상 담당해 온 경력자 등이다.

－금연상담사는 <표 8-27>과 같이 별도의 교육과정을 반드시 이수해야 한다.

－행정적으로는 보건소 금연사업 담당 팀장의 지도감독을 받고 흡연 관련 조사, 행정과 관련된 사항 등은 금연사업 담당자와 협의한다.

－금연상담사는 지역사회의 학교, 사업장 등과 연계하여 금연클리닉을 운영한다.

－약물 처방이 필요할 경우 니코틴대체제 사용법을 안내하고 처방한다.

－Bupropion 처방이 필요할 경우 보건소 관리의사 또는 민간의료기관에 안내한다.

〈표 8-27〉 금연상담사 및 금연의사 교육프로그램 내용

교육내용	금연상담사	금연의사
	시간	시간
국가 금연정책 및 금연클리닉 운영방향	1	1
흡연의 역사/ 담배의 성분과 폐해	1	1
니코틴 중독과 금단증상	1.5	2
흡연 여부 검사법	2	1
흡연 약물요법	1	1
흡연자들의 Q & A	2	1
스트레스 관리방법	1	1
사업장에서의 금연접근법	1	−
학교에서의 금연접근법	1	−
흡연 행동요법: 상담방법	3.5	2
인터넷 등 금연정보 활용법	1	−
금연클리닉 시범사업 운영 사례	1	1
금연클리닉 등록, 추후관리, 평가방법	2	1
입교식 및 수료식	1	1
총계	20	13

○ 금연담당공무원

- 금연클리닉의 사업계획, 예산집행, 사업홍보, 공문 작성, 사업결과 보고 등 행정적인 업무를 수행한다.

- 지역사회 평가 및 협력체계를 구축한다.

④ 관리체계

- 금연클리닉의 최종 책임자는 보건소장이나, 금연담당의사(관리의사)가 금연 진료측상의 책임을 가진다.

- 금연상담사는 상담 및 약물요법과 관련된 제반의 업무에 대해서 금연담당의사(관리의사)의 지도감독을 받고 행정적으로는 보건소 금연사업 담당 팀장의 지도감독을 받는다.

- 보건소의 금연사업 공무원 담당자는 금연클리닉 운영과 관련된 제

반의 행정업무를 지원한다.

⑤ 사업대상자

- 금연클리닉 서비스는 20세 이상 성인을 대상으로 한다. 이는 기존 병원 금연클리닉 사업대상자는 청소년을 포함하고 있다는 측면에서 차이가 있다.
- 보건소 서비스 이용자 또는 방문보건 대상자 중 흡연자는 의무적으로 금연클리닉에 등록하도록 유도한다.
- 등록 대상자는 지역주민 중에서 선정하는 것을 우선적으로 고려한다. 지역사회 파악을 통해 개인 금연서비스가 필요한 우선대상 집단을 선정하고 흡연자를 모집, 등록한다.
- 보건소를 방문하는 흡연자 외에도 대규모 사업장, 대학 등에 출장하여 흡연자를 모집, 등록한다.
- 금연을 원하는 흡연자에 대해서 소득 및 연령에 관계없이 등록 가능하나 저소득층을 우선적으로 고려한다.

⑥ 흡연자에 대한 서비스 제공 절차

- <표 8-28>, <표 8-29>와 같이 등록카드를 작성한 후 혈압, 체중, 일산화탄소 상태 등을 측정하고 금연실천 후 6개월 동안 필요한 서비스를 받게 된다. 특히 혈압과 비만 정도에 대한 판정은 다음을 참고한다. 정상적인 혈압수준은 수축기 120mmHG 미만, 이완기 80mmHG이며 운동과 식사요법이 필요한 혈압의 위험수준은 수축기 120~139mmHG, 이완기 80~90mmHG, 치료가 필요한 혈압의 위험수준은 수축기 140mmHG 이상, 이완기 90mmHG 이상의 상태이다. 비만 정도는 허리둘레를 측정하여 복부비만 정도를 확인된다. 키가 체중에 상관없이 일률적으로 적용하며 남자 90cm(35인치), 여자 80cm(31인치) 이상이면 복부비만으로 판정한다.

- 질병과 관련된 건강상태를 알아본다<표 8-28>.

- 흡연의 시작연령, 흡연기간, 하루 평균흡연량 등 과거 흡연상태를 알아본다<표 8-29>.

- 니코틴의존도를 평가한다<표 8-30>.

- 음주문제를 알아본다<표 8-28>. CAGE 지표를 통해서 음주상태를 알아보고 필요한 경우 절주 프로그램과 연결한다. 케이지 지표는 ▲금 주시도 여부, ▲주위의 금주 강권, ▲음주에 따른 행위에 대한 후회, ▲아침 음주 등의 질문에 대해 '예'라고 대답할 때 1점을 부여하여 2점 이상일 때 알코올-의존 성향과 음주문제가 있는 것으로 판단한다.

- 금연시작일을 정한다.

⑦ 금연상담사의 상담방법

- 금연클리닉에서는 흡연자의 금연을 도와주기 위하여 행동요법(심 리적 지지 상담, 추후관리)과 약물요법을 사용한다. 등록 후에 금연 을 시작할 경우 6주까지는 금연클리닉을 방문하여 상담사로부터 도움을 받게 된다. 이는 상담, 홍보, 교육 등의 분위기 조성을 하는 사업과 차이를 의미한다. 상담에 관련된 모든 사항은 <표 8-31> 에 기록한다.

- 6주가 지난 이후에는 상담사가 전화, 핸드폰 문자, 이메일 등을 통 하여 금연실천을 도와주게 된다. 물론 이때도 필요한 경우 금연클 리닉을 방문할 수 있다. 금연클리닉에서 제공하는 서비스 내용 및 기본 운영절차는 <표 8-32>와 같다.

금연클리닉 등록카드														
등록일	년 월 일				등록번호								
성 명			연 령	만 세	주민등록번호						성별	□ 남 □ 여		
주 소								집 전화번호						
이메일			직장 전화번호					휴대 전화번호						

생활 실태	직 업													
						학생			기 업 체				⑬농촌	
	① 자영업	② 전문직	③ 공무원	④ 군인, 경찰	⑤ 공공 단체	⑥ 중학생	⑦ 고교생	⑧ 대학생	⑨ 사무직	⑩ 생산직	⑪ 기타	⑫ 직업없음	농업	어업

사 회 보 장	□① 건강보험 □② 의료급여 □③ 기타	등록 동기	□① TV 및 라디오 광고를 통해 □② 플래카드, 포스터, 홍보책자 등을 통해 □③ 인터넷을 통해 □④ 보건소 안내문을 통해 □⑤ 주변 의 권유

신장 (cm)		체중 (kg)		BMI (Kg/m^2)	
호기 일산화 탄소농도(ppm)		하루 평균 흡연량(개피)			
처음 흡연 연령(세)		총 흡연기간(년)			

음주 문제	□① 있음CAGE _____점 □② 없음
니코틴 패치 금기증 여부	□① 협심증 □② 부정맥 □③ 최근 심근경색증 □④ 중풍 □⑤ 장기적인 피부염(건선 등)□⑥ 니코틴 알레르기 □⑦ 임신 □⑧ 수유 중 □⑨ 18세 이하
부프로피온 금기증 여부	간질병력 여부: □ ① 있음 □② 없음
현재 복용 중인 약물 (그 이유)	

니코틴 의존도 판정 결과 (서식5-2)	점	금연결심	1차	년 월 일
			2차	년 월 일
			3차	년 월 일

내부업무처리를 위한 개인정보활용에 동의합니다. 성명: (인)

<표 8-29> 보고서의 금연클리닉 등록카드-흡연자 평가(음영 부분 기록)

흡연자 평가	
	1) 지난 1년 동안 금연시도 여부? □ ① 예(금연시도 기간:) □② 아니오
	2) 담배를 끊기 위해서 시도했던 방법은? (해당 사항 모두 표시) 　□① 자기 의지　　　□② 금연보조제(금연껌, 금연패치 등) □③ 금연침 　□④ 금연교육 프로그램 참가(금연교실, 금연클리닉 등) 　□⑤ 금연초, 심심초 □⑥ 기타 _____
	3) 금연에 실패한 이유는? 　□① 본인의 의지가 약해서　　　□② 금단증상 때문에 　□③ 스트레스가 쌓여서　　　　□④ 주위의 유혹에 의해서 　□⑤ 금연 후 체중이 늘어서　　□⑥ 기타 _____
	4) 이번에 담배를 끊고 싶은 이유를 가장 큰 이유부터 3가지를 표시하시오. 　첫 번째 이유( ), 두 번째 이유( ), 세 번째 이유( ) ① 장래에 병에 걸리지 않기 위해서(예: 폐암, 폐기종, 심장병, 중풍 등) ② 담배 때문에 몸이 나빠지는 것 같아서(예: 쉽게 피로하다, 숨차다) ③ 가족들이 원해서 ④ 금연구역이 늘어나면서 흡연하기가 불편해서 ⑤ 깨끗한 이미지 관리를 위해서(예: 입 냄새가 고약, 옷에 담배 냄새가 뱀) ⑥ 직장의 금연압력 때문에 ⑦ 기타 _____

내용 ＼ 방문	1회 월 일	2회 월 일	3회 월 일	4회 월 일	5회 월 일	6회 월 일	7회 월 일	8회 월 일	9회 월 일	10회 월 일	11회 월 일	12회 월 일
흡연량(금연)												
호기 일산화탄소 (CO)												
혈압												
체중(Kg)												
음주 상태 평균 음주량(잔)												
횟수/주												
운동 종류												
시간												
횟수/주												
니코틴 패치 사용량												
니코틴 패치 부작용 경험												
부프로피온 사용량												

부프로피온 부작용 경험										
금연 여부	4주 금연 여부	□① 예 □ ② 아니오			6개월 금연 여부			□① 예 □ ② 아니오		
종 결	□① 정상종결 □② 중간종결	중 간 종 결 사유	□① 연락두절 □② 금연거부 □③ 중간에 흡연(금연실패) □④ 타 지역으로 이사 □⑤ 질병 및 사망 □⑥ 기타							

〈표 8-30〉 보건소의 금연클리닉 등록카드-니코틴의존도 평가

니코틴 의존도 평가(해당 사항에 체크하세요)	
항 목	**응 답 범 주**
(1) 하루에 보통 몇 개비나 피우십니까?	□⓪ 10개비 이하 □① 11~20개비 □② 21~30개비 □③ 31개비 이상
(2) 아침에 일어나서 얼마 만에 첫 담배를 피우십니까?	□③ 5분 이내 □② 6분~30분 사이 □① 31분~1시간 사이 □⓪ 1시간 이후
(3) 금연구역(도서관, 극장, 병원 등)에서 담배를 참기가 어렵습니까?	□①예 □⓪ 아니오
(4) 하루 중 담배 맛이 가장 좋은 때는 언제입니까?	□① 아침 첫 담배 □⓪ 그 외의 담배
(5) 오후와 저녁 시간보다 오전 중에 담배를 더 자주 피우십니까?	□① 오전 □⓪ 오후
(6) 몸이 아파 하루 종일 누워 있을 때에도 담배를 피우십니까?	□① 예 □⓪ 아니오
평가방법	10점 만점으로 6개 항목에 대해 표기한 점수를 합산한다
판정방법	0~3점 낮음, 4~6점 중등도로 높음, 7~10점 매우 높음

〈표 8-31〉 보건소의 금연클리닉 등록카드-상담내용 기록지

월/일	상 담 내 용

〈표 8-32〉 금연클리닉에서 제공하는 서비스 내용 및 기본 운영절차

상담횟수	상담내용
1차 방문	등록카드 작성, 니코틴 의존도 평가, 금연교육, CO측정, 행동요법 상담, 금연결심일 지정 / 금연 실시
2차 방문	CO측정, 금단증상 상담 / 필요한 경우 약물 처방, 금연실패자 전화상담
3차 방문	CO측정, 금단증상 상담 / 필요한 경우 약물 처방, 금연실패자 전화상담
추후관리	3회 이후부터는 전화, 핸드폰 문자, 이메일 등을 통해 금연 6개월(24주)까지 심리적으로 지원

－상담기간은 6개월 동안 금연클리닉에서 상담이 지속된다. 물론 6주 이후는 추후관리로 진행되지만 6개월은 금연을 도와주기 위해서 설정한 최소한의 기간이다. 금연을 6개월간 지속한 사람은 앞으로 스스로 할 수 있다고 판단해서 국가가 더 이상 서비스를 제공하지 않게 된다. 따라서 6개월 기간은 국가가 무료로 금연실천을 도와줄 수 있는 최대한의 기간이며 개인으로서는 금연실천 성공을 의미하는 최소한의 기간이다. 6개월 동안 상담과정은 <표 8-33>과 같이 대략적으로 7단계로 구분되어 이루어진다.

〈표 8-33〉 상담의 7단계 과정

단계	상담내용
1단계	상담자와 흡연자 간의 관계를 수립하고 유지한다. 인사를 하고, 흡연자의 관심사를 파악한다. 신뢰관계를 수립하는 것이 중요하다.
2단계	흡연이 가진 문제를 명확하게 이해하고 규명한다. 본인이 언급하거나 비언어적인 방법으로 표현하는 모든 자료들을 통합하여 상호간에 공동이해를 도모하고 분명히 한다.
3단계	상담의 목적을 탐색한다. 즉 흡연자가 가진 문제들을 어떻게 처리할 수 있는지 결정하기 위하여 가능한 모든 방법을 탐색한다.
4단계	변화를 요하는 흡연자의 행동방향을 결정한다. 행동방향을 스스로 자율적으로 결정하도록 도와준다.
5단계	흡연자가 행동변화를 일으키도록 자극한다. 내담자가 잠재적으로 갖고 있거나 예전에 이미 사용했던 전략들을 회상하여 활용할 수 있다는 자신감을 갖게 한다.
6단계	상담과정을 평가하고 추후 행동을 결정한다. 이번의 만남에서 잘 된 부분을 평가하며 칭찬하고 다음 면담기간까지 할 일을 결정시킨다.
7단계	상담자의 도움 없이 추진해 나갈 수 있도록 격려, 지지, 지도하면서 다음에 면담할 날짜를 약속하고 관계를 종결한다.

⑧ 종결처리 및 기타 용어

- 금연클리닉 대상자에게는 금연결심일 이후 금연이 지속되는 6개월 동안 서비스를 무료로 제공한다. 그러나 본인이 원하거나 금연상담사가 필요하다고 판단하면 서비스 기간을 연장할 수 있다.
- 정상종결: 금연결심일 이후 6개월(24주) 동안 한 개비의 흡연 없이 금연에 성공한 경우이다.
- 중간종결: 서비스를 받는 도중에 연락두절, 타 지역으로 이사, 질병 및 사망 등으로 대상자가 탈락된 경우와 금연결심일 이후 금연을 실천하다가 중간에 흡연한 경우이다. 중간에 흡연한 경우는 다시 금연결심일을 정하여 처음부터 다시 하게 된다.
- 금연클리닉 이용자 수: 금연클리닉을 방문하여 등록카드에 등록된 사람 수
- 금연결심일을 정한 사람 수: 금연클리닉에 등록된 사람 중에서 금연을 시작하기로 약속하고 금연시작 날짜를 정한 사람 수.
- 중간종결 대상자: 연락두절, 이사, 질병, 사망 등으로 더 이상 관리될 수 없는 상황이 발생한 경우
- 정상종결 대상자: 금연결심일 이후 6개월(24주) 동안 한 개피의 담배도 피우지 않은 경우
- 4주 금연자 수: 4주 금연자는 금연결심일 이후 4주 동안 한 개비의 담배도 피우지 않은 사람을 의미한다. 현재 상담 중인 사람 중 금연일수가 28~41일 사이에 해당되는 사람 수
- 4주 후 관리가 안 되는 사람 수: 4주간은 금연에 성공했으나 그 이후 6주 사이에 중간종결 처리된 사람 수
- 6주 금연자 수: 6주 금연자는 금연결심일 이후 6주 동안 한 개피의 담배도 피우지 않은 사람을 의미한다. 현재 상담 중인 사람 중 금연

일수가 42~167일 사이에 해당되는 사람 수

-6주 후 관리가 안 되는 사람 수: 6주간 금연에 성공했으나 그 이후 6개월 사이에 중간종결 처리된 사람 수

-6개월 금연자 수: 현재 상담 중인 사람 중 금연일수가 168일(24주) 이상인 사람 수, 즉 정상종결을 의미한다.

-6개월 이상 지속관리가 되는 사람 수: 6개월 정상종결 후에 부득이하게 지속 관리를 요청하여 관리하고 있는 사람의 수

-금연성공률: 총 금연결심자 수(분모) 중에서 일정한 기간 동안 금연을 성공한 자 수(분자)의 비율

⑨ 보건소 금연클리닉에서의 행동요법과 약물요법의 관계

금연클리닉은 행동요법이 중심이 되어야 한다. 니코틴 패치 등의 지나친 약물요법은 상담을 통한 행동요법을 통한 정신적인 학습에 대한 금연 실패율이 높다. 물론 니코틴 패치 응용이 없을 수는 없지만 이에 대한 신중한 접근이 필요하다. 예를 들어 처음부터 니코틴 패치의 많은 분량을 주지 말고 금연시도 2~3일 후 다시 방문해서 상담 후 다시 받아 가는 방법을 통한 기술적 접근이 필요하다. 또한 모든 사람을 동일한 방법으로 상담할 이유는 없다. 한 번 실패한 사람은 행동요법을 집중적으로 유도하고 금연과정에서 도움이 꼭 필요하고 충분한 성과를 기대할 수 있다고 판단될 경우에 보조제를 제공하는 것도 한 방법이다(참고: 이주열).

7. 금연을 위한 흡연가에게 일반적인 접근 방법

흡연가의 금연을 유도하기 위해 가장 보편적인 방법은 <그림 8-5>와 같은 방법으로 이루어진다. 흡연가의 금연의지가 강할 경우에는 다

양한 금연프로그램에 대해 소개하지만 금연의지가 없을 경우에는 지속적으로 상담하거나 금연에 대해 홍보한다. 금연의지가 있는 흡연가에게 약물요법에 대한 반응을 확인한 후 긍정적인 반응을 보인 흡연가에게는 8주간의 니코틴 대체요법을 처방하며 그렇지 않을 경우에는 집단 및 개인상담이 이루어진다. 이후 지속적인 금연을 위해 최소한 3개월 정도까지는 정기적 상담 및 관찰을 하며 그렇지 않을 경우에는 비니코틴 약물요법 특히 bupropion을 처방한다.

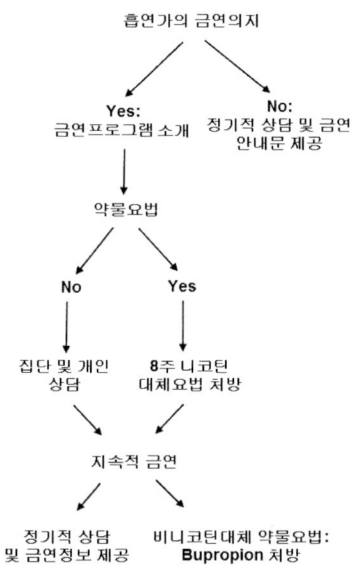

〈그림 8-5〉 흡연가의 금연을 유도하기 위해 가장 보편적인 과정: 이러한
절차를 통해 최소한 3개월은 지속적인 상담 및 관찰이 이루어져야 한다.

제9장

금연 후 재흡연에 대한
이해와 알코올-흡연 특성

1. 재흡연에 대한 이해와 대책
2. 흡연과 음주의 문제점과 해결책

1. 재흡연에 대한 이해와 대책

◎ 주요 내용

- 재흡연을 예방하는 것은 기존의 행동치료의 상담 및 약물요법의 변화를 요구하는 것이며 이러한 변화는 결국 재흡연에 대한 더 깊은 이해를 바탕으로 이루어진다.
- 일시적 - 완전한 재흡연의 잠복기(lapse - relapse latency period)는 평균 약 6주 걸리며 음주가 첫 일시적 재흡연 유발의 원인으로 50%를 차지한다.
- 금연프로그램에 의한 6개월 동안 5% 금연성공률은 성공적인 프로그램의 판단 기준이 된다.
- 재흡연에 대한 이해의 차이는 금연프로그램의 성공률에 대한 이해에 영향을 주게 되는데 이러한 개념에 대한 정확한 규정이 금연프로그램의 상호 비교에 중요한 자료가 된다.
- 재흡연은 금연을 방해하는 가장 중요한 요인이다.
- 금단증상은 부정적인 영향과 흡연욕구로 분리되어 설명되며 재흡연의 중요한 원인이지만 일시적이나 비록 금연을 했더라도 흡연욕구는 평생 갈 수 있다.
- 여성의 금연에 있어서 체중증가와 우울증이 주요 장애요인으로 추정된다.
- 스트레스 역시 재흡연 예방을 위한 고려사항이다.
- 피부의 멜라닌 농도가 많으면 많을수록 금연과정은 더욱 어렵다.
- 흡연집단에서의 경화현상은 금연을 위한 또 다른 대책을 필요로 한다.
- 신체 및 정신적 발단 단계에서의 흡연동기에 대한 이해는 재흡연을 막는 또 다른 중요한 행동요법의 하나로 작용할 수 있다.
- 금연 후 흡연단서에 대한 노출은 재흡연의 강력한 동기유발 요소이며 이를 고려하여 단서노출금연치료 역시 개발되어 있다.
- 흡연의 유전자 수준에서의 이해 역시 재흡연을 예방하는 데 중요한 도구가 된다.
- 금연 후 재흡연 예방을 위해 기존의 행동요법과 약물요법을 금단증상에 따라 변형할 필요성이 있다.

- 재흡연을 예방하는 것은 기존의 행동치료의 상담 및 약물요법의 변화를 요구하는 것이며 이러한 변화는 결국 재흡연에 대한 더 깊은 이해를 바탕으로 이루어진다.

연구에 의하면 미국의 경우 100개비 또는 그 이상의 담배를 흡연한 경험이 있는 사람으로 현재흡연가와 과거흡연가를 포함한 흡연가를 의미하는 통합흡연가가 2009년에 약 9,070만 명 존재하는데 이 중 52.1%인 약 4,730만 명이 더 이상 흡연을 하지 않는 것으로 나타났다. 또한 미국에서 매년 성인 현재흡연가의 약 70%가 금연을 원하였고 이 중 약 44%가 금연을 시도한 것으로 조사되었다. 금연은 금연보조 없이 갑작스럽게 담배를 끊는 충격의 금연법인 급작금연법으로 시작하여 약 3개월 동안 추적조사 한 결과 금연기간에 단지 전체 흡연가 중 5%만이 금연에 성공하였다. 세부적으로 보면 금연 2일 후 약 1/3, 금연 7일 후는 약 1/4, 금연 1개월 후에는 1/5 정도가 금연을 유지하고 있었다. 이러한 금연시도와 그 결과는 대부분의 조사에서 유사하게 나타나는데 전체 금연시도자 중에서 6개월 동안 성공한 비율은 평균적으로 3~5% 정도이다. 일반적으로 6~12개월 동안 장기간-지속 금연(LTPA, long-term prolonged abstinence) 비율이 5% 정도를 생산하는 금연프로그램은 효과적인 프로그램으로 판단되고 있다. 이는 금연프로그램을 통한 금연성공률 역시 장기적인 측면에서 보면 금연프로그램이 없는 급작금연법의 금연성공률과 유사하다. 따라서 급작금연법과 금연프로그램에 의한 성공률은 크게 차이가 나지 않으며 금연프로그램의 실효성과 밀접한 관계가 있다. 물론 급작금연법의 금연시도자와 금연프로그램을 통한 금연시도자 사이에는 금연에 대한 자기효능감 또는 강한 의지력에서 차이가 있다. 즉 금연프로그램을 통해 급작금연법에서의 금연 의지력 정도까지 높여 주기 때문에 두 금연법 사이에 금연성공률에서 차이가 없다는 추정도 가능하다. 그러나 금연프로그램의 수행을 통해 소비되는 경제적 및 시간적 손실을 고려할 때 금연프로그램을 통한 금연성공률은 급작금연법에 의한 금연성공률을 훨씬 초월해야 한다. 무엇보다도 금연프로그램을 통한 금연성공률을 높이기 위해서는 다양한 요인에 대한 재흡연의 예방이다. 따라서 재흡연에 대한 깊은 이해를 통해 금연프로그램의 성공률을 높일 필요성이 있다. 이러한 재흡연을 예방하는 것은 기존의 행동치료의 상담 및 약물요법의 변화를 요구하는 것이며 이러한 변화는 결국 재흡연에 대한 더 많은 이해를 바탕으로 이루어지기 때문에 본 장은 대단히 중요하다고 할 수 있다.

- **일시적 – 완전한 재흡연의 잠복기**(lapse – relapse latency period)
  는 평균 약 6주 걸리며 음주가 첫 일시적 재흡연 유발의 원인으로
  50%를 차지한다.

다음은 여자 85명, 남자 62명 등 147명이 참여한 2년에 걸친 금연프로그램의 결과이다. 참여자들은 16세에서 40세 사이 나이로 적어도 지난 1년 동안 1일 평균 27.3개비와 평균 13.5년 흡연경력의 특성이 있다. 금연프로그램은 2명에서 7명으로 구성된 군을 구성하여 치료기간 2주 동안 6번 모임을 통해 이루어졌다. 각 모임은 60분 상담과 30~60분의 혐오흡연(aversive smoking)으로 구성되었다. 147명 중 일부는 참여거부를 통해 129명이 금연프로그램을 통한 치료기간의 2주 후 모두 금연하였으며 2년 동안 참여자 중 92명이 흡연을 하였다고 전화통화로 보고되었다. 다음은 이들에 대한 자료이다.

○ 첫 번째 일시적 재흡연: <그림 9-1>에서처럼 참여자 92명 중 대부분 금연프로그램 치료 후 3개월 이내에 재흡연을 하였다. 금연치료 후

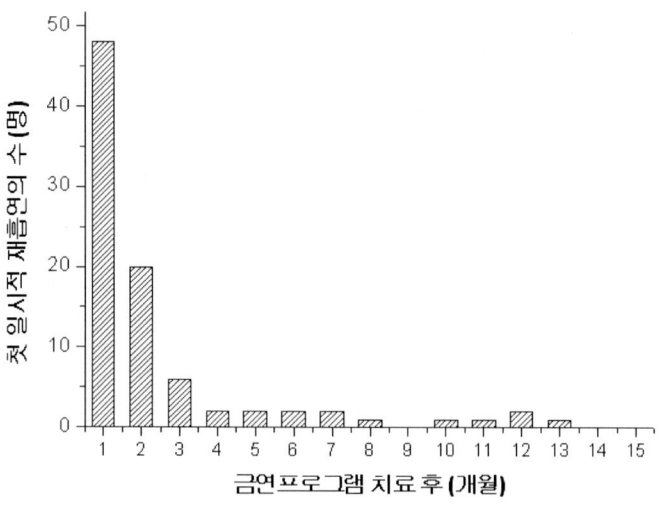

〈그림 9-1〉 금연프로그램 치료 후 첫 일시적 재흡연의 수: 참여자 92명 중 금연치료 후 3개월 이내에 대부분 완전한 재흡연을 하였다(참고: Brandon).

첫 재흡연에 걸리는 평균 일수는 57.83(±81.73)이었다. 흡연량은 평균 2/3 개비 정도이었으며 한 개비 전체를 피운 참여자는 42.4%, 1~2모금 피운 참여자는 14.1%이었다.

○ 완전한 재흡연: <그림 9-2>는 금연치료 후 7개월 이내에 대부분 완전한 재흡연을 한 것을 보여준다. 두 번째 재흡연은 첫 재흡연을 한 참여자의 93.5%가 첫 재흡연 후 8.87(표준편차: 42.79)일 만에 이루어졌다. 첫 일시적 재흡연 이후 46.7%가 24시간 이내, 20.7%가 1시간 이내에 두 번째 재흡연을 하였다. 일시적 재흡연에서 완전한 재흡연으로 전환되는 잠재기간은 40.73(표준편차: 55.64)일이었다. 완전한 재흡연을 한 81명 중 2년 동안 추적조사 기간 동안 25.9%가 두 번째 금연을 시도하였다. 제2차 금연기간은 5일에서 586일 정도로 다양하였다. 제2차 금연은 평균 148.24일(표준편차: 165.80) 지속되었다. 이 후 2명이 제3차 금연을 시도하였다. 전체적으로 금연치료 후 금연지속기간은 7일에서 652일 정

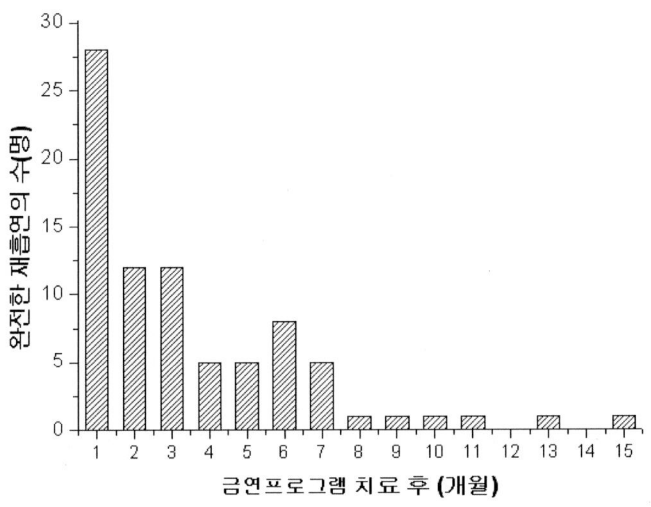

〈그림 9-2〉 금연프로그램 치료 후 완전한 재흡연의 수: 참여자 92명 중
금연치료 후 7개월 이내에 대부분 완전한 재흡연을 하였다(참고: Brandon).

도의 범위로 평균 금연일은 163.29(표준편차: 210.58)이었다. 금연치료 후 2년이 지난 시점에서 일시적 재흡연을 하였지만 완전한 재흡연을 하지 않은 92명 중 11명만이 완전한 재흡연으로 전환되지 않았다. 모든 참여자 92명 중 금연치료 후 2년 동안 1일 19.38(표준편차: 12.05)개비를 흡연하였다. 추적조사 2년 동안에 흡연을 한 참여자 72명의 흡연량은 금연프로그램 치료 전의 27.69개비보다 적은 27.69개비이었다.

　○ 재흡연 예방을 위한 대처방법: 모든 참여자의 21%는 향후 흡연의 기회를 줄이기 위해 일시적 재흡연 후 스스로 대처방법을 이용하였다. 대처방법으로는 긍정적인 생각이 행동에 투영되도록 하는 방법인 인지행동대처방법과 담배와 관련된 모든 물품을 버리는 행동대처방법으로 이루어졌다.

　○ 재흡연의 물질적 단서: <표 9-1>은 일시적 재흡연을 유발한 선행물질 또는 음식에 대한 참여자들의 응답이다. 술이 가장 높은 47.2% 정도

로 참여자 중 거의 반 정도에게 재흡연을 유발하는 선행물질이었다.

<표 9-1> 첫 일시적 재흡연을 유발한 선행 단서

소비 물질	참여자의 %
없음	31.5
음식	12.4
술	47.2
카페인-함유 커피	15.7
카페인-함유 음료	2.2
마약류	4.5
약물	1.1

* 참여자 96.7%가 응답하였으며 다항목 선택이기 때문에 100%가 넘음(참고: Brandon).

○ <표 9-2>는 첫 일시적 재흡연을 위해 담배 공급원에 대한 참여자들의 응답이다. 참여자의 60%가 주변 사람들에게 담배를 요청하여 첫 일시적 재흡연이 이루어졌다. 단지 참여자의 2.2% 정도가 타인의 권유에 의해 재흡연을 한 것을 제외한 대부분 참여자들은 스스로 담배를 구하여 첫 일시적 재흡연을 하였다.

<표 9-2> 첫 일시적 재흡연을 위한 담배 공급원

담배 공급원	참여자의 %
구매	23.3
요청	60.0
우연히 발견	8.9
권유	2.2
남의 담배 훔침	5.6

* 참여자 96.7%가 응답하였으며 다항목 선택이기 때문에 100%가 넘음(참고: Brandon).

○ <표 9-3>은 첫 일시적 재흡연에 선행하여 나타난 상태를 나타낸 것이다. 비록 참여자의 1/4 정도가 흡연에 앞서 긍정적인 영향을 선행하기

도 했지만 흡연에 앞서 대부분 부정적인 영향(negative effect)이 나타났다.

<표 9-3> 첫 일시적 재흡연의 선행 요인

영향 요인	참여자의 %
부정적인 영향	65.5
우울/절망	13.1
불안/긴장	33.3
화/민감	15.5
지루함/피곤함	11.9
흥분/심적 동요	4.1
행복/축복/확신	23.8
긴장완화	3.6
기타	13.1

* 참여자 96.7%가 응답하였으며 다항목 선택이기 때문에 100%가 넘음. 부정적인 영향은 금단증상의 일부이다(참고: Brandon).

○ <표 9-4>는 일시적 재흡연을 유발하게 된 직접적인 원인을 나타낸 것이다. 일시적 재흡연을 유발한 가장 중요한 부정적인 영향 또는 금단증상의 우울 증상이었다. 그 다음으로 첫 일시적 재흡연을 유발한 직접적인 동기로는 불안/긴장으로 조사되었다.

<표 9-4> 일시적 재흡연의 직접적인 원인

영향 요인	참여자의 %
우울/절망	46.9
불안/긴장	16.3
화/민감	10.2
흥분/심적 동요	4.1
지루함/피곤함	2.0
긴장완화	8.2
행복/축복/확신	6.1
기타	14.3

* 참여자 96.7%가 응답하였으며 다항목 선택이기 때문에 100%가 넘음(참고: Brandon). 부정적인 영향은 금단증상의 일부이다.

○ 기타: 일시적 재흡연은 급작스럽게 발생하지만 금연프로그램 치료 후 완전한 재흡연은 서서히 이루어진다. 금연프로그램 치료 후 88%가 금연 이전 상태의 흡연상태로 전환되어 일시적 흡연이나 완전한 흡연의 구별은 별 의미가 없다. 본 연구에서는 첫 일시적 재흡연을 한 후 평균 9일 후 두 번째 일시적 재흡연을 하게 되며 금연시도 전의 흡연상태로 전환되기까지의 일시적−완전한 재흡연의 잠복기(lapse−relapse latency period)는 평균 약 6주 걸렸다. 이는 대부분의 참여자들이 금연을 조절하려는 노력을 쉽게 포기하지 않는다는 것을 의미한다. 따라서 일시적−완전한 재흡연의 잠복기간에 약물요법은 재흡연에 큰 역할을 할 것으로 추정된다. 거의 음주가 첫 일시적 재흡연 유발의 원인으로 50%를 차지한다는 것은 음주가 금연실패와 밀접한 관계가 있다는 것을 의미한다. 이러한 음주에 의한 재흡연 예방에 대해서는 특별한 대책이 없다. 그러나 무엇보다도 중요한 것은 음주를 하지만 자기 조절을 어렵게 할 정도의 음주는 삼가는 것이 필요하다.

● 금연프로그램에 의해 6개월 동안 5% 금연성공률은 성공적인 프로그램의 판단 기준이 된다.

흡연에서 금연으로의 행동변화를 이해하는 데 있어서 첫 단계는 아무런 처방 없이 독립적으로 금연을 시도하는 사람들의 특성을 자연상태에서 이해하는 것이다. 금연자연사(natural history)란 흡연자의 첫 번째 금연시도의 상황, 흡연자의 금연시도 횟수, 금연시도 시 금연보조방법 등에 대한 것을 묘사하는 것을 의미한다. 특히 비처방 금연 후 시간경과에 따른 재흡연 시기를 나타내는 재흡연곡선(relapse curve)과 장기간−지속 금연(LTPA, long−term prolonged abstinence)의 발생분포에 대한 이해는 금연자연사에 있어서 중요한 지표이다. 재흡연곡선은 두 가지 형태가 있다. 첫 번째 형태는 시간경과에 따른 지속적으로 금연하고 있는 사람의 수를 나타내는 그림을 만들기 위하여 흡연가가 다시 흡연을 시작한 정확한 날짜에 대한 자료를 이용하여 만든 사실적-생존 곡선(true survival curve)이다. 두 번째는 시간경과의 여러 시점에서 여전히 금연하고 있는 사람의 수 또는 비율을 서로 연결하는 선그래프(line graph)이다.

특히 금연에 대한 연구에서 금연의 시점유병률(point prevalence)은 추적조사 시점에서 금연을 하고 있는 흡연가의 비율을 나타낸다. 이러한 금연은 특정한 금연시도부터 기인하는 것이 아니라 연구시작 이후 여러 번의 금연시도에 기인한다. LTPA의 비율은 연구기간 동안 정해진 금연 최종기간 동안 여전히 금연하고 있는 사람들의 비율을 의미한다. 약 10개의 연구에 대한 메타분석을 통해 6개월에 대한 LPTA 비율은 3~10% 범위의 평균 5%, 12개월에 대한 LPTA 비율은 2~7% 범위의 평균 4% 정도로 추정되고 있는데 다음 예는 이러한 추정과 유사함을 알 수 있다. <그림 9-3>은 과거의 금연시도자를 추적조사인 후향적 추적조사(retrospective follow-up study)가 아닌 전향적 추적조사(prospective follow-up study: 금연대상자를 향후 추적조사), 대상은 18세 이상 매일흡연가, 금연시작과 금연종료일이 정확한 연구 등을 바탕으로 8개 연구의 메타분석을 통해 얻은 재흡연곡선이다. 재흡연곡선 중 4개는 사실적-생존곡선이며 4개는 선그래프 재흡연곡선이다. 8개 연구의 대상인원은 111~630명이며 대부분 중년 흡연가로 1일 한 갑 정도 흡연한다. 이들 재흡연곡선에 시점금연율은 1주에서 24~51%, 1개월에서 15~28%, 3개월에서 10~20% 정도로 추정되었다. 그리고 6개월에 대한 LPTA 비율은 3~5% 정도 추정되었다.

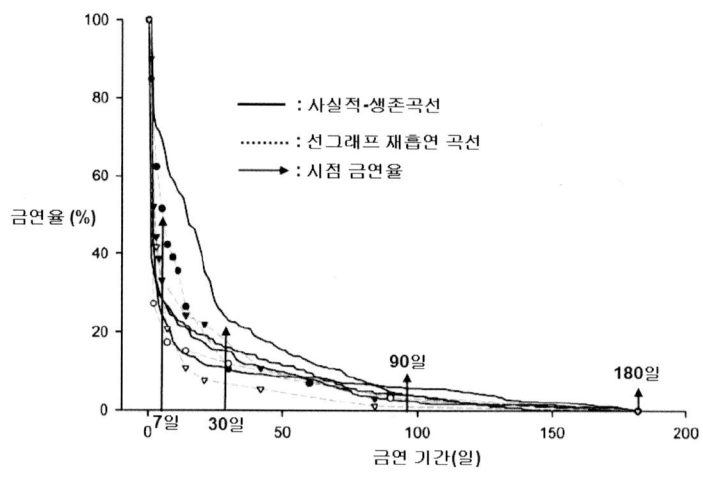

〈그림 9-3〉 금연 후 재흡연곡선(relapse curve): 이들 재흡연곡선에서 시점금연율은
1주에서 24〜51%, 1개월에서 15〜28%, 3개월에서 10〜20% 정도로 추정되었다.
그리고 6개월에 대한 LPTA 비율은 3〜5% 정도 추정되었다(참고: Hughes).

이와 같은 재흡연곡선을 통해 다음과 같은 2가지 중요 결론을 얻을
수 있다. 금연시도 과정에서 재흡연은 매우 빠른 시간 내에 이루어진다
는 것이 재흡연곡선을 통해 얻은 첫 번째 결론이다. 대부분의 연구를 통
해 금연시도 8일 이내에 재흡연이 이루어지는 것으로 추정되고 있다. 따
라서 금연실패의 원인은 금연과정에서 후기 재흡연보다 초기 재흡연에
원인이 있다는 것을 확인할 수 있다. 따라서 금연을 위한 처방은 금연시
도 전이나 금연과정의 전반부에 이루어져야 한다. 두 번째 중요한 결론
은 특정 금연프로그램에 의해 수행된 6개월 후의 LPTA 비율이 5%, 12개
월 후의 LPTA 비율이 4% 정도는 매우 성공적인 금연프로그램이라고 평
가할 수 있는 기준이 될 수 있다. 물론 12개월 장기간 금연기간에서 6개
월 시점금연율은 일반적으로 20% 정도에 이른다는 연구도 있다. 그러나
시점유병률과 LPTA 비율은 연구 시작에 있어서 대상자들이 받아들이는
태도에 많이 차이가 난다. 일반적으로 6~12개월 LPTA 비율이 3~5% 정

도의 결과를 생산하는 금연프로그램은 효과적인 프로그램으로 판단할 수 있다.

- **재흡연에 대한 이해의 차이는 금연프로그램의 성공률에 대한 이해에 영향을 주게 되는데 이러한 개념에 대한 정확한 규정이 금연프로그램의 상호 비교에 중요한 자료가 된다.**

금연자연사에 대한 연구에 있어서 연구마다 재흡연율의 차이가 있는데 이는 2가지로 설명된다. 첫 번째는 재흡연의 정의이다. 용어 '재흡연(relapse)'이란 일정 기간 금연 후 다시 흡연을 하는 것을 의미한다. 이때 금연기간은 일반적으로 적어도 수 일 이상을 의미한다. 재흡연은 일시적 재흡연(lapse, 또는 slip)과 완전한 재흡연(full−blown relapse) 두 종류가 있다. 일시적 재흡연은 며칠간의 금연 후 충동적으로 단순히 '한 모금(a puff)'으로 표현할 정도로 일시적 흡연을 의미한다. 완전한 재흡연은 금연시도 전의 흡연상태로 돌아가는 것을 의미한다. 특히 금연 후 첫 흡연을 제1의 일시적 흡연이라고 하는데 이러한 일시적 재흡연이 지속되면 결과적으로 완전한 재흡연(full−blown relapse 또는 relapse) 상태가 된다. 따라서 일시적 재흡연은 흡연에서 금연으로 이행되는 단계에서 피우는 재흡연을 의미하며 완전한 재흡연이 일반적으로 금연실패라고 할 수 있다. 일시적 재흡연은 비록 흡연은 했지만 금연의 가능성이 여전히 존재하는 상태를 의미한다. 그러나 일반적으로 일시적 재흡연 후 거의 대부분 빠르게 완전한 재흡연 상태로 전환된다. 이와 같이 금연자연사를 연구하는 많은 연구에서 재흡연의 개념을 단 한 모금조차도 흡연하지 않은 상태(not−even−a−puff)를 포함하여 나타내는 경우와 포함하지 않고 나타내는 경우가 존재한다. 이러한 차이에 기인하여 금연자연사 연구에서 연구마다 다소 차이가 있는 중요한 원인으로 작용한다. 두 번째는 금연자연사 연구기간은 대부분 6개월에서 1년간의 장기간으로 추적조사를 통해 이루어진다. 이러한 과정에서 도중에 어떠한 이유로 추적 불가능한 경우가 발생한다. 이럴 경우에 추적 불가능한 사람들이 얼마나 발생하고 이들을 어떻게 분류할 것인가에 대한 기준에 있어서 연구마다 차이가 있다. 이 역시 금연자연사 연구에서 연구마다 다소 차이가 있는 중요한 원인으로 작용한다. 따라서 금연자연사에 대한 연구 수행에 있어서 재흡연에 대한 통일된 범위가 필요하다. 일반적으로 담배중독의 기준 역시 피웠다는 자체보다 100개비 이상 흡연한 경우를 말한다. 마찬가지로 금연자연사에 대한 연구 수행에서 특정 연구기간에 1일 1개비 미만 정도의 흡연은 재흡연으로 분류하지 않으며 또한 추적 불가능한 조사대상은 재흡연으로 분류되기도 한다.

● 재흡연은 금연을 방해하는 가장 중요한 요인이다.

금연기간 6개월 동안 금연성공률이 약 5%에 불과할 정도로 재흡연은 금연을 시도하는 대부분 사람에게서 발생한다. 즉 대부분 금연 직후 5~7일 이내 일시적 재흡연이 이루어진다. 그러나 이 기간이 지나면 재흡연 발생은 다소 천천히 이루어지지만 재흡연은 지속적으로 유지된다. 특히 최초 금연시도 후 재흡연은 시간이 어느 정도 지난 후에도 지속적으로 발생한다. 그러나 이러한 후기 재흡연의 결정 요인은 초기 흡연을 결정하는 요인에 차이가 있다. 일반적으로 금연 후 첫 번째 일시적 재흡연을 유도하는 가장 급성적인 요인들은 금연에 따른 부정적인 효과, 음주, 흡연에 대한 충동과 갈망, 다른 흡연자들의 영향 그리고 담배에 대한 접근성 등이 있다. 그러나 후기 재흡연을 결정하는 요인들은 확인되지 않았으며 초기 재흡연의 약물요법 등과는 다르게 후기 재흡연에 대한 대책은 거의 없는 실정이다.

금연시도자는 때에 따라서 금연시작 흡연에 대한 일시적 재흡연을 중지하고 영구히 금연을 하기도 한다. 하지만 일시적 재흡연은 완전한 재흡연으로 전환될 위험성이 크다. 첫 번째 일시적 재흡연을 한 사람은 두 번째 일시적 재흡연 대부분이 동일한 분위기가 주어지면 발생하게 된다. 그러나 일시적 재흡연이 금연과정에서 중요한 이유는 일시적 재흡연을 한 사람의 90%가 금연 이전의 상태인 완전한 재흡연으로 전환되기 때문이다. 연구결과에 따르면 대부분의 금연시도 후 재흡연은 1일 흡연량의 감소를 유도하는 중요한 제2차 결과를 가져온다고 주장한다. 이러한 최근 연구들은 많은 흡연가들이 금연시도 후 흡연 감소를 유지하며 감소된 흡연은 차후 금연시도의 지표가 된다는 것을 제시하고 있다. 또한 흡연량의 감소에 대한 시도는 일반적인 인구집단에서 이루어지고 있는 것이 현실이며 금연을 위한 준비단계로 인식되고 있다. 임상의사−권유 흡연량 감소는 궁극적으로 금연을 유도하는 좋은 요인으로 받아들여지고 있다.

이와 같이 재흡연은 금연을 방해하는 가장 중요한 요인이다. 재흡연을 유도하는 동기로서 금단증상, 부정적인 효과와 흡연에 대한 충동과 갈망 등이 제시되고 있다. 이러한 동기들에 의해 재흡연이 이루어지는 것에 대한 이론을 재흡연 동기이론(relapse−motivational theories)이라고 한다. 이러한 동기요인들은 근본적으로 대단히 역동적이며 재흡연 위험 역시 흡연가 내부의 역동적인 변화에 따라 다양하다. 재흡연을 유발하는 이러한 역동적인 내부 변화에 대한 연구 역시 많이 이루어져 왔다.

- 금단증상은 부정적인 영향과 흡연욕구로 분리되어 설명되며 재흡연의 중요한 원인이지만 비록 일시적으로 금연을 했더라도 흡연욕구는 평생 갈 수 있다.

오스트리아의 정신과 의사이자 철학자인 지그문트 프로이트(Sigmund Freud)는 금연행위를 'agony beyond human power to bear(금연은 인간의 한계를 넘는 극도의 정신적·육체적 고통)'라고 표현하였다. 물론 일부 흡연가는 쉽게 금연을 하지만 대부분의 흡연가들은 금연 시 정신적, 육체적 큰 어려움을 겪는데 이의 주요 원인이 금단증상(withdrawal symptoms)이다. 금연에 의한 금단증상이란 금연 또는 흡연을 중단하였을 때 나타나는 신체적, 정신적 변화를 의미한다. 즉 금단증상은 금연 동안 신체가 적응하는 과정에서 나타나는 신체적, 정신적 산물들이며 대개는 일시적이다. 따라서 금단증상은 일종의 신체적 또는 정신적 신호(mental and physical signs)로 구성되어 있으며 또한 부정적인 영향(negative effects)과 흡연욕망(urge/craving)으로 구분된다. 때에 따라서 흡연욕구는 금단증상과 분리되기도 한다. 부정적인 영향과 흡연욕구를 구분하여 설명하는 이유는 금연과정에서 이들에 의한 재흡연에 대한 영향을 구분하여 설명하기 때문이다. 금단증상은 <표 9-5>에서처럼 대부분 부정적인 영향(negative effect)으로 구성되어 있으며 배고픔(hunger), 분노(Anger), 불안(anxiety), 우울(depression), 집중력저하(difficulty concentrating), 초조(impatience), 불면(insomnia), 안절부절못함(restlessness), 변비(constipation), 기침(cough), 졸림(dizziness), 꿈의 증가(increased dreaming) 그리고 구강궤양(mouth ulcers) 등과 더불어 강한 흡연욕구(craving)가 있다. 금단증상에 대한 발생 기전은 앞서 언급한 nAChR 증가에 기인하는 약리적 기전으로 설명되고 있다. 특히 니코틴 투여에 의해 nAChR의 활성화로 금단증상이 완화된다는 것은 이러한 약리적 기전을 뒷받침해 준다. 금단증상은 오랜 기간 동안 약물중독이론에서 재복용을 유발하는 중요한 동기 요인과 같은 이론에서 출반한다. 흡연 역시 결국 중독을 유도하게 된다. 이러한 중독은 흡연을 하지 않을 때 나타나는 금단증상을 극복하지 못하기 때문에 흡연을 주기적으로 하게 된다. 흡연의 주기는 하루 흡연량과 생활패턴을 고려할 때 약 1시간 정도로 추정된다. 약리적 기전 측면에서 금단증상의 가장 중요한 원인은 니코틴이 결합할 수 있는 휴지기 상태(resting state)의 nAChR이 증가이다. 이러한 휴지기 상태에 있는 nAChR의 감소를 위해서는 지속적인 흡연을 통해 니코틴 공급이 이루어져야 하며 이것이 주기적 흡연의 기본 원리이다.

만약 흡연의 주기에서 벗어나 금연을 실행할 때 발생하는 금단증상은 재흡연의 주요 원인으로 또한 작용한다. 그러나 금연과정에서 나타나는 초기 금단증상의 일면을 통해 재흡연을 예측하는 것은 다양한 변수가 있기 때문에 잘못된 판단을 낳을 수 있다. 또한 재흡연의 최대 위험성이 금연시도의 초기에 발생한다는 것 그리고 금단증상이 모든 흡연가들에게 획일적이고 유사하게 나타나는 현상이라고 이해하는 것 역시 금단증상에 대한 이해 부족에 기인한다. 따라서 금단증상을 통한 재흡연 예측과 예방을 위해서는 몇 가지 고려할 사항이 있다.

첫 번째 고려해야 할 사항은 금연에 의한 초기 금단증상이 사람마다 다르게 나타나는 차이가 있다. 이러한 차이는 금연에 의해 발생하는 부정적인 영향을 유발하는 약리학적 또는 비약리학적 반응의 개인적인 차이에 기인한다. 특히 금단증상 기전에 대한 수많은 이론이 금단증상 그 자체가 흡연과 관련된 학습을 통해 얻어진 개인의 대내외적 단서(cue: 흡연욕구를 발하는 요인)에 의해 유발된다는 사실에 기초한다는 것은 이러한 개인적 차이를 보여 주는 좋은 예이다. 따라서 개인적 환경에 의해 유도되는 단서의 강도에 따라 각기 다른 개인의 금단증상을 추정, 예측하는 것이 필요하다. 일반적으로 집단의 금단증상을 평균적으로 계산하면 대체적으로 유사하다. 집단 평균 측면에서 금단증상은 금연시작 후 24시간 이내 발생하며 금연 3일째 최고조에 이른 후 점차 약해지면서 3~4주 이내에 기준치로 되돌아간다. 그러나 이러한 평균적인 금단증상은 개인차이와 개인에 있어서의 변화성(intraindividual variability)이 있기 때문에 모든 사람에게 획일적으로 적용할 수는 없다. 금연을 통해 경험하는 금단증상은 <표 9-5>에서처럼 금연 1주 이내 또는 금연 2~4주 이내 장단기적으로 분류할 수 있지만 이들이 반드시 금연 후 이러한 시기에 정확하게 구분되어 나타나지는 않는다. 이와 같이 대부분의 흡연가들에게 아주 혼란스럽고 때로는 3~4주가 아니라 8주까지 연장되기도 한다. 따라서 이러한 많은 요소들을 감안하여 예측모델이 개발되어야 금단증상에 따라 재흡연을 예측하는 데 있어서 정확도를 얻을 수 있다. 특히 재흡연에 대한 예측은 평균적인 금단증상의 발생 정도, 증상의 변화성, 시간경과에 따른 증상의 진행 정도, 일시적 재흡연에 의한 증상 경감의 정도 등 지표들을 바탕으로 추정되어야 한다.

두 번째로 금연 후 가장 먼저 발생하는 첫 번째 일시적 재흡연을 유발하는 가장 중요한 요인은 순간적으로 급속도로 나타나는 금단증상이다. 일반적으로 금단증상은 금연 전보다 금연 후 더 다양하게 나타나는데 이는 금연에 의해 촉발된 인내하기 어려운 금단증상이 흡연에 의해 완화된다는 것을 의미한다. 연구에 따르면 금연도 하기 전에 금단증상이 증가되는 경우도 있다. 이는 심리적으로 흡연이라는 보상강화제를 상실하게 된다는 우려감에 기인한다. 특히 이러한 우려감 정도가 크면 클수록 금연 후 조속한 시간 이내에 재흡연이 이루어지는 것으로 추정되고 있다. 이런 경우 금연시작 이전에 금단증상을 보이는 흡연가는 금연 후 금연처방이 실패할 수도 있기 때문에 주의 깊게 단계적으로 행동 요법과 약물요법으로 접근하는 것이 바람직하다.

이와 같이 금단증상의 발생과정에서의 다양한 변화 역시 분류를 어렵게 하는 요인이다. 금연시도 동안 bupropion을 비롯한 니코틴 패치 등을 통한 약물요법은 금단증상의 평균 수준을 감소시키지만 재흡연의 원인으로 고려되고 있는 시간 경과에 따른 증상의 변화와 중증도 등의 다른 요인에는 큰 영향을 주지 않는 것으로 추정되고 있다. 또한 니코틴 패치가 금연에 따른 부정적인 영향과 흡연욕구의 발생과 증가를 감소시키지만 흡연단서(smoking cue, 흡연욕구를 유발하는 내외부적 모든 물질 및 요인의 시각적, 후각적 그리고 청각적 단서를 의미) 노출에 의해 유도되는 부정적인 영향과 흡연욕구까지 감소시키지는 못하는 것으로 추정되고 있다. 따라서 기존의 약물요법은 금연에 의해 나타나는 부정적인 영향 및 흡연욕구에 관련된 다양한 구성요소 중 한 요소만 제외하고 다른 구성요소에 대한 영향은 제한적이라는 측면을 이해할 필요성이 있으며 부정적인 영향 및 흡연욕구의 재흡연과의 전반적인 특성은 다음과 같다.

〈표 9-5〉 다양한 금단증상과 금연 후 시기별 금단증상의 구분

금연 1주	금연 2~4주
① **부정적인 영향(negative effects)** - 배고픔(hunger) - 분노(Anger) - 불안(anxiety) - 우울(depression) - 집중력저하(difficulty concentrating) - 초조(impatience) - 불면(insomnia) - 안절부절못함(restlessness) ② **흡연욕구(urge/craving)**	① **부정적인 영향(negative effects)** - 변비(constipation) - 기침(cough) - 졸림(dizziness) - 꿈의 증가(increased dreaming) - 구강궤양(mouth ulcers)

: 금단증상은 강한 흡연욕구와 부정적인 영향 두 종류로 구분되며 약 4주에 걸쳐 나타나는데 반드시 이와 같이 시기별로 구분되어 나타나지는 않지만 대부분은 이러한 시기별 금단증상의 출현이 추정된다.

① 부정적인 영향

금연에 의한 부정적인 영향은 재흡연을 유도하는 주요 동기가 되지만 이러한 영향과 흡연 사이의 연관성은 상당히 복잡하다. 후향적 연구에 따르면 흡연가가 흡연을 하는 주요 이유와 금연 후 재흡연에 대한 주요 원인 중 하나를 부정적인 영향을 경감시키는 것으로 설명하고 있다. 흡연가들은 또한 부정적인 영향이 금연실패의 원인이며 이를 동반한 금단증상이 금연을 통해 유도되는 것으로 생각하고 있다. 중독의 부정적 강화제 이론(negative reinforcement theory)에 따르면 부정적인 영향은 비록 개인 기분과 흡연행위가 서로 동시에 발생하지 않는 비동시성(desynchrony)일지라도 기존에 복용 중인 약물복용을 유도하는 기본적인 동기가 된다. 이러한 점을 고려할 때 부정적인 영향의 긴급한 신호를 유발하는 개인의 내적 단서는 흡연을 의식하기 이전에 흡연을 촉발할 수 있는 확실한 자극으로 작용한다.

또한 금연을 시도하는 사람에 대한 관찰을 통해 일시적 재흡연에 앞서 부정적인 영향이 나타나는 것으로 확인되었다. 특히 첫 번째 일시적 재흡연이 부정적인 영향의 강도에 따라 비례적 상관성이 있는 것으로 확인되었다. 특히 첫 번째 일시적 재흡연의 20%가 부정적인 영향의 강도가 가장 높은 순간에 발생한다는 것은 이러한 비례적 상관성의 좋은 예가 된다. 따라서 부정적인 영향은 일시적 재흡연의 좋은 지표이며 금연시도 중인 흡연가들의 재흡연을 은밀하게 유도하는 주요 요인이다. 연구에 따르면 12주의 금연기간에 일시적 재흡연이 반복되는 과정에서 부정적인 영향이 증가하는 것으로 관찰되었다. 이러한 사실은 재흡연 과정에서 나타나는 부정적 영향의 특성을 이해하는 데 중요하다. 또한 부정적인 영향 중 주요 우울증(major depression) 영향은 완전한 재흡연을 유도하는 주요 요인으로 또한 제시되고 있다. 우울증 외에도 안절부절못함, 집중력 저하, 식욕증가 등을 모든 금연자의 60~70% 정도가 경험하는 것으로 확인되었다. 그러나 금연시도의 초기에 나타나는 우울증은 장기간 금연율을 감소시키는 주요 원인이다.

제1차 약물요법으로 분류되는 항우울제 bupropion은 금연 후 나타나는 부정적인 영향을 감소시키는 주요 약물이다. 실제적으로 bupropion은 부정적인 영향의 감소를 유도한다. 이러한 효과는 buropion의 임상실험을 통해 확인되었지만 특별히 아주 강력한 효능을 가진 것으로 판단되지 않는다. 흥미로운 것은 bupropion이 우울증을 가진 흡연가에게 도움이 되지만 금연 후 나타나는 우울증의 징후에는 신뢰할 수 있는 효능을 가지고 있지는 않는 것으로 추정된다. 또한 기분조절 기능을 가진 인지행동요법은 우울증상을 가진 흡연가에게 특이적으로 효능이 있는 것으로 확인되었다. 흥미로운 것은 연구에 따르면 이러한 인지행동요법이 금연기간 이후 부정적인 영향의 증가를 실제적으로 유발할 수 있다는 점이다. 만약 이러한 것이 사실이라면 인지행동요법에 의해 긍정적인 금연 효과에 대한 많은 의문점이 제기된다. 이는 인지행동요법이 부정적인 영향의 반응을 유도하는 단서로 작용하기 때문에 이러한 단서에의 노출을 증가시키는 것으로 설명될 수밖에 없다. 이러한 노출은 부정적인 영향을 유발하는 단기간 비용을 치르는 것으로 해석되지만 금연 또한 유도한다. 이러한 기전들은 관련 학습의 소실 또는 감정 기억 구조의 건전한 변화를 촉진시킨다. 흡연욕구에 도움이 되는 금연프로그램인 단서-노출요법(cue-exposure therapy)에서도 이러한 과정-결과 해리(process-outcome dissociation)에 나타난다.

○ 일시적 재흡연을 극복하는 가장 중요한 요소 'Distress tolerance': 금연에 의해 유발되는 부정적인 영향을 포함한 금단증상에 의해 느끼는

부정적인 반응을 distress(고통)이라고 하며 이를 극복하는 능력을 'distress tolerance(고통인내 또는 고통감내)'라고 한다. 일반적으로 특정 요구에 대한 신체의 비특이적 반응을 stress라고 하며 stress에 대한 반응이 긍정적일 때 'eustress' 그리고 부정적일 때 'distress'라고 한다. 특히 distress는 정신적 피로와 감정조절의 상실에 의해 발생하는 신체적 증상으로 나타날 수 있다. Distress의 전반적인 진행구조는 단순히 금단증상의 중증도와 강도뿐 아니라 개인이 초기 일시적 재흡연에 대한 예측이 가능하다. 일반적으로 distress tolerance가 낮으면 금연시도를 통한 금연성공률이 낮다. 이와 같이 distress tolerance에 대한 극복 정도와 금연 후 재흡연 또는 금연실패와 연관성이 있는 것이 'task persistence(과제 수행능력)'을 통해 확인되고 있다. Task persistence이란 distress tolerance의 정도를 측정하는 행위적인 일면이며 추후의 과제에서 수행의 차원이 높거나 낮은 노력에 대한 이론인 학습된 근면성 이론(learned industriousness theory)에 바탕을 둔다. 즉 task persistence에 대한 수행능력이 크면 금연 후 재흡연 가능성이 낮으며 반면에 task persistence에 대한 수행능력이 낮으면 재흡연 가능성이 높다는 것을 의미한다.

일반적으로 금연의 불편함에 대한 distress tolerance 정도를 측정하는 task persistence는 3가지 방법을 통해 이루어진다. 여러 정신적 및 육체적 도전을 통해 호흡정지(breath-holding) 시간의 정도뿐 아니라 이산화탄소(CO_2)가 풍부한 공기((20% CO_2, 21% O_2, 59% N_2)의 흡입, 오답이 되도록 지속적으로 귀에 거슬리는 잡음의 끊임없는 주입을 통해 인지능력과 사고력을 측정하는 연속속셈테스트(Paced Auditory Serial Additional Task, PASAT) 등이 있다. 이들 3가지 중 이산화탄소 흡입과 PASAT는 수행에 있어서 흡연가에게 다소 가혹한 측면이 있기 때문에 시험이 중단되는 사례가 많다. 반면에 호흡정지 시간의 측정은 비교적 간단하여 또한 금연기간과 호흡정지의 시간 사이 비례적 상관성이 상당히 일정하다는 것이 확인되었다. 호흡정지 시간이 길면 금연에 의한 신체적 불편함을 극복하는 distress tolerance 정도가 크며 재흡연의 가능성이 낮다고 추정된다. 흡연가 32명(여자 16명, 남자 16명)을 대상으로 약 12시간 금연 후 호흡중지 시간 측정을 통해 얻은 결과와 재흡연 정도를 확인하였다. 재흡연은 24시간 이내의 즉각 재흡연(immediate lapse)과 3개월 이상의 지연 재흡연(delayed lapse)으로 구분하였다. 먼저 호흡중지에서 즉각 재흡연자는 평균 27.6±9.6 초, 지연 재흡연은 45.6±25.7초로 지연 재흡연의 군이 즉각 재흡연 군보다 호흡중지 시간에 대한 보정교차비(adjusted odds ratio)가 2.46 정도이었다.

○ 조기 재흡연의 원인으로 작용하는 불안 민감성: 불안 민감성(anxiety sensitivity)은 흡연가의 내부 감정에서 비롯되는데 예상되는 경험의 두려움에 대한 개인차를 반영하는 자극−결과의 기대치이다. 금연기간 동안 경험한 여러 금단증상에 대한 내부−유래 감정들은 불안 민감도가 높은 흡연가들에게는 극도의 불안과 신체적 경직 그리고 걱정 등의 고통을 유발하는 경향이 있다. 이러한 불안 민감성과 내부−유래 생리적 단서(interoceptive cues) 또는 자극에 대한 감정 반응성 사이에 서로 연관되어 있기 때문에 금연에 대한 특정 불안에 대한 인지는 결국 금연시도뿐 아니라 금연 후의 조기 재흡연에도 관련이 있다. 또한 불안 민감성의 조기 차단 수준(pre−quit level) 역시 금연시도에 조기 재흡연 가능성이 있는 사람을 구별할 수 있다. 연구에 따르면 불안 민감성의 높은 수준은 금연 후 첫 7일 동안에 재흡연의 위험성과 밀접한 연관이 있는 것으로 확인되었다. 또한 불안 민감성이 높은 흡연가들은 ① 금연에 의한 부정적인 기분의 조절에 기인하는 동기를 스스로 부여, ② 금연에 의한 부정적인 기분을 흡연이 제거할 것이라는 기대, ③ 금연시도 동안 발생하는 다양

한 영향을 자발적으로 보고하려는 경향 등이 있다.

② 흡연욕구

욕구(urge와 craving은 동일한 뜻으로 사용)는 외부자극과 약물－자가투약 행위 사이의 정신적 흐름에 존재하는 불필요한 정거장 정도로 생각하였기 때문에 과거에는 그렇게 중요한 요인으로 고려되지 않았다. 그러나 오늘날 욕구는 흡연행위와 재흡연의 가장 민감하고 일관된 예측지표 중 하나로 고려되고 있다.

욕구는 금연에 의한 금단증상의 일부로 분류하지만 약물중독 분야에서의 욕구는 금단증상에서 분리하여 설명되기도 한다. 실제적으로 약물중독의 예측모델에서는 금단증상의 일부보다 욕구 동기시스템의 중요한 구성으로 분류되고 있다. 약물중독 욕구를 금단증상과 분리하여 설명하는 가장 중요한 원인은 금단증상의 여러 증상들과는 다르게 욕구는 명확한 시간추이(time course)를 가지고 있다는 점이다. 즉 금연에 의한 금단증상들은 금연 후 즉각적으로 가파르게 증가하는 반면에 흡연욕구는 금연시도 이후에 나타나지만 흡연 중에도 지속적으로 높은 수준으로 유지된다는 점에서 차이가 있다. <그림 9－4>는 금연과 관련된 흡연욕구 점수의 시기별 변화 정도를 나타낸 것이다. 금단에 대한 대부분의 연구에 따르면 모든 금단증상과 징후의 시간에 따른 변화는 파도형태(waveform)의 일정성을 나타낸다. <그림 9－4>는 70명 성인흡연가의 금연 3주 전, 금연일과 금연 3주 동안 흡연욕구의 점수 변화를 기록한 것이다. 각각의 흡연욕구와 전체 평균의 흡연욕구 점수 변화는 금연 3주 전 동안 평행적으로 나타나다가 갑자기 파도가 밀려오는 것처럼 금연일(금연 시작하는 일의 24시간)에 솟아오르는 형태로 나타난다. 금연일 이후 3주간의 흡연욕구는 서서히 감소되는데 금연 전후 흡연욕구의 변화형태는 파도형태라는 것을 알 수 있으며 다른 금단증상 역시 파도형태

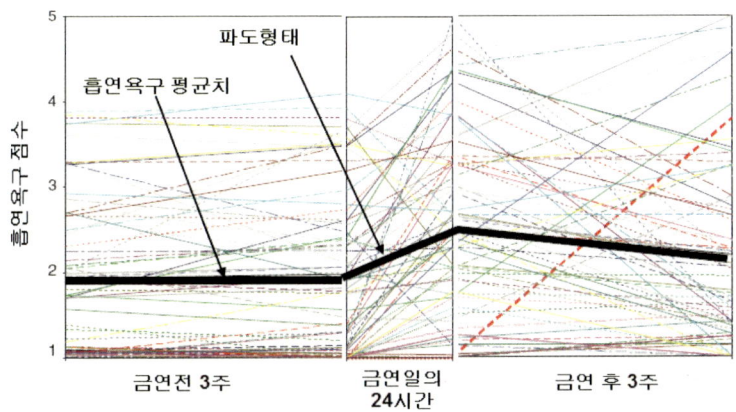

〈그림 9-4〉 금연일 기준 흡연욕구의 시간에 따른 변화 추이: 70명 성인흡연가의 금연
3주 전, 금연일과 금연 3주 동안 흡연욕구의 점수 변화를 기록한 것이다. 전체 평균의 흡
연욕구의 점수 변화는 금연 3주 전 동안 평행적으로 나타나다가 갑자기 파도가 밀려오는
것처럼 금연일(금연 시작하는 일의 24시간)에 솟아오르는 파도형태(waveform)로 나타난
다(참고: Baker).

를 보이고 있다. 이와 같이 개인의 흡연욕구 측정을 통해 이들의 변화
정도의 비교는 금연 이후 일시적 재흡연 또는 완전한 재흡연의 가능성
에 대한 지표로 이용될 수 있다.

흡연욕구는 대부분의 성인 흡연가에게 언제, 어디든 장소와 시간에
상관없이 흡연행위를 유발하는 요인이다. 이는 결국 강한 흡연욕구가
흡연을 지속적으로 유도하는 욕구-유발 동기시스템을 자극하는 만성
적인 약리학적 기폭제로 작용한다는 것을 의미한다. 비록 욕구가 기폭
제 역할을 하지만 흡연단서에 유발되지 않고 항상 일정하게 존재하는
욕구인 기본적인 욕구(background or tonic craving)와 흡연단서에 의해 급
작스럽게 유발되는 충동적인 욕구(pulsatile or phasic craving)로 구분된다.
흡연욕구는 주변 환경과 약리적 작용에 반응하여 일시적이면서 분명하
게 나타나는데 충동적인 욕구가 기본적인 욕구보다 강도가 강하다.

비록 일반적인 수준의 욕구 역시 장기적인 금연 이후에는 감소되지만

금연자들 대부분은 간헐적으로 강한 유혹을 경험한다. 흡연욕구는 흡연 부족(deprivation)이나 음주와 흡연－관련 형상체 등의 흡연단서(smoking cue, 흡연을 유발하는 모든 물질이나 상황)에 의해 유발된다. 어떤 물질의 중독이라도 중독 관련－단서가 주어진다면 행위를 유발하는 욕구가 유발된다. 특히 금연 후 첫 번째 일시적 재흡연을 유발하는 욕구에 대한 대부분의 자극은 유사하며 시간적·공간적으로 아주 가까이에 있는 환경에 존재한다. 이는 흡연욕구가 아주 일상적인 주변 환경에 의해 쉽게 유발된다는 것을 의미한다. 따라서 이들 자극에 의한 흡연욕구는 첫 번째 일시적 재흡연의 가장 강력한 원인으로 고려되고 있다. 흡연욕구는 대부분의 흡연가들에게는 살아 있다는 하나의 징표로 작용한다는 것으로 고정관념화되어 있다. 흡연욕구는 장기간 금연을 통해 감소되기는 하지만 대부분 금연자들에게서 영원히 사라지지 않는다. 즉 금단증상과 흡연욕구는 재흡연의 중요한 원인인데 금단증상은 일시적이지만 비록 금연을 했더라도 흡연욕구는 평생 갈 수 있다는 것이다. 연구에 따르면 금연 이후 4년이 경과한 사람들 중 약 52%가 흡연욕구가 가끔씩 유발된다는 것이 확인되었다. 흡연욕구는 금연프로그램에서 꼭 다루어야 할 중요한 표적이지만 현재 대부분의 금연프로그램이 흡연욕구에 대한 적절한 대책이 없다는 것이 현실이다.

니코틴 패치는 기본적인 수준의 욕구를 감소시킬 수 있지만 흡연단서에 의해 유발된 충동적인 흡연욕구에는 별로 도움이 안 된다. 흡연욕구는 하루 주기로 반복되는 일주기적 반복(diurnal rhythms)의 특성이 있는데 특히 아침 기상 시에 유발되는 흡연욕구는 재흡연 가능성이 있는 가장 강력한 지표이다. 이럴 경우에는 24시간용 니코틴 패치를 이용하는 것이 아침 기상 시간의 흡연욕구를 통한 재흡연을 예방할 수 있는 방법이다. 흡연욕구에 대한 약물처방에 있어서 bupropion의 효능에 대해서는 아직 확실하지 않은 상태이다. 흡연욕구는 부분적으로 다양한 요인이 함께 작용하는 연합조절하에 이루어지는 것으로 추정되고 있다. 이는 흡연유발 단서에 대한 흡연욕구 반응을 단절하는 데 주안점을 둔 금연 치료요법인 단서노출요법(cue exposure therapy)이 금연프로그램 계획에 있어서 중요한 도구가 될 수 있다. 그러나 단서노출요법은 후보단서(candidate cue)가 너무 많아 이에 대한 표준화된 접근방법으로 수행이 어렵다. 또한 단서노출 동안 증가되는 흡연욕구는 금연 동안 나타날 수 있는 다양한 현상을 예측가능한 것으로 이해되고 있다.

- **여성의 금연에 있어서 체중증가와 우울증이 주요 장애요인으로 추정된다.**

① 체중증가(weight gain)

흡연을 중단하지 않는 이유 중에는 금연 후 체중증가에 대한 부작용의 이유로 금연을 주저하는 경우가 있으며 특히 여성의 경우에는 가장 중요한 원인이다. 실제적으로 금연에 의해 체중이 증가된다는 것이 확인되고 있지만 금연에 의한 체중증가의 일정성과 정도에 대해서는 많은 논란이 되어 왔다. 그러나 일반적으로 금연은 체중을 증가시킨다는 것이 많은 연구를 통해 확인되었다. <표 9-6>은 금연 후 약 1년간 추적조사를 통해 체중이 유의한 증가가 있는 것으로 확인되었다. 지속적 금연(continuous abstinence)이란 금연 후 추적조사 기간 동안에 금연을 한 경우를 의미하며 시점금연(point prevalence abstinence)은 추적조사 기간의 어느 시점에서의 금연을 의미한다. 시점금연은 추적조사 기간 동안 금연을 중지한 사람들에게서 발생하기 때문에 추적조사 기간에 모든 사람이 금연한 지속성 금연과는 군의 특성에서 차이가 있다. 지속성 금연군에서는 금연 1년 후 약 5.9kg 정도의 체중이 증가하였으며 지속적 흡연군(continuosly smoking)의 1.09kg 정도의 체중증가와 비교하여 유의하게 증가하는 것을 확인할 수 있다. 금연을 중단한 사람을 포함한 시점금연군 역시 약 3.04kg 증가되었다. 이와 같이 금연은 체중증가를 유도하는 것으로 일반적으로 받아들여지고 있으며 금연 1년 후 평균 4.5kg 정도 증가하는 것으로 추정되고 있다. 그러나 금연하는 사람들의 13% 정도는 약 11kg 정도까지 체중이 증가되기도 한다.

〈표 9-6〉 금연기간별 평균체중증가 비교

군	조사 대상 수(명)	평균체중 증가(kg)			
		1개월	2개월	6개월	12개월
Continuously smoking (지속적인 흡연가)	118	1.32	NR	0.91	1.09
Point prevalent abstinent(시점금연)	27	2.23	NR	2.82	3.04
Continuously abstinent (지속적인 금연)	51	3.0	NR	5.45	5.90
Smokers(흡연가)	8	0	0	NR	NR
Ex-smokers(과거흡연가)	12	1.8	3.6	NR	NR
Re-smokers(재흡연가)	6	2.1	-1	NR	NR
non-smokers(비흡연가)	10	0	0	NR	NR

: NR: no report(참고: Filozof)

흡연이나 금연 시 물리적 활동은 동일하다는 가정하에 금연에 의한 체중증가는 에너지 섭취의 증가, 감소된 기초대사율(resting metabolic rate, RMR), 지단백지방분해효소(lipoprotein lipase)의 증가된 활성 그리고 지방분해(lipolysis)를 촉진하는 유전자의 발현억제 등으로 요약된다. 금연 역시 이러한 요인들에 대한 영향을 통해 다음과 같은 기전으로 체중증가를 유도한다.

○ 에너지 섭취에 대한 영향: 니코틴은 식사량 감소와 식사 간격 시간의 증가를 유도하여 에너지 흡수와 체중의 감소를 유도한다. 금연 후 약 60일 동안 열량섭취는 금연 전보다 1일당 약 5.4% 증가를 유도하며 열량으로는 평균 122kcal 정도이다.

○ 기초대사율에 대한 영향: 금연 중 금연 전보다 열량섭취가 동일하였지만 약 8주 동안 1.4kg 정도 체중의 증가를 유도하였다. 이는 금연에 의한 기초대사율의 감소에 기인하는 것으로 추정되며 일반적으로 4%~16% 정도 감소된다.

○ 지단백지방분해효소에 대한 영향: 니코틴은 지단백지방분해효소의 활성을 통해 지방의 보다 빠른 기초에너지 소비를 유도한다. 약 4주의 금연 후 다른 조직에서보다 특히 둔부 지방조직의 지단백지방분해효소의 활성이 금연 전보다 약 2.8배 증가되는 것으로 확인되었다. 이는 지단백지방분해효소가 혈액 중의 지방을 지방산으로 분해하면서 지방세포에서의 더 많은 지방 축적을 유도하는 것에 기인한다.

○ 지방분해(lipolysis)를 촉진하는 유전자의 발현억제: 2009년 Vanni 등의 연구에 따르면 흡연이 유전자 AZGP1의 과발현을 유도하는 것으로 확인되었다. AZGP1 유전자에서 발현된 단백질은 약 38~42kd(kilo dalton)으로 구성된 α2−zinc−glycoprotein 1(AZGP1)이다. 지방분해(lipolysis) 촉진을 통해 체중과 에너지 균형을 조절하는 단백질이다. 특히 식이의 변화가 없어도 체지방을 감소하는 것으로 확인되었다. AZGP1의 발현은 간, 유방, 그리고 소화관계 등의 분비상피세포에서 대부분 발현되는 것으로 알려졌다. <그림 9−5>는 건강한 비흡연가 17명과 건강한 흡연가 15명의 대기도상피(large airway epithelium)에서 발현된 AZGP1의 mRNA 발현 수준을 나타낸 것이며 건강한 흡연가에게서 건강한 비흡연가와 비교하여 약 1.9배 정도 많이 전사된 것을 확인할 수 있다. 따라서 금연에 의한

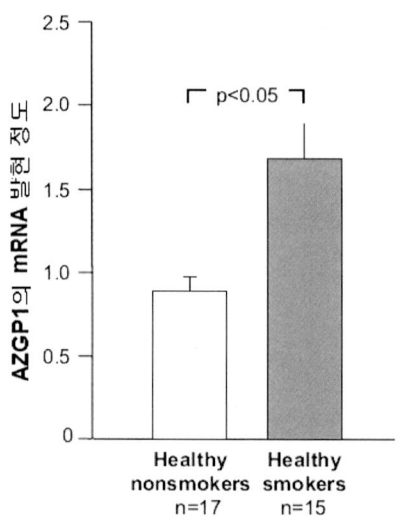

〈그림 9-5〉 지방분해 유전자인 AZGP1의 mRNA 발현비교: 흡연
에 의한 증가된 AZGP1 발현은 헤비스모거는 동일한 식이를 섭취하였
을 경우에 비흡연가보다 약 200kcal(칼로리) 이상 더 많이 연소를 유
도하는 것으로 추정되고 있다. 한다. 특히 AZGLP1 유전자 발현은 흡
연이 식사량의 감소를 통해 체중감소를 유도한다는 기존 설명에 배치
되어 향후 많은 논란이 예상된다(참고: Vanni).

체중증가는 흡연에 의해 유도되는 유전자 AZGP1의 발현 감소로 지방분
해 작용이 감소되어 이루어지는 기전으로 설명될 수 있다. 이러한 흡연
에 의한 증가된 AZGP1 발현은 헤비스모거는 동일한 식이를 섭취하였을
경우에 비흡연가보다 약 200kcal(칼로리) 이상 더 많이 연소를 유도하는
것으로 추정되고 있다. 특히 AZGLP1 유전자 발현은 흡연이 식사량의
감소를 통해 체중감소를 유도한다는 기존 설명에 배치되어 향후 많은
논란이 예상된다.

그러나 이러한 금연 후 체중증가는 개인적 흡연습성, 남녀 차이 그리고
유전적 요소에 의해 또한 영향을 받는 것으로 확인되었다. 예를 들면 헤비
스모거(1일 25개비 이상 흡연)와 사회경제적 지위가 낮은 계층일수록 체중
증가에 영향이 크다. 또한 남자보다 여자가 금연 후 체중증가에 있어서 더

민감하게 반응하는 것은 금연에 의한 체중증가에 있어서 남녀 차이를 보여 주는 좋은 예이다. 이란성 쌍둥이보다 일란성 쌍둥이가 금연에 의한 체중증가에 대해 더 큰 영향을 받는 것은 유전자적 차이의 좋은 예이다.

② 우울증(depression)

일반적으로 흡연은 우울증을 유도한다. <그림 9-6>은 우울증 척도 기법인 10-item CES-D(Center of Epidemiological Studies-Depression Scale)를 이용하여 중국계 미국인 1,393명을 대상으로 흡연상태에 따른 우울증 정도를 조사한 것이다. 남성인 경우에는 현재흡연가, 과거흡연가 그리고 비흡연가의 우울증점수가 각각 11.18, 9.01과 10.70으로 흡연이 우울증을 유도하는 것으로 확인할 수 있다. 여성의 경우에는 현재흡연가, 과거흡연가 그리고 비흡연가의 우울증점수가 각각 12.84, 8.64와 9.33으로 역시 흡연이 우울증을 유도하는 것으로 확인할 수 있다. 우울증은 금단증상의 일종으로 금연 시 금단증상의 척도기법의 주요 항목이며 금연 후 재흡연의 주요 원인으로 작용한다. 특히 흡연에 의한 이러한 우울증 유도는 금연시도 때에 금단증상을 통해 더욱 높아진다. <그림 9-6>에

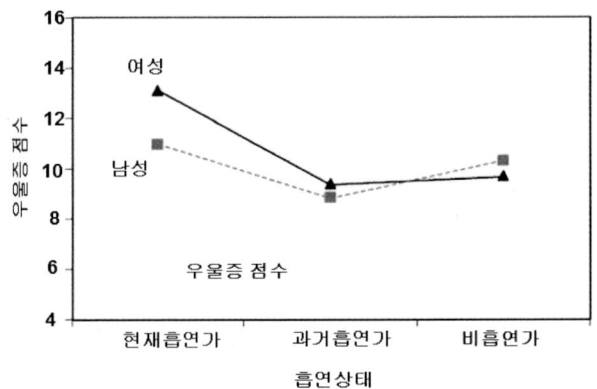

〈그림 9-6〉 흡연에 의한 우울증 정도: 흡연은 여성과 남성의 우울증을
증가시키는데 특히 여성에게 있어서 더욱 심하다(참고: Luk).

서 흡연에 의한 우울증은 남성보다 여성에게서 더욱 점수가 높은데 이러한 이유로 우울증은 여성흡연가의 금연과정에서 가장 장애가 된다. 특히 금연은 생리주기(reproductive cycle)의 특정 기간에 정서불안(dysphoria)을 동반한 우울증을 유발한다.

● **스트레스 역시 재흡연 예방을 위한 고려사항이다.**

<그림 9-7>은 금연프로그램 및 급작금연법 등 어느 방법에 상관없이 일반 집단의 금연경험이 있는 사람들에게 금연실패 이유의 질문에 대한 반응이다. 금연실패에 대한 이유는 스트레스로 확인되었다. 그 다음으로 금단현상이 15.2%, 의지력 부족이 10.3% 등이었으며 습관, 주변의 흡연환경과 흡연욕구 등이 소수 이유로 확인되었다. 물론 금연프로그램 등을 통한 설문조사에서는 금단증상 등이 주요 원인으로 나타나기 때문에 재흡연의 스트레스가 가장 큰 이유라는 것은 절대적인 것은 아니지만 금연프로그램에서 중요하게 대처방법을 강구할 필요성이 있다.

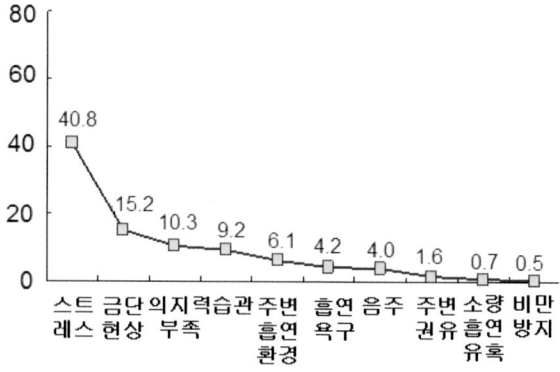

〈그림 9-7〉 금연실패 이유: 금연실패에 대한 주요 원인으로 스트레스로 응답한 사람이 가장 많았다(참고: 한국갤럽조사연구소의 2007년 흡연실태조사).

● 피부의 멜라닌 농도가 많으면 많을수록 금연과정은 더욱 어렵다.

또한 피부의 밝기 역시 금연성공률에 영향을 준다. <그림 9-8>에서
처럼 흑인계 미국인 147명을 대상으로 수행된 연구에서 전체 멜라닌 농
도(facultative melanin)가 높으면 높을수록 1일 흡연량과 FTND(Fagerstrom
Test for Nicotine Dependence, 니코틴-의존도검사) 측정값이 높은 것으로
확인되었다. 이는 멜라닌 농도가 높으면 높을수록 많은 흡연량과 높은
니코틴-의존도를 의미한다. 유전적인 요인(constitutive melanin)과 태양
노출에 의해 멜라닌이 증가되는데 이는 결국 피부의 밝기를 결정하게
된다. 선천적으로 멜라닌을 많이 가진 흑인 역시 태양광 노출 정도 또는
유전적인 요인에 의해 멜라닌 차이가 있으며 밝기 또한 영향을 받는다.
멜라닌-함유 조직에서 니코틴 농도, 즉 친화성이 높은 이유는 멜라닌
합성에 있어서 니코틴의 기능 그리고 멜라닌과 니코틴의 비가역적 결합
에 기인한다. 이는 니코틴 내성을 유발하여 니코틴 의존도를 높이게 된
다. 따라서 햇빛 노출에 의해 피부보호를 위해 분비되는 멜라닌 농도가
많으면 니코틴이 이들 멜라닌에 결합하는 양이 많아지게 된다. 이는 니
코틴 내성을 유발하여 더 많은 농도의 니코틴 노출을 필요로 하는 니코
틴-의존성을 높이는 원인이 된다. 이러한 의존성이 높다는 것은 금연
역시 높은 금단증상으로 인하여 더 어려움을 갖게 되는 원인이 된다. 결
국 멜라닌이 많은 어두운 피부를 가진 흡연가는 밝은 색의 피부를 가진
흡연가보다 금연에서 보다 더 많은 어려움이 있을 것으로 추정된다. 또
한 니코틴에 의한 멜라닌과 결합 및 합성 증가는 더 많은 멜라닌이 피부
에 잔류하게 하여 흡연가의 피부가 비흡연가보다 더 검은색을 나타내는
원인으로 추정되고 있다.

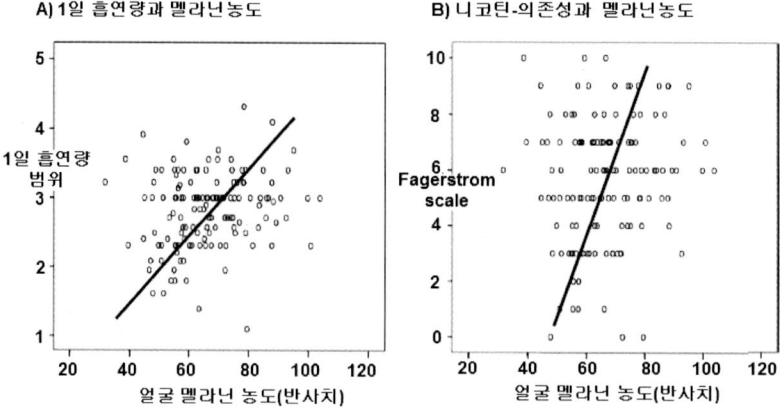

〈그림 9-8〉 멜라닌 농도와 흡연량과 니코틴-의존성과의 관계: 얼굴의 멜라닌 농도는 반사계(reflectometer)로 측정되었다. 멜라닌 농도가 높으면 높을수록 흡연량과 니코틴-의존성이 비례적이다(참고: King).

- **흡연집단에서의 경화현상은 금연을 위한 또 다른 대책을 필요로 한다.**

선진국의 흡연율은 1970년대 이래로 점차적으로 감소추세이지만 1990년대부터 현재까지 흡연율의 감소는 정체되어 있다. 어떤 측면에서 이러한 흡연율 감소의 정체는 더 이상 금연을 할 수 없는 흡연가들의 비율이 집단에서 증가되었다는 것을 의미한다. 이와 같이 담배 또는 니코틴의 높은 의존성으로 구성된 흡연가 집단의 특성에 기인하여 집단의 금연율이 정체되는 현상을 경화현상(hardening phenomenon)이라고 한다. 이러한 경화현상에는 기존 흡연가 외 새로이 발생하는 청소년 흡연가의 높은 니코틴 의존성에 대한 임상시험의 결과를 통해 설명되고 있다.

연구에 따르면 흡연율이 감소하는 경향과 더불어 니코틴대체요법을 비롯하여 다양한 금연프로그램을 포함하고 있는 임상시험의 표준적인 금연요법에 의한 금연성공률이 갈수록 낮아지고 있다. 특히 흡연율이 낮은 나라에서 흡연가들의 평균 니코틴 의존성의 점수가 훨씬 높다. 이는 니코틴 의존성이 낮은 흡연가들은 금연에 성공하고 니코틴 의존성이 높은 사람은 금연의 어려움에 의한 실패로 흡연가 집단의 주요 구성원이 되는 특성에 기인한다. 또한 동일한 연령대의 젊은 층을 대상으로 한 연구에서 점차적으로 흡연을 시작하는 수가 감소하는 추세이다. 그러나 일단 흡연을 시작한 젊은 층은 흡연 연습수준에서 빠르게 니코틴 의존성수준으로 전환된다. 따라서 <그림 9-9>에서처럼 의존성 경향(dependence prone)을 가진 젊은 층에 의한 흡연 초기의 차별적 선택 역시 점차적으로 흡연집단의 경화현상을 증가시키는 원인이 된다.

이러한 경화현상이 흡연집단에 존재하게 되면 제1차 약물요법에 대하여 저항성이 높아지기 때문에 완전한 재흡연율이 발생할 가능성이 그만큼 높다는 것을 의미한다. 특히 제1차 약물요법 부작용의 하나로 경화현상이 거론될 정도로 제1차 약물요법과 경화현상의 원인적 연과성에 대한 논란이 많다. 이러한 이유로 더 강력한 금연요법과 재흡연 예방책의 개발 필요성이 있다. 특히 현재의 흡연율 감소의 정체를 고려하면 빠른 대책을 통해 재흡연의 증가 가능성에 대해 대비하여야 한다. 연구에 따르면 대부분의 흡연가들은 수많은 금연시도를 하고 수많은 실패 후에 장기간 금연에 성공한다. 이는 대부분 흡연가들이 금연시도와 실패의 많은 경험을 가지고 있다는 것이다. 따라서 경화집단에서의 금연정책뿐 아니라 금연시도와 실패의 반복적인 주기 그리고 이를 유발하는 요인에 대한 적절한 대책과 더불어 금연프로그램 및 금연정책이 필요하다.

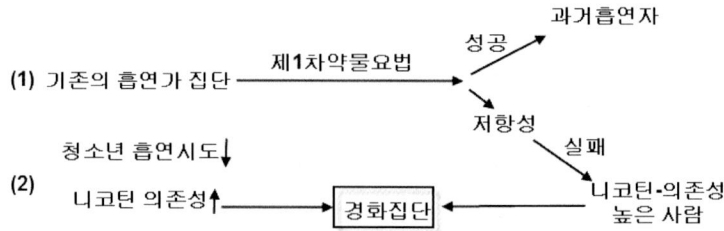

〈그림 9-9〉 흡연집단에서의 경화이론: 담배 또는 니코틴의 높은 의존성으로 구성된 흡연가 집단의 특성에 기인하여 집단의 금연율이 정체되는 현상을 경화현상(hardening phenomenon)이라고 한다. 이러한 경화현상에는 기존 흡연가 외 새로이 발생하는 청소년 흡연가의 높은 니코틴 의존성에 대한 임상시험의 결과를 통해 설명되고 있다.

• 신체 및 정신적 발달단계에서의 흡연동기에 대한 이해는 재흡연을 막는 또 다른 중요한 행동요법의 하나로 작용할 수 있다.

중독이론에 의하면 약물이용은 동기유발체계의 변화를 유발하고 이러한 변화는 순차적으로 완전한 중독을 유도한다. 이에 최근에는 약물복용 동기를 파악하기 위해 약물복용의 이전과 중단까지의 경력과 원인에 대한 이해에 주안점을 두는 경향이 있다. 즉 성인흡연가의 특성과 흡연가 이전의 삶에 대한 이해를 통해 흡연시작 등 흡연의 경력에서 어떻게 동기유발체계의 변화가 이루어졌는가를 확인하려는 노력을 금연프로그램에서 적용할 필요성이 있다.

기존의 일반적인 약물동기유발이론(drug motivational theories)에서 약물이용의 동기는 오랜 기간 깊은 뿌리를 두고 발생되는 것이 아니라 순간적이면서 변화가 가능한 가역성을 지닌 연합적인 학습에 의해 약물이용의 동기가 유발한다는 것이 핵심이론이다. 또한 이러한 학습은 순간적이고 가역적이고 약물에 대해 단순히 일시적 신경적응의 일종이기 때문에 쉽게 사라질 수도 있으며 또한 지속적인 절연을 통해 충분히 교정이 가능하다.

반면에 중독의 새로운 이론에서 약물중독은 동기유발체계의 아주 심각하고 지속적인 혼란의 결과에 의해서 이루어진다는 것이다. 이는 약물복용현상을 성장발달과정에서의 정신적 및 신체적 변화와 연관하여 이해할 필요성이 있다는 점을 의미한다. 특히 흡연시작과 금연에 대한 동기유발의 변화에 대한 연구에 의하면 기존 흡연가의 대부분은 의식변화가 가장 심한 사춘기 또는 청소년 시기에 흡연을 시작하는 것으로 확인되었다. 또한 이때의 니코틴 노출은 장기간 또는 영원한 니코틴 중독으로의 전환에 가장 큰 영향을 주거나 성인이 된 후 정신적으로 부정적인 감정의 발생에도 큰 영향을 주게 된다. 니코틴 노출은 뇌의 니코틴 보상체계 기능의 증가를 유도하는데 이는 니코틴 노출의 중단 이후에도 보상체계의 활성을 위한 한계점이 높게 유지된다. 즉 니코틴이 없는 상태에서 보상체계의 활성은 어려움이 있다. 따라서 보상체계에서 한계점의 증가는 결국 불쾌감(dysphoria) 유발의 주요 원인이 된다. 또한 한계점의 증가는 더 많은 니코틴을 필요로 하는 니코틴 의존성으로 발달되며 니코틴이 부족할 때 고통을 유도하게 된다. 흡연을 통해 이런 상황에 도달하게 되면 흡연 중단에 의해 금단증상이 나타나며 이는 청소년들의 금연을 더욱 어렵게 하는 주요 원인이다. 특히 이러한 흡연욕구 및 금단증상의 강도는 성인에게서보다 청소년들에게서 더 높게 나타나기 때문에 이 역시 청소년 금연을 유도하는 데 어려운 점이다.

또한 성인과 청소년의 흡연이 정서에 미치는 영향에 대한 차이 역시 크다. 성인의 흡연이 정서에 미치는 영향은 약하지만 청소년의 흡연은 부정적인 정서를 유발한다. 특히 청소년 흡연은 자신의 감정을 올바르게 표현하는 데 문제를 유발하며 결과적으로 행동장애(conduct disorder)와 반항장애(oppositional defiant disorder) 등의 외현화 장애(externalizing disorder)로 나타난다. 그러나 대부분의 금연프로그램에서 우울 등의 특성에 중점을 두어 개발되어 응용되지만 이러한 장애와 특성은 거의 반영되지 않는다. 이러한 외현화 문제가 금연프로그램에 반영되지 않는 이유는 여러 가지로 분석되고 있다. 첫 번째 이유는 흡연 시작과 흡연지속성(smoking persistence, 매일 그리고 지난 12개월 동안의 흡연을 의미)이다. 특히 외현화 문제는 흡연가가 금연치료를 받는 시기에는 벌써 나이가 들어 다소 완화되며 이는 금연상담사나 임상의사가 외현화와 흡연과의 연관성을 발견하기 더욱 어렵게 만든다. 또한 외현화 행동이 나타나면 흡연 문제보다 정신적인 질환의 치료가 우선되기도 한다. 그러나 외현화 장애는 청소년의 흡연을 유도하는 경향이 있으며 흡연의 약리적 작용이 이러한 내재되어 있는 고통 또는 고민에서 벗어나게 해 주는 생리적 적응을 유도하게 된다. 즉 흡연은 이미 내부에 존재하고 있는 내재된 문제를 외현화 경향으로 유도하게 된다. 특히 이들 내재된 문제는 장기간 흡연 또는 약물복용과 더불어 더욱 뚜렷하게 확장된다. 따라서 금연전문가 또는 임상의사들은 외현화와 흡연의 공동 작용에 의해 발생하는 청소년들의 이러한 불쾌감을 적극적으로 고려하여 금연상담에 응할 필요성이 있다. 청소년들에게 있어서 흡연과 내재된 문제 등으로부터 발생하는 부정적인 감정 유발은 뇌의 동기유발체계의 변화에 기인한다. 또한 정신병리학적 측면에서 청소년에게 내재되어 있는 문제와 행동의 외현화와의 상호 연관성이 있음이 역학조사를 통해 증명되고 있다.

또한 흡연가의 흡연경력과 더불어 자체의 전반적인 동기유발체계가 심각히 변형된다. 대부분의 흡연가들이 청소년 시기에 흡연을 시작하기 때문에 금연을 시도하는 사람들은 성인이 되어 흡연이 없는 다른 삶과 생활에의 적응에 있어서 어려운 점이 있다. 이는 금연을 시도할 때 이들의 일상적인 생활형태의 변화를 의미하며 이에 대한 신속한 심리적 변화와 준비 역시 필요하다는 것을 의미한다. 금연에 의한 이러한 일상변화와 이에 대한 적응은 단순히 일시적인 것이 아니고 금연을 시도한 흡연가가 영원히 적응해야 할 중요한 요소이다. 이러한 변화에 대한 적응의 어려움은 결국 재흡연을 유도하게 된다. 대부분의 흡연가들은 흡연으로 인하여 비교적 삶의 범위가 좁으며 또한 비친화적 방향으로 삶이 유도되는 경향이 있다. 이와 같이 금연시도 후 재흡연 예방을 위해서는 흡연의 동기에 대한 근본적인 이해와 더불어 좋은 조언과 처방이 이루어져야 한다.

- **금연 후 흡연단서에 대한 노출은 재흡연의 강력한 동기유발 요소이며 이를 고려하여 단서노출금연치료 역시 개발되어 있다.**

흡연단서(smoking cue)란 흡연욕구를 유발하는 내외부적 모든 물질 및 요인의 시각적, 후각적 그리고 청각적 단서(visual, olfactory, auditory cue)를 의미한다. 이러한 단서에 의해 흡연자가 반응을 하는 것을 단서 반응성(cue rectivity)이라고 한다. 단서 반응성은 흡연욕구, 금단증상, 흡연으로 유발된 다양한 효과와 기분변화 등의 주관적인 반응(subjective reaction)과 피부전도반응, 심장박동률, 타액분비, 체온을 비롯하여 뇌활성화 등의 생리적인 반응(physiological reaction)으로 구분할 수 있다. 또한 흡연단서는 크게 흡연-관련 단서(smoking-related cues)와 환경적 단서(environmental cues)로 구분할 수 있다. 흡연-관련 단서는 흡연과 직접적으로 관련이 있는 물품이나 장면 등의 물질 또는 요인을 의미한다. 흡연-관련 단서로는 성냥, 라이터 등의 흡연 관련 물품, 흡연은 하지 않지만 담배를 손에 쥐고 있는 상황 그리고 흡연장면 등이 있다. 환경적 단서는 흡연을 유도하는 시각적, 후각적 그리고 청각적 자극으로 흡연욕구를 유발하는 모든 주변 환경의 요인을 의미한다. 환경적 단서로는 대중매체, 술집, 게임방과 음식섭취 등이 있다. <그림 9-10>은 청소년과 대학생을 대상

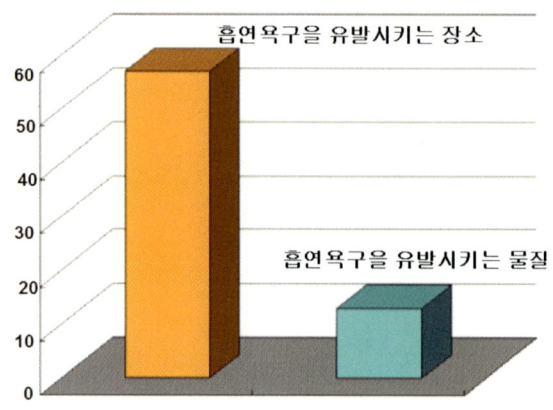

〈그림 9-10〉 대학생 및 청소년들의 흡연욕구를 유발시키는
단서: 물질보다 장소가 흡연욕구를 유발하는 더 큰 단서를
제공하는 것으로 조사되었다(참고: 이장한).

으로 흡연욕구를 유발하는 장소 및 물질에 대한 단서에 대한 조사이다.
물질보다 장소가 흡연욕구를 유발하는 더 큰 단서를 제공하는 것으로
조사되었다. 장소로는 특히 대학생들은 술집, 청소년들은 게임방을 흡
연욕구의 가장 큰 단서로 조사되었다. 또한 대학생들에서 물질로는 술
이 가장 큰 단서로 조사되었다.

이와 같이 흡연가들은 흡연과 관련된 단서에 노출되면 강한 재흡연욕
구가 유도된다. 특히 금연 후 흡연단서에 대한 흡연가의 반응은 재흡연
의 중요한 원인으로 작용한다. 따라서 일상생활 속에서 금연시도를 할
경우에는 흡연과 관련된 단서에 노출되는 경우가 매우 빈번하며 이는
재흡연의 중요한 원인으로 작용한다는 것을 고려하여야 한다. 이러한
측면에서 강한 흡연욕구를 유발하는 단서를 탐색하고 그 단서에 대한
흡연가의 반응을 주관적 또는 생리적으로 측정하려는 연구가 개발되었
다. 뿐만 아니라 욕구유발 단서를 적절히 활용하여 오히려 흡연욕구를
낮추는 기법 역시 개발되어 적용되고 있다. 이와 같이 이러한 단서와 단

서 반응성을 치료에 활용하는 기법을 단서노출치료(cue exposure therapy)라고 한다. 단서노출치료는 약물과 관련된 자극단서를 반복적으로 노출시킴으로써 학습되어 있는 자극단서와 약물 사이의 연관성 및 연합작용을 소멸시키는 기법이다. 이러한 단서노출치료는 약물중독자에게 중독물질에 대한 경험 없이 단서만을 반복 제시하였을 때 약물욕구가 소멸된다는 고전적 조건화이론에 기반을 두고 있다.

- **흡연의 유전자 수준에서의 이해 역시 재흡연을 예방하는 데 중요한 도구가 된다.**

쌍둥이와 흡연에 대한 연구에 따르면 ① 흡연은 유전적이며 ② 흡연과 이에 동반되는 질환 사이 원인적 상관성이 있으며 ③ 흡연시작과 흡연지속성을 유도하는 유전자 토대가 있다. 특히 흡연에 대한 유전자적 토대는 대부분의 흡연자들이 금연을 원하고 금연을 시도한다는 측면에서 재흡연 연구에 대해 중요하다. 일반적으로 흡연행위와 특정 유전자형이 연관되어 있다는 유전자 연관성이 있다. 연구에 따르면 도파민 대사에 영향을 주는 유전자의 다형성(polymorphism)이 흡연욕구와 흡연 관련 단서에 반응을 조절하는 것으로 확인되었다. 또한 이러한 유전자의 다형성을 통해 금연자와 재흡연자의 구분뿐 아니라 니코틴대체요법에 가장 잘 맞는 금연후보자의 분류가 가능하다. 또한 다른 신경전달물질 및 니코틴 수용체와 니코틴 대사 등에 영향을 주는 유전자에 대한 연구는 이러한 유전자 다형성과 재흡연과의 연관성을 더욱 확실하게 설명해 주는 중요한 이론적 근거이며 이를 통해 새로운 금연요법의 개발이 가능하다. 물론, 흡연과 관련된 유전자 다형성의 임상적 적용을 통한 혜택을 얻기 위해서는 관심 대상의 확실한 유전자를 찾는 것이 우선적인 문제이다. 특히 흡연과 관련된 유전자 연구들을 통해 얻은 결과물들이 결국 재현성이 없어 적용의 실패를 거듭하고 있다. 또한 유전자의 임상적 적용을 위해서는 흡연자의 유전자를 쉽게 얻을 수 있고 결과를 바탕으로 임상적 결론을 얻기에는 많은 지식 역시 필요하다. 따라서 흡연과 관련된 유전자를 이용한 임상적인 금연요법은 많은 시간과 더 많은 이해를 필요로 하기 때문에 가까운 장래에 실현되기는 어려움이 있다. 그러나 장기간에 걸친 연구와 노력을 통해 유전자－기초 금연요법은 금연과 재흡연의 문제를 해결하는 중요한 임상적 도구가 될 것이다.

- **금연 후 재흡연 예방을 위해 기존의 행동요법과 약물요법을 금단 증상에 따라 변형할 필요성이 있다.**

○ 4가지 다구성(multicomponent) 행동요법: 행동요법을 통한 금연행위에 대한 개입은 금연에 효과적 모델로 이용되어 왔다. 대부분의 이들 모델은 준비, 금연시도, 그리고 금연의 유지와 재흡연 예방 등의 3가지 측면에서 대부분 구성되어 있다. 이러한 다구성 접근은 주로 장기간인 12개월 이상 금연기간 동안 높은 금연성공률을 보이지만 대부분 1년이 지나면 재흡연이 이루어지는 것이 많은 연구를 통해 확인되고 있다. 특히 금연 후 짧은 시간 이내에 발생하는 금단증상의 distress(정신적 피로와 감정조절의 상실에 의해 발생하는 신체적 증상)에 의한 일시적 재흡연에 대한 집중적인 관리는 금연성공에 있어서 무엇보다도 중요하다. 이를 위해서는 준비, 금연시도, 그리고 금연의 유지와 재흡연 예방 등 3가지 다구성 프로그램에 추가적으로 재흡연 관리에 특별히 중점을 둔 구성내용을 포함하는 4가지 다구성 행동요법이 필요하다. 이러한 추가적 요소의 예로는 새로운 방식의 인지행동치료법(금연에 대한 긍정적인 생각이 행동에 투영되도록 하는 치

료요법)인 인지행동인 수용전념치료(ACT, Acceptance and commitment therapy)가 있다. 이는 삶의 목적에 부합되지 않는 개인적인 사항에 표적을 두어 금연에 대해 수용할 수 있도록 유도하는 인지행동요법의 일종이다.

○ 불안장애를 유발하는 감정 등의 노출 절차: 노출−처방 절차(exposure −based procedure)는 불안장애에 문제가 있는 흡연가를 위한 가장 효과적인 행동요법이다. 생체 노출을 피하고 싶은 상황에 체계적이고 반복적인 접촉을 통해 축적된 경험으로 금연에 기인하는 여러 장애를 극복하는 방법이다. 예를 들어 금단현상에 의한 정신적 공황에 대해서는 공황−유도 내인성 감정의 재생과 노출을 통한 공포 감소는 대단히 실질적인 접근이라고 할 수 있다. 따라서 금연증상에 의해 나타날 수 있는 여러 감정에 대해 금연시도 이전의 특정 기간을 설정하여 노출 반복을 통해 금단증상 극복으로 재흡연을 예방할 수 있다.

○ fluoxetine hydrochloide: 금연을 위한 증거−기초 임상요법에 대한 미국의 가이드라인에서의 약물요법은 모든 흡연자들이 향후 30일 내에 금연을 계획하도록 처방전을 권고하는 내용을 포함하고 있다. 또한 약물 사용이 엄격히 제한된 흡연가 또는 약물요법을 원하지 않는 흡연가들이 많아지고 있기 때문에 금연을 위한 행동변화를 유도한 물질로 니코틴에 대한 선호도가 갈수록 감소되고 있다. 금연을 위한 약물요법에 있어서 가장 많이 이용되고 있는 형태는 니코틴대체요법의 4가지 형태인 니코틴 껌, 니코틴 패치, 비강분무제 그리고 니코틴흡입과 항우울제인 bupropion 의 제1차 약물처방요법에 해당하는 약물들이다. 물론 이들 약물들은 니코틴 의존성을 감하는 데 잘 알려진 약물이지만 금연에 의한 금단증상인 우울증에 의한 재흡연 예방을 위해서는 serotonin 재흡수 저해제(serotonin reuptake inhibitor)인 fluoxetine hydrochloide 역시 권장할 만큼 효능이 있는 것으로 알려졌다. 특히 fluoxetine hydrochloide은 금연에 의한 부정적인 영

향과 조기 재흡연을 예방하는 데 중요한 약물로 추정되고 있다. 따라서 제1약물처방요법에 fluoxetine hydrochloide이 추가되면 금단증상에 의한 재흡연을 예방함으로써 금연성공률을 높일 수 있는 대안이 된다.

2. 흡연과 음주의 문제점과 해결책

◎ **주요 내용**

- 음주와 흡연의 역학과 독성학
- 알코올과 흡연은 섬모통제(ciliary beating)의 약화를 유도하여 폐렴 발생을 유도하며 발암성 또한 증가시킨다.
- 알코올과 흡연의 상호 강화작용과 내성
- 술과 흡연은 서로 간의 보상 효과를 상승시키는 동시에 내성에 의해 서로의 독성과 불쾌감을 감소시킨다. 이는 술과 흡연이 함께 하는 이유이다.
- 술과 흡연의 상승효과
- 질병 발생 위험성에 있어서 술은 6배, 흡연은 7배 정도 증가시키지만 동시에 노출은 38배 증가시킨다.
- 알코올중독 흡연자에 대한 치료
- 알코올중독과 금연의 치료프로그램은 동시 수행이 가능하며 알코올중독자에게는 고용량의 니코틴 패치가 필요하다.

1) 음주와 흡연의 역학과 독성학

● **알코올과 흡연은 섬모통제(ciliary beating)의 약화를 유도하여 폐렴 발생을 유도하며 발암성 또한 증가시킨다.**

○ 흡연가는 술 마시고 음주가는 흡연을 한다(Smokers drink and drinkers smoke)는 말이 있을 정도로 음주가의 80~95%는 흡연을 한다. 이는 술을

마시지 않는 집단의 흡연율보다 약 3배 정도 높은 수치이다. 일반인 흡연가 중 10%가 헤비스모거인 반면에 음주가의 약 70% 정도가 헤비스모거이다. 흡연이 음주에 주는 영향보다 음주가 흡연에 주는 영향이 더 크다. 그럼에도 불구하고 흡연가는 비흡연가보다 약 1.32배 술을 더 많이 마신다.

○ 대부분의 성인 음주가와 흡연가들은 10대일 때 이들을 거의 동시에 시작한다. 흡연하는 알코올중독자는 흡연을 먼저 한 후 몇 년 동안 기간을 거치면서 알코올중독이 이루어지게 되는 것이 일반적인 경로이다. 흡연을 하는 청소년들은 일반 청소년들보다 3배 정도 술을 더 많이 마시며 알코올중독자가 될 확률은 비흡연자보다 10배 정도 높다.

○ 흡연을 하는 알코올중독자는 흡연을 하지 않는 알코올중독자보다 뇌질량(brain mass)의 소실이 더 많은 것으로 확인되었다.

○ 알코올과 흡연은 유해한 세균이 기도에서 증식하게 하며 또한 폐로 이동을 유도한다. 폐렴연쇄상구균(*Streptococcus pneumoniae*)은 주로 상기도에 감염하여 폐렴을 유발하지만 혈액을 통해 뇌, 척수, 골, 연골, 귀 그리고 비강 등에 감염하여 염증을 유발하기도 한다. 폐렴연쇄상구균 감염이 되면 대부분 비강의 위쪽 부분인 비인두(nasopharynx, <그림 4-1> 참고)의 세포에 부착하여 빠르게 증식하게 된다. 비인두에서 폐까지의 통로는 섬모로 덮여 있다. 이들 섬모는 기도의 위쪽에서 아래쪽으로 세균의 이동을 막기 위하여 세균을 위쪽으로 배출시키는 역할을 한다. 특히 이러한 섬모의 작용을 통해 기도의 상피세포들은 점액을 분비하게 되며 점액 속의 세균은 기침과 더불어 구강 밖으로 배출된다. 이와 같이 섬모가 기도에서의 세균 및 화학물질 등 폐로의 이동을 저해 또는 통제하는 것을 섬모통제(ciliary beating)라고 한다. 폐렴연쇄상구균 감염에 의한 질환은 면역력이 약화됨으로써 기도에서의 증식에 의해 발생한다.

특히 악성종(virulent strain)의 폐렴연쇄상구균은 섬모의 역할을 피하며 비인두에서 폐까지 쉽게 이동한다. 알코올중독은 면역력 약화를 유발하기 때문에 폐렴연쇄상구균이 쉽게 증식하며 폐까지의 이동을 쉽게 한다. 따라서 알코올중독 흡연자는 폐렴연쇄상구균의 감염에 대한 감수성이 특별히 높다. 흡연 역시 폐렴연쇄상구균의 폐 감염에 대한 감수성을 증가시킨다. 감수성이 높은 원인은 흡연이 섬모의 기능을 변형, 약화시켜 섬모통제의 기능을 약화시키는 것에 기인한다. 따라서 대부분의 흡연가는 비흡연가보다 구강 및 비인두에서 폐렴연쇄상구균의 폐로의 이동에 대해 훨씬 더 민감하다. 이와 같이 알코올에 의한 상기도에서의 폐렴연쇄상구균 증식, 흡연에 의한 폐렴연쇄상구균의 폐로의 이동 촉진은 알코올과 흡연에 의한 폐렴의 주요 기전으로 이해되고 있다.

○ 알코올은 담배에 의한 발암성 증가를 유도한다. 담배가 연소되면서 약 4,000여 종류의 화학물질이 발생하는데 타르에 존재한다. 일단 이들은 체내로 들어오면 다양한 조직과 기관에 분포된다. 때론 이들 물질은 혈액을 따라 간으로 이동하게 된다. 일반적으로 이들 화학물질들과 같은 외인성물질은 제1상반응의 cytochrome P450 등의 효소와 제2상반응의 포합을 통해 친수성대사체로의 생체전환을 통해 체외로 배출된다. 그러나 이들 외인성물질이 항상 제1상반응과 제2상반응을 통해 친수성대사체가 생성되는 것이 아니라 제1상반응 후 독성을 지닌 활성중간대사체가 생성되기도 한다. 모든 화학물질에 의한 독성유발에 있어서 80%는 이들 대사체 생성에 의해 이루어진다. 또한 이들 활성중간대사체는 대부분 cytochrome P450에 의해 유발된다. 알코올은 CYP2E1을 비롯한 다양한 cytochrome P450을 간에서 유도한다. 따라서 알코올에 의해 유도된 cytochrome P450과 흡연을 통해 간으로 흡수된 타르는 돌연변이를 유발할 수 있는 활성중간대사체를 생성할 수 있다. 따라서 알코올과 흡연의

동시 노출에 의한 발암 위험성은 증가되며 이는 활성중간대사체를 생성할 수 있는 cytochrome P450의 유도에 기인한다.

2) 알코올과 흡연의 상호 강화작용과 내성

- **술과 흡연은 서로 간의 보상 효과를 상승시키는 동시에 내성에 의해 서로의 독성과 불쾌감을 감소시킨다 – 이는 술과 흡연이 함께하는 이유이다.**

술과 담배는 서로 간의 보상 효과를 상승시키는 동시에 서로의 독성과 불쾌감을 감소시킨다. 이러한 상호작용은 더 큰 보상을 유발하는 강화작용과 내성(tolerance)에 기인한다. 이는 음주가의 85~95% 정도가 흡연을 하는 주된 이유이다.

○ 강화작용(reinforcement)은 담배와 술 등의 복용이 습관화되어 가는 신체의 생리적 과정이다. 이러한 강화작용의 핵심원리는 이들 물질에 의해 신경전달물질인 도파민 방출을 유도하여 측중격핵(nucleus accumbens)에서 도파민 농도의 증가에 기인한다. 니코틴에 의한 강화작용은 도파민 분비를 유도하는데 알코올 역시 도파민 방출을 유도한다. 그러나 알코올에 의한 도파민 방출의 유도 기전은 아직 명확하게 밝혀지지 않았다.

○ 술과 흡연은 내성을 유발한다. 내성(tolerance)은 민감도가 감소되어 알코올 또는 담배의 더 많은 용량에 의해 동일한 보상을 얻게 되는 상태를 의미한다. 장기간의 흡연은 알코올의 보상효과에 대해 내성을 유발하며 또한 장기간 음주는 니코틴의 보상효과에 대한 내성을 유발하게 된다. 이와 같이 두 약물이 서로에게 내성을 유발하는 것을 교차내성

(cross tolerance)이라고 한다. 술과 담배의 이러한 교차내성은 동일한 보상을 얻기 위하여 더 많은 용량의 술과 담배를 소비하게 된다. 특히 교차내성은 심박동의 증가와 신경과민증(nervousness)과 같은 혐오적인 영향(aversive effect)을 유발하게 된다. 예를 들어 술을 마신 흡연가가 갑자기 흡연을 줄이면 바로 이러한 혐오적인 영향에 기인한다. 그러나 술의 진정효과는 니코틴의 이러한 혐오적인 영향을 감소시켜 지속적으로 흡연이 가능하도록 한다. 역으로 니코틴의 자극적인 영향은 술에 의해 감소된 정신적 주의력을 증가시킨다. 이러한 상호간의 영향은 왜 알코올과 흡연이 함께하는지에 대한 가장 중요한 이유이다.

알코올은 신체적 균형을 조정하는 소뇌에서 nAChR의 활성을 저해하여 신체적 조정력(physical coordination)의 상실을 유도한다. 니코틴은 알코올에 의한 nAChR 활성 저해를 막아 주기 때문에 니코틴이 알코올에 의해 감소된 정신적 주의력을 높여 주게 된다. 또한 알코올은 기억과정에 있어서 중요한 역할을 하는 호르몬인 vasopressin의 정상적인 기능을 방해한다. 이는 알코올에 대한 내성을 높이는 주요 원인이 된다. 그러나 니코틴은 뇌에서 vasopressin의 기능의 정상화를 유도하며 알코올에 의해 유도된 기억장애와 지적 사고력장애 등을 감소시킨다.

3) 술과 흡연의 상승효과

- **질병 발생 위험성에 있어서 술은 6배, 흡연은 7배 정도 증가시키지만 동시에 노출은 38배 증가시킨다.**

○ 상승효과(synergistic effect): 두 물질이 함께 작용하여 하나씩 작용할 때보다 더 커지는 효과를 상승효과(synergistic effect, synergism)라고 한다.

흡연과 지나친 음주는 심혈관 및 폐질환 등의 질환 발생 위험성에 있어서 상승작용을 한다. 흡연-음주를 하는 사람들에게 있어서 구강, 기도와 식도 등에서의 암 위험성이 흡연 및 음주 각각에 의해 노출될 때의 위험성의 합보다 높다. 연구에 따르면 비흡연-비음주 집단의 식도 및 기도에서의 암 발생의 위험성과 비교하여 비흡연-음주 집단은 6배, 흡연-비음주 집단은 7배 높지만 흡연-음주 집단은 38배 정도 높다. 이와 같이 대부분의 질환 발생에 있어서 술과 담배의 동시 노출은 각각 노출 때의 합보다 더 높은 위험성의 상승작용을 유도한다. 구강인두암(Oropharyngeal Cancer, 연구개와 후두개상연 사이에 위치한 후두의 부분에 생기는 암)의 원인으로 75~90%가 음주와 흡연으로 설명되고 있다. <그림 9-11>은 흡연과 알코올의 동시 섭취에 의해 남녀에 있어서 구강인두암의 발생에 있어서 상승작용의 결과에 대한 것이다. 남녀 모두에게 있어서 비흡연가의 음주량과 비교하여 흡연량과 음주량이 많아질수록 급격하게

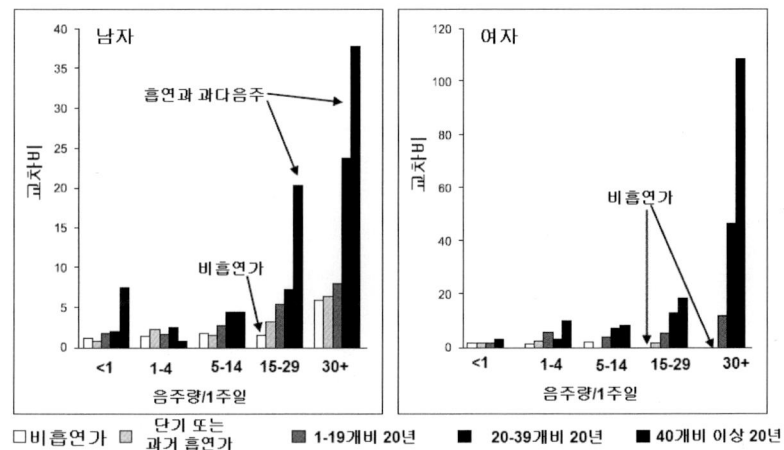

〈그림 9-11〉 구강인두암 발생에 있어서 알코올 및 흡연에 의한 교차비의 상승효과: 남녀 모두에게 있어서 비흡연가의 음주량과 비교하여 흡연량과 음주량이 많아질수록 급격하게 구강인두암의 교차비가 증가하는 것을 확인할 수 있다(참고: Anu Voho).

구강인두암의 교차비가 증가하는 것을 확인할 수 있다. 특히 남녀 비흡연가의 구강인두암 발생에 대한 교차비가 확연히 차이가 있는데 이러한 이유는 유전적 차이에 기인하는 것으로 추정된다.

4) 알코올중독 흡연자에 대한 치료

● **알코올중독과 금연의 치료프로그램은 동시 수행이 가능하며 알코올중독자에게는 고용량의 니코틴 패치가 필요하다.**

○ 알코올중독 및 금연프로그램 동시 수행: 최근까지만 해도 알코올중독자의 치료에 있어서 금연까지 강조하면 추가적인 스트레스 때문에 알코올중독치료에 영향을 줄 수 있어 금연의 중요성은 강조되지 않았다. 그러나 최근 연구에 의하면 이러한 이론은 연구를 통해 사실이 아닌 것으로 확인되었다. 흡연-알코올중독자 집단에서 두 군으로 분류하여 한 군은 알코올중독치료 프로그램 참여와 동시에 금연프로그램에도 참여하고 다른 군은 알코올중독치료 프로그램에만 참석하게 하여 비교하였다. 치료 1년 후 결과에서 금연프로그램이 알코올중독치료에 있어서 어떠한 영향이 없는 것으로 확인되었다. 특히 알코올-금연 프로그램 모두에 참석한 사람들 중 약 12%는 금연에 성공하기도 하였지만 알코올 프로그램 하나에 참석한 사람들 중 아무도 금연을 하지 않았다. 또한 다른 연구결과에 따르면 알코올중독에서의 회복은 금연을 더 용이하게 한다. 알코올중독치료 프로그램에 참여한 사람들은 금연에 대한 동기를 증가시키는 것으로 확인되었다. 따라서 알코올중독 치료와 더불어 금연프로그램은 상호 도움이 되며 동시에 수행이 가능하다.

○ 알코올이 니코틴 내성을 유도하기 때문에 알코올중독 흡연가에게

는 금연치료를 할 때 일반 흡연가보다 더 높은 농도의 니코틴 패치를 이용한다. 우울증상을 가진 알코올중독 흡연자는 우울증상이 없는 알코올중독 흡연자보다 금연에 실패할 가능성이 높다. 흡연은 어떤 사람들에게는 우울증상의 발생을 억제하는 기능이 있는데 이들이 금연을 하게 되면 우울증상이 나타나게 된다. 알코올과 타르에 의해 cytochrome P450 시스템이 활성화되면 이 활성화에 의해 항우울증 약물의 대사가 증가를 유도한다. 대사가 증가된다는 것은 약물의 효능이 없어진다는 것을 의미하기 때문에 흡연가 또는 알코올중독자에게서는 항우울증 약물의 약효가 감소하게 된다.

제10장
성인, 청소년 및 사업장 등 금연을 위한 접근방법

1. 성인흡연가에 대한 금연 개입방법
2. 청소년 금연을 위한 개입 프로그램의 특성
3. 사업장에서의 금연프로그램

- 금연 개입과 예방에 있어서 청소년과 성인들의 차이점을 고려하여야 한다.

　개인의 금연 중재에 있어서 심리사회적 중재 또는 약물요법과 더불어 혼합방법 등이 중요하지만 집단에 있어서는 금연정책과 금연방법을 실행하기 위한 접근방법이 중요하다. <표 10-1>은 성인과 청소년의 금연을 위한 정책 특성의 차이를 나타낸 것이다. 성인들의 경우에는 흡연에 의한 유해한 작용에 대한 정확한 자료를 가지고 설득하는 증거-위주의 개입(evidence-based intervention)이 중요하다. 반면에 청소년인 경우에는 직접적인 운동을 통해 흡연과 비흡연의 차이와 같은 반-흡연(anti-smoking)활동의 강화가 접근에 핵심적인 요소이다. 또한 청소년인 경우에는 생활기술훈련(life skills training)과 같은 학교현장 위주의 프로그램 정책이 바람직하다. 생활기술훈련이란 생활에서의 질을 향상시키기 위하여 필요한 지식, 기술, 태도에 관한 교육을 의미하는데 예를 들어 학교에 약물남용 예방 프로그램이 있다. 약물사용을 권하는 사회적 영향에 저항하는 방법과 생활 속에서 직면할 수 있는 여러 가지 문제의 상황을 다룰 수 있는 일반적인 대처기술을 발달시켜 약물남용을 예방하는 프로그램 역시 생활기술훈련의 일종이다. 또한 흡연에 대한 접근을 차단할 수 있는 방법과 다양한 경로를 통한 상호 커뮤니케이션이 중요하다. 반면에 성인인 경우에는 가정 및 공공장소 등에서의 흡연은 많이 사라졌지만 직장에서의 흡연은 생산성 및 건강 등 다양한 요인에 의하여 금연프로그램 수행의 주요 표적으로 대두되어 왔다. 따라서 청소년의 금연정책과 사업장에서의 금연을 위한 접근방법과 정책에 대한 이해는 그 어느 집단에 대한 이해보다 중요하다고 할 수 있다.

성인을 위한 금연정책 및 개입	청소년을 위한 금연정책 및 개입
증거-위주 개입	운동과 같은 반-흡연활동을 강화
직장 및 공공장소에서의 금연정책	생활기술훈련과 같은 학교현장 위주의 프로그램 강화
가정에서의 금연정책	자판기 등 담배 구입 가능성 차단 정책
간접흡연의 폐해 강조	반-흡연 홍보정책 및 가족 간의 대화 강화

1. 성인흡연가에 대한 금연 개입방법

◎ 주요 내용

- 증거-위주 금연상담 및 치료는 비증거-위주 접근보다 금연성공률이 높다
- 성인흡연가에 대한 접근은 금연에 대한 각각 다른 특성을 지닌 세 분류의 집단에 따라 다르게 이루어진다.

● 증거-위주 금연상담 및 치료는 비증거-위주 접근보다 금연성공률이 높다.

성인의 금연에 대한 접근방법으로 최우선으로 고려할 사항이 증거-위주 금연치료(evidence-based cessation treatment)이다. 증거-위주 치료란 경험-지원 치료(empirically-supported treatment)와 유사한 개념으로 체계적이고 실제적인 연구에 의한 유의한 효과가 있다는 증거를 바탕으로 흡연행위를 상담하거나 치료하는 방법이다. 금연에 대한 관심과 금연의 성공을 유도하고 또한 참여자의 프로그램에서 이탈을 예방할 수 있도록 상황에 맞는 효능자료를 제시할 수 있어야 한다. 예를 들면 일반적으로 첫 상담에 있어서 무엇보다도 중요한 것은 치료 및 처방 효능에 대한 명확한 자

료가 중요하다. <표 10-2>에서처럼 첫 대면에서 여러 금연요법의 효과에 대한 자료를 통해 명확한 설명과 효능에 대해 설명한 증거-위주 상담요법이 증거-위주가 아닌 상담 및 치료와 비교하여 훨씬 높은 금연성공률이 확인되었다. 증거-위주가 아닌 치료(no formal or no effective evidence-based treatment)와 비교하여 증거-위주 접근을 바탕으로 한 행동치료는 1.3에서 2.5배, 약물요법은 1.5에서 3.6배, 그리고 약물 및 행동치료의 혼합치료는 1.3~1.7배 정도로 높았다. 이와 같이 금연을 위한 접근을 위해서는 첫 대화가 대단히 중요하며 특히 증거-위주 상담이 중요하다.

〈표 10-2〉 증거-위주 상담 및 치료의 금연성공률에 대한 교차비

증거-위주 치료	비증거-위주 치료의 금연성공률에 대한 교차비
행동치료	
3~10분간 금연전문가와 간단한 상담	1.6
직접대면 상담	1.3~1.7
전화상담	1.6
다양한 행동내용의 구성	1.9~2.5
약물요법	
제1차 약물처방요법	1.5~3.1
제2차 약물처방요법(nortiptyline, clonidine)	1.8~2.1
제1차와 제2차 약물처방요법의 혼합	2.2~3.6
행동치료와 약물요법의 혼합처방	
혼합처방과 각각의 단독처방과의 비교	1.3~1.7

(참고: Abrams)

● **성인흡연가에 대한 접근은 금연에 대한 각각 다른 특성을 지닌 세 분류의 집단에 따라 다르게 이루어진다.**

모든 흡연자의 20% 정도만 금연을 위한 도움을 요청하고 또한 도움이 없이 금연을 시도하는 사람 중 약 5~10%만이 장기간 금연에 성공한

다. 이와 같이 금연을 위한 도움의 낮은 요구 및 도움 없는 금연시도에 있어서의 낮은 성공률은 결국 금연을 위한 적극적인 접근의 필요성을 의미한다. 일상에서 전문가가 아닌 흡연가의 금연을 유도하기에는 쉽지가 않다. 이는 금연에 대한 자세한 정보와 증거를 바탕으로 논리적 접근의 필요성을 의미한다. 특히 흡연가에게 비용 부담을 부과하지 않는 것과 금연에 의한 보상 또는 혜택이 높으면 금연성공률과 장기 금연을 유도할 수 있다. 이러한 측면에서 2008년 임상가이드라인(clinical practice guideline, 참고: Fiore)은 다음과 같은 접근방법을 추천하고 있다.

① 증거-위주 상담 및 약물 투여에 대해 지불
② 4회기(session), 30분/1회기의 전화상담, 직접대면 또는 집단상담
③ 1년에 적어도 2번의 금연시도 허용
④ 의료 보험, 생명보험 등에서 부담 최소화

그러나 대부분의 흡연가들은 실제 흡연치료를 위해서 위의 4가지 항목에 대해 큰 혜택을 받고 있다. 특히 미국의 2006년 자료에 따르면 근로자의 금연치료에 비용부담을 하는 사업장은 24%, 금연에 대한 보상은 2%에 불과한 것으로 조사되었다. 일반적으로 성인 대상 금연상담은 다음과 같은 세 분류인 ① 금연을 시도하기를 원하는 흡연가, ② 금연을 주저하는 흡연가, ③ 최근 금연을 시작한 금연시도자 등 사람들과 이루어진다. 이들에 대한 서로 다른 접근은 금연성공률을 높일 수 있다.

○ 금연을 시도하기를 원하는 흡연가: 이들에게는 <그림 10-1>과 5A인 흡연 유무에 대한 질문, 금연을 권유함, 금연에 대한 의지력을 평가, 행동치료 또는 약물요법 중 또는 복합처방을 통해 도움 그리고 재흡

The 5A's to Quit Tobacco

Ask ——— 매 방문마다 흡연 유무

Advise ——— 매 방문마다 금연 충고

Assess ——— 매 방문마다 금연에 대한 의지력 평가

Assist ——— 2주간의 약물요법 및 행동치료

Arrange ——— 금연 후 첫 주때 추적과 접촉

〈그림 10-1〉 금연을 시도하기를 원하는 흡연가를 위한 5A 접근법
(참고: Black)

연 예방을 위한 추적조사 등으로 금연을 유도한다. 또한 흡연자의 모든 상태를 문서화 또는 전산화의 기록-기초 체계(office-based system)를 이루는 것이 바람직하다.

○ 현재 금연을 주저하는 사람에 대한 접근: 이 분류에 속하는 사람들은 일반적으로 흡연에 의한 유해한 정보, 치료비용 등이 부족하거나 과거에 금연실패에 대한 낙담의 경험이 있는 사람들이다. 이 분류의 흡연가들은 직접적인 대화를 주저하는데 가장 좋은 동기부여는 지원책, 성공사례 및 금연요법에 대한 자료 등 증거-위주 접근을 한다. 이러한 자료를 바탕으로 가능한 한 가장 최선의 금연방법을 제시한다. 이들을 위한 접근과 치료는 <그림 10-2>와 같이 5R인 금연의 타당성(relevance), 흡연의 위험성(risk), 금연의 보상(reward), 금연의 장애물(roadblock), 동기유발의 반복(repetition) 등으로 구분된다. 금연의 타당성에 대해서는 현재까지의 흡연이 현재흡연가의 건강에 크게 영향을 준다는 것, 간접흡연의 위험성 등을 설명한다. 또한 현재 가족이나 사회적 상황, 건강상의 관심, 나이, 성별, 이전의 금연시도와 같은 특징과 연관하여 동기를 유발시킨다. 흡연의 위험성에 대해서는 향후 지속적인 흡연은 단기간 또는

장기간에 걸쳐 개인별로 각 상황에 맞게 흡연과 연관하여 나타날 수 있는 강력한 위험도의 질환을 제시해 주고 설명한다. 단기간 및 장기간 흡연에 의한 설명은 앞에서 충분히 설명하였으나 간단히 요약하면 급성위험성으로는 호흡곤란, 천식의 악화, 혈장 내 일산화탄소 증가, 그리고 장기간의 위험성으로는 심장질환, 악성종양과 만성폐색성 질환(만성 기관지염, 폐기종) 등으로 설명한다. 현재 흡연가들이 건강을 염려하여 이용하고 있는 저타르와 저니코틴 담배는 이러한 위험성 감소에 있어서 아무런 영향도 미치지 못한다는 것을 주지시킨다. 금연의 보상은 앞에서 설명한 장기간 또는 단기간 금연으로 인한 건강상에 좋은 점과 <표 10-3>에서처럼 다른 혜택으로 설명한다. 또한 금연시도자에게 직접 금연을 하면 얻게 될 것으로 예상되는 것을 물어보거나 보상이 될 수 있는 상황 등을 예시해 주고 자신과 관련된 보상에 흥미를 가지도록 해 준다. 금연의 장애물에 대해서는 사회적 금연분위기와 금단증상에 대응방법 그리고 체중조절 등으로 설명한다. 반복은 가능한 한 동기유발의 반복적인 중재를 통해 이루어진다.

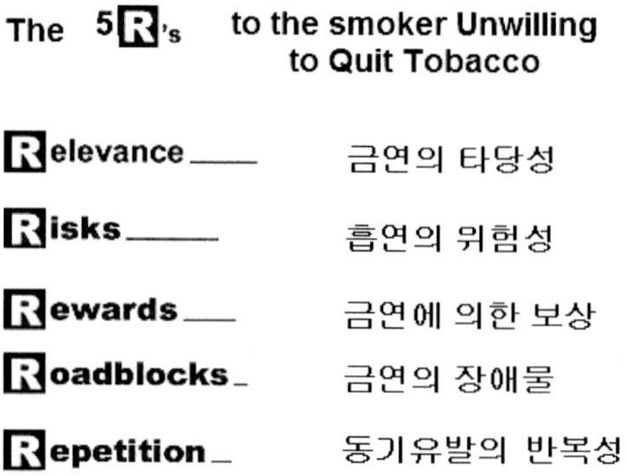

The 5**R**'s   to the smoker Unwilling
                to Quit Tobacco

Relevance____   금연의 타당성

Risks____   흡연의 위험성

Rewards____   금연에 의한 보상

Roadblocks_   금연의 장애물

Repetition_   동기유발의 반복성

〈그림 10-2〉 금연시도를 주저하는 흡연가를 위한
5R 접근법: (참고: Black)

〈**표 10 - 3**〉 건강 이외의 금연으로 인한 보상과 혜택

건강 이외의 보상 및 혜택
음식의 맛이 좋아진다.
냄새가 잘 맡아진다.
경제적인 이득, 집, 자동차, 사무실의 냄새가 달라진다.
금연을 해야 한다는 근심에서 해방된다.
자신감이 고취된다.
자녀들에게 좋은 본보기가 될 수 있다.
자녀의 건강이 좋아진다.
다른 사람의 눈치를 보지 않아도 된다.
육체적 상태가 좋아진다.
니코틴 중독으로부터 해방된다.
이전보다 심한 운동을 해도 견딜 수 있다.

(참고: 신경균)

○ 최근 금연을 시도한 사람: 재흡연은 대부분 금연시도 후 초기에 발생한다. 이러한 재흡연은 금단증상에 기인한다. 금단증상은 1~3주 동안 많이 발생하는데 니코틴대체요법을 비롯한 약물요법을 처방할 수 있다. 또한 한 모금의 흡연이 완전한 재흡연으로 전환될 수 있다는 것을 인식시킨다. 일반적으로 재흡연 예방은 2가지 구성으로 이루어진다. 금연시도자에게 금연의 혜택에 대한 지속적인 강조와 금연과정에서 드러나는 금단증상의 우려와 어려운 점에 대해 강조한다. 특히 금단증상에 대한 우려를 들어 주기 약물요법도 가능하다는 것을 인지시킨다. 특히 체중 증가는 여성과 헤비스모거에게서 많이 발생하며 1개월 지나면 2.3~4.5kg 정도 증가할 수 있다는 점을 설명한다. 또한 앞서 설명한 것처럼 다양한 금단증상 및 재흡연 대응방법에 대해 또한 설명한다.

2. 청소년 금연을 위한 개입 프로그램의 특성

> ◎ **주요 내용**
>
> - 청소년을 위한 금연프로그램은 성장기 발달과정에서의 성격적 특성에 따라 구성되는 것이 바람직하다.
> - 특히 청소년 금연프로그램은 운동과 같은 반-흡연활동 등 학교현장 위주의 프로그램을 가장 보편적으로 적용할 수 있다.
> - 청소년의 방과 후 체육활동의 참여는 금연과 심리적 특성에 영향을 미치는 것으로 확인되었다.

● **청소년을 위한 금연프로그램은 성장기 발달과정에서의 성격적 특성에 따라 구성되는 것이 바람직하다.**

청소년 니코틴 의존은 성인 니코틴 중독과 니코틴의 약리효능 측면에서 유사한 면이 있다. 그러나 흡연력과 흡연량이 성인에 비해 적고 학교와 여가생활 등 일상생활에 미치는 영향도 상대적으로 작아 성인흡연과 여러 측면에서 차이가 있다. 또한 청소년들은 성인흡연자에 비해 적은 양의 담배를 피우더라도 니코틴 의존이 될 확률이 매우 높다. 이러한 측면에서 비록 청소년이 1일 한 개비 정도의 흡연일지라도 상습적으로 피우면 니코틴 의존성을 가질 확률이 높다. 따라서 성인흡연자들의 경우 하루 흡연량이 니코틴 의존과 관계 깊은 반면에 청소년은 흡연량보다 매일 흡연자에 머무른 기간이 니코틴 의존과 더 관계 깊다.

흡연시작에 결정적 영향을 주는 요인은 동료의 압력과 같은 환경적 요인이지만 흡연습관을 지속시키는 요인은 앞서 언급한 것처럼 유전적인 요인과 밀접한 관계가 있다. 특히 유전적 요인 측면에서 흡연의 동기가 사람의 두 가지 중요한 성격인 내향성과 외향성으로 구분되어 설명되기도 한다. 심리학적 개념에서 내향성(inversion)은 심적 에너지가 내계로 향하여 내적인 사상에 관심이 쏠리는 경향을 의미한다. 반면에 심적 에너지가 외계로 작용하는 경향성을 의미한다. 외향성의 사람들은 내향성의 사람들에 비해 대뇌피질(cerebrum cortex) 각성(의식 또는 깨어 있는 상태) 수준이 낮아 쉽게 권태감을 느끼게 되어 권태감 해소와 자극추구가 흡연의 주요동기가 된다. 그러나 내향성의 사람들은 외향성의 사람들에 비해 대뇌피질 각성 수준이 높고 신경과민성이 높기 때문에 스트레스 해소와 정서적 긴장완화가 흡연의 주요동기가 된다. 이는 성인에 있어서 유전적 특징에 의한 성격이 흡연의 동기와 지속성에 어떻게 영향을 주는가에 대한 좋은 예라고 할 수 있다. 또한 청소년의 흡연습관 역시 성장기 발달과정에서 중요한 특성에 기인하며 이는 금연프로그램의 선택에 있어서 중요한 근원이 된다. 청소년의 금연프로그램은 크게 흡연의 동기 측면에서 ① 충동성이 강한 자극추구형, ② 우울과 불안이 강한 부정정서 해소형 등 두 가지로 분류하여 접근함이 바람직하다(참고: 김명식).

○ 충동성이 강한 자극추구형: 자극추구형이란 감각추구(sensation seeking), 새로움 추구(novelty seeking), 그리고 충동성(impulsivity) 등 외향성 성격을 의미한다. 따라서 자극추구형 흡연은 일상생활의 권태와 스트레스 속에서 쾌감과 자극을 즉각적으로 얻기 위해 충동적으로 흡연을 하는 유형이다. 충동성이 높은 자극추구형의 청소년들을 위한 흡연 예방 교육은 전형적인 금연교육 이외에 다음과 같은 금연프로그램이 적절하다.

① 건전한 흥미와 쾌감을 느낄 수 있는 스포츠와 활동을 활용할 필요가 있다.

② 자극추구형은 새로운 추구 요인이 개인에 따라 다르기 때문에 금연을 위한 약물요법의 차별적 적용이 필요하다. 높은 수준의 새로운 추구 성향을 가진 청소년은 일반 청소년에 비해 성비행과 약물 관련 비행에 관여하는 등 충동적이고 행동지향적이기 때문이다.
③ 집중하기 쉬운 그래픽과 메시지를 이용한다.
④ 각성을 위해 적절한 자극을 이용한다.
⑤ 그래픽과 역할연기 등을 활용해 행동적 참여와 토론을 유도한다.

○ 우울과 불안이 강한 부정정서 해소형: 부정정서 해소형 흡연은 우울과 불안, 스트레스 등 부정정서를 해소하려는 수단에 기인한다. 우울증은 흡연시작이나 실험적 흡연과 밀접한 관계가 있다. 또한 동료집단의 흡연압력에 의해 흡연에 대한 취약성이 증가할 때 흡연이 이루어지는 특성이 있다. 우울증은 흡연자들에게 흔히 나타나는 증상인데 다음과 같은 금연프로그램이 적절하다.
① 우울감을 느낄 수 있는 어떤 요인도 프로그램에서 배제한다. 우울증 병력이 있는 흡연자들의 흡연을 자극할 수 있다.
② 우울증에 대한 개입이 포함된 인지행동요법이 적절하다.

• 특히 청소년 금연프로그램은 운동과 같은 반 - 흡연활동 등 학교현장 위주의 프로그램을 가장 보편적으로 적용할 수 있다.

그러나 금연프로그램이 이와 같이 성장기 발달과정에서의 특성에 따라 구분하여 적용하기에는 그렇게 쉽지가 않다. 이러한 경우에는 성장기 발달과정을 고려하여 다음과 같은 3가지 요인 측면에서 금연프로그램 구성을 위해 접근할 수 있다.

① 운동과 같은 반-흡연활동 및 생활기술훈련과 같은 학교현장 위주의 프로그램
② 심리사회적 중재의 심리상담 및 행동과학적 이론을 적용한 금연프로그램
③ 청소년 발달, 진로, 가족, 비행 등 전반적인 청소년문제에 대한 이해를 바탕으로 한 프로그램

● **청소년의 방과 후 체육활동 참여는 금연과 심리적 특성에 영향을 미치는 것으로 확인되었다.**

<표 10-4>는 청소년의 체육활동을 통한 흡연량과 심리적 특성에 대한 집단 간 비교를 나타낸 것이다. 이 연구는 금연프로그램의 일환으로 12주간 주 3회 회당 650분씩 총 36시간 몸만들기 프로그램인 저항운동과 스포츠 활동을 실시한 집단(실험집단)과 실시하지 않은 집단(대기집단)의 사전 그리고 사후 흡연량과 심리적 특성 변화를 확인하기 위해 수행되었다. 스포츠 활동을 실시한 결과를 보면 체육활동의 실험집단이 대기집단에 비해 흡연량과 심리적 특성의 변인 모두에서 긍정적인 변화가 있는 것으로 확인되었다. 흡연량에서 흡연 개비 수 변인은 체육활동 참여 전 6.92±5.81에서 3.71±3.11로 감소하여 유의한 차이가 있는 것으로 확인되었다. 니코틴의존도 변인에 있어서도 체육활동 참여 전 6.89±3.21에서 4.75±3.20으로 감소하여 유의한 차이가 있는 것으로 확인되었다. 또한 심리적 특성에 있어서는 자기효능감 변인 역시 체육활동 참여 전 84.27±14.11에서 107.37±32.02로 증가하여 유의한 차이가 있는 것으로 확인되었다. 상태불안 변인은 체육활동 참여 전 48.25±6.84에서 35.03±6.96으로 감소, 특성불안 변인에 있어서도 체육활동 참여 전 47.82±10.54에

서 40.25±8.14로 감소하여 유의한 차이가 확인되었다. 이와 같이 체육활동은 청소년의 흡연개비 수, 니코틴의존도, 자기효능감 그리고 상태-특성불안에 있어서 체육활동을 하지 않은 집단보다 긍정적인 역할을 하는 것으로 확인되었다. 따라서 운동과 같은 반-흡연활동을 포함한 학교현장 위주의 프로그램은 청소년 금연프로그램에 있어서 중요한 구성으로 고려할 필요성이 있다.

〈표 10-4〉 청소년 체육활동을 통한 흡연 및 심리적 특성에 미치는 영향

변인	집단	체육활동 전	체육활동 후
흡연 개비 수	실험집단	6.92±5.81	3.71±3.11
	대기집단	8.21±6.81	8.33±5.23
니코틴 의존도	실험집단	6.89±3.21	4.75±3.20
	대기집단	6.24±2.27	5.98±2.36
자기효능감	실험집단	84.27±14.11	107.37±32.02
	대기집단	95.52±43.34	97.75±42.27
상태불안	실험집단	48.25±6.84	35.03±6.96
	대기집단	47.59±9.86	49.97±5.32
특성불안	실험집단	47.82±10.54	40.25±8.14
	대기집단	48.44±5.27	50.16±5.03

(참고: 임호남)

3. 사업장에서의 금연프로그램

◎ 주요 내용

- 사업장에서의 금연정책과 세계적 흐름
- 사업장 금연프로그램의 추세
- 사업장에서의 금연프로그램의 필요성
- 사업장 금연프로그램의 실행 방법

- 사업장 금연프로그램 실행을 위한 근로자 희망사항 평가서
- 금연프로그램에 대한 평가
- 완료 후 사업장 금연프로그램 수행평가서
- 사업장 금연프로그램의 (예) - 한국산업안전보건공단

사업장에서 흡연과 관련된 접근은 2가지 측면인 사업장 흡연정책과 사업장금연프로그램 측면에서 이루어진다. 사업장 흡연정책은 비흡연가를 환경담배연기(environmental tobacco smoke, ETS)로부터 보호하며 반면에 사업장 금연프로그램의 목적은 근로자가 흡연습관을 버리고 금연을 돕는 것이다. 이 2가지 요소가 사업장의 담배-조절 프로그램을 구성한다.

1) 사업장에서의 금연정책과 세계적 흐름

미국에서 사업장 흡연정책은 1986년 간접흡연에 의한 건강위해성 결과에 대한 Surgeon general 보고서(Surgeon General's Report on the Health Consequences of Involuntary Smoking)가 나오기 전까지는 장비보호와 근로자의 안전에 초점이 맞추어져 이루어졌다. 그러나 보고서 이후 흡연제한구역이 증가하였으며 1993년 환경담배연기가 미국 EPA에 의해 사람에게 암을 유발하는 Group A의 발암물질로 분류되면서 사업장에서 주요 위험요인과 법적 규제가 주요 의제로 부각되었다. 이로 인하여 1985년 50명 이상 근로자 전체 사업장 중 27% 정도만 흡연제한구역으로 설정하였지만 1999년에 79%, 2008년 21개 주에서 100%인 전체 사업장이 법적 사업장흡연금지(smoke-free worksites)로 규제되었다. 이러한 규제로 인하여 전체 담배소비가 약 2% 정도 감소한 것으로 추정되었다. 이 외 나라로는 2004년 아일랜드가 세계에서 처음으로 모든 사업장에서 금연

을 시행한 첫 번째 국가가 되었다. 이후 2006년 사업장에서 100% 금연법을 통과시킨 나라는 노르웨이, 뉴질랜드, 부탄, 우루과이, 캐나다의 9개 지역, 호주의 7개 주, 스코틀랜드 그리고 홍콩 등이다. 그러나 우리나라 경우에는 식당을 포함한 공공장소에서의 흡연은 금지하고 있지만 사업장에서의 금연법은 아직 제정되지 않고 있다. 그러나 사업장에서의 금연정책은 사업장 자체적으로 설정하여 이루어지고 있다. 삼성전자가 2010년부터 국내 8개 전 사업장을 담배연기가 없는 금연사업장으로 운영한다고 하는 것은 사업장 자체적으로 설정한 좋은 예이다. 또한 흡연을 제한하거나 금지하고자 하는 기업들이 늘어나고 있다.

2) 사업장 금연프로그램의 추세

그러나 사업장에서 금연프로그램은 지방자치제 및 보건소 금연클리닉의 사업장에서의 활동 등으로 이루어지고 있다. 전남 광양시는 사업장 금연인증제를 도입하여 근로자의 금연실천율을 높이고 흡연율 감소를 유도하고 있다. 이에 호응하여 2010년 3월에 포스콘 회사는 전 직원이 금연 선포식을 통해 '흡연율 제로화'를 선언한 이후 금연서약, 금연이벤트 실시, 금연성공 수기 공모, 패널 전시회, 금연 클리닉 운영 등 다양한 프로그램을 실시해 지난 8월 금연운동 5개월 만에 전 임직원 금연 100%를 달성하였다. 보건소의 금연클리닉 경우의 예는 2010년 천안시 보건소의 완전금연사업장 제도를 들 수 있다. 보건소는 50인 이상 기업이나 기관 및 단체 등이 참여할 수 있으며 연말까지 흡연예방과 금연에 필요한 프로그램 지원을 통해 금연실천을 돕는다. 완전금연사업장은 사업장 전체를 금연구역으로 지정, 운영하고 흡연자에 대한 금연클리닉 등록 유도 및 1년간 금연실천을 해야 한다. 이를 돕기 위해 보건소는 4

주간 금연 프로그램 지원 및 매월 1회 방문을 통한 지속적인 건강관리와 금연에 필요한 보조제 등을 포함하여 사업장을 지원한다.

3) 사업장에서의 금연프로그램의 필요성

다음과 같이 사업장 금연프로그램은 고용주와 국가적 차원에서 유익한 'Win－Win' 전략의 대표적인 국가정책이 될 수 있다.

① 근로자 건강 개선: 고용주가 근로자의 금연을 위해 투자하면 근로자의 건강 개선을 유도하여 중요한 인적자원 관리에도 도움이 된다. 흡연은 건강을 악화시키며 장애나 조기퇴직으로 숙련된 기술을 가진 근로자의 상실로 부실한 인적 자원관리와 더불어 장기적으로 회사에 부담을 줄 수 있기 때문이다.

② 생산성 증가: 흡연은 근로자의 건강을 개선하며 이는 질환에 의한 결근에 영향을 미친다. 2001년 미국의 경우에는 <그림 10－3>에서처럼 근로자 중 건강의 이유로 1년 결근한 날의 수는 비흡연자 3.86일, 과거흡연자 4.53일 그리고 흡연자는 6.16일으로 추정되었다. 일반적으로 흡연근로자는 결근일수가 비흡연근로자의 결근일수보다 0.7~7.3일 정도 높은 것으로 추정되고 있다. 이러한 결근으로 인한 대체인력 근로자의 비용이 증가하며 미숙련으로 생산성이 또한 감소된다. 또한 일반적으로 흡연근로자는 비흡연근로자보다 휴식시간이 길다. 이로 인한 시간손실은 1일 4분에서 30분 정도인데 2.5%~4% 정도의 생산성 감소로 추정되고 있다.

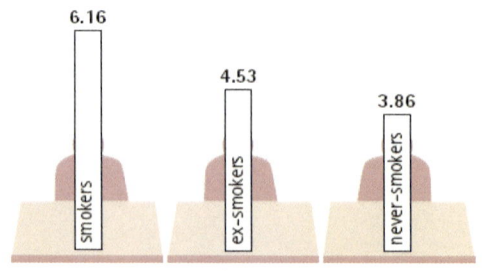

〈그림 10-3〉 흡연경력에 따른 미국 노동자들의 1년 평균 결
근일: smokers: 현재흡연자, ex-smokers: 과거흡연자,
nerver-smokers: 비흡연자.

③ 경영 비용 감소: 고용주가 사업장 금연프로그램을 위해 투자하면 투자 이상의 이익을 얻는다고 한다. 흡연에 의한 결근의 대체인력 고용 감소, 흡연에 의한 장애 및 조기퇴직으로 숙련된 기술자 상실 감소 등은 회사 경영에 있어서 대표적 사례이다. 또한 작업장에서 흡연을 하면 화재가 일어나기 쉽고 산업재해가 증가되어 이에 따른 비용이 증가된다. 2000년 미국에서는 300,000명의 화재 사망 중 10%가 담뱃불에 의한 화재로 약 270억 달러의 손실비용이 추정되었다. 또한 담배 피우는 사람이 많으면 작업환경이 오염되어 작업장 관리비가 증가되고 환기량이 큰 설비의 필요성 때문에 설비비가 증가된다. 업무와 관련된 질병으로 인한 근로자보상비용증가는 비흡연자에 비하여 2.1~12.5배 증가된다고 추정되고 있다. 이와 같이 흡연은 고용주의 입장에서 여러 측면에서 손실을 유발할 수 있는데 금연프로그램에 대한 투자는 회사경영을 위한 비용 감소에 크게 기여한다. 연구조사에 의하면 2000년 미국의 사업장에서 근로자들의 흡연에 의한 모든 손실은 약 470억 달러로 추정되었는데 금연을 하게 되면 회사의 경영비용이 1인당 3,396달러 정도 감소된다고 추정되었다.

④ 직장 만족도 증가: 건강한 육체에 건강한 정신이 깃든다는 것처럼

근로자가 건강하면 하는 일의 만족도도 증가한다.

⑤ 효율적인 환경: 직장과 가정은 사람들의 건강에 중요한 영향을 미치는 두 장소이다. 사업장이 금연프로그램을 통해 금연을 유도해야 할 특별한 이유가 몇 가지 있다.

- 많은 사람들이 직장에서 대부분의 시간을 보내기 때문에 금연프로그램 수행에 편리하다. 사업장은 일시에 많은 사람들에게 접근할 수 있어 단 한 번의 노력으로 많은 사람들의 금연을 유도할 수 있다.
- 사업장에서는 병원을 잘 찾지 않는 사람이나 다문화 가정의 외국인 등 소수 소외된 계층에의 접근이 가능하다.
- 사업장은 흡연과 관련된 다양한 과거흡연경험자들이 있으며 이들은 금연프로그램 수행에 있어서 동료의 금연을 도울 수 있는 중요한 자원이 된다.

⑥ 개선된 기업 이미지: 근로자의 금연프로그램은 기업의 긍정적인 이미지를 부각시킬 수 있다. 좋은 기업 이미지는 유능한 인재를 지키고 얻는 데 유리하며 대외적으로 기업 선호도 및 인지도를 높이는 계기가 된다.

⑦ 사회국가적 이익: 우리나라의 흡연율은 선진국의 20% 수준에 훨씬 못 미치는 40%대이다. 우려되는 높은 흡연율과 더불어 다양한 국가의 금연정책이 제시되고 있지만 아직 사업장에 대한 금연법은 제정되지 않고 있다. 대다수의 흡연가가 사업장에서 직업을 갖고 있기 때문에 이들에의 접근과 금연정책 및 프로그램은 높은 흡연율을 낮추는 데 중요한 접근방법이라고 할 수 있다. 1999년 미국의 의료보험 비용 중 흡연에 기인하는 비용은 약 760억 달러 중 약 6% 정도로 추정되었다. 우리나라의 경우에는 국립암센터의 분석에 따르면 흡연에 의한 질환의 보건 사

회경제적 손실비용은 2010년 4조 5천억 원으로 추정되었다. 이러한 흡연에 의한 질환은 결국 의료보험비용의 증가와 더불어 건강의료보험의 재정에 영향을 주게 된다. 또한 길거리 흡연제한이 나올 정도로 오늘날 간접흡연의 문제가 대두되고 있는데 사업장에서의 금연은 사회적으로 간접흡연의 문제도 해소할 수 있다. 이와 같이 사업장에서의 금연프로그램에 의한 금연 유도는 다음과 같이 국가적 이익을 얻을 수 있다.

- 대규모집단에서의 금연은 국가의 흡연율 감소에 기여
- 흡연에 의한 질환 발생률 감소로 인하여 건강의료보험 비용 절감
- 사회적 간접흡연 억제 효과

4) 사업장 금연프로그램의 실행 방법

사업장에서의 금연프로그램으로는 사업장, 즉 on-site 또는 off-site에 따라 포괄적인 금연프로그램(comprehensive program for smoking cessation)과 외부기관-의존 금연프로그램(facilitated program for smoking cessation)으로 구분되며 또한 단순치 근로자의 자가금연(self-help) 방법 역시 있다. <표 10-5>는 사업장에서 금연프로그램의 3가지 접근방법의 차이에 따라 장점 및 단점을 요약한 것이다. 포괄적인 금연프로그램은 사업장 내에서 제공되는 모든 금연프로그램을 의미하며 외부기관-의존 금연프로그램은 금연과 관련된 외부의 전문기관에서 위탁으로 이루어지는 것을 의미한다.

〈표 10-5〉 사업장 금연프로그램의 3가지 종류

금연프로그램	장점	단점

포괄적인 프로그램
(comprehensive
program)
	- 접근성
	- 근로시간 변경에 따른 유동성
	- 강력한 금연참여의 유도 용이성
	- 고용주의 지원을 통한 지도력 제공
	  기회
	- 집단과 더불어 금연동기의 지속성
	  증가
	- 가족 동참
	- 금연저항집단 설득 용이
	- 추적조사 용이
	- 기존 건강프로그램과의 동시 수행
	- 사업장 금연정책 부응
		- 재정적·인력적 과다비용
		- 집단 프로그램에 의한 중독
		  정도 및 의지력 등의 개인차
		  무시
		- 집단의 이질적 요소에 강도
		  높은 실행력이 필요
		- 사업장 이외 지역사회의 더
		  좋은 금연전문가 배제
		- 비흡연가와의 구별적인 프
		  로그램으로 인하여 근로자
		  의 불편한 심리

외부기관-의존 프로그램
(facilitated program)
	- 익명성
	- 사업장에서보다 전문성 높음
	- 근로자 취향 및 수준에 따른 선택
	- 지역사회의 다양한 프로그램
	- 금연참여 유도 및 고용주의 지원
		- 접근성이 낮음
		- 개인별 진행으로 비용 증가
		- 근로시간 변경에 따른 유동
		  성이 없음
		- 개인적 비용 지불 가능성
		- 지역사회가 작을 경우 적절
		  한 프로그램 찾기에 어려움

자가금연을 위한 교육 및
정보 제공
(Education and
information for
self-help)
	- 저비용
	- 성공 시에 가장 간단한 방법
	- 어떤 사업장이라도 쉽게 접근
	- 익명성
	- 금연에 대한 높은 의지력을 가진
	  사람들에게는 좋음
		- 자가금연성공률 낮음
		- 금연성공을 위해서 교육과
		  정보 제공은 부족
		- 지속적인 지원 결핍
		- 의지력이 부족할 경우 금연
		  장애를 접했을 때 쉽게 포기
		- 추적조사 불가능

5) 사업장 금연프로그램 실행을 위한 근로자 희망사항 평가서

사업장에서 적절한 금연프로그램을 위해서는 근로자의 생각을 잘 판단하여 구성하여야 한다. 이를 위해서 근로자의 생각을 담을 수 있는 설문조사를 <표 10-6>과 같이 수행할 필요성이 있다. 근로자 희망사항 평가(employee needs assessment)는 3가지 측면인 개인정보, 사업장에서의 금연정책과 지원, 그리고 금연희망자와 흡연지속을 원하는 사람 등의 분류 등으로 구성된다.

〈표 10-6〉 금연프로그램 실행을 위한 근로자 희망사항 평가서 서식

금연프로그램 실행을 위한 근로자 희망사항 평가서		
Part A: 개인정보		
1. 성별	① 남 ② 여	2. 나이(만)	
3. 흡연상태	① 비흡연가 ② 과거흡연가 ③ 금연희망 ④ 흡연지속		

Part A: 개인정보

1. 성별	① 남 ② 여	2. 나이(만)	
3. 흡연상태	① 비흡연가 ② 과거흡연가 ③ 금연희망 ④ 흡연지속	

Part B: 사업장에서의 금연정책과 지원

4. 사업장에서 흡연정책에 대해 알고 계십니까?	① 예 ② 아니오
5. 사업장 어디가 흡연장소인지 알고 계십니까?	① 예 ② 아니오
6. 근로자의 금연을 위해 어떤 지원방법이 있는지 알고 계십니까?	① 예 ② 아니오

6번 질문에 '예'인 경우 알고 계신 지원방법을 적어 주세요:

Part C: 흡연상태 비흡연가에 대한 질문은 끝이고 과거흡연자는 7a만 하시면 됩니다. 그리고 현재흡연자께서는 나머지 모든 질문에 답을 해 주시면 감사드리겠습니다.

7a. 과거흡연자께 질문을 드립니다. 금연을 원하시는지요?	
7b. 현재흡연자께 질문을 드립니다. 금연하신 지 얼마나 되셨나요?	① 예 ② 아니오
8. 현재흡연자께 질문을 드립니다. 최근 몇 년 동안 적어도 24시간 이상 금연을 하신 적이 있습니까?	① 없음 ② 1회 ③ 2회 이상

9. 금연을 시도하였으면 어떤 방법으로 하셨는지 번호에 체크해 주시고 여러 종류이면 모든 종류에 표시하면 됩니다.
① 급작금연(아무 도움이 없음 스스로)
② 자가금연(금연프로그램에 따라 스스로)
③ 집단금연
④ 전화상담
⑤ 의사충고 및 지도
⑥ 보건소 대면상담
⑦ 니코틴대체요법(껌, 패치, 흡입제, 목캔디)
⑧ 약물요법

10. 사업장에서 제공되는 금연프로그램에 참여한 경험이 있습니까?	① 예 ② 아니오

11. 금연을 위해 어떤 방법과 활동을 좋아하시는지 원하시는 만큼 표시하여 주세요.
① 사업장에서 집단프로그램 ② 외부기관에서의 집단프로그램 ③ 전문가 강의 ④ 직접대면상담 ⑤ 약물요법 ⑥ 자가요법 ⑦ 전화상담 ⑧ 금연대회 ⑨ 건강증진프로그램 ⑩ 점심시간을 이용한 정신교육 ⑪ 동료감시제도 ⑫ 100% 사업장 금연구역 설정 ⑬ 기타:

12. 우리 사업장에서 제공되는 금연프로그램에 대해 참여를 포기한다면 어떤 점에서 이러한 결론을 하셨는지요? 예를 들어 비용, 시간, 가족의 프로그램 동참 유무 등이 있으며 아래에 적어 주십시오. _____
※ 작성하시느라 수고가 많으셨고 감사합니다.

6) 금연프로그램에 대한 평가

근로자를 대상으로 금연프로그램을 포괄적 또는 외부기관-의존 금연프로그램을 실행할 때 여러 가이드라인을 설정할 필요성이 있다. 먼저 사업장 금연프로그램의 최대효과를 위해서는 사업장흡연금지 등의 금연정책과 건강증진계획과 함께 실행되어야 한다. 사업장 금연프로그램은 on-site 또는 off-site를 통해 제공되는 체중조절, 스트레스조절 및 운동 등과 관련된 생활건강프로그램과 함께 세밀히 구성되어야 한다. 또한 많은 근로자들의 참여를 유도하기 위해서는 흡연은 중독이란 개념으로 접근하여 흡연자들의 심리를 배려할 필요성이 있다. 또한 전문가-상담과 전화상담 등의 다양한 프로그램 중 사업장의 규모와 특성에 따라 금연프로그램의 제공 수준을 결정한다. 회사 차원에서 금연을 지원할 수 있도록 근로자가 대표가 되어 흡연관리조직인 근로자위원회를 구성할 필요성이 있다. 근로자위원회는 최고경영자의 대변인이나 보건관리자, 교육훈련 담당자, 인사 관리자, 근로자대표, 노조대표들로 대략적으로 6~10명 정도로 구성한다. 위원회는 작을수록 운영하기는 쉽지만 클수록 관심그룹을 더 제공할 수 있어서 좋은 점도 있다. 위원회의 근로자들은 조직이 승인한 범위 내에서 목표와 프로그램의 주제를 선택하는 데 참여한다.

이와 같이 전반적으로 근로자를 대상으로 금연프로그램을 포괄적 또는 외부기관-의존 금연프로그램을 실행할 때 다음과 같은 가이드라인을 고려하여야 한다.

① 금연프로그램이 근로시간과 장소 측면에서 근로자 고려
② 금연프로그램이 근로자의 특성과 수준에 타당
③ 금연프로그램이 근로자의 금연단계 차이에 따른 차별적인 접근

④ 금연프로그램의 사전 평가와 3~6개월 기간의 프로그램에 맞춘 금
   연성공률에 대한 평가
⑤ 금연프로그램이 신뢰할 수 있는 기관에서 제공되는 것에 대한 확인
⑥ 충분한 추전조사와 지원이 가능한 금연프로그램에 대한 확인
⑦ 금연프로그램 디자인부터 근로자 참여의 필요성

금연프로그램에 대한 가이드라인을 고려한 후 실행될 금연프로그램
에 대한 평가는 프로그램 내용 및 프로그램의 수행책임자에게 다음과
같은 질문으로 평가할 수 있다. '예'라는 대답이 많으면 많을수록 근로
자를 위한 좋은 금연프로그램으로 평가된다(참고: 이강숙).

－금연프로그램
① 흡연의 중독에 의한 신체적 증상에 대한 대처 내용이 있는가?
② 흡연의 중독에 의한 정신적 대처 내용이 있는가?
③ 금연의 약물요법을 사용하는가?
④ 흡연의 사회적 특성을 다루는가?
⑤ 흡연을 대신할 미래의 준비사항을 마련하였는가?
⑥ 금연을 유도할 강화방법이 있는가?
⑦ 흡연욕구를 조절할 수 있는 방안이 있는가?
⑧ 사업장에서 흡연을 대신할 기존의 건강프로그램을 이용하는가?
⑨ 스트레스 관리 및 운동 그리고 식이요법 등에 대한 정보를 제공하
   는가?

－금연프로그램 수행책임자
① 금연의 행동치료에 대한 지식을 가지고 있는가?

② 근로자 금연을 위한 의지력이 큰가?

③ 다른 기관을 통해 평판조회(reference check)를 하라.

7) 완료 후 사업장 금연프로그램 수행평가서

금연프로그램의 수행책임자는 프로그램에 참여한 근로자들을 대상으로 <표 10-7>과 같은 설문조사를 통해 프로그램을 평가할 수 있다.

〈표 10-7〉 완료 후 사업장 금연프로그램 수행평가서

금연프로그램 수행평가서
1. 참여하신 금연프로그램을 어떻게 알게 되었습니까? ① 신문 ② 사업장 관리자 ③ 부서회의 ④ e-mail ⑤ 사내공고판 ⑥ 주변 동료 ⑦ 산업보건 전문가 ⑧ 기타: 2. 귀하께서 속한 집단의 최종 목적은 무엇인지요? ① 금연 ② 흡연량 감소 ③ 기타: 3. 금연프로그램을 통해 목표에 도달하셨습니까? ① 예 ② 아니오 4. 오늘 흡연을 하지 않으셨습니까? ① 예 ② 아니오('아니오'일 경우에 8번 문항부터 하시면 됩니다) 5. 왜 흡연을 하셨는지 설명을 부탁드립니다. <u>이유:</u> 6, 다시 금연을 시도하시겠습니까? ① 예 ② 아니오 '예'라고 답하셨으면 언제 다시 금연을 시도하시겠습니까? ① 1년 이내 ② 6개월 이내 ③ 1개월 이내 7. 제공된 금연프로그램은 시간과 장소가 적절하였습니까? <u>답 및 설명:</u> 8. 귀하에게 금연에 있어서 가장 적절한 방법과 인적 자원이 무엇이었는지 모두 표시해 주십시오. ① 프로그램 진행자 ② 심호흡과 긴장이완 운동 ③ 긍정적인 상담 ④ 제공된 자료(예:) ⑤ 전화상담 ⑥ 집단토론 ⑦ 금연대회 ⑧ 동료감시제 ⑨ 약물요법 ⑩ 기타: 9. 금연프로그램에 대해 변경이나 추가하고 싶은 분야가 있으시면 적어 주십시오. <u>설명:</u> 10. 금연프로그램에서 없어도 될 부분을 적어 주십시오. <u>설명:</u> 11. 금연프로그램 전체 회기 또는 횟수 중에 몇 번이나 참석하셨습니까? <u>횟수:</u> 12. 금연프로그램 중에 가장 기억에 남는 분야는 어느 부분인지요? <u>설명:</u> 13. 다른 흡연자의 금연에 도움을 주기 위하여 자문이나 봉사활동을 할 수 있는지요? ① 예 ② 아니오('예'일 경우에 연락처:)

8) 사업장 금연프로그램의 (예): 한국산업안전보건공단

'사업장 금연프로그램'은 근로자 개인의 건강보호, 의료비 또는 재해 보상비 감소, 생산성 향상, 기업의 이미지 제고 등 회사와 근로자 모두를 위한 실천운동이다.

1. 금연프로그램 실행 검토(기능/조직)
   - 최고경영자 및 경영진이 금연프로그램에 관심이 없는 경우 → 회사의 준비상태 평가 → 관심유도
   - 금연프로그램에 대한 이해가 부족한 경우 → 금연프로그램에 대한 이해도 향상
2. 금연프로그램 수행을 위한 경영자, 근로자의 자원 또는 요구도 평가 및 목표설정
3. 우리 회사의 건강위험 요인을 조사, 평가
   - 건강위험평가(HRA, Health Risk Assessment)
   흡연율, 흡연형태, 흡연지식 및 행동변화단계 조사
   ※ 평가내용 및 결과는 관련 전문가와 상담(음주형태, 운동, 영양 등을 종합적으로 평가)
4. 금연프로그램 및 금연관리프로그램 수행을 위한 회사의 지원가능 범위 검토
5. 프로그램 선택 및 목표 설정 등 보다 구체적인 프로그램 선택은 관련 전문가와 상담
6. 맞춤형 금연프로그램 수행
7. 프로그램 평가

■ 금연의 단계별 전략

제1단계 흡연평가 및 이해 → 제2단계 동기유발, 계획 수립 → 제3단계 금연개시, 재발방지

≫ 1단계: 흡연에 대한 일반적 평가 및 흡연습관 이해

■ 나는 어떤 타입인가요?

나를 잘 설명하는 문장은?	Type
나는 담배를 끊고 싶지도, 생각해 본 적도 없다	A
나는 금연에 대해 생각 중이나, 결단을 내리지 못한다	B
나는 조만간 담배를 끊거나, 이번 금연운동을 하면서 끊을 것이다	C

■ 유형에 따른 금연전문가의 조언

Type A형: 금연에 관심도가 약하거나 없는 수준 - 행동을 바꾸고 싶은 마음이 없는 경우, 금연에 대해 실패할 것을 두려워하는 경우, 간단한 조언, 설명, 충고 등을 반복적으로 실시한다(너무 과도한 접근은 오히려 역효과를 유발한다)

Type B형: 금연으로 인한 불이익은 알고 있으나, 금연으로 인한 이익도 생각하는 수준 - "당신은 담배 피우는 것을 즐기고, 그것 때문에 금연을 결정하기가 어렵다는 것을 이해합니다. 그렇지만 금연으로 인해 얻는 많은 즐거움을 생각하고, 당신을 도울 다양한 방법과 주위의 성원이 당신을 도울 것"임을 조언

Type C형: 구체적인 금연 계획이 필요한 단계 - 금연 단계별 전략에 따라 금연을 실천하도록 유도

■ 니코틴 의존 선별검사

질문	3	2	1	0
기상 후 언제 첫 담배를 피웁니까?	5분 이내	6~30분	21~60분	60분 이후
금연구역에서 담배를 참는 것이 어렵습니까?	–	–	예	아니오
어떤 담배를 가장 포기하기 싫습니까?	–	–	아침 첫 담배	그 외
하루 몇 개비의 담배를 피웁니까?	31개 이상	21~30	11~20	10개 이내
하루의 나머지 시간보다 기상 후 첫 한 시간에 더 자주 담배를 피웁니까?	–	–	예	아니오
아파서 하루 종일 누워 있는 날에도 담배를 피웁니까?	–	–	예	아니오

평가: 3점 이하(니코틴 의존도가 낮은 상태), 4~6점(니코틴 의존도가 중간 상태), 7~10점(니코틴 의존도가 높은 상태)

≫ **2단계**: 금연에 대한 동기부여 및 적합한 계획 수립

■ 금연동기 부여

금연하려는 이유를 적어 보세요.

○ 담배가 끊고 싶다거나, 흡연 시 나를 부끄럽게 만들었던 기억을 자세히 적는다.
  – 선진 외국에 나가 봤더니, 담배 피우는 사람을 '야만인' 취급하더라.
  – 내 삶의 주체가 내가 아닌 담배가 아닌가 하는 생각이 들었다.
  – 담배를 못 피워 안절부절못할 때, 내가 담배의 노예라는 생각이 들었다.
  – 입에서 나는 담배냄새 때문에 다른 사람에게 당당하게 말하지 못했다.
  – (직접 써 보세요)

○ 금연으로 얻을 수 있는 이익을 구체적으로 적는다.
  – 내 몸에서 담배 냄새가 나지 않아, 대중교통을 이용하거나 말할

때 자신감이 생겼다.

- 가족(아이, 아내)에게 금연에 성공한 자랑스러운 아빠가 될 수 있다.

- 뭔가 해냈다는, 힘든 일을 해냈다는 자부심이 생겼다.

- 건강, 금전적 이득, 가족요구 등의 추상적 이익은 금연에 대한 의지를 약하게 할 수 있다.

- (직접 써 보세요)

■ **나의 흡연 스타일은?**

○ 흡연을 하게 되는 행동, 상황을 파악

기 상		운 전		화장실에서	
취침 전		TV 시청		긴 장	
기다릴 때		쉬는 시간		통 증	
커피, 음료수		식사 후		음 주	

■ **금연하게 되면 흡연욕구를 참기 힘든 경우를 설정하고, 각각의 경우 상황극복 방법을 설정**

○ 흡연욕구가 강하게 느껴지는 상황
　- 식사 또는 간식을 먹고 난 후
　- 회식자리나 음주 시
　- (직접 써 보세요)

○ 상황극복 방법
　- 껌을 준비하여 씹는다
　- 가급적 당분간 자리를 피한다
　- (직접 써보세요)

○ 금연방법

　－서서히 끊기

　－갑자기 중단하기

　－금연프로그램 참여

　－니코틴대체요법(입원치료/침 포함)

○ 금연을 도와줄 수 있는 도구들

　－니코틴 껌, 패치

　－무설탕 껌, 사탕

　－나의 지지자(가족, 금연지도자)

≫ **3단계:** 금연개시 및 유지

■ **금연개시일 설정**

○ 운동계획 짜기, 금연서약서 작성, 금연보상표 작성, 금연을 지지해
줄 가족/친구/동료 설정

　※ 금연지지 가족/친구/동료 설정

　－담배가 피우고 싶을 때 전화를 걸어 이야기를 나눈다

　※ 금연보상표 작성의 예

　－금연 30일 기념하여 '극장에서 부인과 영화 보기'

■ **금단현상을 극복하는 여러 가지 방법은 이미 알려져 있다. 무엇보
다 중요한 것은 금단현상을 즐기겠다는 인식의 변화**

　－고통이 없으면 얻는 것도 없다(새로운 삶을 얻으려면 이 정도의
고통은 당연히~~)

- 아무나 금단증상을 겪는 것이 아니다(금연을 결심한 자랑스러운 사람만이 이런 고통을~~)
- 금단증상은 담배 노예로 살았던 내가 자유인이 되는 과정이다

■ 금연유지/재발방지

담배를 피우고 싶은 상황	금연 후 1개월	금연 후 2개월	금연 후 3개월
1. 아침에 눈을 떴을 때			
2. 식사할 때			
3. 전차나 사람을 기다릴 때			
4. 회의 중			
5. 담배를 권유받을 때			
6. 기분이 안정되지 않을 때			
7. 손이 허전할 때			
8. 입이 심심할 때			
9. 술과 커피를 마실 때			
10. 밤에 자기 전에			
자신도(10÷1~10의 합계)			

0점 1점 2점 3점 4점 5점
전혀 자신이 없다   절대적으로 자신 있다

○ 체크리스트 1-금연 자신효능감 체크리스트
○ 체크리스트 2-담배를 다시 피운 경우

금연 중 담배를 다시 피웠더라도 포기하지 말아야 한다.

1. 곧바로 담배 피우는 일을 멈춘다.
2. 당신이 가진 담배, 라이터 등을 모두 처분한다.
3. 이번 실패는 작은 실수였다고 받아들인다.
4. 이번에 담배를 피우게 된 원인을 확실히 하여야 한다.
5. 잠깐 매일의 기분과 행동을 기억해 내어 자신이 어떤 때에 담배를 피우게 되었는지를 점검한다.
6. 금연에 성공한 사람의 대부분은 성공까지 3~4회 이상 도전했다는 것을 기억한다.

참고문헌

김명식, 권정혜. 흡연 청소년을 위한 인지행동 및 행동주의 금연 프로그램의 효과 연구, The Korean Journal of Clinical Psychology. 2006, 25(1): 1-23.

김혜경. 범이론적모형을 근거로 금연프로그램 계획(한국건강관리협회) 또는 범이론적 모형(Transtheoretical Model)에 근거한 성인의 건강증진 실천행위에 대 한 분석. 이화여대 대학원, 2004.

박규용. 미국과 독일에 있어서 담배소송, 법학연구, 18:755-773.

박선희, 전경자. 중학생의 흡연시작 및 흡연빈도에 영향을 미치는 요인. 한국청소년연구. 2007, 18(1): 5-27.

박수잔, 김영미, 조성일. 금연정책 평가와 향후 흡연율 예측을 위한 SimSmoke 모델의 이해와 활용, 대한금연학회지, 2010, 1(2):73-84.

박영철. 독성학의 분자-생화학적 원리. 한국학술정보(주), 2010.

박재갑, 서홍관, 지선하, 강혜영, 서희영, 심층진, 안동환, 권오상, 김한호. 담배 제조 및 매매금지 문제점과 대책. 국립암센터, 2006.

서경현. 니코틴 중독의 평가와 흡연/금연 관련 검사. 한국심리학회 연차학술발표대회 논문집, 2008, 129-138

서미경. 여성흡연의 현황 및 시사점, 보건복지포럼 2009(6):74-86.

신경균. 가정의학과 외래에서의 금연권고 - 짧은 외래 진료에서의 금연 접근법. 가정의학회지, 1999, 20(5):510-519.

이기영. 3차 간접흡연의 과학적 증거의 고찰. 한국환경보건학회지, 2010, 26(2):77-78.

이강숙. 사업장 금연사업 방향-국가금연정책의 방향. 보건복지포럼 이달의 초점. 2007.

이영미. 우리나라 성인흡연실태조사 체계의 비교. 보건복지포럼, 2008, 140:95-109.

이장한. 마약류폐해와 예방 및 치료재활프로그램 효과-가상현실을 이용한 약물중독치료프로그램 개발. 2005, 마약류 퇴치 심포지엄 Session Ⅳ.

이주열. 대한예방의학회 제47차 추계학술대회 심포지움 IV 자료, 241-264.

임호남. 청소년의 체육활동이 금연과 심리적 특성에 미치는 영향. 한국여성체육학회지, 2007, 21(4):77-87.

한국갤럽조사연구소. 2007년 흡연 실태 조사 보고서

Abreu-Villaca, Y, Claudio C. Filgueiras, Alex C. Manhaes, Developmental aspects of the cholinergic system. Behav Brain Res. 2010 Jan 6. [Epub ahead of print]

American Cancer Society, Cancer Facts and Figures 2007; Atlanta, American Cancer Society. 2006 (http://www.cancer.org/docroot/home/index.asp).

Anu Voho. Genetic Variation - Effect on the Risk of Cancers of Lung and Oropharynx. Finnish Institute of Occupational Health University of Helsinki. People and Work Research Reports 71, 2005.

Aoyama, T, Komichi I, Atsushi Takatori, Terry Obal. RISK ASSESSMENT OF DIOXINS IN CIGARETTE SMOKE. 23th International Symposium on Halogenated Environmental Organic Pollutants and POPs.

Arnson, Y, Yehuda Shoenfeld, Howard Amital, Effects of tobacco smoke on immunity, inflammation and autoimmunity. Journal of Autoimmunity, 2010, 34:J258-J265.

Baker, TB, Baker, Sandra J. Japuntich, Joanne M. Hogle, Danielle E. McCarthy, and John J. Curtin. Pharmacologic and Behavioral Withdrawal From Addictive Drugs. CURRENT DIRECTIONS IN PSYCHOLOGICAL SCIENCE, 2006, 15(5):232-236.

Benowitz, NL. Cigarette Smoking and Cardiovascular Disease: Pathophysiology and Implications for Treatment. Progress in Cardiovascular Disease, 2003, 46(1):91-111.

Benowitz, NL. Neurobiology of Nicotine Addiction: Implications for Smoking Cessation Treatment. The American Journal of Medicine, 2008, 121(4A):S3-S10.

Black, JH. Evidence base and strategies for successful smoking cessation. J Vasc Surg, 2010, 51:1529-37.

Brandon, TH. et al. Postcessation cigarette use: The process of relapse. Additive Behaviors, 1990, 15:105-114.

Breitling, LP, Dahmen N, Mittelstrass K, Rujescu D, Gallinat J, Fehr C, Giegling I, Lamina C, Illig T, Müller H, Raum E, Rothenbacher D, Wichmann HE, Brenner H, Winterer, G. Association of nicotinic acetylcholine receptor subunit alpha 4 polymorphisms with nicotine dependence in 5500 Germans. Pharmacogenomics J. 2009, 9(4):219-24.

Brownrigg J, Andrew Pipe. Smoking Cessation and Youth: It"s never too early to help patients quit! Smoking Cessation Rounds, 1(7)

CDC. Center for Disease Control and Prevention. Cigarette smoking among adults — United States, 2000.

CDC, Fact sheet: preventing smoking and exposure to secondhand smoke before, during and afterpregnancy 2007, Available from:http://www.cdc.gov/nccdphp/ publications/factsheets/Prevention/smoking.htm.

Chaloupka, FJ. University of Illinois at Chicago, Cigarette Marketing at the Point-of-Sale and Youth Smoking recalculated from Tax burden the on tobacco. historical commplication, vol 42, 2007.

Cnattingius S. The epidemiology of smoking during pregnancy: smoking prevalence, maternal characteristics, and pregnancy outcomes. Nicotine Tob Res, 2004, 6(Suppl. 2):S125 – 140.

DeMarini, DM. Genotoxicity of tobacco smoke and tobacco, smoke condensate: a review. Mutation Research, 2004, 567:447 – 474.

DiClemente, CC, Janine C, Delahanty, Robert M, Fiedler, JD. The Journey to the End of Smoking A Personal and Population Perspective. Am J Prev Med, 2010, 38(3S):S418 – S428.

DiFranza, JR, Aligne CA, Weitzman M. Prenatal and postnatal environmental tobacco smoke exposure and children's health. Pediatrics, 2004, 113(Suppl. 4):1007 – 5.

Doll, R, Peto R, Boreham J and Sutherland I. Mortality in relation to smoking: 50 years'' observations on male British doctors. BMJ, 2004, 328:1519-1528.

Doshi, DN, Kaija K. Hanneman, Kevin D. Cooper. Smoking and Skin Aging in Identical Twins. Arch Dermatol, 2007, 43(12):1543-1546.

Etter, J, F Le Houezec, J. Perneger, T. V. A self-administered questionnaire to measure dependence on cigarettes: the cigarette dependence scale. Neuropsychopharmacology, 2003, 28:359-370.

Filozof, C, MC. Fernández Pinilla and A. Fernández-Cruz, Smoking cessation and weight gain. The International Association for the Study of Obesity. obesity reviews 2004, 5:95 – 03.

Fiore, M, Jaen C, Baker T, et al. Treating tobacco use and dependence: 2008 update. Clinical practice guideline. Rockville MD: USDHHS, Public Health Service, 2008.

Flay, BR. Youth tobacco use: Risks, patterns, and control. In C.T. Orleans &J. D. Slade (Eds.), Nicotine Addiction: Principles and Management. New York: Oxford University Press. 1993.

Fletcher, C, Peto R. The natural history of chronic airflow obstruction. Br Med J, 1977, 25:1(6077):1645-1648.

Franceschi, C. et al. Do men and women follow different trajectories to reach the extreme longevity? Italian Multicenter Study on Centenarians (IMUSCE). Aging (Milano), 2000, 12:77 – 4.

Gaimarri, A, Moretti M, Riganti L, Zanardi A, Clementi F, Gotti C. Regulation of neuronal nicotinic receptor traffic and expression. Brain Res Rev. 2007, 55(1):134-43.

Graham, H. Women and smoking: Understanding socioeconomic influences. Drug and Alcohol Dependence, 2009, 104S:S11 – S16.

Handler, A, Davis F, Ferre C, Yeko T. The relationship of smoking and ectopic pregnancy. Am J Public Health, 1989, 79(9):1239 – 1242.

Heatherton TF, Kozlowski LT, Frecker RC, Fagerström KO. The Fagerström Test for

Nicotine Dependence: a revision of the Fagerström Tolerance Questionnaire. Br J Addict. 1991, 86:1119-1127.

Hecht, SS. Tobacco carcinogens, their biomarkers and tobacco-induced cancer. Nat. Rev, 2003, 3:733 - 744.

Henningfield, JE. behavioural Pharmacology of Cigarette Smoking. In Thompson T, Dews PB, Beret JE.(Eds) Advances in Behavioral Pharmacology, Vol 4. Acadmic Press: Orlando, 1984.

Henningfield, JE, Saul Shiffman, Stuart G. Ferguson, Ellen R. Gritz. Tobacco dependence and withdrawal: Science base, challenges and opportunities for pharmacotherapy. Pharmacology & Therapeutics, 2009, 123:1 - 16.

Hernandez, LG, Harry van Steeg, Mirjam Luijten, Jan van Benthem, Mechanisms of non-genotoxic carcinogens and importance of a weight of evidence approach. Mutation Research, 2009, 682:94-109.

Hughes, JR, John R, Hughes, Josue Keely & Shelly Naud. Shape of the relapse curve and long-term abstinence among untreated smokers. Society for the Study of Addiction, 2004, 99:29 - 38.

Hukkanen, J, et al. Metabolism and Disposition Kinetics of Nicotine. Pharmacol Rev, 2005, 57:79 - 115.

Hukkanen, J, Jacob Iii P, Peng M, Dempsey D, Benowitz NL. Effects of nicotine on cytochrome P450 2A6 and 2E1 activities. Br J Clin Pharmacol, 2010, 69(2):152-159.

IARC(International Agency for Research on Cancer), Tobacco smoking and tobacco smoke, IARC Monographs on the Evaluation of the Carcinogenic Risks of Chemicals to Humans, vol. 83, International Agency for Research on Cancer, Lyon, France, 2004.

International Union Against Cancer (UICC). Deaths from smoking. CD-ROM. UICC, Geneva, 2006, (http://www.deathsfromsmoking.net/)

Julie, K. Staley et al. Human Tobacco Smokers in Early Abstinence Have Higher Levels of Nicotinic Acetylcholine Receptors than Nonsmokers. The Journal of Neuroscience, 2006, 26(34):8707 - 8714.

King G, Valerie B. Yerger, Guy-Lucien Whembolua a, Robert B. Bendel c, Rick Kittles, Eric T. Moolchan et al. Damage to the Insula Disrupts Addiction to Cigarette Smoking. Science, 2007, 315:531-534.

Kuryatov, A. Luo, J. Cooper, J. Lindstrom Nicotine Acts as a Pharmacological Chaperone to Up-Regulate Human 42 Acetylcholine Receptors. Mol Pharmacol, 2005, 68:1839 - 1851.

Livingstone, PD, Susan Wonnacott. Nicotinic acetylcholine receptors and the ascending dopamine pathways. Biochemical Pharmacology, 2009, 78:744 - 755.

Luk, JW. Janice Y. Tsoh, Moderation of gender on smoking and depression in Chinese Americans. Addictive Behaviors, 2010, 35:1040 - 1043.

Lu, SC, Regulation of glutathione synthesis. Curr. Topics Cell. Regulation, 2000, 36:95-116.

McCuller, KJ, Sussman, S, Wapner, M, Dent, C, Weiss, DJ. Motivation to quit as a mediator of tobacco cessation among at-risk youth. Addictive Behaviors, 2005, 31, 880-887

Montesano, R, Hall J. Environmental causes of human cancers. European Journal of Cancer, 2007, 37:S67 - .S87.

Montgomery, SM, Ekbom A. Smoking during pregnancy and diabetes mellitus in a British longitudinal birth cohort. BMJ, 2002, 324(7328):26 - 27.

Mourot, A, Grutter T, Goeldner M, Kotzyba-Hibert F. Dynamic structural investigations on the torpedo nicotinic acetylcholine receptor by time-resolved photoaffinity labeling. Chembiochem, 2006, 7(4):570-83.

Nakata, A, M. Takahashi, NG Swanson, T Ikeda, M Hojou. Active cigarette smoking, secondhand smoke exposure at work and home, and self-rated health. Public Health, 2009, 123:650-656.

Newcomb, PA, Carbone PP. The health consequences of smoking: cancer. In: Fiore MC, editor. Cigaratte smoking: a clinical guide to assessment and treatment. Philadelphia (PA): WB Saunders Co. Medical Clinics of North America. 1992. 305 - 311.

Nicita-Mauro, V, C Lo Balbo, A. Mento, C. Nicita-Mauro, G. Maltese, G. Basile. Smoking, aging and the centenarians. Experimental Gerontology. 2008, 43:95 - 101.

OECD Health Data 2010, www.oecd.org/document

Pasupathi, P, Govindaswamy Bakthavathsalam, Y. Yagneswara Rao, Jawahar Farook. Cigarette smoking—Effect of metabolic health risk: A review. Diabetes & Metabolic Syndrome: Clinical Research & Reviews, 2009, 3:120 - 127.

Patricia, M. Dietz et al. Infant Morbidity and Mortality Attributable to Prenatal Smoking in the U.S. Am J Prev Med 2010, 39(1):45 - 62.

Penning, EM, Michael E. Burczynski, Chien-Fu Hung, Kirsten D. McCoull, Nisha T. Palackal, Laurie S. Tsuruda, Dihydrodiol Dehydrogenases and Polycyclic Aromatic Hydrocarbon Activation: Generation of Reactive and Redox Active o-Quinones, Chem. Res. Toxicol., 1998, 2(1):1-18.

Phillips, DH. Smoking-related DNA and protein adducts in human tissues, Carcinogenesis,

2002, 23:1979 – 2004.

Piasecki, TM, Relapse to smoking. Clinical Psychology Review, 2006, 26:196 – 215.

Pierce, JP, Gilpin EA. A historical analysis of tobacco marketing and the uptake of smoking by youth in the United States: 1890-1977. Health Psychol. 1995, 14(6):500-8.

Rogers, JM. Tobacco and pregnancy. Reproductive Toxicology, 2009, 28:152 – 160.

Shiffman, S, Waters A, Hickcox M. The nicotine dependence syndrome scale: a multidimensional measure of nicotine dependence. Nicotine Tob Res. 2004, 6(2):327-48.

Shi, M, Wehby GL, Murray JC. Review on genetic variants and maternal smoking in the etiology of oral clefts and other birth defects. Birth Defects Res C Embryo Today, 2008, 84(1):16 – 29.

Skurnik, Y, Shoenfeld Y. Health effects of cigarette smoking. Clin Dermatol, 1998, 16:545 – 546.

Smith, GD, Phillips AN. Passive smoking and health: should we believe Philip Morris's "experts"? Br Med J. 1996, 313:929 – 33.

Surgeon General Report. The Health Consequences of Involuntary Exposure to Tobacco Smoke U.S. DEPARTMENT OF HEALTH AND HUMAN SERVICES Public Health Service Office of the Surgeon General Rockville, MD, 2006.

Taylor, jr DH, Hasselblad, V, Henley, SJ, Thun, MJ, Sloan, FA. Benefits of smoking cessation for longevity. Am. J. Public Health, 2002, 92:990 – 996.

The world bank group, Economics of tobacco control. www.worldbank.org/tobacco

Tornqvist, M, C. Frea, J. Haglund, H. Helleberg, B. Paulsson, P. Rydberg., P rotein adducts: quantitative and qualitative aspects of their formation, analysis and applications, 2002, Journal of Chromatography B, 2002, 778:279-308.

USDA, Economic Research Service, 2,000, Tobacco and the Economy/Agricultural Economic Report No. 789.

USDHHS. Preventing tobacco use among young people: A report of the Surgeon General (Rep. No. 23). 1994.

USDHHS. The health consequences of smoking: a report of the surgeon general. Atlanta, GA: C.f.D.C.a.P. U.S. Department of Health and Human Services, Office on Smoking and Health; 2004.

USDHHS. The health consequences of involuntary exposure to tobacco smoke: a report of the surgeon general. Atlanta, GA: C.f.D.C.a.P. U.S. Department of Health and Human Services, Office on Smoking and Health; 2006.

USDHHS. Women and smoking: a report of the surgeon general. Atlanta, GA: C.f.D.C.a.P. U.S. Department of Health and Human Services, Office on Smoking and Health; 2001.

Vanni, H, Kazeros, A Wang, R Harvey, BG Ferris, B De, BP Carolan, BJ Hübner, RH et al. Cigarette Smoking Induces Over expression of a Fat-Depleting Gene AZGP1 in the Human. Chest, 2009, 135(5):1197 - 208.

Velicer, WF, DiClemente, CC, Rossi, JS, Prochaska, JO. Relapse situations and self-efficacy: An integrative model. Addictive Behaviors, 1990, 15:271-283.

Vink, JM, B. Smit et. al., Genome-wide Association Study of Smoking Initiation and Current Smoking. The American Journal of Human Genetics, 2009, 84:367-379.

WHO Report on the Global Tobacco Epidemic, 2008

WHO Report on the Global Tobacco Epidemic, 2009: Implementing smoke-free environments.

WHO (World Health Organization), Tobacco Free Initiative, Advancing knowledge on regulating tobacco products: monograph, WHO, 2001.

Ward, C, Lewis S, Coleman T. Prevalence of maternal smoking and environmental tobacco smoke exposure during pregnancy and impact on birth weight: retrospective study using Millennium Cohort. BMC Public Health 2007, 7:81.

Weston, A, Curtis C Harris, Holland-Frei Cancer Medicine 8, Section 3: Cancer Etiology, Chapter 12 Chemical Carcinogenesis, The McGraw-Hill Co. 185-194.

West, R, Shiffman, S. Smoking Cessation, 2004 Link between facultative melanin and tobacco use among African Americans. Pharmacology, Biochemistry and Behavior, 2009, 92:589 - 6596.

West, R, Michael Ussher, Mari Evans. Mamun Rashid Assessing DSM-IV nicotine withdrawal symptoms: a comparison and evaluation of five different scales. Psychopharmacology, 2006, 184:619-627.

Wogan, GN, Stephen S. Hecht, James S. Felton, Allan H. Conney, Lawrence A. Loeb. Environmental and chemical carcinogenesis. Seminars in Cancer Biology, 2004, 14:473 - 486.

Xie, Z, Yangbin Zhang, Anton B. Guliaev, Huiyun Shen, Bo Hang, B. Singer, Zhigang Wang., The p-benzoquinone DNA adducts derived from benzene are highly mutagenic, DNA Repair, 2005, 4:1399-1409.

Yamanaka, H, Miki Nakajima, Tatsuki Fukami, Haruko Sakai, Akiko Nakamura,Miki Katoh, Masataka Takamiya, Yasuhiro Aoki, and Tsuyoshi Yokoi.,CYP2A6 and CYP2B6 are involved in nornicotine formation from nicotine in humans: Individual differences in these contributions. Drug metabolism and disposition, 2005, 33(12):1811-1818.

Ynn, YH, Jung KW, Bae JM, Lee JS, Shin, SA, Park, SM et al. Cigarette smoking and cancer incidence risk in adult men: National Health Insurance Corporation Study. Cancer Detect Prev. 2005, 15-24.

색인

(A)

Ach : See acetylcholine

abdominal aortic aneurysm 205

abdominal obesity 229

acetylcholine 292~296, 300, 301, 303, 304, 306, 309, 315, 470

activated state 276, 303, 304

active form 87

acupuncture clinical trial 478

acute respiratory infections 264

addiction 86, 273, 275, 294, 295, 311, 312, 379, 380, 400, 402, 421

adjuvant intervention 429

adrenal hormone 230, 252

aldehydes 98, 104, 116, 153, 176, 177

alkaloid 275, 277

alkylation 97, 164~167

alternative medical approach 419, 478

androgen 256, 260

androstenedione 260

antagonist 299, 301, 304, 312, 322, 458, 459, 464, 467, 474

appetite-suppressing action 230

Aromatic amine 104, 113, 114, 153, 176, 177, 180, 249, 250

aromatic and herb therapy 478

arteriosclerosis 208

arylation 97

asthma 204, 264

atheroma 208

atherosclerosis 186, 205, 208

atopic dermatitis 238

attributable risk 137, 265

autoimmune thyroid disease 236

autoreceptor 293, 300

aversive and rewarding effect 308

aversive therapy 423, 431

axon 293

axon terminal 293

(B)

B[a]P: See benzo[a]pyrene

behavior contents 429

behavior therapy 423, 444, 445

behavioral treatment 424

benzo[a]pyrene 102, 106, 107, 151, 167, 168, 175, 183, 250

benzo[a]pyrene(B[a]P) 167

bidies 19, 20

bioavailability 279, 280

bioinactivation 88, 89

biotransformation 88, 283

birth 202, 214, 219

blood-brain barrier 279

body mass index 222, 230

bone minaral density 225, 260

brain mass 543

Brightleaf tobacco 23, 24

Buerger's disease 205

bulky DAN adduct 165

bupropion 299, 323, 458, 459,

464~466, 469, 471, 473, 474, 481, 487, 517, 519, 524, 541

Burley tobacco 23, 24

burst-firing mode 308

(C)

C-reactive protein 210, 234

calcitrol 259

cancer 136, 141~143, 145~147, 155~158, 162, 199, 202, 264, 547

candidate cue 525

carbon-centered radicals 89

carboxyhemoglobin 212, 377

carcinogen 148, 149, 174, 190, 192, 194, 196

carcinogenesis 92, 155~157

cardiovascular disease (CVD) 210

catecholamine 212, 238, 256

CDS-12 383, 384, 385

cell body 293

cerebral atrophy 223

chemical synapse 294

chewing tobacco 19~21

chorioamnionitis 218

chromosome instability 222

chronic obstuctive pulmonary disease (COPD) 440

Cigarette Dependence Scale-twelve items 383, 384

cigarette paper 26

cigarette-smoke condensate 190

cigars 19, 20

ciliary beating 432, 542, 543

clonidine 459, 470, 555

co-carcinogen 194

cognitive dysfunction 223

cognitive-behavior therapy 423,

445

cold turkey 419~422, 430

collagen 226, 227

complementary subunit 296, 297

comprehensive program for smoking cessation 570

conduct disorder 535

conjugation 94, 283, 284

constitutive melanin 531

continuous abstinence 525

coping mechanism 421

coping skills training 424

coronary heart disease 205, 230, 258

coronary heart disease (CHD) 441

cotinine 186, 216, 275, 281, 282, 284~287, 289~291, 321, 377

Criollo tobacco 23

Crohn's disease 225

cross tolerance 546

cue exposure therapy 525, 539

cue rectivity 537

cumulative risk 140

current smoker 373, 374

cut down and quit 430

Cytisine 299, 301, 311, 323, 468~470, 474

cytochrome P450 83, 93~96, 100, 218, 284, 544, 545, 549

(D)

daily smoker 373, 374, 402

degree of ionizations 278

DEN : See N-nitrosodiethylamine

dentrite 293

deporalization 293, 303

depression 389, 391~393, 514,

517, 518, 529
desensitized state 276, 303, 304
detoxification 88, 89
diabetic microangiopathy 259
Diagnostic and Statistical Manual of
    Mental Disorders 383
dianicline 323, 468, 470
dimethylnitrosamine 109
dioxins 102
distress 519~521, 540
distress tolerance 519~521
DNA adduct 116, 127, 148, 163,
    164, 166, 174, 176~187, 248
DNA mismatch—repair gene 148,
    159, 196, 197
dopamine 116, 224, 254, 275,
    292, 307, 308
dopaminergic pathway 292
dorsal striatum 307
DSM—IV 383, 385, 389, 391~393

(E)

ectopic pregnancy 215
elastin 226
electronic cigarette 479
electrophilic metabolites 89, 90
empirically—supported treatment 554
endocrine system 232, 233
endotoxin 238
energy expenditure 229
environmental tobacco smoke 84,
    86, 147, 148, 261, 262, 565
epoxidation 97, 105
estrogen 151, 189, 194, 225,
    256, 257, 275, 288, 289
ETS:see environmental tobacco
    smoke
eustress 520
ever smoker 373, 374

evidence—basedintervention 553
ex—smoker 179
exogenous agonist 300
exothermic combustion zone 86
experiential avoidance 450
experimental smoker 373, 374,
    402
externalizing disorder 535
extrahepatic nicotine metabolism 275,
    287

(F)

facilitated program for smoking
    cessation 570
facultative melanin 531
Fagerstrom 382, 407, 531
Fagerstrom Test for Nicotine
    Dependence (FTND) 382, 531
fasting blood glucose 234
Favre—Racouchot syndrome 226
FCTC : See Framework Convention on
    Tobacco Control
fenton pathway 119, 120, 173, 174,
    181
fertility 215
fibrinogen 210, 234
filer plug 26
first—line therapies 459
Five—Stage Model of
    Adolescent Smoking 400
flavin—containing
    monooxygenas(FMO) 284, 285
fluoxetine hydrochloide 541, 542
forced exporatory volume in 1
    second 204, 440
Framework Convention on
    Tobacco Control (FCTC) 328
full browun relapse 413

(G)

GABA 275, 292, 294, 308~310
gaseous phase 85
gene—mutation cancer
    hypothesis 156
genome—wide association (GWA)
    407
genotoxic carcinogen 190
glucagon 259
glutamate 100, 114, 211, 275,
    292, 294, 308, 310, 408
glutathione 83, 93~96, 218, 243,
    284
glutathione (GSH) 284
glutathione (GSH) 95, 96
glutathione—S—transferase
    (GST) 284
glycosylated haemoglobin 234
goiter 231, 253
group therapy 425
GST: See glutathione—S— transferase
gum 280, 460, 462, 463
GWA: See genome—wide assoc—
    iation

(H)

H abstraction 126
habit 421
hardening phenomenon 532
HCH: See heterocyclic hydrocarbon
HDL: See high—density lipoprotein
HDL cholesterol 234
heart attack 210
heavy smoker 212
heritability 400, 404
heterocyclic hydrocarbon 107, 108
heteroreceptor 300
hidradenitis suppurativa 226
high—affinity desensitization 305

high—density lipoprotein 245
homocysteine 210, 211, 234
hot flushes 257
hydroxycotinine 275, 282, 285,
    289~291
hypercoagulable state 212
hyperinsulinaemia 258
hyperpolarization 293
Hyperthyroidism 231, 253
hypnotherapy 478
hypothyroidism 231
hypoxemia 212

(I)

ICD—10 383
incidence rate 137
indirect smoking 261
individual intervention 425
inflammatory bowel disease 236,
    237
inhaler 280, 460, 462, 463
insulin resistance 230, 252
intermediate state 305
interoceptive cues 521
intoxication 379
involuntary smoking 151, 261, 565

(K)

Korea Sim—Smoke 367, 369
kreteks 19, 20

(L)

lapase 413
lapse—relapse latency period 414,
    501, 503, 508
large airway epithelium 527
laser therapy 478
lifetime abstainer 373, 374
ligand 295, 300, 304

ligand–gated ion channel 295, 300

lipid peroxidation 91, 243, 244, 245

lipid solubility 278

lipolysis 526, 527

lipopolysaccharide 238

lipoprotein lipase 526

long–term prolonged abstinence (LTPA) 502, 508

low density lipoprotein 245

low–affinity desensitization 305

lozenges 460

LTPA: See long–term prolonged abstinence

(M)

mainstream smoke 83, 84, 86

malignant conversion 147, 157, 158, 160

malignant tumor 155, 158, 159

MAO–B: See monoamine oxidase–B

MDS: See mesocorticolimbic dopamine system

mecamylamine 299, 323, 464, 467, 474

melanin 531

mesocorticolimbic dopamine system 307

metastasis 155, 158, 160

methyltransferases (MT) 284

monoamine oxidase–B 224

MPOWER 333

multistage 147, 154, 157

myocardial infarction 205, 210, 213

(N)

NAc : See nucleus accumbens

N–acetyltransferase (NAT) 284

nAChR 275, 276, 293~305, 307, 310, 311, 313~323, 379, 389, 406~408, 420, 458, 459, 464~470, 472~474, 481, 483, 514, 515, 546

nasal spray 280, 282, 460, 462, 463

NAT: See N–acetyltransferase

natural history for smoking cessation 413, 414

natural reward 309

NDMA: See N–Nitrosodimethylamine

NDSS: See Nicotine Dependence Syndrome Scale

negative effects 423, 431, 514, 517

neonatal death 214

neuronal junction 292

never smoker 373, 374

Nicotine 85, 102, 212, 273, 275~277, 280~282, 285, 287, 290, 291, 299, 300, 311, 312, 315, 317, 320, 380, 382, 383, 389, 391, 402, 407, 430, 459, 462, 463, 473, 474, 531

Nicotine Dependence Syndrome Scale (NDSS) 383

nicotine fading 430

nicotine patch 282, 462

nicotine replacement therapy (NRT) 459

nicotine–dependence 312, 402, 407, 531

nicotine–gradual reduction 430

nicotine–tolerance 313, 315

nicotinic acetylcholine receptor 238

nicotinic acetylcholine receptor 275, 294

NNDE: See N-Nitrosodimethyla-mine

N-nitrosamines 104, 109, 110 153

N-Nitrosodimethylamine 109, 110, 166, 167

N-nitrosonornicotine 86, 109, 111, 164, 181, 270

NNN: See N-nitrosonornicotine

non-daily & regular smoker 373, 402

non-genotoxic carcinogen 190

non-nicotine replacement therapy 459

non-smoke 321, 373, 374, 402, 526

noradrenaline 256

nortriptyline 459

NRT: See nicotine replacement therapy

nucleophilic 90, 98, 99, 248

(O)

occasional smoker 373

oppositional defiant disorder 535

opthalmopathy 231

Oriental tobacco 23, 24

osteoporosis 225, 231

(P)

pack years 227, 228

PAH: See polycyclic aromatic hyd-rocarbon

palmoplantar pustulosis 226

parathyroid hormone 230, 252, 259

parent compound 87

Particulate Matter (PM) 86

particulate phase 85

passive smoking 261

patch 280, 282, 460, 462, 463

pelvic inflammatory disease 215

personalized computer feedback 426

pharmacokinetics 276

pharmacological therapy 421

pharmacotherapy 459

phase I 283

phase II 283

phasic craving 523

phenolic compound 118

pituitary hormone 230, 252

pKa 275, 277~279, 313

placenta 185, 216, 218

placenta previa 218

plasma protein 281

PM10 264

PM2.5 264

PMN: See polymorphonuclear neut-rophils

pneumonia 204, 543

point prevalence abstinence 525

polar 283

polycyclic aromatic hydrocarbon 104, 105, 250

polymorphonuclear neutrophils (PMN) 238

poor wound healing 226

postsynaptic cell 292, 293

PPP: See palmoplantar pustulosis

preeclampsia 217

prefrontal cortex 292, 307, 308

pregnancy 202, 214, 215

premature facial wrinkling 226

presynaptic cell 292

preterm birth 219

prevalence rate 137

principal subunit　296, 297
proangiogenic protein　217
problem solving　424
promotor　160, 189
protein adduct　233, 249, 252
proto-oncogene　148, 159, 196, 219
psoriasis　226
psychosocial intervention　421
pulmonary emphysema　265
pulsatile　523
pyrolysis/distillation zone　85, 86

(Q)
quitting cold turkey　422

(R)
reactive intermediate　87
reactive oxygen species (ROS)　181, 239
Reconstituted leaves tobacco　23
redox-active species　89, 90, 119, 169, 172
refractory state　305, 316
reinforcement　421, 457, 518, 545
reinforcing behavior　307, 313, 380
relapse　412, 413, 414, 501, 503, 508, 510, 511, 513
relative risk　137, 138
reporalization　304
resting metabolic rate (RMR)　526
resting state　276, 303, 304, 515
reward　294, 307, 309, 312, 557
reward function　294
rheumatoid arthritis　236
RMR: See resting metabolic rate
ROS: See reactive oxygen species

(S)
sazetidine-A　323, 468, 470

second-hand smoking　261, 269
second-line therapies　459
self-efficacy　375, 393, 395~397, 449, 458
self-Efficacy/Temptation Scale (SETS)　395, 396, 397
self-help　420, 422, 425, 570, 571
sensitization　238, 304
serotonin　225, 275, 292, 431, 541
serotonin reuptake inhibitor　541
SETS: See self-Efficacy/Temptation Scale
sex hormone　230, 252, 257
sex hormone binding globulin　257
side stream smoke　84
SIDS: See sudden infant death syndrome　220, 263
SIM: See Sixteen-item motivation index　394
SimSmoke　349, 368, 369
simulation model　367
Single Nucleotide Polymorphism　405
Sixteen-item motivation index　394
slip　413, 511
slow single-spike tonic firing　309
smoke-free worksites　565
smokeless tobacco　479
smoker's journey　409, 412, 413
smoking epidemic　31, 41
Smoking epidemiology　133
smoking persistence　536
smoking satiation　431
Smoking toxicology　84
smoking-associated tumor　135, 136
SNc: See substantia nigra pars compacta　307, 308
SNP: See Single Nucleotide Polymorphism

snuff　19, 20, 21

Snus　19, 479, 480

social support intervention　423, 424, 441

Socott-Fall　75, 77~79

spontaneous abortion　215, 216

stillbirth　214, 220

stroke　205, 440

substantia nigra pars compacta (SNc)　307, 308

substitutes for cigarettes　419, 479

sudden infant death syndrome (SIDS)　220, 263

sulfotransferase (SULT)　93, 284

synapse　292, 294, 295

synergism　546

synergistic effect　546

systemic lupus erythematous　236

(T)

tailored online support　426, 480

tar　85, 86, 128, 151, 175

task persistence　520

telephone counselling　426

terminal button　293

third-hand smoking　269

thromboangiitis obliterans　205

thrombus　208

thyroid hormone　230, 252, 253

tipping paper　26, 27

tobacco addiction　295, 312, 380, 400

tobacco-related disease　134, 135

tobacco-specific nitrosamines　109, 165, 267

tonic craving　523

tonic firing state　308

toxication　88, 89

toxin-drug metabolism enzyme families　101

Transnational Tobacco Industry　334

transtheoretical model (TTM)　448

tryptophan　113, 189, 431

TTM: See transtheoretical model

tumor-suppressor gene　148, 159, 196~198

type 2 diabetes mellitus　223, 228, 231

(U)

UDP-glucuronosyltransferase (UGT)　284

UGT: See UDP-glucuronosyltransferase

urinary incontinence　257

(V)

Varenicline　299, 323, 468, 469, 470, 473, 474, 481

vasculitis syndromes　236

vasopressin　254, 255, 546

ventral tegmental area(VTA)　307, 308

vitamin D　259, 260

volatile hydrocarbons　104, 177

VTA: See ventral tegmental area

(W)

waist-to-hip ratio　229

weight gain　525

WHR: See waist-to-hip ratio

Why test　375, 377, 378, 436

wrinker　226

(β)

β-endorphin　275, 292, 294

(γ)

γ-aminobutyric acid　275, 292

(ㄱ)

가스상 영역 85, 128, 175, 251
간접흡연 21, 84, 85, 128, 150,
214, 215~217, 219, 220,
260~271, 333, 336, 338,
340, 343, 353, 355, 380,
410, 554, 557, 565, 570
감작 238, 304
갑상선 호르몬 230, 253
갑상선기능저하증 231, 253
갑상선기능항진증 231, 253
갑상선종 231, 253
강화작용 474, 542, 545
강화행동 307, 313, 316, 380
개시단계 187, 198
개인상담 423, 425, 426, 429
거대 DNA 부가물 165, 178
건선 226, 491
경험-지원 치료 554
경화반 208
경화현상 501, 532, 533, 534
고밀도지단백 245
고비중 지단백 콜레스테롤 234
고인슐린증 258
고통인내 520
골다공증 135, 225, 231, 256,
259, 260
골밀도 225, 260
골반염증성질환 215
공복혈당농도 234
과거흡연가 44, 142, 179, 180,
182~184, 186, 210, 246,
247, 373~375, 407, 422,
459, 502, 526, 529, 572
과분극 293
관상동맥성심질환 205~210, 258,
439, 441
관상엽 담배 23
교차내성 545

국민건강증진법 269, 343~345,
347, 357, 362
국한성 장염 225, 226
궐련지 26, 27, 123
극성 83, 88, 89, 92, 94, 96, 283
극성대사체 95, 99, 100
극성대사체 89
글루카곤 259
글루타메이트 292
금연동기 375, 393~395, 426,
429, 445, 447, 571, 578
금연동기의 16 항목 분석기법 394
금연자연사 413, 414, 508, 511,
512
금연침요법 478
급성호흡기감염 267
급작금연법 420~422, 471, 502,
530
기초대사율 526, 527
긴장성발화상태 308
길항제 299, 301, 304, 305, 312,
322, 323, 458, 459, 464,
466, 467, 473, 474, 483

(ㄴ)

내독소 238
내분비계통 232, 233, 252
내인성작용제 300
노아드레날린 256
뇌위축증 223, 224
뇌졸중 135, 207
뇌질량 543
뇌하수체 호르몬 230, 253
누적위험도 140
니코틴 17, 21, 23~26, 50, 74,
85, 209, 212, 213, 227, 230,
235~239, 241, 252~256, 269,
270, 275~282, 284~303,
305~323, 339, 343, 347,

354, 361, 373, 376~382,
384, 387, 389, 403, 420,
430, 431, 439, 443, 446, 458,
460, 462~465, 467~475,
478, 479, 483, 488, 493, 494,
514, 515, 527, 533~535,
539, 541, 545, 546, 559,
560, 564, 578, 580
니코틴 내성 311, 313, 315, 316,
323, 402, 531, 548
니코틴 목캔디 460
니코틴 의존성 302, 311~313, 377,
380, 400, 404~408, 420,
430, 532, 533, 535, 541, 560
니코틴 중독 평가 375, 379, 436
니코틴 패치 282, 312, 322, 323,
460, 461, 467, 485, 491,
492, 496, 517, 524, 541,
542, 548, 549
니코틴 페이딩 423, 430, 442, 445,
447
니코틴-순차적 감소법 430
니코틴-의존도검사 382, 531
니코틴대체요법 430, 458, 461,
462, 464, 468, 470, 472,
479, 481, 485, 532, 539,
541, 559, 572, 580
니코틴의존증후군척도 383
니코틴-순차적 감소법 430
니코틴-의존도검사 382, 531

(ㄷ)

다국적 담배회사 334, 335
다단계 148, 157~160, 162, 177,
187, 188, 192, 196, 197
다발성발화상태 308
다형핵백혈구 236, 238
다환방향족탄화수소 103~105, 250
단서 반응성 537, 538

단서노출요법 525
단일성 자극의 긴장성발화 309
단일염기다형성 405, 406
담배 소비량 46, 140, 141, 360,
362, 363
담배 소비세 341
담배규제기본협약 327~329, 331,
333, 335, 342~347, 354, 362
담배대체물 479
담배사업법 343~345, 348
담배소비세 72
담배연기 농축물 190, 195, 196
담배의존증-12단계척도 383, 384
담배의존증-12단계척도 383, 384
담배중독 275, 295, 312, 316,
379, 380, 384, 385, 400, 512
담배-특이적 nitrosamine 109~111,
164~166, 175, 181, 182,
251, 262, 267, 270
당뇨성 미세혈관병증 259
대응기술 훈련 424, 426
대체기전 421
대체의학요법 420, 421, 478
도파민성신경세포 308~310
도파민성신경회로 292
독물-약물 대사효소군 101
독성화 83, 88, 89, 95
동맥경화반 208, 209
동맥경화성 플라크 213
동맥경화증 186, 206, 208~210,
230

(ㄹ)

레이저치료법 478
류마티스 관절염 236
리간드 240, 293, 295~298, 300,
304, 305, 313
리간드 고친화성-탈감작 305
리간드 고친화성-탈감작 305

리간드 저친화성-탈감작 305
리간드 저친화성-탈감작 305

(ㅁ)

만성폐색성폐질환 134, 135, 236
매일흡연가 373~375, 380, 383,
　　402~404, 509
멜라닌 501, 531, 532
무독화 83, 88, 89, 95, 250
무반응상태 305, 316
무연담배 18, 19, 479
문제 해결 424, 439, 442, 443,
　　453

(ㅂ)

반항장애 535
발암기전 147, 154, 156, 162, 178,
　　192, 287
발암억제유전자 159~163, 167,
　　197~201
발암원 147~151, 191
발암전구물질 101, 102, 148, 163,
　　174~176
발암전구유전자 159, 161, 163,
　　197~201
발암화 101, 102, 148, 155, 157~
　　160, 162, 163, 167, 177, 187,
　　188, 190, 191, 193~197, 201
방향족 아민 113, 177
배부선조체 307, 308, 310, 465,
　　470
벌리종 담배 23, 24
범이론적 모형 423, 448
보상 307, 310, 312, 313, 457,
　　464, 545, 546, 556~559
보상기능 276, 294, 307, 308,
　　311~313
보조발암물질 148, 159, 163, 191,
　　192, 194~196

보조소단위체 296
보조요법 423, 429, 442, 443
복부대동맥류 205, 206
복부비만 229, 230, 489
복측피개영역 307, 308, 310
부갑상선 호르몬 230, 259
부류연 84~86, 128, 260~263,
　　266
부신 호르몬 230, 255
부정적인 영향 136, 264, 352, 393,
　　423, 431, 432, 442, 443,
　　447, 452, 471, 501, 507,
　　514, 515, 517~519, 541
비강분무제 460~462, 541
비강스프레이 282
비디 20
비유전자손상-발암물질 148, 190,
　　192~196
비흡연가 103, 128, 138, 139, 143,
　　147, 179~186, 200, 204, 207,
　　210~212, 216, 223~231,
　　238, 239, 245~247, 249~
　　251, 253~257, 259, 260,
　　263~266, 268, 270, 281, 288,
　　320, 321, 362, 373~375, 386,
　　389, 407, 438, 440, 441, 526,
　　527~529, 531, 543, 544, 547,
　　548, 565, 571, 572
비-니코틴대체요법 458
비-니코틴대체요법 459, 464

(ㅅ)

사산 214, 220
사업장흡연금지 565, 573
사회적 지원 중재 423, 424, 441
산환-환원의 순환반응 대사체
　　89~91, 119
쌀담배 19
상승효과 542, 546, 547

상처치유불량 226
생체불활성화 88, 89, 139
생체전환 83, 86~95, 97, 101,
103, 104, 107, 114, 116,
121, 122, 124, 127, 152,
163, 165~167, 169, 172,
175, 176, 178, 180, 187,
233, 248, 250, 275, 282~284,
286, 289, 544
섬모통제 432, 542~544
성장호르몬 254
성호르몬 135, 230, 252, 256, 289
성호르몬결합단백질 257
세포체 293, 310, 313, 314, 316
수동적 흡연 261
수상돌기 292, 293, 316
수소발췌 91, 119, 126, 173, 245
수용전념치료 541
수장족저농포증 226
수정 215, 455
스웨덴식 코담배 19~21
습관 227, 377, 402, 420, 421,
432, 444, 530
시가 19, 20, 24, 70, 278
시냅스 256, 292, 293, 296, 297,
299, 304, 306, 310, 312
시냅스전신경세포 292
시냅스후신경세포 292, 293
시뮬레이션 모델 343, 367, 368
시점금연 525, 526
식용억제작용 230
신경세포 212, 275, 292, 293, 295,
296, 301, 302, 304, 307~310,
312~314, 316, 380
신경연접 292
신경원 307, 308
신경접합부 292, 295
신생아사망 214
신생혈관전구단백질 217

실험적흡연가 373~375, 401~403
심근경색 205, 208, 211, 213
심리사회적 중재 또는 요법 421, 423
심스모크 349
심장마비 134, 135, 210, 264, 439
심혈관질환 85, 92, 205, 207, 208,
210, 211, 229, 231, 258,
264, 265, 358, 441
씹는담배 18~21, 24, 70, 143,
149, 479

(ㅇ)
아릴화 97
아토피성피부염 238
악성전환 158~160
악성종양 155, 156, 158, 201, 558
안구돌출증 231
안드로겐 256, 258
안면홍조 257
알츠하이머 질환 223, 224
알킬화 97, 110, 121, 164~169,
172, 173, 285
약물동태학 275, 276, 280, 291
약물약력학 275, 276, 291, 294
약물요법 420~422, 430, 458,
469, 470, 472, 480~486,
488, 490, 496, 501, 503,
508, 513, 517, 519, 533,
540, 541, 553, 555, 556,
559, 562, 572, 574, 575
얼굴주름 226
에너지소비 229, 230
에스트로겐 135, 242, 256, 257
에폭시화 97, 105
엔돌핀 292
엘라스틴 226
역진세 366
열분해/증류구역 85
염색체 불안정성 222

염증성장질환 236, 237
엽권종 담배 23, 24
영아돌연사증후군 220, 221
오리엔트종 담배 23, 24
온라인금연프로그램 426, 480, 481
완전한 재흡연 409, 413, 414, 417, 448, 453, 501, 503~505, 508, 511, 513, 518, 523, 559
외부기관-의존금연프로그램 570, 571, 573
외현화장애 535, 536
요실금 257
우울증 225, 393, 398, 432, 466, 469, 476, 501, 518, 519, 525, 529, 530, 541, 562
원물질 87, 88, 97, 98, 114, 115, 283
유기라디칼대사체 89, 90, 119, 173
유전율 400, 404
유전자-돌연변이 발암기전 156
유전자손상-발암물질 194, 195
유전적인 요인 531, 560
유전체-광범위 연관성 407
유해활성산소 89, 91, 181, 212, 237, 239, 246
융모양막염 218
이온화 강도 278
이종수용체 300
인슐린 저항성 230, 231, 234, 252, 258
인지장애 135, 223, 224
인지행동요법 423, 425, 444~446, 519, 541, 562
일시적 재흡연 409, 411, 413, 414, 416, 433, 443, 447, 453, 501, 503~508, 511~513, 516, 518~520, 523, 524, 540
일시적-완전한 재흡연 잠복기 414
임신중독증 217

입자상 물질 264, 269
입자상 영역 85, 86, 128, 175

(ㅈ)

자가금연법 420, 421, 422
자가면역성 갑상선 질환 236
자가수용체 293, 300
자궁 외 임신 215, 216
자기효능감 375, 376, 393, 395~397, 426, 449, 458, 502, 563, 564
자기효능감/유혹척도 395~397
자연보상 309
자연유산 135, 215, 216
작용제 299~301, 304, 312, 322, 323, 458, 459, 464, 467~470, 474, 481, 483
재분극 293, 304
재택중재 home-based intervention 426
저밀도지단백 245
저산소혈 212
저체중아 135, 219, 441, 477
전(앞)전두엽피질 307
전신성 홍반성 루프스 236
전이 147, 155, 158, 160, 161, 510
전자담배 347, 479
전치태반 218
전화상담 426, 429, 481, 494, 555, 556, 572, 573, 575
제1상반응 83, 88, 89, 92~97, 99, 100, 105, 114, 115, 119, 171, 173, 218, 283, 284, 544
제1차 약물처방요법 458~460, 541, 555
제2상반응 83, 88, 92~96, 99, 114, 115, 171, 172, 218, 283~285, 544
제2차 약물처방요법 459, 555

제2형당뇨병 223, 228~231
제조담배 19, 20, 70
조기출산 219
종말단추 293
주기적 흡연가 373, 374, 380, 383,
    386, 401, 402
주류연 84~86, 105, 110, 114,
    116, 118, 121, 123, 125,
    128, 129, 148, 260~263,
    266
주름 226~228
죽상동맥경화증 135, 205, 208~210
죽종 208
중간형 상태 305
중뇌도파민신경계 276, 307, 308,
    317
중독 15, 50, 65, 227, 273, 282,
    294, 307, 311, 313, 371,
    375, 376, 379~384, 400,
    401, 403, 407, 420, 421,
    430, 471, 473, 474, 515,
    518, 524, 534, 535, 571,
    573, 574
증거-위주의 개입 553
증상치료기법 472, 473
지단백지방분해효소 526, 527
지방분해 526~528
지속적 금연 525
지질과산화 91, 126, 183, 213,
    244~246
지질과산화] 243
지질용해도 278
진행단계 161
집단요법 423, 425
징벌적 손해배상 75, 77~79

(ㅊ)
천식 204, 236, 238, 264, 558
청소년보호법 344, 345

체중증가 439, 441, 501, 525,
    526, 528, 529, 559
체질량지수 222, 230
체험적 회피 450
촉진단계 159, 187, 188, 191,
    193, 195
촉진물질 148, 159, 160, 163,
    187~195, 233
최면기법 478
축삭 293
축삭종말 293
측중격핵 307, 308, 545
친수성대사체 88, 95, 96, 544
친전자성대사체 89~91, 95~98,
    103~105, 107~109, 111~116,
    119, 121, 122, 124, 125,
    127, 166~171, 175~180,
    184, 248, 285
친전자성물질(electrophiles) 96
친핵성 90, 99, 170, 177, 248

(ㅋ)
카테콜아민 256, 259
칼시트리올 259
코담배 17~21, 70
코티닌 270, 271, 377, 383
콜라겐 217, 226
크레텍 19, 20

(ㅌ)
타르 21, 23, 24, 26, 27, 86, 128,
    175, 180, 181, 190, 191,
    237, 343, 347, 354, 362,
    432, 479, 544, 549
탈감작상태 303~305, 311, 313,
    315~317, 319, 323, 389
탈분극 293, 296, 303, 304, 316
태반 185, 216~218
통합흡연가 373, 374, 502

트립토판 431
팁페이퍼 26, 27

(ㅍ)
평생금연주의자 373, 374
평생금연추종자 373, 374
폐기종 265, 336, 492, 558
폐렴 135, 204, 542~544
폐색성혈전혈관염 205
포괄적인 금연프로그램 570
포합반응 92, 94, 96, 99, 100,
  115, 283, 284
필터 19, 20, 26, 27, 85, 123,
  152~154, 430

(ㅎ)
학교보건법 344, 345
핵심소단위체 296
행동내용 423, 425, 429, 442,
  443, 482, 483, 555
행동요법 420, 422~425, 430,
  442, 444~446, 461, 482,
  484~486, 488, 490, 494,
  496, 501, 517, 534, 540, 541
행동장애 221, 535
행동처치 424
행동치료 421, 424, 501, 503,
  555, 556, 574
향기 및 허브요법 478
허리/둔부의 비 229
허혈성심질환 205, 441
헤모글로빈 당화 234
헤비스모거 50, 212, 223, 226,
  240, 260, 408, 528, 543, 559
헤테로원자방향족 탄화수소화합물 107
현재흡연가 247, 373, 374, 407,
  414, 502, 529, 557

혈관염증후군 236
혈액–뇌장벽 306
혈장단백질 250, 279, 281, 290
혈전 205, 208~210
혐오와 보상 효능 308
혐오요법 423, 431, 437, 444
호모시스텐인 210
화농성 한선염 226
화학적 시냅스 294
환경담배연기 84, 147, 148, 150,
  151, 260, 262, 264~267,
  270, 565
활성중간대사체 83, 86~88, 90, 91,
  95, 96, 99~103, 105, 107,
  109, 110, 114, 119, 121,
  122, 124, 125, 128, 148,
  152, 163, 164, 166, 169,
  172, 175, 176, 203, 233,
  544, 545
활성형 물질 87, 88, 152, 163, 233
활성화상태 303, 305, 315
황색종 담배 23, 24
휴지상태 303
흑색질치밀부분 307, 308, 310
흡연 이유–확인테스트 436
흡연–관련 암 135, 136, 201
흡연–관련 질환 134, 135
흡연가의 여정 409, 412, 413
흡연독성학 83, 84
흡연동기 393, 501, 534
흡연역학 133
흡연유행 31, 41
흡연의 5단계 모델 400
흡연이유–확인테스트 375, 377
흡연포만 431, 442
흡열반응연소구역 85
흡입제 460, 461, 462, 572

박영철 ───────────────────────────────

영남대학교 생물학 이학사
서울대학교 보건대학원 보건학 석사
Oregon State University 독성학 박사
대구가톨릭대학교 GLP센터 운영책임자, 교수
E-mail: ycpark@cu.ac.kr
기타 저서: 『독성학의 분자-생화학적 원리』

Yeong-Chul Park

Yeungnam University, Biology
Seoul National University, Graduate School of Public Health, Molecular Epidemiology
Oregon State University Ph.D. in Toxicology
Catholic University of Daegu, GLP Center, GLP-Chief Manager & Professor
E-mail: ycpark@cu.ac.kr
Other work: The molecular & biochemical principles of Toxicology

금연보건학개론

The introductory health science for smoking cessation

초 판 인 쇄 | 2011년 2월 7일
초 판 발 행 | 2011년 2월 7일

지 은 이 | 박영철
펴 낸 이 | 채종준
펴 낸 곳 | 한국학술정보㈜
주   소 | 경기도 파주시 교하읍 문발리 파주출판문화정보산업단지 513-5
전   화 | 031) 908-3181(대표)
팩   스 | 031) 908-3189
홈 페 이 지 | http://ebook.kstudy.com
E-mail | 출판사업부 publish@kstudy.com
등   록 | 제일산-115호(2000. 6. 19)

ISBN   978-89-268-1916-6 93470 (Paper Book)
        978-89-268-1917-3 98470 (e-Book)

이담
books 는 한국학술정보(주)의 지식실용서 브랜드입니다.